Django Web 项目开发实战

[美] 本·肖恩 等著

刘 璋 译

清華大学出版社

北 京

内 容 简 介

本书详细阐述了与 Django 开发相关的基本知识，主要包括 Django 简介，模型和迁移，URL 映射、视图和模板，Django admin 简介，服务于静态文件，表单，高级表单验证和模型表单，媒体服务和文件上传，会话和身份验证，高级 Django 管理和定制，高级模板和基于类的视图，构建 REST API，生成 CSV、PDF 和其他二进制文件，测试机制，Django 第三方库，在 Django 中使用前端 JavaScript 库等内容。此外，本书还提供了相应的示例、代码，以帮助读者进一步理解相关方案的实现过程。

本书适合作为高等院校计算机及相关专业的教材和教学参考书，也可作为相关开发人员的自学用书和参考手册。

北京市版权局著作权合同登记号 图字：01-2021-6893

图书在版编目（CIP）数据

Django Web 项目开发实战 /（美）本 • 肖恩等著；刘璋译．—北京：清华大学出版社，2024.3
书名原文：Web Development with Django
ISBN 978-7-302-65773-6

Ⅰ. ①D… Ⅱ. ①本… ②刘… Ⅲ. ①软件工具—程序 Ⅳ. ①TP311.561

中国国家版本馆 CIP 数据核字（2024）第 056204 号

责任编辑：贾小红
封面设计：刘 超
版式设计：文森时代
责任校对：马军令
责任印制：刘海龙

出版发行：清华大学出版社
网 址：https://www.tup.com.cn，https://www.wqxuetang.com
地 址：北京清华大学学研大厦 A 座 邮 编：100084
社 总 机：010-83470000 邮 购：010-62786544
投稿与读者服务：010-62776969，c-service@tup.tsinghua.edu.cn
质量反馈：010-62772015，zhiliang@tup.tsinghua.edu.cn
印 装 者：三河市人民印务有限公司
经 销：全国新华书店
开 本：185mm×230mm 印 张：39.75 字 数：796 千字
版 次：2024 年 3 月第 1 版 印 次：2024 年 3 月第 1 次印刷
定 价：159.00 元

产品编号：091677-01

译 者 序

Django 框架可帮助开发人员快速、高效地构建健壮和功能强大的 Web 应用程序。其间，Django 负责处理大量的枯燥和重复的工作，以及诸如项目结构、数据库对象-关系映射、模板机制、表单验证、会话、身份验证、安全性、Cookie 管理、国际化、基本管理和脚本的数据访问接口等问题。Django 构建于 Python 语言之上，该语言自身即强调采用清晰和易读的代码。除了核心框架之外，Django 还可创建第三方模块，进而可与自己的应用程序结合使用。另外，Django 还包含了成熟的社区，读者可从中查找代码、寻求帮助并贡献自己的内容。

读者是否希望开发出可靠且安全的应用程序，从而脱颖而出，而不是在样板代码上花费大量时间？那么 Django 框架就是您应该开始的地方。Django 通常被称为“包含电池”的 Web 开发框架，它提供了构建独立应用程序所需的所有核心功能。本书秉承了这一理念，并提供了使用 Python 构建真实应用程序的知识和信心。从 Django 的基本概念开始，读者将通过构建一个名为 Bookr 的网站来了解它的主要功能。这个端到端的案例研究被分成一系列小项目，这些项目以练习和活动的形式呈现，并以一种愉快和可实现的方式挑战自己。随着学习的进展，读者将学习各种实用技能，包括如何提供静态文件以向应用程序添加 CSS、JavaScript 和图像，如何实现表单以接收用户输入，以及如何管理会话以确保可靠的用户体验。在本书中，您将了解作为现实世界 Web 应用程序开发周期一部分的关键日常任务。

在本书的翻译过程中，除刘璋外，张博、张华臻、刘祎等人也参与了部分翻译工作，在此一并表示感谢。

由于译者水平有限，难免有疏漏和不妥之处，恳请广大读者批评指正。

译 者

前　　言

您希望开发可靠、安全且与众不同的应用程序，而不是在样板代码上花费数个小时吗？若答案是肯定的，熟悉 Django 框架则是您良好的起点。Django 通常被称作功能齐全的 Web 开发框架，它具有构建独立应用程序所需的所有核心功能。

本书秉承这一原则并通过 Python 构建真实的应用程序。

本书首先介绍 Django 的基本概念，并通过构建 Bookr 网站（一个书评储存库）介绍 Django 的主要功能。这个端到端的案例研究被划分为一些列的小型项目，这些项目将以练习和操作的方式呈现，使读者以一种轻松、可实现的方式领略其中的内容。

随着过程的不断深入，读者将学习各种操作技能，包括：如何向静态文件提供服务并将 CSS、JavaScript 和图像添加至应用程序中；如何实现表单并接收用户的输入内容，以及如何管理会话以确保可靠的用户体验。本书涵盖了作为真实 Web 应用程序开发周期一部分的关键日常任务。

在阅读完本书后，读者将能够拥有相关技能，并利用 Django 开发自己的项目。

适用读者

本书面向渴望拥有 Django 框架开发技能的程序员。为了更好地理解本书中的概念，读者应具备基本的 Python 编程知识，并熟悉 JavaScript、HTML 和 CSS。

第 1 章开始设置 Django 项目。我们将学习如何启动 Django 项目、响应 Web 请求并使用 HTML 模板。

第 2 章引入 Django 数据模型，SQL 数据库的数据持久化方法。

第 3 章在第 1 章内容的基础上深入考查如何将 Web 请求路由至 Python 代码，并渲染 HTML 模板。

第 4 章展示如何使用 Django 的内建 Admin GUI，以创建、更新和删除存储在模型中的数据。

第 5 章阐述如何利用样式和图像增强网站，以及如何方便地管理这些文件。

第 6 章考查如何利用 Django 的 Forms 模块收集用户的输入内容。

第 7 章在第 6 章内容的基础上完成，即添加更加高级的验证逻辑，并提升表单的功能。

第 8 章讨论如何进一步提升网站，即允许用户上传文件，并利用 Django 向这些文件提供服务。

第 9 章引入 Django 会话，并以此存储用户数据并对用户进行身份验证。

第 10 章继续讨论第 4 章中的内容，随着对 Django 有了更深入的理解，我们可利用高级特性自定义 Django 管理。

第 11 章介绍如何利用 Django 的高级模板特性和类来减少代码的编写量。

第 12 章考查如何在 Django 中添加 REST API，以提供编程方式从不同的应用程序中访问数据。

第 13 章通过 Django 生成除 HTML 之外的其他文件，进而扩展 Django 的功能。

第 14 章则是实际开发过程中的重要部分。本章显示如何使用 Django 和 Python 测试框架验证代码。

第 15 章展示一些社区构建的库，以及如何使用已有的第三方代码快速地向项目中添加功能。

第 16 章通过集成第 12 章创建的 React 和 REST API 以提供与项目之间的交互性。

第 17 章通过设置服务器考查应用程序的部署过程。读者可访问本书的 GitHub 存储库下载本章内容。

第 18 章展示如何将项目部署至虚拟服务器上而结束项目的开发过程。读者可访问本书的 GitHub 存储库下载本章内容。

本书约定

本书中使用了许多文本约定。

（1）代码块的设置如下。

```
urlpatterns = [path('admin/', admin.site.urls),\
               path('', reviews.views.index)]
```

（2）输入和执行代码将生成中间结果，如下所示。

```
>>> qd.getlist("k")
['a', 'b', 'c']
```

在上述代码中，qd.getlist("k")表示输入的代码，而['a', 'b', 'c']则表示输出结果。

（3）跨行代码使用反斜杠（\）进行分隔。当执行代码时，Python 将忽略反斜杠，并将下一行代码视为当前行的直接延续，如下所示。

```
urlpatterns = [path('admin/', admin.site.urls), \
               path('', reviews.views.index)]
```

（4）较长的代码片段将被截取，且 GitHub 上对应的代码文件名称被放置在截取的代码的上方。完整的代码链接被置在代码片段的下方，如下所示。

```
settings.py
INSTALLED_APPS = ['django.contrib.admin',\
                  'django.contrib.auth',\
                  'django.contrib.contenttypes',\
                  'django.contrib.sessions',\
                  'django.contrib.messages',\
                  'django.contrib.staticfiles',\
                  'reviews']
```

完整的代码位于 http://packt.live/2Kh58RE。

准备工作

不积跬步无以至千里。在利用 Django 执行某些操作之前，需要准备相应的生产环境。下面将考查其实现方式。

安装 Python

在使用 Django 3 或其后续版本之前，需要在计算机上安装 Python 3。Mac 或 Linux 操作系统中通常安装了 Python 的某个版本，但较好的方法是运行 Python 的最新版本。在 Mac 操作系统中，Homebrew 用户可输入下列命令。

```
$ brew install python
```

在基于 Debian 的 Linux 发行版中，可输入下列命令检查可用的版本。

```
$ apt search python3
```

取决于输出结果，随后可输入下列命令。

```
$ sudo apt install python3 python3-pip
```

对于 Windows 操作系统，读者可访问 https://www.python.org/downloads/windows/下载 Python 3 安装程序，随后单击并运行该程序。其间，确保选择 Add Python 3.x to PATH 选项。

待安装完毕后，在命令行提示符中，可运行 Python 启动 Python 解释器。

注意，在 macOS 和 Linux 上，取决于具体的配置，pythin 命令可能会启动 Python 2 或 Python 3，此处应确保指定 python 3。在 Windows 环境下，仅需运行 python 即可，这将启动 Python 3。

pip 命令也基本类似。在 macOS 和 Linux 上，可指定 pip3；而在 Windows 上，仅需指定 pip。

安装 PyCharm 社区版本

我们可使用 PyCharm 社区版本（CE）作为集成开发环境（IDE），以编辑、运行和调试代码。读者可访问 https://www.jetbrains.com/pycharm/download/下载 PyCharm，并遵循相关指令进行安装。

对于 macOS、Linux 和 Windows 用户，读者可访问 https://www.jetbrains.com/help/pycharm/installation-guide.html#standalone 查看详细的安装指令。此外，读者还可访问 https://www.jetbrains.com/help/pycharm/installation-guide.html#requirements 查看 PyCharm 的系统需求。关于 PyCharm 的更多信息，读者可访问 https://www.jetbrains.com/help/pycharm/run-for-the-first-time.html。

virtualenv

虽然不是必需的，但我们依然建议使用 Python 虚拟环境，这将把 Python 包与系统包分离开来。

首先将考查如何在 macOS 和 Linux 上设置虚拟环境。对此，需要安装 virtualenv Python 包，这可通过 pip3 命令完成。

```
$ pip3 install virtualenv
```

随后在当前目录中创建一个虚拟环境。

```
$ python3 -m virtualenv <virtualenvname>
```

待虚拟环境创建完毕后，需要对其使用 source 命令，以便终端知晓使用当前环境的 Python 和包，如下所示。

```
$ source <virtualenvname>/bin/activate
```

在 Windows 环境中，可以类似的方式使用内建的 venv 库。当在当前目录中创建虚拟环境时，可运行下列命令。

```
> python -m venv <virtualenvname>
```

待虚拟环境生成完毕后，可利用新虚拟环境的 Scripts 目录中的 activate 脚本对其进行激活，如下所示。

```
> <virtualenvname>\Scripts\activate
```

在 macOS、Linux 和 Windows 环境中，我们将知晓虚拟环境已被激活，因为括号中的虚拟环境名称将位于提示符之前，如下所示。

```
(virtualenvname) $
```

安装 Django

在激活了虚拟环境后，可利用 pip3 或 pip 安装 Django（取决于操作系统）。

```
(virtualenvname)$ pip3 install django
```

一旦激活了虚拟环境，就可以使用该环境中的 pip 版本，并在该环境中安装包。

Django 3.0 和 Django 3.1

自 Django 3.1 起，Django 的作者改变了在 Django 设置文件中连接路径的方法。第 1 章将深入讨论设置文件。当前，我们仅需了解该文件称作 settings.py。

在早期版本中，BASE_DIR 设置变量是以字符串形式创建的，如下所示。

```
BASE_DIR = os.path.dirname(os.path.dirname(os.path.abspath(__file__)))
```

其中，os 包被导入 settings.py 文件中，并通过 os.path.join 函数连接路径，如下所示。

```
STATIC_ROOT = os.path.join(BASE_DIR, "static") # Django 3.0 and earlier
```

在 Django 3.1 中，BASE_DIR 表示一个 pathlib.Path 对象，它的分配方式如下。

```
BASE_DIR = Path(__file__).resolve().parent.parent
```

路径对象和字符串可以使用 pathlib.Path 重载的/（除法）运算符进行连接。

```
STATIC_ROOT = BASE_DIR / "static" # Django 3.1+
```

除此之外，os.path.join 函数还可以用于连接 pathlib.Path 对象，前提是它已首先被导入 settings.py 文件中。

由于生产环境中大多数 Django 项目都使用 3.1 之前的 Django 版本，因此在本书中我们选择使用 os.path.join 函数连接路径，当创建一个新的 Django 项目时，我们将使用高于 3.1 的最新的 Django 版本。因此，为了确保兼容性，仅需在 settings.py 文件的开始处添加一行代码，如下所示。

```
import os
```

添加代码后，即可直接使用本书的指令。另外，在开始与 settings.py 文件协同工作时，本书还将会针对这一修改内容提醒读者。

除了这一细微变化，本书中的示例代码、练习和操作无须做任何修改即可支持 Django 3.0 或 3.1。尽管我们无法百分之百确定，但本书中的代码应能够与 Django 后续版本实现良好的协同工作。

DB Browser for SQLite

在开发项目时，本书采用 SQLite 作为磁盘数据库。Django 提供了一个命令行界面，用于通过文本命令访问其数据，但也可采用 GUI 应用程序以更友好的方式浏览数据。

这里，推荐使用的工具是 DB Browser for SQLite，或简称为 DB Browser，它是一个跨平台（Windows、macOS 和 Linux）的 GUI 应用程序。

在 Windows 上安装

（1）访问 https://sqlitebrowser.org/dl/，下载正确的 Windows 架构（32 位或 64 位）的安装程序。

（2）运行下载后的安装程序，并遵循 Setup Wizard 指令，如图 0.1 所示。

（3）在接受了 End-User License Agreement 后，用户将被询问选择应用程序的快捷方式（shortcut），如图 0.2 所示。这里，建议针对 DB Browser 启用 Desktop 和 Program Menu 快捷方式，以便安装完毕后易于找到应用程序。

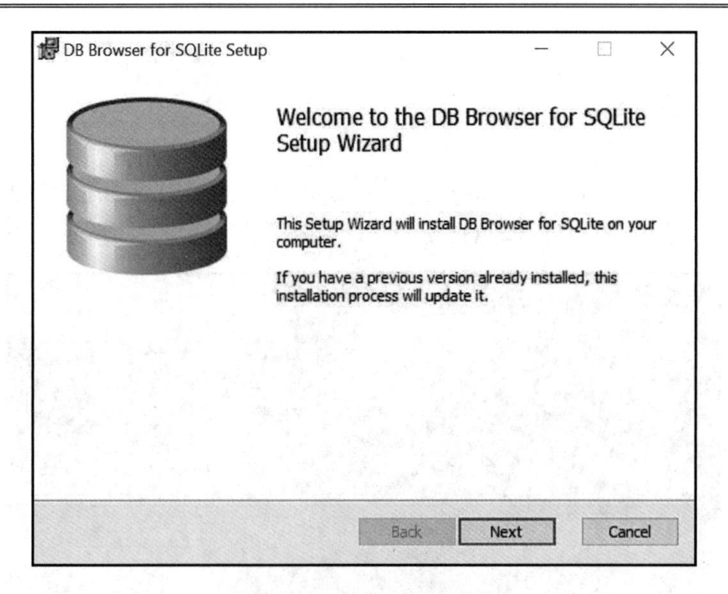

图 0.1　Setup Wizard 页面

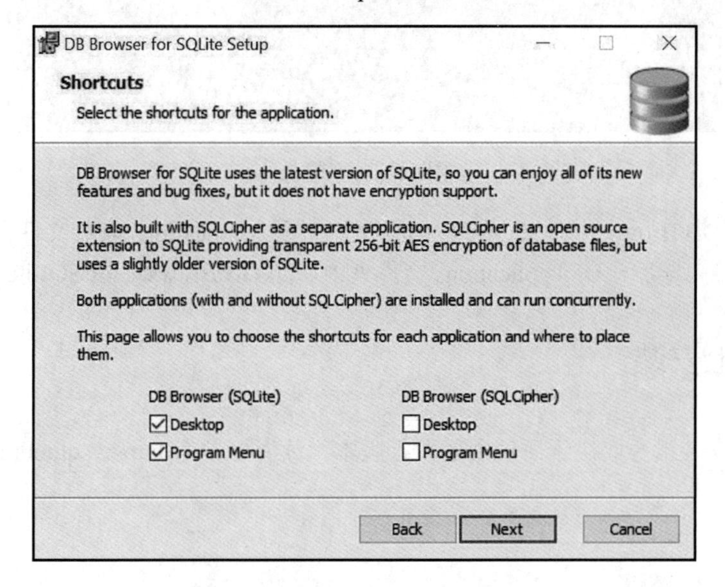

图 0.2　选择应用程序快捷方式的页面

（4）单击 Next 按钮以选择默认内容。

（5）如果在步骤（3）中未添加 Desktop 或 Program Menu 快捷方式，则需要在 C:\Program Files\DB Browser for SQLite 中查找 DB Browser。

在 macOS 上安装

（1）访问 https://sqlitebrowser.org/dl/，下载 macOS 的应用程序磁盘镜像。

（2）在下载结束后，打开磁盘镜像，如图 0.3 所示。

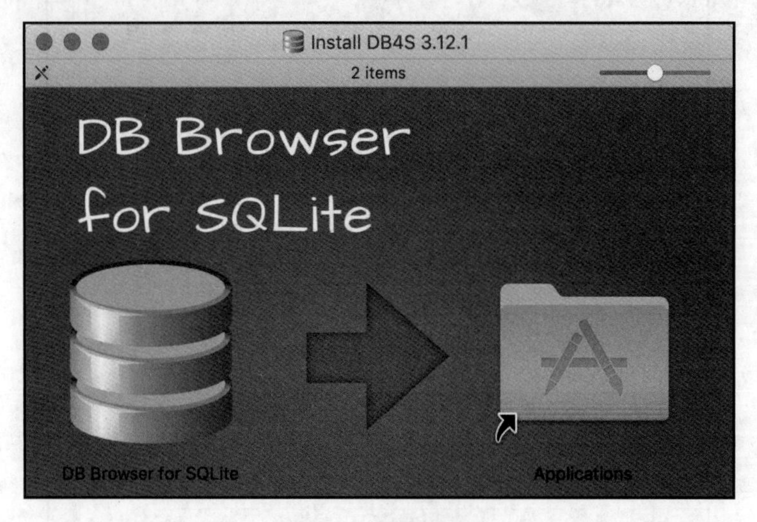

图 0.3　磁盘镜像

此处，将 DB Browser for SQLite 应用程序拖曳至 Applications 安装文件夹中进行安装。

（3）安装完毕后，在 Applications 文件夹中启动 DB Browser for SQLite。

在 Linux 上安装

Linux 的安装指令取决于所使用的发行版本，读者可参考 https://sqlitebrowser.org/dl/查看安装指令。

使用 DB Browser

此处的一组截图显示了一组 DB Browser 特性，对应截图取自 macOS，具体行为在所有平台上均较为相似。在图 0.4 中，打开后的第一步是选择 SQLite 数据库文件。

在打开了数据库文件后，即可在 Database Structure 选项卡中查看其结构，如图 0.5 所示。

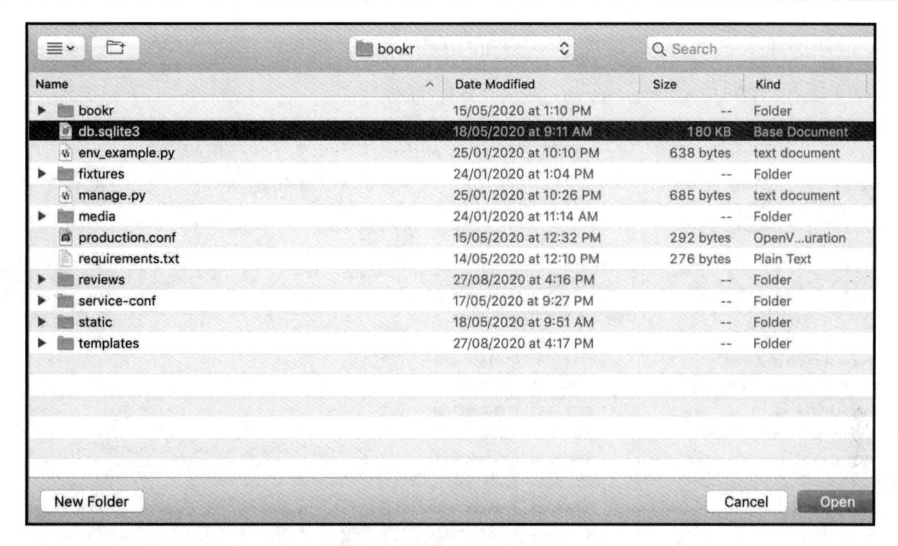

图 0.4　数据库打开对话框

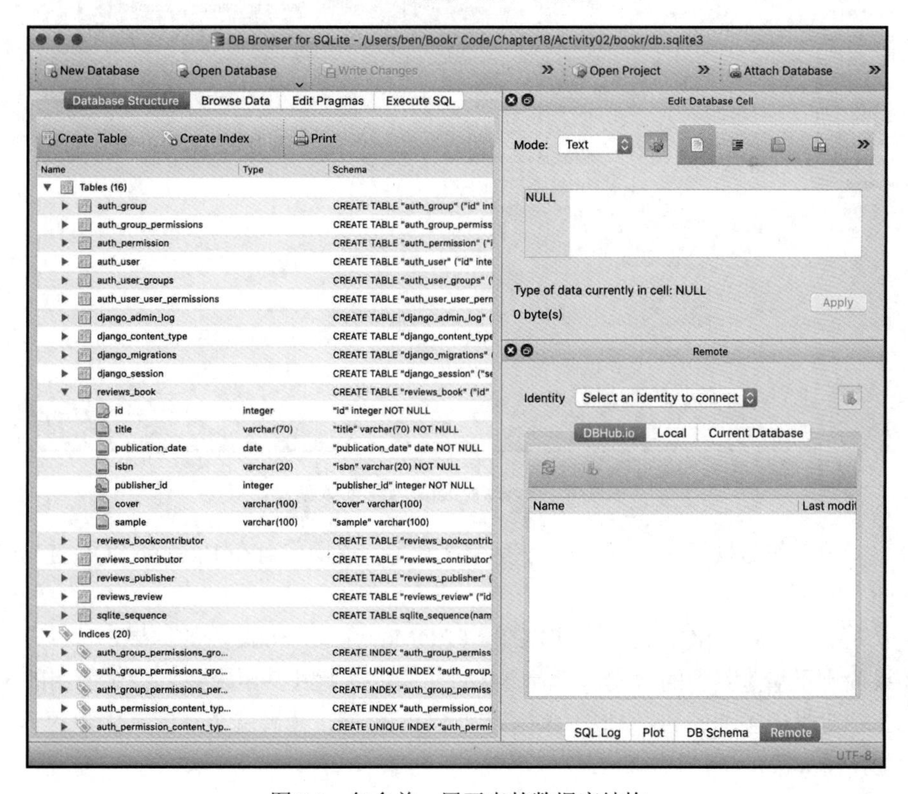

图 0.5　包含单一展开表的数据库结构

图 0.5 中展开了 reviews_book 表，进而可查看其表结构。除此之外，还可通过切换至 Browse Data 选项卡浏览表中的数据，如图 0.6 所示。

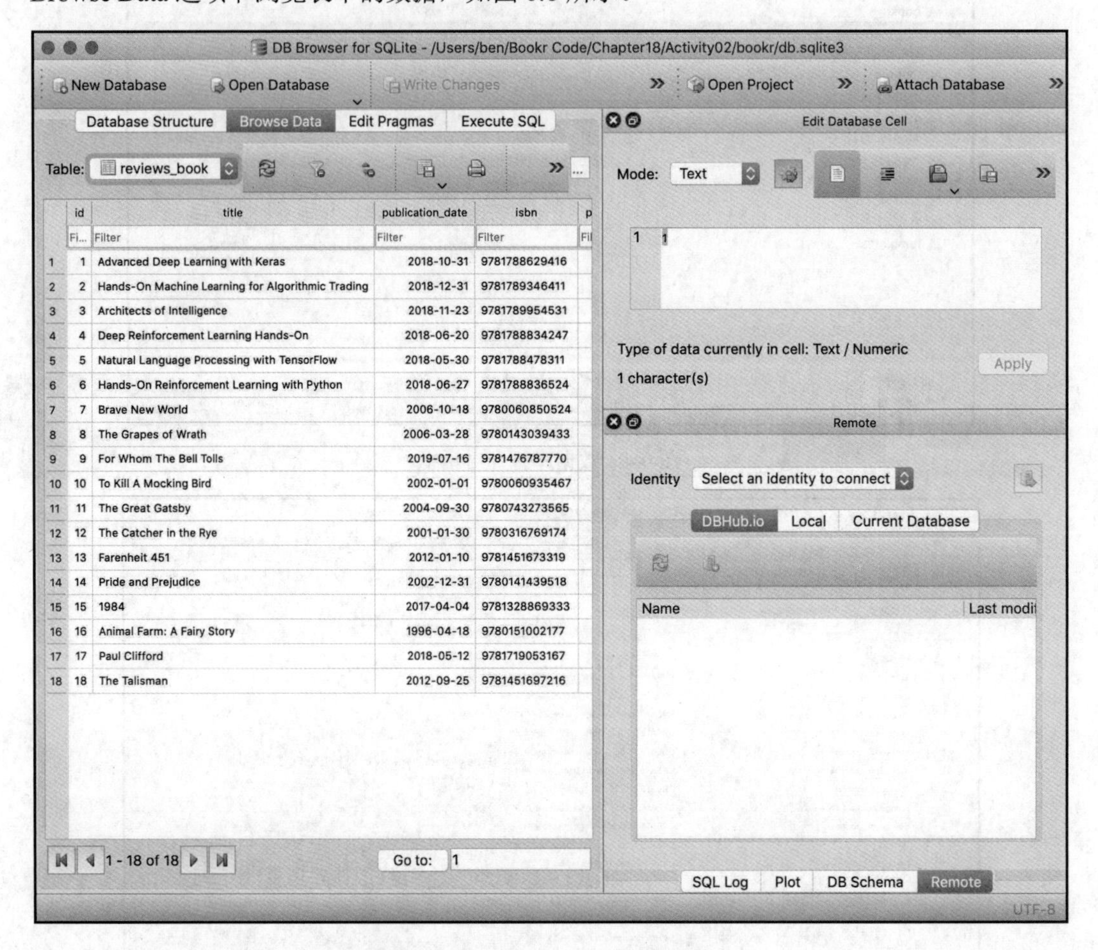

图 0.6　reviews_book 表中的数据

最后一项工作是执行 SQL 语句（参见第 2 章）。该操作可在 Execute SQL 选项卡中完成，如图 0.7 所示。

图 0.7 显示了执行 SQL 语句 SELECT * FROM reviews_book 后的结果。

如果尚不不清楚其中的含义，读者不必过于担心（此处甚至未包含尝试所用的 SQLite 文件）。一旦学习了 Django 模型、数据库和 SQL 查询，读者就会理解其中的内容，并开始使用 DB Browser。

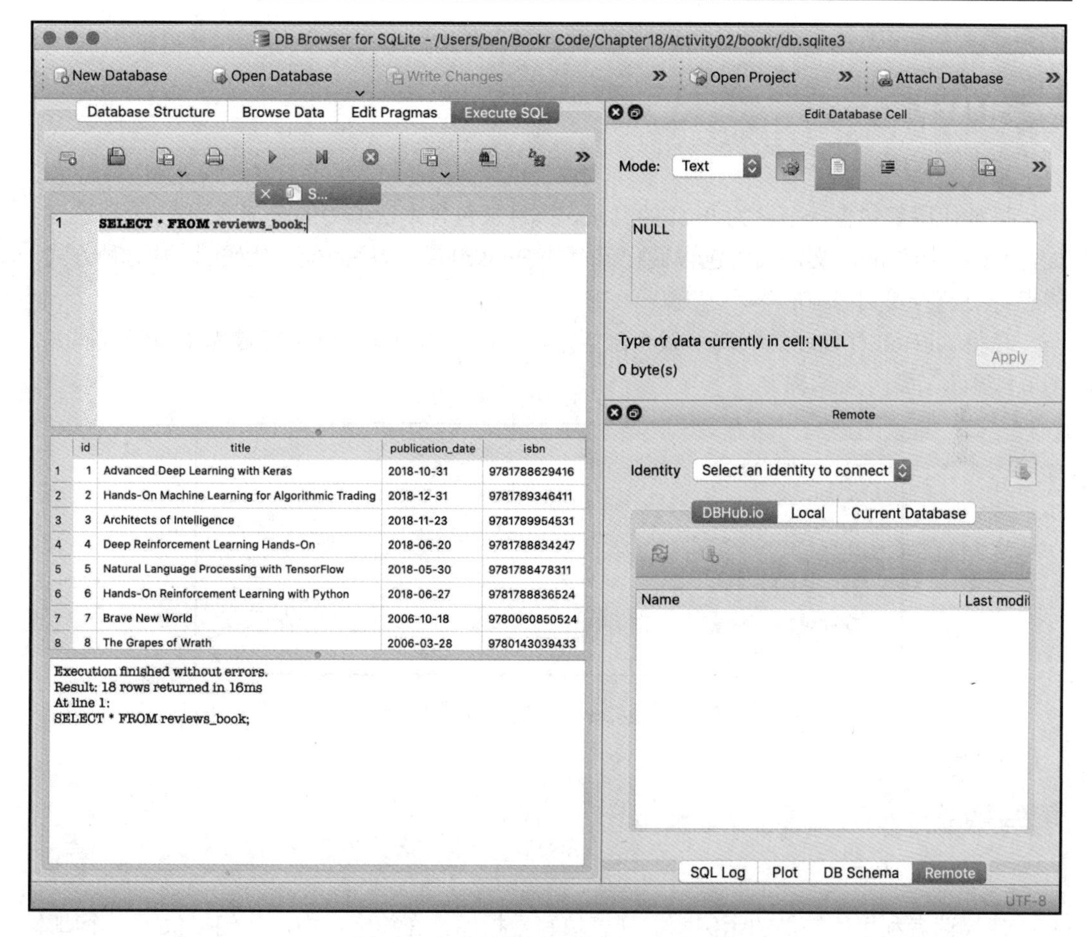

图 0.7　包含结构显示的 SQL 执行命令

本书项目

本书将以渐进方式构建一个名为 Bookr 的应用程序，以使用户能够浏览和添加图形评论（以及图书）。在完成了各章的练习和操作后，读者将能够向应用程序中添加更多特性。本书的 GitHub 存储库包含用于练习和操作的单独文件夹，这些文件夹通常包含应用程序代码已更改过的文件。

最终的目录

每章代码都包含一个名为 final 的目录，该目录包含本章编写的全部应用程序代码。例如，第 5 章中的 final 文件夹将包含截止该章的 Bookr 应用程序的全部代码。通过这种方式，读者可快速查找到当前的学习进度。

在将 GitHub 存储库的代码下载至磁盘中后（稍后将讨论如何从存储库中下载代码），图 0.8 显示了章目录结构。

Name	Date modified	Type
Activity7.01	20-12-2020 16:32	File folder
Activity7.02	20-12-2020 16:32	File folder
Exercise7.01	20-12-2020 16:32	File folder
Exercise7.02	20-12-2020 16:32	File folder
Exercise7.03	20-12-2020 16:32	File folder
final	20-12-2020 16:32	File folder

图 0.8　Bookr 的章级别的目录结构

填写数据

建议读者利用所提供的示例图书列表填写数据库。在第 2 章中，我们提供了一个脚本以快速填写数据。

安装代码包

读者可访问 http://packt.live/3nIWPvB 下载 GitHub 存储库中的代码文件。请参阅这些代码文件以获得完整的代码包。这些代码文件包含练习、操作、操作的解决方案以及每章的中间代码。

在 GitHub 存储库页面上，可单击绿色的 Code 按钮，随后单击 Download ZIP 选项，进而将完整代码作为 ZIP 文件下载至磁盘上，如图 0.9 所示。随后可将这些代码文件解压至所选的文件夹中，如 C:\Code。

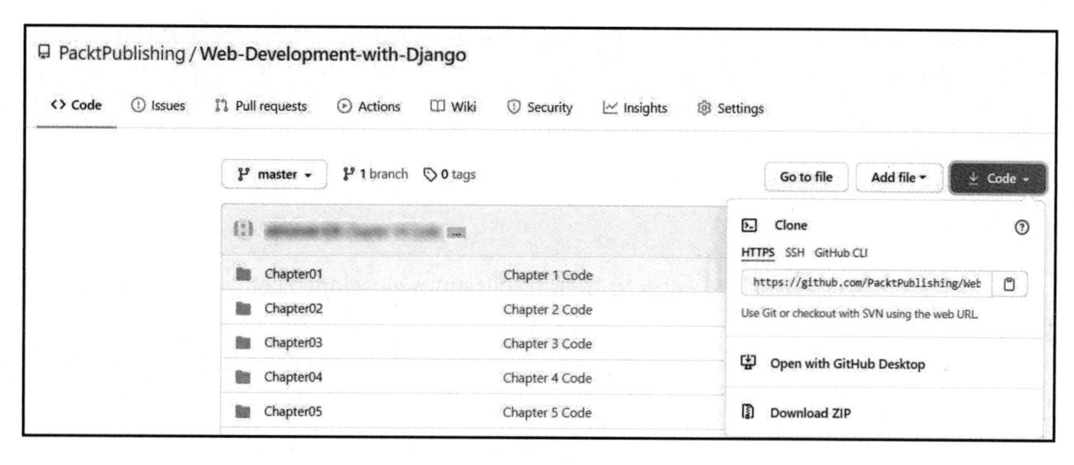

图 0.9　Download ZIP 选项

读者反馈和客户支持

欢迎读者对本书提出建议或意见。

对此，读者可向 customercare@packtpub.com 发送邮件，并以书名作为邮件标题。

勘误表

尽管我们希望做到尽善尽美，但书中不足依然在所难免。如果读者发现谬误之处，无论是文字错误抑或是代码错误，还望不吝赐教。对此，读者可访问 http://www.packtpub.com/submit/errata，选取对应书籍，输入并提交相关问题的详细说明。

版权须知

一直以来，互联网上的版权问题从未间断，Packt 出版社对此类问题异常重视。若读者在互联网上发现本书任意形式的副本，请告知我们网络地址或网站名称，我们将对此予以处理。关于盗版问题，读者可发送邮件至 copyright@packtpub.com。

若读者针对某项技术具有专家级的见解，抑或计划撰写书籍或完善某部著作的出版工作，则可访问 authors.packtpub.com。

问题解答

读者对本书有任何疑问，均可发送邮件至 questions@packtpub.com，我们将竭诚为您服务。

目　录

第 1 章　Django 简介

本章将讨论 Django 及其在 Web 开发中的角色。首先，我们将学习模型-视图-模板（MVT）范式的工作方式，以及 Django 如何处理 HTTP 请求和响应，在此基础上，我们将创建第 1 个 Django 项目，该项目称为 Bookr，是一个可添加、查看和管理图书评论的应用程序。在本书的学习过程中，我们将丰富该应用程序的特性。接下来，我们将学习 manage.py 命令（用于编排 Django 动作）。我们将使用该命令启动 Django 开发服务器，并测试代码是否按照期望方式工作。除此之外，我们还将学习如何与 PyCharm 协同工作，本书将使用这一较为流行的 Python IDE，并编写代码，进而将响应结果返回 Web 浏览器。最后，我们将学习如何使用 PyCharm 的调试器，以发现代码中的问题。在阅读完本章后，读者将能够利用 Django 创建项目。

1.1　简　　介

“在一定期限内，这是为完美主义者设计的 Web 框架”。这句口号恰如其分地描述了 Django 这个已经存在了十多年的框架。Django 经过了实战的考验并被广泛地应用，每天都有越来越多的用户使用 Django。所有这些可能会让你认为 Django 已经过时且不再具有价值。相反，其持久性已经证明了它的应用程序编程接口（API）是可靠和一致的，即使那些在 2007 年学过 Django v1.0 的人今天也可以为 Django 3 编写相同的代码。Django 仍处于较为活跃的开发阶段，且每月都会发布问题修复和安全补丁。

类似于 Python，Django 易于学习，且兼具功能性和灵活性，可不断地满足用户的需求。它是一个“包含电池”的框架，也就是说，我们无须查找和安装许多其他库或组件以启动和运行应用程序。其他框架，如 Flask 或 Pylons，需要以手动方式安装第三方框架，以实现数据库连接或模板渲染。相反，Django 为数据库查询、URL 映射和模板渲染（稍后将对此进行详细讨论）提供了内置的支持。但是，Django 易于使用并不意味着它有局限性。Django 应用于许多大型站点上，如 Disqus（https://disqus.com/）、Instagram（https://www.instagram.com/）、Mozilla（https://www.mozilla.org/）、Pinterest（https://www.pinterest.com/）、Open Stack（https://www.openstack.org/）和 National Geographic（http://www.nationalgeographic.com/）。

Django 在 Web 中的位置是什么？当谈及 Web 框架时，我们可能会想到前端 JavaScript 框架，如 ReactJS、Angular 或 Vue。这些框架用于向已生成的 Web 页面中增强或添加交互性。Django 位于这些工具的下面一层，负责路由 URL、从数据库中获取数据、渲染模板、处理用户的表单输入。然而，这并不意味着我们必须选择其中一个。JavaScript 框架可用于增强 Django 的输出结果，或者与 Django 生成的 RSEST API 进行交互。

在本书中，我们将通过专业开发人员每天使用的方法构建一个 Django 项目，该应用程序被称作 Bookr，它允许浏览和添加图书、书评。具体来说，本书的内容将被划分为 4 部分。在第 1 部分内容中，我们将学习搭建 Django 应用程序的基础知识，快速构建某些页面，并通过 Django 开发服务器向其提供服务。其间，我们将通过 Django 管理网站向数据库中添加数据。

第 2 部分内容主要讨论 Bookr 的增强功能。我们将服务于静态文件，并向网站添加样式和图像。通过使用 Django 的 form 库，我们将实现应用程序的交互功能；通过使用文件上传，我们将能够上传图书封面和其他文件。随后，我们将学习如何实现用户登录，以及如何将当前用户信息存储于会话中。

在第 3 部分内容中，我们将以现有的知识为基础，进入下一个开发阶段。其间，我们将定制 Django 管理网站，随后学习高级模板机制。接下来，我们将学习如何构建 REST API，并生成非 HTML（如 CSV 和 PDF）数据。最后，我们将学习如何测试 Django。

许多第三方库可向 Django 中添加功能，进而简化开发过程并节省开发事件。在第 4 部分内容中，我们将学习一些有用的库及其与应用程序之间的集成方式。应用这些知识，我们将能够集成 JavaScript 库，并与之前构建的 REST 库进行通信。最后，我们将介绍如何将 Django 应用程序部署至虚拟服务器中。

在阅读完本书后，你将具备一定的经验，并从头开始设计和构建自己的 Django 项目。

1.2 搭建 Django 项目和应用程序

在深入讨论 Django 范式和 HTTP 请求背后的理论之前，下面展示如何方便地构建一个 Django 项目。在第 1 部分内容和练习之后，读者将能够创建一个 Django 项目，利用浏览器向其生成请求，并查看最终的响应结果。

Django 项目是一个目录，其中包含了项目的所有数据：代码、设置、模板和数据资源。Django 项目可通过在命令行上运行带有 startproject 参数的 django-admin.py 命令并提供项目名称来创建和搭建项目。例如，当创建一个名称为 myproject 的项目时，对应的命令如下所示。

```
django-admin.py startproject myproject
```

这将生成 myproject 目录，Django 将用运行项目所需的文件填充该目录。在 myproject 中存在两个文件，如图 1.1 所示。

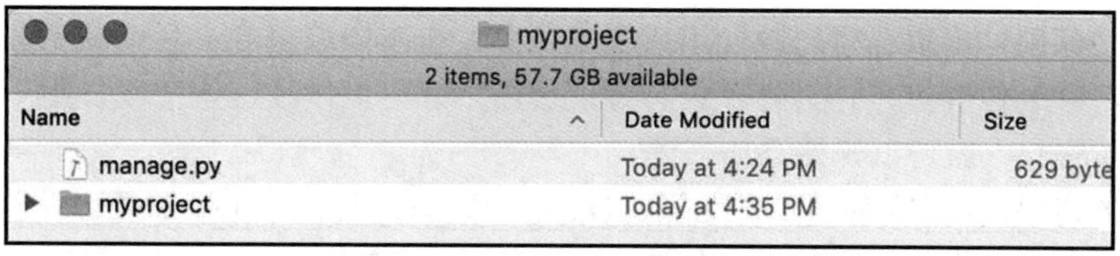

图 1.1　myproject 的项目目录

manage.py 是一个在命令行上运行的 Python 脚本，用于与项目进行交互。我们将使用它来启动 Django dev server，这是一个将要使用的开发 Web 服务器，你将使用它与本地计算机上的 Django 项目进行交互。类似于 django-admin.py，命令被传递至命令行中。与 django-admin.py 不同的是，manage.py 脚本并未被映射至系统路径中，因此需要利用 Python 执行该脚本。对此，需要使用命令行实现这一操作。例如，在项目目录内，可运行下列命令。

```
python3 manage.py runserver
```

这将把 runserver 命令传递至 manage.py 脚本中，该脚本将启动 Django 开发服务器。稍后将检查 manage.py 接收的多条命令。当通过这种方式与 manage.py 进行交互时，我们调用这些管理命令。

startproject 命令还创建了一个与项目同名的目录，在本例中为 myproject（见图 1.1）。这是一个 Python 包，其中包含了设置项和其他一些项目运行所需的配置文件。稍后将解释其中的内容。

在启动了 Django 项目后，接下来将启动 Django 应用程序。我们应按照功能将 Django 项目划分为不同的应用程序。例如，Bookr 包含了一个 reviews 应用程序。这将存储全部代码、HTML、数据资源和特定于书评的数据库类。如果决定扩展 Bookr 并打算出售书籍，我们可添加一个 store 应用程序，其中包含了与书店相关的文件。相应地，利用 startapp 管理命令创建应用程序，同时传递应用程序名称，如下所示。

```
python3 manage.py startapp myapp
```

这将在项目目录中创建一个应用程序目录（myapp）。当进行开发时，Django 会自动为应用程序填充文件。稍后将查看这些文件，并讨论构成应用程序所需的内容。

在引入了基本命令并搭建 Django 项目和应用程序后，下面将启动 Bookr 项目并将其投入实际应用中。

练习 1.01　创建一个项目和应用程序并启动开发服务器

本书将构建一个名为 Bookr 的书评网站，并能够针对出版者、贡献者、书籍和评论添加字段。其中，出版者将出版一本或多本图书，每本图书包含一名或多名贡献者（作者、编辑、联合作者等）。另外，只有管理员用户才可以修改这些字段。用户一旦在网站上注册了账户，就可以开始添加书评。

在本练习中，我们将搭建一个 bookr Django 项目，测试 Django 是否可以通过运行开发服务器而正常工作，随后创建一个 reviews Django 应用程序。

在 Django 安装完毕后，我们已经得到了一个虚拟环境设置，读者可参考前言部分查看其实现过程。待处于就绪状态后，接下来创建 Bookr 项目。

（1）打开终端并运行下列命令创建 bookr 项目目录和默认的子文件夹。

```
django-admin startproject bookr
```

该命令并不会生成任何输出结果，但会在运行命令的目录中生成一个名为 bookr 的文件夹。我们可查看该目录中的内容，并看到我们之前针对 myproject 示例所描述的条目，即 bookr 包目录和 manage.py 文件。

（2）通过运行 Django 开发服务器，我们测试项目和 Django 是否正确设置。这里，启动服务器可通过 manage.py 脚本完成。

在终端（或命令提示符）中，访问 bookr 项目目录（使用 cd 命令），随后运行 manage.py runserver 命令。

```
python3 manage.py runserver
```

注意：

在 Windows 中，可能需要利用 python 运行并替换 python3，以便每次运行该命令时都能正常工作。

该命令将启动 Django 开发服务器。对应的输出结果如下所示。

```
Watching for file changes with StatReloader
Performing system checks...

System check identified no issues (0 silenced).

You have 17 unapplied migration(s). Your project may not work
properly until you apply the migrations for app(s): admin, auth,
```

```
contenttypes, sessions.
Run 'python manage.py migrate' to apply them.

September 14, 2019 - 09:40:45
Django version 3.0a1, using settings 'bookr.settings'
Starting development server at http://127.0.0.1:8000/
Quit the server with CONTROL-C.
```

其中可能包含一些与未应用迁移相关的警告，当前，这不会产生任何问题。

（3）打开 Web 浏览器并访问 http://127.0.0.1:8000/，这将显示一个 Django 欢迎界面，如图 1.2 所示。据此可知，Django 项目已成功创建并可正常工作。

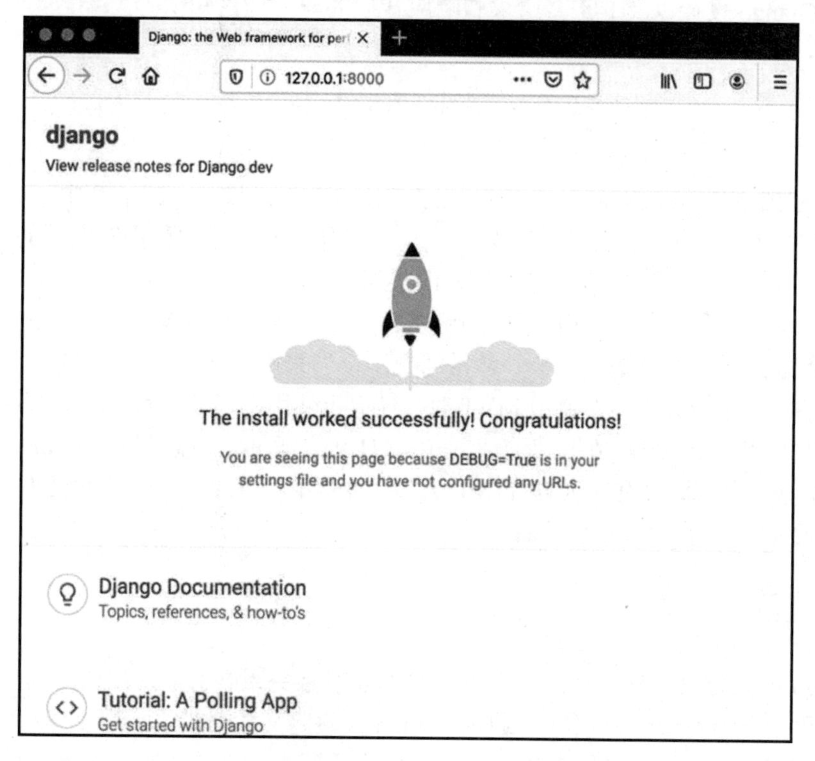

图 1.2　Django 欢迎界面

（4）返回终端，并通过运行 Ctrl + C 组合键终止开发服务器运行。

（5）当前，我们针对 bookr 项目创建了 reviews 应用程序。在你的终端中，确保你位于 bookr 项目目录中，随后执行下列命令创建 reviews 应用程序。

```
python3 manage.py startapp reviews
```

注意：

在创建了 reviews 应用程序后，bookr 项目目录中的文件如 http://packt.live/3nZGy5D 所示。

该命令成功执行后并不会生成输出结果，但会生成 reviews 应用程序目录。我们可查看该目录中创建的文件：migrations 目录、admin.py 文件、models.py 文件等。稍后，我们将深入讨论这些文件。

在本练习中，我们创建了 bookr 项目，并通过启动 Django 开发服务器测试项目是否能够正常工作，随后创建项目的 reviews 应用程序。在介绍了 Django 项目后，我们接下来将考查 Django 设计以及 HTTP 请求和响应背后的一些理论知识。

1.3　模型-视图-模板

模型-视图-控制器（MVC）是应用程序设计中常见的设计模式，其中，应用程序的模型（其数据）显示于一个或多个视图中，而控制器则负责模型和视图之间的交互行为。Django 支持名为模型-视图-模板（MVT）的类似范式。

类似于 MVC，MVT 也采用模型存储数据。然而，当利用 MVT 时，视图将查询一个模型，随后通过模板对其进行渲染。通常情况下：当采用 MVC 语言时，3 个组件均需要使用相同的语言进行开发；而使用 MVT 时，模板可使用不同的语言。对于 Django 来说，模型和视图是用 Python 编写的，而模板是用 HTML 编写的。这意味着，Python 开发人员可工作于模型和视图上，而专业的 HTML 开发人员工作于 HTML 上。下面首先解释模型、视图和模板，随后考查其应用场景。

1.3.1　模型

Django 模型定义了应用程序的数据，并通过对象关系映射器（ORM）向 SQL 数据库访问提供了一个抽象层。ORM 可通过 Python 代码定义数据模式（类、字段及其关系），且无须理解底层数据库。这意味着，可在 Python 代码中定义数据库，Django 将关注生成的 SQL 查询。第 2 章将深入讨论 ORM。

注意：

SQL 是指结构化查询语言，同时是一种描述数据库类型的方式，即将数据存储在表中，且每个表均包含几行数据。这里，可将每个表看作一个单独的电子表格。但是，与电子表格不同的是，每个表中的数据之间可以定义关系。我们可执行 SQL 查询（当谈及数据库时通常仅称作查询）进而与数据进行交互。查询允许我们检索数据（SELECT）、添加或修改数据（INSERT 和 UPDATE）、移除数据（DELETE）。相应地，存在多种 SQL 数据库服务器可供选择，如 SQLite、PostgreSQL、MySQL 或 Microsoft SQL Server。数据库之间的大部分 SQL 语法是相似的，但在某些细节上可能存在一些差异。Django 的 ORM 负责处理这些差异：当开始编码时，我们将使用 SQLite 数据库在磁盘上存储数据；稍后部署至服务器上时，我们将切换至 PostgreSQL，但无须更改任何代码。

通常情况下，当查询数据库时，返回的结果是基本的 Python 对象（如字符串、整数、浮点数或字节列表）。当采用 ORM 时，返回结果将自动转换为所定义的模型类实例。使用 ORM 意味着可以免受一种称作 SQL 注入攻击的漏洞的干扰。读者如果熟悉数据库和 SQL，通常也可编写自己的查询语句。

1.3.2　视图

Django 视图是定义大多数应用程序逻辑的地方。当用户访问站点时，他们的 Web 浏览器将发送一个请求：从你的站点检索数据（稍后将讨论 HTTP 请求及其所包含的信息）。视图可被视为一个编写的函数，它将以 Python 对象（特别是 Django HttpRequest 对象）的形式接收此请求。视图将决定如何响应请求，以及返回用户的内容。相应地，视图必须返回一个 HttpResponse 对象，其中封装了提供至客户端的所有信息，如内容、HTTP 状态和其他头。

除此之外，视图还可从请求的 URL 处接收信息，如 ID 值。视图的常见设计模式是利用传递至视图中的 ID 并通过 Django ORM 查询数据库。随后，视图可通过向模板提供从数据库中检索的模型中的数据来渲染模板（稍后将深入讨论模板）。渲染后的模板变为 HttpResponse 的内容，并从视图函数中返回。Django 负责处理数据与浏览器之间的通信。

1.3.3　模板

模板是指超文本标记语言（HTML）文件（通常情况下，任何文本文件均可作为模板），其中包含特殊的占位符，这些占位符被应用程序提供的变量替换。例如，应用程序可通过图库布局或表格布局渲染条目列表。视图可针对其中任何一种方式获取相同的模型，但能够渲染具有相同信息的不同的 HTML 文件，进而以不同方式渲染数据。Django 注重安全性，因此自动关注转义变量问题。例如，<和>符号在 HTML 中被视为特定变量，如果在变量中使用它们，Django 将自动对它们进行编码，以使它们在浏览器中得以正确的渲染。

1.3.4 MVT 实战

下面通过一些示例展示 MVT 的实际工作方式。其中，我们持有一个存储与不同书籍相关信息的 Book 模型，以及一个存储与不同书评相关信息的 Review 模型。

在第 1 个示例中，我们希望能够编辑与图书或书评相关的信息。针对第 1 种情况，即编辑图书的细节内容，我们应拥有一个视图并从数据库中获取 Book 数据且提供 Book 模型。随后，我们将包含 Book 对象（和其他数据）的上下文信息传递至模板中，该模板显示一个表单以捕捉新的信息。对于第 2 种情况（编辑书评），它与第 1 种情况较为类似：从数据库中获取 Review 模型，随后将 Review 对象和其他信息传递至模板中并显示一个编辑表单。考虑到这两种情况较为相似，因此可对二者复用相同的模板，如图 1.3 所示。

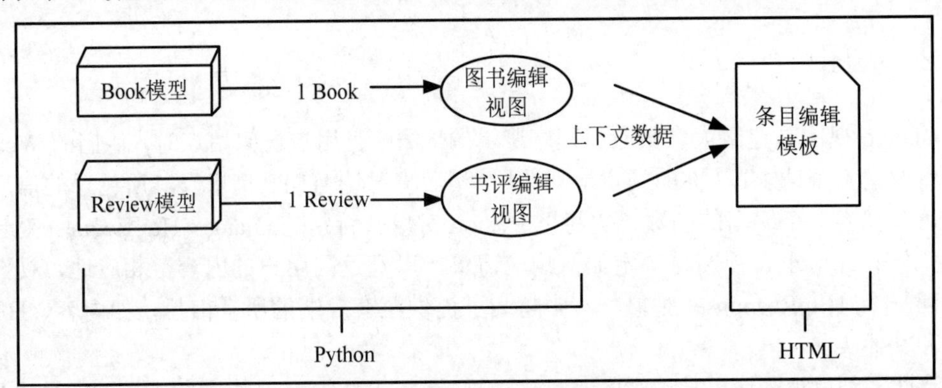

图 1.3　编辑一本书或书评

从图 1.3 中可以看到，我们使用了两个模型、两个视图和一个模板。其中，每个视图均获取其关联模型的单一实例，但它们都可以使用相同的模板，即显示一个表单的通用 HTML 页面。另外，视图还可以提供额外的上下文数据，以微调每种模型类型的模板显示内容。同时，图 1.3 还显示了 Python 编码部分的内容和 HTML 编码部分的内容。

在第 2 个实例中，我们希望向用户显示存储于应用程序中的图书或书评的列表。进一步讲，用户可搜索图书并获取满足匹配条件的列表。这里将采用上一个示例中的两个相同模型（Book 和 Review），但会创建新的视图和模板。考虑到存在 3 种情况，此处将使用 3 个视图：第 1 个视图获取全部图书，第 2 个视图将根据搜索条件查找图书，第 3 个视图获取全部书评。再次说明，如果某个模板工作良好，则可再次使用这一 HTML 模板，如图 1.4 所示。

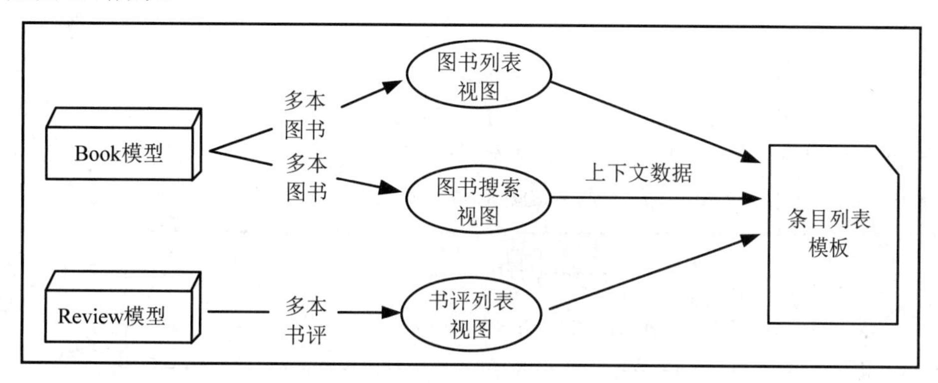

图 1.4　查看多本图书或书评

其中，Book 和 Review 模型保持不变。3 个视图将获取多本（0 本或更多本）图书或书评。随后，每个视图均可以使用相同的模板，这是一个通用的 HTML 文件，它遍历给定的对象列表并对其进行渲染。再次强调，视图可发送上下文中额外的数据，以改变模板的行为方式，但模板的大部分内容是通用的。

在 Django 中，模型并不总是需要用于渲染模板。视图可以生成上下文数据自身并以此渲染模板，而不需要任何模型数据。图 1.5 显示了直接将数据发送至模板的视图。

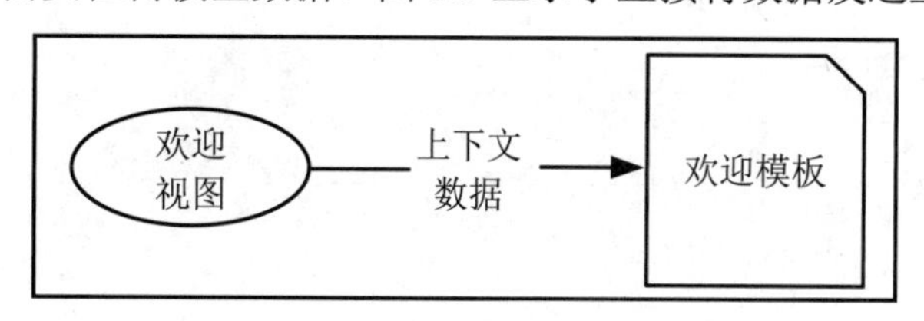

图 1.5　视图和模板之间不需要模型

在当前示例中，存在一个欢迎视图，并以此欢迎用户访问网站。该操作不需要任何数据库中的信息，因此可以仅生成上下文数据自身。这里，上下文数据取决于需要显示的信息类型。例如，如果用户已登录，则可传递用户信息并通过他们的姓名欢迎用户。另外，视图还可以在缺少上下文数据的情况下渲染模板。如果希望处理的 HTML 文件中有静态信息，这将十分有用。

1.3.5　HTTP 简介

前述内容介绍了 Django 中的 MVT，接下来将考查 Django 如何处理 HTTP 请求并生成 HTTP 响应。对此，首先需要解释 HTTP 请求和响应，以及它们包含的信息。

假设用户打算访问网站页面，并输入了 URL 或从所处的页面上单击指向站点的链接。此时，Web 浏览器生成一个 HTTP 请求，并将该请求发送至托管网站的服务器上。Web 服务器一旦接收到来自浏览器的 HTTP 请求，就可以解释该请求并随后发送回一个响应结果。服务器发送的响应结果可能较为简单，如仅从磁盘上读取一个 HTML 或图像文件并发送响应结果。或者，响应结果也可能较为复杂，如使用服务器端软件（如 Django）动态生成内容，随后发送响应结果，如图 1.6 所示。

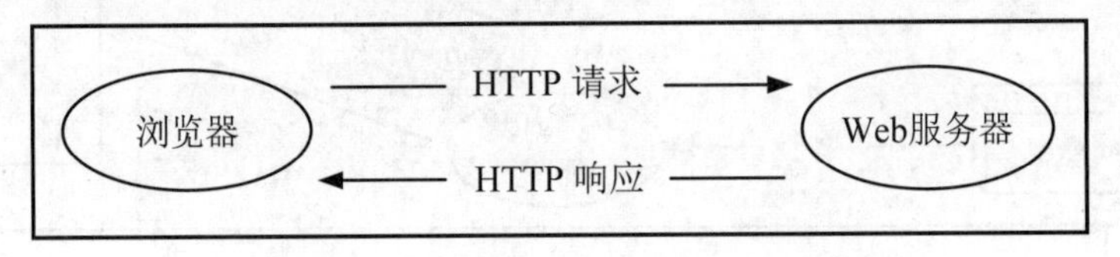

图 1.6　HTTP 请求和 HTTP 响应结果

这里，请求由 4 个主要部分构成，即方法、路径、请求头和请求体。某些请求类型可能不包含请求体。如果仅访问一个 Web 页面，那么浏览器将不会包含请求体。然而，如果提交一个表单（如通过登录某个站点或执行查询操作），那么请求将包含一个请求体，其中包含了提交的数据。接下来将考查两个示例请求并对此予以说明。

第一个请求是带有 URL https://www.example.com/page 的示例页面。当浏览器访问该页面时，所发送的内容如下所示。

```
GET /page HTTP/1.1
Host: www.example.com
User-Agent: Mozilla/5.0 (X11; Ubuntu; Linux x86_64; rv:15.0)
Firefox/15.0.1
Cookie: sessid=abc123def456
```

其中，第 1 行代码包含了方法（GET）和路径（/page），以及 HTTP 版本（在当前示例中为 1.1）。取决于与远程页面的交互方式，可以使用其他不同的 HTTP 方法。常见的方法包括 GET（检索远程页面）、POST（向远程页面发送数据）、PUT（创建远程页面）以及 DELETE（删除远程页面）。需要注意的是，这些动作的描述稍显简单——远程服务器可以选择如何响应不同的方法，即使是有经验的开发人员也可能对实现特定操作的正确方法存在分歧。另外，还需要注意的是，即使服务器支持特定的方法，我们可能仍需要正确的授权执行相应的动作。例如，我们不能在不喜欢的 Web 页面上使用 DELETE 方法。

在编写 Web 应用程序时，绝大多数情况下，将只处理 GET 请求。当开始接收表单时，则还必须使用 POST 请求。只有当与高级特性协同工作时，如创建 REST API，才需要考虑使用 PUT、DELETE 和其他方法。

下面再次返回示例请求中。自第 2 行代码起表示为请求头。请求头包含了与请求相关的元数据。这里，每个请求头均位于各自的行上，请求头及其值采用冒号分隔。此处，大多数内容是可选的（除了 Host，稍后会详细介绍）。另外，请求头名称不区分大小写。出于演示，这里仅展示 3 个常见的请求头，如下所示。

- Host：如前所示，这是唯一需要的请求头（对于 HTTP 1.1 或更高版本）。Web 服务器需要知道哪个网站或应用程序应该响应请求，以防在一台服务器上托管了多个网站。
- User-Agent：浏览器通常向服务器发送一个字符串以识别其版本和操作系统。服务器应用程序可以此为不同的设备提供不同的页面（例如，针对智能手机的额定移动页面）。
- Cookie：读者可能在访问 Web 页面时看到一条消息，提示你在浏览器中存储了一个 Cookie。这些内容是网站可存储在浏览器中的小块信息，可用于识别用户的身份，或者保存返回网站时的设置。如果读者想知道浏览器如何将这些 Cookie 发送回服务器，那么答案就是这个请求头。

除此之外，还存在其他一些标准请求头，限于篇幅，此处未对其展开讨论。这些请求头可用于对服务器进行身份验证（Authorization）、通知服务器可接收的数据类型（Accept）、甚至表明页面所使用的语言（Accept-Language，不过，这仅在页面创建者以请求的特定语言提供内容时才有效）。甚至，我们还可定义自己的请求头，只有你的应用程序知道如何响应。

接下来考查一种稍微高级的请求：向服务器发送一些信息，因此包含了一个请求体（这与上一个示例有所不同）。在该示例中，我们通过发送用户名和密码登录某个 Web 页面。例如，我们访问 https://www.example.com/login，它会显示一个表单来输入用户名和密码。在单击 Login 按钮后，该请求将被发送至服务器。

```
POST /login HTTP/1.1
Host: www.example.com
Content-Type: application/x-www-form-urlencoded
Content-Length: 32

username=user1&password=password1
```

可以看到，这与第 1 个示例类似，但也存在一些差别。当前，对应方法为 POST，并引入了两个新的请求头（也可假设浏览器仍发送第 1 个示例中的其他请求头）。

- Content-Type：这将通知服务器在请求体中包含的数据类型，对于 application/x-www-form-urlencoded，请求体是一个键-值对。HTTP 客户端可设置该请求头，以通知服务器是否发送了其他数据类型，如 JSON 或 XML。

- Content-Length：为了让服务器知道读取多少数据，客户端必须通知服务器正在发送多少数据。Content-Length 头包含了请求体的长度。如果计算读取示例中请求体的长度，则会看到对应结果为 32 个字符。

请求头通常使用空行与请求体分隔。通过考查当前示例，我们应了解表单数据在请求体中的编码方式：username 包含值 user1，password 包含值 password1。

上述请求均较为简单，且大多数请求也并不复杂。这些请求包含不同的方法和请求头，但应遵循相同的格式。在考查了请求后，下面将讨论从服务器返回的 HTTP 响应结果。

HTTP 响应看上去与请求类似，但包含 3 个主要部分：状态、请求头和请求体。类似于请求且取决于响应类型，响应可能不包含请求体。这里，第 1 个响应示例是一个简单的成功响应结果。

```
HTTP/1.1 200 OK
Server: nginx
Content-Length: 18132
Content-Type: text/html
Set-Cookie: sessid=abc123def46

<!DOCTYPE html><html><head>…
```

其中，第 1 行代码包含了 HTTP 版本、数字状态码（200），随后是代码含义的文本描述（OK 表示请求成功）。在下一个示例后，我们将展示更多的状态。第 2～5 行代码包含了请求头，这与某个请求十分类似。某些请求头已在前述内容中有所介绍。在当前上下文中，其含义如下所示。

- Server：这与 User-Agent 请求头类似，但含义相反，即通知客户端运行何种软件的服务器。
- Content-Length：客户端使用该值确定从服务器中读取的数量以获取请求体。
- Content-Type：服务器使用该请求头以通知客户端它正在发送的数据类型。然后，客户端可以选择如何显示数据——例如，图像的显示方式必须与 HTML 不同。
- Set-Cookie：在第 1 个请求示例中，我们考查了客户端如何向服务器发送 Cookie。此处表示为服务器为在浏览器中设置该 Cookie 而发送的相应请求头。

请求头之后是一个空行，随后是响应体。此处并未显示其全部内容，仅显示了服务器发送的 18132 个 HTML 字符中接收到的前几个字符。

接下来将展示一个响应示例，即请求页面不存在时的响应结果。

```
HTTP/1.1 404 Not Found
```

```
Server: nginx
Content-Length: 55
Content-Type: text/html

<!DOCTYPE html><html><body>Page Not Found</body></html>
```

这与前述示例较为类似，但状态为 404 Not Found。如果浏览互联网时接收到 404 错误，这表示为浏览器接收到的响应类型。相应地，各种状态码按照它们所表示的成功或失败类型进行分组。

- 100-199：服务器在此范围内发送代码，表明协议更改或需要更多数据，通常不必担心此类问题。
- 200-299：这一范围内的状态码表示响应成功处理，较为常见的状态码是 200 OK。
- 300-399：这一范围内的状态码表示请求的页面已移至另一个地址。这方面的一个例子是 URL 缩短服务，这会在访问 URL 时从短 URL 重定向至完整的 URL。对此，较为常见的响应结果是 301 Moved Permanently 或 302 Found。当发送一个重定向响应时，服务器将包含一个 Location 请求头，该请求头包含了重定向的 URL。
- 400-499：这一范围内的状态码意味着请求无法处理，因为客户端发送的内容存在问题。这与由于服务器上的问题而无法处理请求形成对比（稍后将讨论这些问题）。前述内容介绍了 404 Not Found 响应，这源自失败的请求，因为客户端正在请求一个不存在的文档。其他较为常见的一些响应还包括 401 Unauthorized（客户端未登录）和 403 Forbidden（客户端不允许访问特定的资源）。这两种问题都可以通过登录客户端来避免，因此它们均可被视为客户端（请求）方面的问题。
- 500-599：这一范围内的状态码表示服务器端错误，一般无法通过客户端调整请求而解决问题。当与 Django 协调工作时，最为常见的错误状态是 500 Internal Server Error。如果代码产生异常，一般会出现这种错误。另一个较为常见的错误状态是 504 Gateway Timeout，如果代码运行时间过长，即会出现这种情况。其他错误状态还包括 502 Bad Gateway 和 503 Service Unavailable，一般表示应用程序的托管在某种程度上存在问题。

上述内容介绍了一些较为常见的 HTTP 状态，读者还可以访问 https://developer.mozilla.org/en-US/docs/Web/HTTP/Status 查看完整的错误状态列表。类似于 HTTP 请求头，状态是任意的，应用程序还可返回自定义状态，这取决于服务器和客户端确定这些自定义状态和代码的含义。

读者如果首次接触 HTTP 协议，那么还需要了解更多的信息。然而，Django 完成了大部分工作，并将输入数据封装至 HttpRequest 对象中。大多数时候，我们不必了解输入信息。类似地，当发送响应结果时，Django 将数据封装至 HttpResponse 对象中。正常情况下，我们仅需设置返回的内容，此外还可自由地设置 HTTP 状态码和请求头。稍后将讨论如何在 HttpRequest 和 HttpResponse 中访问和设置信息。

1.3.6 处理请求

这可被视为请求和响应流的基本时间轴，因此你可以了解所编写的代码在每个阶段的功能。就编写代码而言，所编写的第 1 部分是视图。所创建的视图将执行某些动作，如查询数据库。随后，视图将该数据传递至另一个函数以渲染一个模板。最后返回封装了要发送回客户端的数据的 HttpResponse 对象。

随后，Django 需要了解如何将一个特定的 URL 映射至视图中，这样它才能为在请求中接收到的 URL 加载正确的视图。我们将在一个 URL 配置 Python 文件中编写这一 URL 映射行为。

当 Django 接收一个请求时，它将解析 URL 配置文件，随后查找对应的视图。Django 调用视图，同时传递一个表示请求的 HttpRequest 对象。视图将返回 HttpResponse，然后 Django 再次接管，将这些数据发送至其主机 Web 服务器，并返回请求它的客户端，如图 1.7 所示。

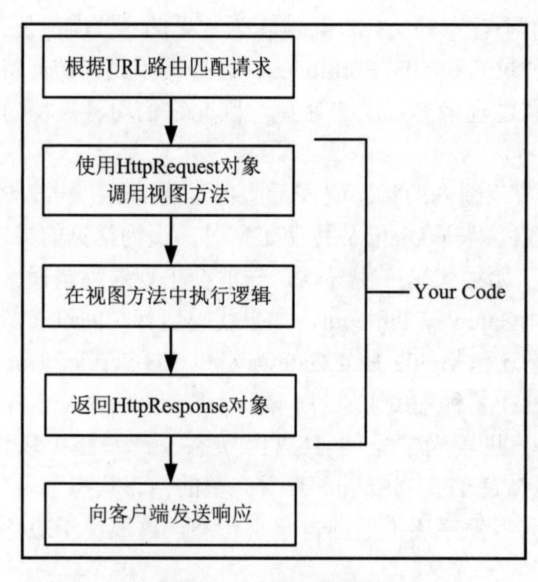

图 1.7 请求和响应流

图 1.7 显示了请求-响应流。其中“编写的代码”部分表示需要我们编写的代码。第一步和最后一步则由 Django 负责。Django 执行 URL 匹配、调用视图代码，随后将响应传递回客户端。

1.3.7　Django 项目

前述内容介绍了 Django 项目。当运行 startproject 时（对于一个名为 myproject 的项目）：该命令创建一个 myproject 目录，其中包含一个名为 manage.py 的文件，以及一个名为 myproject 的目录（这将匹配项目名。在练习 1.01 中，该文件夹被称作 bookr，等同于项目名）。图 1.8 显示了目录布局，稍后将讨论 manage.py 文件和 myproject 包内容。

Name	Date Modified	Size
manage.py	Today at 4:24 PM	629 byte
▶ myproject	Today at 4:35 PM	

图 1.8　myproject 的项目目录

1.3.8　manage.py 文件

顾名思义，这是一个用于管理 Django 项目的脚本。用于与项目交互的大多数命令将在命令行上提供给该脚本。这些命令将作为参数提供给该脚本。例如，如果运行 manage.py runserver 命令，则意味着以下列方式运行 manage.py 脚本。

```
python3 manage.py runserver
```

manage.py 提供了许多有用的命令，下列内容列出了一些常见的命令。

- runserver：启动 Django HTTP 开发服务器，在本地计算机上向 Django 项目提供服务。
- startapp：在项目中创建一个新的 Django 应用程序，稍后将对其进行深入讨论。
- shell：利用 Django 预加载的设置启动 Python 解释器。这对于与应用程序进行交互十分有用，且无须以手动方式加载 Django 设置。
- dbshell：利用 Django 设置中的默认参数加载与数据库连接的交互 shell。通过这种方式，可运行手动 SQL 查询。
- makemigrations：根据模型定义生成数据库更改指令。第 2 章将讨论其含义以及应用方式。

- ❑ migrate：应用 makemigrations 命令生成的迁移。第 2 章还将介绍其应用方式。
- ❑ test：运行所编写的自动测试。第 14 章将讨论其应用方式。

读者可访问 https://docs.djangoproject.com/en/3.0/ref/djangoadmin/查看完整的命令列表。

1.3.9 myproject 目录

除了 manage.py 文件，startproject 创建的其他文件条目还包括 myproject 目录，这是项目的实际 Python 包，包含了项目的设置、Web 服务器的一些配置文件，以及全局 URL 映射。myproject 目录包含了 5 个文件，如图 1.9 所示。

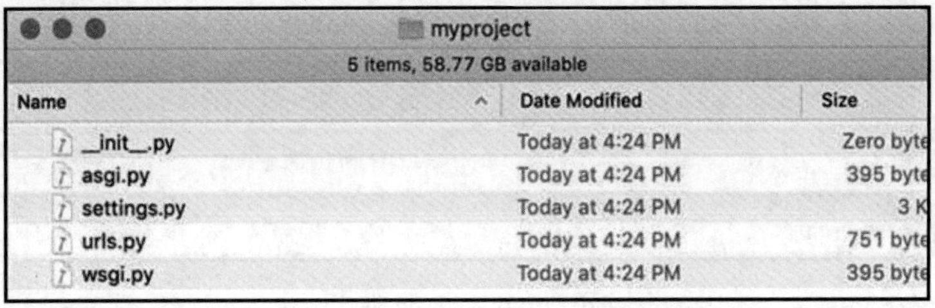

myproject
5 items, 58.77 GB available

Name	Date Modified	Size
__init__.py	Today at 4:24 PM	Zero byte
asgi.py	Today at 4:24 PM	395 byte
settings.py	Today at 4:24 PM	3 K
urls.py	Today at 4:24 PM	751 byte
wsgi.py	Today at 4:24 PM	395 byte

图 1.9　myprojec 包（在 myprojec 项目目录内部）

- ❑ __init__.py 文件：该文件是一个空文件，令 Python 知道 myproject 目录是一个 Python 模块。如果之前曾与 Python 协同工作，即会了解这些文件。
- ❑ settings.py 文件：该文件包含了应用程序的全部 Django 设置，稍后将对此进行介绍。
- ❑ urls.py 文件：该文件包含了全局 URL 映射，Django 最初会以此定位视图或其他子 URL 映射。稍后即会向该文件中添加一个 URL 映射。
- ❑ asgi.py 文件和 wsgi.py 文件：在将 Django 应用程序部署到生产 Web 服务器时，ASGI 或 WSGI Web 服务器使用这些文件与 Django 应用程序进行通信。通常情况下，我们无须编辑这些文件，这些文件也不会应用于日常开发中。第 17 章将讨论其用途。

1.3.10 Django 开发服务器

在练习 1.01 中，我们曾启动了 Django 开发服务器。如前所述，这是一个在开发阶段仅运行于开发者机器上的 Web 服务器，且不应用于生产环境。

默认状态下，开发服务器监听 localhost（127.0.0.1）上的 8000 端口，但这可以通过在 runserver 参数后添加端口号或地址和端口号来改变。

```
python3 manage.py runserver 8001
```

这将使服务器监听 localhost (127.0.0.1)上的 8001 端口。

除此之外，如果你的计算机有多个地址，你也可以让它监听特定的地址，或者对所有地址都监听 0.0.0.0。

```
python3 manage.py runserver 0.0.0.0:8000
```

这将使服务器监听 8000 端口上的所有计算机地址，如果想从另一台计算机或智能手机测试应用程序，这将非常有用。

开发服务器会监视 Django 项目目录，并在每次保存文件时自动重新启动，这样你所做的任何代码更改都会自动重新加载到服务器中。不过，你仍然需要以手动方式刷新浏览器才能看到更改内容。

当需要终止 runserver 命令时，可以按照通常在终端中停止进程的方式完成——使用 Ctrl + C 组合键。

1.3.11　Django 应用程序

前述内容介绍了一些与应用程序理论相关的知识。应用程序目录包含了向应用程序提供相关功能的全部模块、视图和模板等内容。Django 项目至少应包含一个应用程序（除非它已经被大量定制，不再依赖于 Django 的很多功能）。如果经过良好的设计，应用程序应能够从某个项目中移除，并在不经过任何修改的情况下移至另一个项目中。通常情况下，一个应用程序将包含单一设计域，这是决定应用程序是否应该被分割成多个应用程序的有用方法。

应用程序可以包含任何名称，只要它是一个有效的 Python 模块名称（即只使用字母、数字和下画线）即可，并且不与项目目录中的其他文件冲突。例如，如前所述，在项目目录中已经存在一个名为 myproject 的目录（包含 settings.py 文件），因此不可以再持有一个名为 myproject 的应用程序。在练习 1.01 中可以看到，创建一个应用程序可使用 manage.py startapp appname 命令。例如：

```
python3 manage.py startapp myapp
```

这里，startapp 命令利用指定的应用程序名称在项目中生成了一个目录，此外还搭建了应用程序文件。app 目录包含了一些文件和一个文件夹，如图 1.10 所示。

- __init.py__：空文件，表明该目录是一个 Python 模块。
- admin.py：Django 包含一个内建的管理网站，可通过图形用户界面（GUI）查看和编辑数据。在该文件中，将定义如何在 Django 管理网站中公开应用程序的模型。第 4 章将对此进行讨论。

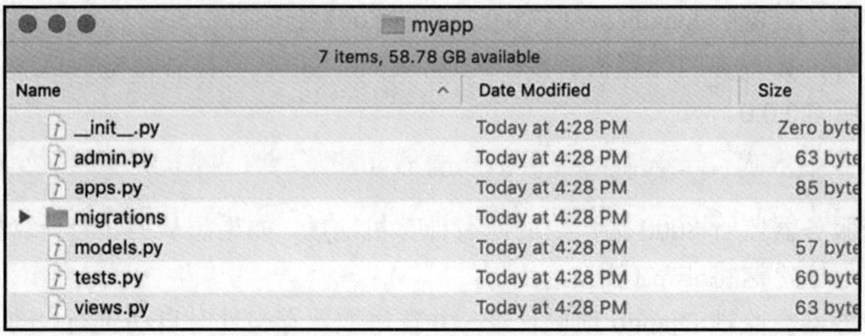

图 1.10　myapp 应用程序目录中的内容

- apps.py：该文件包含了应用程序元数据的一些配置。当前无须编辑该文件。
- models.py：此处用于定义应用程序模型。第 2 章将对此进行深入讨论。
- migrations：当模型发生变化时，Django 使用迁移文件自动记录底层数据库的变化。当运行 manage.py makemigrations 命令时，这些文件由 Django 生成并存储于该目录中。仅当运行 manage.py migrate 时，更改才应用于数据库上。第 2 章将对此进行讨论。
- tests.py：为了测试代码是否行为正确，Django 支持编写测试（包括单元测试、功能测试和集成测试），并在该文件中查找测试。第 14 章将编写一些测试，并深入讨论测试方面的内容。
- views.py：Django 视图（响应 HTTP 请求的代码）位于该文件中。稍后将创建基本的视图，第 3 章将详细介绍视图方面的内容。

稍后将查看这些文件的内容。当前，我们需要 Django 在第 2 个练习中保持运行状态。

1.3.12　PyCharm 设置

在练习 1.01 中，可确认 Bookr 项目已被正确地设置（因为开发服务器已成功运行），因此可开始使用 PyCharm 并编辑项目。PyCharm 是一个 Python 开发 IDE，并包含诸如代码完成、自动样式格式和内建调试器等特性。接下来将使用 PyCharm 开始编写 URL 映射、视图和模板。除此之外，PyCharm 还用于启动和终止开发服务器，进而可通过设置断点方式调试代码。

练习 1.02　在 PyCharm 中设置项目

在本练习中，我们将在 PyCharm 中打开 Bookr 项目并设置项目解释器，以便 PyCharm

能够运行和调试项目。

（1）打开 PyCharm。当首次打开 PyCharm 时，你将会看到 Welcome to PyCharm 页面，该页面询问你执行何种操作，如图 1.11 所示。

图 1.11　PyCharm 欢迎页面

（2）单击 Open 选项，随后浏览至刚刚创建的 bookr 项目，随后打开该项目。这里，应确保打开了 bookr 项目目录，而非其中的 bookr 包目录。

如果之前未使用过 PyCharm，PyCharm 将询问你想要使用的设置和主题。在回答完所有的问题后，你将会在窗口左侧 Project 面板中看到处于打开状态的 bookr 项目结构，如图 1.12 所示。

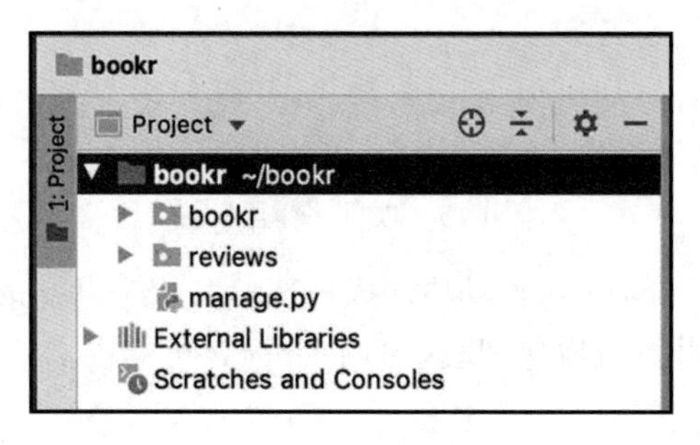

图 1.12　Project 项目面板

图 1.12 显示了 Project 面板、bookr 和 reviews 目录以及 manage.py 文件。如果未看到这些内容，而是看到了 asgi.py、settings.py、urls.py 和 wsgi.py 文件，那么一定时打开了 bookr 包目录。对此，选择 File→Open，然后浏览并打开 bookr 项目目录。

在 PyCharm 知道如何执行项目并启动 Django 开发服务器之前，必须将解释器设置为虚拟环境中的 Python 二进制文件。这可通过将解释器添加至全局解释器设置中得以实现。

（3）在 PyCharm 中打开 Preferences (macOS) 或 Settings (Windows/Linux)对话框。

macOS：

```
PyCharm Menu -> Preferences
```

Windows 和 Linux：

```
File -> Settings
```

（4）在左侧的偏好设置列表中，打开 Project: bookr 条目并选择 Project Interpreter 选项，如图 1.13 所示。

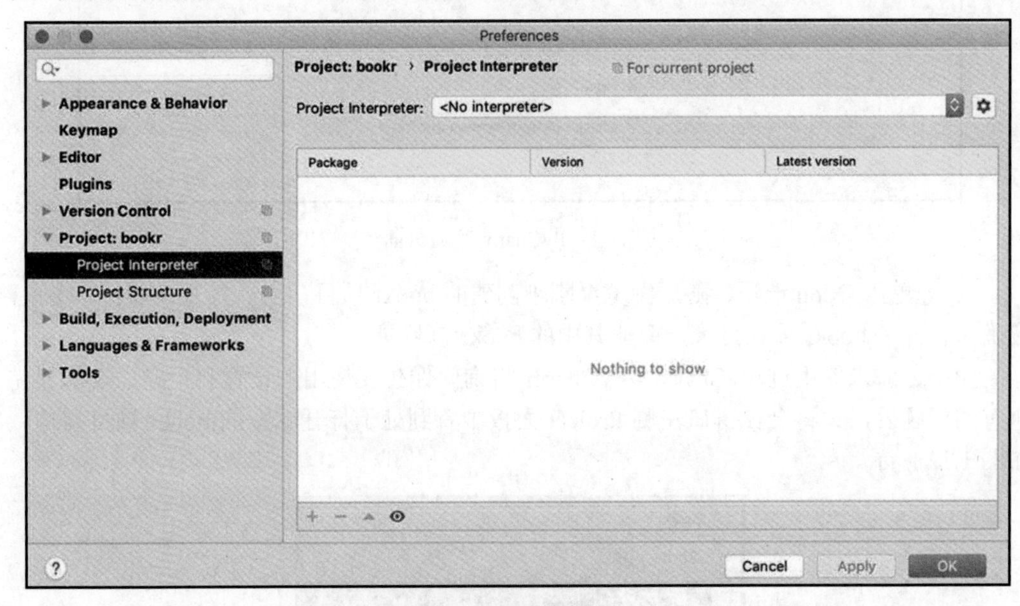

图 1.13　项目解释器设置

（5）有些时候，PyCharm 可自动检测虚拟环境，此时，Project Interpreter 可能已被正确的解释器填充。对此，查看包列表中的 Django，可单击 OK 按钮，关闭对话框并完成当前练习。

在大多数时候，Python 解释器必须以手动方式设置。单击 Project Interpreter 下拉菜单旁边的齿轮图标，然后单击 Add…。

（6）此时将显示 Add Python Interpreter 对话框，如图 1.14 所示。选中 Existing environment 单选按钮，并单击 Interpreter 下拉菜单一侧的省略号。随后将针对虚拟环境选择 Python 解释器。

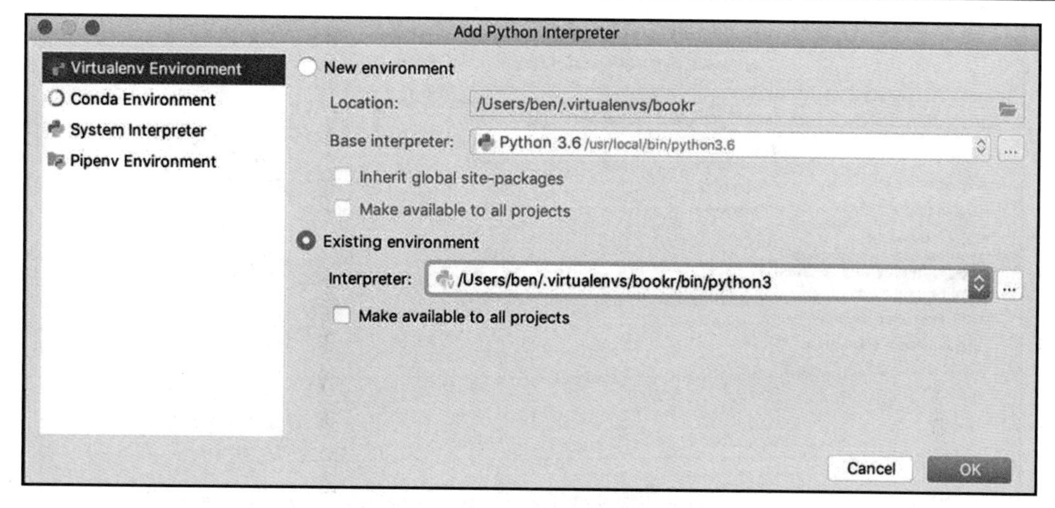

图 1.14　Add Python 解释器对话框

（7）在 macOS 中（假设将虚拟环境称作 bookr），路径通常为/Users/<yourusername>/.virtualenvs/bookr/bin/python3。类似地，在 Linux 中，路径为/home/<yourusername>/.virtualenvs/bookr/bin/python3。

如果不确定，可在终端（之前运行 python manage.py 命令）中运行 which python3 命令查看 Python 解释器的路径。

```
which python3
/Users/ben/.virtualenvs/bookr/bin/python3
```

在 Windows 上，路径则位于使用 virtualenv 命令创建虚拟环境的任何位置。

在选取了解释器后，Add Python Interpreter 对话框如图 1.14 所示。

（8）单击 OK 按钮关闭 Add Python interpreter 对话框。

（9）随后将会看到 Preferences 对话框，其中列出了 Django 和虚拟环境中的其他包，如图 1.15 所示。

（10）单击 Preferences 对话框中的 OK 按钮关闭该对话框。PyCharm 将花费几秒的时间来索引安装的环境和库。我们可在右下方状态栏中查看其进度。等待该进度结束，进度条也将随之消失。

（11）当运行 Django 开发服务器时，Python 需要通过一项运行配置进行配置。下面将对此进行设置。

单击 PyCharm 项目窗口右上方的 Add Configuration…按钮，打开 Run/Debug Configuration 对话框，如图 1.16 所示。

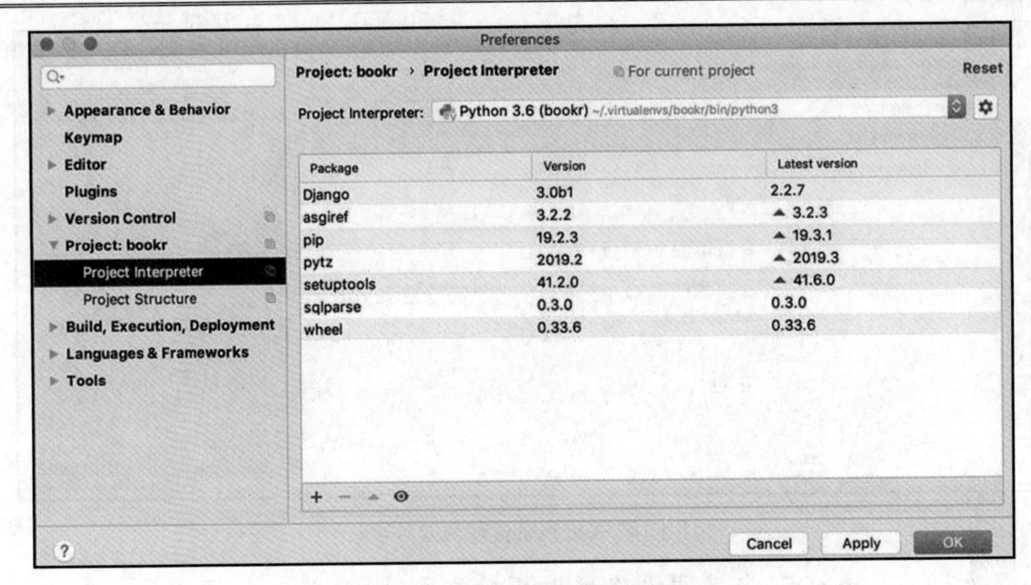

图 1.15　列出的虚拟环境中的包

图 1.16　PyCharm 窗口右上方的 Add Configuration…按钮

（12）单击 Run/Debug Configuration 对话框左上方的+按钮，并在下拉菜单中选择 Python，如图 1.17 所示。

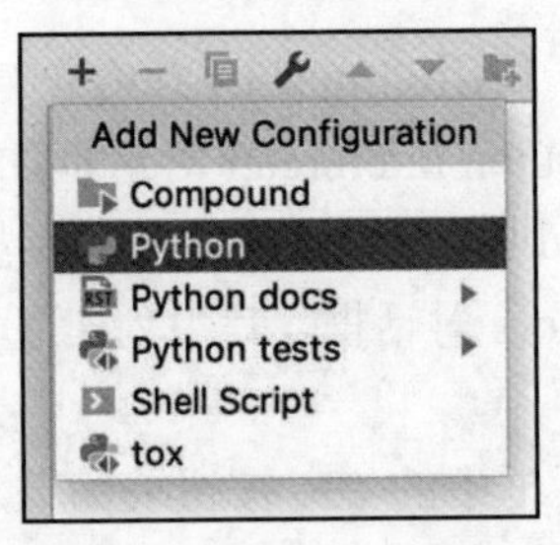

图 1.17　在 Run/Debug Configuration 对话框中添加新的 Python 配置

（13）该对话框右侧将显示一个新的配置面板，其中包含有关如何运行项目的字段。对此，应该按如下方式填写这些字段。

Name 字段可以是方便理解的任何内容。这里输入 Django Dev Server。

Script Path 表示为 manage.py 文件的路径。当单击该字段的文件夹图标时，可浏览文件系统并在 bookr 项目目录中选择 manage.py 文件。

Parameters 表示 manage.py 脚本之后的参数，就像从命令行中运行该参数一样。此处将使用相同的参数启动服务器，因此输入 runserver。

注意：

如前所述，runserver 命令也可接收一个供监听的端口或地址参数。如果需要，可在同一个 Parameters 字段中 runserver 之后添加该参数。

Python interpreter 设置项应自动设置为步骤（5）～（8）中设置的内容，否则可单击右侧箭头下拉菜单对其进行选择。

Working directory 应设置为 bookr 项目目录。该字段可能已被正确地设置。

另外，应同时选中 Add content roots to PYTHONPATH 和 Add source roots to PYTHONPATH 复选框，如图 1.18 所示。这将确保 PyCharm 将 bookr 项目目录添加至 PYTHONPATH（Python 解释器在加载一个模块时搜索的路径列表）中。如果不选中这些复选框，项目中的导入将无法正常工作。

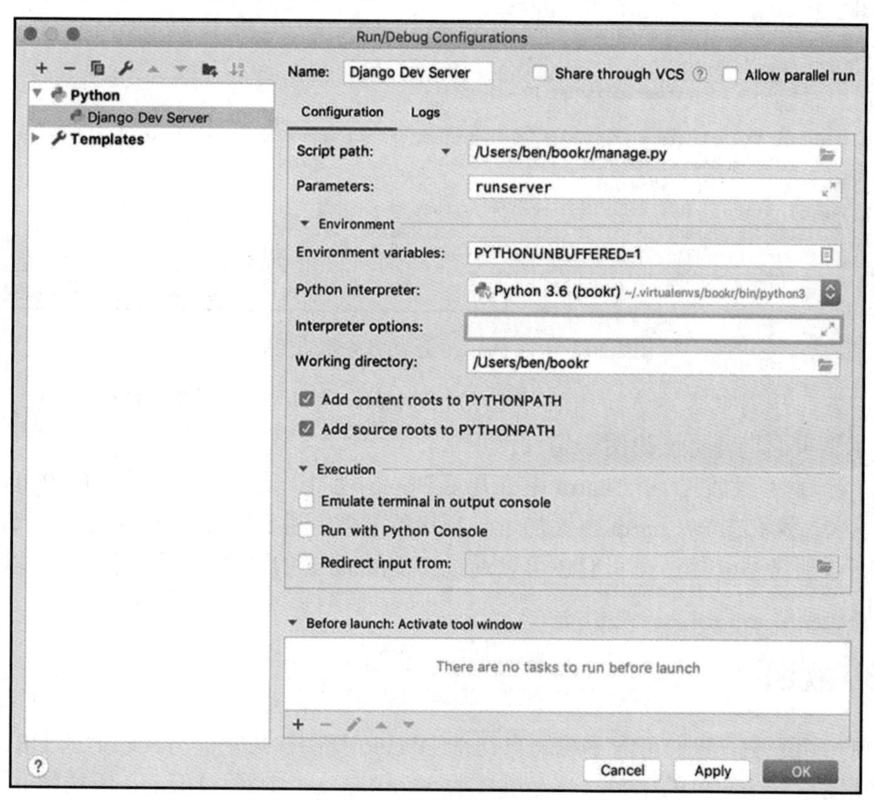

图 1.18　配置设置

确保 Run/Debug configurations 对话框如图 1.18 所示，随后单击 OK 按钮保存配置内容。

（14）单击 Project 面板右上方的运行按钮启动 Django 开发服务器，而非在终端中启动 Django 服务器，如图 1.19 所示。

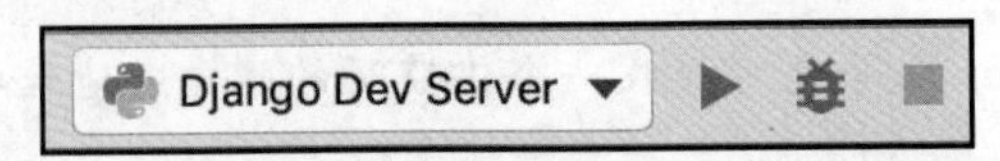

图 1.19　包含运行、调试和终止按钮的 Django 开发服务器配置

（15）单击运行按钮启动 Django 开发服务器。

注意：

确保终止正在运行的其他 Django 开发服务器实例（如在终端中），否则启动的开发服务器将无法绑定端口 8000，因而启动失败。

（16）在 PyCharm 窗口下方将打开一个控制台，它将显示开发服务器启动的输出结果，如图 1.20 所示。

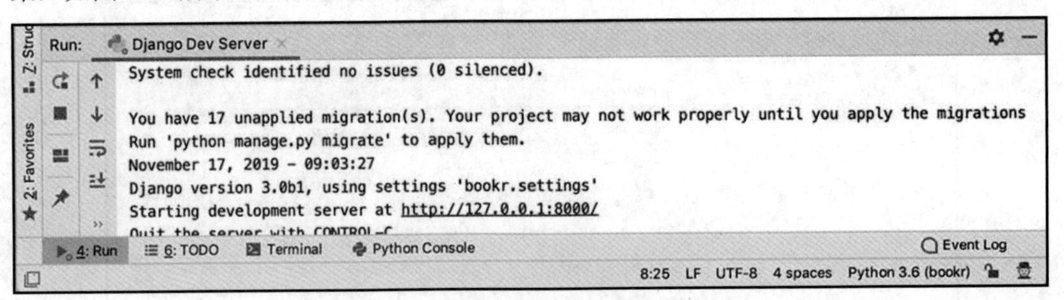

图 1.20　运行 Django 开发服务器的控制台

（17）打开浏览器并访问 http://127.0.0.1:8000，随后将会看到与练习 1.01 相同的 Django 示例页面，并再次说明一切设置正常。

在本练习中，我们在 PyCharm 中打开了 Bookr 项目，随后设置了项目的 Python 解释器。接下来，我们在 PyCharm 中添加了一项运行配置，进而可在 PyCharm 中启动和终止 Django 开发服务器。稍后，我们也可以通过在 PyCharm 的调试器中运行项目，以对该项目进行调试。

1.3.13　视图

目前一切顺利，我们可着手编写自己的 Django 视图，并配置与其映射的 URL。如前所述，视图是一个简单的函数，该函数接收 HttpRequest 实例（Django 所构建）和 URL 中的某些参数（可选）。随后，视图执行某些操作，如从数据库中获取数据。最后，视图返回 HttpResponse。

针对 Bookr 应用程序实例，我们持有一个视图并接收特定图书的请求。视图针对这本图书查询数据库，随后返回一个响应结果，其中包含了与显示这本图书相关的 HTML 页面。另一个视图可接收一个请求并列出所有图书，随后返回包含该列表的另一个 HTML 页面。除此之外，视图还可以创建或修改数据。例如，另一个视图可能接收一个请求并生成一本新的图书，随后将该图书添加至数据库中，并返回一个包含 HTML（显示新书信息）的响应结果。

在本章中，我们将函数用作视图，但 Django 也支持基于类的视图，进而可利用面向对象的范式（如继承）。这可简化在具有相同业务逻辑的多个视图中使用的代码。例如，可能仅希望显示所有图书或特定出版社的图书。这两个视图需要从数据库中查询图书列表，并将其渲染至一个图书列表模板中。一个视图类可以继承自另一个视图类，只是以不同的方式实现数据获取，而其余的功能（如渲染）相同。基于类的视图功能强大，但也难于学习。第 11 章将对此进行讨论。

传递至视图的 HttpRequest 实例包含了与请求相关的全部数据，一些属性如下所示。

- method：包含浏览器用于请求页面的 HTTP 方法的字符串，通常是 GET，也可能是 POST（用户提交了一个表单）。我们可以此更改视图流。例如，在 GET 上显示一个空表单，或者在 POST 上验证或处理一个表单提交。
- GET：一个 QueryDict 实例，包含 URL 查询字符串中使用的参数。这是 URL 中?之后的部分内容（如果存在）。稍后，我们将深入讨论 QueryDict。注意，即使请求不是 GET，该属性也始终有效。
- POST：另一个 QueryDict 包含在 POST 请求中发送至视图的参数，类似于表单提交。通常会将此与 Django 表单结合使用，第 6 章将对此进行讨论。
- headers：大小写敏感的键字典，包含来自请求的 HTTP 头。例如，可以根据 User-Agent 头对不同的浏览器使用不同的内容来改变响应。前述内容介绍了一些客户端发送的 HTTP 头。
- path：表示请求中使用的路径。通常无须对此进行检查，因为 Django 自动解析路径，并作为参数将其传递至视图函数中。但在某些情况下，path 则十分有用。

我们并不会使用到所有这些属性，其他一些属性还将在后续内容中予以介绍。当前，读者应能够了解 HttpRequest 参数在视图中饰演的角色。

1.3.14　URL 映射

前述内容简要介绍了 URL 映射。当接收一个特定 URL 的请求时，Django 并不会自动知晓应执行哪一个视图函数。URL 映射的角色是构建 URL 和视图之间的链接。例如，在 Bookr 中，可能需要将 URL /books/映射至刚刚创建的 books_list 视图中。

URL-视图的映射是在 Django 自动生成的名为 urls.py 的文件中定义的，该文件位于 bookr 包目录中（虽然可在 settings.py 中设置不同的文件；稍后将对此进行讨论）。

该文件包含了一个变量 urlpatterns，它是一个路径列表，Django 会依次对该路径列表进行评估，直到找到与请求 URL 匹配的路径。匹配结果将解析为一个视图函数，或者解析为另一个包含 urlpatterns 变量的 urls.py 文件，该文件将以相同的方式进行解析。通过这种方式，URL 文件可实现链式效果，我们可以将 URL 映射分割成单独的文件（如每个应用程序一个或多个文件），从而达到精简 URL 映射的目的。一旦查找到一个视图，Django 就会通过 HttpRequest 实例和从 URL 解析的任何参数调用它。

相关规则通过 path 函数调用加以制定，该函数接收 URL 路径作为第 1 个参数。路径可以包含命名参数，这些参数将作为函数参数传递给视图。函数的第 2 个参数为视图或另一个包含 urlpatterns 的文件。

除此之外，还存在一个 re_path 函数，该函数与 path 函数类似，但接收一个正则表达式作为第 1 个参数，以实现更加高级的配置。第 3 章还将介绍与 URL 映射相关的更多知识。

为了展示这些概念，图 1.21 显示了 Django 生成的默认 urls.py 文件。其中可以看到 urlpatterns 变量，它列出了所设置的全部 URL。当前，仅存在一个设置规则，即将以 admin/开始的任何路径映射至 admin URL 映射（admin.site.urls 模块）中。这并不是到视图的映射；相反，它是一个链接 URL 映射的例子——admin.site.urls 模块将定义映射到管理视图的剩余路径（在 admin/之后）中。

```
from django.contrib import admin
from django.urls import path


urlpatterns = [
    path('admin/', admin.site.urls),
]
```

图 1.21　默认的 urls.py 文件

第 4 章将介绍 Django 管理网站。

接下来将编写一个视图，并设置与其映射的 URL，以进一步查看上述概念的具体应用。

练习 1.03　编写一个视图，并将 URL 映射至该视图上

第 1 个视图较为简单，且仅返回一些静态文本内容。在本练习中，我们将查看如何编写视图，以及如何设置一个 URL 映射以解析视图。

注意：

在修改项目中的文件并保存这些文件时，可以看到 Django 开发服务器在其运行的终端或控制台上自动重启。这是一种正常现象。Django 开发服务器自动重启并加载产生变化的代码。另外，如果编辑模块或迁移，Django 开发服务器并不会自动向数据库应用这些变化。更多内容可参考第 2 章。

（1）在 PyCharm 中，展开左侧项目浏览器中的 reviews 文件夹，双击其中的 views.py 文件打开该文件。在 PyCharm 中的右侧（编辑器）面板中，可以看到 Django 自动生成了占位符文本。

```
from django.shortcuts import render

# Create your views here.
```

views.py 文件在编辑器面板中应如图 1.22 所示。

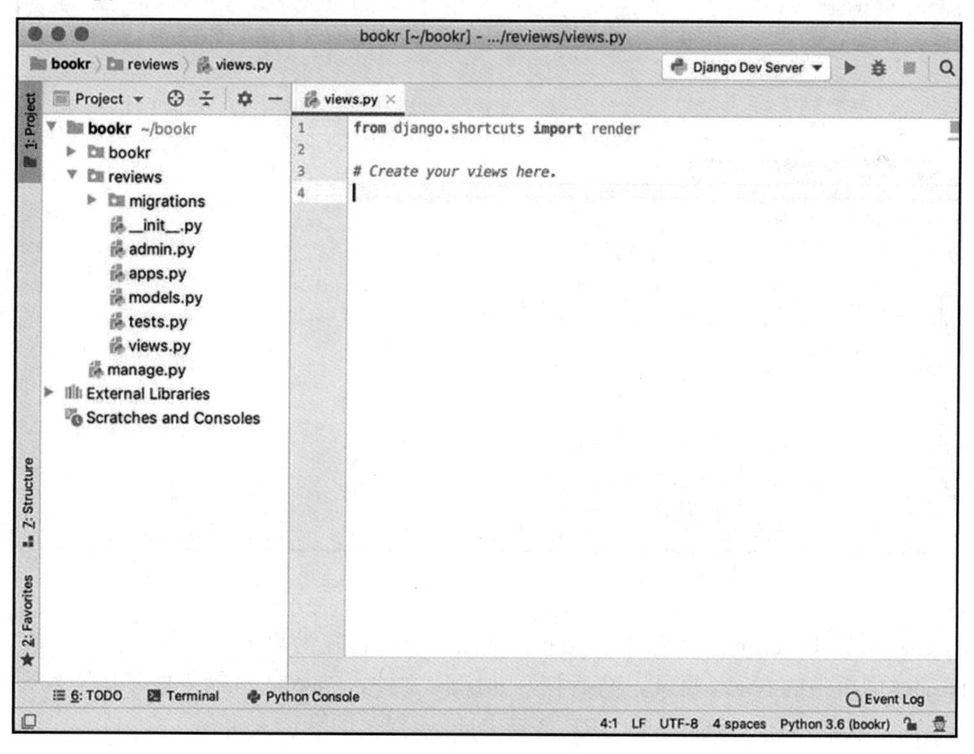

图 1.22　views.py 文件的默认内容

（2）移除 views.py 文件中的占位符并插入下列内容。

```
from django.http import HttpResponse

def index(request):
    return HttpResponse("Hello, world!")
```

首先，需要从 django.http 中导入 HttpResponse 类，用于创建返回 Web 浏览器中的响应结果。此外，我们还可以此控制诸如 HTTP 头或状态码等内容。当前，我们仅采用默认头和 200 Success 状态码。其第一个参数表示为作为响应体发送的字符串内容。

随后，视图函数返回一个 HttpResponse 实例，其中包含所定义的(Hello, world!)内容，如图 1.23 所示。

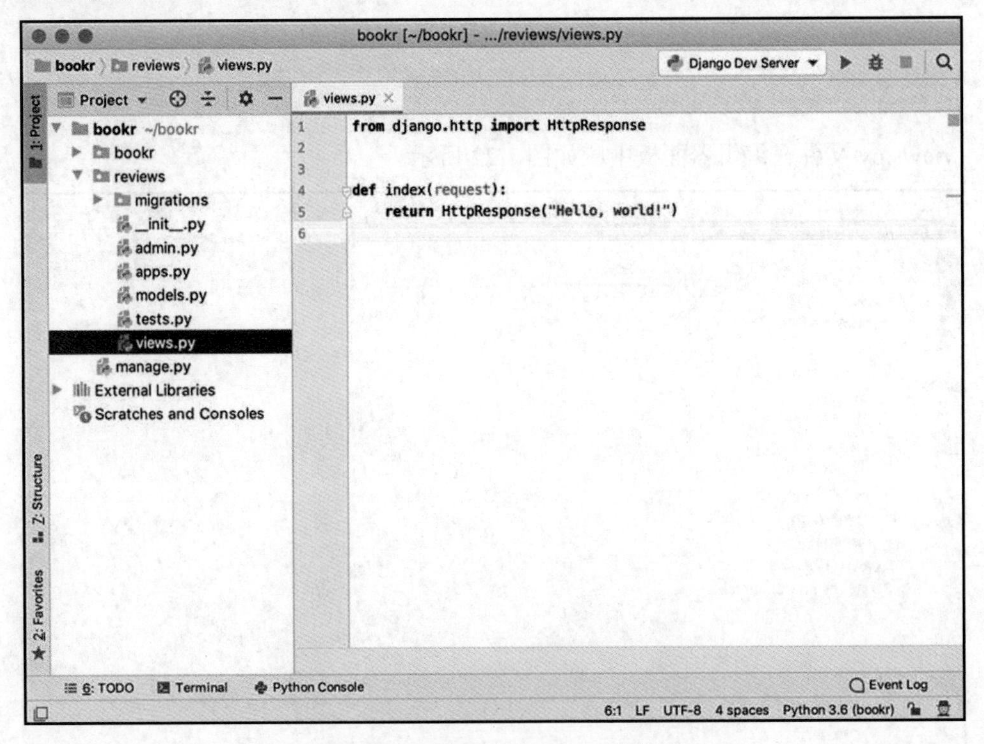

图 1.23　编辑后的 views.py 内容

（3）设置 URL 映射以索引（index）视图。该过程较为简单且不包含任何参数。展开 Project 面板中的 bookr 目录，随后打开 urls.py 文件。Django 自动生成了该文件。

当前，仅需添加一个简单的 URL 替换 Django 提供的默认索引。

（4）将视图导入 urls.py 文件中，即在现有的导入语句后添加下列一行代码。

```
import reviews.views
```

（5）向 urlpatterns 列表中添加一个索引视图的映射，方法是通过添加一个 path 函数的调用，该函数带有一个空字符串和一个 index 函数的引用。

```
urlpatterns = [path('admin/', admin.site.urls),\
               path('', reviews.views.index)]
```

注意：

上述代码片段使用反斜杠（\）将逻辑拆分至多行。当代码执行时，Python 将忽略反斜杠，并将下一行的代码视为当前行的直接延续。

确保未在 index 函数后添加括号（也就是说，应该是 reviews.views.index 而不是 reviews.views.index()），因为我们正在向一个函数传递一个引用，而不是调用它。一切完毕后，urls.py 文件应如图 1.24 所示。

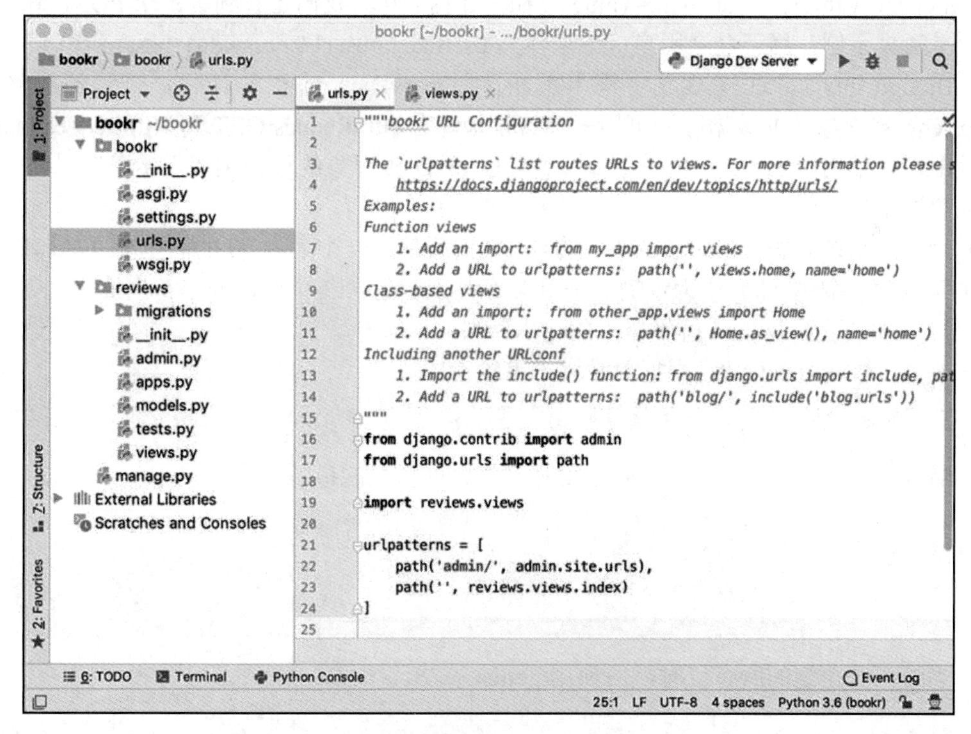

图 1.24 编辑后的 urls.py 文件

（6）切换至 Web 浏览器并刷新浏览器。此时，Django 默认的欢迎页面应被视图中定义的文本 Hello, world!替换了，如图 1.25 所示。

至此，我们了解了如何编写一个视图函数并将 URL 映射至其上。接下来将在 Web

浏览器中加载视图并对其进行测试。

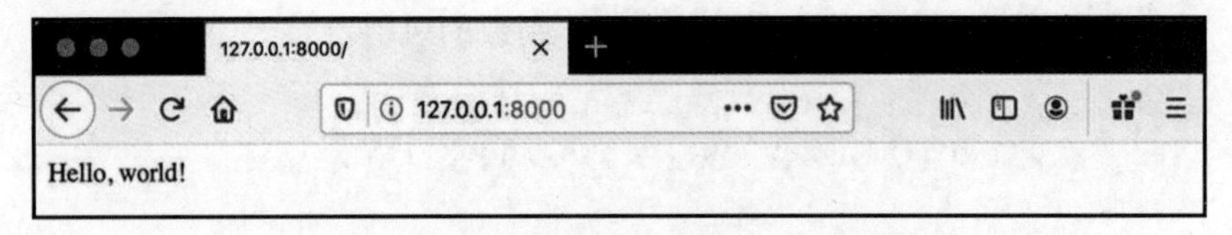

图 1.25　Web 浏览器应显示 Hello, world!消息

1.3.15　GET、POST 和 QueryDict 对象

数据可以作为 URL 上的参数或 POST 请求体中的参数通过 HTTP 请求传入。在浏览网页时，可能已经注意到 URL 中的参数，即?后面的文本，如 http://www.example.com/?parameter1=value1¶meter2=value2。在前述内容中，我们还看到了一个 POST 请求中的表单数据示例，用于登录用户（请求体为 username=user1&password=password1）。

Django 自动将这些参数字符串解析为 QueryDict 对象。然后，传递给视图的 HttpRequest 对象上的数据即为可用——特别地，在 HttpRequestGET 和 HttpRequestPOST 属性中，分别用于 URL 参数和主体参数。QueryDict 对象的行为类似于字段，只是一个键包含多个值。

为了展示访问条目(item)的不同方法，我们将使用一个名为 qd 的简单的 QueryDict，其中仅包含一个键（k）作为示例。条目 k 在列表中包含 3 个值，即字符串 a、b、c。下列代码片段显示了 Python 解释器中的输出结果。

首先，QueryDict qd 是根据参数字符串构造的。

```
>>> qd = QueryDict("k=a&k=b&k=c")
```

当利用方括号或 get 方法访问条目时，将返回该键的最后一个值。

```
>>> qd["k"]
'c'
>>> qd.get("k")
'c'
```

当访问某个键的所有值时，应使用 getlist 方法。

```
>>> qd.getlist("k")
['a', 'b', 'c']
```

getlist 将始终返回一个列表。如果键不存在，则列表将为空。

```
>>> qd.getlist("bad key")
[]
```

虽然 getlist 针对不存在的键不会抛出异常，但利用方括号访问不存在的键将会产生 KeyError，类似于通常的字典。使用 get 方法可避免这一错误。

GET 和 POST 的 QueryDict 对象是不可变的（它们不能被更改），如果需要改变它的值，应该使用 copy 方法来获得一个可变的副本。

```
>>> qd["k"] = "d"
AttributeError: This QueryDict instance is immutable
>>> qd2 = qd.copy()
>>> qd2
<QueryDict: {'k': ['a', 'b', 'c']}>
>>> qd2["k"] = "d"
>>> qd2["k"]
"d"
```

为了展示 QueryDict 如何从 URL 中被填充，下面考查一个示例 URL：http://127.0.0.1:8000?val1=a&val2=b&val2=c&val3。

在其背后，Django 传递源自 URL（?后的一切内容）中的查询以实例化 QueryDict 对象，并将其绑定至传递至视图函数的 request 实例上，如下所示。

```
request.GET = QueryDict("val1=a&val2=b&val2=c&val3")
```

记住，这是在视图函数中接收请求实例之前完成的，我们无须执行该操作。

在示例 URL 中，我们可访问视图函数中的参数，如下所示。

```
request.GET["val1"]
```

采用标准的字典访问，这将返回值 a。

```
request.GET["val2"]
```

再次说明，当采用标准的字典访问时，val2 键存在两个值，因而将返回最后一个值 c。

```
request.GET.getlist("val2")
```

针对 val2: ["b", "c"]，这将返回一个全值列表。

```
request.GET["val3"]
```

该键位于查询字符串中且不包含任何值设定，因此返回一个空字符串。

```
request.GET["val4"]
```

该键未被设置，因此将产生 KeyError。当采用 request.GET.get("val4")时，则返回 None。

```
request.GET.getlist("val4")
```

由于该键未被设置，因此返回一个空列表（[]）。

当前，我们通过 GET 参数考查 QueryDict。第 6 章还将考查 POST 参数。

练习 1.04　考查 GET 值和 QueryDict

在本练习中，我们将对前述练习中的 index 视图进行一些修改，并将 URL 中的值读取至 GET 属性中，随后尝试传递不同的值以查看结果。

（1）打开 PyCharm 中的 views.py 文件。添加一个名为 name 的新变量，该变量从 GET 参数中读取用户名。将下列代码添加至 index 函数定义之后。

```
name = request.GET.get("name") or "world"
```

（2）修改返回值，使名称作为返回内容的一部分。

```
return HttpResponse("Hello, {}!".format(name))
```

在 PyCharm 中，修改后的代码如图 1.26 所示。

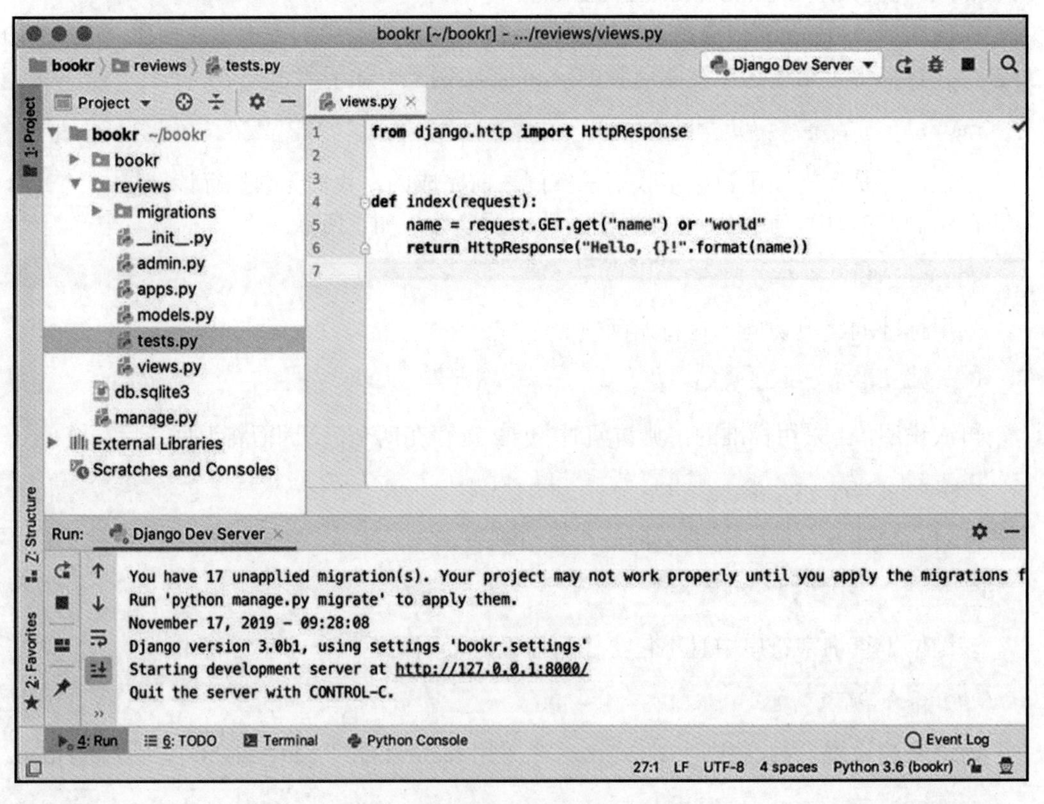

图 1.26　更新后的 views.py 文件

（3）在浏览器中访问 http://127.0.0.1:8000。可以看到，页面仍然显示 Hello, world!，这是因为我们尚未提供 name 参数。对此，可将 name 参数添加至 URL 中，如 http://127.0.0.1:8000?name=Ben，最终结果如图 1.27 所示。

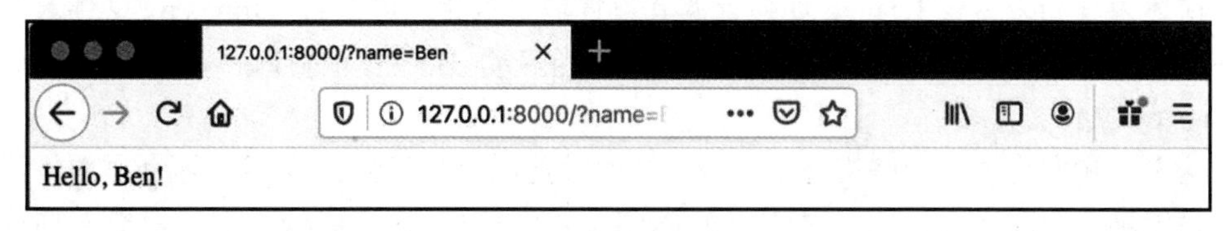

图 1.27　在 URL 中设置名称

（4）尝试添加两个名称，如 http://127.0.0.1:8000?name=Ben&name=John。如前所述，参数中的最后一个值将被 get 函数检索，因此将会看到 Hello, John!，如图 1.28 所示。

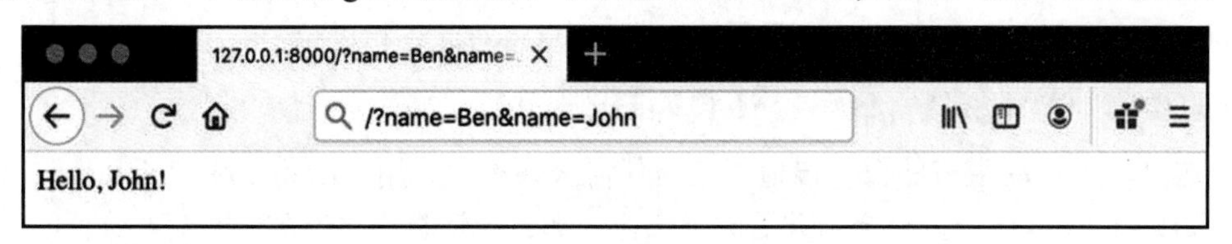

图 1.28　在 URL 中设置多个名称

（5）尝试不设置名称，如 http://127.0.0.1:8000?name=。此时，页面将再次显示 Hello, world!，如图 1.29 所示。

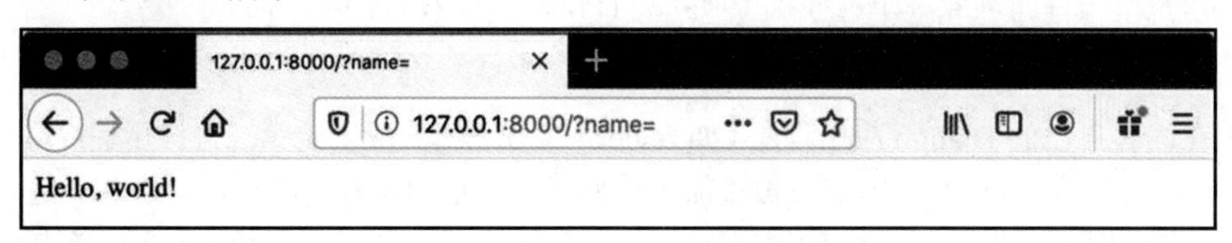

图 1.29　URL 中不设置名称

注意：

为什么使用 or 将 name 设置为默认的 world，而不是将'world'作为默认值传递给 get。考查步骤（5），当时，我们传递了 name 参数的一个空值。如果传递了'world'作为 get 的默认值，那么 get 函数仍然会返回一个空字符串。这是因为值 is 是为 name 设置的，它只是一个空白值。记住，当开发视图时，不设置值和设置空白值是有区别的。取决于用例，我们可能选择 get 的默认值。

在本练习中，我们使用输入请求的 GET 属性在视图中检索了 URL 值。同时，我们考查了如何设置默认值，以及针对同一参数设置了多个值时哪一个值将被检索。

1.3.16　查看 Django 设置

前述内容尚未讨论 Django 如何存储其设置项。对此，可查看 settings.py 文件。该文件包含了许多设置项，可用于定制 Django。当启动 Bookr 项目时，即会创建默认的 settings.py 文件。

这里，我们将讨论一些文件中较为重要的设置项。随着对 Django 的不断了解，其他一些设置项也会随之而讨论。对此，在 PyCharm 中打开 settings.py 文件，并查看项目值的位置和内容。

该文件中的每个设置项均为文件全局变量，我们将按照它们在文件中出现的顺序对它们进行讨论，尽管我们会跳过一些设置项。例如，在 DEBUG 和 INSTALLED_APPS 之间有一个 ALLOWED_HOSTS 设置项，第 17 章将对此进行讨论。

```
SECRET_KEY = '…'
```

这是一个自动生成的值，该值不应与任何人共享。它用于哈希、令牌和其他加密函数。如果在 Cookie 中持有会话并更改了该值，那么会话将不再有效。

```
DEBUG = True
```

将该值设置为 True 后，Django 将自动向浏览器显示异常，允许你调试遇到的任何问题。在将应用程序部署至生产环境中时，应将该值设置为 False。

```
INSTALLED_APPS = […]
```

在编写自己的 Django 应用程序（如 reviews 应用程序）或安装第三方应用程序时（第 15 章将对此加以讨论），它们应被添加至该列表中。正如所看到的那样，这并非是必需的（index 视图在缺少 reviews 的情况下仍能够工作）。然而，为了让 Django 能够自动找到应用的模板、静态文件、迁移和其他配置，相关内容必须于此处列出。

```
ROOT_URLCONF = 'bookr.urls'
```

这是 Django 将首先加载的用于查找 URL 的 Python 模块。注意，这是我们之前添加索引视图 URL 映射的文件。

```
TEMPLATES = […]
```

当前，由于我们并不会修改该设置项，因此是否理解该设置项并不重要，但需要指出的较为重要的一行，如下所示。

```
'APP_DIRS': True,
```

这将通知 Django，当加载一个要渲染的模板时，应该在每个 INSTALLED_APP 中的 templates 目录中查找该模板。reviews 应用程序中尚未设置 templates 目录，稍后将予以添加。

Django 中的更多设置并未在 settings.py 文件中列出，所以在这些情况下它会使用内建的默认设置。除此之外，我们还可使用该文件设置应用程序所需的任何设置项。第三方应用程序可能也需要于此处添加设置项。在后续章节中，我们将在这里为其他应用程序添加设置。读者可访问 https://docs.djangoproject.com/en/3.0/ref/settings/查看完整的设置项列表及其默认值。

1.3.17　在代码中使用设置项

某些时候，在自己的代码中引用 settings.py 是十分有用的，无论是 Django 的内建设置项，还是自己定义的设置项。例如，你可能会想写这样的代码：

```
from bookr import settings

if settings.DEBUG: # check if running in DEBUG mode
    do_some_logging()
```

注意：

上述代码片段中的#符号表示为代码注释。代码中可添加注释以帮助解释特定的逻辑。

该方法是错误的，其原因如下。

- 可以运行 Django 并指定一个不同的设置文件来读取，在这种情况下，前面的代码将导致错误，因为它将无法找到那个特定的文件。或者，如果文件存在，导入会成功，但会包含错误的设置项。
- Django 的设置项可能未在 settings.py 文件中列出，对此，它将使用自己的内部默认值。例如，如果从 settings.py 文件中移除了 DEBUG = True，那么 Django 将回退并使用 DEBUG 的内部值（即 False）。如果试图直接使用 settings.DEBUG 访问它，则会得到一个错误。
- 第三方库可能会改变设置项的定义方式，因此 settings.py 文件看上去可能完全不同。例如，所有预期变量可能都不存在。这些内容超出了本书的讨论范围，但需要引起注意。

首选方式是使用 django.conf 模块，如下所示。

```
from django.conf import settings # import settings from here instead
```

```
if settings.DEBUG:
    do_some_logging()
```

当从 django.conf 中导入 settings 时，Django 缓解了刚刚讨论的 3 个问题，如下所示。

- 设置项是从 Django 设置项文件中指定的内容中读取的。
- 任何默认的设置值都会被插入。
- Django 负责解析由第三方库定义的任何设置项。

在示例代码片段中，即使 DEBUG 在 settings.py 文件中是缺失的，它也会恢复至 Django 内部的默认值（False）。Django 定义的其他设置项也是如此。然而，如果在该文件中定义了自己的自定义设置项，Django 则不会包含内部值。所以在你的代码中，应为其提供一些不存在的规定——代码的行为是你自己的选择，这超出了本书的讨论范围。

1.3.18　在应用程序目录中查找 HTML 模板

存在许多选项可通知 Django 如何查找模板，这可在 settings.py 文件中的 TEMPLATES 设置项中进行设置。但目前最为简单的方式是在 reviews 目录中创建一个 templates 目录，Django 会在该目录（和其他应用程序的 templates 目录）中查找模板，因为 APP_DIRS 在 settings.py 文件中为 True，就像我们在前一节看到的那样。

练习 1.05　创建模板目录和一个基础模板

在本练习中，我们将创建 reviews 应用程序的 templates 目录。随后，我们将向 HTTP 响应中添加一个 Django 可渲染的 HTML 模板文件。

（1）上一节介绍了 settings.py 文件及其 INSTALLED_APPS 设置项。我们需要将 reviews 应用程序添加至 Django 的 INSTALLED_APPS 中以能够查找模板。在 PyCharm 中打开 settings.py 文件。更新 INSTALLED_APPS 设置项并向尾部添加 reviews，如下所示。

```
INSTALLED_APPS = ['django.contrib.admin',\
                  'django.contrib.auth',\
                  'django.contrib.contenttypes',\
                  'django.contrib.sessions',\
                  'django.contrib.messages',\
                  'django.contrib.staticfiles',\
                  'reviews']
```

在 PyCharm 中，settings.py 文件如图 1.30 所示。

（2）保存并关闭 settings.py 文件。

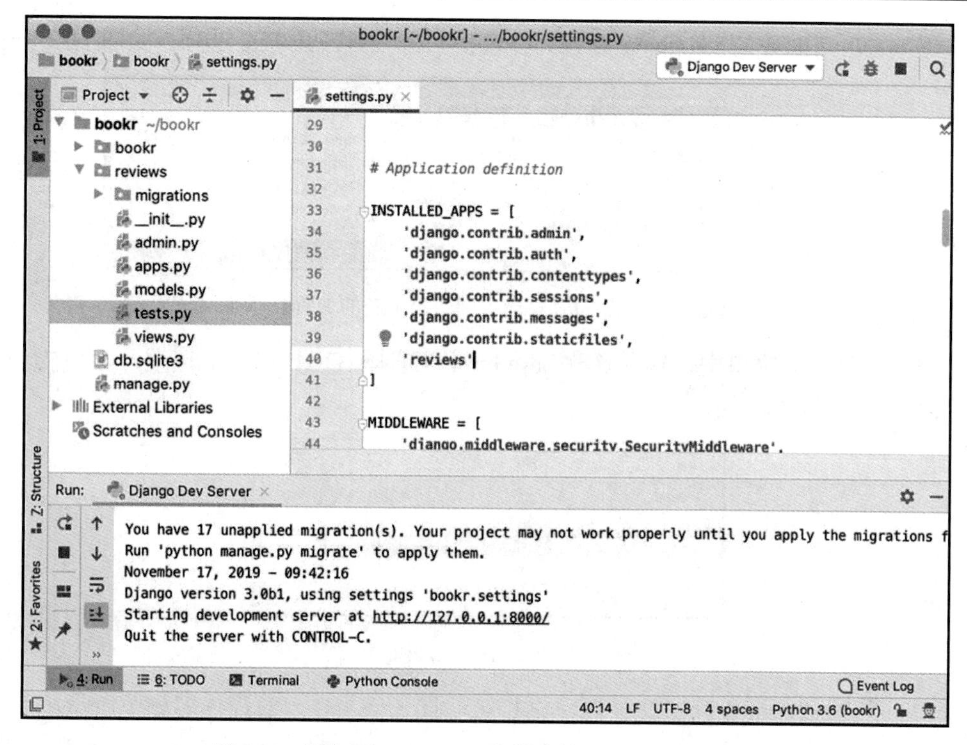

图 1.30　添加至 settings.py 文件中的 reviews 应用程序

（3）在 PyCharm 项目浏览器中，右击 reviews 目录并选择 New→Directory 选项，如图 1.31 所示。

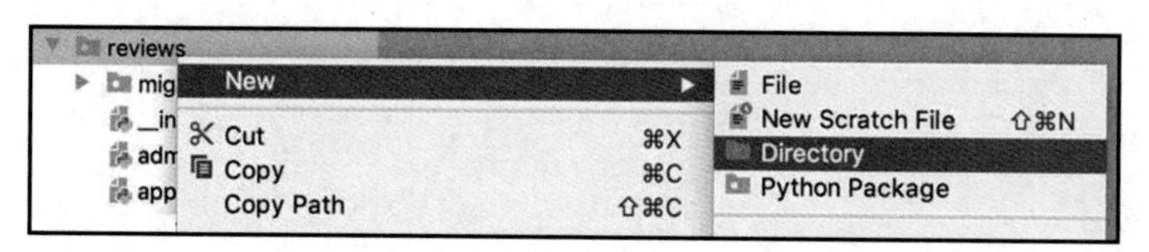

图 1.31　在 reviews 目录中创建一个新的目录

（4）输入名称 templates 并单击 OK 按钮创建目录，如图 1.32 所示。

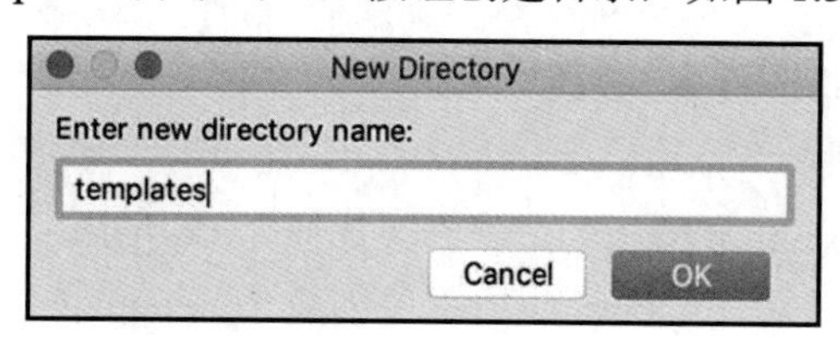

图 1.32　命名目录模板

（5）右击新创建的 templates 目录，并选择 New→HTML File 选项，如图 1.33 所示。

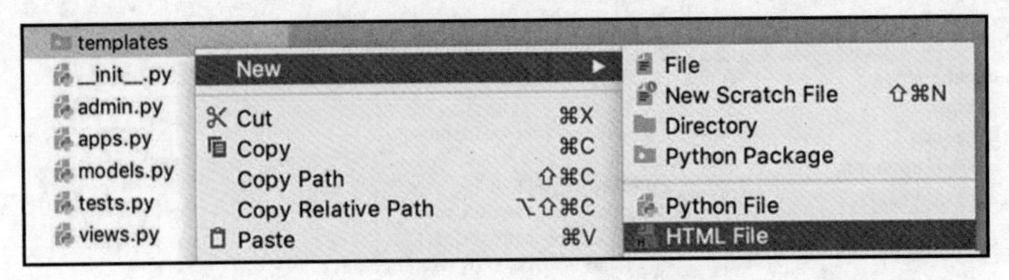

图 1.33　在 templates 目录中创建一个新的 HTML 文件

（6）在显示的窗口中，输入名称 base.html 并选择 HTML 5 file 选项，随后按 Enter 创建文件，如图 1.34 所示。

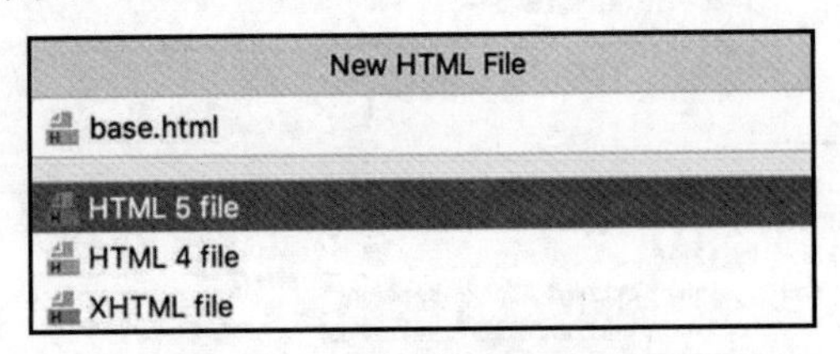

图 1.34　New HTML File 窗口

（7）在 PyCharm 创建了文件后，它将自动打开该文件，对应内容如下所示。

```
<!DOCTYPE html>
<html lang="en">
<head>
   <meta charset="UTF-8">
   <title>Title</title>
</head>
   <body>

   </body>
</html>
```

（8）在<body>…</body>标签之间，添加一条消息以验证模板是否被渲染。

```
   <body>
      Hello from a template!
   </body>
```

在 PyCharm 中，base.html 模板的最终结果如图 1.35 所示。

在本练习中，我们针对 reviews 应用程序创建了 templates 目录，并向其中添加了 HTML 模板。一旦在视图上实现了 render 函数，HTML 模板就会被渲染。

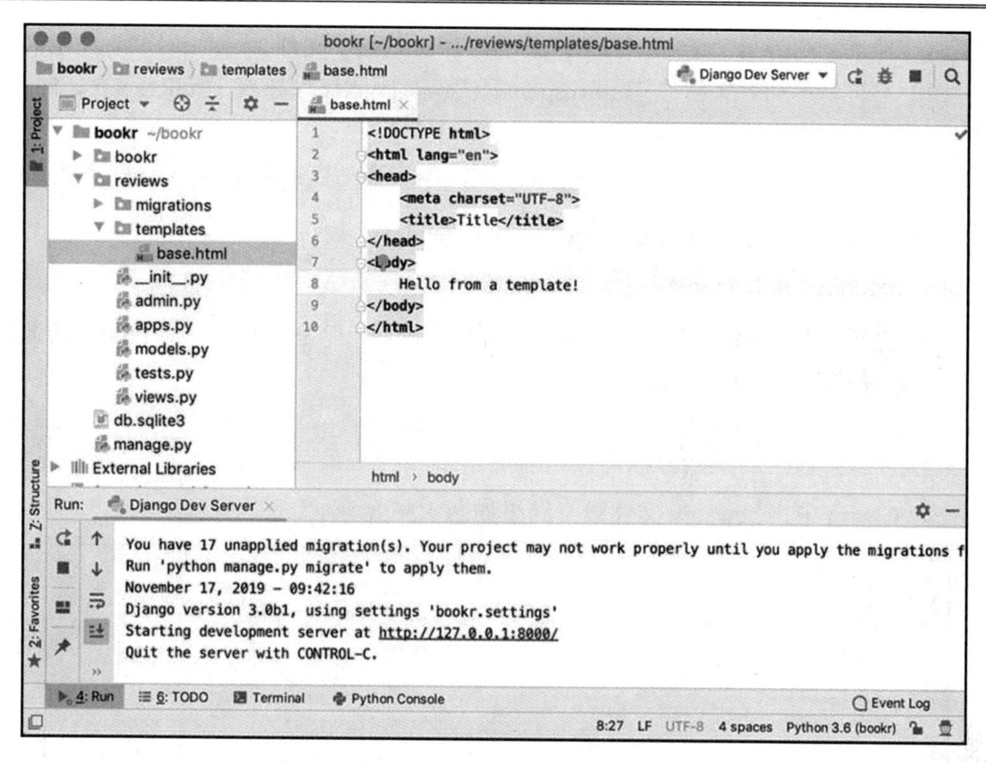

图 1.35　包含某些示例文本的 base.html 模板

1.3.19　利用 render 函数渲染模板

当前，我们持有一个可用的模板，但需要更新 index 视图，以便它渲染模板，而非返回它当前显示的 Hello (name)!文本（参见图 1.29，了解它当前效果）。对此，我们将使用 render 函数并提供模板名称。render 是一个快捷方式函数，并返回一个 HttpResponse 实例。此外，还存在其他方法可渲染模板，以更好地控制模板的渲染方式。但就目前而言，render 函数已然足够。render 函数至少接收两个参数：第 1 个参数通常是传递至视图中的请求，第 2 个参数为所渲染模板的名称/相对路径。此外，还可通过第 3 个参数调用该函数，即包含模板中可用的所有变量的渲染上下文，练习 1.07 将对此予以介绍。

练习 1.06　在视图中渲染模板

在本练习中，我们将更新 index 视图函数，以渲染练习 1.05 创建的 HTML 模板。我们将使用 render 函数，该函数从磁盘中加载模板、渲染模板并将其发送至浏览器。这将替换当前从 index 视图函数中返回的静态文本。

（1）在 PyCharm 中，在 reviews 目录中打开 views.py 文件。

（2）不再以手动方式创建 HttpResponse 实例，因此移除导入 HttpResponse 的一行代码。

```
from django.http import HttpResponse
```

（3）将它替换为从 django.shortcuts 中导入 render 函数。

```
from django.shortcuts import render
```

（4）更新 index 函数，使其不会返回 HttpResponse，而是返回一个对 render 的调用，并传入 request 实例和模板名称。

```
def index(request):
    return render(request, "base.html")
```

在 PyCharm 中，views.py 文件最终结果如图 1.36 所示。

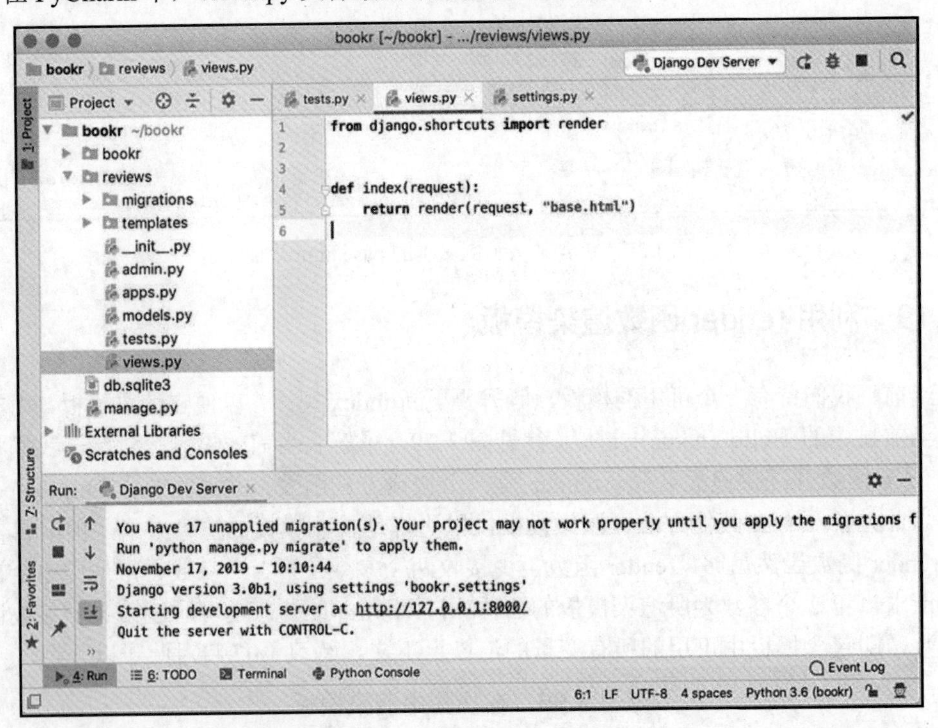

图 1.36　完成后的 views.py 文件

（5）启动开发服务器。随后打开浏览器 Web 浏览器，并刷新 http://127.0.0.1:8000。此时应能够看到渲染后的 Hello from a template!，如图 1.37 所示。

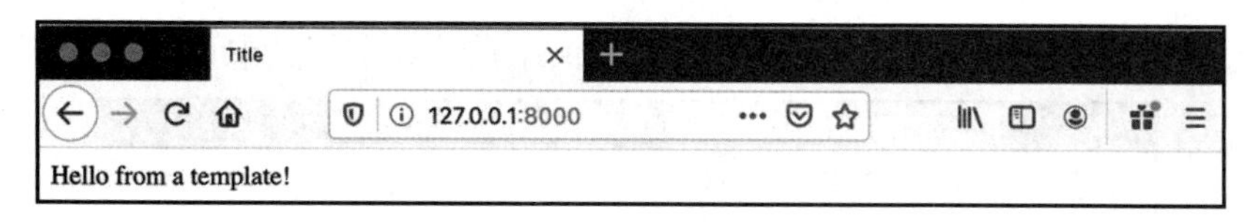

图 1.37　首次渲染的 HTML 模板

1.3.20　渲染模板中的变量

模板不仅仅是静态 HTML。大多数时候，模板将包含在渲染过程中插入的变量。这些变量通过上下文从视图传递至模板中，即一个字典（或类似字典对象），其中包含模板可使用的所有变量的名称。这里将再次考查 Bookr 示例。如果模板中缺少变量，那么显示的每一本书都需要一个不同的 HTML 文件。相反，我们在模板中使用诸如 book_name 之类的变量，随后视图为模板提供一个 book_name 变量，该变量被设置为它已加载的图书模型的标题。当显示不同的图书时，无须修改 HTML，视图仅需向其中传递一本不同的图书。这里，我们可以看到模型、视图和模板是如何结合在一起的。

与其他语言（如 PHP）不同，变量必须被显式地传递至模板中，视图中的变量不会自动对模板可用。这是为了安全起见，也为了避免意外地污染模板的名称空间（我们不希望模板中存在任何意外的变量）。

在模板中，变量用双大括号{{}}表示。虽然不是严格意义上的标准，但这种风格在 Vue.js 和 Mustache 等其他模板工具中十分常见。Symfony（一个 PHP 框架）也在其 Twig 模板语言中使用了双大括号，所以你可能在那里看到过类似的用法。

当在模板中渲染一个变量时，仅需将该变量用双大括号括起来，即{{ book_name }}。Django 会在输出中自动转义 HTML。这样你就可以在变量中包含特殊字符（如<或>），而不必担心它会扰乱你的输出结果。如果变量未被传递至模板中，那么 Django 则于此处不会渲染任何内容，而不是抛出一个异常。

当采用过滤器时，存在许多不同的方法来渲染变量，第 3 章将对此加以讨论。

练习 1.07　在模板中使用变量

在本练习中，我们将在 base.html 文件中放入一个简单的变量，以演示 Django 的变量插值是如何工作的。

（1）在 PyCHarm 中，打开 base.html 文件。

（2）更新<body>元素，使其包含一个位置来渲染 name 变量。

```
<body>
Hello, {{ name }}!
</body>
```

（3）返回 Web 浏览器并刷新（应仍在 http://127.0.0.1:8000 处）。可以看到，页面当前显示 Hello,!，如图 1.38 所示。这是因为我们尚未在渲染上下文中设置 name 变量。

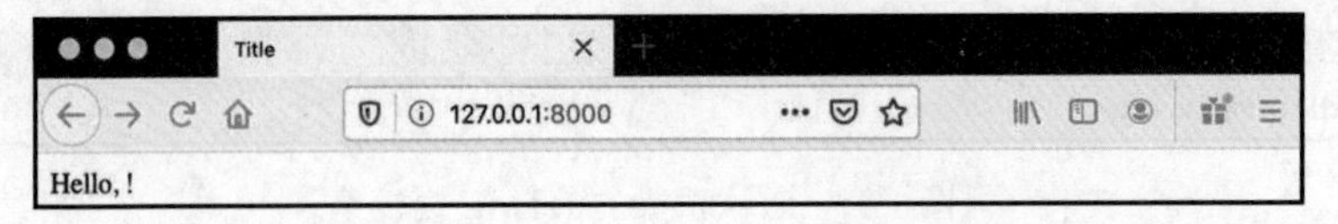

图 1.38　模板中没有渲染后的值，因为没有设置上下文

（4）打开 views.py 文件，并在 index 函数中添加一个名为 name 的变量，将该变量值设置为"world"。

```
def index(request):
    name = "world"
    return render(request, "base.html")
```

（5）再次刷新浏览器。对应结果没有任何变化：需要渲染的任何内容都必须作为 context 被显式地传递至 render 函数中。当渲染时，这是一个有效的变量字典。

（6）添加 context 字典作为 render 函数的第 3 个参数，并按照下列方式修改 render 函数。

```
return render(request, "base.html", {"name": name})
```

在 PyCharm 中，views.py 文件应如图 1.39 所示。

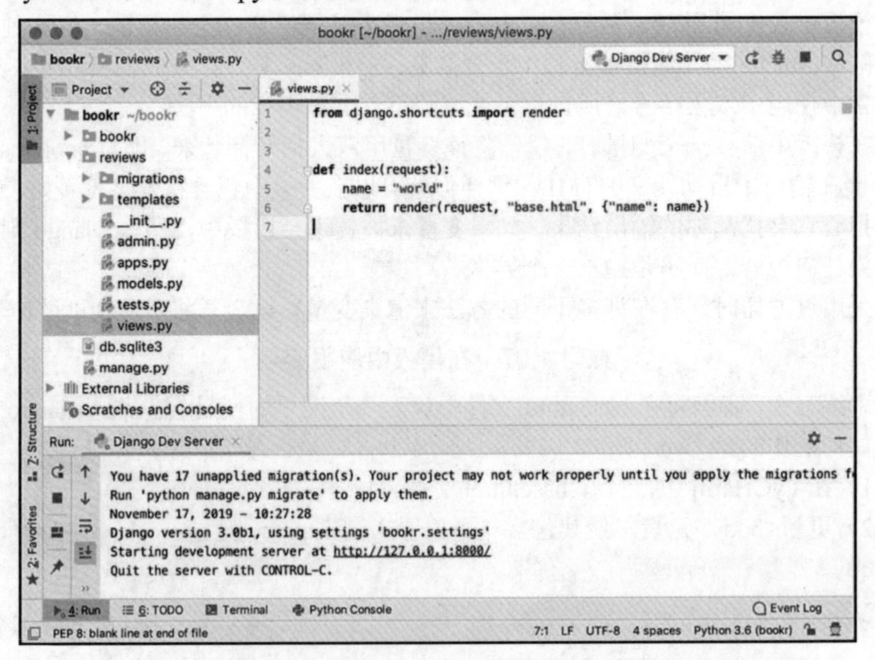

图 1.39　views.py 文件，其中包含了渲染上下文中发送的 name 变量

（7）再次刷新浏览器，将会看到 Hello, world!，如图 1.40 所示。

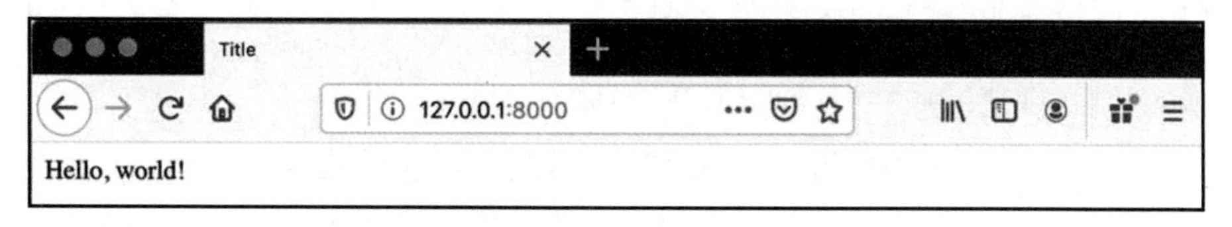

图 1.40　利用变量渲染的模板

在本练习中，我们整合了之前创建的模板和 render 函数，并在 context 字典中使用传递给它的 name 变量渲染 HTML 页面。

1.3.21　调试和错误处理

在编程过程中，总是需要处理错误或某点处的代码。当在程序中出现错误时，通常存在两种通知方法：代码产生异常，或者在查看页面时得到了无法预料的输出结果。这里，异常可能更为常见，因为存在多种意外方式可导致异常。如果代码生成了意外的输出结果，但未引发任何异常，那么可能需要使用 PyCharm 调试器查找问题的原因。

1.3.22　异常

如果读者使用过 Python 或其他编程语言，应该对异常有所了解。当出现错误时，常会引发异常（或在其他语言中抛出异常）。程序的执行将在代码的某一点处终止，异常沿函数调用链返回，直至被捕获。如果异常未被捕获，那么程序将会崩溃，有时还会出现描述异常及其发生位置的错误消息。有些异常是由 Python 本身引发的，代码可引发异常并在任一点处快速终止执行。在 Python 编程过程中，一些较为常见的异常如下所示。

- IndentationError：如果代码没有正确地缩进或混合了制表符和空格，则 Python 将引发此异常。
- SyntaxError：如果代码包含错误语法，则 Python 将引发此异常。

```
>>> a === 1
  File "<stdin>", line 1
    a === 1
      ^
SyntaxError: invalid syntax
```

- ImportError：当导入失败时，将引发此异常。例如，如果尝试从不存在的文件中进行导入，或者尝试导入一个未在文件中设置的名称。

```
>>> import missing_file
Traceback (most recent call last):
   File "<stdin>", line 1, in <module>
ImportError: No module named missing_file
```

- NameError：当尝试访问尚未设置的变量时，将引发此异常。

```
>>> a = b + 5
Traceback (most recent call last):
   File "<stdin>", line 1, in <module>
NameError: name 'b' is not defined
```

- KeyError：当尝试访问未在字典（或类字典对象）中设置的键时，将引发此异常。

```
>>> d = {'a': 1}
>>> d['b']
Traceback (most recent call last):
   File "<stdin>", line 1, in <module>
KeyError: 'b'
```

- IndexError：当访问列表长度之外的索引时，将引发此异常。

```
>>> l = ['a', 'b']
>>> l[3]
Traceback (most recent call last):
   File "<stdin>", line 1, in <module>
IndexError: list index out of range
```

- TypeError：当尝试在对象上执行不受支持的操作，或者使用两种错误类型的对象时，将引发此异常。例如，尝试将字符串加至整数上。

```
>>> 1 + '1'
Traceback (most recent call last):
   File "<stdin>", line 1, in <module>
TypeError: unsupported operand type(s) for +: 'int' and 'str'
```

另外，Django 还会引发自定义的异常。

当在 settings.py 文件中通过 DEBUG=True 运行开发服务器时，Django 将自动捕捉代码中出现的异常（而非崩溃）。然后，Django 将生成一个 HTTP 响应，向用户显示堆栈跟踪和其他信息，以帮助用户调试问题。当在生产阶段运行代码时，DEBUG 应被设置为 False。Django 将返回一个标准的内部服务器错误页面，且不包含任何敏感信息。此外，你还可以选择显示自定义错误页面。

练习 1.08　生成并查看异常

下面在视图中创建一个简单的异常，并熟悉 Django 如何显示异常。在当前示例中，我们将使用一个不存在的变量，进而引发 NameError。

（1）在 PyCharm 中，打开 views.py 文件，在 index 视图函数中，修改发送至 render 函数的上下文，以便使用一个不存在的变量。我们将尝试发送 invalid_name 至上下文字典中，而非 name。不要改变上下文字典的键，只改变它的值即可。

```
return render(request, "base.html", {"name": invalid_name})
```

（2）返回浏览器并刷新页面。对应结果如图 1.41 所示。

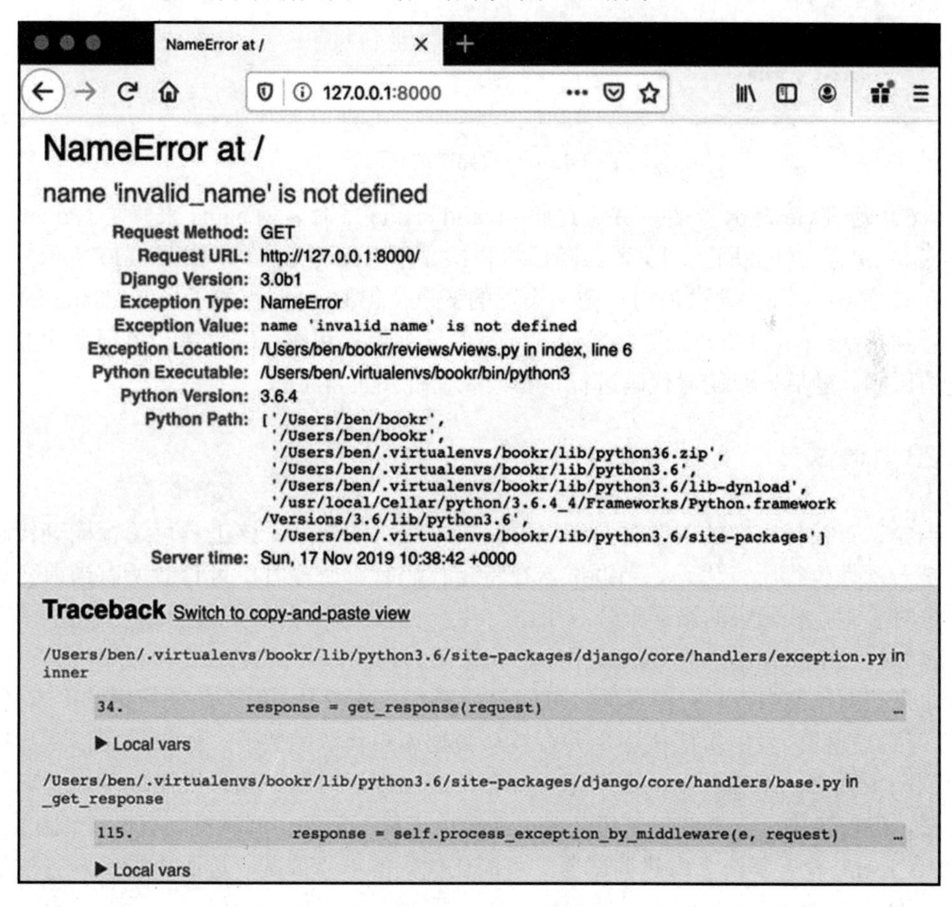

图 1.41　Django 异常页面

（3）页面中的前几行标题代码通知出现了错误。

```
NameError at /
name 'invalid_name' is not defined
```

（4）标题下方是异常发生位置的回溯。我们可以单击不同的代码行来展开它们并查看周边的代码，或者单击每一帧的 Local vars 来展开它们并查看变量的值。

（5）在当前示例中，可以看到异常出现于 views.py 文件的第 6 行。展开 Local vars，可以看到 name 包含值 world，其他唯一的变量是传入的 request，如图 1.42 所示。

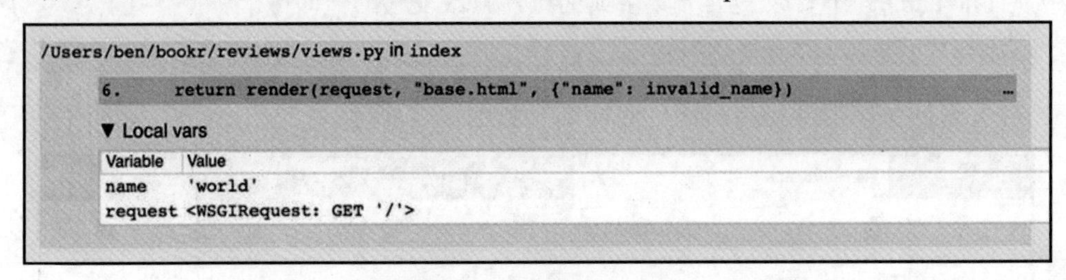

图 1.42　导致异常的代码行

（6）返回 views.py 文件，并通过将 invalid_name 重命名为 name 来修复 NameError。

（7）保存文件并刷新浏览器。随后将再次显示 Hello, world!，如图 1.40 所示。

在本练习中，我们尝试使用一个未设置的变量使得 Django 引发了异常（NameError）。可以看到，Django 自动向浏览器发送了异常的详细信息和栈跟踪信息，以帮助我们查找问题的原因。随后，我们对代码进行了修改以使视图正常工作。

1.3.23　调试

当尝试查找代码中的问题时，调试器将带来较大的帮助。该工具可逐行检查代码，而不是一次性执行所有代码。当调试器在特定代码行上暂停时，可查看所有当前变量的值，这对于查找代码中的错误十分有用。

例如，在 Bookr 中，视图从数据库中获取图书列表，并在 HTML 模板中对其进行渲染。如果在浏览器中查看视图页面，可能只会看到一本图书，而不是期望中的多本图书。这里，可在视图函数中暂停执行，并查看从数据库中获取的数值。如果视图仅从数据库接收到一本图书，不难发现，数据库查询在某处出现了问题。如果视图成功地获取了多本图书，但仅渲染了一本图书，那么很可能模板出现了问题。调试机制有助于细化问题。

PyCharm 设置了一个内建调试器，可简化代码的单步调试，进而查看每一行发生的情况。为了通知调试器代码执行的终止位置，需要在一行或多行代码上设置断点，因为代码执行将于该点处中断（终止）。

要激活断点，需要将 PyCharm 设置为在其调试器中运行项目。这会产生不十分明显的性能损失，因此可选择总是在调试器中运行代码，这样即可快速设置一个断点，而不必终止并重启 Django 开发服务器。

在调试器中运行 Django 十分简单，即单击调试图标（而非运行图标，如图 1.19 所示）即可。

练习 1.09　调试代码

在本练习中，我们将学习 PyCharm 调试器的基础知识，在调试器中运行 Django 开发服务器，随后在视图函数中设置断点，进而暂停执行以检查变量。

（1）如果 Django 开发服务器处于运行状态，单击 PyCharm 窗口右上角的终止按钮终止该服务器，如图 1.43 所示。

图 1.43　PyCharm 窗口右上角的终止按钮

（2）在调试器中再次启动 Django 开发服务器，即单击终止按钮左侧的调试按钮，如图 1.43 所示。

（3）服务器启动将占用几秒时间，随后再次在浏览器中刷新页面，以确保它仍在加载中——用户应该不会注意到任何变化；所有的代码都像以前一样执行。

（4）设置一个断点，它将使执行过程终止，这样我们就可以查看程序的状态。在 PyCharm 中，单击第 5 行行号的右侧，此时将出现一个红色圆圈，表示断点当前处于活动状态，如图 1.44 所示。

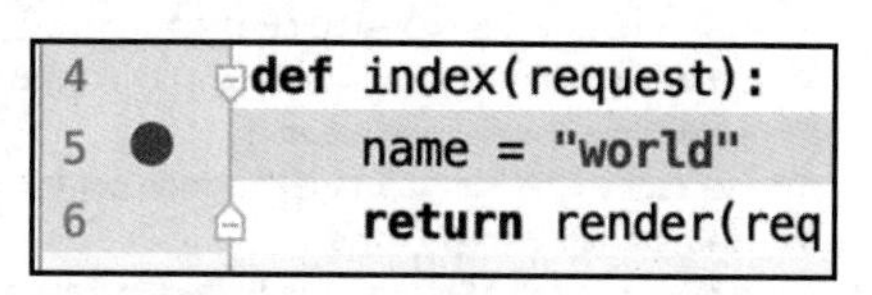

图 1.44　第 5 行上的断点

（5）返回浏览器并刷新页面。浏览器并不会显示任何内容，仅是继续尝试加载页面。取决于操作系统，PyCharm 应再次变为活动状态；否则，必须将其置于前端。此时应可看到，第 5 行代码处于高亮显示状态，窗口底部则显示调试器。相应地，堆栈帧（被调用至当前行的函数链）位于左侧，而函数的当前变量则位于右侧，如图 1.45 所示。

（6）目前范围内仅有一个变量，即 request。如果单击其名称左侧的切换三角形，则可显示或隐藏它所设置的属性，如图 1.46 所示。

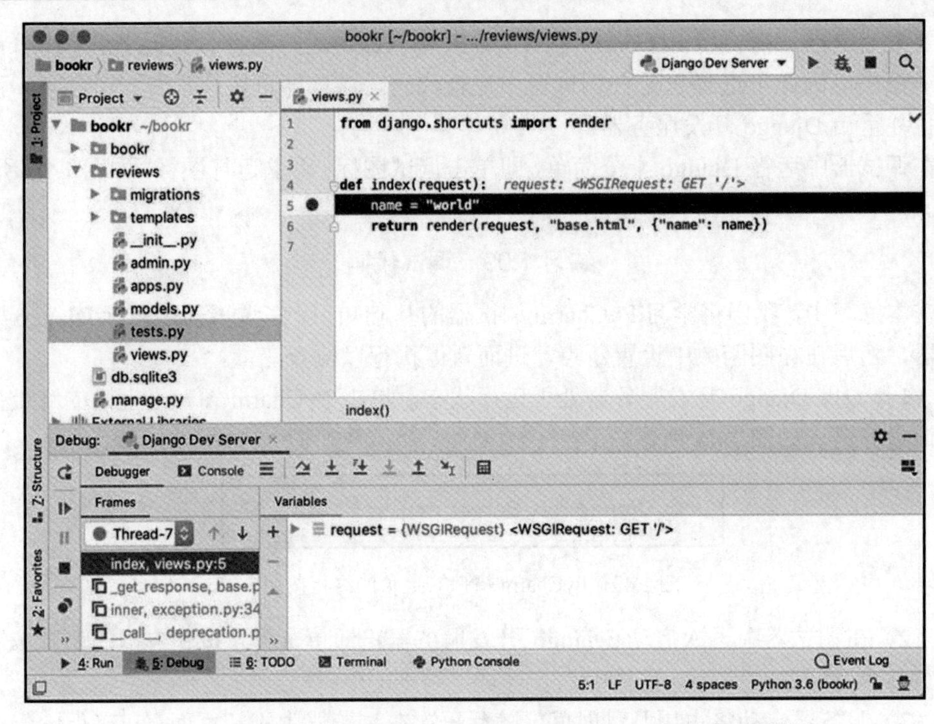

图 1.45　调试器处于暂停状态，当前行（第 5 行）处于高亮显示状态

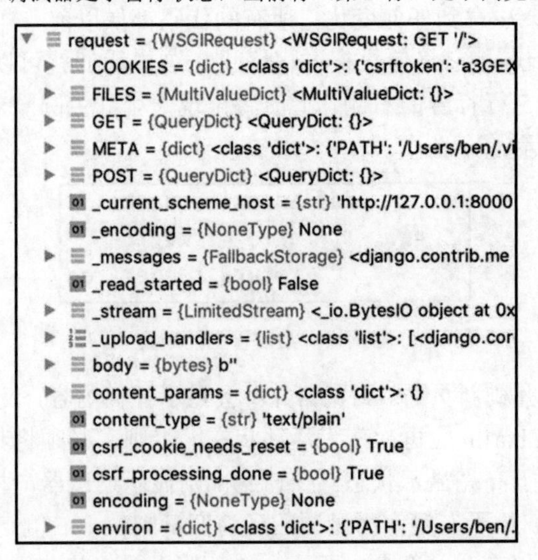

图 1.46　request 变量的属性

例如，如果向下滚动属性列表，则可以看到，对应方法是 GET 且路径是/。

（7）动作栏位于堆栈帧和变量上方，其中的按钮（从左至右）如图 1.47 所示。

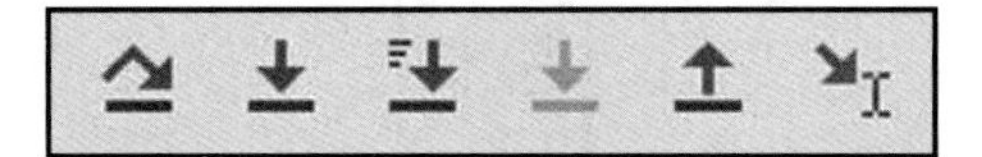

图 1.47　动作栏

- Step Over。执行当前代码行并继续执行下一行。
- Step Into。步进至当前行。例如，如果该行包含一个函数，则继续使用该函数中的调试器。
- Step Into My Code。步进至正在执行的代码行，但继续执行直至查找到所编写的代码。例如，如果正在进入稍后调用你的代码的第三方库代码，那么它将不会显示第三方代码，而是继续执行，直至返回你所编写的代码。
- Force Step Into。步进至通常不会进入的代码，例如 Python 标准库代码。这仅在一些罕见的情况下使用。
- Step Out。从当前代码返回调用它的函数或方法。与 Step In 动作相反。
- Run To Cursor。如果某一行代码距离当前位置较远，且打算执行该行代码，而不必针对中间的所有行单击 Step Over，那么可单击以将光标放置在该行上。然后，单击 Run To Cursor，执行将一直持续，直至该行。

注意，并不是所有的按钮在任何时候都有用。例如，有的按钮很容易导致跳出视图，并导致 Django 库代码混乱。

（8）单击 Step Over 按钮并执行第 5 行代码。

（9）在调试器视图中可以看到，name 变量已被添加至变量列表中，其值为 world，如图 1.48 所示。

```
01 name = {str} 'world'
▶ request = {WSGIRequest} <WSGIRequest: GET '/'>
```

图 1.48　新的 name 变量当前位于作用域中，其值为 world

（10）当前，我们位于 index 视图函数的结尾，如果跳过该行代码，它将跳转至 Django 库代码——这并不是我们希望看到的。为了继续执行并将响应发送回浏览器，可单击窗口左侧的 Resume Program 按钮，如图 1.49 所示。随后将会看到，浏览器将再次加载页面。

图 1.49 还包含了其他按钮，从上方来看，它们依次是 Return（终止程序并重启程序）、Resume Program（继续运行直至下一个断点）、Pause Program（在当前执行点处中断程序）、Stop（终止调试器）、View Breakpoints（打开窗口并查看所有设置的断点）、Mute Breakpoints（开启或关闭所有断点，但并不移除它们）。

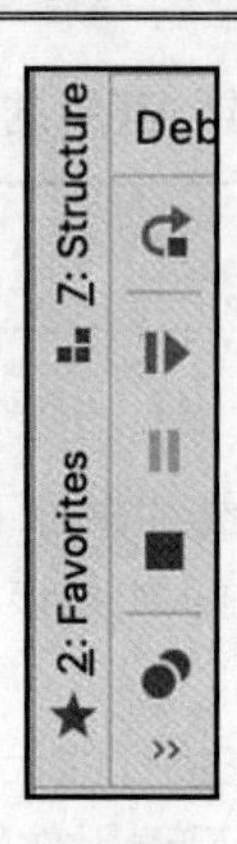

图 1.49　控制执行的动作——绿色的运行按钮为 Resume Program 按钮

（11）单击断点（第 5 行一侧的红色圆圈）关闭 PyCharm 中的断点，如图 1.50 所示。

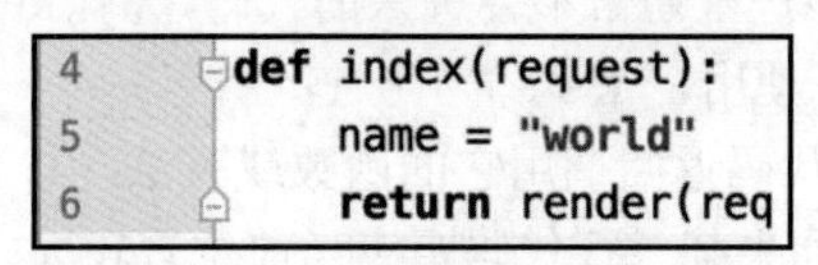

图 1.50　单击第 5 行上的断点并禁用该断点

上述内容快速介绍了如何在 PyCharm 中设置断点。读者如果使用过其他 IDE 中的调试功能，那么应熟悉以下这些概念：步进代码，步进和步出函数，或计算表达式。一旦设置了断点，就可以右击断点并更改选项。例如，可将断点设置为有条件的断点，以便仅在特定情况下停止执行。这些内容超出了本书的讨论范围，但尝试处理代码中的问题时，这些知识将十分有用。

操作 1.01　创建一个网站欢迎页面

我们需要为我们正在构建的 Bookr 网站设置一个欢迎页面，让用户了解网站的类型。除此之外，该网站还应包含指向网站其他部分的链接。在后续章节中，我们将尝试添加这些链接。当前，我们需要创建一个包含欢迎消息的页面。

具体步骤如下。

（1）在 index 视图中，渲染 base.html 模板。

（2）更新 base.html 模板以包含欢迎页面。它应该在<head>标签的<title>标签和正文的新的<h1>标签中。

在完成了该操作后，对应结果如图 1.51 所示。

注意：

读者可访问 http://packt.live/2Nh1NTJ 查看该操作的解决方案。

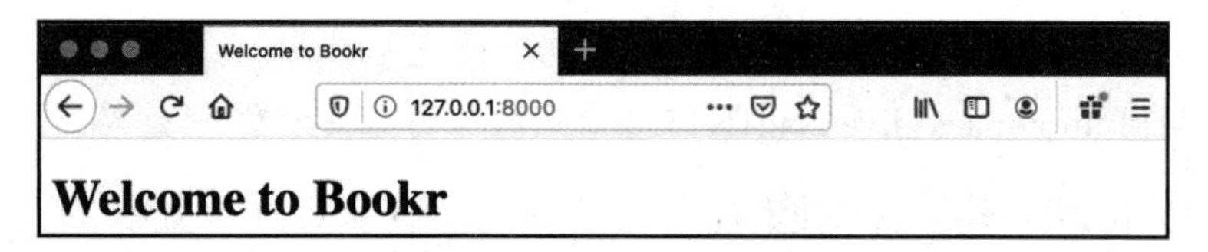

图 1.51　Bookr 欢迎页面

操作 1.02　图书搜索

对于像 Bookr 这样的网站来说，一个有用的功能是能够搜索数据，在站点上快速查找信息。Bookr 将实现图书的查找机制，并允许用户查找网站中的特定图书。尽管当前尚不包含任何查找的图书，但我们可实现一个页面并显示用户搜索的文本。用户输入搜索字符串作为 URL 参数的一部分内容。第 6 章将实现搜索功能和一个包含文本项的表单。

具体实现步骤如下。

（1）创建一个搜索结果的 HTML 模板。它应该包括一个变量占位符，以显示通过渲染上下文传入的搜索词。这里，在<title>和<h1>标签中显示传入的变量。在正文中的搜索文本周围使用<em>标签使其为斜体。

（2）在 views.py 中添加一个搜索视图函数。该视图读取 URL 参数中的搜索字符串（在请求的 GET 属性中）。随后渲染上一步创建的模板，使用上下文字典传递要替换的搜索值。

（3）将新视图的映射添加至 urls.py 中。URL 可以是类似于/book-search 这一类内容。

在完成了该操作后，你应可以通过 URL 的参数传递搜索值，并看到它渲染在最终的页面上，如图 1.52 所示。

图 1.52　搜索 *Web Development with Django*

此外，你还应能够传递特殊的 HTML 字符，如<and>，并查看 Django 是如何在模板中自动转义它们的，如图 1.53 所示。

图 1.53　注意 HTML 字符是如何被转义的，以防止标签注入

注意：

读者可访问 http://packt.live/2Nh1NTJ 查看该操作的解决方案。

至此，我们已经搭建了图书搜索视图，并展示了如何从 GET 参数中读取变量。此外，我们还使用了该视图测试 Django 如何在模板中自动转义特殊的 HTML 字符。当前，搜索视图尚无法执行真正的搜索任务或正确地显示最终的结果，因为数据库中尚不存在相应的图书。第 6 章将继续完善这一功能。

1.4 本章小结

本章是对 Django 的一个简要介绍。其间，我们首先了解了 HTTP 协议以及 HTTP 请求和响应的结构。然后，我们讨论了 Django 如何使用 MVT 范式、如何解析一个 URL、生成 HTTP 请求，并将其传递至视图中以获取 HTTP 响应结果。接着，我们搭建了 Bookr 项目，随后为它创建了 reviews 应用程序。最后，我们构建了两个示例视图，以展示如何从请求中获取数据，并在渲染模板时使用这些数据。当渲染模板时，本章还介绍了 Django 如何转义 HTML 中的输出结果。

所有操作均在 PyCharm IDE 中完成。为此，本章学习了如何设置 PyCharm IDE 并调试应用程序。调试器可帮助我们查找程序中的问题。第 2 章将开始学习 Django 的数据库集成及其模型系统，进而开始存储和检索应用程序中的真正的数据。

第2章　模型和迁移

本章将介绍数据库的概念，以及它在构建Web应用程序中的重要性。在本章中，我们首先利用开源数据库可视化工具SQLite DB Browser创建数据库，随后利用SQL命令执行基本的CRUD（创建、读取、更新和删除）操作。接下来，我们将学习Django的对象关系映射（ORM），使用它，应用程序可以通过简单的Python代码与关系型数据库进行交互并实现了无缝地协同工作，从而避免运行复杂的SQL查询。其间，我们将学习模型和迁移，这些是Django ORM的重要内容，用于传播应用程序和数据之间的数据库变化，以及执行数据库的CRUD操作。在本章的结尾，我们将考查各种数据库关系类型，并以此在关联记录间执行查询。

2.1　简　　介

数据是大多数Web应用程序的核心内容。除非我们正在讨论一类较为简单的应用程序，如计算器。在大多数时候，我们需要存储数据、处理数据并在页面上向用户显示数据。由于面向用户的Web应用程序中的大多数操作都涉及数据，因此需要将数据存储在安全、易于访问和随时可用的地方。这也是数据库的用武之地。想象一下，在计算机出现之前图书馆的运作情况。图书管理员必须维护图书库存记录、图书借阅记录、学生还书记录等。所有这些都需要以物理记录的方式进行维护。图书管理员在进行日常活动时，将为每项操作修改这些记录，例如，在将图书借给某人或当图书被归还时。

今天，数据库可帮助我们完成这些管理性工作。这里，数据库像是一个包含多个记录的电子表格或Excel电子表，每张表包含多个行和列。应用程序可包含多张表。图2.1显示了图书馆中图书库存的示例表。

Book Number	Author	Title	Number of Copies
Howto4563	Adam Chappel	How to Build a house	4
Travel5327	Charlie Hunt	How to holiday in Switzerland	5
Fiction3453	Evan Stark	The Mystery Cat	2
Howto4453	Bruce Williams	Sailing Guide	7

图2.1　图书馆中图书库存表

在图 2.1 中，可以看到图书馆中图书的各种属性的详细信息列，而行则包含每本书的条目。当管理图书馆时，可存在许多这样的表作为一个系统一起工作。例如，除了目录，还可能存在其他表，如学生信息、图书借阅记录等。数据库采用相同的逻辑构建，其中，软件应用程序可方便地管理数据。

在第 1 章中，我们简要地介绍了 Django 及其在开发 Web 应用程序中的应用。随后我们学习了模型-视图-模板（MVT）这一概念。接下来，我们创建了一个 Django 项目并启动了 Django 开发服务器。除此之外，我们还讨论了 Django 的视图、URL 和模板。

本章将学习数据库的类型和基于 SQL 的一些基本的数据库操作。随后，我们将考查 Django 中的模型和迁移概念，它们通过提供一个抽象层来促进使用 Python 对象简化数据库操作，从而有助于加快开发速度。

2.2　数　据　库

数据库是一个结构化的数据集合，有助于方便地管理信息。名为数据库管理系统（DBMS）软件层用于存储、维护和执行的操作。数据库包含两种类型，即关系型数据库和非关系型数据库。

2.2.1　关系型数据库

关系数据库或结构化查询语言（SQL）数据库将数据存储在预先确定的称为表的行和列结构中。数据库可由多个这样的表构成，这些表包含了固定的属性结构、数据类型和表间的关系。例如，如图 2.1 所示，图书目录表包含固定的列结构，这些列包含 Book Number、Author、Number of Copies，以及表中的行条目。除此之外，还可能存在其他表，如 Student Information、Lending Records，这些表可与目录表发生关联。另外，每当把一本图书借给学生时，记录都将按多个表之间的关系进行存储（如 Student Information 和 the Book Inventory 表）。

这种预先确定的规则结构定义了数据类型、表格结构和不同表之间的关系，就像数据库的搭建或蓝图。这个蓝图被统称为数据库模式。当应用到数据库时，它将准备数据库来存储应用程序数据。当管理和维护这些数据库时，存在一种共同的关系型数据库语言，称作 SQL。关系型数据库示例包括 SQLite、PostgreSQL、MySQL 和 OracleDB。

2.2.2　非关系型数据库

非关系型数据库或 NoSQL（not only SQL）数据库旨在存储非结构化数据，它们非常适合于不遵循严格规则的大量的生成数据。非关系型数据库示例包括 Cassandra、MongoDB、CouchDB 和 Redis。

例如，假设你需要使用 Redis 将公司的股票值存储于数据库中。这里，公司名称将被存储为键，股票值将被存储为值。在该示例中采用键-值类型 NoSQL 数据库是非常适合的，因为它针对唯一键存储了期望值，并且访问起来更加快速。

在本书范围内，我们将仅处理关系型数据库，因为 Django 官方并不支持非关系型数据库。然而，感兴趣的读者可查看许多分支项目，如 Django non-rel 即支持 NoSQL 数据库。

2.2.3　利用 SQL 的数据库操作

SQL 使用一组命令执行各种数据库操作，如创建一个条目、读取值、更新一个条目和删除一个条目。这些操作被统称为 CRUD 操作，即创建、读取、更新和删除。为了深入理解数据库操作，下面将从 SQL 命令入手。大多数关系型数据库具有类似的语法，但一些操作则有所不同。

本书将使用 SQLite 作为数据库。SQLite 是一个轻量级的关系型数据库，同时也是 Python 标准库的一部分。因此，Django 使用 SQLite 作为其默认的数据库配置。除此之外，在第 17 章中，我们还将学习更多关于如何执行配置更改以使用其他数据库。读者可访问本书的 GitHub 存储库查看本章内容，对应网址为 http://packt.live/2Kx6FmR。

2.2.4　关系型数据库中的数据类型

数据库提供了一种方法，可限制存储在列中的数据类型。这些被称作数据类型。这里给出了关系数据库（如 SQLite3）的一些数据类型示例。

- INTEGER 用于存储整数。
- TEXT 可存储文本。
- REAL 用于浮点值。

例如，我们希望图书的标题以 TEXT 作为数据类型，因此，数据库将强制执行这一规则，也就是说，除了文本数据，任何类型的数据都不能存储在该列中。类似地，书籍的价格可以是 REAL 数据类型等。

练习 2.01　创建图书数据库

在本练习中，我们将对书评应用程序创建一个数据库。为了在 SQLite 数据库中实现较好的数据可视化效果，建议针对 SQLite 安装名为 DB Browser 的开源工具。该工具有助于可视化数据，并提供了一个 shell 执行 SQL 命令。

你如果还没有这样做，可访问 URL https://sqlitebrowser.org 并在 downloads 部分针对操作系统安装应用程序并启动它。本书的前言部分已详细介绍了有关 DB Browser 的安装说明。

注意：

数据库操作可通过命令行 shell 执行。

（1）在启动了应用程序后，单击应用程序左上角的 New Database 创建一个新的数据库。由于我们工作于书评应用程序上，因此此处创建名为 bookr 的数据库，如图 2.2 所示。

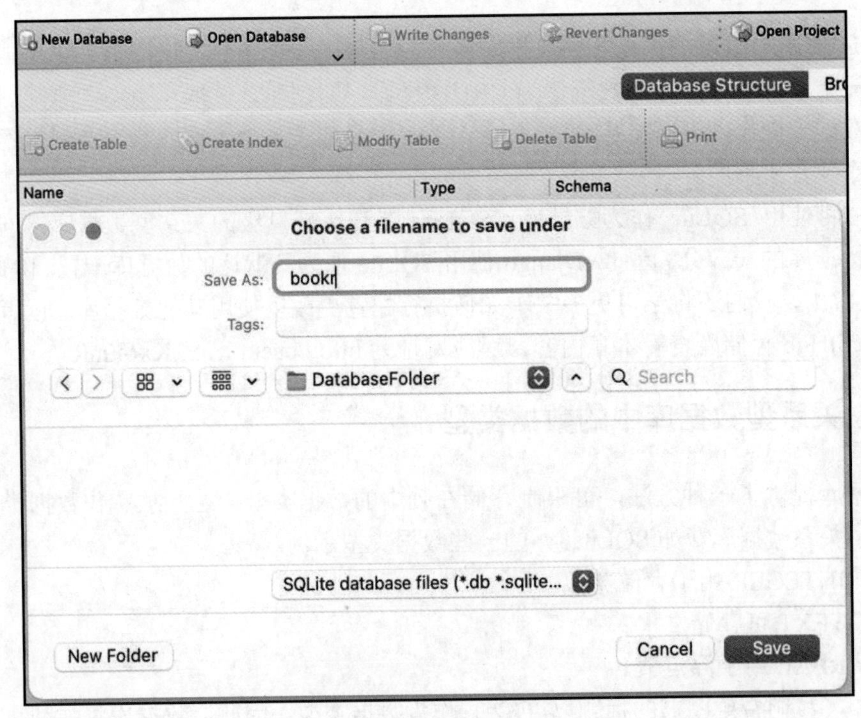

图 2.2　创建名为 bookr 的数据库

（2）单击左上角的 Create Table 按钮，并输入 book 作为表名。

注意：

在单击了 Save 按钮后，可以看到创建表的窗口自动打开。此时，只需按照前面步骤中指定的那样继续创建图书表。

（3）单击 Add field 按钮，输入字段名为 title，并从下拉菜单中选取类型为 TEXT。此处，TEXT 表示为数据库中 title 字段的数据类型，如图 2.3 所示。

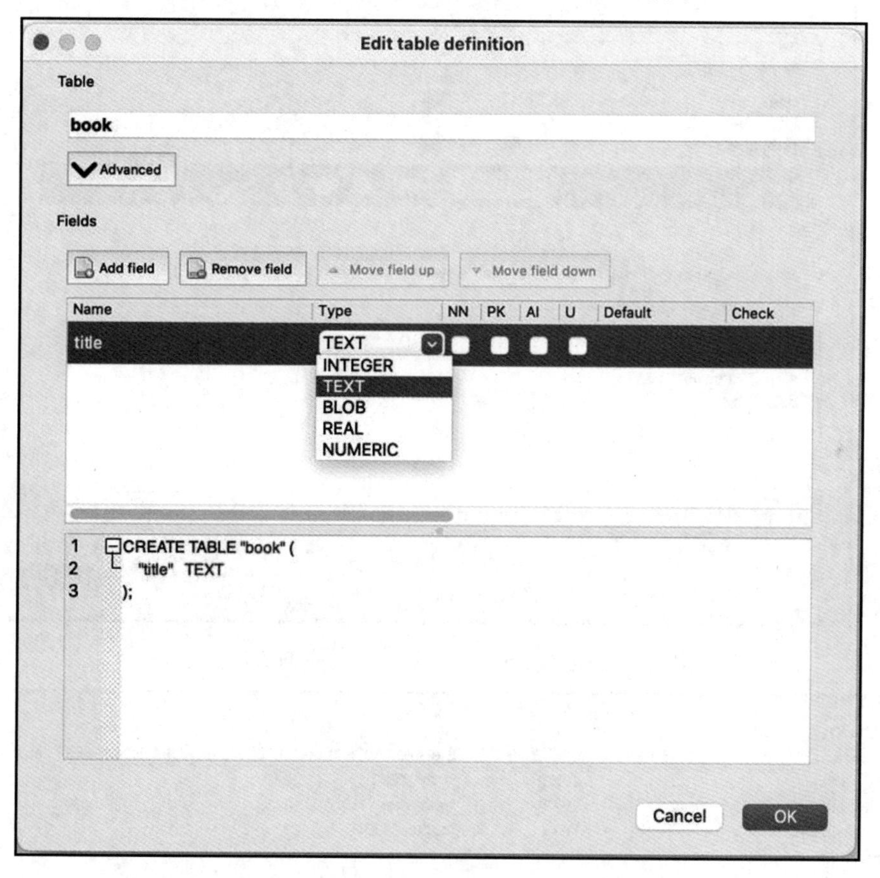

图 2.3　添加一个名为 title 的 TEXT 字段

（4）类似地，针对表中名为 publisher 和 author，添加另外两个字段，并选取 TEXT 为两个字段的类型，随后单击 OK 按钮，如图 2.4 所示。

这将在 bookr 数据库中创建名为 book 的数据库表，对应字段为 title、publisher 和 author，如图 2.5 所示。

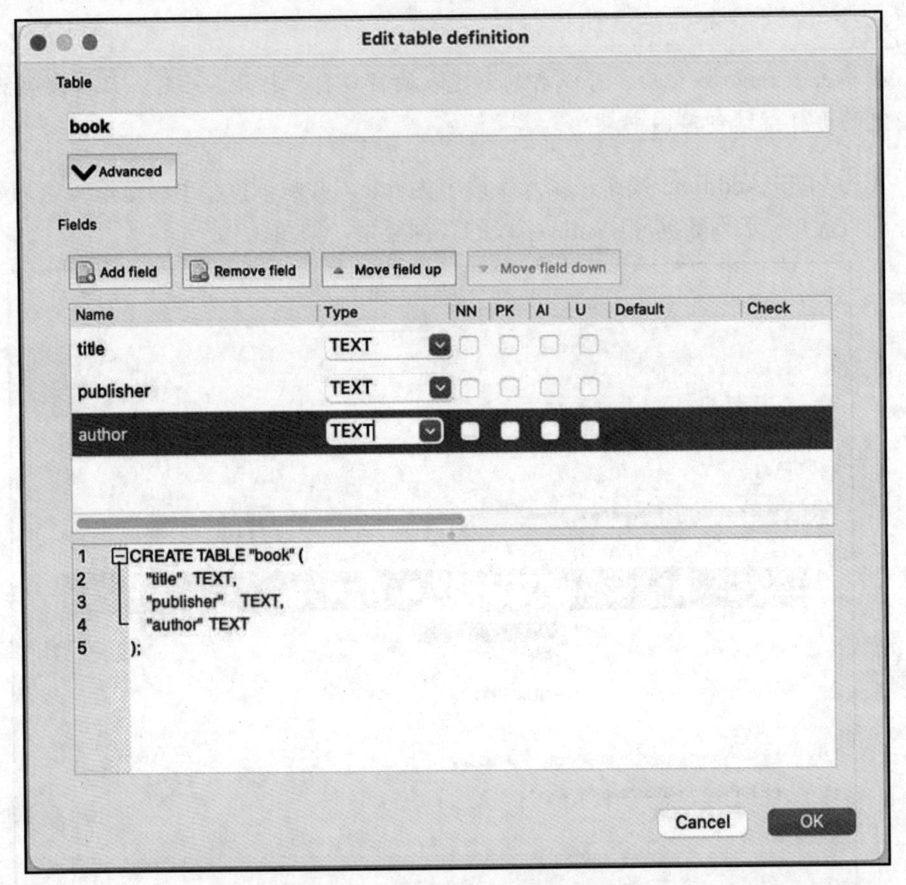

图 2.4　创建名为 publisher 和 author 的 TEXT 字段

Name	Type	Schema
Tables (1)		
book		CREATE TABLE "book" ("title" TEXT,"publisher" TEXT,"author" TEXT)
title	TEXT	"title" TEXT
publisher	TEXT	"publisher" TEXT
author	TEXT	"author" TEXT
Indices (0)		
Views (0)		
Triggers (0)		

图 2.5　包含字段 title、publisher 和 author 的数据库

在本练习中，我们使用了名为 DB Browser（SQLite）的开源工具创建名为 bookr 的第 1 个数据库。其中，我们创建了名为 book 的第 1 个表。

2.3　SQL CRUD 操作

假设书评应用程序的编辑或用户希望对图书目录进行一些修改，例如向数据库中添加一些图书，更新数据库中的一个条目等。SQL 提供了执行此类 CRUD 操作的各种方法。在深入讨论 Django 模型和迁移之前，下面首先考查这些基本的 SQL 操作。

对于后续的 CRUD 操作，我们将运行一些 SQL 查询。要运行它们，需要导航至 DB Browser 中的 Execute SQL 选项卡。我们可在 SQL 1 窗口中输入或粘贴 SQL 查询。在此，我们可以调整查询内容、理解查询内容，随后执行 SQL 查询。当一切就绪，可单击形如运行按钮的图标，或者按 F5 键执行命令。对应结果将显示于 SQL 1 窗口下方的窗口中，如图 2.6 所示。

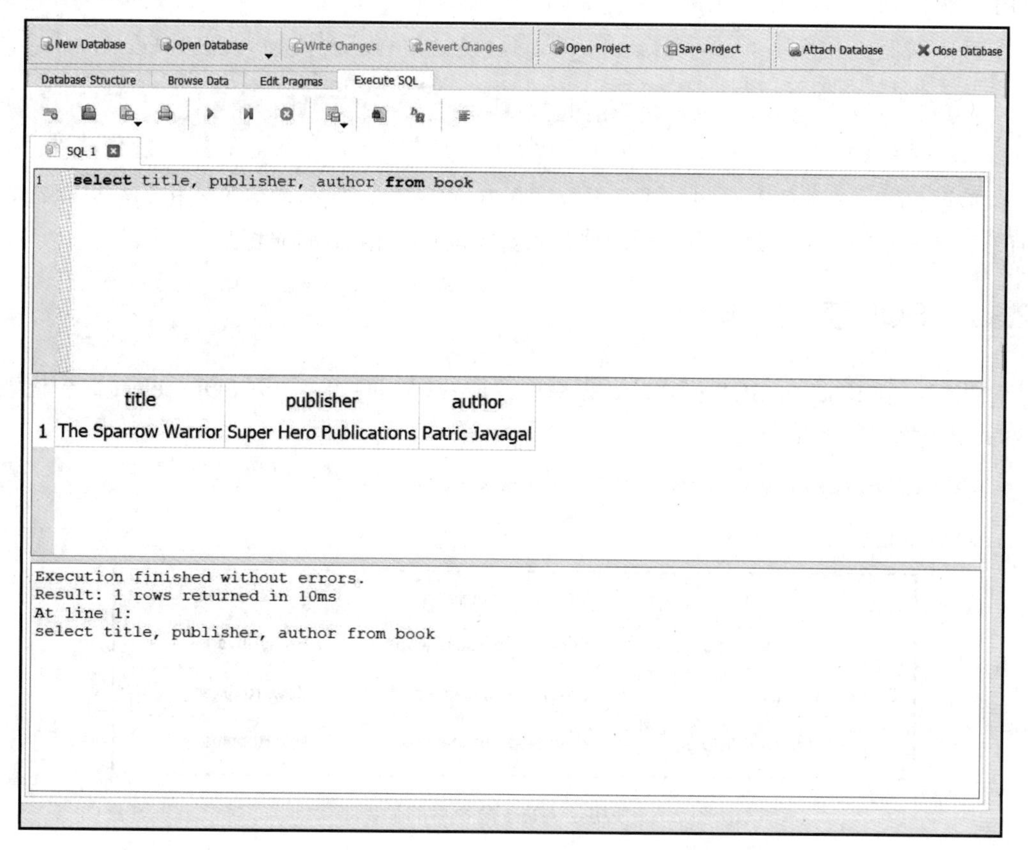

图 2.6　在 DB Browser 中执行 SQL 查询

2.3.1 SQL 创建操作

SQL 中的 Create 操作是通过 insert 命令执行的。下面向数据库中插入数据。在 bookr 示例中，由于已经创建了数据库和 bookr 表，因此可通过执行下列命令在数据库中创建或插入一个条目。

```
insert into book values ('The Sparrow Warrior', 'Super Hero
  Publications', 'Patric Javagal');
```

这将把命令中定义的值插入名为 book 的表中。这里，The Sparrow Warrior 表示为标题，Super Hero Publications 表示为出版社，Patric Javagal 表示为图书的作者。注意，插入顺序对应于创建表的方法，也就是说，将这些值分别插入表示标题、出版社和作者的列中。类似地，执行下列两条插入语句以填写 book 表。

```
insert into book values ('Ninja Warrior', 'East Hill Publications',
  'Edward Smith');
insert into book values ('The European History', 'Northside
  Publications', 'Eric Robbins');
```

截至目前，3 条插入语句将 3 行内容插入 book 表中。但是如何验证相关结果呢？如何了解这 3 条插入的条目是否被正确地输入数据库中？稍后将对此进行讨论。

2.3.2 SQL 读取操作

我们可利用 select SQL 操作从数据库中读取数据。例如，下列 SQL select 命令检索 book 表中创建的所选条目。

```
select title, publisher, author from book;
```

对应结果如图 2.7 所示。

	title	publisher	author
1	The Sparrow Warrior	Super Hero Publications	Patric Javagal
2	Ninja Warrior	East Hill Publications	Edward Smith
3	The European History	Northside Publications	Eric Robbins

图 2.7　使用了 select 命令后的输出结果

select 是数据库读取命令，而 title、publisher 和 author 字段是我们打算从图书表中选择的列。由于这些列是数据库包含的全部列，因此 select 语句返回数据库中的全部值。此外，select 语句还被称作 SQL 查询。一种获取数据库全部字段的替代方法是在 select 查询中使用*，而不是显式地指定所有列名。

```
select * from book;
```

这将返回相同的结果。假设需要获取标题为 The Sparrow Warrior 的图书的作者名。此时，select 查询如下所示。

```
select author from book where title="The Sparrow Warrior";
```

这里，我们添加了一个特殊的 SQL 关键字 where，以便 select 查询仅返回匹配条件的条目。最终，查询结果为 Patric Javagal。那么，如果需要修改图书的出版社名称，情况又当如何？

2.3.3 SQL 更新操作

在 SQL 中，更新数据库中条目的方法是使用 update 命令。

```
update book set publisher = 'Northside Publications' where
  title='The Sparrow Warrior';
```

这里，如果标题值为 The Sparrow Warrior，我们将把出版社的值设置为 Northside Publications。随后，我们可以运行 select 查询查看运行 update 命令后更新表的最终结果，如图 2.8 所示。

	title	publisher	author
	Filter	Filter	Filter
1	The Sparrow Warrior	Northside Publications	Patric Javagal
2	Ninja Warrior	East Hill Publications	Edward Smith
3	The European History	Northside Publications	Eric Robbins

图 2.8　针对标题 The Sparrow Warrior 更新出版社的值

那么，如果打算删除刚刚更新的记录的标题，情况又当如何？

2.3.4 SQL 删除操作

下面的示例使用 delete 命令从数据库中删除一条记录。

```
delete from book where title='The Sparrow Warrior';
```

delete 是一个 SQL 关键字，用于删除操作。这里，只有当标题为 The Sparrow Warrior 时，才会执行该项操作。在执行了删除操作后，图书表最终的结果如图 2.9 所示。

	title	publisher	author
1	Ninja Warrior	East Hill Publications	Edward Smith
2	The European History	Northside Publications	Eric Robbins

图 2.9　执行删除操作后的输出结果

这些均是基本的 SQL 操作。后续章节不会在深入讨论 SQL 命令和语法，但是涉及更多的关于使用 SQL 的数据库基本操作。

注意：

进一步阅读时，读者可考查基于 join 的高级 SQL 操作，这用于查询多个表间的数据。对此，读者可参考 *The SQL Workshop* 查看详细的 SQL 课程，对应网址为 https://www.packtpub.com/product/the-sqlworkshop/9781838642358。

2.3.5　Django ORM

Web 应用程序持续与数据库进行交互，其中一种方式是使用 SQL。如果决定在缺少 Web 框架（如 Django）的情况下并仅使用 Python 编写 Web 应用程序，那么 Python 库（如 psycopg2）可通过 SQL 命令直接与数据库进行交互。但是，当开发包含多个表和字段的 Web 应用程序时，SQL 语句将变得十分复杂且难以维护。因此，流行的 Web 框架（如 Django）提供了一种抽象级别，我们可以使用它轻松地与数据库协同工作。在 Django 中，这一部分内容被称作 ORM，即对象关系映射。

Django ORM 将面向对象的 Python 代码转换为实际的数据库结构，如包含数据类型定义的数据库表，并通过简单的 Python 代码实现全部数据库操作。因此，在执行数据库操作时，无须处理 SQL 命令。这有助于实现快速的应用程序开发，且便于维护应用程序源代码。

Django 支持关系型数据库，如 SQLite、PostgreSQL、Oracle Database 和 MySQL。Django 的数据库抽象层稍做设置后，可确保相同的 Python/Django 源代码可用于上述任何一种数据库中。由于 SQLite 是 Python 库的一部分内容，因此 Django 的默认配置为 SQLite，在本书中，我们将在学习 Django 模型和迁移时使用 SQLite。

2.3.6　数据库配置和 Django 应用程序的创建

在第 1 章中曾谈及到，当创建一个 Django 项目并运行 Django 服务器时，默认的数据库配置是 SQLite3。数据库配置出现在项目目录中，且位于 settings.py 文件中。

注意：

要理解后续的概念，需要查看 bookr 应用程序的完整的 settings.py 文件。读者可访问 http://packt.live/2KEdaUM 查看该文件。

因此，对于示例项目，数据库配置位于以下位置：bookr/settings.py 文件。当创建 Django 项目时，该文件中默认的数据库配置如下所示。

```
DATABASES = {\
             'default': {\
                          'ENGINE': 'django.db.backends.sqlite3',\
                          'NAME': os.path.join\
                                 (BASE_DIR, 'db.sqlite3'),}}
```

注意：

上述代码片段采用反斜杠（\）分隔多行之间的逻辑。当运行代码时，Python 将忽略反斜杠，并将下一行上的代码视为当前行的直接配置。

DATABASES 变量被分配了一个字典，其中包含项目的数据库详细信息。在字典内部，存在一个嵌套的字典，并包含一个默认键。这里保存了 Django 项目默认数据库的配置。此处使用一个以 default 作为键的嵌套字典的原因是，Django 项目可能会与多个数据库进行交互，而默认数据库则是 Django 用于所有操作的数据库，除非明确指定。ENGINE 键表示所使用的哪一个数据库引擎，此处为 sqlite3。

NAME 键定义了数据库名称，该名称可包含任何值。但对于 SQLite3，由于数据库作为一个文件被创建，NAME 可包含创建文件的目录的完整路径。db 文件的完整路径是通过连接之前在 BASE_DIR 中定义的路径与 db.sqlite3 来处理的。注意，BASE_DIR 表示为已在 settings.py 文件中定义的项目目录。

如果使用其他数据库，如 PostgreSQL、MySQL 等，则必须对之前的数据库设置进行更改，如下所示。

```
DATABASES = {\
             'default': {\
                          'ENGINE': 'django.db\
```

```
                                .backends.postgresql',\
                        'NAME': 'bookr',\
                        'USER': <username>,\
                        'PASSWORD': <password>,\
                        'HOST': <host-IP-address>,\
                        'PORT': '5432',}}
```

这里，对 ENGINE 进行了更改，以使用 PostgreSQL，并且需要针对 HOST 和 PORT 分别提供服务器的主机 IP 地址和端口号。顾名思义，USER 表示数据库用户名，PASSWORD 则表示数据库密码。除了配置中的变化，我们还必须安装数据库驱动程序或与数据库主机和证书一起绑定，稍后将对此进行讨论，当前，由于我们正在使用 SQLite3，因此默认的配置已然足够。注意，上述内容仅介绍了使用不同数据库（如 PostgreSQL）所导致变化的示例。由于当前正在使用 SQLite，我们将使用已经存在的数据库配置，且无须对数据库设置做任何调整。

2.3.7 Django 应用程序

一个 Django 项目可以有多个应用程序，这些应用程序通常充当离散的实体。这就是为什么在需要的时候，应用程序也可以被插入不同的 Django 项目中。例如，如果我们正在开发一个电子商务 Web 应用程序，那么该 Web 应用程序可以包含多个应用程序，如用于客户支持的聊天机器人，或用户从应用程序中购买商品时接收付款的支付网关。必要时，这些应用程序可以被插入或复用于不同的项目中。

默认状态下，Django 包含下列默认启用的应用程序，以下内容是一个项目的 settings.py 文件的片段。

```
INSTALLED_APPS = ['django.contrib.admin',\
                  'django.contrib.auth',\
                  'django.contrib.contenttypes',\
                  'django.contrib.sessions',\
                  'django.contrib.messages',\
                  'django.contrib.staticfiles',]
```

这些是一组已安装或默认的应用程序，用于管理站点、身份验证、内容类型、会话、消息传递，以及用于收集和管理静态文件的应用程序。在后续章节中，我们将对此进行深入讨论。在本书中，我们应了解为什么需要对这些已安装的应用程序使用 Django 迁移。

2.3.8 Django 迁移

如前所述，Django 的 ORM 可简化数据库操作。此类操作的主要部分是将 Python 代码转换为数据库结构，如包含指定数据类型和表的数据库字段。换言之，将 Python 代码与数据库结构之间的转换称作迁移。这里，无须运行 SQL 查询创建多个表，而是使用 Python 为它们编写模型，稍后将对此加以讨论。这些模型包含字段，这构成了数据库表的蓝图。相应地，这些字段具有不同的字段类型，为我们提供存储在其中的数据类型的更多信息（回想一下，在练习 2.01 的第 4 步中，我们是如何将字段的数据类型指定为 TEXT 的）。

由于我们已经构建了 Django 项目，下面让我们执行第一次迁移。虽然尚未向项目中添加任何代码，但我们可迁移列于 INSTALLED_APPS 中的应用程序。这是必要的，因为 Django 已安装的应用程序需要在数据库中存储相关的数据来进行操作，而迁移将创建所需的数据库表来存储数据库中的数据。对此，可在终端或 shell 中输入下列命令来实现此项操作。

```
python manage.py migrate
```

注意：

对于 macOS，你可以在上述命令中使用 python3 而非 python。

这里，manage.py 是一个在创建项目时自动生成的脚本。它用于执行管理任务。通过执行该命令，我们创建了安装的应用程序所需的所有数据库结构。

由于针对 SQLite 使用 DB Browser 浏览数据库，接下来让我们看看在执行 migrate 命令后对其进行了更改的数据库。

数据库文件将在项目目录下以 db.sqlite3 的名称进行创建。打开 DB Browser 并单击 Open Database，浏览直至发现 db.sqlite3 文件，然后打开该文件。其中可以看到一组由 Django 迁移新创建的表。db.sqlite3 文件在 DB Browser 中的内容如图 2.10 所示。

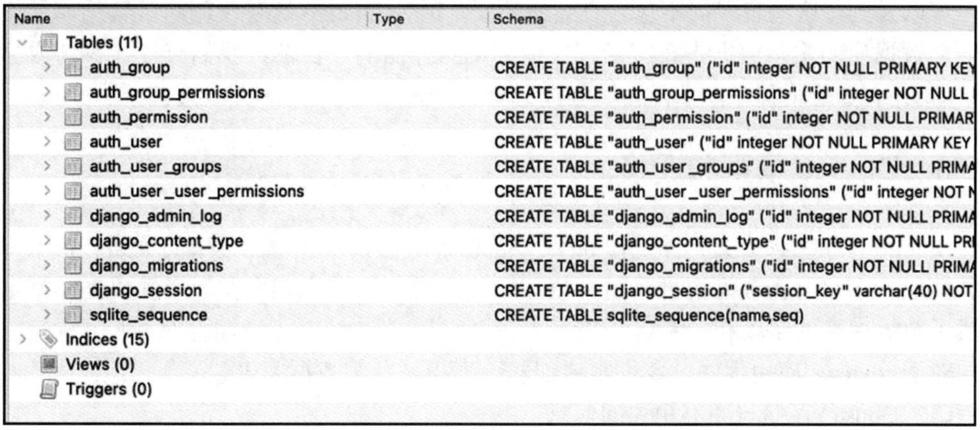

Name	Type	Schema
Tables (11)		
auth_group		CREATE TABLE "auth_group" ("id" integer NOT NULL PRIMARY KEY
auth_group_permissions		CREATE TABLE "auth_group_permissions" ("id" integer NOT NULL
auth_permission		CREATE TABLE "auth_permission" ("id" integer NOT NULL PRIMAR
auth_user		CREATE TABLE "auth_user" ("id" integer NOT NULL PRIMARY KEY
auth_user_groups		CREATE TABLE "auth_user_groups" ("id" integer NOT NULL PRIMA
auth_user_user_permissions		CREATE TABLE "auth_user_user_permissions" ("id" integer NOT N
django_admin_log		CREATE TABLE "django_admin_log" ("id" integer NOT NULL PRIMA
django_content_type		CREATE TABLE "django_content_type" ("id" integer NOT NULL PRI
django_migrations		CREATE TABLE "django_migrations" ("id" integer NOT NULL PRIMA
django_session		CREATE TABLE "django_session" ("session_key" varchar(40) NOT
sqlite_sequence		CREATE TABLE sqlite_sequence(name,seq)
Indices (15)		
Views (0)		
Triggers (0)		

图 2.10　db.sqlite3 文件的内容

现在，我们如果通过单击数据库表来浏览新创建的数据库结构，则会看到如图 2.11 所示的内容。

Name	Type	Schema
Tables (11)		
auth_group		CREATE TABLE "auth_group" ("id" integer NOT NULL PRIMA
id	integer	"id" integer NOT NULL PRIMARY KEY AUTOINCREMENT
name	varchar(150)	"name" varchar(150) NOT NULL UNIQUE
auth_group_permissions		CREATE TABLE "auth_group_permissions" ("id" integer NOT
id	integer	"id" integer NOT NULL PRIMARY KEY AUTOINCREMENT
group_id	integer	"group_id" integer NOT NULL
permission_id	integer	"permission_id" integer NOT NULL
auth_permission		CREATE TABLE "auth_permission" ("id" integer NOT NULL
id	integer	"id" integer NOT NULL PRIMARY KEY AUTOINCREMENT
content_type_id	integer	"content_type_id" integer NOT NULL
codename	varchar(100)	"codename" varchar(100) NOT NULL
name	varchar(255)	"name" varchar(255) NOT NULL

图 2.11　浏览新创建的数据库结构

注意，所创建的数据库表包含不同的字段，每个字段包含各自的数据类型。在 DB Browser 中单击 Browse data 选项卡，然后从下拉菜单中选择一个表。例如，在单击了 auth_group_permissions 表后，对应结果如图 2.12 所示。

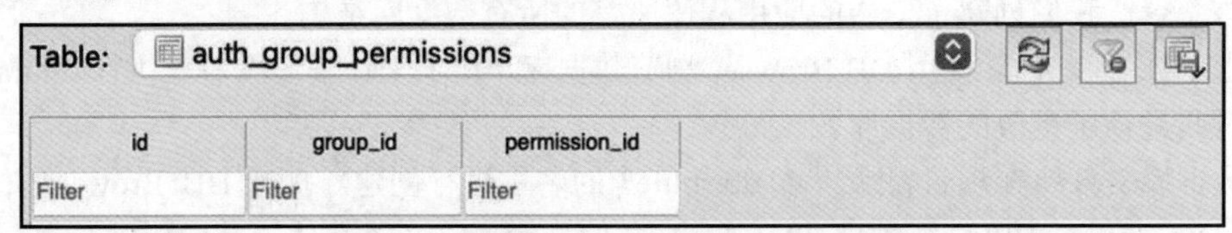

图 2.12　查看 auth_group_permissions 表

可以看到，这些表中尚不包含有效的数据，因为 Django 迁移仅创建了数据库结构或蓝图。数据库的实际数据是在应用程序运行期间存储的。目前，我们已经迁移了内建或默认的 Django 应用程序，下面尝试创建一个应用程序并执行 Django 迁移。

2.3.9 Django 模型和迁移

Django 模型本质上是一个 Python 类，它包含了在数据库中创建表的蓝图。models.py 文件可包含多个此类模型，并且每个模型转换为一个数据库表。类的属性根据模型定义构成了数据库表的字段和关系。

对于 reviews 应用程序，我们需要创建下列模型及其数据库表。

- ❑ Book：存储与图书相关的信息。
- ❑ Contributor：存储与本书贡献者相关的信息，如作者、联合作者或编辑。

- ❑ Publisher：顾名思义，这表示图书的出版社。
- ❑ Review：存储由应用程序用户编写的所有书评。

应用程序中的每本图书需要包含一个出版社，因此将 Publisher 创建为第 1 个模型。在 reviews/models.py 文件中输入下列代码。

```
from django.db import models

class Publisher(models.Model):
    """A company that publishes books."""
    name = models.CharField\
            (max_length=50, \
             help_text="The name of the Publisher.")
    website = models.URLField\
            (help_text="The Publisher's website.")
email = models.EmailField\
            (help_text="The Publisher's email address.")
```

注意：

读者可访问 http://packt.live/3hmFQxn 查看 bookr 应用程序的完整的 models.py 文件。

代码的第 1 行导入了 Django 的 models。虽然该行代码在创建 Django 应用程序时自动生成，但应确保添加这一行代码。在导入语句之后，其余代码定义了一个名为 Publisher 的类，该类为 Django 的 models.Model 的子类。进一步讲，该类包含如 name、website 和 email 等属性或字段。

2.3.10　字段类型

如前所述，这些字段中的每个字段都被定义为包含下列类型。

- ❑ CharField：该字段类型用于存储较短的字符串字段，如 Packt Publishing。对于每个较长的字符串，我们使用 TextField。
- ❑ EmailField：该字段类似于 CharField，但验证字符串是否表示为有效的电子邮件地址，如 customersupport@packtpub.com。
- ❑ URLField：该字段类似于 CharField，但验证字符串是否表示为一个有效的 URL，如 https://www.packtpub.com。

2.3.11　字段选项

Django 提供了一种为模型的字段定义字段选项的方法。这些字段选项用于设置值或约束条件等。例如，可利用 default=<value>设置字段的默认值，以确保每次在数据库中为字段创建记录时，它都被设置为我们指定的默认值。当定义 Publisher 模型时，我们使用了下列两个字段选项。

- help_text：这是一个字段选项，帮助我们为自动包含在 Django 表单中的字段添加描述性文本。
- max_length：这个选项是提供给 CharField 的，它根据字符数定义字段的最大长度。

Django 包含许多个字段类型和字段选项，读者可参考 Django 的官方文档查看更多内容。在示例书评应用程序的开发过程中，我们将学习项目中所用的类型和字段。接下来将 Django 模型迁移至数据库中。对此，可在 shell 或终端中执行下列命令（在存储 manage.py 文件的文件夹中执行这些命令）。

```
python manage.py makemigrations reviews
```

上述命令的输出结果如下。

```
Migrations for 'reviews':
  reviews/migrations/0001_initial.py
    - Create model Publisher
```

makemigrations <appname>命令针对给定的应用程序创建迁移脚本，在当前示例中则针对 reviews 应用程序。注意，在运行 makemigrations 命令后，migrations 文件夹内将包含一个新创建的文件，如图 2.13 所示。

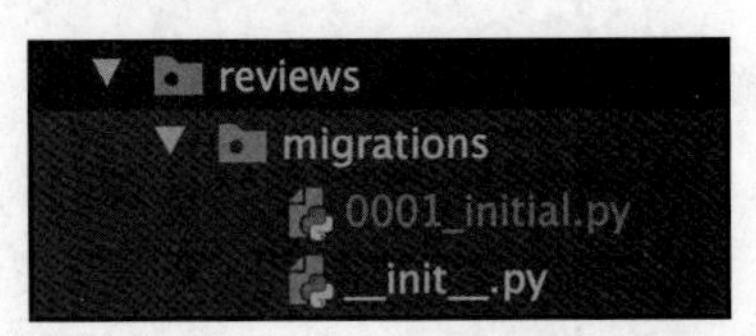

图 2.13　migrations 文件件下的新文件

这是一个 Django 创建的迁移脚本。当在缺少应用程序名称的情况下运行 makemigrations 时，迁移脚本将针对项目中的所有应用程序而创建。接下来列出项目的迁移状态。回忆一下，之前我们向 Django 已安装的应用程序应用了迁移，而当前我们创建了一个新的应用程序 reviews。在 shell 或终端中，运行下列命令将会显示项目的模型迁移状态（在 manage.py 文件所属的文件夹内运行该命令）。

```
python manage.py showmigrations
```

上述命令的输出结果如下。

```
admin
```

```
  [X] 0001_initial
  [X] 0002_logentry_remove_auto_add
  [X] 0003_logentry_add_action_flag_choices
auth
  [X] 0001_initial
  [X] 0002_alter_permission_name_max_length
  [X] 0003_alter_user_email_max_length
  [X] 0004_alter_user_username_opts
  [X] 0005_alter_user_last_login_null
  [X] 0006_require_contenttypes_0002
  [X] 0007_alter_validators_add_error_messages
  [X] 0008_alter_user_username_max_length
  [X] 0009_alter_user_last_name_max_length
  [X] 0010_alter_group_name_max_length
  [X] 0011_update_proxy_permissions
contenttypes
  [X] 0001_initial
  [X] 0002_remove_content_type_name
reviews
  [ ] 0001_initial
sessions
  [X] 0001_initial
```

其中，[X]表示迁移已被应用。注意这里的不同之处，除了 reviews，其他应用程序的迁移均已被应用。相应地，可执行 showmigrations 命令以帮助我们理解迁移状态。但在执行模型迁移时，这不是一个强制步骤。

下面讨论 Django 如何将模型转换为一个实际的数据库表。对此，运行 sqlmigrate 命令。

```
python manage.py sqlmigrate reviews 0001_initial
```

上述命令对应的输出结果如下。

```
BEGIN;
--
-- Create model Publisher
--
CREATE TABLE "reviews_publisher" ("id" integer \
     NOT NULL PRIMARY KEY AUTOINCREMENT, "name" \
     varchar(50) NOT NULL, "website" varchar(200) \
     NOT NULL, "email" varchar(254) NOT NULL);
COMMIT;
```

上面的代码片段显示了当Django迁移数据库时使用的等价SQL命令。在当前示例中，我们正在创建 reviews_publisher 表，其中包含字段名称、网站和带有已定义字段类型的电子邮件。进一步讲，所有这些字段均被定义为 NOT NULL，表明这些字段的条目不能是 null，且应包含相应的值。当执行模型迁移时，sqlmigrate 命令并不是强制步骤。

2.3.12　主键

假设一个数据库表被称作 users，顾名思义，该表存储与用户相关的信息。假设该表包含 1000 多条记录，且至少 3 名用户包含相同的名称 Joe Burns。那么，如何在应用程序中唯一地识别这些用户呢？答案是唯一识别数据库中的每一条记录，这可通过主键来完成。主键对数据库表具有唯一性，且作为一项规则，表不可包含具有相同主键的两行内容。在 Django 中，如果主键在数据库模型中未被显式地提及，那么 Django 将自动创建 id 作为主键（整数类型），并在生成新记录时自动递增。

在前述内容中，注意 python manage.py sqlmigrate 命令的输出结果。当创建 Publisher 表时，SQL CREATE TABLE 命令将向表中添加一个 id 字段。这里，id 被定义为 PRIMARY KEY AUTOINCREMENT。在关系型数据库中，主键用于唯一地识别数据库中的条目。例如，图书表的 id 被定义为主键并从 1 开始。当生成新记录时，该值递增 1。通常，整数值 id 在图书表间是唯一的。由于迁移脚本已通过 makemigrations 创建完毕，接下来将执行下列命令迁移 reviews 应用程序中新创建的模型。

```
python manage.py migrate reviews
```

对应的输出结果如下。

```
Operations to perform:
   Apply all migrations: reviews
Running migrations:
   Applying reviews.0001_initial... OK
```

该操作针对 reviews 应用程序创建数据库表。图 2.14 显示了源自 DB Browser 一段内容，表明在数据库中已创建了新表 reviews_publisher。

reviews_publisher		CREATE TABLE "reviews_publisher" ("id" integer NOT NU
id	integer	"id" integer NOT NULL PRIMARY KEY AUTOINCREMENT
name	varchar(50)	"name" varchar(50) NOT NULL
website	varchar(200)	"website" varchar(200) NOT NULL
email	varchar(254)	"email" varchar(254) NOT NULL

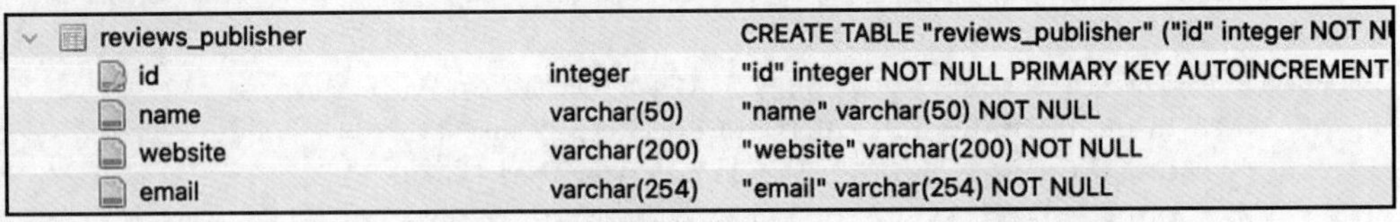

图 2.14　在执行了迁移命令后创建的 reviews_publisher 表

截至目前，我们考查了如何创建模型并将其迁移至数据库中，接下来创建书评应用程序的其他模型。如前所述，应用程序包含下列数据库表。

- Book：该表保存与图书自身相关的信息。我们已创建了 Book 模型并将其迁移至数据库中。
- Publisher：该表保存与图书出版社相关的信息。
- Contributor：该表保存与贡献者相关的信息，即作者、联合作者或编辑。
- Review：该表保存了与评论相关的信息。

下面将 Book 和 Contributor 模型添加至 reviews/models.py 中，如下所示。

```
class Book(models.Model):
    """A published book."""
    title = models.CharField\
            (max_length=70, \
            help_text="The title of the book.")
    publication_date = models.DateField\
                       (verbose_name=\
                       "Date the book was published.")
    isbn = models.CharField\
           (max_length=20, \
           verbose_name="ISBN number of the book.")

class Contributor(models.Model):
"""

A contributor to a Book, e.g. author, editor, \
co-author.
"""
  first_names = models.CharField\
                (max_length=50, \
                help_text=\
                "The contributor's first name or names.")
   last_names = models.CharField\
                (max_length=50, \
                help_text=\
                "The contributor's last name or names.")
   email = models.EmailField\
           (help_text="The contact email for the contributor.")
```

上述代码具有自解释性。其中，Book 模型包含字段 title、publication_date 和 isbn。Contributor 模型包含字段 first_names 和 last_names，以及贡献者的电子邮件 ID。除了我们在 Publisher 模型中看到的模型，还存在一些新添加的模型。它们包含 DateField 作为一种新的字段类型，顾名思义，它用于存储日期。除此之外，Book 模型还使用了名为

verbose_name 的新字段选项，它针对字段提供了描述性的名称。

2.4 关　　系

关系型数据的功能之一是能够构建数据库表中存储的、数据间的关系。通过在表间建立正确的引用，关系有助于维护数据完整性，而这反过来又有助于维护数据库。另外，关系规则可以保证数据的一致性，防止数据重复。

关系型数据库包含下列关系类型。

- 多对一。
- 多对多。
- 一对一。

下面逐一考查每种关系。

2.5 多对一关系

在多对一关系中，一个表中的多条记录（行/条目）可引用另一个表中的一条记录。例如，一家出版社可发行多本图书，这即是多对一关系的示例。当构建多对一关系时，需要使用数据库的外键。关系型数据库中的外键将构建一个表中的字段和另一个表中的主键之间的关系。

例如，假设将属于不同部门的员工的数据存储在一个名为 employee_info 的表中，其中员工 ID 作为主键，旁边的列存储了他们的部门名称；此外，该表还包含一个列，用于存储该部门的部门 ID。现在，有另一个名为 departments_info 的表，它将部门 ID 作为主键。在本例中，部门 ID 是 employee_info 表中的外键。

在 bookr 应用程序中，Book 模型包含一个外键，并引用 Publisher 表的主键。由于已经针对 Book、Contributor 和 Publisher 创建了模型，下面在 Book 和 Publisher 模型之间构建多对一关系。对于 Book 模型，添加最后一行代码，如下所示。

```
class Book(models.Model):
    """A published book."""
    title = models.CharField\
            (max_length=70, \
             help_text="The title of the book.")
    publication_date = models.DateField\
                       (verbose_name=\
```

```
                    "Date the book was published.")
isbn = models.CharField\
      (max_length=20, \
      verbose_name="ISBN number of the book.")
publisher = models.ForeignKey\
           (Publisher, on_delete=models.CASCADE)
```

通过外键，新添加的 publisher 字段在 Book 和 Publisher 之间构建了多对一关系。这种关系确保多对一关系的性质，即多本图书可拥有一家出版社。

- models.ForeignKey：该字段选项用于构建多对一关系。
- Publisher：当在 Django 中与不同的表建立关系时，我们引用创建表的模型。在这种情况下，Publisher 表是由 Publisher 模型（或 Python 类 Publisher）创建的。
- on_delete：该字段选项用于确定删除引用对象时要采取的操作。当前，on_delete 被设置为 CASCADE(models.CASCADE)，用于删除所引用的对象。

例如，假设一家出版社出版了一套图书。出于某种原因，如果必须从应用程序中删除出版社，那么下一个操作是 CASCADE，这意味着从应用程序中删除所有引用的书籍。此外，还存在更多的 on_delete 操作，如下所示。

- PROTECT：这可以防止删除记录，除非删除所有引用的对象。
- SET_NULL：如果数据库字段经配置后存储 null 值，则将设置一个 null 值。
- SET_DEFAULT：在删除引用对象时设置为默认值。

对于书评应用程序，我们将仅使用 CASCADE 选项。

2.6　多对多关系

在多对多关系中，表中的多条记录可与不同表中的多条记录发生关系。例如，一本图书可包含多名联合作者，且每一名作者（贡献者）可能编写过多本图书。因此，这构成了 Book 和 Contributor 表之间的多对多关系，如图 2.15 所示。

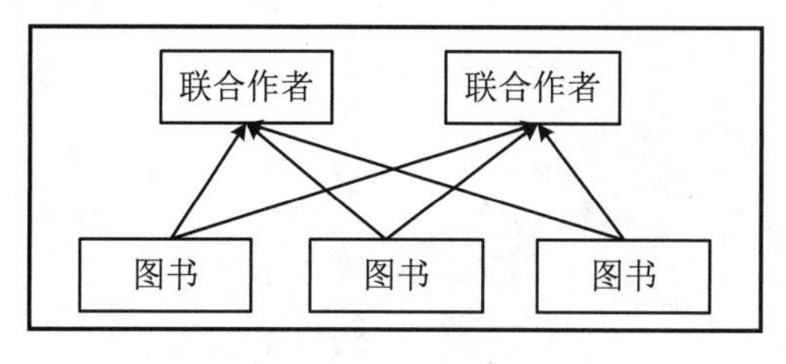

图 2.15　图书和联合作者之间的多对多关系

在 models.py 文件中，对于 Book 模型，添加最后一行代码，如下所示。

```
class Book(models.Model):
    """A published book."""
    title = models.CharField\
          (max_length=70, \
           help_text="The title of the book.")
    publication_date = models.DateField\
                     (verbose_name=\
                      "Date the book was published.")
    isbn = models.CharField\
         (max_length=20, \
          verbose_name="ISBN number of the book.")
    publisher = models.ForeignKey\
              (Publisher, on_delete=models.CASCADE)
    contributors = models.ManyToManyField\
                 ('Contributor', through="BookContributor")
```

新增的 contributors 字段使用 ManyToManyField 字段类型与 Book 和 Contributor 建立多对多关系。

- models.ManyToManyField：这是构建一个多对多关系的字段类型。
- through：这是多对多关系的一个特殊的字段选项。当在两个表间包含多对多关系时，如果打算存储与该关系相关的某些额外信息，那么可以以此来通过中间表构建这种关系。

例如，我们有两个表，即 Book 和 Contributor，我们需要在其中存储图书贡献者类型方面的信息，如作者、联合作者或编辑。那么将贡献者的类型存储于一个名为 BookContributor 的中间表中。下列内容显示了 BookContributor 表/模型，确保将该模型包含在 reviews/models.py 中。

```
class BookContributor(models.Model):
    class ContributionRole(models.TextChoices):
        AUTHOR = "AUTHOR", "Author"
        CO_AUTHOR = "CO_AUTHOR", "Co-Author"
        EDITOR = "EDITOR", "Editor"

    book = models.ForeignKey\
         (Book, on_delete=models.CASCADE)
    contributor = models.ForeignKey\
                (Contributor, \
                 on_delete=models.CASCADE)
    role = models.CharField\
```

```
            (verbose_name=\
            "The role this contributor had in the book.", \
            choices=ContributionRole.choices, max_length=20)
```

注意：

读者可访问 http://packt.live/3hmFQxn 查看完整的 models.py 文件。

中间表（如 BookContributor）通过对 Book 表和 Contributor 表使用外键来建立关系。此外，它还可包含额外的字段，用于存储有关 BookContributor 模型与下列字段之间关系的信息。

- class ContributionRole(models.TextChoices)：通过创建 models.TextChoices 的子类，这可用于定义一组选项。例如，ContributionRole 是一个从 TextChoices 创建的子类，角色（role）字段使用它将作者、联合作者和编辑定义为一组选项。
- book：这是 Book 模型的外键。如前所述，当相关图书从应用程序中被删除时，on_delete=models.CASCADE 将从关系表中删除一个条目。
- Contributor：这也是 Contributor 模型/表的外键，也被定义为删除时的 CASCADE。
- role：这表示为中间表的字段，用于存储与 Book 和 Contributor 之间关系相关的信息。
- choices：这指的是定义于模型中的一组选项，当利用模型创建 Django 表单时，它们将十分有用。

注意：

当建立多对多关系时，如果没有提供 through 字段选项，那么 Django 会自动创建一个中间表来管理这一关系。

2.6.1　一对一关系

在一对一关系中，某个表中的一条目录仅引用不同表中的一条目录。例如，一个人仅可拥有一副驾驶执照，因此人和驾驶执照之间形成了一对一的关系，如图 2.16 所示。

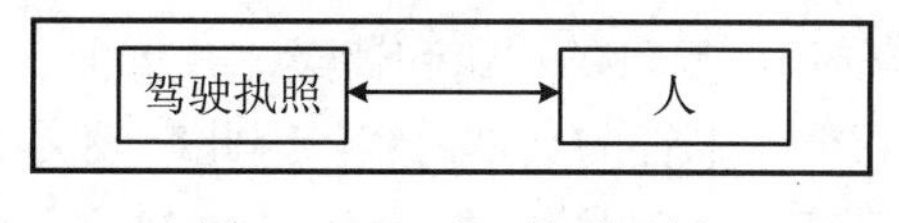

图 2.16　一对一关系示例

OneToOneField 可用于构建一对一关系，如下所示。

```
class DriverLicence(models.Model):
    person = models.OneToOneField\
```

```
        (Person, on_delete=models.CASCADE)
    licence_number = models.CharField(max_length=50)
```

上述内容考查了数据库关系，接下来返回 bookr 应用程序，并向该应用程序中再添加一个模型。

2.6.2　添加 Review 模型

我们已经向 reviews/models.py 文件中添加了 Book 和 Publisher 模型。我们将要添加的最后一个是 Review 模型，如下所示。

```
from django.contrib import auth

class Review(models.Model):
    content = models.TextField\
              (help_text="The Review text.")
    rating = models.IntegerField\
             (help_text="The rating the reviewer has given.")
    date_created = models.DateTimeField\
                   (auto_now_add=True, \
                    help_text=\
                    "The date and time the review was created.")
    date_edited = models.DateTimeField\
                  (null=True, \
                   help_text=\
                   "The date and time the review was last edited.")
    creator = models.ForeignKey\
              (auth.get_user_model(), on_delete=models.CASCADE)
    book = models.ForeignKey\
           (Book, on_delete=models.CASCADE, \
            help_text="The Book that this review is for.")
```

注意：

读者可访问 http://packt.live/3hmFQxn 查看完整的 models.py 文件。

review 模型/表用于存储用户提供的评论和评级，并包含下列字段。

- content：该字段存储了书评的文本内容，因此字段类型为 TextField，因为这可存储较大数量的文本。
- rating：该字段存储图书的评级。由于评级是一个整数，因此该字段类型为 IntegerField。
- date_created：该字段存储编辑评论时的日期和时间，因此字段类型为 DateTimeField。

- Creator：该字段指定评论的创建者，或编写书评的人。注意，这是 auth.get_user_model()的外键，它引用了 Django 内置身份验证模块中的 User 模型。它有一个字段选项 on_delete=models.CASCADE。这也解释了当一个用户从数据库中被删除时，该用户所写的所有评论都将被删除。
- Book：评论包含一个 book 字段，它是 Book 模型的外键。这是因为对于书评应用程序，必须编写相关书评，而一本书可以包含许多书评，因此这是一种多对一的关系。此外，这也是用字段选项 on_delete=models.CASCADE 定义的，因为一旦删除了图书，就没有必要在应用程序中保留评论。因此，当删除一本图书时，所有关于这本书的评论也会被删除。

2.6.3　模型方法

在 Django 中，可以在模型类中编写方法，即模型方法，它们可以是定制的方法或者是重载 Django 模型默认方法的特定方法。__str__()便是这样一类方法。该方法返回 Model 实例的字符串表达，当使用 Django shell 时，这将十分有用。在下面的示例中，__str__()方法将被添加至 Publisher 模型中，Publisher 对象的字符串表达将是出版社的名称。

```
class Publisher(models.Model):
    """A company that publishes books."""
    name = models.CharField\
           (max_length=50, \
            help_text="The name of the Publisher.")
    website = models.URLField\
              (help_text="The Publisher's website.")
    email = models.EmailField\
            (help_text="The Publisher's email address.")

    def __str__(self):
       return self.name
```

下面将_str_()方法添加至 Contributor 和 Book 中，如下所示。

```
class Book(models.Model):
    """A published book."""
    title = models.CharField\
            (max_length=70, \
            help_text="The title of the book.")
    publication_date = models.DateField\
                       (verbose_name=\
```

```
                    "Date the book was published.")
    isbn = models.CharField\
            (max_length=20, \
            verbose_name="ISBN number of the book.")
    publisher = models.ForeignKey\
                (Publisher, \
                on_delete=models.CASCADE)
    contributors = models.ManyToManyField\
                  ('Contributor', through="BookContributor")

    def __str__(self):
        return self.title


class Contributor(models.Model):
"""
A contributor to a Book, e.g. author, editor, \
co-author.
"""
    first_names = models.CharField\
                 (max_length=50, \
                 help_text=\
                 "The contributor's first name or names.")
    last_names = models.CharField\
                 (max_length=50, \
                 help_text=\
                 "The contributor's last name or names.")
    email = models.EmailField\
            (help_text=\
            "The contact email for the contributor.")

    def __str__(self):
        return self.first_names
```

2.6.4 迁移 reviews 应用程序

由于我们已持有完整的模型文件，下面将模型迁移至数据库中，这类似于之前处理安装后的应用程序。由于 reviews 应用程序包含一组我们创建的模型，因此在运行迁移之前，需要创建迁移脚本。迁移脚本有助于识别对模型的任何更改，并在运行迁移时将这些更改传播到数据库中。执行下列命令创建迁移脚本。

```
python manage.py makemigrations reviews
```

对应的输出结果如下。

```
reviews/migrations/0002_auto_20191007_0112.py
  - Create model Book
  - Create model Contributor
  - Create model Review
  - Create model BookContributor
  - Add field contributors to book
  - Add field publisher to book
```

迁移脚本将被创建于应用程序文件夹中的名为 migrations 的文件夹中。接下来，利用 migrate 命令将全部模型迁移至数据库中。

```
python manage.py migrate reviews
```

对应的输出结果如下。

```
Operations to perform:
  Apply all migrations: reviews
Running migrations:
  Applying reviews.0002_auto_20191007_0112... OK
```

在执行了上述命令后，我们将成功地创建了在 reviews 应用程序中定义的数据库表。在迁移后，我们可利用 SQLite 的 DB Browser 查看刚刚创建的表。为此，打开 SQLite 的 DB Browser，然后单击 Open Database 按钮（见图 2.17），并导航至项目目录中。

图 2.17　单击 Open Database 按钮

接下来查看 bookr 目录中的 db.sqlite3，如图 2.18 所示。

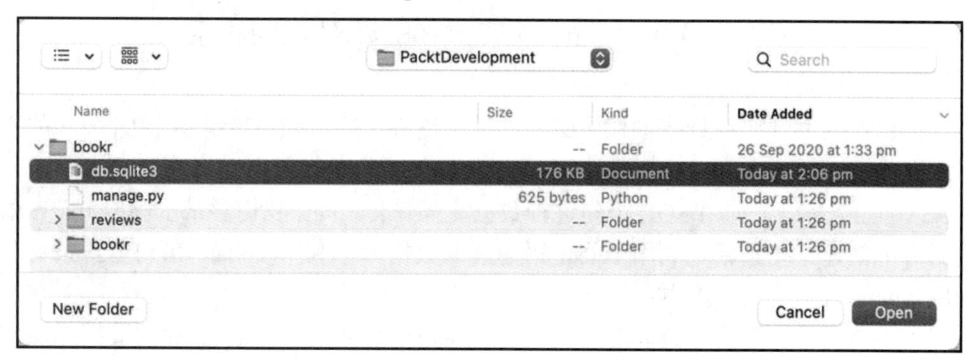

图 2.18　定位在 bookr 目录中的 db.sqlite3

此时应可以浏览所创建的表的新集合。图 2.19 显示了定义于 reviews 应用程序中的数据库表。

Name	Type	Schema
reviews_book		CREATE TABLE "reviews_book" ("id" integer NOT NULL PRIMARY KE
id	integer	"id" integer NOT NULL PRIMARY KEY AUTOINCREMENT
title	varchar(70)	"title" varchar(70) NOT NULL
publication_date	date	"publication_date" date NOT NULL
isbn	varchar(20)	"isbn" varchar(20) NOT NULL
publisher_id	integer	"publisher_id" integer NOT NULL
reviews_bookcontributor		CREATE TABLE "reviews_bookcontributor" ("id" integer NOT NULL P
id	integer	"id" integer NOT NULL PRIMARY KEY AUTOINCREMENT
role	varchar(20)	"role" varchar(20) NOT NULL
book_id	integer	"book_id" integer NOT NULL
contributor_id	integer	"contributor_id" integer NOT NULL
reviews_contributor		CREATE TABLE "reviews_contributor" ("id" integer NOT NULL PRIMA
id	integer	"id" integer NOT NULL PRIMARY KEY AUTOINCREMENT
first_names	varchar(50)	"first_names" varchar(50) NOT NULL
last_names	varchar(50)	"last_names" varchar(50) NOT NULL
email	varchar(254)	"email" varchar(254) NOT NULL
reviews_publisher		CREATE TABLE "reviews_publisher" ("id" integer NOT NULL PRIMAR
id	integer	"id" integer NOT NULL PRIMARY KEY AUTOINCREMENT
name	varchar(50)	"name" varchar(50) NOT NULL
website	varchar(200)	"website" varchar(200) NOT NULL
email	varchar(254)	"email" varchar(254) NOT NULL
reviews_review		CREATE TABLE "reviews_review" ("id" integer NOT NULL PRIMARY
id	integer	"id" integer NOT NULL PRIMARY KEY AUTOINCREMENT
content	text	"content" text NOT NULL
rating	integer	"rating" integer NOT NULL
date_created	datetime	"date_created" datetime NOT NULL
date_edited	datetime	"date_edited" datetime
book_id	integer	"book_id" integer NOT NULL
creator_id	integer	"creator_id" integer NOT NULL

图 2.19　定义于 reviews 应用程序中的数据库表

2.7　Django 的数据库的 CRUD 操作

我们已经为书评应用程序创建了必需的数据库表，接下来将理解基于 Django 的基本数据库操作。

2.3 节已经介绍了利用 SQL 语句进行数据库操作。其间，我们尝试了利用 Insert 语句在数据库中创建一个条目、利用 select 语句读取数据库、利用 update 语句更新条目，以及利用 delete 语句从数据库中删除条目。

Django 的 ORM 提供了相同的功能，但无须处理 SQL 语句。Django 的数据库操作即为简单的 Python 代码，因此无须在 Python 代码中维护 SQL 语句。下面考查其执行方式。

当执行 CRUD 操作时，需要通过下列命令输入 Django 的命令行 shell。

```
python manage.py shell
```

注意：

在本章中，我们将在代码开始处使用>>>（粗体显示）指定 Django shell 命令。在将查询粘贴至 DB Browser 中时，请确保每次都排除此符号。

当交互式控制台启动时，对应内容如下所示。

```
Type "help", "copyright", "credits" or "license" for more information.
(InteractiveConsole)
>>>
```

练习 2.02　在 Bookr 数据库中创建条目

在本练习中，我们将通过保存一个模型实例在数据库中创建一个新条目。换言之，无须显式地运行 SQL 查询，我们将在数据库表中创建一个条目。

（1）从 reviews.models 中导入 Publisher 类/模型。

```
>>>from reviews.models import Publisher
```

（2）通过传递 Publisher 模型所需的全部字段值（名称、网站和电子邮件），创建 Publisher 类的对象或实例。

```
>>>publisher = Publisher(name='Packt Publishing',
website='https:// www.packtpub.com', email='info@packtpub.com')
```

（3）将对象写入数据库中。这里，必须调用 save()方法，否则数据库中将不会创建条目。

```
>>>publisher.save()
```

利用 DB Browser，可以看到数据库中创建了一个新的条目，如图 2.20 所示。

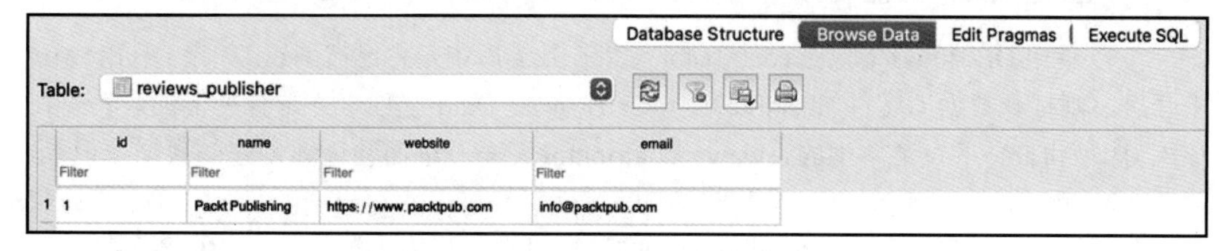

图 2.20　在数据库中创建条目

（4）使用对象属性对对象进行进一步的更改，并将更改保存至数据库中。

```
>>>publisher.email
'info@packtpub.com'
>>> publisher.email = 'customersupport@packtpub.com'
>>> publisher.save()
```

通过 DB Browser，我们可以看到变化内容如图 2.21 所示。

	id	name	website	email
	Filter	Filter	Filter	Filter
1	1	Packt Publishing	https://www.packtpub.com	customersupport@packtpub.com

图 2.21　更新电子邮件字段后的条目

在本练习中，通过创建模型对象实例，我们在数据库中生成了一个条目，并使用 save()方法将模型对象写入了数据库中。

注意，按照前面的方法，直到调用 save()方法，才会保存对类实例的更改。然而，如果使用 create()方法，Django 仅在一步内保存对数据库的更改。在下面的练习中，我们将采用 create()方法。

练习 2.03　使用 create()方法创建条目

这里，我们将在一步内使用 create()方法在 contributor 表中创建一条记录。

（1）导入 Contributor 类。

```
>>> from reviews.models import Contributor
```

（2）调用 create()方法在一步内在数据库中创建一个对象，确保传递所有的参数（first_names、last_names 和 email）。

```
>>> contributor =
 Contributor.objects.create(first_names="Rowel",
   last_names="Atienza", email="RowelAtienza@example.com")
```

（3）使用 DB Browser 验证 contributor 记录在数据库中是否已被创建。如果 DB Browser 未开启，则打开数据库文件 db.sqlite3。单击 Browse Data 选项卡并选择所需的表——在该练习中为 Table 下拉菜单中的 reviews_contributor 表——进而验证新创建的数据库记录，如图 2.22 所示。

在本练习中，我们了解到使用 create()方法可以在一步内为数据库中的模型创建一条记录。

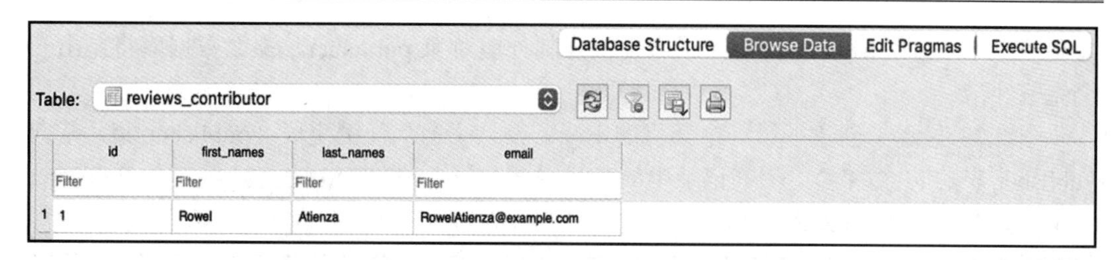

图 2.22　在 DB Browser 内验证记录的创建

2.7.1　利用外键创建一个对象

类似于在 Publisher 和 Contributor 表中创建一条记录，下面针对 Book 表创建一条目录。回忆一下，Book 模型包含一个指向 Publisher 的外键，且不能为空值。因此，填写出版社外键的一种方法是，在图书的 publisher 字段中提供创建的 publisher 对象。

练习 2.04　针对多对一关系创建记录

在本练习中，我们将在 Book 表中创建一条记录，其中包含指向 Publisher 模型的一个外键。如前所述，Book 和 Publisher 之间是多对一的关系，因此首先需要获取 Publisher 对象，并在创建图书记录时使用该对象。

（1）导入 Publisher 类。

```
>>>from reviews.models import Book, Publisher
```

（2）利用下列命令从数据库中检索 publisher 对象。get()方法用于从数据库中检索对象。当前，我们尚未考查数据库的读取操作，稍后将讨论数据库的读取/检索操作。

```
>>>publisher = Publisher.objects.get(name='Packt Publishing')
```

（3）当创建一本书时，需要提供 date 对象，因为 publication_date 是 Book 模型中的日期字段。因此，从 datetime 中导入 date，以便在创建 book 对象时提供一个 date 对象。

```
>>>from datetime import date
```

（4）使用 create()方法在数据库中创建一条图书记录，并确保传递所有的字段，即 title、publication_date、isbn 和 publisher 对象。

```
>>>book = Book.objects.create(title="Advanced Deep Learning
  with Keras", publication_date=date(2018, 10, 31),
    isbn="9781788629416",publisher=publisher)
```

注意，由于 publisher 是一个外键，并且它不可为空（不能包含一个 null 值），因此必须传递一个 publisher 对象。如果未提供强制外键对象 publisher，那么数据库将抛出一个完整性错误。

图 2.23 显示了创建了第一个条目的 Book 表。注意，外键字段（publisher_id）指向 Publisher 表的 id（主键）。图书记录中的条目 publisher_id 指向 id（主键）为 1 的 Publisher 记录，如图 2.23 和图 2.24 所示。

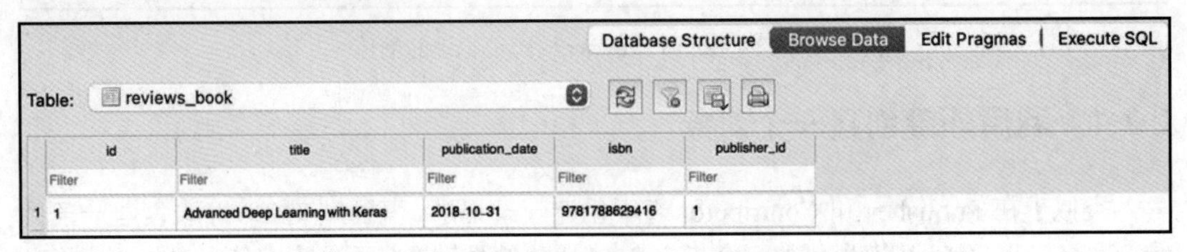

图 2.23　指向 reviews_book 主键的外键

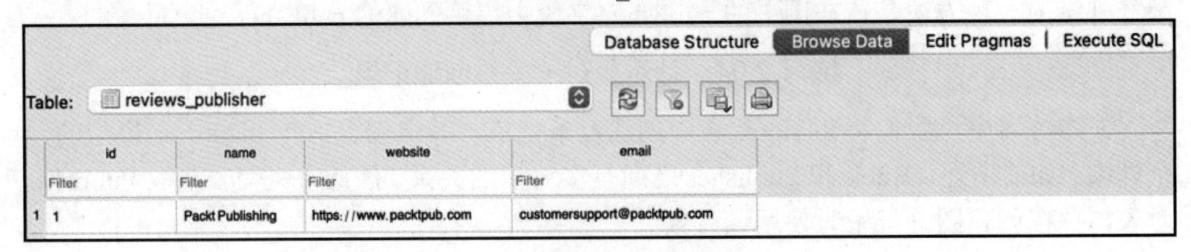

图 2.24　指向 reviews_publisher 主键的外键

在本练习中，我们了解到，当创建数据库记录时，如果对象是外键，则可以将其分配给字段。另外，我们还了解到，Book 模型与 Contributor 模型之间包含多对多关系。接下来考查在数据库中创建记录时，如何构建多对多关系。

练习 2.05　创建多对多关系的对象

在本练习中，我们将利用关系模型 BookContributor 创建 Book 和 Contributor 之间的多对多关系。

（1）如果重新启动了 shell 并丢失了 publisher 和 book 对象，则可使用下列语句从数据库中检索它们。

```
>>>from reviews.models import Book
>>>from reviews.models import Contributor
>>>contributor = Contributor.objects.get(first_names='Rowel')
book = Book.objects.get(title="Advanced Deep Learning with Keras")
```

（2）构建多对多关系的方法是将与关系相关的信息存储至中间模型或关系模型中，在当前示例中为 BookContributor。由于已经从数据库中获取了图书和贡献者记录，下面将在针对 BookContributor 关系模型创建记录时使用这些对象。对此，首先创建一个 BookContributor 关系类实例，随后将该对象保存至数据库中。其间，应确保传递所需的字段，即 book 对象、contributor 对象和 role 对象。

```
>>>from reviews.models import BookContributor
>>>book_contributor = BookContributor(book=book,
 contributor=contributor, role='AUTHOR')
>>> book_contributor.save()
```

注意，当创建 book_contributor 对象时，我们将角色指定为 AUTHOR。在构建多对多关系时，这是一个经典的关系数据存储示例。其中，角色可以是 AUTHOR、CO_AUTHOR 或 EDITOR。

这将构建图书 *Advanced Deep Learning with Keras* 和贡献者 Rowel（Rowel 为该图书的作者）之间的关系。

在本练习中，我们利用 BookContributor 关系模型构建了 Book 和 Contributor 之间的多对多关系。

练习 2.06　利用 add()方法的多对多关系

在本练习中，我们将利用 add()方法构建多对多关系。如果不使用关系构建对象，则可采用 through_default 传入一个字典，其中包含定义所需字段的参数。接下来向标题为 *Advanced Deep Learning with Keras* 的图书添加一名贡献者。这一次，贡献者为本书的编辑。

（1）如果已经重启了 shell，那么运行下列两条命令导入并获取所需的图书实例。

```
>>>from reviews.models import Book, Contributor
>>>book = Book.objects.get(title="Advanced Deep Learning with Keras")
```

（2）使用 create()方法创建一名贡献者，如下所示。

```
>>>contributor = Contributor.objects.create(first_names='Packt',
 last_names='Example Editor', email='PacktEditor@example.com')
```

（3）使用 add()方法为图书添加新创建的贡献者，并确保提供关系参数 role 作为 dict。输入以下代码。

```
>>>book.contributors.add(contributor,
 through_defaults={'role': 'EDITOR'})
```

因此，我们使用 add()方法在图书和贡献者之间建立了多对多关系，同时将关系数据角色存储为 Editor。下面考查实现这一操作的其他方法。

2.7.2　使用 create()和 set()方法创建多对多关系

假设图书 *Advanced Deep Learning with Keras* 包含两名编辑。此处使用下列方法向图书添加另一名编辑。如果贡献者还没有出现在数据库中，那么我们可以使用 create()方法同时创建一个条目，并建立与图书的关系。

```
>>>book.contributors.create(first_names='Packtp', last_names=
 'Editor Example', email='PacktEditor2@example.com',
  through_defaults={'role': 'EDITOR'})
```

类似地，还可使用 set()方法添加图书的贡献者列表。下面创建一家出版社、作为合著者的两名贡献者以及一个 book 对象。首先使用下列代码导入 Publisher 模型。

创建过程如下。

```
>>> publisher = Publisher.objects.create(name='Pocket Books',
 website='https://pocketbookssampleurl.com',
  email='pocketbook@example. com')

>>> contributor1 = Contributor.objects.create(first_names=
 'Stephen', last_names='Stephen', email='StephenKing@example.com')
>>> contributor2 = Contributor.objects.create(first_names= 'Peter',
 last_names='Straub', email='PeterStraub@example.com')

>>> book = Book.objects.create(title='The Talisman',
 publication_date=date(2012, 9, 25), isbn='9781451697216',
  publisher=publisher)
```

由于这是一个多对多关系，因此我们可以使用 set()方法一次性添加一个对象列表。我们可使用 through_defaults 指定贡献者的角色，此处他们为合著者。

```
>>> book.contributors.set([contributor1, contributor2], through_
 defaults={'role': 'CO_AUTHOR'})
```

2.7.3　读取操作

Django 提供了相关方法，用于从数据库中读取/检索。具体来说，我们可利用 get()方法从数据库中检索单一对象。前述内容已经创建了一些记录，下面使用 get() 方法检索一个对象。

练习 2.07　使用 get()方法检索一个对象

在本练习中，我们将利用 get()方法从数据库中检索一个对象。

（1）获取 Publisher 对象，该对象的 name 字段值为 Pocket Books。

```
>>>from reviews.models import Publisher
>>> publisher = Publisher.objects.get(name='Pocket Books')
```

（2）重新输入检索后的 publisher 对象并按 Enter 键。

```
>>> publisher
<Publisher: Pocket Books>
```

注意，输出结果显示于 shell 中，这被称作对象的字符串表达。它是添加模型方法__str__()的结果。

（3）当检索对象时，可访问对象的所有属性。因为这是一个 Python 对象，所以对象的属性可以通过“.”后面跟着属性名予以访问。因此，我们可使用下列命令检索出版社的名称。

```
>>> publisher.name
'Pocket Books'
```

（4）类似地，检索出版社的网站。

```
>>> publisher.website
'https://pocketbookssampleurl.com'
```

出版社的电子邮件地址检索如下所示。

```
>>> publisher.email
'pocketbook@example.com'
```

在本练习中，我们学习了如何利用 get()方法获取单一对象，虽然该方法包含几项缺点，下面将对此加以讨论。

2.7.4 使用 get()方法返回一个对象

需要注意的是，get()方法仅获取一个对象。如果存在另一个对象并包含与所提到的字段相同的值，那么将得到一条"returned more than one"错误消息。例如，如果 Publisher 表中存在两个条目，且 name 字段包含相同值，则可能会出现错误。对此，存在另一种方法可检索这些对象，稍后将对此加以讨论。

如果 get()查询未返回任何对象，那么将得到"matching query does not exist"错误消息。get()方法可以与对象的任何字段一起使用以检索记录。下列内容使用了 website 字段。

```
>>> publisher = Publisher.objects.get(website='https://
pocketbookssampleurl.com')
```

在检索对象之后，我们仍然可以得到出版社的名称，如下所示。

```
>>> publisher.name
'Pocket Books'
```

另一种检索对象的方法是使用其主键 pk，如下所示。

```
>>> Publisher.objects.get(pk=2)
<Publisher: Pocket Books>
```

采用 pk 作为主键是使用主键字段的一种更通用的方式。但是对于 Publisher 表，因为我们知道 id 是主键，所以可以简单地使用字段名 id 来创建 get()查询。

```
>>> Publisher.objects.get(id=2)
<Publisher: Pocket Books>
```

注意：

对于 Publisher 和其他所有表，主键是 id，这是由 Django 自动创建的——当创建表时没有提及主键字段时，即会发生这种情况。但是在某些情况下，字段可以被显式地声明为主键。

练习 2.08　使用 all()方法检索一组对象

我们可以使用 all()方法检索一组对象。在本练习中，我们将使用 all()方法检索所有贡献者的名称。

（1）添加下列代码检索 Contributor 表中的全部对象。

```
>>>from reviews.models import Contributor

>>> Contributor.objects.all()
<QuerySet [<Contributor: Rowel>, <Contributor: Packt>, <Contributor: Packtp>, <Contributor: Stephen>, <Contributor: Peter>]>
```

待执行完毕后，将得到所有对象的 QuerySet。

（2）我们可以使用列表索引来查找特定的对象，或者使用循环遍历列表执行其他操作。

```
>>> contributors = Contributor.objects.all()
```

（3）由于 Contributor 是一个对象列表，因此可使用索引访问列表中的任何元素，如下所示。

```
>>> contributors[0]
<Contributor: Rowel>
```

在本练习中，列表中的第一个元素是一名贡献者，其 first_names 值为'Rowel'，last_names 值为'Atienza'，如下列代码所示。

```
>>> contributors[0].first_names
'Rowel'
>>> contributors[0].last_names
'Atienza'
```

2.7.5　通过过滤机制检索对象

如果一个字段值包含多个对象，则不能使用 get()方法，因为 get()方法只能返回一个对象。对于这种情况，我们可以使用 filter()方法，该方法检索匹配指定条件的全部对象。

练习 2.09　使用 filter()方法检索对象

在本练习中，我们将使用 filter()方法针对特定条件获得一组特定对象。特别地，我们将检索名字为 Peter 的贡献者的名字。

（1）创建另外两名贡献者。

```
>>>from reviews.models import Contributor
>>> Contributor.objects.create(first_names='Peter', last_
names='Wharton', email='PeterWharton@example.com')
>>> Contributor.objects.create(first_names='Peter', last_
names='Tyrrell', email='PeterTyrrell@example.com')
```

（2）当检索 first_names 值为 Peter 的贡献者时，添加下列代码。

```
>>> Contributor.objects.filter(first_names='Peter')
<QuerySet [<Contributor: Peter>, <Contributor: Peter>,
<Contributor: Peter>]>
```

（3）filter()方法返回对象（即使只有一个对象），如下所示。

```
>>>Contributor.objects.filter(first_names='Rowel')
<QuerySet [<Contributor: Rowel>]>
```

（4）进一步讲，如果不存在匹配的查询，filter()方法返回一个空的 QuerySet，如下所示。

```
>>>Contributor.objects.filter(first_names='Nobody')
<QuerySet []>
```

在该练习中，我们使用过滤器检索一组对象，这些对象按照特定的条件进行过滤。

2.7.6　根据字段查找进行过滤

假设我们希望通过提供特定条件，并使用对象的字段来过滤和查询一组对象。在这种情况下，我们可以使用所谓的双下画线进行查找。例如，Book 对象有一个名为 publication_date 的字段，假设打算过滤并获取 2014 年 1 月 1 日之后出版的所有图书。我们可通过双下画线方法轻松地查找这些内容。为此，首先需要导入 Book 模型。

```
>>>from reviews.models import Book
>>>book = Book.objects.filter(publication_date__gt=date(2014, 1, 1))
```

这里，publication_date__gt 表示出版日期，该日期大于（gt）指定的日期，此处为 2014 年 1 月 1 日。与此类似，还有下列缩写内容。

- lt：小于。
- lte：小于或等于。
- gte：大于或等于。

过滤后的结果如下所示。

```
>>> book
<QuerySet [<Book: Advanced Deep Learning with Keras>]>
```

下面是作为查询集一部分的图书的出版日期，它确认出版日期是在 2014 年 1 月 1 日之后。

```
>>> book[0].publication_date
datetime.date(2018, 10, 31)
```

2.7.7　针对过滤操作使用模式匹配

对于过滤后的结果，我们还可以查看参数是否包含正在查找的字符串的部分内容。

```
>>> book = Book.objects.filter(title__contains='Deep learning')
```

这里，title__contains 查找标题包含'Deep learning'作为字符串一部分的所有对象。

```
>>> book
<QuerySet [<Book: Advanced Deep Learning with Keras>]>

>>> book[0].title
'Advanced Deep Learning with Keras'
```

类似地，如果字符串匹配需要区分大小写，我们可以使用 iconcontains。另外，我们还可以使用 startswith 匹配以指定字符串开头的任何字符串。

2.7.8　通过排除检索对象

在前述内容中，我们学习了通过匹配特定的条件获取一组对象。假设接下来要执行相反的操作，即获取不匹配特定条件的所有对象。在这种情况下，我们可以使用 exclude()方法排除特定条件，并获取全部所需的对象。下列内容是一个贡献者列表。

```
>>> Contributor.objects.all()
<QuerySet [<Contributor: Rowel>, <Contributor: Packt>,
 <Contributor: Packtp>, <Contributor: Stephen>,
  <Contributor: Peter>, <Contributor: Peter>,
   <Contributor: Peter>]>
```

从该列表中，我们将排除所有 first_names 值为 Peter 的贡献者。

```
>>> Contributor.objects.exclude(first_names='Peter')
<QuerySet [<Contributor: Rowel>, <Contributor: Packt>,
 <Contributor: Packtp>, <Contributor: Stephen>]>
```

此处可以看到，查询返回名字不为 Peter 的全部贡献者。

2.7.9　利用 order_by()方法检索对象

我们可以采用 order_by()方法在按照指定字段排序时检索对象列表。例如，在下列代码片段中，我们按照出版日期排序图书。

```
>>> books = Book.objects.order_by("publication_date")
>>> books
<QuerySet [<Book: The Talisman>, <Book: Advanced Deep Learning
 with Keras>]>
```

接下来检查查询的顺序。由于查询集是一个列表，因此可以使用索引查看每本书的出版日期。

```
>>> books[0].publication_date
datetime.date(2012, 9, 25)
>>> books[1].publication_date
datetime.date(2018, 10, 31)
```

注意，索引为 0 的第一本书的出版日期比索引为 1 的第二本书的出版日期要早。因此，这确认了所查询的图书列表已按照其出版日期正确排序。此外，我们还可以为字段参数使用带有负号的前缀，并以降序排列结果，如下所示。

```
>>> books = Book.objects.order_by("-publication_date")
>>> books

<QuerySet [<Book: Advanced Deep Learning with Keras>,
 <Book: The Talisman>]>
```

由于在出版日期前加上了一个负号，注意，查询的图书集现在以相反的顺序返回，其中，索引为 0 的第一个图书对象的日期比第二本图书的日期更近。

```
>>> books[0].publication_date
datetime.date(2018, 10, 31)

>>> books[1].publication_date
datetime.date(2012, 9, 25)
```

此外，我们还可以使用字符串字段或数字排序。例如，下列代码可按照主键或 id 排列图书。

```
>>>books = Book.objects.order_by('id')
<QuerySet [<Book: Advanced Deep Learning with Keras>,
 <Book: The Talisman>]>
```

查询后的图书集按照图书 id 以升序排列。

```
>>> books[0].id
1
>>> books[1].id
2
```

再次说明，若以降序排序，可以采用负号作为前缀。

```
>>> Book.objects.order_by('-id')
<QuerySet [<Book: The Talisman>, <Book: Advanced Deep Learning with Keras>]>
```

当前，查询后的图书集按照图书 id 以降序排序。

```
>>> books[0].id
2
>>> books[1].id
1
```

当以字母顺序按照字符串字段排序时，可按照下列方式进行。

```
>>>Book.objects.order_by('title')
<QuerySet [<Book: Advanced Deep Learning with Keras>, <Book: The Talisman>]>
```

由于采用了图书标题排序，因此查询集以字母顺序排序，如下所示。

```
>>> books[0]
<Book: Advanced Deep Learning with Keras>
>>> books[1]
<Book: The Talisman>
```

类似于之前的排序类型，负符号前缀可以按逆字母顺序排序，如下所示。

```
>>> Book.objects.order_by('-title')
<QuerySet [<Book: The Talisman>, <Book: Advanced Deep Learning with Keras>]>
```

这将生成下列输出结果。

```
>>> books[0]
<Book: The Talisman>
>>> books[1]
<Book: Advanced Deep Learning with Keras>
```

Django 提供的另一个有用的方法是 values()。该方法帮助我们获得字典而非对象的查询集。在下列代码片段中，我们针对 Publisher 对象使用了该方法。

```
>>> publishers = Publisher.objects.all().values()

>>> publishers
<QuerySet [{'id': 1, 'name': 'Packt Publishing', 'website':
  'https://www.packtpub.com', 'email': 'customersupport@packtpub.com'},
   {'id': 2, 'name': 'Pocket Books', 'website':
    'https://pocketbookssampleurl.com',
      'email': 'pocketbook@example.com'}]>

>>> publishers[0]
{'id': 1, 'name': 'Packt Publishing', 'website':
  'https://www.packtpub.com', 'email':
    'customersupport@packtpub.com'}

>>> publishers[0]
{'id': 1, 'name': 'Packt Publishing', 'website':
  'https://www.packtpub.com', 'email':
    'customersupport@packtpub.com'}
```

2.7.10 在关系间进行查询

如前所述，reviews 应用程序包含两种关系，即多对一和多对多关系。截至目前，我们已经学习了使用 get()、过滤器、字段查找等进行查询的各种方法。接下来考查如何在关系间执行查询。对此，存在多种方式可实现这一操作，如使用外键、对象实例等。下面通过示例对此加以考查。

2.7.11 使用外键进行查询

当在两个模型/表间存在关系时，Django 提供了一种方法并通过关系执行查询。本节中显示的命令将通过模型关系执行查询来检索 Packt Publishing 出版的所有书籍。与之前类似，这可通过双下画线查找完成。例如，Book 模型包含一个指向 Publisher 模型的 publisher 外键。通过外键，我们可以在 Publisher 模型中利用双下画线和字段名执行查询，如下所示。

```
>>> Book.objects.filter(publisher__name='Packt Publishing')
<QuerySet [<Book: Advanced Deep Learning with Keras>]>
```

2.7.12 使用模型名进行查询

查询的另一种方式是通过小写的模型名，并使用关系进行反向查询。例如，假设打算在查询中通过模型关系查询出版了 *Advanced Deep Learning with Keras* 一书的出版社。为此，我们可执行下列语句检索 Publisher 信息对象。

```
>>> Publisher.objects.get(book__title='Advanced Deep Learning
 with Keras')
<Publisher: Packt Publishing>
```

这里，book 表示小写的模型名。如前所述，Book 模型包含一个 publisher 外键，其 name 值为 Packt Publishing。

2.7.13 使用对象实例在外键关系间进行查询

除此之外，我们还可以利用对象的外键检索信息。假设打算针对标题 *The Talisman* 查询出版社的名称。

```
>>> book = Book.objects.get(title='The Talisman')
```

```
>>> book.publisher
<Publisher: Pocket Books>
```

作为示例，此处使用了对象。其中，我们使用 set.all()方法反向获取出版社出版的所有图书。

```
>>> publisher = Publisher.objects.get(name='Pocket Books')

>>> publisher.book_set.all()
<QuerySet [<Book: The Talisman>]>
```

此外，我们还可以利用查询链创建查询。

```
>>>  Book.objects.filter(publisher__name='Pocket  Books').filter(title=
'The Talisman')
<QuerySet [<Book: The Talisman>]>
```

下面通过一些练习来巩固到目前为止我们已经学过的各种查询方面的知识。

练习 2.10　利用字段查询在多对多关系间进行查询

如前所述，Book 和 Contributor 之间包含多对多关系。在本练习中，在不创建对象的情况下，我们将执行一个查询，检索所有为编写标题为 *The Talisman* 的图书做出贡献的贡献者。

（1）导入 Contributor 类。

```
>>> from reviews.models import Contributor
```

（2）添加以下代码以查询 *The Talisman* 上的贡献者集合。

```
>>>Contributor.objects.filter(book__title='The Talisman')
```

对应结果如下。

```
<QuerySet [<Contributor: Stephen>, <Contributor: Peter>]>
```

从上面的输出结果可以看出，Stephen 和 Peter 是 *The Talisman* 一书的作者。查询使用图书模型（小写），并使用双下画线查找标题字段，如命令中所示。

在本练习中，我们学习了如何使用字段查找在多对多关系之间执行查询。现在让我们看看使用另一种方法来执行相同的任务。

练习 2.11　使用对象的多对多查询

在该练习中，使用 Book 对象，搜索所有为编写标题为 *The Talisman* 的图书做出贡献的贡献者。具体步骤如下。

（1）导入 Book 模型。

```
>>> from reviews.models import Book
```

（2）添加下列代码，并利用标题 *The Talisman* 检索图书对象。

```
>>> book = Book.objects.get(title='The Talisman')
```

（3）使用 book 对象检索所有参与编写 *The Talisman* 一书的贡献者。添加以下代码。

```
>>>book.contributors.all()
<QuerySet [<Contributor: Stephen>, <Contributor: Peter>]>
```

同样，我们可以看到 Stephen 和 Peter 是 *The Talisman* 一书的贡献者。由于这本书与贡献者之间存在多对多关系，因此我们使用了 contributor.all()方法来获取所有参与这本书的贡献者的查询集。下面尝试使用 set()方法来执行类似的任务。

练习 2.12　使用 set()方法的多对多查询

在本练习中，我们将使用一个 contributor 对象获取名为 Rowel 的贡献者所写的所有书籍。

（1）导入 Contributor 模型。

```
>>> from reviews.models import Contributor
```

（2）使用 get()方法，获取 contributor 对象，其 first_names 为'Rowel'。

```
>>> contributor = Contributor.objects.get(first_names='Rowel')
```

（3）使用 contributor 对象和 book_set()方法，获取该贡献者所编写的所有图书。

```
>>> contributor.book_set.all()
<QuerySet [<Book: Advanced Deep Learning with Keras>]>
```

由于 Book 和 Contributor 包含多对多关系，因此我们可以使用 set()方法查询与模型关联的对象集。在当前情况下，contributor.book_set.all()返回对应贡献者编写的全部图书。

练习 2.13　使用 update()方法

在本练习中，我们将使用 update()方法更新已有的记录。

（1）更改姓氏为 Tyrrell 的贡献者的 first_names。

```
>>> from reviews.models import Contributor
>>> Contributor.objects.filter(last_names='Tyrrell').
 update(first_names='Mike')
1
```

返回值显示了已更新的记录数量。在当前情况下，一条记录被更新。

（2）使用 get()方法获取刚刚修改的贡献者，并验证名字是否已更改为 Mike。

```
>>> Contributor.objects.get(last_names='Tyrrell').first_names
'Mike'
```

注意：

如果过滤器操作有多条记录，那么 update()方法将更新过滤器返回的所有记录中的指定字段。

在本练习中，我们学习了如何使用 update()方法更新数据库中的一条记录。接下来，我们利用 delete()方法删除数据库中的记录。

练习 2.14　使用 delete()方法

可以使用 delete()方法删除数据库中的现有记录。在本练习中，我们将从 contributors 表中删除 last_name 值为 Wharton 的记录

（1）使用 get()方法获取对象，并调用 delete()方法，如下所示。

```
>>> from reviews.models import Contributor
>>> Contributor.objects.get(last_names='Wharton').delete()
(1, {'reviews.BookContributor': 0, 'reviews.Contributor': 1})
```

注意，调用 delete()方法时没有将 contributor 对象赋值给变量。由于 get()方法返回单个对象，因此可以访问该对象的方法，而无须实际为其创建变量。

（2）验证 last_name 为“Wharton”的贡献者对象已被删除。

```
>>> Contributor.objects.get(last_names='Wharton')
Traceback (most recent call last):
   File "<console>", line 1, in <module>
   File "/../site-packages/django/db/models/manager.py",
  line 82, in manager_method
   return getattr(self.get_queryset(), name)(*args, **kwargs)
   File "/../site-packages/django/db/models/query.py",
  line 417, in get
   self.model._meta.object_name
reviews.models.Contributor.DoesNotExist: Contributor
  matching query does not exist.
```

正如在运行查询时看到的，我们得到了一个 object does not exist 的错误。这也是预期的结果，因为该记录已被删除。在本练习中，我们学习了如何使用 delete()方法从数据库中删除一条记录。

操作 2.01　针对项目管理应用程序创建模型

假设正在开发一个名为 Juggler 的项目管理应用程序。Juggler 是一个可以跟踪多个项目的应用程序，每个项目可以有多个与之相关的任务。具体步骤如下。

（1）利用前面学过的知识创建一个名为 juggler 的 Django 项目。

（2）创建一个名为 projectp 的 Django 应用程序。

（3）将应用程序项目添加至 juggler/settings.py 文件中。

（4）在 projectp/models.py 中创建两个关联的模型类，即 Project 和 Task。

（5）创建迁移脚本，并将模型定义迁移至数据库中。

（6）打开 Django shell 并导入模型。

（7）用一个示例填充数据库，并编写一个查询，显示与给定项目关联的任务列表。

注意：

读者可访问 http://packt.live/2Nh1NTJ 以查看该操作的完整解决方案。

2.7.14　填写 Bookr 项目的数据库

虽然我们知道如何为项目创建数据库记录，但在接下来的几章中，将不得不创建大量的记录来处理这个项目。出于这个原因，这里创建了一个脚本，可以使事情变得简单。该脚本通过读取由许多记录组成的.csv（逗号分隔值）文件来填充数据库。下列步骤将填充项目的数据库

（1）在项目目录中创建下列文件夹结构。

```
bookr/reviews/management/commands/
```

（2）从以下位置复制 loadcsv.py 文件和 WebDevWithDjangoData.csv 到创建的文件夹中。这些文件可以在本书的 GitHub 存储库中找到，对应网址为 http://packt.live/3pvbCLM。

因为 loadcsv.py 文件被放置在 management/commands 文件夹中，所以现在它就像 Django 的自定义管理命令一样工作。我们可以查看 loadcsv.py 文件，以了解更多关于编写 Django 自定义管理的内容，对应网址为 https://docs.djangoproject.com/en/3.0/howto/custommanagement-commands/。

（3）现在重新创建一个新的数据库。删除项目文件夹中的 SQL 数据库文件。

```
rm reviews/db.sqlite3
```

（4）当再次创建新的数据库时，执行下列 Django migrate 命令。

```
python manage.py migrate
```

随后可在 reviews 文件夹下看到新创建的 db.sqlite3 文件。

（5）执行自定义管理命令 loadcsv 并填充数据库。

```
python manage.py loadcsv --csv reviews/management/commands/
WebDevWithDjangoData.csv
```

（6）使用 SQLite 的 DB Browser，验证 bookr 项目创建的所有表是否被填充。

2.8　本章小结

在本章中，我们学习了一些基本的数据库概念以及它们在应用程序开发中的重要性。我们使用免费的数据库可视化工具 DB Browser for SQLite 来理解数据库表和字段，记录如何存储在数据库中，并进一步使用简单的 SQL 查询在数据库上执行一些基本的 CRUD 操作。

随后学习了 Django 如何提供一个抽象层 ORM，并使用简单的 Python 代码与关系数据库无缝交互，而无须编写 SQL 命令。作为 ORM 的一部分，本章还介绍了 Django 模型、迁移，以及它们如何帮助将更改传播到数据库中的 Django 模型。

通过学习关系数据库中的数据库关系及其键类型，我们加强了对数据库的了解。此外，我们还使用了 Django shell，其间使用 Python 代码执行了与之前使用 SQL 执行的相同的 CRUD 查询。接下来，我们讨论了如何使用模式匹配和字段查找，并以更精细的方式检索数据。在此基础上，我们在 Bookr 应用程序上也取得了相当大的进展，为 reviews 应用创建了模型，并获得了与应用数据库中存储的数据进行交互所需的所有技能。在第 3 章中，我们将学习如何创建 Django 视图、URL 路由和模板。

第 3 章　URL 映射、视图和模板

本章将介绍 Django 的 3 个核心概念，即视图、模板和 URL 映射。首先，我们将探讨 Django 中两个主要的视图类型，即基于函数的视图和基于累的视图。接下来，我们将学习 Django 模板语言和模板集成方面的基础知识。通过这些概念，我们将创建一个页面来显示 Bookr 应用程序中的图书列表。除此之外，我们还将创建另一个页面来显示书籍的详细信息、评论和评级。

3.1　简　　介

在第 2 章中，我们介绍了数据库，并学习了如何存储、检索、更新和删除数据库中的记录。除此之外，我们还讨论了如何创建 Django 模型并应用迁移。

然而，这些数据库操作本身无法向用户显示应用程序的数据。对此，我们需要一种方法，该方法可以以一种有意义的方式向用户显示全部存储信息。例如，以可显示的形式在浏览器中显示 Bookr 应用程序数据库中的所有图书。这也是 Django 视图、模板和 URL 映射的用武之地。其中，视图是 Django 应用程序的一部分内容，它接收 Web 请求并提供 Web 响应结果。例如，Web 请求可以是用户输入网站地址并尝试查看该网站，Web 响应可能是载入用户浏览器中的网站的主页。视图是 Django 应用程序中最为重要的部分之一，应用程序逻辑就是在此处编写的。应用程序逻辑控制与数据库的交互行为，如创建、读取、更新或删除数据库中的记录。除此之外，它还控制数据与用户之间的显示方式，这可借助 Django HTML 模板完成，稍后将对此加以讨论。

Django 视图可大致分为两种类型，即基于函数的视图和基于类的视图。本章将学习 Django 中基于函数的视图。

注意：

本章将讨论基于函数的视图。基于类的视图这一高级话题将在第 11 章中深入讨论。

3.2　基于函数的视图

顾名思义，基于函数的视图被实现为 Python 函数。为了理解它们的工作方式，查看

下列代码片段，其中显示了一个名为 home_page 的简单的视图函数。

```
from django.http import HttpResponse

def home_page(request):
    message = "<html><h1>Welcome to my Website</h1></html>"
    return HttpResponse(message)
```

这里定义了名为 home_page 的视图函数，该函数接收 request 作为参数，并返回包含 Welcome to my Website 消息的 HttpResponse 对象。基于函数的视图的优点是，它们被实现为简单的 Python 函数，易于学习且针对其他程序员具有较好的可读性。基于函数的视图的主要缺点是，对于通用用例，代码无法复用，同时也缺少像基于类的视图那样的简洁性。

3.3　基于类的视图

基于类的视图被实现为 Python 类。通过类继承原则，这些类被实现为 Django 通用视图类的子类。与基于函数的视图不同（其中，全部视图逻辑都在函数中显式地表达），Django 的通用视图类包含各种预先构建的属性和方法，这些属性和方法为编写清晰、可复用的视图提供了快捷方式。这一特性在 Web 开发过程中经常发挥作用。例如，开发人员通常需要渲染一个 HTML 页面，而无须从数据库中插入任何数据，或者是任何特定于用户的定制内容。在这种情况下，可简单地继承 Django 的 TemplateView，并指定 HTML 文件路径。下列内容展示了基于类的视图示例，并显示了与基于函数的视图相同的消息。

```
from django.views.generic import TemplateView

class HomePage(TemplateView):
    template_name = 'home_page.html'
```

在上述代码中，HomePage 是一个基于类的视图，并继承了源自 django.views.generic 模块的、Django 的 TemplateView。类属性 template_name 定义了当视图被调用时要渲染的模板。对于该模板，我们向 templates 文件夹中添加了一个 HTML 文件，其内容如下。

```
<html><h1>Welcome to my Website</h1></html>
```

这是一个十分简单的基于类的视图示例，第 11 章还将进一步对此加以讨论。基于类的视图的主要优点是，与基于函数的视图相比，基于类的视图可通过较少的代码实现相同的功能。另外，通过继承 Django 的通用视图，我们可保持代码的一致性并避免代码重复。然而，基于类的视图的缺点是，对于刚接触 Django 的人来说，代码可读性较差，与基于函数的视图相比，这意味着学习基于类的视图是一个较长的过程。

3.4　URL 配置

Django 视图无法独自在 Web 应用程序中工作。当生成应用程序请求时，Django 的 URL 配置负责将请求路由至相应的视图函数以处理请求。在 Django 的 urls.py 文件中，典型的 URL 配置如下。

```
from . import views

urlpatterns = [path('url-path/' views.my_view, name='my-view'),]
```

这里，urlpatterns 表示为定义 URL 路径列表的变量，'url-path/'则定义了匹配的路径。

当存在一个 URL 匹配时，views.my_view 表示调用的视图函数，name ='my-view'是用于引用视图的视图函数的名称。可能会存在这样的情况，在应用程序的其他地方，我们想要获得该视图的 URL。我们不打算对该值进行硬编码，因为它必须在数据库中被指定两次。相反，我们可以通过视图的名称访问 URL，如下所示。

```
from django.urls import reverse

url = reverse('my-view')
```

必要时，我们还可以在 URL 路径中使用正则表达式，并通过 re_path()匹配字符串模式。

```
urlpatterns = [re_path\
            (r'^url-path/(?P<name>pattern)/$', views.my_view, \
            name='my-view')]
```

这里，name 指的是模式名，它可以是任何 Python 正则表达式模式，并且这需要在调用定义的视图函数之前进行匹配。此外，还可将 URL 中的参数传递至视图自身中，如下所示。

```
urlpatterns = [path(r'^url-path/<int:id>/', views.my_view, \
            name='my-view')]
```

在上述代码中，<int:id>通知 Django 在字符串中的这一位置处寻找包含整数的 URL，并将整数值赋予 id 参数。这意味着，如果用户导航至/url-path/14/，id=14 关键字参数将被传递至视图中。当视图需要在数据库中查找特定对象，并返回对应的数据时，这通常十分有用。例如，假设我们持有一个 User 模型，并且需要视图显示用户的名称。

其中，视图可以按照下列方式进行编写。

```
def my_view(request, id):
     user = User.objects.get(id=id)
     return HttpResponse(f"This user's name is \
     { user.first_name } { user.last_name }")
```

当用户访问/url-path/14/时，上述视图将被调用，参数 id=14 将被传递至函数中。

下面是使用 Web 浏览器调用 http://0.0.0.0:8000/url-path/等 URL 时的典型工作流。

（1）将向正在运行的应用程序发出一个关于 URL 路径的 HTTP 请求。应用程序在接收到请求后，该请求会到达 settings.py 文件中的 ROOT_URLCONF 设置项。

```
ROOT_URLCONF = 'project_name.urls'
```

这决定了首先使用的 URL 配置文件。在本例中，它是项目目录 project_name/urls.py 中的 URL 文件。

（2）Django 遍历名为 urlpatterns 的列表，它一旦将 url -path/与 URL http://0.0.0.0:8000/url-path/中的路径进行匹配，就会调用相应的视图函数。

URL 配置有时也被称为 URL conf 或 URL 映射，这些术语通常可以互换使用。为了更好地理解视图和 URL 映射，下面尝试完成一个简单的练习。

练习 3.01　实现一个简单的基于函数的视图

在本练习中，我们将编写一个十分基础的基于函数的视图，并使用关联的 URL 配置在 Web 浏览器中显示消息 Welcome to Bookr!。除此之外，我们还将告知用户数据库中的图书数量。

（1）确保 bookr/settings.py 中的 ROOT_URLCONF 指向项目的 URL 文件，如下所示。

```
ROOT_URLCONF = 'bookr.urls'
```

（2）打开 bookr/reviews/views.py 文件，并添加下列代码片段。

```
from django.http import HttpResponse
from .models import Book

def welcome_view(request):
    message = f"<html><h1>Welcome to Bookr!</h1> "\
"<p>{Book.objects.count()} books and counting!</p></html>"
    return HttpResponse(message)
```

首先从 django.http 模块中导入 HttpResponse 类。接下来定义 welcome_view 函数，该

函数将在 Web 浏览器中显示消息 Welcome to Bookr!。这里，请求对象是一个加载 HTTP request 对象的函数参数。下一行代码定义了 message 变量，该变量包含显示头的 HTML，随后将计算数据库中图书的数量。

在最后一行代码中，我们返回一个 HttpResponse 对象，其中包含与 message 变量关联的字符串。当调用 welcome_view 函数时，它将在 Web 浏览器中显示消息 Welcome to Bookr! 2 Books and counting。

（3）创建 URL 映射并调用新创建的视图函数。打开项目 URLbookr/urls.py 并添加 urlpatterns，如下所示。

```
from django.contrib import admin
from django.urls import include, path

urlpatterns = [path('admin/', admin.site.urls),\
               path('', include('reviews.urls'))]
```

如果路径 admin/出现于 URL 路径中，如 http://0.0.0.0:8000/admin，那么 urlpatterns 的第一行代码（即 path('admin/', admin.site.urls)）则路由至 admin URL。

类似地，考查第二行代码，即 path(' ', include('reviews.urls'))。这里，路径是一个空字符串''。如果 URL 在 http://hostname:port-number/之后不包含任何特定的路径，如 http://0.0.0.0:8000/，它将包含 review.urls 中的 urlpatterns。

include 函数是一个快捷方式，可整合 URL 配置。在 Django 项目中为每个应用程序保留一个 URL 配置是很常见的。这里，我们针对 reviews 应用程序创建了一个独立的 URL 配置，并将其添加至项目级别的 URL 配置中。

（4）由于尚不存在 URL 模块 reviews.urls，因此创建一个名为 bookr/reviews/urls.py 的文件，并添加下列代码行。

```
from django.contrib import admin
from django.urls import path
from . import views

urlpatterns = [path('', views.welcome_view, \
               name='welcome_view'),]
```

（5）此处再次针对 URL 路径使用了一个空字符串。因此，当调用 http://0.0.0.0:8000/时，在从 bookr/urls.py 路由至 bookr/reviews/urls.py 之后，该模式将调用 welcome_view 视图函数。

（6）在修改了两个文件后，我们已经准备好了调用 welcome_view 视图所需的 URL

配置。下面利用 python manage.py runserver 调用 Django 服务器，并在 Web 浏览器中输入 http://0.0.0.0:8000 或 http://127.0.0.1:8000，随后将会看到消息 Welcome to Bookr!，如图 3.1 所示。

图 3.1　在主页上显示 Welcome to Bookr!和图书的数量

注意：

如果不存在 URL 配置，Django 将调用错误处理机制，如显示 404 Page not found 或类似的页面。

在本练习中，我们学习了如何编写基本的视图函数并执行关联 URL 映射。其间，我们创建了一个 Web 页面，显示一条简单的消息并报告数据库中当前图书的数量。

然而，读者会注意到，在前面的例子中，在 Python 函数中放置 HTML 代码难以令人满意。随着视图不断增长，这将变得难以维持。因此，我们将把注意力转向 HTML 代码所处的位置，即模板。

3.5　模　板

在练习 3.01 中，我们考查了如何创建一个视图、执行 URL 映射以及在浏览器中显示一条消息。但回忆一下，我们在视图函数本身中对 HTML 消息 Welcome to Bookr!进行了硬编码，并返回了一个 HttpResponse 对象，如下所示。

```
message = f"<html><h1>Welcome to Bookr!</h1> "\
"<p>{Book.objects.count()} books and counting!</p></html>"
return HttpResponse(message)
```

在 Python 模块内部硬编码并不是一种良好的习惯，因为随着 Web 页面中渲染内容的增加，需要编写的代码量也会不断增长。在 Python 代码中包含大量的 HTML 代码将使代码难以阅读和维护。

因此，Django 模板提供了一种较好的编写和管理 HTML 模板的方式。Django 可与静态 HTML 内容和动态 HTML 模板协同工作。

Django 的模板配置在 settings.py 文件的 TEMPLATES 变量中完成。默认的配置内容如下。

```
TEMPLATES = \
[{'BACKEND': 'django.template.backends.django.DjangoTemplates',\
  'DIRS': [],
  'APP_DIRS': True,
  'OPTIONS': {'context_processors': \
               ['django.template.context_processors.debug',\
                'django.template.context_processors.request',\
                'django.contrib.auth.context_processors.auth',\
                'django.contrib.messages.context_processors\
                .messages',\
              ],\
        },\
   },\
]
```

上述代码片段的关键字解释如下。

- 'BACKEND': 'django.template.backends.django.DjangoTemplates': 表示所用的模板引擎。模板引擎是一个 Django 所用的 API，并与 HTML 模板协同工作。Django 是采用 Jinja2 和 DjangoTemplates 引擎构建的。默认配置是 Django 模板引擎和 Django 模板语言。必要时也可使用不同的配置进行修改，如 Jinja2 或其他第三方模板引擎。针对 Bookr 应用程序，我们将保持配置不变。
- 'DIRS': []：表示字典列表，其中，Django 以既定顺序搜索模板。
- 'APP_DIRS': True：这将通知 Django 模板引擎是否应该在 settings.py 文件中的 INSTALLED_APPS 下定义的已安装应用程序中寻找模板。
- 'OPTIONS'：这是一个包含模板引擎特定设置的字典。在这个字典中，存在一个默认的上下文处理器列表，它帮助 Python 代码与模板交互，以创建和渲染动态 HTML 模板。

当前默认设置已然足够。在下一个练习中，我们将创建模板的新目录，并且指定需要该文件夹的位置。例如，我们如果持有名为 my_templates 的目录，那么需要通过将其添加至 TEMPLATES 设置项中来指定其位置，如下所示。

```
TEMPLATES = \
[{'BACKEND': 'django.template.backends.django.DjangoTemplates',\
  'DIRS': [os.path.join(BASE_DIR, 'my_templates')],\
```

```
  'APP_DIRS': True,\
  'OPTIONS': {'context_processors': \
             ['django.template.context_processors.debug',\
             'django.template.context_processors.request',\
             'django.contrib.auth.context_processors.auth',\
             'django.contrib.messages.context_processors\
             .messages',\
           ],\
    },\
},
```

BASE_DIR 表示为项目文件夹的目录路径。这是在 settings.py 文件中定义的。os.path.join()方法将项目目录与模板目录连接起来，返回模板目录的完整路径。

练习 3.02　使用模板显示欢迎消息

在本练习中，我们将创建第一个 Django 模板，并通过模板显示 Welcome to Bookr! 消息。

（1）在 bookr 项目目录中，创建一个名为 templates 的目录。在 templates 目录中，创建一个名为 base.html 的文件。bookr 的目录结构如图 3.2 所示。

图 3.2　bookr 的目录结构

注意：

当使用默认的配置时，即 DIRS 是一个空列表时，Django 仅在应用程序文件夹的 template 目录中搜索模板（在书评应用程序中是 reviews/templates 文件夹）。由于我们将新模板目录包含在主项目目录中，因此 Django 的模板引擎将无法找到该目录，除非该目录包含在'DIRS'列表中。

（2）向 TEMPLATES 设置项中添加文件夹。

```
TEMPLATES = \
[{'BACKEND': 'django.template.backends.django.DjangoTemplates',\
  'DIRS': [os.path.join(BASE_DIR, 'templates')],
  'APP_DIRS': True,
```

```
  'OPTIONS': {'context_processors': \
              ['django.template.context_processors.debug',\
               'django.template.context_processors.request',\
               'django.contrib.auth.context_processors.auth',\
               'django.contrib.messages.context_processors\
               .messages',\
             ],\
        },\
   },\
             ]
```

（3）将下列代码行添加至 base.html 文件中。

```
<!doctype html>
<html lang="en">
<head>
   <meta charset=»utf-8»>
   <title>Home Page</title>
</head>
   <body>
      <h1>Welcome to Bookr!</h1>
   </body>
</html>
```

这是一个简单的 HTML，在标题中显示 Welcome to Bookr!消息。

（4）调整 bookr/reviews/views.py 中的代码，如下所示。

```
from django.shortcuts import render

def welcome_view (request):
   return render(request, 'base.html')
```

由于已经在 TEMPLATES 配置中配置了'templates'目录，因此 base.html 可用于模板引擎。代码采用从 django.shortcuts 模块中导入的 render 方法来渲染 base.html 文件。

（5）保存文件，运行 python manage.py runserver，并打开 http://0.0.0.0:8000/或 http://127.0.0.1:8000/ URL，以检查在浏览器中加载的新添加的模板，如图 3.3 所示。

图 3.3　在主页上显示 Welcome to Bookr!

在本练习中，我们创建了 HTML 模板，并使用 Django 模板和视图返回了消息 Welcome to Bookr!。接下来，我们将学习 Django 模板语言，这将用于渲染应用程序的数据和 HTML 模板。

3.6 Django 模板语言

Django 模板不仅返回静态 HTML 模板，还可在生成模板时添加动态应用程序数据。结合数据，我们还可以在模板中包含一些编程元素。所有这些组合在一起构成了 Django 模板语言的基础内容。本节将考查 Django 模板语言的基础内容。

3.6.1 模板变量

模板变量表示于两个花括号之间，如下所示。

```
{{ variable }}
```

当变量出现于模板中时，变量将被携带的值在模板中被替换。模板变量有助于将应用程序的数据添加至模板中。

```
template_variable = "I am a template variable."

<body>
        {{ template_variable }}
   </body>
```

1. 模板标签

标签类似于编程控制流，如 if 条件或 for 循环。标签显示于两个花括号和百分号之间。下面的内容显示了一个基于模板标签的 for 循环，表示遍历一个列表。

```
{% for element in element_list %}

{% endfor %}
```

与 Python 编程不同，此处还通过添加 end 标签以添加控制流的结束，如{% endfor %}。这可以与模板变量一起使用，以显示列表中的元素，如下所示。

```
<ul>
   {% for element in element_list %}
      <li>{{ element.title }}</li>
   {% endfor %}
</ul>
```

2. 注释

Django 模板语言中的注释如下所示，任何位于{% comment %}和{% endcomment %}之间的内容都将被注释掉。

```
{% comment %}
   <p>This text has been commented out</p>
{% endcomment %}
```

3. 过滤器

过滤器可用于修改变量，并以不同的格式表示它。过滤器的语法可表示为通过管道符号（|）分隔的变量和过滤器。

```
{{ variable|filter }}
```

下列内容表示为内建过滤器的示例。

- {{ variable|lower }}：这将把变量字符串转换为小写形式。
- {{ variable|title}}：这将把每个单词的首字母转换为大写形式。

下面将使用这些概念开发书评应用程序。

练习 3.03　显示图书和评论列表

在本练习中，我们将创建一个 Web 页面，该网页可以显示图书列表、图书的评级以及 bookr 评论应用程序中评论的数量。为此，我们将使用 Django 模板语言的一些特性，如变量和模板标签将书评应用程序数据传递至模板中，以在 Web 页面中显示有意义的数据。

（1）在 bookr/reviews/utils.py 下创建一个名为 utils.py 的文件，并添加下列代码。

```
def average_rating(rating_list):
    if not rating_list:
        return 0

    return round(sum(rating_list) / len(rating_list))
```

这是一个帮助方法，用于计算图书的平均评级。

（2）移除 bookr/reviews/views.py 真正的全部代码，并向其中添加下列代码。

```
from django.shortcuts import render

from .models import Book, Review
from .utils import average_rating

def book_list(request):
    books = Book.objects.all()
    book_list = []
```

```
    for book in books:
        reviews = book.review_set.all()
        if reviews:
            book_rating = average_rating([review.rating for \
                                        review in reviews])
            number_of_reviews = len(reviews)
        else:
            book_rating = None
            number_of_reviews = 0
        book_list.append({'book': book,\
                        'book_rating': book_rating,\
                        'number_of_reviews': number_of_reviews})

        context = {
            'book_list': book_list
        }
        return render(request, 'reviews/books_list.html', context)
```

这是一个视图，以显示书评应用程序中的图书列表。其中，前三行数据导入了 Django 模块、模块类和刚刚创建的帮助方法。

这里，books_list 表示为视图方法。在该方法中，首先查询一个图书列表。接下来，针对每本图书，我们计算平均评级和评论的数量。每本书的所有这些信息都作为一个字典列表被添加至名为 book_list 的列表中。随后，该列表被添加至一个名为 context 的字典中，并被传递至渲染函数中。

渲染函数接收 3 个参数，其中：第 1 个参数为传递至视图中的请求对象；第 2 个参数为 HTML 模板 books_list.html，用于显示图书列表；第 3 个参数为上下文，我们将它传递至模板中。

由于我们已将 book_list 作为上下文的一部分内容进行传递，因此模板将依次通过模板标签和模板变量渲染图书列表。

（3）在路径 bookr/reviews/templates/reviews/books_list.html 中创建 book_list.html 文件，并在该文件中添加下列 HTML 代码。

```
1 <!doctype html>
2 <html lang="en">
3 <head>
4    <meta charset="utf-8">
5    <title>Bookr</title>
6 </head>
7    <body>
8       <h1>Book
9       <hr>
```

读者可访问 http://packt.live/3hnB4Qr 查看完整的代码。

这是一个简单的 HTML 模板，其中，模板标签和变量遍历 book_list 以显示图书列表。

（4）在 bookr/reviews/urls.py 中，添加下列 URL 模式以调用 books_list 视图。

```
from django.urls import path
from . import views

urlpatterns = [path('books/', views.book_list, \
              name='book_list'),]
```

这将针对 books_list 视图函数执行 URL 映射。

（5）保存所有修改的文件并等待 Django 服务重启。在浏览器中打开 http://0.0.0.0:8000/books/，对应结果如图 3.4 所示。

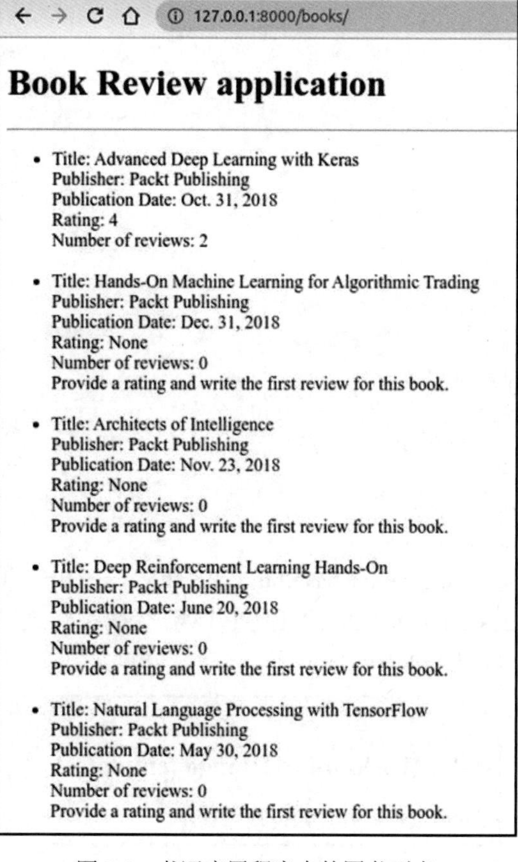

图 3.4　书评应用程序中的图书列表

在本练习中，我们创建了一个视图函数和模板，还执行了 URL 映射，这将显示应用程序中的图书列表。当前，我们能够利用单一模板显示图书列表。接下来，我们将探讨如何在具有公共或类似代码的应用程序中使用多个模板。

3.6.2　模板继承

在项目的构建过程中，模板的数量将不断增加。在设计应用程序时，很有可能有些页面看起来十分相似，并且针对某些特性包含通用的 HTML 代码。当采用模板继承时，可将公共的 HTML 代码继承至其他 HTML 文件中。这与 Python 中的类继承十分相似，其中，父类包含全部公共代码，而子类则拥有那些额外的、唯一的、满足子类需求的代码。

例如，考查下列名为 base.html 的父模板。

```
<!doctype html>
<html lang="en">
<head>
   <meta charset="utf-8">
   <title>Hello World</title>
</head>
   <body>
      <h1>Hello World using Django templates!</h1>
      {% block content %}
      {% endblock %}
   </body>
</html>
```

下列内容则显示为子模板。

```
{% extends 'base.html' %}
{% block content %}
<h1>How are you doing?</h1>
{% endblock %}
```

在上述代码片段中，{% extends 'base.html' %}行从 base.html（父模板）扩展了模板。在扩展了父模板后，block content 之间的任何 HTML 代码都将连同父模板一起进行显示。在渲染了子模板后，对应结果如图 3.5 所示。

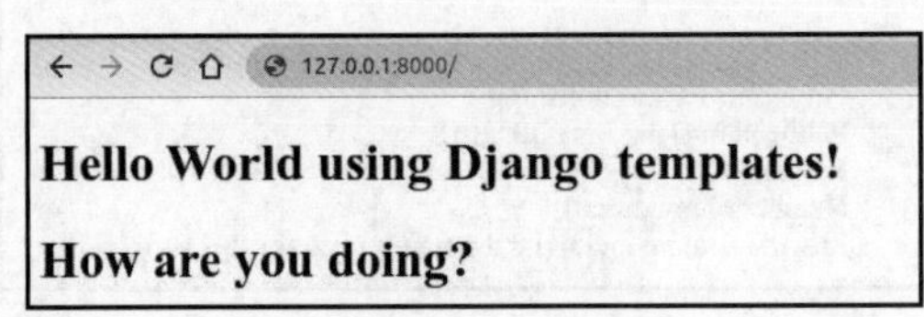

图 3.5　扩展了 base.html 模板后的欢迎消息

3.7　基于 Bootstrap 的模板样式

前述内容讨论了如何利用视图、模板和 URL 映射显示全部图书。虽然能够在浏览器中显示所有信息，但较好的方式是添加某些样式，并进一步完善 Web 页面的观感。为此，我们可添加一些 Bootstrap 元素。Bootstrap 是一个开源层叠样式表框架，特别适用于设计跨桌面和移动浏览器的响应式页面。

Bootstrap 使用起来十分简单。首先需要向 HTML 中添加 Bootstrap CSS。我们可创建一个名为 example.html 的新文件进行尝试，并利用下列代码填写该文件，最后在浏览器中打开该文件。

```
<!doctype html>
<html lang="en">
  <head>
    <!-- Required meta tags -->
    <meta charset="utf-8">
    <meta name="viewport" content="width=device-width,
      initial-scale=1, shrink-to-fit=no">

    <!-- Bootstrap CSS -->
    <link rel="stylesheet"
      href="https://stackpath.bootstrapcdn.com/bootstrap/4.4.1/
      css/bootstrap.min.css" integrity="sha384-
      Vkoo8x4CGsO3+Hhxv8T/Q5PaXtkKtu6ug5TOeNV6gBiFeWPGFN9MuhOf23Q9Ifjh"
      crossorigin="anonymous">
  </head>
  <body>
    Content goes here

  </body>
</html>
```

在上述代码中，Bootstrap CSS 将 Bootstrap CSS 库添加至页面中。这意味着，特定的 HTML 元素类型和类将继承 Bootstrap 的样式。例如，如果向按钮类中添加了 btn-primary 类，按钮将渲染为包含白色文本的蓝色按钮。下面在<body>和</body>之间尝试下列代码。

```
<h1>Welcome to my Site</h1>
<button type="button" class="btn btn-primary">Checkout my
```

```
Blog!</button>
```

可以看到，标题和按钮均采用 Bootstrap 的默认样式显示，如图 3.6 所示。

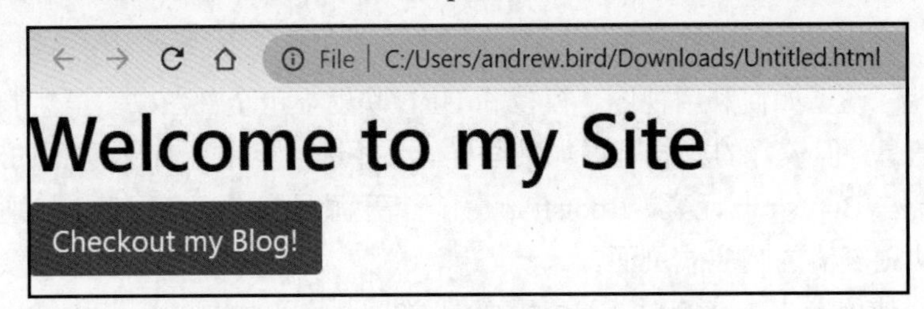

图 3.6　在应用了 Bootstrap 后的显示结果

这是因为，在 Bootstrap CSS 代码中，我们利用下列代码指定了 btn-primary 类的颜色。

```
.btn-primary {
   color: #fff;
   background-color: #007bff;
   border-color: #007bff
}
```

可以看到，使用第三方 CSS 库（如 Bootstrap）可以快速地创建具有较好样式的组件，而无须编写过多的 CSS 内容。

注意：

读者可访问 https://getbootstrap.com/docs/4.4/getting-started/introduction/进一步参考 Bootstrap 教程。

练习 3.04　添加模板继承和 Bootstrap 导航栏

在本练习中，我们将通过模板继承机制继承父模板中的模板元素，并在 book_list 模板中复用它们以显示图书列表。此外，我们还将在 HTML 基文件中使用特定的 Bootstrap 元素，并在页面顶部添加导航栏。base.html 文件的 Bootstrap 代码源自 https://getbootstrap.com/docs/4.4/getting-started/introduction/和 https://getbootstrap.com/docs/4.4/components/navbar/。

（1）从 bookr/templates/base.html 位置处打开 base.html 文件，移除所有现有的代码，并将其替换为下列代码。

```
1 <!doctype html>
2 {% load static %}
3 <html lang="en">
4   <head>
```

```
5    <!-- Required meta tags -->
6    <meta charset="utf-8">
7    <meta name="viewport" content="width=device-width,
       initial-scale=1, shrink-to-fit=no">
8
9    <!-- Bootstrap CSS -->
```

读者可访问 http://packt.live/3mTjlBn 查看完整的代码。

这是一个 base.html 文件，包含所有用于样式化和导航栏的 Bootstrap 元素。

（2）打开 bookr/reviews/templates/reviews/books_list.html 处的模板，移除所有现有的代码，并将其替换为下列代码。

```
1 {% extends 'base.html' %}
2
3 {% block content %}
4 <ul class="list-group">
5   {% for item in book_list %}
6   <li class="list-group-item">
7       <span class="text-info">Title: </span> <span>{{
         item.book.title }}</span>
8       <br>
9       <span class="text-info">Publisher: </span><span>{{
         item.book.publisher }}</span>
```

读者可访问 http://packt.live/3aPJv5O 查看完整的源代码。

该模板被配置为继承 base.html 文件，并且还加入了一些样式元素以显示图书列表。这里，模板中有助于继承 base.html 文件的部分如下所示。

```
{% extends 'base.html' %}

{% block content %}
{% endblock %}
```

（3）在添加了两个模板之后，在浏览器中打开 URL http://0.0.0.0:8000/books/或 http://127.0.0.1:8000/books/并查看图书列表页面。不难发现，其格式更加整洁，如图 3.7 所示。

在本练习中，我们利用 Bootstrap 在应用程序中加入了一些样式，并在显示图书列表时使用了模板继承。截至目前，我们在应用程序中显示所有图书方面做了大量工作。接下来，我们将显示每本图书的细节内容和评论。

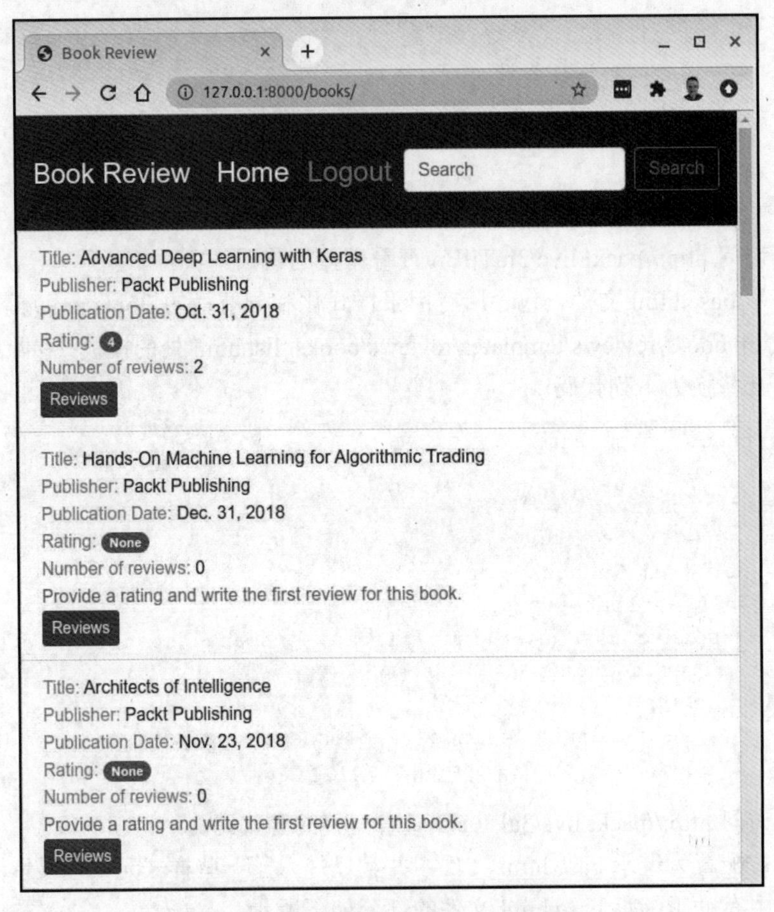

图 3.7　具有整洁格式的图书列表页面

操作 3.01　实现图书的详细视图

在该操作中，我们将实现一个新的视图、模板和 URL 映射机制，以显示图书的详细信息，包括标题、出版社、出版日期和综合评级。除了这些细节内容，页面还将显示所有的评论内容、指定评论者的名字，以及评论的编写和修改日期，具体步骤如下。

（1）创建扩展基模板的图书详细信息端点。

（2）创建图书的详细视图，该视图作为参数接收图书主键，并返回列出图书详细信息和关联评论的 HTML 页面。

（3）在 urls.py 中执行所需的 URL 映射。图书详细视图的 URL 应为 http://0.0.0.0:8000/books/1/（其中，1 表示所访问的图书的 ID）。我们可使用 get_object_or_404 方法并利用给定的主键检索图书。

注意：

当根据实例的主键检索实例时，get_object_or_404 是一个有用的快捷方式。此外还可通过第 2 章描述的 get()方法完成该操作，即 Book.objects.get(pk=pk)。然而，get_object_or_404 具有额外的优势，即如果对象不存在，则返回 HTTP 404 Not Found 响应。如果简单地使用 get()方法，而有人试图访问一个不存在的对象时，Python 代码将遇到一个异常并返回一个 HTTP 500 服务器错误响应。这并非期望结果，因为这看起来好像是服务器未能正确地处理请求。

（4）在操作结尾处，应能够单击图书列表页面上的 Reviews 按钮，并获得图书的详细视图。详细视图应包含图 3.8 中所示的全部详细信息。

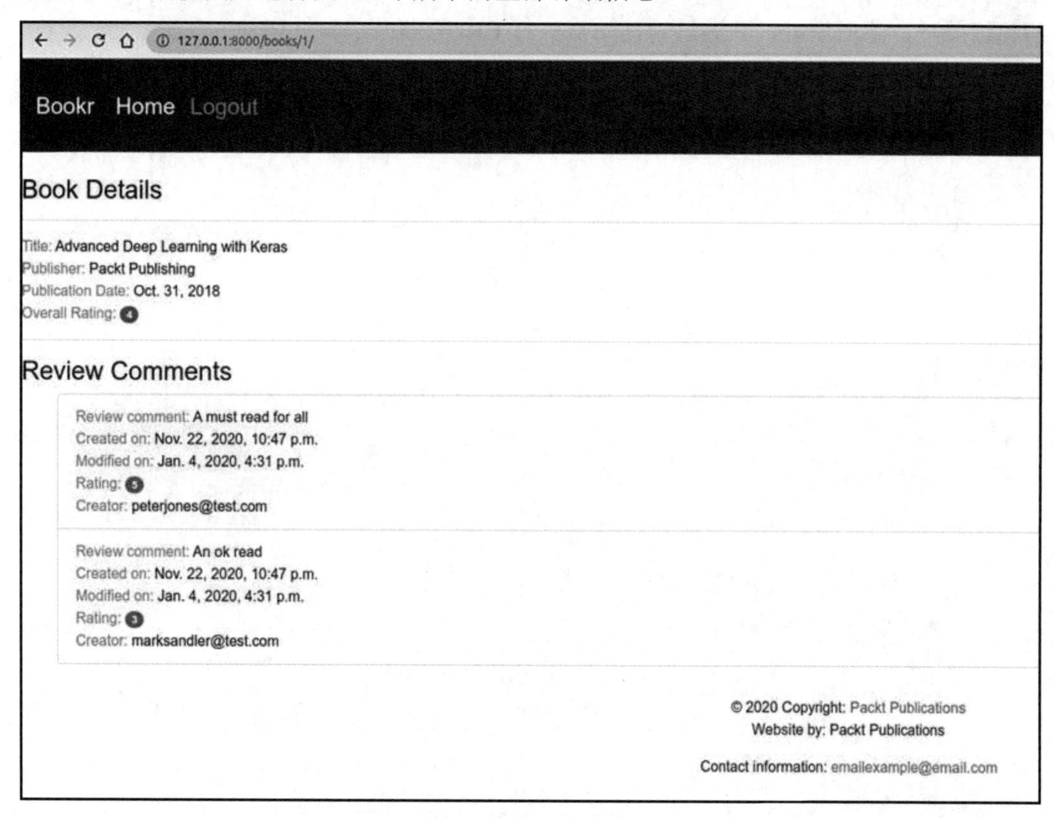

图 3.8　显示图书详细信息的页面

注意：

读者可访问 http://packt.live/2Nh1NTJ 查看该操作的解决方案。

3.8 本章小结

本章讨论了处理网站 HTTP 请求的核心基础设施。请求首先通过 URL 模式映射至相应的视图。URL 中的参数也将被传递至视图中，以指定页面上显示的对象。视图负责编译任何必要的信息以显示在网站上，然后将该字典传递给模板，该模板将信息渲染为 HTML 代码，并可以作为响应返回给用户。另外，我们介绍了基于类和基于函数的视图，并学习了 Django 模板语言和模板继承。随后，我们针对书评应用程序创建了两个页面，分别用于显示所有的图书和图书详细视图页面。在第 4 章中，我们将学习 Django admin 和超级用户、注册模型，并通过管理站点执行 CRUD 操作。

第 4 章　Django admin 简介

本章将介绍 Django admin 应用程序的基本功能。首先针对 Bookr 应用程序创建超级账户，随后利用 admin 应用程序执行 CRUD（创建、读取、更新、删除）操作。我们将学习如何将 Django 应用程序与 admin 应用程序进行集成，并在 admin 应用程序中考查 ForeignKeys 的行为。在本章结束时，我们将看到如何通过子类化 AdminSite 和 ModelAdmin 类并根据一组独特的首选项定制管理应用程序，以使其界面更加直观和用户友好。

4.1　简　　介

当开发一个应用程序时，通常需要利用数据填写程序，随后修改数据。我们已经在第 2 章中看到了如何使用 Python manage.py shell 在命令行上完成这一操作。在第 3 章中，我们学习了如何使用 Django 的视图和模板为模型开发一个 Web 表单界面。但这两种方式都不是管理 reviews/models.py 中类数据的理想方法。对于非程序员来说，使用 shell 管理数据过于技术化，并且构建单独的 Web 页面将是一个费力的过程，必须针对模型中的每个表重复相同的视图逻辑和非常相似的模板特性。好的一方面是，这个问题的解决方案在 Django 开发初期就已经设计出来了。

Django admin 实际上是一个 Django 应用程序，它生成了一个直观渲染的 Web 界面，以提供对模型数据的管理访问。管理界面是为网站管理员设计的，而不是为与站点交互的非特权用户所用。在我们的书评系统中，一般的书评者永远不会看到 admin 应用程序，他们会看到应用程序页面，就像我们在第 3 章中用视图和模板构建的那些页面，并且将评论写在页面上。

此外，当开发人员投入大量精力为普通用户创建一个简单而有吸引力的 Web 界面时，管理界面（针对管理用户）则保持了一种实用主义，并展示了模型的复杂性。读者可能没有注意到，我们的 Bookr 项目已经存在一个 admin 应用程序。对此，查看 bookr/settings.py 中已安装的应用程序列表。

```
INSTALLED_APPS = [
    'django.contrib.admin',
    …
]
```

下面查看 bookr/urls.py 中的 URL 模式。

```
urlpatterns = [
    path('admin/', admin.site.urls),
    …
]
```

如果将这个路径放置在浏览器中，将会看到开发服务器上管理应用程序的链接是 http://127.0.0.1:8000/admin/。不过，在使用它之前，我们需要通过命令行创建一个超级用户。

4.2　创建超级用户账户

我们的 Bookr 应用程序刚刚找到了一个新用户，她的名字叫作爱丽丝，她想马上开始添加评论。Bob 已经在使用 Bookr，他刚刚通知我们，他的个人资料似乎不完整，需要更新。David 不想再使用该应用程序，并希望删除他的账户。出于安全考虑，我们不想让任何用户为我们执行这些任务。因此，我们需要创建一个具有更高权限的超级用户。

在 Django 的权限模型中，超级用户是带有 Staff 属性集的用户。第 9 章将对此进行解释，并学习更多与权限模型相关的内容。

我们可利用之前介绍的 manage.py 脚本创建一个超级用户。再次说明，我们需要在项目目录中完成此项操作。我们将在命令行中输入下列命令以使用 createsuperuser 子命令（你如果是 Windows 用户，则需要使用 python 而不是 python3）。

```
python3 manage.py createsuperuser
```

下面将开始创建超级用户。

注意：

在本章中，我们将使用 example.com 域名下的电子邮件地址。这遵循了一个既定的惯例，即使用这个保留域进行测试和记录。如果愿意，你还可以使用自己的电子邮件地址。

练习 4.01　创建一个超级用户账户

在本练习中，我们将创建一个超级账户，以使该用户可登录 admin 网站。另外，该功能也将用于后续的练习，以完成仅超级用户方可实现的更改操作。具体步骤如下。

（1）输入下列命令创建超级用户。

```
python manage.py createsuperuser
```

当执行该命令时，你将被提示创建一个超级用户。该命令将提示输入超级用户名、可选的电子邮件地址和密码。

（2）添加超级用户的用户名和电子邮件。这里，我们在提示符处输入 bookradmin（粗体）并按 Enter 键。类似地，在下一个要求输入电子邮件地址的提示符中，你可以添加 bookradmin@example.com（粗体）并按 Enter 键。

```
Username (leave blank to use 'django'): bookradmin
Email address: bookradmin@example.com
Password:
```

这将赋予超级用户名 bookradmin。注意，此处用户不会立即看到任何输出。

（3）在 shell 中的下一个提示符是密码。此处添加强密码并按 Enter 键。随后再次确认密码。

```
Password:
Password (again):
```

随后屏幕上将会显示下列消息。

```
Superuser created successfully
```

需要注意的是，密码的验证条件如下。

- ❑ 密码不能是 2 万个最常见的密码之一。
- ❑ 密码至少要有 8 个字符。
- ❑ 密码不能只有数字字符。
- ❑ 密码不能从用户名、名、姓或电子邮件地址衍生。

据此，我们创建了一个名为 bookradmin 的超级用户，并可登录 admin 应用程序，如图 4.1 所示。

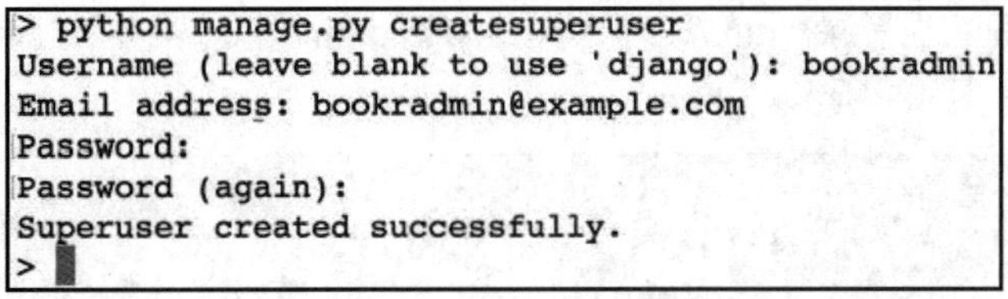

```
> python manage.py createsuperuser
Username (leave blank to use 'django'): bookradmin
Email address: bookradmin@example.com
Password:
Password (again):
Superuser created successfully.
>
```

图 4.1　创建一个超级用户

（4）访问 admin 应用程序，对应网址为 http://127.0.0.1:8000/admin，并利用创建的超级用户登录，如图 4.2 所示。

在本练习中，我们创建了一个超级用户账户，我们将在本章的其余部分使用该账户，以分配或删除所需特权。

注意：

读者可访问本书的 GitHub 存储库查看本章练习和操作的源代码，对应网址为 http://packt.live/3pC5CRr。

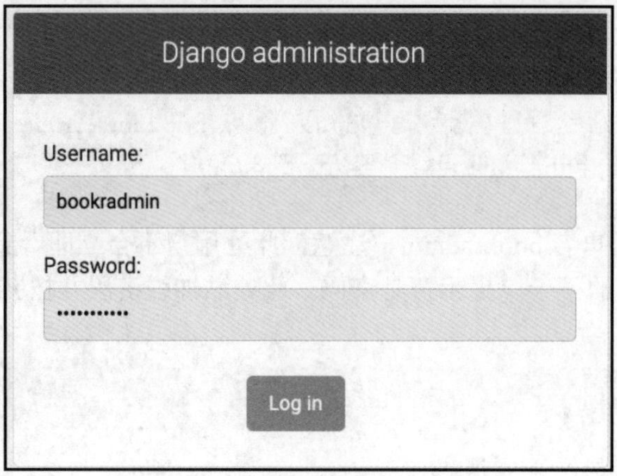

图 4.2　Django 管理登录表单

4.3　使用 Django admin 应用程序的 CRUD 操作

下面继续讨论来自鲍勃、爱丽丝和大卫的请求。作为一个超级用户，对应任务涉及创建、更新、检索和删除用户账户、评论和标题名。这一组活动统称为 CRUD。CRUD 操作是 admin 应用程序的核心行为。事实上，admin 应用程序已经知道来自另一个 Django 应用程序的模型，即 Authentication 和 Authorization——在 INSTALLED_APPS 中引用为 'django.contrib.auth'。当登录 http://127.0.0.1:8000/admin/时，即向我们展示了来自授权应用程序的模型，如图 4.3 所示。

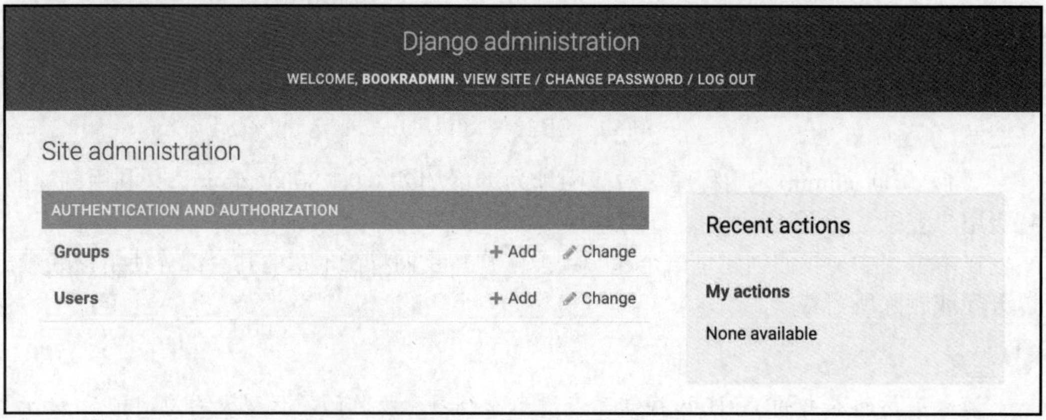

图 4.3　Django 管理窗口

当 admin 应用程序初始化完毕后，它调用 autodiscover()方法检测其他安装后的应用程序是否包含 admin 模块。如果是，这些 admin 模块便被导入。在当前示例中，admin 应用程序发现了'django.contrib.auth.admin'。由于这些模块被导入，且超级用户账户已处于就绪状态，下面开始处理来自鲍勃、爱丽丝和大卫的请求。

4.3.1　创建

在爱丽丝开始编写评论之前，需要通过 admin 应用程序为她创建一个账户。待该操作结束后，我们即可查看分配给她的管理访问级别。当创建一个用户时，仅需单击 Users 一侧的+Add 链接（见图 4.3），随后填写表单，如图 4.4 所示。

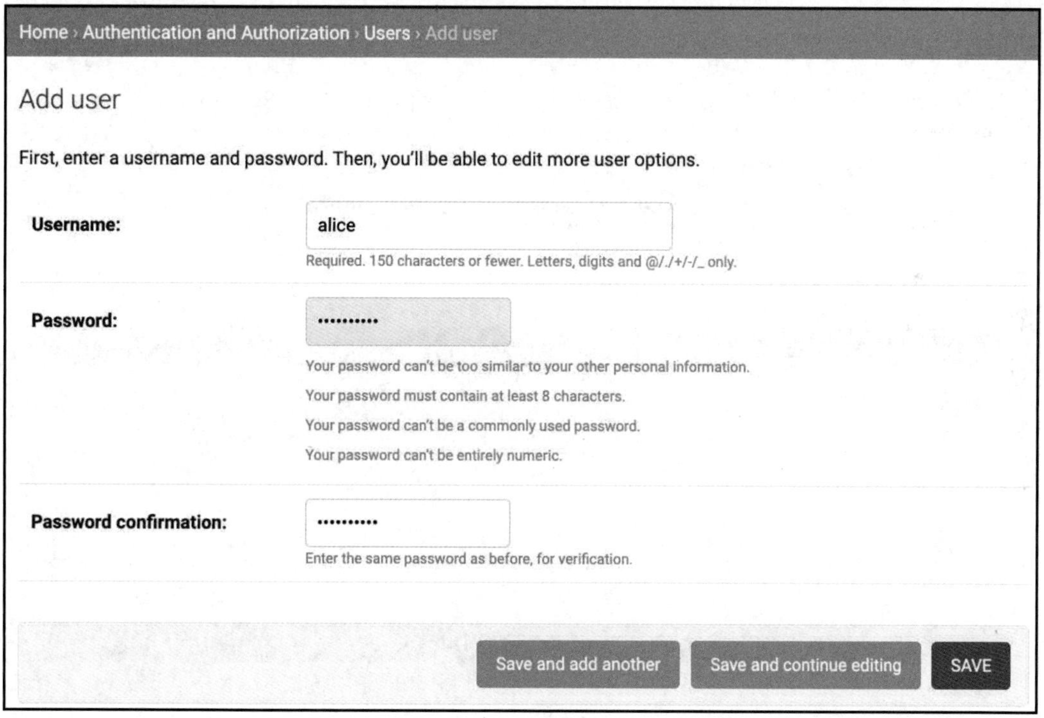

图 4.4　Add user 页面

注意：

我们不希望随机用户可访问 Bookr 用户的账户。因此，我们必须选择强大、安全的密码。

表单底部包含 3 个按钮。

（1）Save and add another 按钮。单击该按钮将创建用户，并再次渲染包含空字段的同一个 Add user 表单。

（2）Save and continue editing 按钮。单击该按钮将创建用户并加载 Change user 页面。该页面可添加 Add user 页面中不存在的附加信息，如 First name、Last name 等，如图 4.5 所示。注意，Password 在表单中不包含可编辑字段。相反，它显示了与之存储的哈希技术相关的信息，以及一个单独的更改密码表单的链接。

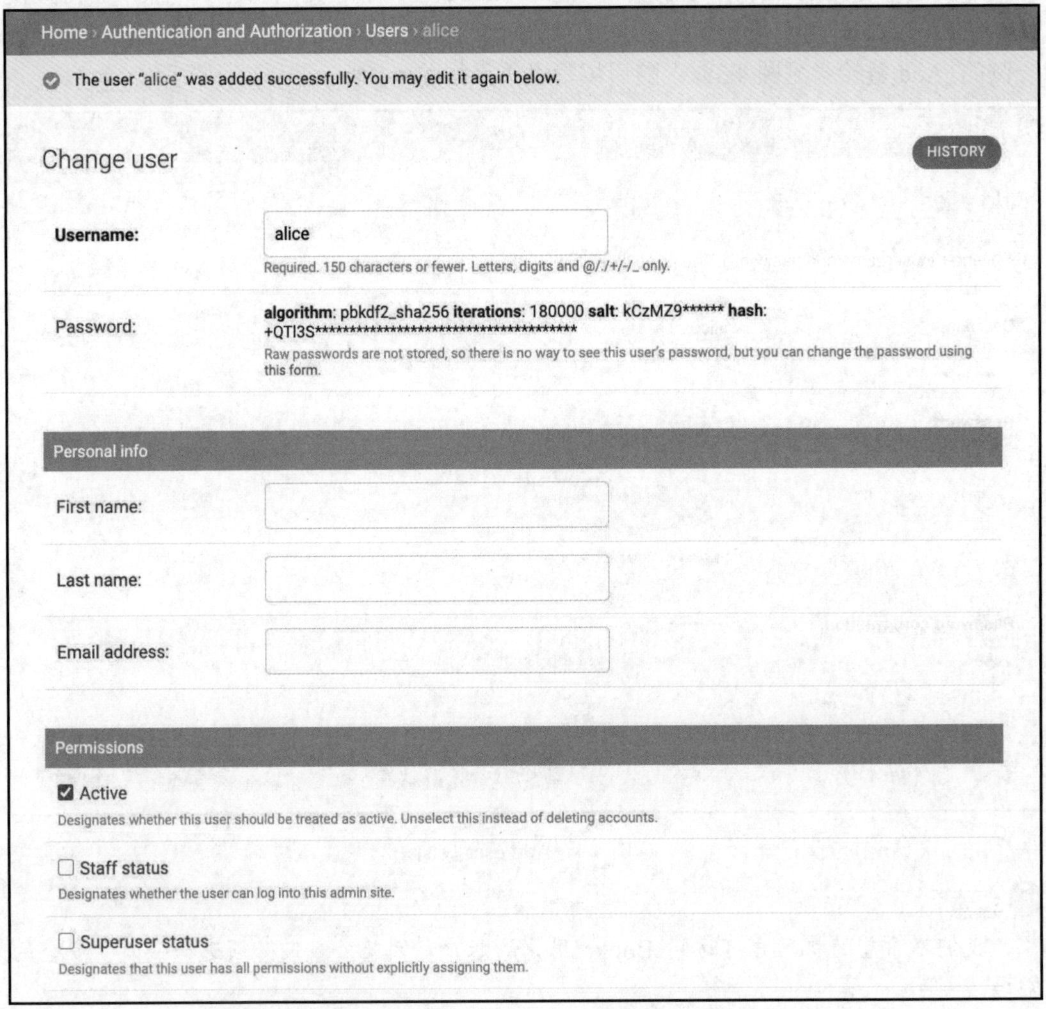

图 4.5　单击 Save and continue editing 按钮后的 Change user 页面

（3）SAVE 按钮。单击该按钮将创建用户，并使用户导航至 Select user to change 列表页面，如图 4.6 所示。

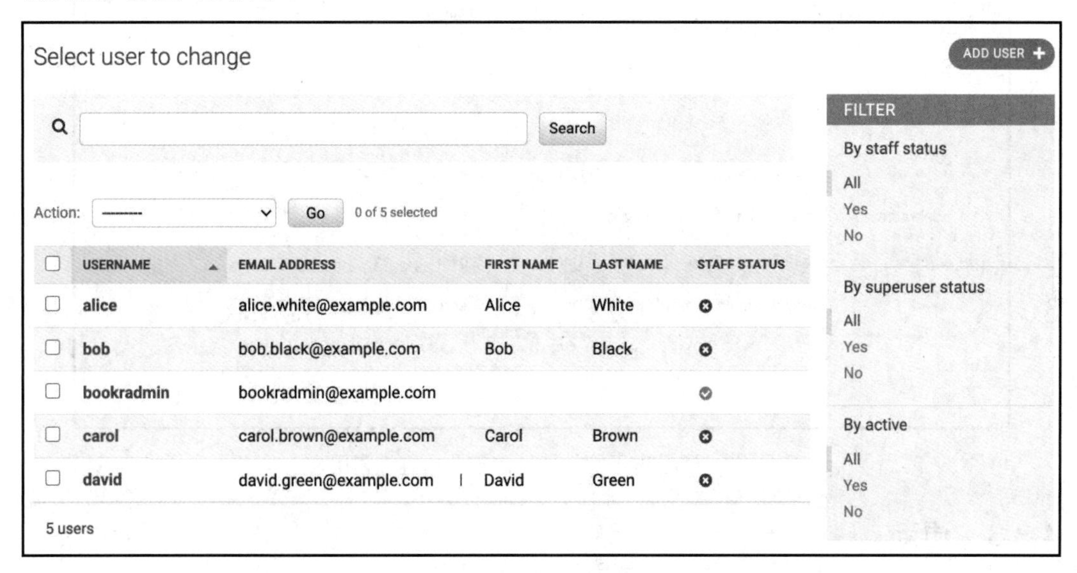

图 4.6　Select user to change 页面

4.3.2　检索

管理任务需要在一些用户之间进行分配，为此，管理员（拥有超级用户账户的人）希望查看那些电子邮件地址以 n@example.com 结尾的用户，并将任务分配给这些用户。这便是 Retrieve 功能的用武之地。在单击了 Add user 页面（见图 4.4）上的 SAVE 按钮后，我们将被转至 Select user to change 列表页面（见图 4.6），该页面执行 Retrieve 操作。注意，通过单击 Select user to change 列表页上的 ADD USER 按钮，也可以访问 Create 表单。因此，在添加了一些用户后，更改列表如图 4.6 所示。

在表单上方是 Search 栏，用于搜索用户名、电子邮件地址、用户的姓名等内容。右侧则是一个 FILTER 面板，并根据 staff status、superuser status 和 active 的值细化选择结果。在图 4.7 中，可以看到搜索字符串 n@example.com 后的结果。这将返回电子邮件地址以 n 结尾的以及以 example.com 开头的域组成的用户名。匹配这一条件的用户仅包含 bookradmin@example.com、carol.brown@example.com 和 david.green@example.com。

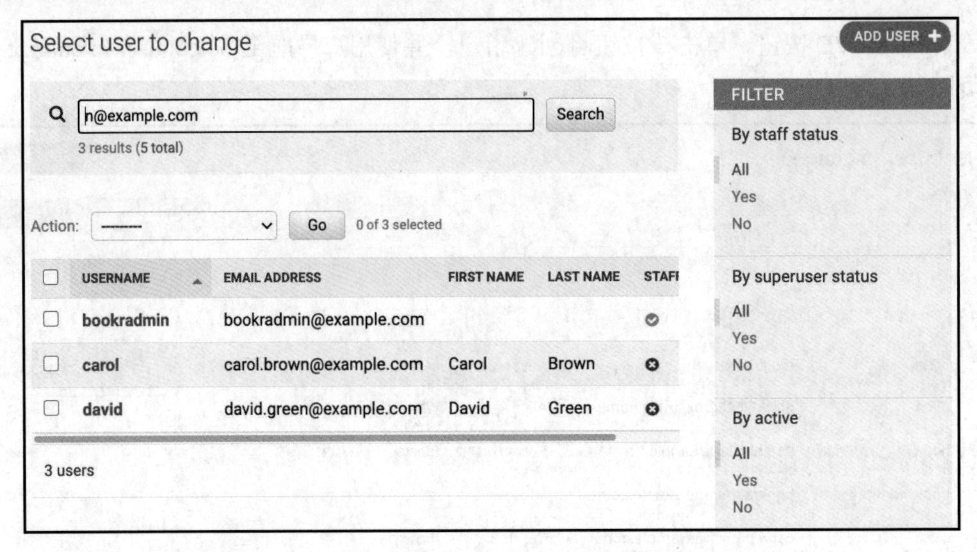

图 4.7　通过电子邮件地址的部分内容搜索用户

4.3.3　更新

回忆一下，鲍勃需要更新其个人资料。下面通过单击 Select user to change 列表中的 bob 用户名链接更新鲍勃未完成的个人资料，如图 4.8 所示。

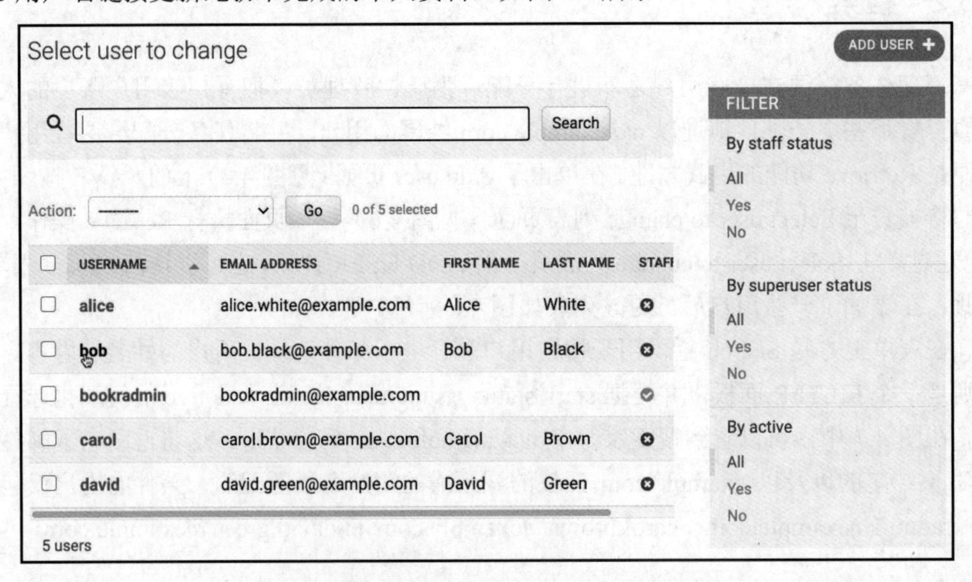

图 4.8　从 Select user to change 列表中搜索 bob

这将返回 Change user 表单，其中，可输入 First name、Last name 和 Email address 值，如图 4.9 所示。

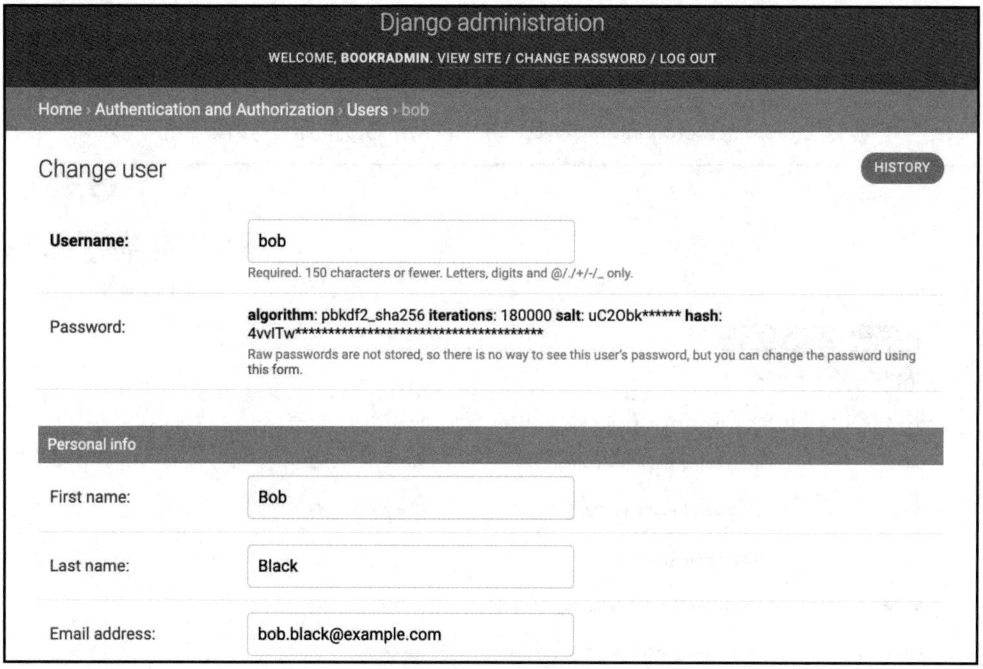

Django administration

WELCOME, BOOKRADMIN. VIEW SITE / CHANGE PASSWORD / LOG OUT

Home › Authentication and Authorization › Users › bob

Change user　　HISTORY

Username: bob

Required. 150 characters or fewer. Letters, digits and @/./+/-/_ only.

Password: **algorithm**: pbkdf2_sha256 **iterations**: 180000 **salt**: uC2Obk****** **hash**: 4vvITw**

Raw passwords are not stored, so there is no way to see this user's password, but you can change the password using this form.

Personal info

First name: Bob

Last name: Black

Email address: bob.black@example.com

图 4.9　添加个人信息

在图 4.9 中可以看到，我们添加了与鲍勃相关的个人信息，分别为名字、姓氏和电子邮件地址。

另一种更新类型是“软删除”。Active 布尔属性允许我们禁用一个用户，而不是删除整个记录并丢失所有依赖于该账户的数据。这种采用布尔标记表示记录为非活动或删除状态（随后将这些标记过的记录从查询中过滤掉）的操作称作软删除。类似地，可通过选中相应的复选框将用户升级为 Staff 状态或 Superuser 状态，如图 4.10 所示。

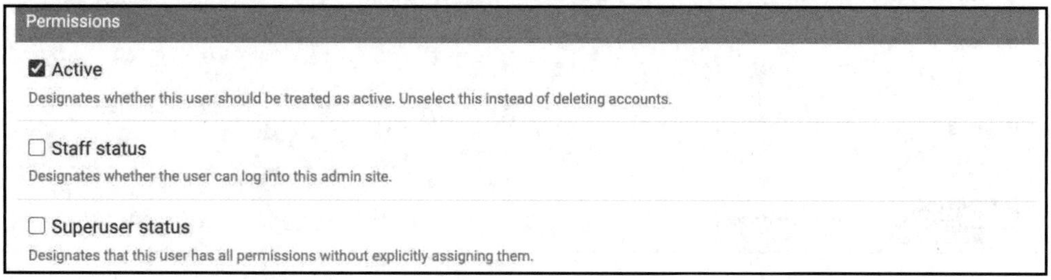

Permissions

☑ Active

Designates whether this user should be treated as active. Unselect this instead of deleting accounts.

☐ Staff status

Designates whether the user can log into this admin site.

☐ Superuser status

Designates that this user has all permissions without explicitly assigning them.

图 4.10　Active、Staff status 和 Superuser status 布尔值

4.3.4 删除

假设大卫不再打算使用 Bookr 应用程序，并请求删除他的账户。认证管理员可实现这一操作。对此，在 Select user to change 列表页面中选择一个用户或用户记录，并在 Action 下拉菜单中选择 Delete selected users 选项，随后单击 Go 按钮，如图 4.11 所示。

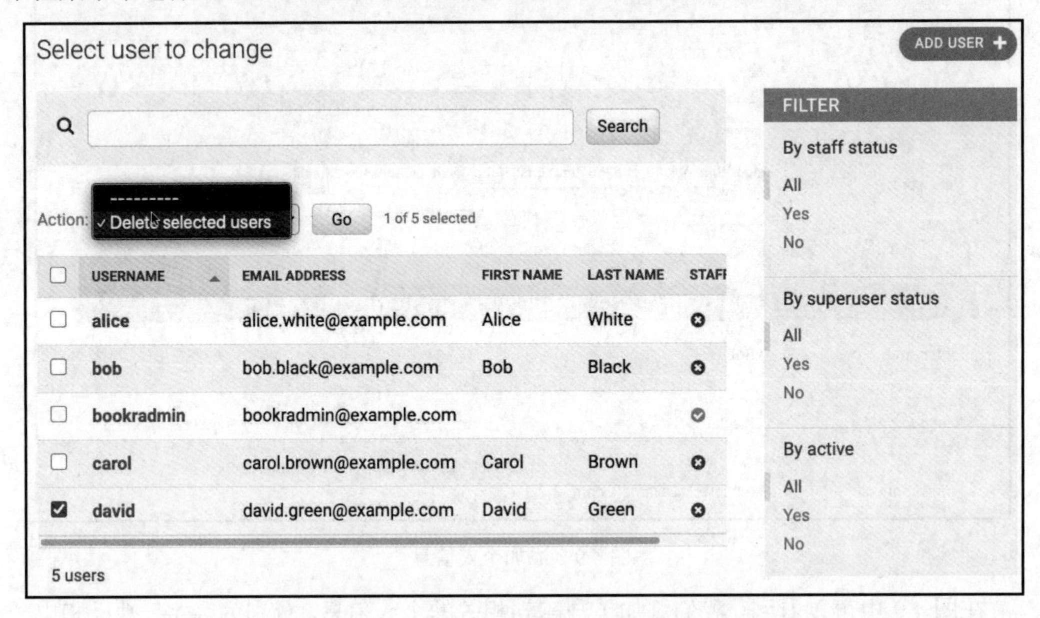

图 4.11　从 Select user to change 列表页面中删除

随后，我们将会看到一个确认页面，在删除对象后将返回 Select user to change 列表，如图 4.12 所示。

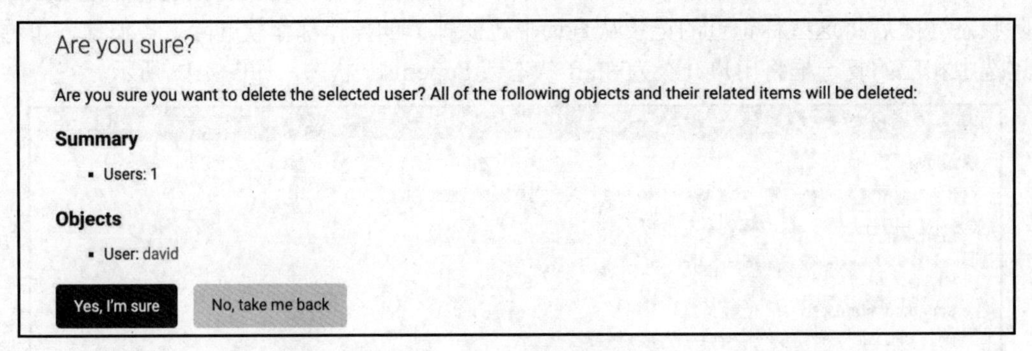

图 4.12　用户删除确认

一旦删除了用户，我们就会看到如图 4.13 所示的消息。

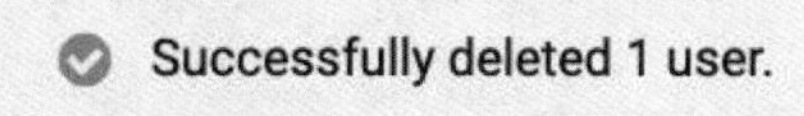

图 4.13　用户删除通知

经确认后，将会发现大卫的账户不再存在。

截至目前，我们学习了添加新用户、获取另一个用户的详细信息、更改用户的数据以及删除用户。这些技巧可帮助我们实现大卫的请求。随着应用程序用户数量的增加，管理数百个用户的请求将变得十分困难。对此，一种方法是将一些管理职责委托给所选的一组用户。稍后将对此进行介绍

4.3.5　用户和分组

Django 的认证模型由用户、分组和权限组成。用户可以属于多个分组，这是对用户进行分类的一种方法。此外，它还允许将权限分配给用户集合和个人，从而简化了权限的实现。

在练习 4.01 中，我们讨论了如何满足爱丽丝、大卫和鲍勃的请求，以调整其个人信息。这很容易做到，而且我们的应用程序似乎可以很好地处理他们的请求。

然而，当用户数量增长，情况又当如何？管理用户是否能够一次性管理 100 或 150 个用户？正如你想象的那样，这将是一项复杂的任务。为了克服这个问题，我们可赋予特定的用户组更高的权限，他们可帮助减轻管理员的任务。这也是分组的用武之地。我们虽然将在第 9 章学习更多关于用户、分组和权限的知识，但可通过创建 Help Desk user group 开始理解分组及其功能，该用户组包含了可以访问管理界面的账户，但缺乏诸多强大的功能，如添加、编辑或删除分组，或添加、删除用户的能力。

练习 4.02　通过 admin 应用程序添加和调整用户、分组

在本练习中，我们将授予 Bookr 用户之一卡罗尔一定级别的管理访问权限。我们首先将定义分组的访问级别，随后将卡罗尔添加至分组中。这将允许卡罗尔更新用户个人信息并检查用户日志。具体步骤如下。

（1）访问 http://127.0.0.1:8000/admin/处的管理界面，并使用超级用户命令设置的账户以 bookradmin 的身份登录。

（2）在管理界面中，依次单击 Home→Authentication and Authorization→Groups 链

接，如图 4.14 所示。

图 4.14　Authentication AND Authorization 页面中的 Groups 和 Users 选项

（3）单击右上方的 ADD GROUP +按钮添加新分组，如图 4.15 所示。

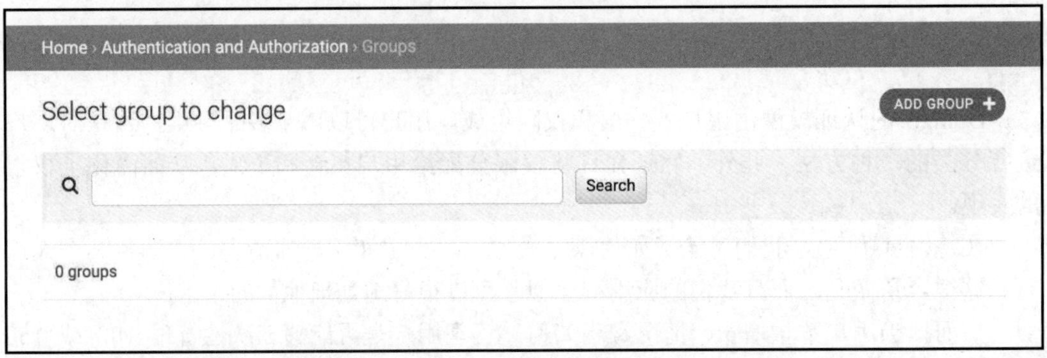

图 4.15　添加新的分组

（4）将分组命名为 Help Desk User，并赋予下列权限，如图 4.16 所示。

```
Can view log entry

Can view permission

Can change user

Can view user
```

这可通过下列方式实现：选择 Available permissions 中的权限，并单击中间部分的右箭头，以使其呈现于 Chosen permissions 下。注意，这里可一次性添加多个权限。对此，可按 Ctrl 键（Mac 中为 Command 键）选择多个权限，如图 4.17 所示。

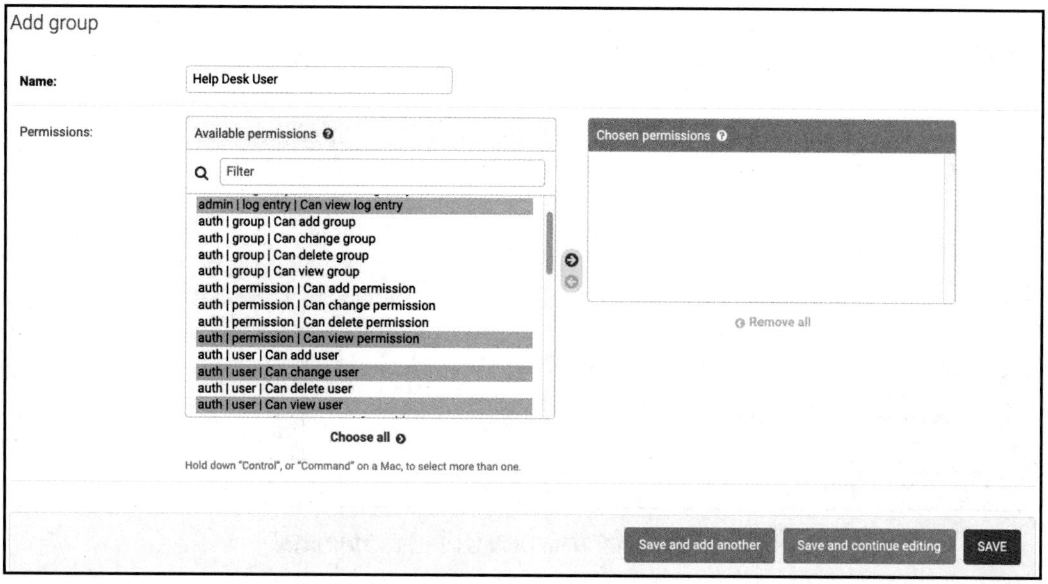

Add group

Name: Help Desk User

Permissions:

Available permissions

Filter

admin | log entry | Can view log entry
auth | group | Can add group
auth | group | Can change group
auth | group | Can delete group
auth | group | Can view group
auth | permission | Can add permission
auth | permission | Can change permission
auth | permission | Can delete permission
auth | permission | Can view permission
auth | user | Can add user
auth | user | Can change user
auth | user | Can delete user
auth | user | Can view user

Choose all

Chosen permissions

Remove all

Hold down "Control", or "Command" on a Mac, to select more than one.

Save and add another　Save and continue editing　SAVE

图 4.16　选择权限

Add group

Name: Help Desk User

Permissions:

Available permissions

Filter

admin | log entry | Can add log entry
admin | log entry | Can change log entry
admin | log entry | Can delete log entry
auth | group | Can add group
auth | group | Can change group
auth | group | Can delete group
auth | group | Can view group
auth | permission | Can add permission
auth | permission | Can change permission
auth | permission | Can delete permission
auth | user | Can add user
auth | user | Can delete user
contenttypes | content type | Can add content type

Choose all

Chosen permissions

admin | log entry | Can view log entry
auth | permission | Can view permission
auth | user | Can change user
auth | user | Can view user

Remove all

Hold down "Control", or "Command" on a Mac, to select more than one.

Save and add another　Save and continue editing　SAVE

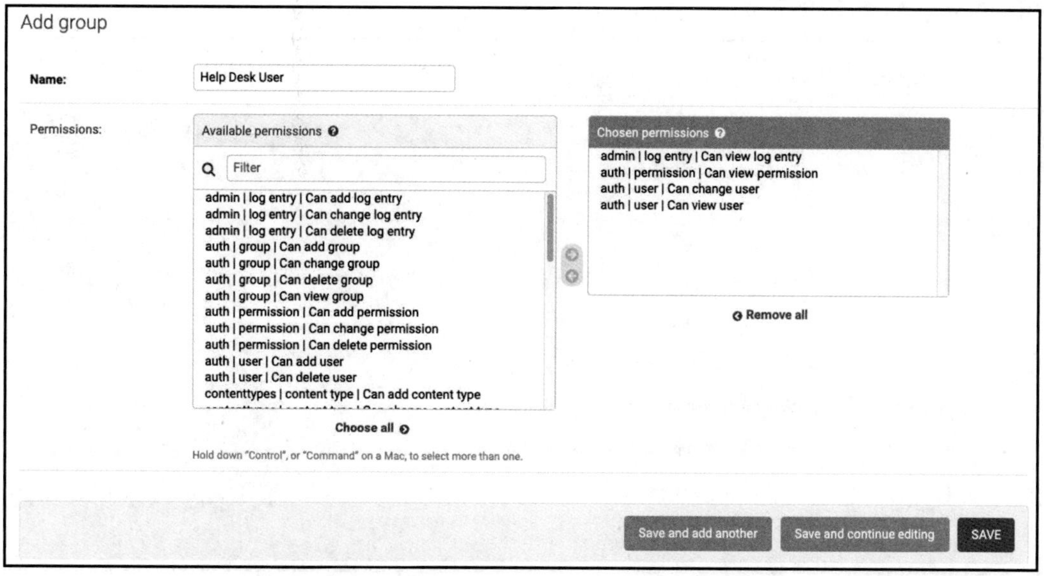

图 4.17　将所选的权限添加至 Chosen permissions 中

在单击了 SAVE 按钮后，将会看到确认消息，表明分组 Help Desk User 已被成功添加，如图 4.18 所示。

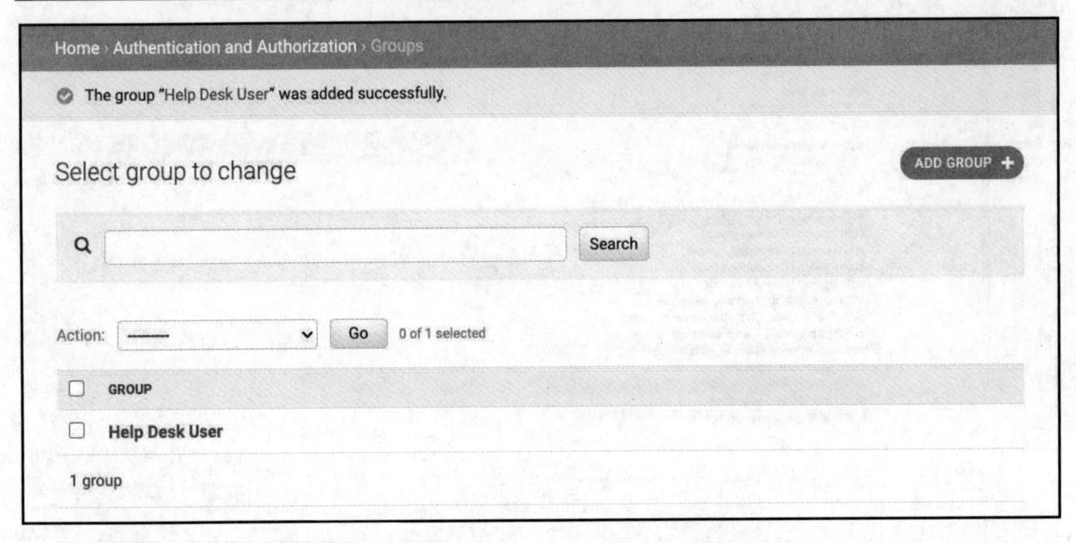

图 4.18　确认分组 Help Desk User 已被添加的消息

（5）导航至 Home→Authentication and Authorization→Users，单击包含名字 carol 的用户链接，如图 4.19 所示。

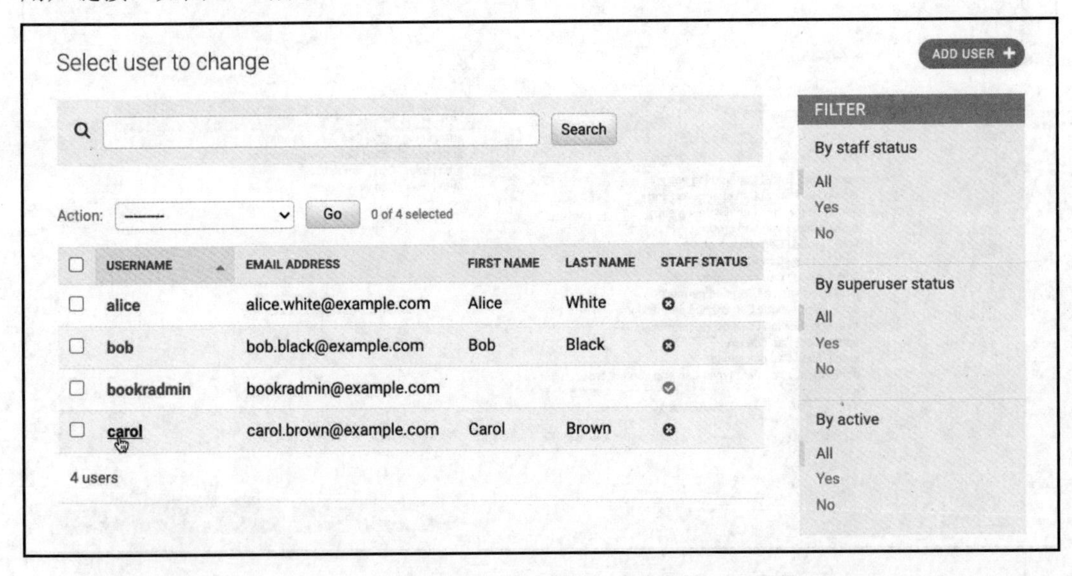

图 4.19　单击用户名 carol

（6）滚动至 Permissions 字段集，并选中 Staff status 复选框。这也是卡罗尔能够登录 admin 应用程序所必需的，如图 4.20 所示。

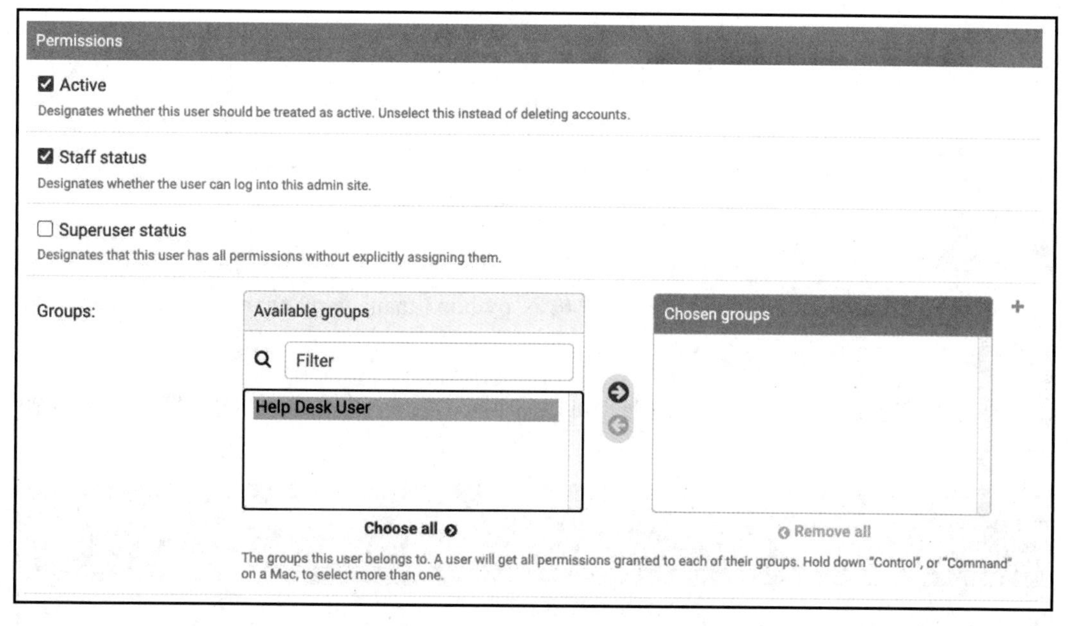

图 4.20　选中 Staff status 复选框

（7）将卡罗尔添加至前述步骤中创建的 Help Desk User 分组中，具体方法是在 Available groups 选择框中选择 Help Desk User（见图 4.20），随后单击右箭头将其移至卡罗尔的 Chosen groups 列表中（见图 4.21）。注意，如果缺少此项操作，卡罗尔将无法使用其证书登录管理界面。

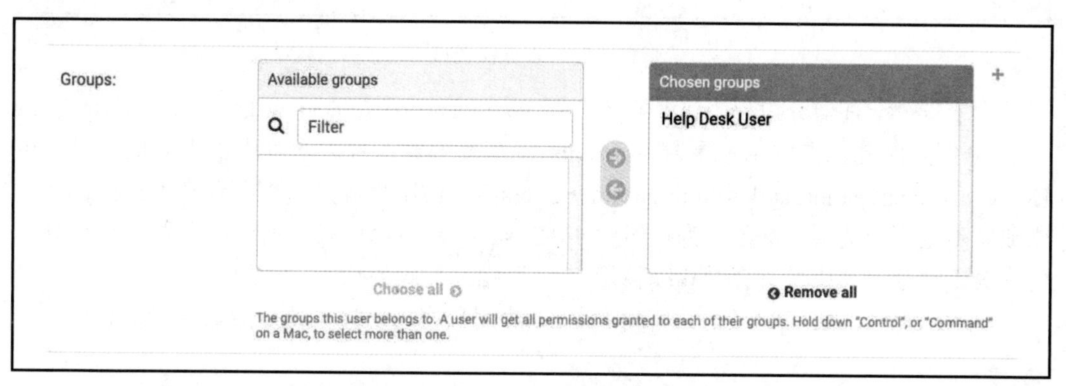

图 4.21　将 Help Desk User 分组移至卡罗尔的 Chosen groups 列表中

（8）我们对结果进行测试。要做到这一点，需要退出管理站点并以卡罗尔的身份再次登录。注销后，你应可在屏幕上看到如图 4.22 所示的画面。

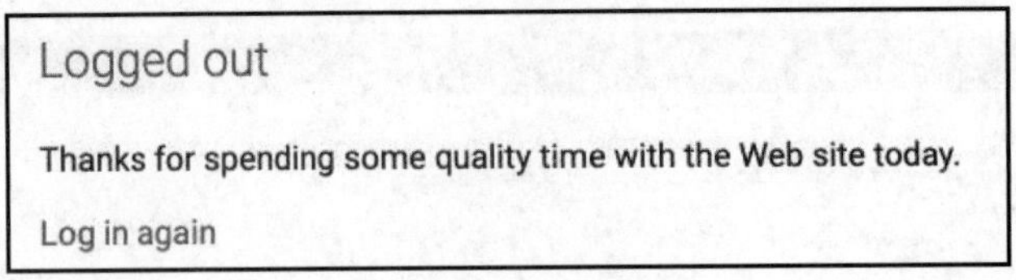

图 4.22　注销画面

注意：

如果忘记了初始密码，可在命令行中输入 python3 manage.py changepassword carol 修改密码。

在成功登录后，在管理仪表盘上，可以看到不存在任何 Groups 的链接，如图 4.23 所示。

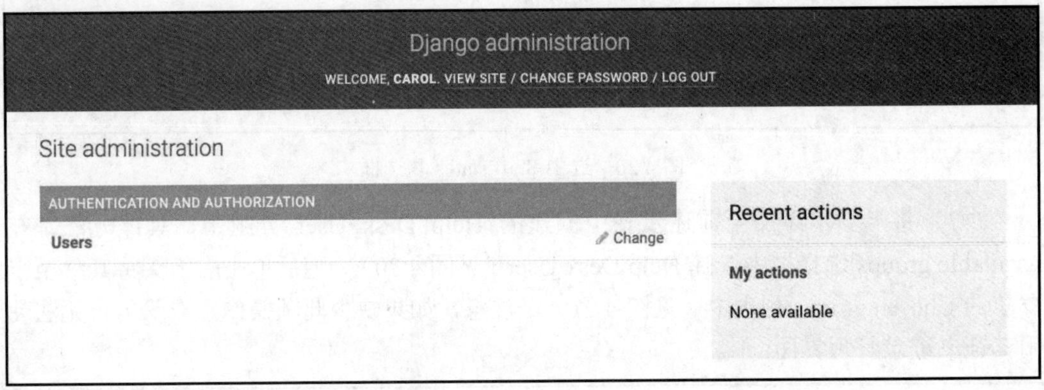

图 4.23　管理仪表盘

由于未分配任何分组权限（甚至不包括 auth | group | Can view group）至 Help Desk User 分组，因此当卡罗尔登录时，Groups 管理界面对卡罗尔不可用。类似地，导航至 Home→Authentication and Authorization→Users，单击用户链接，将会看到不存在任何编辑或删除用户的选项。这是因为授予 Help Desk User 分组的权限所致，卡罗尔是该分组的成员。该分组的成员可查看和编辑用户，但无法添加或删除用户。

在本练习中，我们学习了如何向 Django 应用程序用户授予特定数量的管理权限。

4.4　注册 reviews 模型

假设卡罗尔的任务是改进 Bookr 中的评论部分。也就是说，仅应显示最相关和最全面的评论，并且应该删除重复或垃圾条目。对此，卡罗尔需要访问 reviews 模型。正如之前对分组和用户的调查中所看到的，管理应用程序已经包含了来自身份验证和授权应用程序的模型的管理页面，但是还没有引用 Reviews 应用程序中的模型。

为了让管理应用程序知道这些模型，需要显式地将其注册到 admin 应用程序中。较好的一方面是，无须修改 admin 应用程序的代码，因为可将 admin 应用程序导入项目中，并使用其 API 注册模型，这已在身份验证和授权应用程序中有所体现，下面尝试对 Reviews 应用程序进行操作。这里，我们的目标是能够使用 admin 应用程序编辑 reviews 模型中的数据。

查看 reviews/admin.py 文件，该文件是 startapp 子命令生成的一个占位符文件，当前包含下列内容。

```
from django.contrib import admin

# Register your models here.
```

下面尝试对其进行扩展。为了使 admin 应用程序知道模型，可调整 reviews/admin.py 文件并导入模型。随后，可基于 AdminSite 对象 admin.site 注册模型。AdminSite 对象包含 Django 管理应用程序的实例（稍后，我们将学习如何继承 AdminSite 并重载它的许多属性）。相应地，reviews/admin.py 如下所示。

```
from django.contrib import admin

from reviews.models import Publisher, Contributor, \
Book, BookContributor, Review

# Register your models here.
admin.site.register(Publisher)
admin.site.register(Contributor)
admin.site.register(Book)
admin.site.register(BookContributor)
admin.site.register(Review)
```

通过将模型添加至 admin.site._registry 包含的类的注册表中，admin.site.register 使得模型对 admin 应用程序可用。如果选择不通过管理界面访问模型，就不会对模型进行注册。当在浏览器中重载 http://127.0.0.1:8000/admin/时，将会看到如图 4.24 所示的登录页面。此处应注意在导入 reviews 模型后管理页面外观上的变化。

Site administration

AUTHENTICATION AND AUTHORIZATION

Groups	+ Add	Change
Users	+ Add	Change

REVIEWS

Book contributors	+ Add	Change
Books	+ Add	Change
Contributors	+ Add	Change
Publishers	+ Add	Change
Reviews	+ Add	Change

图 4.24　admin 应用程序登录页面

4.4.1　更改列表

现在我们已经为模型填充了更改列表。当单击 Publishers 链接后，我们将被转至 http://127.0.0.1:8000/admin/reviews/publisher，并看到一个包含出版社链接的更改列表。这些链接由 Publisher 对象的 id 字段指定。

如果数据库已经被第 3 章中的脚本填充，那么你将会看到一个包含 7 家出版社的列表，如图 4.25 所示。

Select publisher to change　　ADD PUBLISHER +

Action: --------- Go 0 of 7 selected

PUBLISHER
Houghton Mifflin Harcourt
Simon and Schuster
Bay Back Books
Scribner
Penguin Classics
Harper Collins
Packt Publishing

7 publishers

图 4.25　选择更改列表的出版社

取决于数据库的状态以及所完成的操作、对象 ID 和 URL，这些示例中的链接编号可能与这里列出的内容有所不同。

4.4.2　出版社更改列表

http://127.0.0.1:8000/admin/reviews/publisher/1 上的出版社更改页面包含了我们可能期望的内容，如图 4.26 所示。其中存在一个编辑出版社详细信息的表单，这些详细信息源自 reviews.models.Publisher 类。

Change publisher　HISTORY

Name: Packt Publishing
The name of the Publisher.

Website: Currently: https://www.packtpub.com/
Change: https://www.packtpub.com/
The Publisher's website.

Email: info@packtpub.com
The Publisher's email address.

Delete　Save and add another　Save and continue editing　SAVE

图 4.26　出版社更改页面

如果单击了 ADD PUBLISHER 按钮，admin 应用程序将返回类似的表单用于添加出版社。admin 应用程序的优点在于，它用一行代码生成了全部 CRUD 功能——使用 reviews.models.Publisher 属性的定义作为页面内容的模式。

```
class Publisher(models.Model):
    """A company that publishes books."""
    name = models.CharField\
          (help_text="The name of the Publisher.",\
           max_length=50)
    website = models.URLField\
            (help_text="The Publisher's website.")
    email = models.EmailField\
           (help_text="The Publisher's email address.")
```

出版社的 Name 字段限制为模型指定的 50 个字符。每个字段下方显示的灰色帮助文本源自模型指定的 help_text 属性。可以看到，models.CharField、models.URLField 和 models.EmailField 分别作为 text、url 和 email 类型的输入元素在 HTML 中被渲染。

表单中的字段在适当的地方包含验证操作。除非模型字段被设置为 blank=True 或 null=True，否则如果字段为空，表单将抛出一个错误，就像 Publisher.name 字段一样。类似地，Publisher.website 和 Publisher.email 由于分别被定义为 models.URLField 和 models.EmailField 的实例，因此将被适当地予以验证。在图 4.27 中，可以看到 Name 作为必填字段的验证，Website 作为 URL 的验证，Email 作为电子邮件地址的验证。

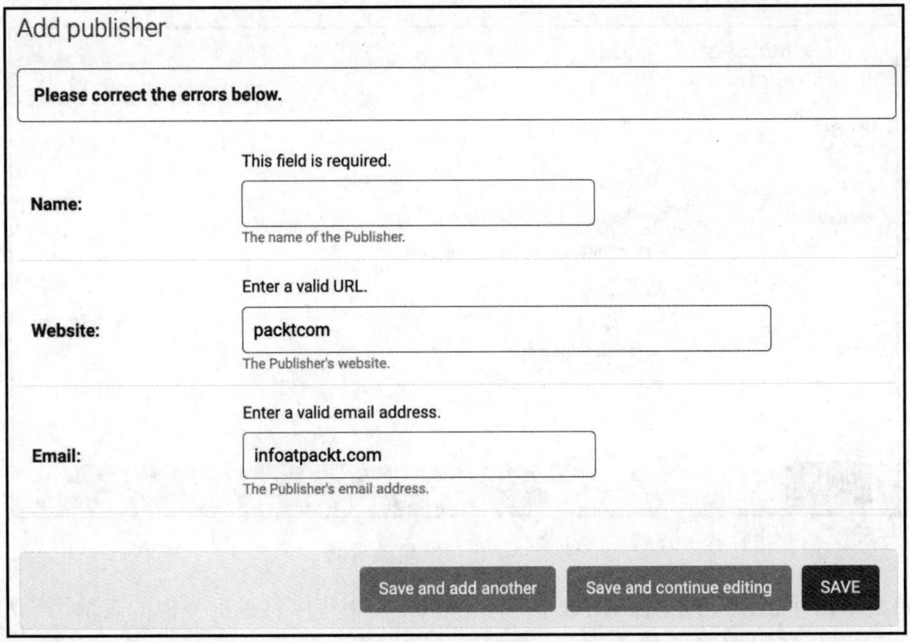

图 4.27　字段验证

查看 admin 应用程序如何渲染模型的元素以理解它的功能是很有用的。在浏览器中，右击 View Page Source 并检查针对表单渲染的 HTML。我们将看到一个浏览器选项卡，如下所示。

```
<fieldset class="module aligned ">
    <div class="form-row errors field-name">
        <ul class="errorlist"><li>This field is required.</li></ul>
            <div>
                <label class="required" for="id_name">Name:</label>
                    <input type="text" name="name" class="vTextField"
                    maxlength="50" required id="id_name">
```

```
            <div class="help">The name of the Publisher.</div>
        </div>
    </div>
    <div class="form-row errors field-website">
        <ul class="errorlist"><li>Enter a valid URL.</li></ul>
            <div>
                <label class="required" for="id_website">Website:</ label>
                    <input type="url" name="website" value="packtcom"
                    class="vURLField" maxlength="200" required
                    id="id_website">
                <div class="help">The Publisher's website.</div>
            </div>
    </div>
    <div class="form-row errors field-email">
        <ul class="errorlist"><li>Enter a valid email address.</li></ul>
            <div>
                <label class="required" for="id_email">Email:</label>
                    <input type="email" name="email"
value="infoatpackt.com"
                    class="vTextField" maxlength="254" required
                    id="id_email">
                <div class="help">The Publisher's email address.</ div>
            </div>
    </div>
</fieldset>
```

该表单持有一个 publisher_form 的 ID，它包含一个字段集，其中包含与 reviews/models.py 中 Publisher 模型的数据结构对应的 HTML 元素，如下所示。

```
class Publisher(models.Model):
    """A company that publishes books."""
    name = models.CharField\
           (max_length=50,
           help_text="The name of the Publisher.")
    website = models.URLField\
              (help_text="The Publisher's website.")
    email = models.EmailField\
            (help_text="The Publisher's email address.")
```

注意，针对 name，输入字段按照下列方式进行渲染。

```
<input type="text" name="name" value="Packt Publishing"
            class="vTextField" maxlength="50" required="" id="id_name">
```

这是一个必填的字段，其类型为 text，maxlength 为 50，这是由模型定义中的 max_length 参数定义的。

```
name = models.CharField\
      (help_text="The name of the Publisher.",\
      max_length=50)
```

类似地，可以看到，在模型中定义为 URLField 和 EmailField 的 website 和 email 分别在 HTML 中被渲染为 url 和 email 类型的输入元素。

```
<input type="url" name="website" value="https://www.packtpub.com/"
                  class="vURLField" maxlength="200" required=""
                  id="id_website">
<input type="email" name="email" value="info@packtpub.com"
                  class="vTextField" maxlength="254" required=""
                  id="id_email">
```

我们已经了解到，这一个 Django admin 应用程序根据我们提供的模型定义派生出 Django 模型的合理的 HTTML 表示。

4.4.3 图书更改页面

类似地，还有一个更改页面可通过下列方式进入，即从 Site administration 页面中选择 Books，随后在更改列表中选择特定的图书，如图 4.28 所示。

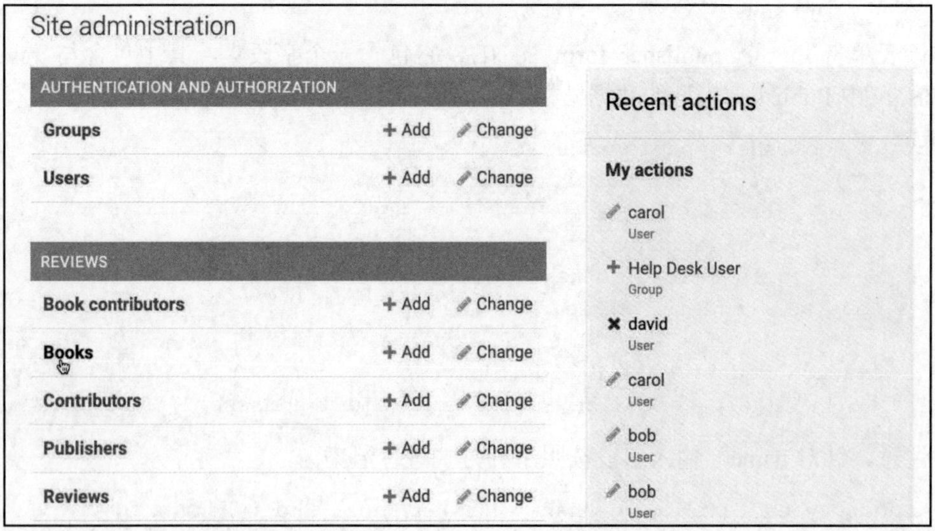

图 4.28　从 Site administration 页面中选择 Books

在单击了 Books 后，将会看到如图 4.29 所示的页面。

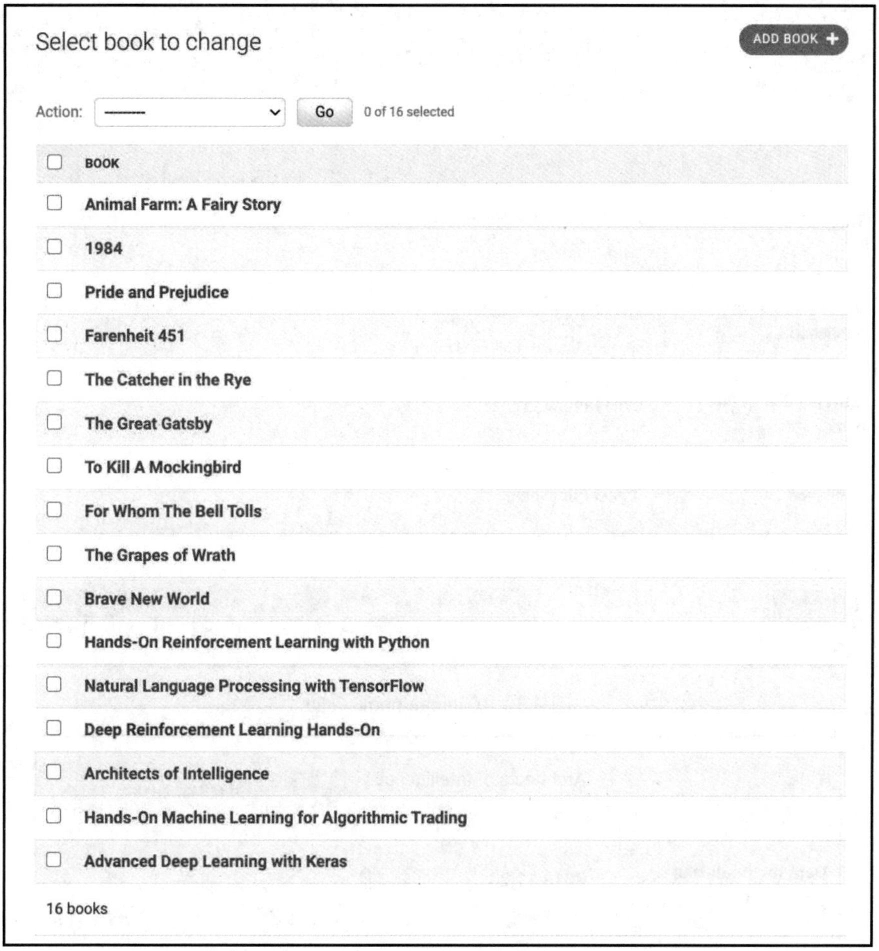

Select book to change

ADD BOOK +

Action: --------- Go 0 of 16 selected

BOOK

Animal Farm: A Fairy Story

1984

Pride and Prejudice

Farenheit 451

The Catcher in the Rye

The Great Gatsby

To Kill A Mockingbird

For Whom The Bell Tolls

The Grapes of Wrath

Brave New World

Hands-On Reinforcement Learning with Python

Natural Language Processing with TensorFlow

Deep Reinforcement Learning Hands-On

Architects of Intelligence

Hands-On Machine Learning for Algorithmic Trading

Advanced Deep Learning with Keras

16 books

图 4.29　图书更改页面

在当前示例中，选择图书 *Architects of Intelligence* 将把我们转至 http://127.0.0.1:8000/admin/reviews/book/3/change/，如图 4.30 所示。在上一个示例中，所有的模型字段均被渲染为简单的 HTML 文本微件。在 models.Book 中所用的 django.db.models.Field 的其他一些子类的渲染则值得仔细研究。

这里，publication_date 是采用 models.DateField 定义的。它是使用日期选择微件渲染的，如图 4.31 所示。这些微件的可视化表达随着操作系统和所选的浏览器而变化。

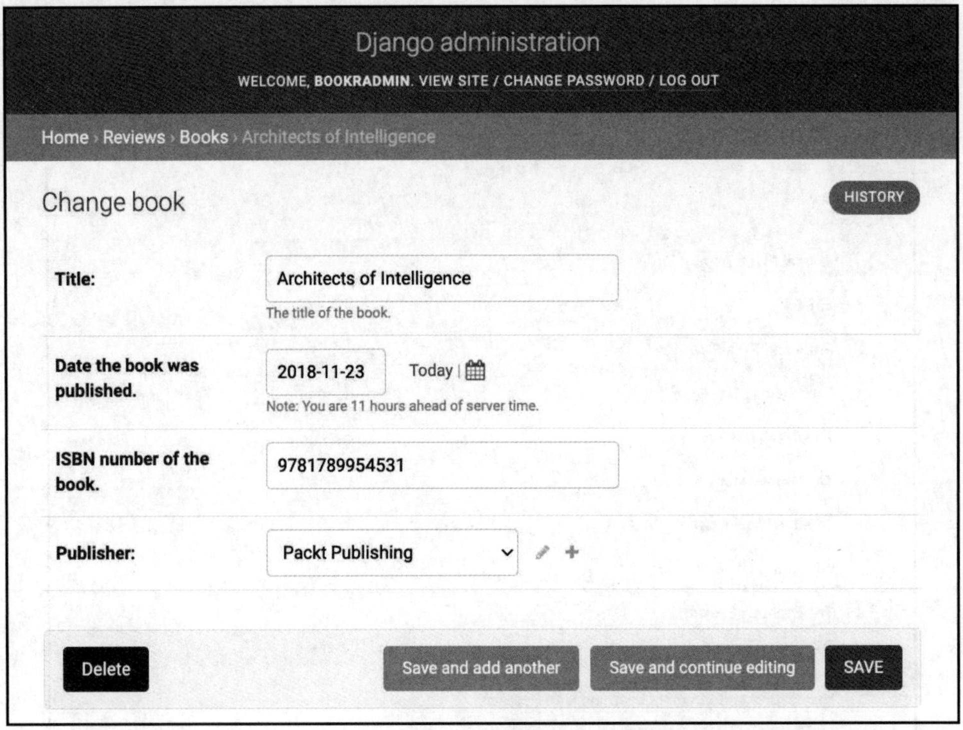

图 4.30　Change book 页面

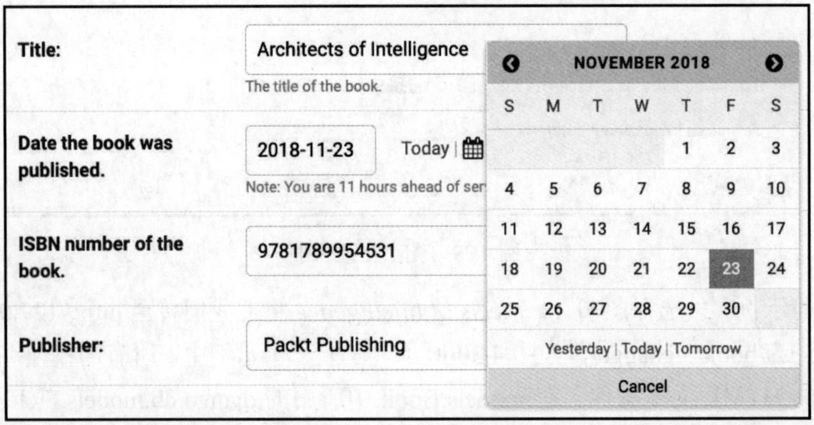

图 4.31　日期选择微件

Publisher 由于被定义为外键关系，因此是通过一个 Publisher 下拉菜单渲染的，其中包含 Publisher 对象对象，如图 4.32 所示。

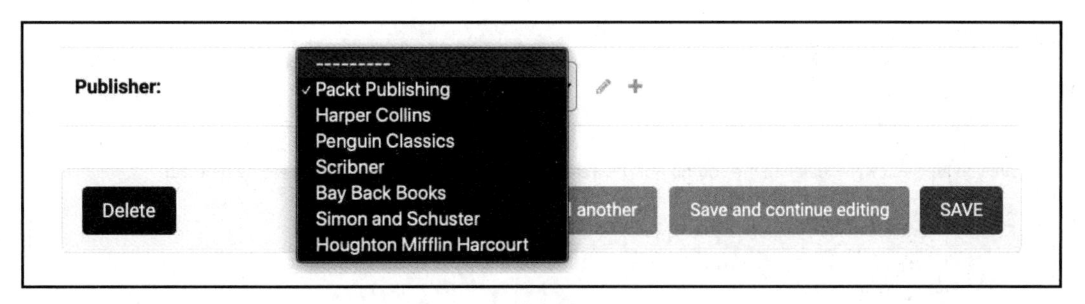

图 4.32　Publisher 下拉菜单

这将涉及 admin 应用程序如何处理删除问题。当决定如何实现删除功能时，admin 应用程序会从模型的外键约束中得到提示。在 BookContributor 模型中，Contributor 被定义为外键。reviews/models.py 中的代码如下。

```
contributor = models.ForeignKey(Contributor, on_delete=models.CASCADE)
```

通过在外键上设置 on_delete=CASCADE，模型被指定了删除记录时所需的数据库行为；删除操作被级联到由外键引用的其他对象。

练习 4.03　admin 应用程序中的外键和删除行为

目前，reviews 模型中的所有 ForeignKey 关系是由 on_delete=CASCADE 行为定义的。例如，考查一名管理员删除其中一家出版社的情况。这将删除与该出版社关联的所有图书。我们不希望出现这种情况，这也是我们在该练习中要修改的行为。

（1）访问 http://127.0.0.1:8000/admin/reviews/contributor/处的 Contributors 更改列表，并选择要删除的贡献者。确保贡献者为图书的作者。

（2）单击 Delete 按钮，但不要单击确认对话框中的 Yes, I'm sure。随后，你将会看到如图 4.33 所示的消息。

根据外键的 on_delete=CASCADE 参数，我们被警告删除这个 Contributor 对象将对 BookContributor 对象产生级联效应。

（3）在 reviews/models.py 文件中，将 BookContributor 的 Contributor 调整为下列内容并保存该文件。

```
contributor = models.ForeignKey(Contributor, \
                                on_delete=models.PROTECT)
```

（4）尝试再次删除 Contributor 对象。随后，你将会看到如图 4.34 所示的消息。

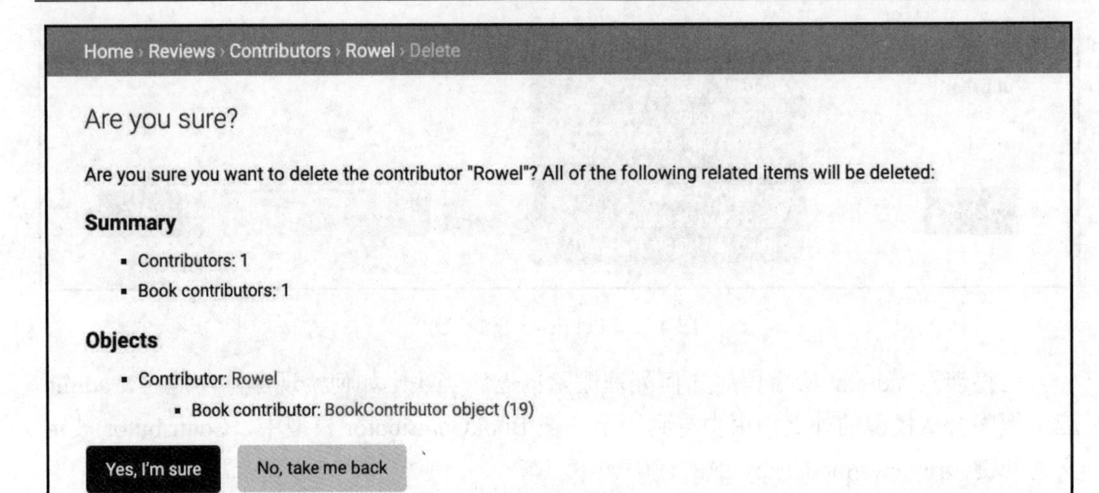

图 4.33　级联删除确认对话框

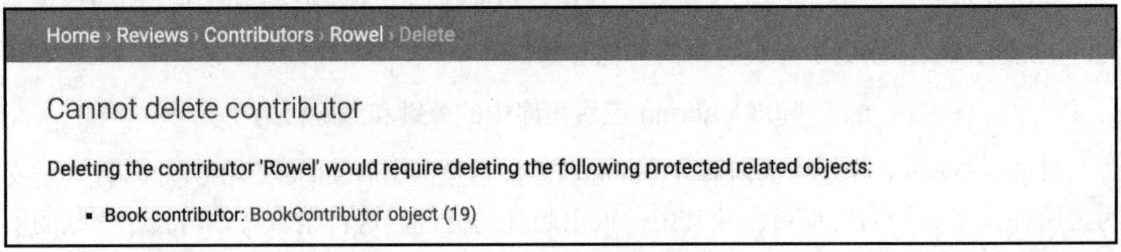

Home › Reviews › Contributors › Rowel › Delete

Cannot delete contributor

Deleting the contributor 'Rowel' would require deleting the following protected related objects:

- Book contributor: BookContributor object (19)

图 4.34　外键保护错误

因为 on_delete 参数是 PROTECT，所以尝试删除包含依赖项的对象时会抛出错误。如果在我们的模型中使用这种方法，则需要在删除原始对象之前删除 ForeignKey 关系中的对象。在当前情况下，这意味着在删除 Contributor 对象之前删除 BookContributor 对象。

（5）当前我们已经了解了 admin 应用程序如何处理 ForeignKey 关系，下面将 BookContributor 类中的 ForeignKey 定义恢复为下列内容。

```
contributor = models.ForeignKey(Contributor, \
                                on_delete=models.CASCADE)
```

我们已经考查了 admin 应用程序的行为如何适应模型定义中表达的 ForeignKey 约束。如果 on_delete 行为被设置为 models.PROTECT，那么 admin 应用程序将返回一个错误，并解释了为什么受保护的对象阻止删除。在构建现实世界的应用程序时，由于经常会出现手动错误，无意中导致重要记录被删除，因此这一功能十分重要。接下来将讨论如何针对良好的用户体验定制 admin 应用程序界面。

4.5　定制管理界面

在第一次开发应用程序时，默认管理界面的便利性非常适合快速构建应用程序原型。实际上，对于许多更简单的应用程序或需要最少数据维护的项目，默认管理界面可能已然足够。但是，随着应用程序临近至发布点，管理界面通常需要进行定制，以实现更加直观的应用方式，并根据用户权限健壮地控制数据。我们可能希望保留默认管理界面的某些内容，同时对一些功能进行调整，以更好地满足用户的要求。例如，我们希望出版社列表显示出版社的完整内容，而不是 Publisher(1)、Publisher(2)等。除了美观，定制管理界面也使其更容易地使用和导航应用程序。

4.5.1　站点范围内的 Django 管理定制

我们已经看到了一个名为 Log in | Django site admin 的页面，其中包含了 Django Administration 表单。然而，Bookr 应用程序的管理用户可能会对这些 Django 术语感到困惑，如果他们必须处理多个包含相同管理应用程序的 Django 应用程序，这将令人感到十分困惑，同时是错误产生的原因。作为直观且用户友好的应用程序的开发人员，你可能希望对此进行定制。像这样的全局属性一般被指定为 AdminSite 对象的属性。图 4.35 详细介绍了一些最简单的定制情况，以提高应用程序管理界面的可用性。

AdminSite 属性	基　本　值	说　　明
site_title	"Django site admin"	在管理界面的每个页面上填充<title>标签
site_header	"Django administration"	设置登录表单上的标头
index_title	"Site administration "	设置管理索引页面（其中列出了模型）上的标头
index_template	None	查找管理索引模板的路径。如果未设置，则使用 admin/index.html 模板
app_index_template	None	查找应用程序管理索引模板的路径。如果未设置，则使用 admin/app_index.html 模板
login_template	None	查找登录模板的路径。如果未设置，则使用 admin/login.html 模板
logout_teplate	None	查找注销模板的路径。如果未设置，则使用 registration/logged_out.html 模板
password_change_template	None	查找密码更改模板的路径。如果未设置，则使用 registration/password_change_form.html 模板
password_change_done_template	None	查找密码更改完成模板的路径。如果未设置，则使用 registration/password_change_done.html 模板

图 4.35　重要的管理属性

4.5.2　从 Python shell 中检查 AdminSite 对象

下面深入考查 AdminSite 类。之前，我们已经看到了 AdminSite 类对象，即上一节使用的 admin.site 对象。如果开发服务器未处于运行状态，则可利用 runserver 启动开发服务器，如下所示（在 Windows 环境下使用 python 而非 python3）。

```
python3 manage.py runserver
```

我们可再次使用 manage.py 脚本，并在 Django shell 中导入 admin 应用程序以检查 admin.site 对象。

```
python3 manage.py shell
>>>from django.contrib import admin
```

我们可以交互式地检查 site_title、site_header 和 index_title 的默认值，看看它们是否与我们已经在 Django admin 应用程序的渲染 Web 页面上观察到的'Django site admin'、'Django administration'和'Site administration'的预期值相匹配。

```
>>> admin.site.site_title
'Django site admin'
>>> admin.site.site_header
'Django administration'
>>> admin.site.index_title
'Site administration'
```

此外，AdminSite 类还指定了所用的表单和视图，以渲染管理界面并决定其全局行为。

4.5.3　子类化 AdminSite

我们可对 reviews/admin.py 文件稍作一些调整。我们不是导入 django.contrib.admin 模块并使用它的 site 对象，而是导入 AdminSite，子类化它，并实例化我们定制的 admin_site 对象。考查下列代码片段，此处：BookrAdminSite 是 AdminSite 的一个子类，它包含了 site_title、site_header 和 index_title 的自定义值；admin_site 是 BookrAdminSite 的一个实例；我们可以以此代替默认的 admin.site 对象来注册模型。reviews/admin.py 文件如下。

```
from django.contrib.admin import AdminSite
from reviews.models import (Publisher, Contributor, Book,\
     BookContributor, Review)


class BookrAdminSite(AdminSite):
```

```
    title_header = 'Bookr Admin'
    site_header = 'Bookr administration'
    index_title = 'Bookr site admin'

admin_site = BookrAdminSite(name='bookr')

# Register your models here.
admin_site.register(Publisher)
admin_site.register(Contributor)
admin_site.register(Book)
admin_site.register(BookContributor)
admin_site.register(Review)
```

因为我们现在已经创建了自己的 admin_site 对象，它覆盖了 admin.site 对象的行为，所以我们需要删除代码中对 admin.site 对象的现有引用。在 bookr/urls.py 文件中，我们需要将 admin 指向新的 admin_site 对象并更新 URL 模式；否则，我们将还在使用默认的管理站点且定制内容将被忽略。相应的变化内容如下。

```
from reviews.admin import admin_site
from django.urls import include, path
import reviews.views

urlpatterns = [path('admin/', admin_site.urls),\
               path('', reviews.views.index),\
               path('book-search/', reviews.views.book_search, \
                    name='book_search'),\
               path('', include('reviews.urls'))]
```

这将在登录页面上生成期望的结果，如图 4.36 所示。

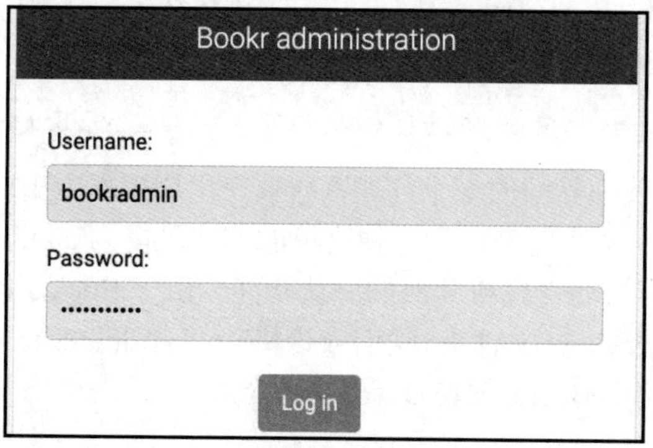

Bookr administration

Username:

bookradmin

Password:

•••••••••••

Log in

图 4.36　定制登录页面

然而，这里存在一个问题，即我们丢失了认证对象的接口，如图 4.37 所示。之前，

admin 应用程序通过自动发现过程发现了在 reviews/admin.py 和 django.contrib.auth.admin 中注册的模型，但是现在我们通过创建一个新的 AdminSite 重写了这一行为。

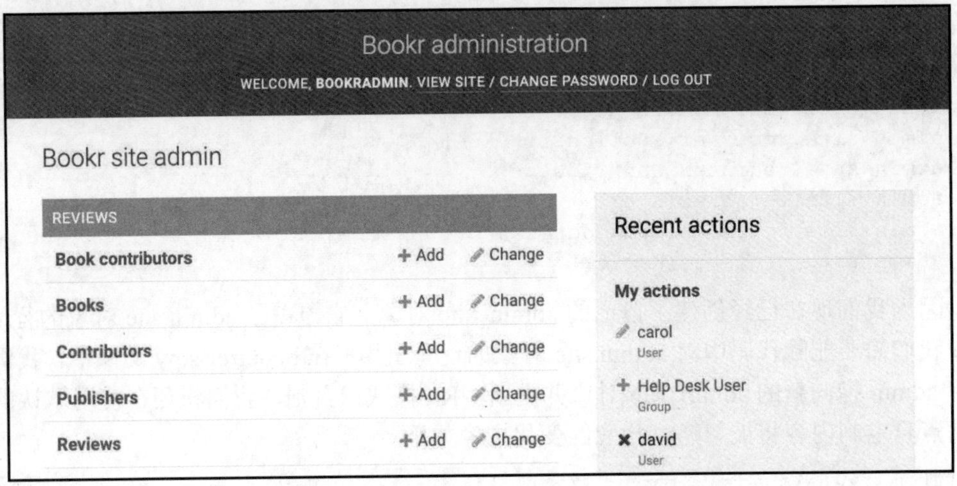

图 4.37　定制的 AdminSite 丢失了认证和授权

我们可以在 bookr/urls.py 中引用两个 AdminSite 对象的 URL 模式，但这种方法意味着我们最终会有两个独立的管理应用程序来进行认证和评论。因此，URL http://127.0.0.1:8000/admin 将转至源自 admin.site 对象的原始管理应用程序，而 http://127.0.0.1:8000/bookradminwill 则转至 BookrAdminSite admin_site。这并非期望行为，因为我们仍然只留下 admin 应用程序，而缺少在子类化 BookrAdminSite 时添加的定制功能。

```
from django.contrib import admin
from reviews.admin import admin_site
from django.urls import path
urlpatterns = [path('admin/', admin.site.urls),\
               path('bookradmin/', admin_site.urls),]
```

这一直是 Django 管理界面的一个问题，导致在早期版本中出现了很多临时性的解决方案。自从 Django 2.1 发布以来，有一种简单的方法可以为 admin 应用程序集成一个定制的界面，而不会破坏自动发现或其他的默认功能。由于 BookrAdminSite 是特定于项目的，因此代码并不属于 reviews 文件夹。我们应该将 BookrAdminSite 移至一个名为 admin.py 的新文件中，该文件位于 Bookr 项目目录的顶层。

```
from django.contrib import admin

class BookrAdminSite(admin.AdminSite):
    title_header = 'Bookr Admin'
```

```
    site_header = 'Bookr administration'
    index_title = 'Bookr site admin'
```

bookr/urls.py 中的 URL 设置路径变为 path('admin/', admin.site.urls)，同时我们定义了 ReviewsAdminConfig。reviews/apps.py 文件将包含这些额外的代码行。

```
from django.contrib.admin.apps import AdminConfig
class ReviewsAdminConfig(AdminConfig):
    default_site = 'admin.BookrAdminSite'
```

这里，将 django.contrib.admin 替换为 reviews.apps.ReviewsAdminConfig，以使 bookr/settings.py 文件中的 INSTALLED_APPS 看起来如下所示。

```
INSTALLED_APPS = ['reviews.apps.ReviewsAdminConfig',\
                  'django.contrib.auth',\
                  'django.contrib.contenttypes',\
                  'django.contrib.sessions',\
                  'django.contrib.messages',\
                  'django.contrib.staticfiles',\
                  'reviews']
```

利用 default_site 的 ReviewsAdminConfig 规范，我们不再需要用自定义 AdminSite 对象 admin_site 替换对 admin.site 的引用。我们可以用原来的 admin.site 调用替换那些 admin_site 调用。现在，reviews/admin.py 恢复如下。

```
from django.contrib import admin
from reviews.models import (Publisher, Contributor, Book,\
    BookContributor, Review)

    # Register your models here.
    admin.site.register(Publisher)
    admin.site.register(Contributor)
    admin.site.register(Book, BookAdmin)
    admin.site.register(BookContributor)
    admin.site.register(Review)
```

我们还可定制 AdminSite 其他方面的内容。一旦对 Django 的模板和表单有了更全面的了解，我们就会在第 9 章中再次讨论这些内容。

操作 4.01　定制 SiteAdmin

前述内容已经学习了如何在 Django 项目中调整 SiteAdmin 的属性。该操作将使用这些技巧定制一个新的项目，并覆写其站点标题、站点头和索引头。此外，我们还将通过创建特定于项目的模板并在自定义 SiteAdmin 对象中设置它来替换注销消息。假设你正在开发一个 Django 项目，并实现一个名为 Comment8or 的留言板。Comment8or 是面向技术人群的，所以措辞需要简单扼要。

（1）Comment8or 管理站点将被称作 c8admin，这将出现于站点头和索引标题上。

（2）对于标题头，将显示 c8 site admin。

（3）默认的 Django 管理注销消息显示为 Thanks for spending some quality time with the Web site today。在 Comment8or 中，它将显示为 Bye from c8admin。

具体步骤如下。

（1）在第 1 章内容的基础上创建一个名为 comment8or 的新项目、一个名为 messageboard 的应用程序，并运行迁移。创建一个名为 c8admin 的超级用户。

（2）在 Django 源代码中，django/contrib/admin/templates/registration/logged_out.html 位置处存在一个模板用于注销页面。

（3）在项目目录 comment8or/templates/comment8or 下复制一份模板。根据需求修改模板中的消息。

（4）在该项目中，创建一个实现了自定义 SiteAdmin 对象的 admin.py 文件。根据需求条件为属性 index_title、title_header、site_header 和 logout_template 设置适当的值。

（5）将自定义子类 AdminConfig 添加至 messageboard/apps.py 中。

（6）在 comment8or/settings.py 中将 admin 应用程序替换为自定义 AdminConfig 子类。

（7）配置 TEMPLATES 设置项，以便可以发现项目的模板。

当首次创建项目时，登录页面、应用程序索引页面和注销页面分别如图 4.38、图 4.39 和图 4.40 所示。

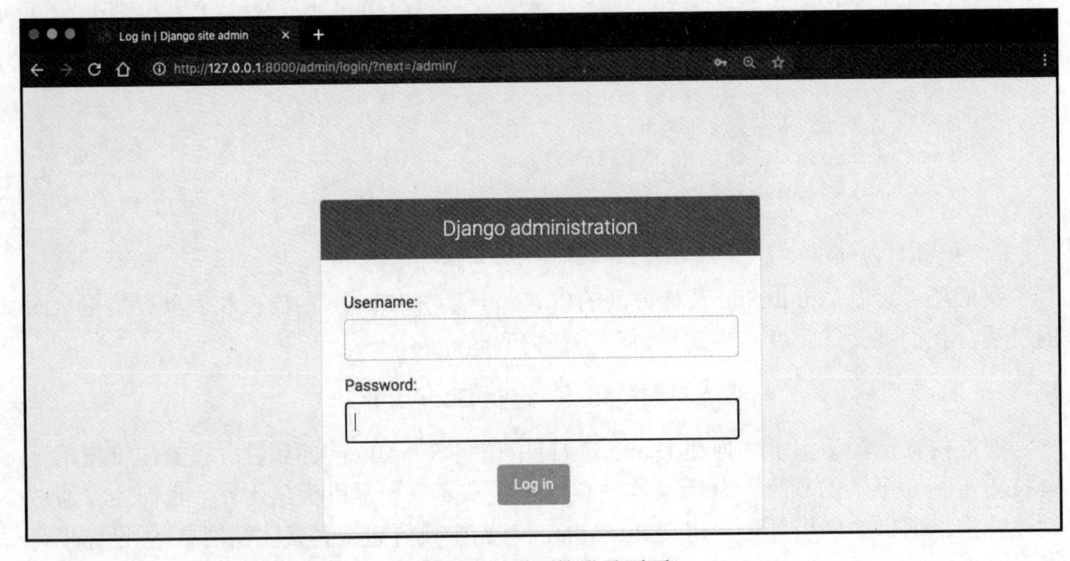

图 4.38　项目的登录页面

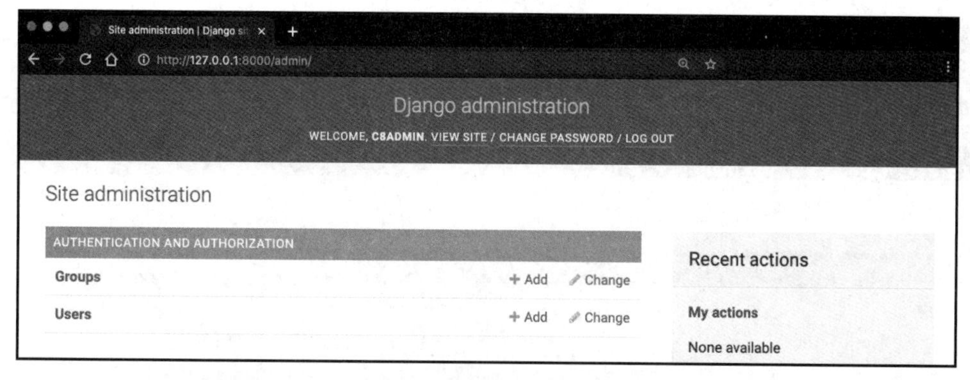

图 4.39　项目的应用程序索引页面

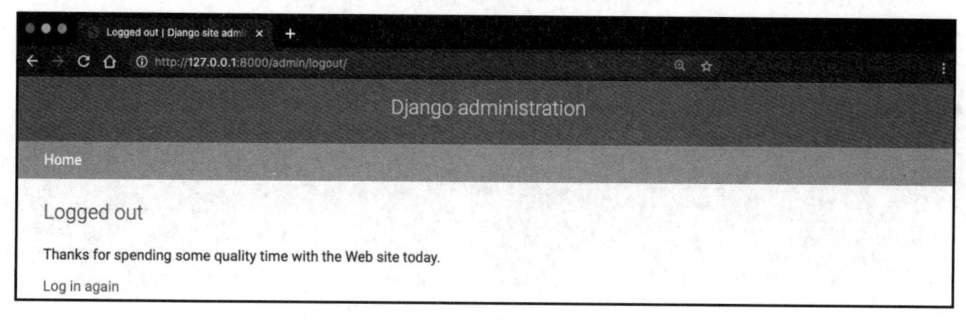

图 4.40　项目的注销页面

在完成了该操作后，登录页面、应用程序索引页面和注销页面分别如图 4.41、图 4.42 和图 4.43 所示。

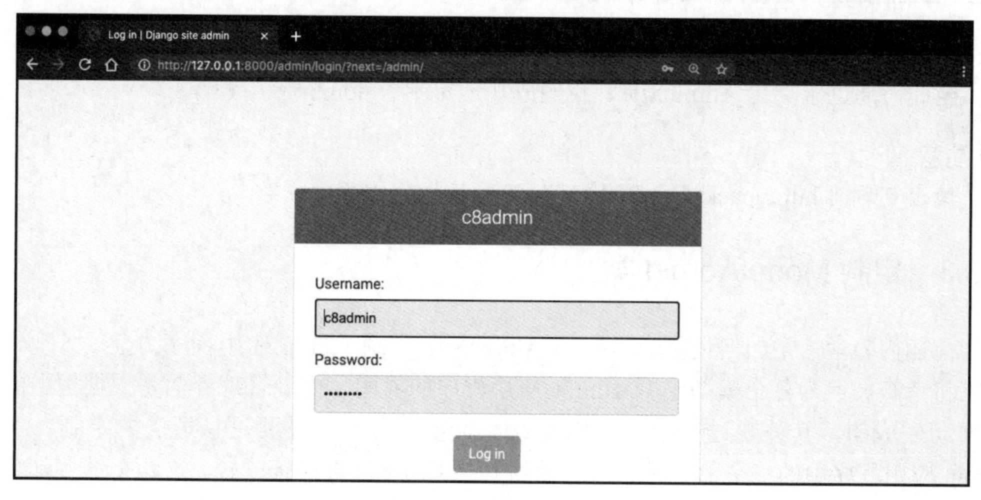

图 4.41　定制后的登录页面

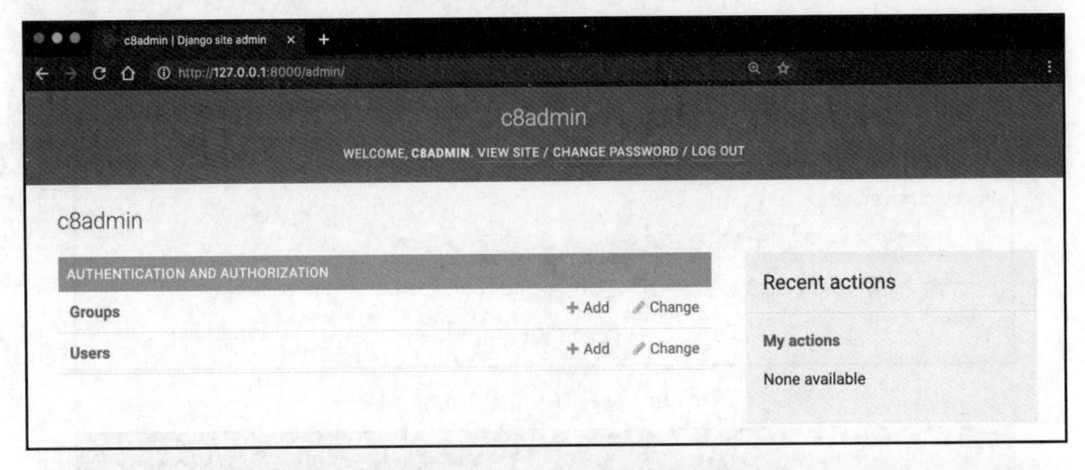

图 4.42　定制后的应用程序索引页面

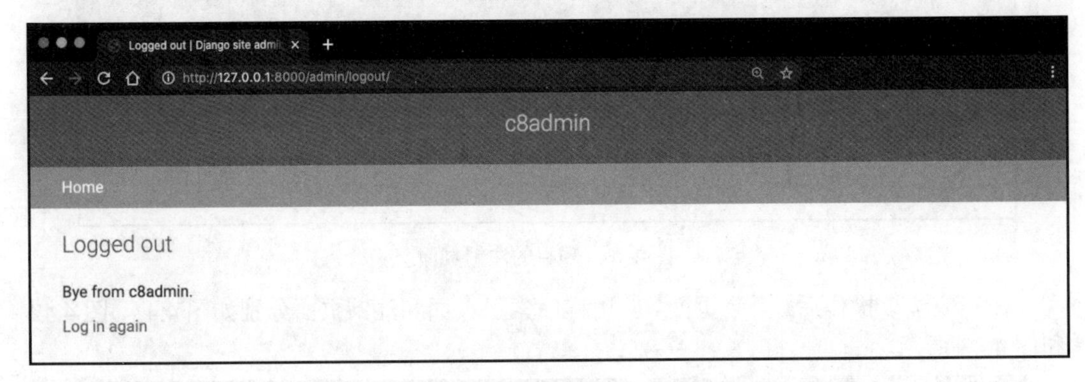

图 4.43　定制后的注销页面

至此，通过子类化 AdminSite，我们成功地定制了 admin 应用程序。

注意：

读者可访问 http://packt.live/2Nh1NTJ 查看该操作的解决方案。

4.5.3　定制 ModelAdmin 类

前述内容学习了如何使用子类化的 AdminSite 定制 admin 应用程序的全局外观。接下来将考查如何为各个模型定制 admin 应用程序的界面。由于管理界面是根据模型的结构自动生成的，其外观过于通用，因此针对美观和可用性需要进行适当的定制。单击 admin 应用程序中的一个 Books 链接，并将其与 Users 链接进行比较。这两个链接都将转至更改列表页面。这些页面是 Bookr 管理员在添加新书、添加或更改用户权限时访问的页面。如上所述，更改列表页面显示了模型对象的列表，并提供了选项：选择一组对象进行批量删除（或其他批量操作）、检查单个对象以对其进行编辑或添加新对象。注意这两个更改列表页面之间的区别，以便使我们的普通 Books 页面与 Users 页面一样具有完整的功能。

图 4.44 是 Authentication and Authorization 应用程序的截图，其中包含了一些有用的功能，如搜索栏、重要用户字段的可排序列标头和结果过滤器。

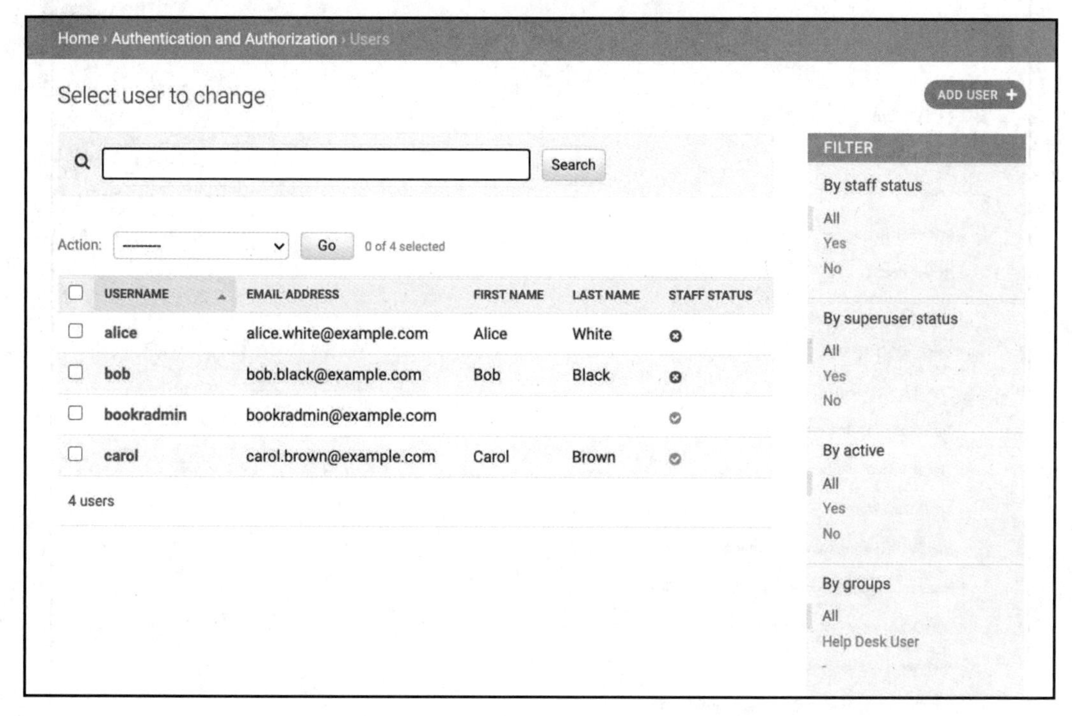

图 4.44 Users 更改列表包含定制的 ModelAdmin 功能

1. 列表显示字段

在 Users 更改列表页面上，将能够看到下列内容。

- 存在一个用户对象列表，由 USERNAME、EMAIL ADDRESS、FIRST NAME、LAST NAME 和 STAFF STATUS 属性汇总。
- 每个属性是可排序的，并可通过单击标头更改排序顺序。
- 页面上方存在一个搜索栏。
- 在右侧列中存在一个选择过滤器，允许选择几个用户字段，包括一些没有出现在列表显示中的字段。

但是，Books 更改列表页面的行为就没有那么有用了。这些书是按书名列出的，但不是按字母顺序排列的。另外，标题列不可排序，也不存在过滤器或搜索选项，如图 4.45 所示。

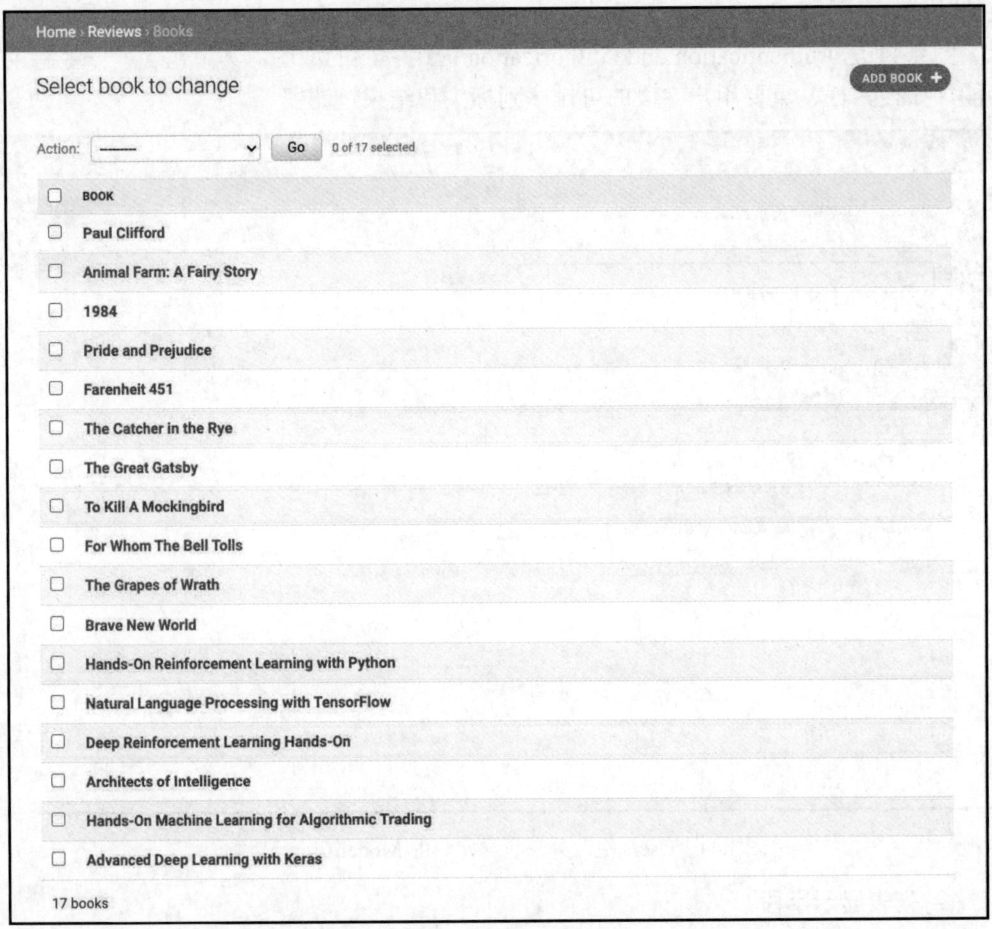

图 4.45　Books 更改列表

回忆一下，在第 2 章中，我们在 Publisher、Book 和 Contributor 类中定义了__str__()方法。在 Book 类的情况下，它有一个__str__()表示，返回 Book 对象的标题。

```
class Book(models.Model):
  …
  def __str__(self):
    return "{} ({})".format(self.title, self.isbn)
```

如果未在 Book 类中定义__str__()方法，则会在 Model 基类 django.db.models.Model 上继承该方法。

该基类提供了一种抽象的方式以给出一个对象的字符串表示。当我们拥有一个包含主键的 Book 时，在本例中，id 字段的值为 17，那么最终会得到一个 Book 对象的字符串表示（17），如图 4.46 所示。

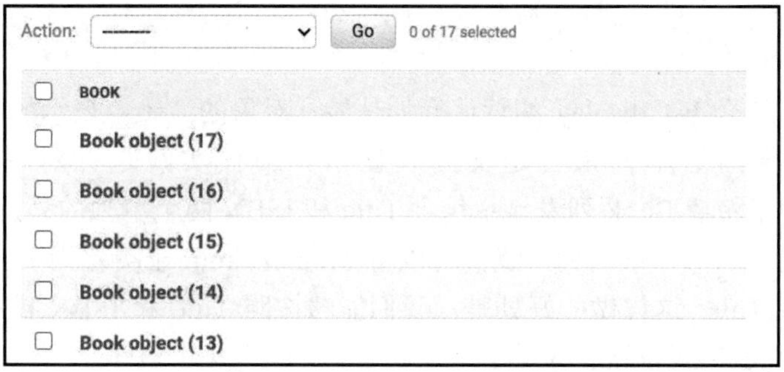

图 4.46　使用 Model__str__表达的 Books 更改列表

在我们的应用程序中，将 Book 对象表示为几个字段的组合可能十分有用。例如，如果打算将图书表示为 Title(ISBN)，下面的代码片段将产生所需的结果。

```
class Book(models.Model):
    …
    def __str__(self):
        return "{} ({})".format(self.title, self.isbn)
```

这本身就是一个有用的变化，因为它使对象的表现在应用程序中更加直观，如图 4.47 所示。

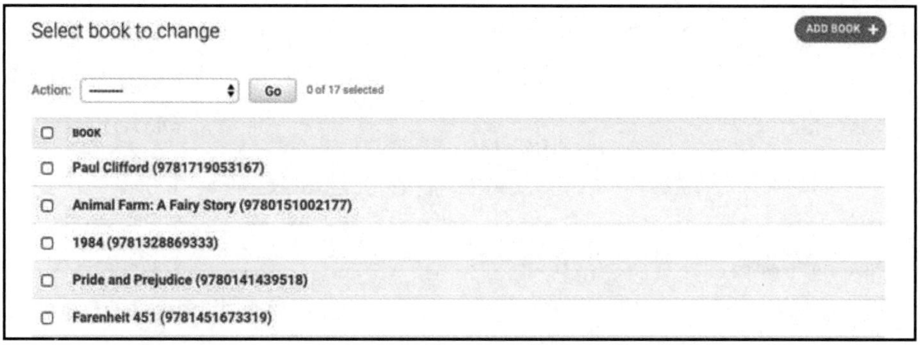

图 4.47　包含自定义字符串表达的部分 Books 更改列表

我们不局限于在 list_display 字段中使用对象的__str__表示。在列表显示中出现的列是由 Django admin 应用程序的 ModelAdmin 类决定的。在 Django shell 中，我们可以导入 ModelAdmin 类并检查它的 list_display 属性。

```
python manage.py shell
>>> from django.contrib.admin import ModelAdmin
>>> ModelAdmin.list_display
('__str__',)
```

这解释了为什么 list_display 的默认行为是显示对象的__str__表示的单列表，这样我们就可以通过覆写这个值来自定义列表显示。最佳实践是针对每个对象子类化 ModelAdmin。如果希望 Book 列表显示包含 Title 和 ISBN 两个单独的列，而不是像图 4.47 那样只有一个包含这两个值的列，我们可以将 ModelAdmin 子类化为 BookAdmin，并指定自定义 list_display。这样做的好处是，我们能够按照 Title 和 ISBN 排序图书。对此，可将该类添加至 reviews/admin.py 中。

```
class BookAdmin(admin.ModelAdmin):
    list_display = ('title', 'isbn')
```

现在我们已经创建了一个 BookAdmin 类，我们应该在向管理站点注册 reviews.models.Book 类时引用它。此外，我们还需调整模型的注册并使用 BookAdmin，而不是 admin.ModelAdmin 的默认值。因此，admin.site.register 调用现在变为如下内容。

```
admin.site.register(Book, BookAdmin)
```

一旦对 reviews/admin.py 文件进行了这两个更改，我们就会得到一个 Books 更改列表页面，如图 4.48 所示。

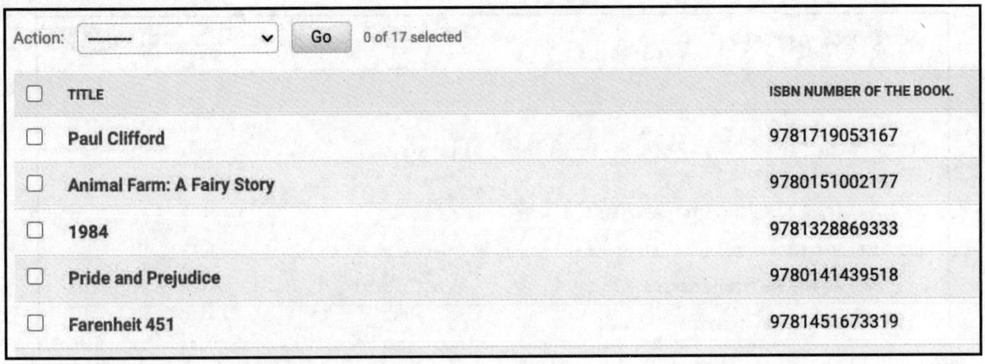

Action: ——— Go 0 of 17 selected

TITLE	ISBN NUMBER OF THE BOOK.
Paul Clifford	9781719053167
Animal Farm: A Fairy Story	9780151002177
1984	9781328869333
Pride and Prejudice	9780141439518
Farenheit 451	9781451673319

图 4.48　包含两列列表显示的部分 Books 更改列表

这给了我们一个提示，说明 list_display 具有较大的灵活性。它可以接收 4 种类型的值。

- ❑ 接收来自模型的名称，如 title 或 isbn。
- ❑ 接收一个函数，该函数以模型实例作为参数，例如这个函数给出了一个人名字的初始化版本。

```
def initialled_name(obj):
   """ obj.first_names='Jerome David', obj.last_names='Salinger'
      => 'Salinger, JD' """
   initials = ''.join([name[0] for name in \
                     obj.first_names.split(' ')])
   return "{}, {}".format(obj.last_names, initials)

class ContributorAdmin(admin.ModelAdmin):
   list_display = (initialled_name,)
```

- ❑ 接收 ModelAdmin 子类的一个方法，该方法将模型对象作为单个参数。注意，这需要指定为一个字符串参数，因为它将超出范围并且在类中未定义。

```
class BookAdmin(admin.ModelAdmin):

   list_display = ('title', 'isbn13')
   def isbn13(self, obj):
      """ '9780316769174' => '978-0-31-676917-4' """
      return "{}-{}-{}-{}-{}".format\
                              (obj.isbn[0:3], obj.isbn[3:4],\
                               obj.isbn[4:6], obj.isbn[6:12],\
                               obj.isbn[12:13])
```

- ❑ 接收模型类的一个方法（或非字段属性），如__str__，只要它接收模型对象作为参数。例如，我们可以将 isbn13 转换为 Book 模型类上的一个方法。

```
class Book(models.Model):

   def isbn13(self):
      """ '9780316769174' => '978-0-31-676917-4' """
      return "{}-{}-{}-{}-{}".format\
                              (self.isbn[0:3], self.isbn[3:4],\
                               self.isbn[4:6], self.isbn[6:12],\
                               self.isbn[12:13])
```

当在 http://127.0.0.1:8000/admin/reviews/book 上查看 Books 更改列表时，即可以看到带有连字符的 ISBN13 字段，如图 4.49 所示。

☐	TITLE	ISBN13
☐	Paul Clifford	978-1-71-905316-7
☐	Animal Farm: A Fairy Story	978-0-15-100217-7
☐	1984	978-1-32-886933-3
☐	Pride and Prejudice	978-0-14-143951-8
☐	Farenheit 451	978-1-45-167331-9

图 4.49　带有连字符 ISBN13 的部分 Books 更改列表

值的注意的是，计算字段，如__str__或 isbn13 方法在摘要页面上并没有可排序的字段。同样，我们不能在 display_list 中包含 ManyToManyField 类型的字段。

2．过滤器

一旦管理界面需要处理大量的记录，限制出现在更改列表页面上的结果则显得十分方便。最简单的过滤器将选择单一值。例如，图 4.6 中描述的用户过滤器允许按照 staff status、superuser status 和 active 选择用户。我们已经在用户过滤器上看到，BooleanField 可用作过滤器。此外，我们还可以在 CharField、DateField、DateTimeField、IntegerField、ForeignKey 和 ManyToManyField 上实现过滤器。在本例中，添加 publisher 作为 Book 的 ForeignKey，它在 Book 类中的定义如下。

```
publisher = models.ForeignKey(Publisher, \
                              on_delete=models.CASCADE)
```

过滤器通过 ModelAdmin 子类的 list_filter 属性实现。在 Bookr 应用程序中，按书名或 ISBN 进行过滤是不切实际的，因为这会生成只返回一条记录的、较大的过滤选项表。占据页面右侧的过滤器将比实际的更改列表占用更多的空间。一种较为实际的选择方案是根据出版社过滤图书。我们为 Publisher 模型定义了一个自定义__str__方法，该方法返回出版社的 name 属性，因此我们的过滤选项将作为出版社名称被列出。

我们可以在 BookAdmin 类的 reviews/admin.py 中指定更改列表过滤器。

```
list_filter = ('publisher',)
```

当前，Books 更改列表页面如图 4.50 所示。

根据这一行代码，我们实现了 Books 更改列表页面上有效的出版社过滤器。

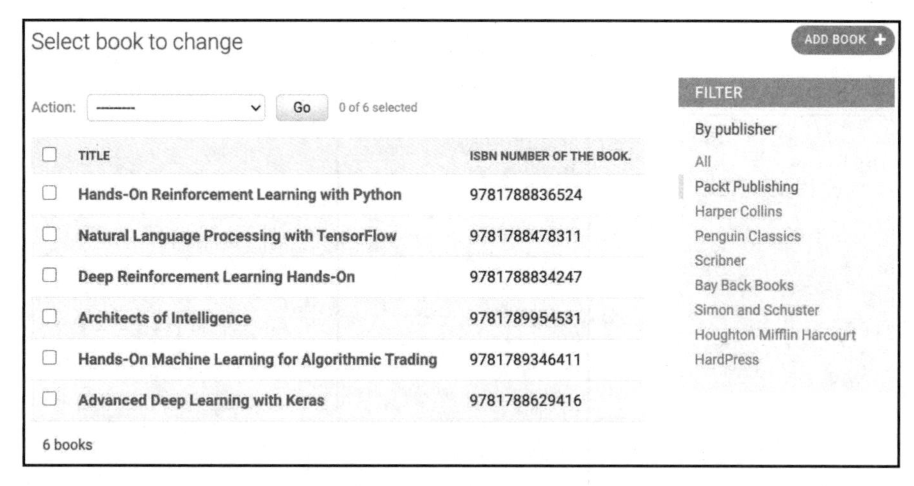

图 4.50　包含出版社过滤器的 Books 更改列表页面

练习 4.04　添加日期 list_filter 和 date_hierarchy

我们已经看到，admin.ModelAdmin 类提供了有用的属性以定制更改列表页面上的过滤器。例如：对许多应用程序来说，按照日期过滤是一项非常重要的功能；对于用户来说，应用程序将变得更加友好。在本练习中，我们将考查如何通过在过滤器中包含日期字段以实现日期过滤，同时还将查看 date_hierarchy 过滤器。

（1）编辑 reviews/admin.py 文件，并调整 BookAdmin 类中的 list_filter 属性以包含 'publication_date'。

```
class BookAdmin(admin.ModelAdmin):
    list_display = ('title', 'isbn')
    list_filter = ('publisher', 'publication_date')
```

（2）重载 Books 更改页面，并确认过滤器当前包含日期设置，如图 4.51 所示。

如果 Bookr 项目接收了许多新发行的书籍，并且我们希望根据最近 7 天或一个月出版的书籍来筛选书籍，那么这个出版日期过滤器将非常方便。但有时，我们可能想要根据特定的年份或特定年份中的特定月份进行过滤。好的一方面是，admin.ModelAdmin 类提供了一个自定义过滤器属性，用于导航时间信息的层次结构。它被称为 date_hierarchy。

（3）将 date_hierarchy 属性添加至 BookAdmin 中，并将其值设置为 publication_date。

```
class BookAdmin(admin.ModelAdmin):
    date_hierarchy = 'publication_date'
    list_display = ('title', 'isbn')
    list_filter = ('publisher', 'publication_date')
```

图 4.51　确认 Books 更改页面包含日期设置

（4）重载 Books 更改页面，并确保日期层次结构出现于 Action 下拉菜单的上方，如图 4.52 所示。

图 4.52　确认日期层次结构出现于 Action 下拉菜单的上方

（5）从日期层次结构中选择一个年份，并确认包含该年的月份列表，其中包含图书标题和总图书列表，如图 4.53 所示。

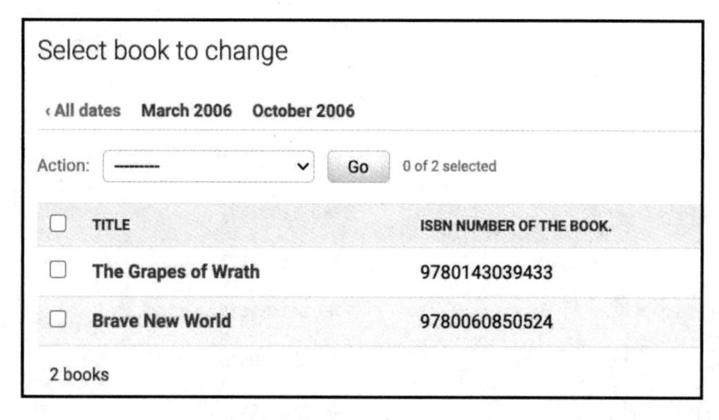

图 4.53　确认从日期层次结构中所选择的年份包含了该年出版的图书

（6）确认选择某个月，并进一步过滤至该月的天数，如图 4.54 所示。

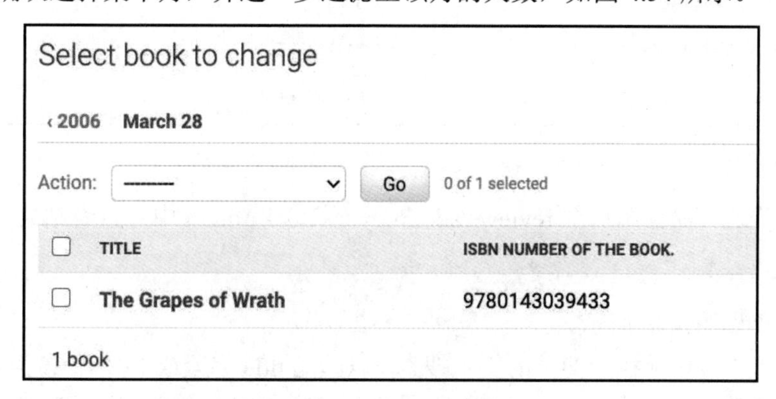

图 4.54　由月份过滤至天数

date_hierarchy 过滤器是一种定制包含大量时间可排序数据的变更列表的方便方法，以便更快地选择记录，正如我们在本练习中看到的那样。接下来考查应用程序中搜索栏的实现方式。

4.5.4　搜索栏

类似于过滤器，基本的搜索栏易于实现，仅需将 search_fields 属性添加至 ModelAdmin 类中即可。Book 类中可以搜索的字符字段是 title 和 isbn。当前，图书更改列表在更改列表的顶部显示日期层次结构，如图 4.55 所示。搜索栏则显示在日期层次结构上方。

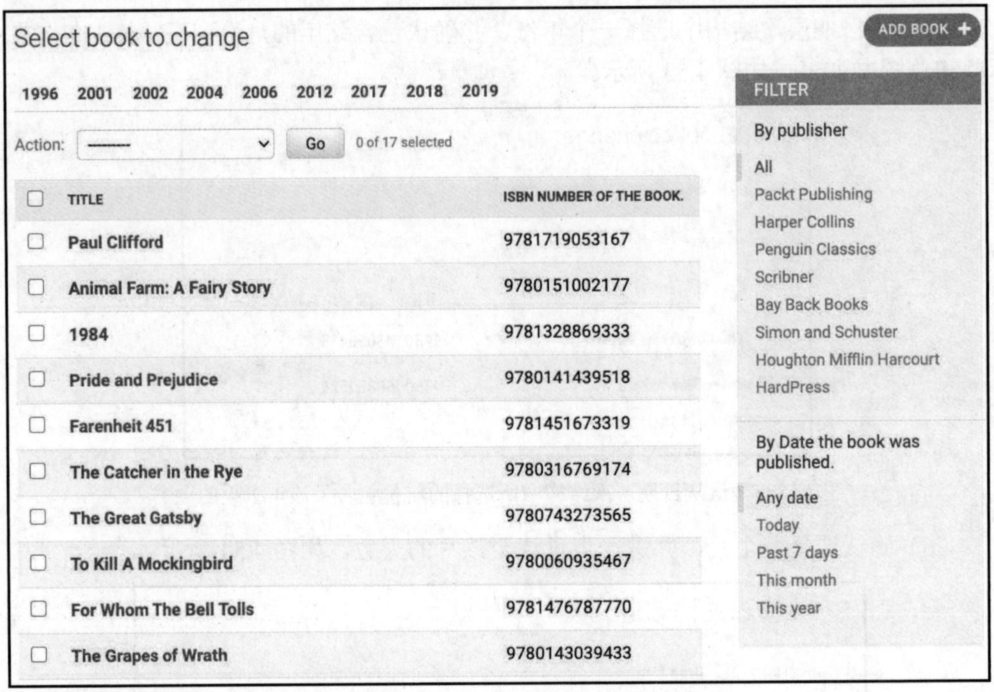

图 4.55　添加搜索栏之前的 Books 更改列表

首先可将这一属性添加至 reviews/admin.py 的 BookAdmin 中并查看结果。

```
search_fields = ('title', 'isbn')
```

最终结果如图 4.56 所示。

接下来可在字段上执行简单的文本搜索，以匹配 title 字段或 ISBN。该搜索过程需要精确的字符串匹配，因此，"color"并不匹配"colour"。此外，当前查询也缺少深度语义处理，这也是更复杂的搜索工具（如 Elasticsearch）所需的功能。如果恰好持有一台条码扫描器，那么 ISBN 查找则是一个较好的功能。另外，将搜索限制在 Books 模型上的字段将会收到很大的限制。我们可能还想通过出版社名称进行搜索。好的一方面是，search_fields 足够灵活并可以完成这项任务。要在 ForeignKeyField 或 ManyToManyField 上进行搜索，我们只需要在当前模型上指定字段名，并在相关模型上指定字段，二者用两个下画线进行分隔。在本例中，Book 包含一个外键 publisher，我们希望搜索 Publisher.name 字段，因此可以在 BookAdmin.search_fields 中将其指定为'publisher__name'。

```
search_fields = ('title', 'isbn', 'publisher__name')
```

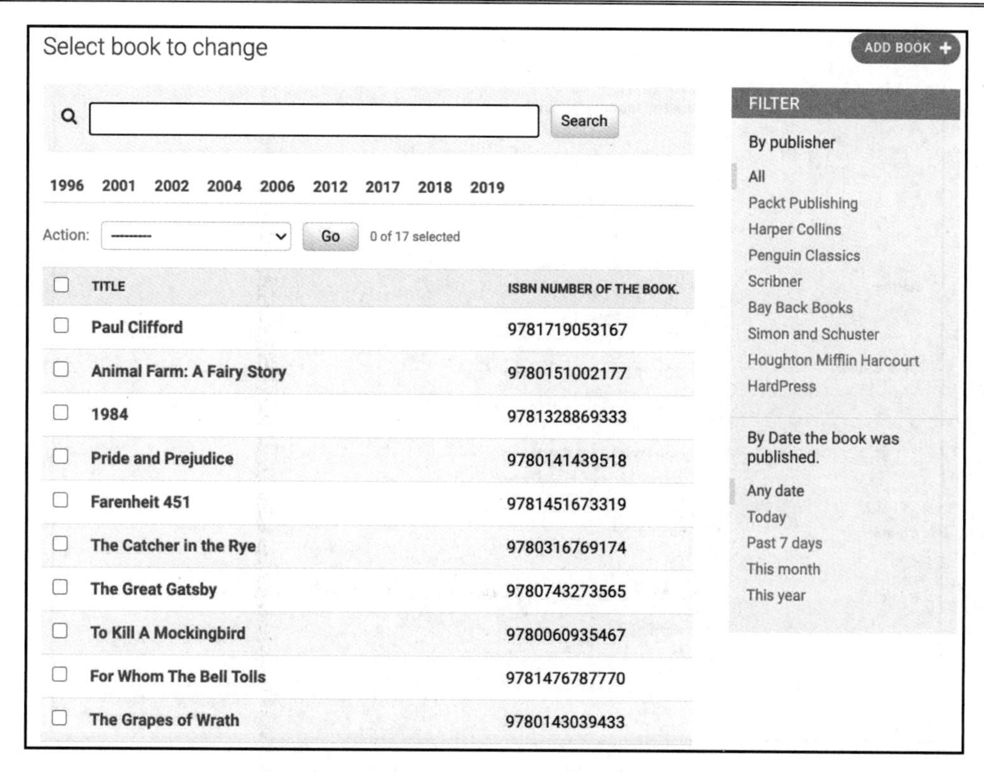

图 4.56　包含搜索栏的 Books 更改列表

如果希望将搜索字段限制为精确匹配，而不是返回包含搜索字符串的结果，则该字段可以添加'__exact'后缀。因此，将'isbn'替换为'isbn__exact'将匹配完整的 isbn，而使用 ISBN 的一部分内容将无法获得匹配。

类似地，可使用'__startswith'后缀将搜索字段限制为只返回以搜索字符串开头的结果。限定出版社名称搜索字段为' publer__name__startwith '意味着我们将得到搜索"pack"的结果，而非"ackt"。

在某些情况下，可以在管理界面中限制模型中某些字段的可见性，这可通过 exclude 属性实现。

图 4.57 是一个包含可见字段 Date edited 的评论表单。注意，Date created 字段并未出现，它是一个隐藏的视图，因为 date_created 是在模型上用 auto_now_add 参数定义的。

如果打算在评论表单中排除 Date edited，则可在 ReviewAdmin 类中执行下列操作。

```
exclude = ('date_edited')
```

那么，评论表单将不再显示 Date edited，如图 4.58 所示。

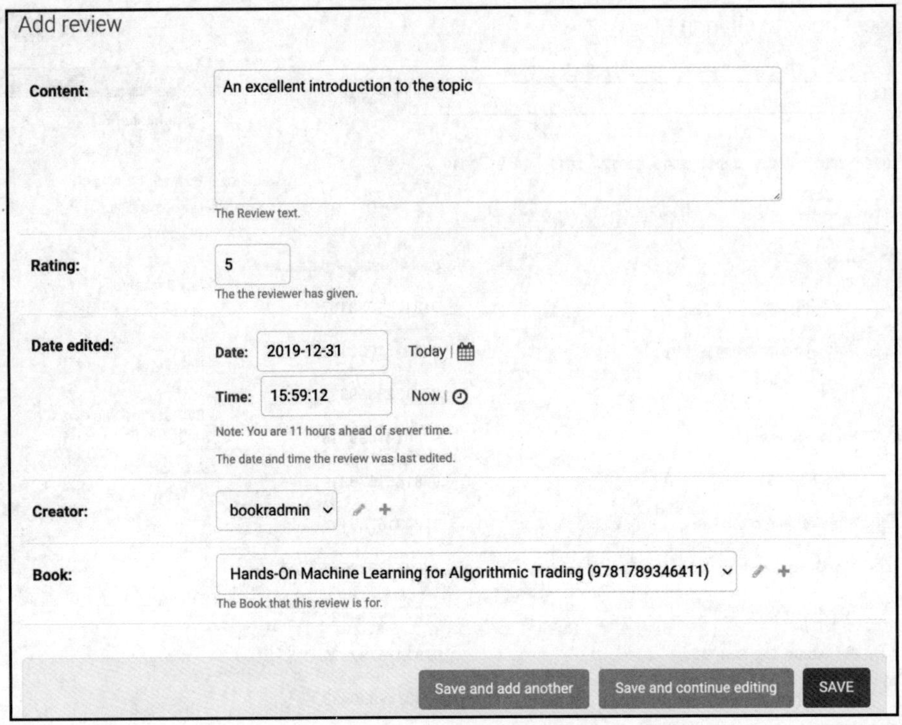

Add review

Content: An excellent introduction to the topic
The Review text.

Rating: 5
The the reviewer has given.

Date edited: Date: 2019-12-31 Today |
Time: 15:59:12 Now |
Note: You are 11 hours ahead of server time.
The date and time the review was last edited.

Creator: bookradmin

Book: Hands-On Machine Learning for Algorithmic Trading (9781789346411)
The Book that this review is for.

Save and add another　Save and continue editing　SAVE

图 4.57　评论表单

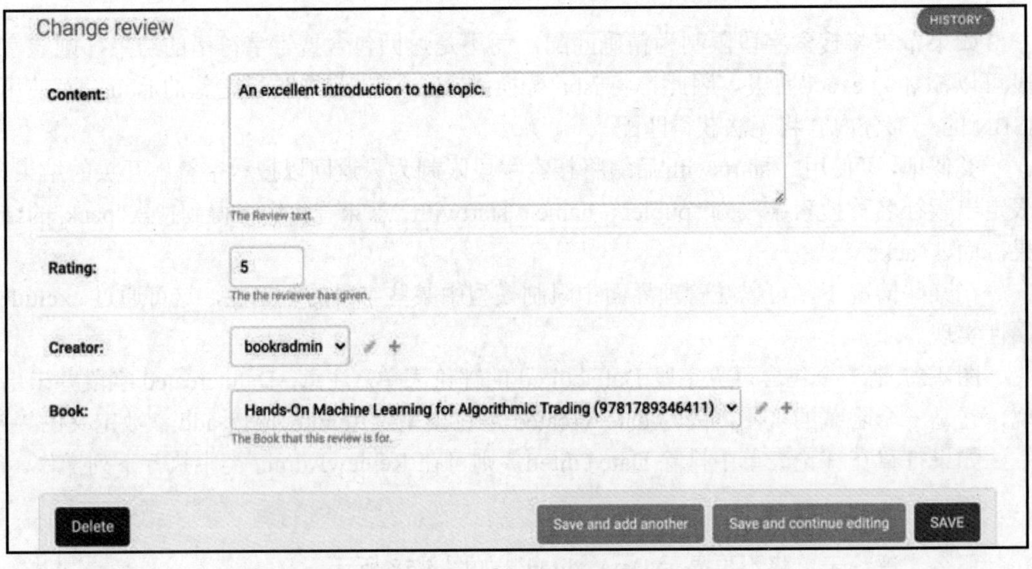

Change review　HISTORY

Content: An excellent introduction to the topic.
The Review text.

Rating: 5
The the reviewer has given.

Creator: bookradmin

Book: Hands-On Machine Learning for Algorithmic Trading (9781789346411)
The Book that this review is for.

Delete　Save and add another　Save and continue editing　SAVE

图 4.58　排除 Date edited 字段后的评论表单

相反，更谨慎的做法是将管理字段限制为显式允许的字段，这是通过 fields 属性实现的。该方案的优点是，新字段如果被添加至模型中，那么除非已经被添加到 ModelAdmin 子类的 fields 元组中，否则在管理表单中是不可用的。

```
fields = ('content', 'rating', 'creator', 'book')
```

这将生成与之前相同的结果。

另一个选项是使用 ModelAdmin 子类的 fieldsets 属性将表单布局指定为一系列的分组字段。fieldsets 中的每个分组都包含一个标题，后面跟着一个字典，其中包含一个指向字段名字符串列表的'fields'键。

```
fieldsets = (('Linkage', {'fields': ('creator', 'book')}),\
             ('Review content', \
              {'fields': ('content', 'rating')}))
```

随后，评论表单如图 4.59 所示。

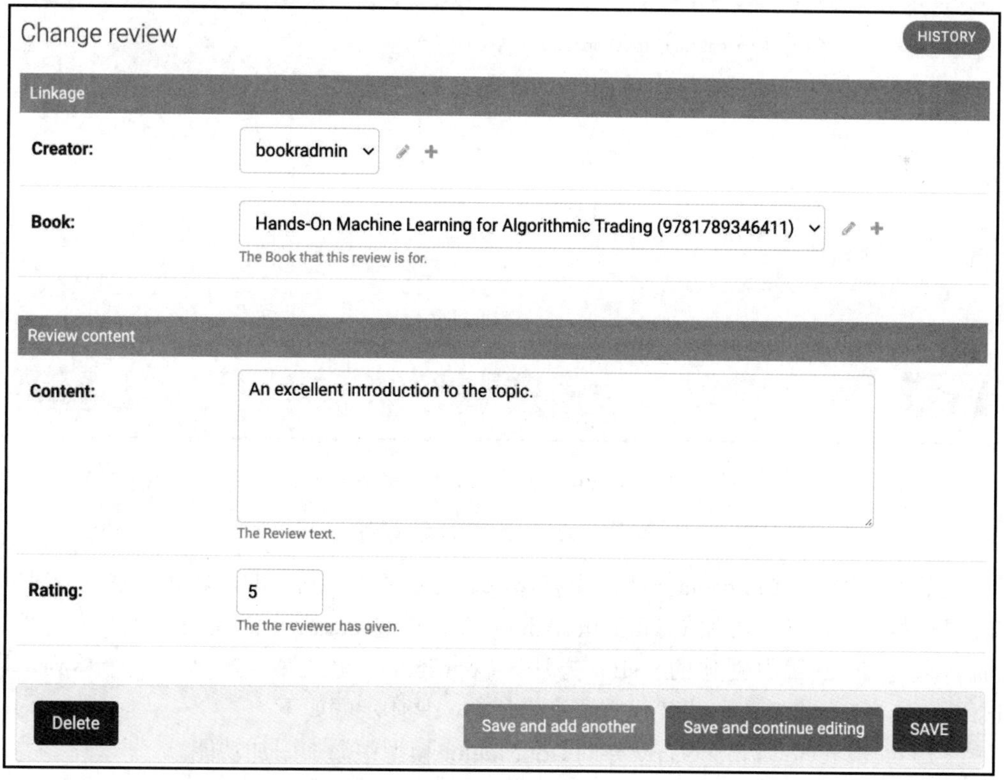

图 4.59 包含 fieldsets 的评论表单

如果打算省略 fieldset 上的标题，则可以为其赋值为 None。

```
fieldsets = ((None, {'fields': ('creator', 'book')}),\
             ('Review content', \
              {'fields': ('content', 'rating')}))
```

当前，评论表单如图 4.60 所示。

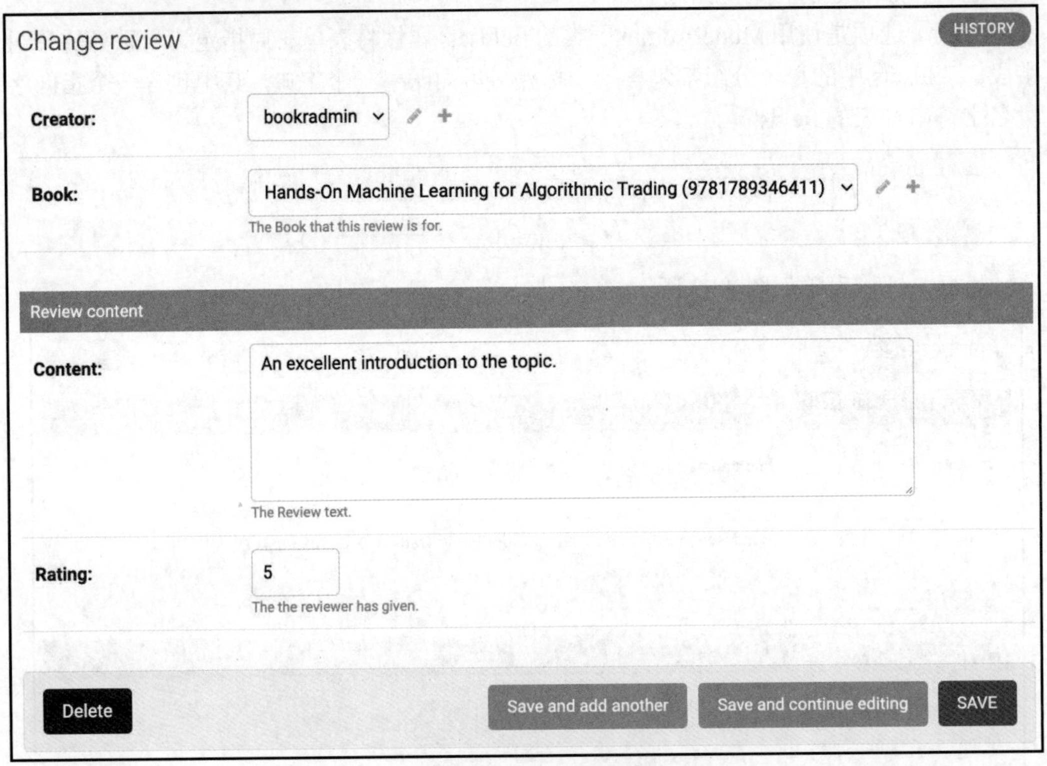

图 4.60　省略 fieldset 上的标题后的评论表单

操作 4.02　定制模型管理

在数据模型中，Contributor 类用于存储图书贡献者的数据，即作者、贡献者或编辑。当前操作将修改该类并添加 ContributorAdmin 类以改进 admin 应用程序的用户友好性。目前，基于第 2 章中创建的__str__方法，Contributor 更改列表默认为一个单列，即 FirstNames。下面将考查一些替代方法来表示它，具体步骤如下。

（1）编辑 reviews/models.py 并向 Contributor 模型中添加附加功能。

（2）向 Contributor 中添加不带参数的 initialled_name 方法（类似于 Book.isbn13 方法）。

（3）initialled_name 方法将返回一个字符串，其中包含 Contributor.last_names，后跟逗号和给定名称的首字母。例如，对于 first_names 为 Jerome David，last_names 为 Salinger 的 Contributor 对象，initialled_name 方法将返回 Salinger,JD。

（4）将 Contributor 的__str__方法替换为调用 initialled_name()的方法。

此时，Contributors 显示列表如图 4.61 所示。

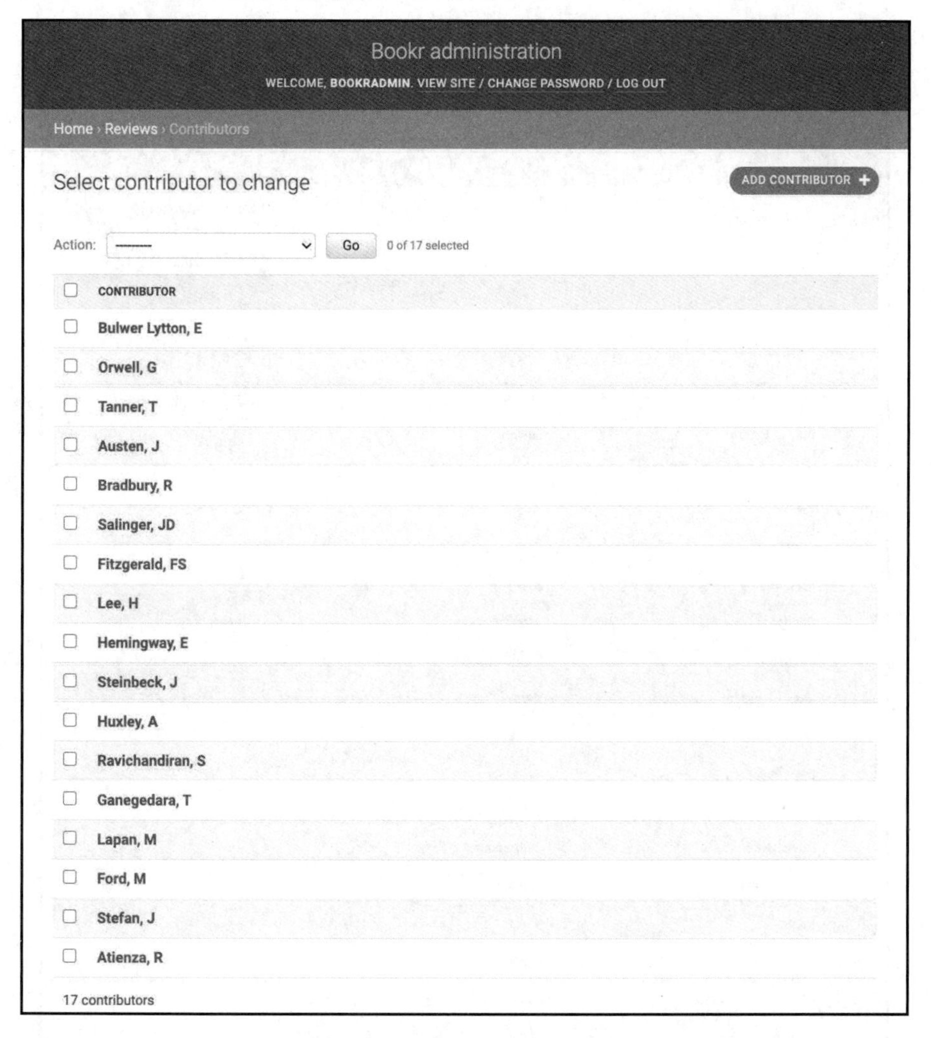

图 4.61　Contributors 显示列表

（5）在 reviews/admin.py 中添加一个 ContributorAdmin 类，该类应该继承自 admin.ModelAdmin。

（6）修改该类，以便在 Contributors 更改列表中，记录显示为两个可排序的列，即 Last Names 和 First Names。

（7）添加一个搜索栏并搜索 Last Names 和 First Names。经适当修改后以便仅匹配 Last Names 的开始部分。

（8）在 Last Names 上添加过滤器。

在完成了该操作后，对应结果如图 4.62 所示。

图 4.62　期望的输出结果

相应地，可进行诸如此类的更改以改进管理用户界面的功能。通过在 Contributors 更改列表中将 First Names 和 Last Names 列实现为单独的列，我们为用户提供了相应的选项，并可对其中任何一个字段进行排序。通过考虑哪些列在搜索检索和过滤器选择中最有用，我们可以提高记录检索的效率。

注意：

读者可访问 http://packt.live/2Nh1NTJ 查看该操作的解决方案。

4.6　本 章 小 结

本章讨论了如何通过 Django 命令行创建超级用户，以及如何使用它们访问 admin 应用程序。在介绍了 admin 应用程序的基本功能后，我们考查了如何以此注册模型，并生成数据的 CRUD 界面。

接下来我们学习了如何通过修改站点范围内的功能来改进这个界面。通过在管理站点注册自定义模型管理类，我们改变了 admin 应用程序向用户展示模型数据的方式。这允许我们对模型界面的表示进行细粒度的更改。这些修改包括通过添加额外的列、过滤器、日期层次结构和搜索栏来定制更改列表页面。另外，我们还通过分组和排除字段来修改模型管理页面的布局。

需要说明的是，这只是对 admin 应用功能的一个很浅的探讨。我们还将在第 10 章中重温 AdminSite 和 ModelAdmin 的丰富功能。但首先，我们需要学习更多 Django 的中间特性。第 5 章将学习如何在 Django 应用程序中组织和服务于静态内容，如 CSS、JavaScript 和图像。

第 5 章　服务于静态文件

本章首先学习静态和动态响应之间的差别，随后考查 Django staticfiles 如何帮助我们管理静态文件。在 Bookr 应用程序的基础上，我们将利用图像和 CSS 提升该应用程序。其间，我们将学习为项目布局静态文件的不同方式，并研究 Django 如何在生产部署中整合它们。

Django 包含了相关工具进而在模板中引用静态文件，在将应用程序部署至生产环境中时，我们将看到这些工具是如何帮助我们减少工作量的。随后，我们将考查 findstatic 命令，该命令可用于调试静态文件中的问题。接下来，我们将考查如何在远程服务上编写存储静态文件的代码。最后，我们将学习缓存 Web 数据资源，以及如何处理缓存失效问题。

5.1　简　　介

仅包含纯超文本标记语言（HTML）的 Web 应用程序是十分有限的。我们可通过层叠样式表和图像改进 Web 页面的外观，并可利用 JavaScript 添加交互行为。我们可将这一类文件称作静态文件。动态文件经开发后，随后作为应用程序的一部分进行部署。我们可以将这些响应与动态响应进行比较，后者是在发出请求时实时生成的。我们编写的全部视图均通过渲染模板生成动态响应。注意，我们不认为模板是静态文件，因为模板不是逐字发送至客户端的。相反，它们首先被渲染，随后作为动态响应的一部分内容被发送。

在开发期间，静态文件在开发者的机器上被创建，随后必须被移至生产服务器上。如果必须在短时间内（如几个小时）转移至生产环境中，那么收集所有静态数据资源、将其移至正确的目录并将其上传至服务器将会十分耗时。当采用其他框架或语言开发 Web 应用程序时，可能需要以手动方式将所有静态文件置入 Web 服务器托管的特定目录中。对服务于静态文件的 URL 进行更改可能意味着在整个代码中更新值。

Django 可帮助我们管理静态数据资源并简化处理过程。Django 在开发期间通过其开发服务器提供了服务工具。当应用程序进入生产环境时，Django 还可收集所有数据资源，并将其复制至专用 Web 服务器托管的文件夹中。这允许在开发期间以一种有意义的方式隔离静态文件，并在部署时自动将其捆绑在一起。

这一功能由 Django 的内建 staticfiles 应用程序提供，它增加了几个有用的特性处理和服务静态文件。

- 静态模板标签自动构建静态 URL，并将其包含在 HTML 中。
- 在开发中服务于静态文件的视图（称作 static）。
- 静态文件查找器，用于自定义数据资源在文件系统中的位置。
- collectstatic 管理命令，查找所有静态文件，并将其移至单个目录中进行部署。
- findstatic 管理命令，显示针对特定请求加载了磁盘上的哪一个文件。如果没有加载特定的文件，这也有助于调试功能。

在本章的练习和活动中，我们将向 Bookr 应用程序中添加静态文件（图像和 CSS）。在开发过程中，每个文件将被存储在 Bookr 项目目录中。我们需要针对每个文件生成一个 URL，以便模板可引用它们，且浏览器可下载它们。一旦生成了 URL，Django 就需要服务于这些文件。当我们将 Bookr 应用程序部署至生产环境中时，需要找到所有的静态文件，并将其移至一个目录中，以便由生产 Web 服务器提供服务。如果静态文件未按照预期加载，我们需要相关方法确定其中的原因。

出于简单性考虑，下面采用单一文件作为示例，即 logo.png 文件。我们将简要介绍前述内容中提及的各项功能的作用，并在本章中详细地解释它们。

- static 模板标签用于将一个文件转换为模板中可用的 URL 或路径。例如，从 logo.png 转换为/static/logo.png。
- static 视图接收一个请求，并加载/static/logo.png 处的静态文件。它将读取文件并将其发送至浏览器。
- static 视图使用静态文件查找器（或仅称作查找器）定位磁盘上的静态文件。相应地，存在不同的查找器。在当前示例中，查找器仅将 URL 路径/static/logo.png 转换为磁盘上的路径 bookr/static/logo.png。
- 当部署至生产环境中时，将使用 collectstatic 管理命令，这将把 logo.png 文件从 bookr 项目目录复制至一个 Web 服务器目录中，如/var/www/bookr/static/logo.png。
- 如果静态文件无法正常工作（如针对静态文件的请求返回 404 Not Found 响应，或服务于错误的文件），那么我们可以使用 findstatic 管理文件尝试确定其中的原因。该命令接收文件名作为参数，并输出已查看的目录以及定位所请求文件的位置。

这些功能在日常使用中十分常见。此外，我们还将讨论其他功能。

5.2 静态文件处理

前述内容介绍了 Django 包含了一个被称为 static 的视图函数可服务于静态文件。关于静态文件的服务，首先需要说明的是，Django 并不会在生产环境中为其提供服务，这不是 Django 所饰演的角色。在生产环境中，Django 拒绝提供静态文件。这是正常且有意为之的行为。Django 如果只是从文件系统中读取并发送一个文件，那么并不比普通的 Web 服务器更具优势，普通的 Web 服务器在这项任务中可能会表现得更好。进一步讲，如果利用 Django 服务于静态文件，这会让 Python 进程在请求期间保持繁忙，并且它将无法为服务于更适合的动态请求。

出于这些原因，Django static 视图仅用于开发期间，且不会在 DEBUG 设置项被设置为 False 时工作。由于在开发期间一次仅一个人（开发人员）访问站点，因此 Django 可较好地服务于静态文件。稍后将讨论 staticfiles 应用程序如何支持生产环境开发。第 17 章将讨论生产环境的整体部署。另外，读者可访问本书的 GitHub 存储库查看第 17 章的附加内容，对应网址为 http://packt.live/2Kx6FmR。

运行 Django 开发服务器时，只要 settings.py 文件满足以下条件，就会自动设置到静态视图的 URL 映射。

- DEBUG 被设置为 True。
- 在其 INSTALLED_APPS 中包含'django.contrib.staticfiles'。

默认状态下，上述两个设置项设定完毕。

创建的 URL 大致相当于在 urlpatterns 中包含下列映射。

```
path(settings.STATIC_URL, django.conf.urls.static)
```

任何以 settings.STATIC_URL 开头的 URL（默认为/static/）都会被映射到 static 视图。

注意：

如果在 INSTALLED_APPS 中缺少 staticfiles，我们仍然可以使用 static 视图，但是必须以手动方式设置等效的 URL 映射。

5.2.1　静态文件查找器

Django 有 3 次需要定位磁盘上的静态文件。为此，Django 使用了静态文件查找器。静态文件查找器可以被视为一个插件。它是一个类，实现了将 URL 路径转换为磁盘的方法，并遍历项目目录以查找静态文件。

Django 第一次需要定位磁盘上的静态文件是在 Django 静态视图接收到加载特定静态文件的请求时，随后它需要将 URL 中的路径转换为磁盘上的位置。例如，URL 的路径是/static/logo.png，它被转换为磁盘上的路径 bookr/static/logo.png。如前所述，这仅出现于开发期间。在生产服务器上，Django 不应接收这一请求，因为这将由 Web 服务器直接处理。

第二次是在使用 collectstatic management 命令时。这将收集项目目录中的所有静态文件，并将其复制到由生产 Web 服务器提供服务的单个目录中。bookr/static/logo.png 将被复制到 Web 服务器的根目录中，如/var/www/bookr/static/logo.png。静态文件查找器包含了用于定位项目目录中的所有静态文件的代码。

最后一次使用静态文件查找器是在执行 findstatic 管理命令期间。这类似于第一种用法，因为它接收静态文件的名称（如 logo.png），但会将完整的路径（bookr/static/logo.png）输出到终端，而不是加载文件内容。

Django 包含内置的查找器，但是你如果需要将静态文件存储于自定义的项目布局中，那么也可以编写自己的查找器。Django 所用的查找器列表由 settings.py 文件中的 STATICFILES_FINDERS 设置项定义。在本章中，我们将介绍默认的静态查找器的行为，即 AppDirectoriesFinder 和 FileSystemFinder。

注意：

当查看 settings.py 文件时，并不会看到默认时定义的 STATICFILES_FINDERS，这是因为，Django 将使用其内置的默认设置，该设置被定义为列表['django.contrib.staticfiles.finders.FileSystemFinder',' django.contrib.staticfiles.finders.AppDirectoriesFinder']。如果将 STATICFILES_FINDERS 设置项添加到 settings.py 文件中以包含一个自定义查找器，应确保包含这些正在使用的默认项。

首先，我们将讨论静态文件查找器及其在第一种情况下的使用——响应请求。随后将介绍更多的概念，并讨论 collectstatic 的行为及其如何使用静态文件查找器。稍后将与 findstatic 协同工作并考查其应用方式。

5.2.2　静态文件查找器：在请求期间使用

当 Django 接收静态文件请求时（记住，Django 仅在开发期间服务于静态文件），将对已定义的每个静态文件查找器进行查询，直到找到磁盘上的文件。如果查找器未能找到文件，静态视图将返回一个 HTTP 404 Not Found 响应。

例如，请求的 URL 形如/static/main.css 或/static/reviews/logo.png。每个查找器将根据 URL 中的路径依次被查询，并将返回一个路径，如第一个文件的 bookr/static/main.css，以及第二个文件的 bookr/reviews/static/reviews/logo.png。每个查找器将使用自己的逻辑将 URL 路径转换为文件系统路径，稍后将讨论对应的逻辑。

5.2.3 AppDirectoriesFinder

AppDirectoriesFinder 类用于查找每个应用程序目录中的静态文件，该目录名为 static。应用程序必须列在 settings.py 文件中的 INSTALLED_APPS 设置中（参见第 1 章）。另外，第 1 章中曾有所提及，应用程序应该是自包含的。通过让每个应用程序都包含自己的静态目录，我们也可以在应用程序目录中存储特定于应用程序的静态文件，从而延续自包含设计。

在使用 appdirectoresfinder 之前，我们将解释如果多个静态文件具有相同的名称时可能会出现的问题，以及如何解决这个问题。

5.2.4 静态文件命名空间

在前述内容中，我们讨论了如何处理一个名为 logo.png 的静态文件，这将为 reviews 应用程序提供一个 Logo。这里，文件名（logo.png）可能十分常见。可以想象，如果添加一个 store 应用程序（用于购买图书），同样会需要一个 Logo。更不用说第三方 Django 应用程序可能也会使用像 logo.png 这样的通用名称。我们将要描述的问题可能适用于任何具有公共名称的静态文件，如 styles.css 或 main.js。

下面考查 reviews 和 store 示例。我们可在每个应用程序中添加一个 static 目录。随后，每个 static 目录都包含一个 logo.png 文件（尽管 Logo 并不相同）。当前，对应的目录结构如图 5.1 所示。

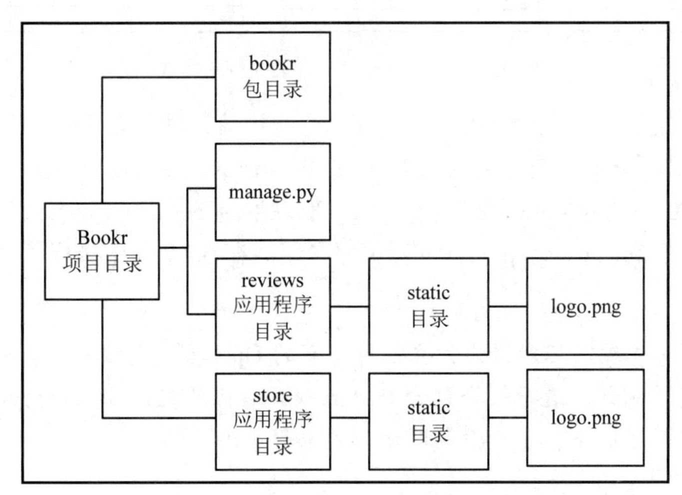

图 5.1　应用程序目录内静态目录的目录布局

用于下载静态文件的 URL 路径是相对于静态目录的。因此，如果对/static/logo.png 进行请求，则不清楚引用的是哪一个 logo.png。Django 将针对每个应用程序依次检查 static 目录（以 INSTALLED_APPS 设置项中指定的顺序），并服务于第 1 个定位的 logo.png。在这种目录布局中，无法指定要加载哪一个 logo.png。

我们可通过对静态文件进行命名空间以解决这个问题，即在 static 目录中使用另一个目录，该目录与应用程序同名。具体来说，reviews 应用程序在其 static 目录中包含一个 reviews 目录，store 应用程序在 static 目录中包含一个 store 目录。随后，相应的 logo.png 文件被移至这些子目录中。新的目录布局如图 5.2 所示。

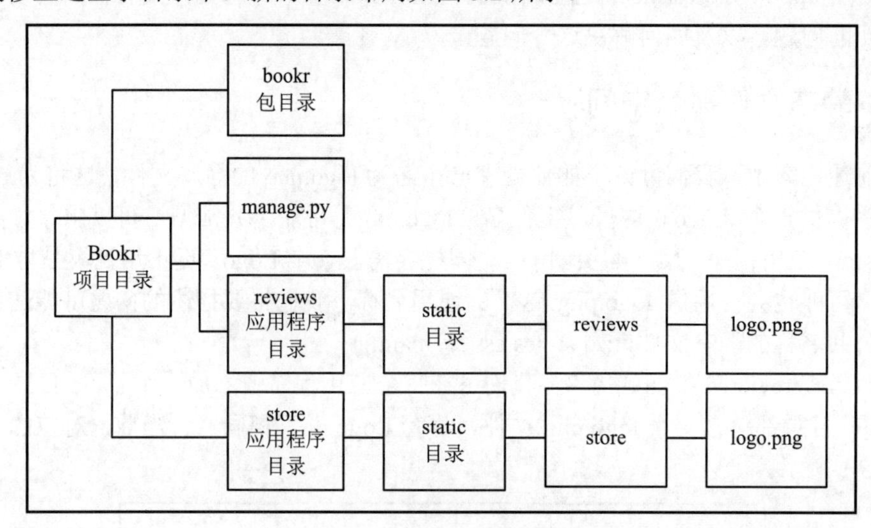

图 5.2　基于命名空间目录的目录布局

为了加载特定的文件，我们还包含了命名空间目录。对于 reviews Logo，URL 路径为/static/reviews/logo.png，它映射到磁盘上的 bookr/reviews/static/review/logo.png。对于 store Logo，URL 路径为/static/store/logo.png，它映射到 bookr/store/static/store/logo.png。读者可能已经注意到，logo.png 文件的示例路径已经在 5.2.2 节中实现了命名空间。

注意：

你如果正在考虑编写可能作为独立插件发布的 Django 应用程序，则可使用一个更加明确的子目录名。例如，选择一个包含整个点项目路径的文件 bookr/reviews/stati/bookr.reviews。在大多数情况下，子目录名对于项目来说是唯一的。

由于已经引入了 AppDirectoriesFinder 和静态文件命名空间，我们可以使用它们来服务于第 1 个静态文件。在本章第一个练习中，将对基础的业务站点创建新的 Django 项目。随后，我们将从一个名为 landing 的应用程序中服务于一个 Logo 文件。AppDirectoriesFinder 类用于查找每个应用程序目录中的静态文件，该目录名为 static。该应用程序必须列在 settings.py 文件的 INSTALLED_APPS 设置项中。正如在第 1 章中所提到的，应用程序应该是自包含的。通过让每个应用程序都包含自己的 static 目录，我们也可以在应用程序目录中存储特定于应用程序的静态文件，从而延续自包含设计。

服务静态文件的最简单的方法是源于 app 目录，这是因为不需要进行任何设置项方面的更改。相反，仅需在正确的目录中创建文件，并通过默认的 Django 配置提供服务。

商业站点项目

对于本章练习，我们创建了一个新项目并以此展示静态文件的概念。该项目是一个基本的商业网站，包含一个简单的、具有相应 Logo 的登录页面。另外，该项目包含一个名为 landing 的应用程序。

关于如何创建 Django 项目，读者可参考第 1 章中的练习 1.01。

练习 5.01 从 app 目录中服务于文件

在本练习中，我们将针对 landing 应用程序添加一个 Logo 文件，这可通过将 logo.png 文件置于 landing 应用程序目录的 static 目录中来完成。在此之后，我们可以测试是否正确地服务于静态文件，并确认服务于该文件的 URL。

（1）创建新的 Django 项目。我们可重用已经安装了 Django 的 bookr 虚拟环境。打开新的终端并激活虚拟环境（关于如何创建并激活虚拟环境，请参考本书“前言”中的相关指令）。随后在终端（或命令 shell）中运行 django-admin 命令启动名为 business_site 的 Django 项目。对此，可运行下列命令。

```
django-admin startproject business_site
```

这里并没有任何输出内容。该命令在名为 business_site 的新目录中搭建 Django 项目。

（2）使用 startapp 管理命令在该项目中创建新的 Django 应用程序。该应用程序被称作 landing。对此，可通过 cd 命令进入 business_site 目录并运行下列命令。

```
python3 manage.py startapp landing
```

注意：

在 Windows 环境中，该命令为 python manage.py startapp landing。

注意，此处仍不存在任何输出结果。该命令将在 business_site 目录中创建 landing 应用程序目录。

（3）启动 PyCharm 并打开 business_site 目录。如果已经打开了一个项目，则可选择 File→Open；否则只需单击 Welcome to PyCharm 页面中的 Open 按钮即可。导航至 business_site 目录并选择该目录，随后单击 Open 按钮。business_site 项目面板如图 5.3 所示。

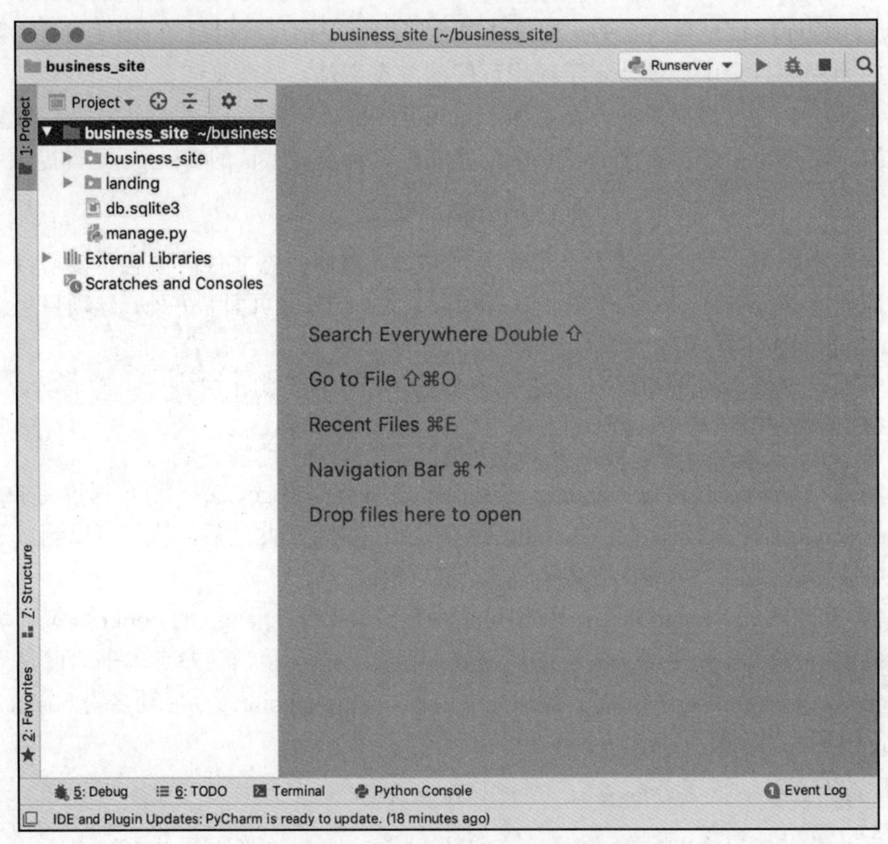

图 5.3　business_site 项目面板

注意：

关于如何设置和配置 PyCharm，读者可参考第 1 章中的练习 1.02。

（4）创建一个新的运行配置，以执行项目的 manage.py runserver 命令。这里，可再次复用 bookr 虚拟环境。待结束后，Run/Debug Configurations 对话框如图 5.4 所示。

注意：

如果不确定如何配置 PyCharm 中的设置项，读者可参考第 1 章中的练习 1.02。

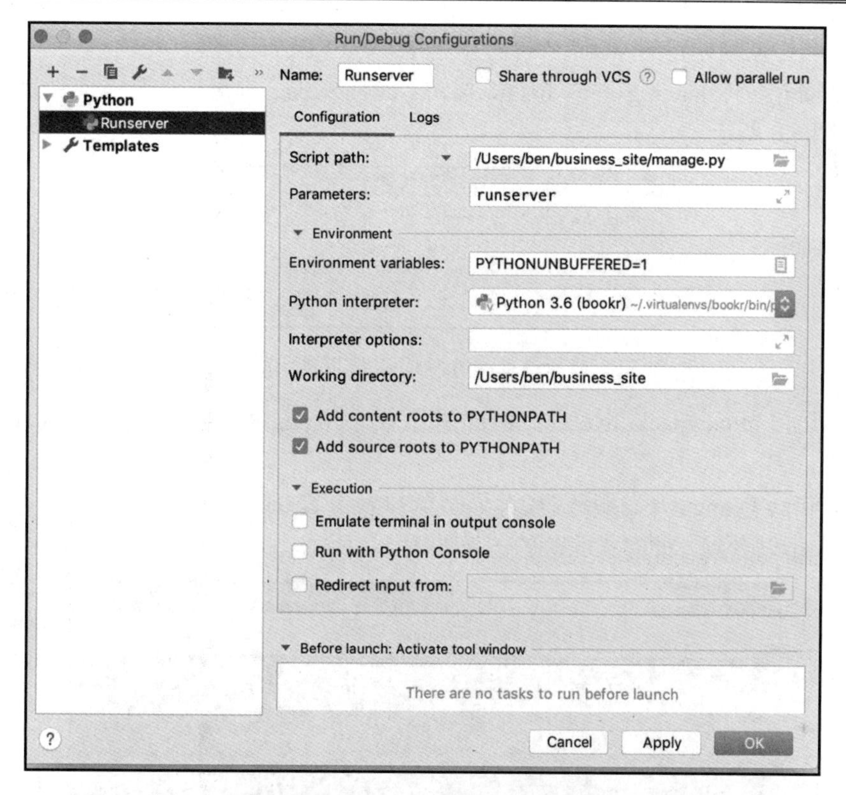

图 5.4　Runserver 的 Run/Debug Configurations 对话框

通过单击 Run 按钮，随后在浏览器中访问 http://127.0.0.1:8000/，我们可以测试配置是否被正确地设置。此时应可看到 Django 的欢迎画面。如果调试服务器无法启动，或查看到 Bookr 的主页，那么可能仍在运行 Bookr 项目。对此，尝试终止 Bookr runserver 进程（在运行该进程的终端中按 Ctrl+C 组合键），随后启动刚刚设置的新进程。

（5）在 business_site 目录中打开 settings.py，并向 INSTALLED_APPS 设置项中添加 'landing'。回忆一下，我们曾在第 1 章练习 1.05 中体验过该操作。

（6）在 PyCharm 中，右击 Project 面板中的 landing 目录，并选择 New→Directory。

（7）输入名字 static 并单击 OK 按钮，如图 5.5 所示。

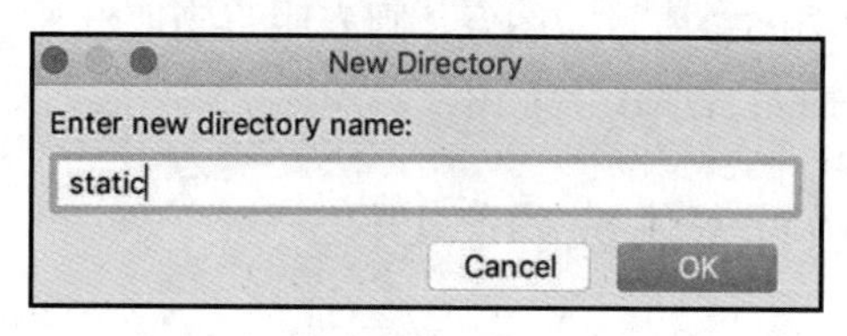

图 5.5　将目录命名为 static

（8）右击刚刚创建的 static 目录，并选择 New→Directory。

（9）输入名称 landing 并单击 OK 按钮。这将实现之前讨论的静态文件目录的命名空间，如图 5.6 所示。

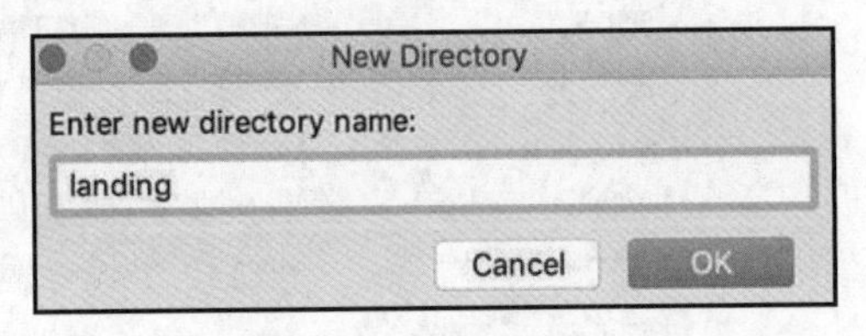

图 5.6　将新目录命名为 landing 以实现命名空间

（10）访问 https://packt.live/2KM6kfT 并下载 logo.png，将其移至 landing/static/landing 目录中。

（11）启动 Django 开发服务器，并导航至 http://127.0.0.1:8000/static/landing/logo.png。在浏览器中可以看到，此时被服务的图像如图 5.7 所示。

图 5.7　被 Django 服务的图像

这里，如果看到了如图 5.7 所示的图像，则表明正确地设置了静态文件。接下来，我们考查如何自动将 URL 插入 HTML 代码中。

5.2.5　利用静态模板标签生成静态 URL

在练习 5.01 中，我们设置了 Django 服务的图像文件。可以看到，图像的 URL 为

http://127.0.0.1:8000/static/landing/logo.png，我们可以在 HTML 模板中使用它。例如，当利用 img 标签显示一幅图像时，可在模板中使用下列代码。

```
<img src="http://127.0.0.1:8000/static/landing/logo.png">
```

或者，由于 Django 也服务于媒体，并且与动态模板响应包含相同的主机，因此可通过仅包含路径来简化这一点，如下所示。

```
<img src="/static/landing/logo.png">
```

两个地址（URL 和路径）均已被硬编码至模板中。也就是说，我们包含静态文件的完整路径，并假设文件驻留于此处。这适用于 Django 开发服务器，或静态文件和 Django 网站位于同一个域中。随着站点变得越来越受欢迎，为了获得更高的性能，可以考虑从自己的域或内容交付网络（CDN）提供静态文件。

注意：

CDN 是一种可以托管部分或全部网站的服务。它们提供多个网络服务器，可以无缝地加快网站的加载速度。例如，CDN 可能从地理位置上离用户最近的服务器向用户提供文件服务。相应地，存在多个 CDN 提供商，根据其设置方式，它们可能要求你指定一个特定的域来服务于静态文件。

例如，一种常见的分离方法是，使用不同的域进行静态文件服务。假设主网站位于 https://www.example.com，但希望从 https://static.example.com 提供静态文件。在开发过程中，我们可以只使用 Logo 文件的路径，就像我们刚才看到的例子一样。但是当部署至生产服务器时，则需要更改 URL 以包含域，如下所示。

```
<img src="https://static.example.com/landing/logo.png">
```

由于所有链接都是硬编码的，因此每次部署到生产环境时，都需要对整个模板中的每个 URL 执行此操作。但是，一旦它们被更改，URL 就不再在 Django 开发服务器中工作。幸运的是，Django 为此类问题提供了一个解决方案。

staticfiles 应用程序提供了一个模板标签 static，用于动态生成模板内静态文件的 URL。由于 URL 都是动态生成的，我们可通过更改一项设置（settings.py 中的 STATIC_URL，稍后会详细介绍）来更改所有的 URL。进一步讲，稍后将介绍一种使静态文件浏览器缓存无效的方法，这种方法依赖于静态模板标签的使用。

static 标签十分简单，它接收一个参数，即静态文件的项目相对路径，随后输出带有 STATIC_URL 设置的路径。它必须首先使用{% load static %} 标签将其加载至模板中。

Django 包含一组默认的模板标签和过滤器（或标签集），它会自动使得每个模板可用。Django（和第三方库）也提供了不会自动加载的标签集。

在这些情况下，需要在使用这些额外的模板标签和过滤器之前将它们加载至模板中。这是通过使用 load 模板标签来完成的，该标签应位于模板的开头附近（如果使用 extends 模板标签，则必须位于 extends 模板标签之后）。load 模板标签需要加载一个或多个包，例如：

```
{% load package_one package_two package_three %}
```

这将加载由 package_one、package_two 和 package_three 包提供的模板标签和过滤器集。load 模板标签必须在需要加载包的实际模板中使用。换言之，如果你的模板扩展了另一个模板，并且基模板加载了某个包，那么依赖模板不会自动访问该包。你的模板仍需加载包以访问新的标签集。静态模板标签不是默认集的一部分内容，这就是我们需要加载它的原因。

接下来，它可用于插入模板文件的任何地方。例如，默认情况下，Django 使用/static/作为 STATIC_URL。如果打算为 logo.png 文件生成静态 URL，那么我们可以在模板中按照下列方式使用标签。

```
{% static landing/logo.png' %}
```

模板中的输出结果如下所示。

```
/static/landing/logo.png
```

通过一个示例可以更清楚地说明这一点。因此，让我们看一看如何使用 static 标签为许多不同的数据资源生成 URL。

我们可以在带有 img 标签的页面上以图像的形式包含 logo，如下所示。

```
<img src="{% static 'landing/logo.png' %}">
```

这将在模板中被渲染如下。

```
<img src="/static/landing/logo.png">
```

或者可使用 static 标签生成链接 CSS 文件的 URL，如下所示。

```
<link href="{% static 'path/to/file.css' %}"
            rel="stylesheet">
```

这将被渲染如下。

```
<link href="/static/path/to/file.css"
            rel="stylesheet">
```

通过下列代码，static 标签还可用于 script 标签中，以包含 JavaScript 文件。

```
<script src="{% static 'path/to/file.js' %}">
    </script>
```

这将被渲染如下。

```
<script src="/static/path/to/file.js"></script>
```

我们甚至可以此生成一个可供下载的静态文件链接。

```
<a href="{% static 'path/to/document.pdf' %}">
    Download PDF</a>
```

注意：

这不会生成实际的 PDF 内容，且只会创建一个到已有文件的链接。

这将被渲染如下。

```
<a href="/static/path/to/document.pdf">
    Download PDF</a>
```

通过这些示例，我们展示了使用 static 标签（而非硬编码）的优点。当我们准备部署至生产环境中时，我们只需更改 settings.py 中的 STATIC_URL 值，且不需要修改模板中的值。

例如，可将 STATIC_URL 更改为 https://static.example.com/，随后渲染页面时，所显示的示例将自动更新，如下所示。

下列代码针对图像显示了这一点。

```
<img src="https://static.example.com/landing/logo.png">
```

下列代码针对 CSS 链接显示了这一点。

```
<link href=
    "https://static.example.com/path/to/files.css"
    rel="stylesheet">
```

对于脚本，相关代码如下。

```
<script src="
    https://static.example.com/path/to/file.js">
    </script>
```

最后，下列代码用于链接。

```
<a href="
```

```
    https://static.example.com/path/to/document.pdf">
    Download PDF</a>
```

注意，在所有这些示例中，文字字符串均作为参数（带有引号）被传递。此外，你也可以使用变量作为参数。例如，假设正在渲染一个带有上下文的模板，如下所示。

```
def view_function(request):
    context = {"image_file": "logofile.png"}
    return render(request, "example.html", context)
```

我们采用 image_file 变量渲染 example.html 模板。该变量的值是 logo.png。

我们可将该变量传递至不带引号的 static 标签中。

```
<img src="{% static image_file %}">
```

这将以下列方式进行渲染（假设将 STATIC_URL 修改为/static/）。

```
<img src="/static/logo.png">
```

模板标签还可以与 as [variable]后缀一起使用，并将结果分配给变量，以供后续在模板中使用。如果静态文件查找较为耗时，并且想多次引用同一个静态文件（如在多个位置包含一幅图像），那么这将十分有用。

当首次引用静态 URL 时，可分配它一个要赋值的变量名。在当前示例中，我们创建了 logo_path 变量。

```
<img src="{% static 'logo.png' as logo_path %}">
```

这与之前看到的示例具有相同的渲染结果。

```
<img src="/static/logo.png">
```

随后可在模板中再次使用赋值后的变量（logo_path）。

```
<img src="{{ logo_path }}">
```

这将再次得到相同的渲染结果。

```
<img src="/static/logo.png">
```

该变量仅是模板范围内一个普通的上下文变量，并可用于模板中的各处。需要注意的是，我们可能会覆盖已定义的变量——尽管这是在使用任何分配变量的模板标签（如{% with %}）时的一般的警告。

在下一个练习中，我们将实际应用 static 模板，并将 Bookr 评论 Logo 添加至 Bookr 网站中。

练习 5.02　使用静态模板标签

在练习 5.01 中，我们从静态目录中测试了 logo.png 文件服务。在当前练习中，我们将继续开发商业网站项目，并创建一个 index.html 作为 landing 页面的模板。随后将使用{% static %}模板标签在该页面中包含 Logo。

（1）在 PyCharm 中（确保位于 business_site 项目中），右击 business_site 项目目录，并创建一个名为 templates 的新文件夹。右击该目录并选择 New→HTML File，随后选择 HTML 5 file 并将其命名为 index.html，如图 5.8 所示。

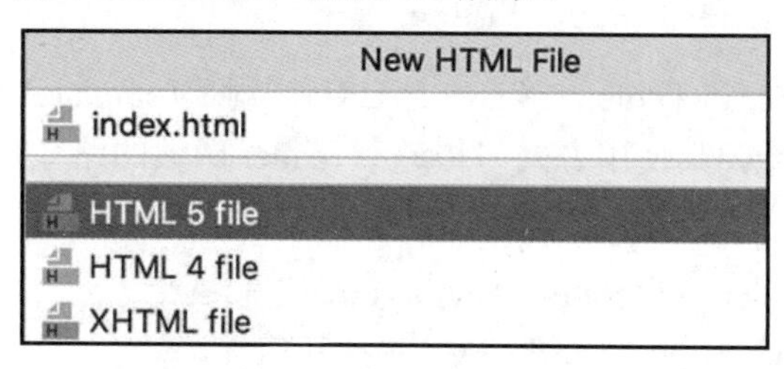

图 5.8　新的 inddex.html

（2）index.html 将处于打开状态。首先加载 static 标签库，以使 static 标签在模板中可用。对此，可使用 load 模板标签执行该操作。在文件的第 2 行（位于<!DOCTYPE html>之后），添加下列代码来加载静态库。

```
{% load static %}
```

（3）此外，我们还可添加一些额外的内容以美化模板。对此，在<title>标签内输入文本 Business Site。

```
<title>Business Site</title>
```

随后，在主体内，添加一个带有文本 Welcome to my Business Site 的<h1>元素。

```
<h1>Welcome to my Business Site</h1>
```

（4）在标题文本下方，使用{% static %}模板标签设置<img>的源，并以此引用练习 5.01 中的 Logo。

```
<img src="{% static 'landing/logo.png' %}">
```

（5）为了进一步丰富网站，在<img>下方添加一个<p>元素，并填写一些商业文字。

```
<p>Welcome to the site for my Business.
   For all your Business needs!</p>
```

尽管额外的文本和标题并不是十分重要，但我们可以此了解如何在其他内容周围使用{% static %}模板标签。读者可访问 http://packt.live/37RUVnE 查看完整的内容。

（6）设置 URL 以用于渲染模板。此外，我们还可使用内建的 TemplateView 渲染模板，且无须创建新的视图。打开 business_site 包目录中的 urls.py 文件，在微件开始处，导入 TemplateView，如下所示。

```
from django.views.generic import TemplateView
```

另外还可移除 admin 导入行，因为当前项目中并未使用到它。

```
from django.contrib import admin
```

（7）添加一个源自/到 TemplateView 的 URL 映射。TemplateView 的 as_view 方法以 template_name 作为参数，其使用方式与传递给 render 函数的路径相同。最终，urlpatterns 如下所示。

```
urlpatterns = [path('', TemplateView.as_view\
              (template_name='index.html')),]
```

保存 urls.py 文件。一旦结束，最终结果就如 http://packt.live/2KLTrlY 所示。

（8）我们由于未使用 landing 应用程序模板目录存储该模板，因此需要通知 Django 使用步骤（1）创建的 templates 目录。我们可将该目录添加至 settings.py 的 TEMPLATES['DIRS']列表中。

打开 business_site 目录中的 settings.py 文件，滚动至 TEMPLATES 设置项处，如下所示。

```
TEMPLATES = \
[{'BACKEND': 'django.template.backends.django.DjangoTemplates',\
  'DIRS': [],\
  'APP_DIRS': True,\
  'OPTIONS': {'context_processors': \
             ['django.template.context_processors.debug',\
              'django.template.context_processors.request',\
              'django.contrib.auth.context_processors.auth',\
              'django.contrib.messages.context_processors\
              .messages',\
      ],\
    },\
},]
```

接下来将 os.path.join(BASE_DIR, 'templates')添加至 DIRS 中。因此，TEMPLATES 设置项如下所示。

```
TEMPLATES = \
[{'BACKEND': 'django.template.backends.django.DjangoTemplates',\
  'DIRS': [os.path.join(BASE_DIR, 'templates')],\
  'APP_DIRS': True,\
  'OPTIONS': {'context_processors': \
              ['django.template.context_processors.debug',\
               'django.template.context_processors.request',\
               'django.contrib.auth.context_processors.auth',\
               'django.contrib.messages.context_processors\
               .messages',\
        ],\
    },\
},]
```

取决于 Django 的版本，它可能不会在 settings.py 中导入 os 模块。要解决这个问题，只需在 settings.py 文件的顶部添加下列一行代码。

```
import os
```

保存并关闭 settings.py 文件，最终结果如 http://packt.live/3pz4rlo 所示。

（9）启动 Django 开发服务器（如果它还未运行）。在浏览器中导航至 http://127.0.0.1:8000/。新的 landing 页面如图 5.9 所示。

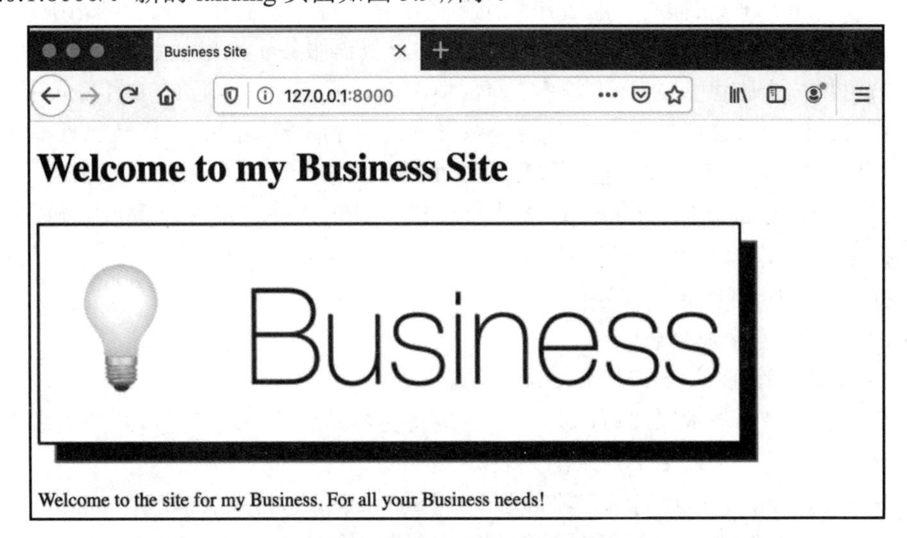

图 5.9　添加了 Logo 的网站

在本练习中，我们添加了 landing 的基模板，并将静态库加载到了该模板中。一旦加载了静态库，我们就可以使用 static 模板标签加载图像。随后，我们将能够在浏览器中看到渲染的商业 Logo。

截至目前，所有静态文件加载都使用了 AppDirectoriesFinder，因为使用它不需要额外的配置。稍后，我们将考查 FileSystemFinder，它更加灵活，但需要少量的配置才能使用它。

5.2.6 FileSystemFinder

前述内容讨论了 AppDirectoriesFinder，并将静态文件添加至 Django 应用程序目录中。然而，设计良好的应用程序应该是自包含的，因此应该只包含它们自己依赖的静态文件。如果存在其他静态文件在整个网站或不同的应用程序中使用，则应该将其存储在应用程序目录之外。

注意：

一般来说，CSS 可能在站点中是一致的，并且可以被保存在一个全局目录中。有些图像和 JavaScript 代码可能是特定于应用程序的，因而可存储在该应用程序的静态目录中。不过，这仅是一般性的建议，我们可将静态文件存储在对项目有意义的任何地方。

在我们的商业网站应用程序中，将在网站静态目录中存储一个 CSS 文件，因为该文件不仅用于 landing 应用程序，随着添加更多的应用程序，还将用于整个网站中。

Django 支持使用 FileSystemFinder 静态文件查找器服务于来自任意目录的静态文件。这些目录可以位于磁盘上的任何位置。通常情况下，我们会在自己的项目目录中设置一个静态目录，但如果公司持有一个全局静态目录，用于许多不同的项目（包括非 Django 的 Web 应用程序），那么我们也可以使用这个目录。

FileSystemFinder 使用 settings.py 文件中的 STATICFILES_DIRS 设置项来确定在哪些目录中搜索静态文件。该操作在项目创建时并不存在，必须由开发人员设置。我们将在下一个练习中添加此项操作。其中，存在两个选项可构建列表。

（1）设置一个字典列表。

（2）设置一个形如(prefix, directory)的元组列表。

在介绍了更多的基本原理后，第 2 个用例将更容易理解。现在，我们将解释第 1 个用例，该用例涉及一个或多个目录的列表。

在 business_site 中，我们将在项目目录中添加一个静态目录（即包含 landing 应用程序和 manage.py 文件的同一个目录）。当构建要赋值给 STATICFILES_DIRS 的列表时，可以使用 BASE_DIR 设置项。

```
STATICFILES_DIRS = [os.path.join(BASE_DIR, 'static')]
```

如前所述，我们可能打算在该列表中设置多个目录路径。例如，如果持有一些由多个 Web 项目共享的公司范围内的静态数据，只需向 STATICFILES_DIRS 列表中添加额外的目录。

```
STATICFILES_DIRS = [os.path.join(BASE_DIR, 'static'), \
                    '/Users/username/projects/company-static/']
```

为了找到匹配的文件，将对每一个目录进行检查。如果一个文件存在于两个目录中，那么将服务于找到的第一个文件。例如，如果静态/main.css（在 business_site 项目目录中）和/Users/username/projects/company-static/bar/main.css 文件都存在，那么/static/main.css 的请求将服务于 business_site 项目的 main.css，因为它在列表中处于第 1 个位置。当确定向 STATICFILES_DIRS 中添加目录的顺序时，请记住这一点。我们可以选择优先考虑项目的静态文件，而不是全局文件，反之亦然。

在我们的商务网站中，将仅使用列表中的 static 目录，因而不必担心会出现上述问题。

在下一个练习中，我们将添加一个静态目录，其中包含一个 CSS 文件。随后将配置 STATICFILES_DIRS 设置项，以便从静态目录中提供服务。

练习 5.03　从项目静态目录中提供服务

在练习 5.01 中，我们曾展示了服务于特定于应用程序的图像文件。接下来，我们打算服务于一个 CSS 文件，该文件将在整个项目中设置样式，因此我们将从项目文件夹内的静态目录中服务于该文件。

在本练习中，我们将设置项目以服务于特定目录中的静态文件，随后再次使用{% static %}模板标签，并将其包含在模板中。这将在 business_site 示例项目的基础上完成。

（1）在 PyCharm 中打开 business_site 项目。随后右击 business_site 项目目录（顶级 business_site 目录，而非 business_site 包目录），并选择 New→Directory。

（2）在 New Directory 对话框中，输入 static 并单击 OK 按钮。

（3）右击刚刚创建的 static 目录，并选择 New→File。

（4）在 Name New File 对话框中，输入 main.css 并单击 OK 按钮。

（5）空的 main.css 文件将自动打开。输入一组简单的 CSS 规则，令文本居中并设置字体和背景颜色。随后将该文本输入 main.css 文件中。

```
body {
   font-family: Arial, sans-serif;
   text-align: center;
   background-color: #f0f0f0;
}
```

保存并关闭 main.css 文件。读者可访问 http://packt.live/38H8a9N 查看完整的文件内容。

（6）打开 business_site/settings.py 文件，设置 STATICFILES_DIRS 设置项的字典列表。在当前示例中，列表仅包含一个条目。通过下列代码在 settings.py 文件的底部定义新的 STATICFILES_DIRS 变量。

```
STATICFILES_DIRS = [os.path.join(BASE_DIR, 'static')]
```

在 settings.py 文件中，BASE_DIR 是一个包含项目目录路径的变量。通过将 static 连接到 BASE_DIR，可以构建步骤（2）中创建的静态目录的完整路径，然后将其放入列表中。读者可访问 http://packt.live/3hnQQKW 查看完整的 settings.py 文件内容。

（7）启动 Django 开发服务器。通过检查是否加载了 main.css 文件，可以验证设置项是否正确。注意，这并未涉及命名空间，所以 URL 是 http://127.0.0.1:8000/static/main.css。在浏览器中打开这个 URL，检查内容是否与刚才输入和保存的内容相匹配，如图 5.10 所示。

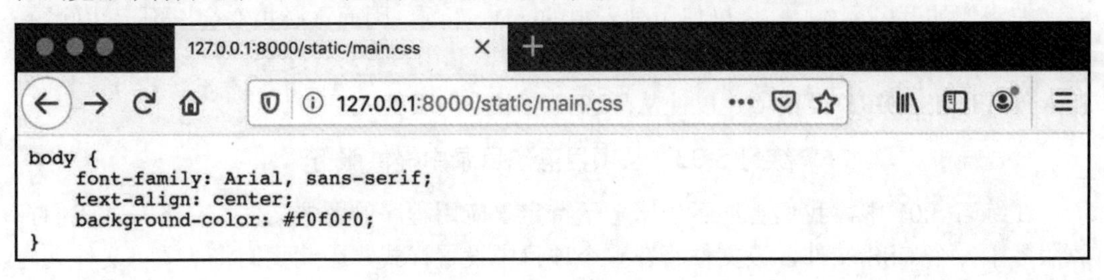

图 5.10　Django 服务的 CSS

如果文件没有加载，请检查 STATICFILES_DIRS 设置。如果修改 settings.py 时 Django 开发服务器正处于运行状态，那么可能需要重启服务器。

（8）需要在索引模板中包含 main.css。打开 templates 文件夹中的 index.html。在闭合</head>标签之前，添加<link>标签以加载 CSS。

```
<link rel="stylesheet" href="{% static 'main.css' %}">
```

这将使用｛%static%｝模板标签链接在 main.css 文件中。如前所述，由于 main.css 并不涉及命名空间，我们可直接包含其名称，随后保存该文件。读者可访问 http://packt.live/392aedP 查看完整的文件内容。

（9）在浏览器中加载 http://127.0.0.1:8000/，可以看到背景颜色、字体和对齐方式等变化内容，如图 5.11 所示。

当前，商业 landing 页面应如图 5.11 所示。由于 base.html 模板包含了 CSS，因此在所有扩展该模板的模板中都可以使用它（尽管目前还未采取这一做法，但这可被视为对未来的良好规划）。

图 5.11　应用了自定义字体的 CSS

在本练习中，我们将一些 CSS 规则置入了它们自己的文件中，并使用了 Django 的 FileSystemFinder 向其提供服务。其实现方式可被描述为，在 business_site 项目目录中创建一个静态目录，并在 Django 设置（settings.py 文件）中使用 STATICFILES_DIRS 设置项对其加以指定。我们使用 static 模板标签将 main.css 文件链接到了 base.html 模板中。随后，我们在浏览器中加载了主页，且字体和颜色均发生了变化。

我们已经讨论了静态文件查找器在请求期间的应用方式（当给定 URL 时加载特定的静态文件）。现在我们来看看它们的其他用例：在运行 collectstatic 管理命令时，为生产部署查找和复制静态文件。

5.2.7　静态文件查找器：collectstatic 期间的应用

一旦结束了静态文件方面的工作，即可将其移至特定的目录中，并由生产 Web 服务器提供服务。随后可通过将 Django 代码和静态文件复制至生产 Web 服务器中来部署我们的网站。在 business_site 示例中，我们打算将 logo.png 和 main.css（以及 Django 自身包含的其他静态文件）移至一个可以复制至生产 Web 服务器的单一目录中，这也是 collectstatic 管理命令所饰演的角色。

我们已经讨论了 Django 如何在请求处理过程中使用静态文件查找器。现在，我们将考查另一个用例，即收集用于部署的静态文件。在运行 collectstatic 管理命令时，使用每个查找器列出磁盘上的静态文件，然后将找到的每个静态文件复制至 STATIC_ROOT 目录（也定义于 settings.py 中）中。这有点像处理请求的反面。也就是说，将文件系统路径复制至前端 Web 服务器可预测的位置，而不是获取 URL 路径并映射至文件系统路径。这允许前端 Web 服务器独立于 Django 处理静态文件的请求。

注意：

前端 Web 服务器的设计目的是，将请求路由至应用程序（如 Django），或者从磁盘中读取静态文件。它可以更快地处理请求，但无法像 Django 那样生成动态内容。前端 Web 服务器包括 Apache HTTPD、Nginx 和 lighttpd 等软件。

针对 collectstatic 工作方式的一些具体例子，我们将分别使用练习 5.01 和练习 5.03 中的两个文件，即 landing/static/landing/logo.png 和 static/main.css 文件。

假设 STATIC_ROOT 被设置为一个由普通 Web 服务器提供服务的目录——这个目录类似于/var/www/business_site/static。这些文件的目的地分别是/var/www/business_site/static/reviews/logo.png 和/var/www/business_site/static/main.css。

当一个静态文件请求进入时，Web 服务器将能够很容易地服务于该请求，因为路径是一致映射的。

- /static/main.css 是由/var/www/business_site/static/main.css 文件提供服务的。
- /static/reviews/logo.png 是由/var/www/business_site/static/reviews/logo.png 文件提供服务的。

这意味着 Web 服务器的根目录是/var/www/business_site/，静态路径只是以 Web 服务器加载文件的常规方式从磁盘上加载目录。

我们已经演示了 Django 如何在开发过程中定位静态文件。在生产环境中，出于安全性和速度考虑，我们需要前端 Web 服务器能够服务于静态文件，且不涉及 Django。

如果未运行 collectstatic，则 Web 服务器无法将 URL 映射回路径。例如，它不知道 main.css 必须从项目的静态目录中被加载，而 logo.png 则必须从 landing 应用程序目录中被加载——它不包含 Django 目录布局的概念。

你可能打算通过将 Web 服务器的根目录设置为 Django 项目目录来直接提供文件——建议不要这样做。共享整个 Django 项目目录存在安全风险，因为这可能会下载 settings.py 文件或其他敏感文件。运行 collectstatic 可将文件复制至一个目录中，该目录可以被移到 Django 项目目录之外的 Web 服务器根目录中以确保安全。

到目前为止，我们已经讨论了如何使用 Django 将静态文件直接复制至 Web 服务器的根目录中。除此之外，你也可以让 Django 将其复制至一个中间目录中，随后将部署过程移至 CDN 或另一台服务器上。此处不会详细介绍具体的部署过程。如何选择将静态文件复制至 Web 服务器上将取决于个人，或公司的现有设置（如持续交付管道）。

注意：

collectstatic 命令不考虑静态模板标记的使用。它将收集静态目录中的所有静态文件，甚至包括那些项目没有包含在模板中的文件。

在下一个练习中，我们将实际考查 collectstatic 命令，并以此将目前所有的 business_site 静态文件复制到一个临时目录中。

练习 5.04　收集生产环境的静态文件

虽然本章不会涉及 Web 服务器的部署，但我们仍然可以使用 collectstatic 管理命令并查看其结果。在本练习中，我们将为要复制的静态文件创建一个临时保存位置。这个目录被称作 static_production_test，并位于 business_site 项目目录中。作为部署过程的一部分，你可以将该目录复制至生产 Web 服务器上。但是，在第 17 章之前我们不会设置服务器，所以我们仅研究其内容以理解文件是如何复制和组织的。

（1）在 PyCharm 中，创建一个临时目录并置入收集的文件。右击 business_site 项目目录（顶级文件夹，而不是 business_site 模块），并选择 New→Directory。

（2）在 New Directory 对话框中，输入名称 static_production_test 并单击 OK 按钮。

（3）打开 settings.py 文件，在该文件底部，针对 STATIC_ROOT 定义一个新设置项，将其设置为刚刚创建的目录的路径。

```
STATIC_ROOT = os.path.join(BASE_DIR, 'static_production_test')
```

这将把 static_dir 连接至 BASE_DIR（商务网站的项目路径）并生成全路径。随后保存 settings.py 文件。读者可访问 http://packt.live/2Jq59Cc 查看完整的文件内容。

（4）在终端中，运行 collectstatic manage 命令。

```
python3 manage.py collectstatic
```

对应的输出结果如下。

```
132 static files copied to \
    '/Users/ben/business_site/static_production_test'.
```

如果仅复制两个文件，这看起来数量众多。但是请记住，该命令会针对所有安装的应用程序复制全部文件。在本例中，由于已安装了 Django admin 应用程序，因此 132 个文件中的大多数文件均支持此项功能。

（5）考查 static_production_test 目录，并查看所创建的内容。该目录的展开视图（来自 PyCharm 项目页面）如图 5.12 所示。

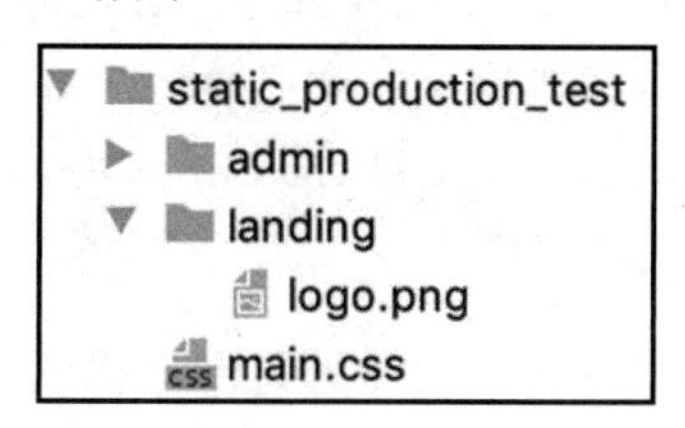

图 5.12　collectstatic 命令的目标目录

其中 3 项内容值得注意。

（1）admin 目录：该目录包含来自 Django admin 应用程序的文件。当对该目录进行查看时，将会看到它被组织为多个子目录，即 css、fonts、img 和 js。

（2）landing 目录：这是一个来自 landing 应用程序的 static 目录，其中包含了一个 logo.png 文件。该目录经创建后以匹配所创建目录的命名空间。

（3）main.css 文件：该文件源自项目的 static 目录。由于未将其放置在命名空间目录中，因此它直接被放置在 STATIC_ROOT 中。

如果愿意，可以打开这些文件的任意一个文件，并验证其内容是否与刚刚处理的文件相匹配——答案应该是肯定的，因为它们只是原始文件的副本。

在本练习中，我们收集了所有来自 business_site 的静态文件（包括 Django 包含的 admin 静态文件）。它们被复制至 STATIC_ROOT 设置项定义的目录（business_site 项目目录中的 static_production_test）中。可以看到，main.css 直接位于这个文件夹中，但其他静态文件的命名空间在其应用目录（admin 和 reviews）中。这个文件夹可以被复制至生产 Web 服务器上以部署项目。

5.2.8　STATICFILES_DIRS 前缀模式

如前所述，STATICFILES_DIRS 设置项还接收以(prefix, directory)形式作为元组的条目。这些操作模式并不相互排斥，STATICFILES_DIRS 可以包含无前缀（字符串）条目或有前缀（元组）条目。

本质上，可将一个特定的 URL 前缀映射至一个目录。在 Bookr 中，我们没有足够的静态数据资源以确保对此进行设置。但是，如果打算以不同的方式组织静态数据资源，那么这将十分有用。例如，可将图像保存至某个目录中，而将所有的 CSS 保存在另一个目录中。如果使用第三方 CSS 生成工具，如 Node.js with LESS，则很可能需要执行此类操作。

注意：

LESS 是一个使用 Node.js 的 CSS 预处理程序。它允许你使用变量和其他类似于编程的概念来编写 CSS，而这些概念在本地是不存在的。随后，Node.js 将此编译为 CSS。更深入的解释则超出了本书的范围。如果使用 LESS（或类似的工具），那么很可能是打算直接从保存编译输出的目录中提供服务。

解释前缀模式如何工作的最简单方法是通过一个简短的示例予以说明。这将扩展练习 5.03 中创建的 STATICFILES_DIRS 设置项。在这个例子中，有两个带前缀的目录被添加到这个设置项中，这两个目录分别服务于图像和 CSS。

```
STATICFILES_DIRS = [os.path.join(BASE_DIR, 'static'),\
                    ('images', os.path.join\
                              (BASE_DIR, 'static_images')),\
                    ('css', os.path.join(BASE_DIR, 'static_css'))]
```

除了不带前缀的静态目录，我们还在 business_site 项目目录中添加了 static_images 目录的服务，它的前缀是 images。此外，我们还在 Bookr 项目目录中添加了 static_css 目录的服务，前缀为 css。

随后可分别从 static、static_css 和 static_images 目录中服务于 3 个文件：main.js、main.css 和 main.jpg。对应的目录布局如图 5.13 所示。

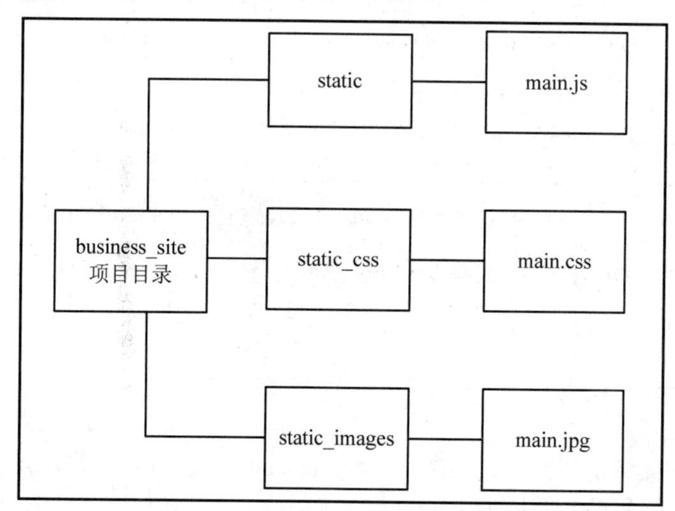

图 5.13　采用前缀 URL 的目录布局

当通过 URL 访问这些文件时，对应的映射关系如图 5.14 所示。

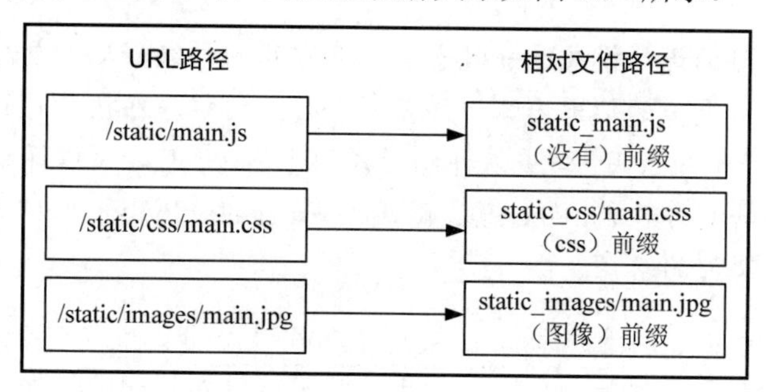

图 5.14　基于前缀的 URL 和文件之间的映射

Django 将任何带有前缀的静态 URL 路由至与该前缀匹配的目录中。

当使用静态模板标签时，可使用前缀和文件名，而不是目录名。例如：

```
{% static 'images/main.jpg' %}
```

当利用 collectstatic 命令收集静态文件时，它们被移至 STATIC_ROOT 内部一个带有前缀名的目录中。STATIC_ROOT 目录中的源路径和目标路径如图 5.15 所示。

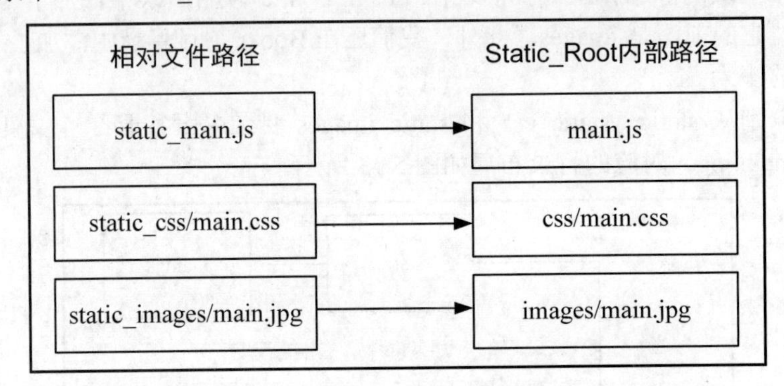

图 5.15　将项目目录中的路径映射到 STATIC_ROOT 中的路径

Django 在 STATIC_ROOT 内部创建前缀目录。正因为如此，即使在使用 Web 服务器而不是通过 Django 路由 URL 查找时，路径也可以保持一致。

5.2.9　findstatic 命令

staticfiles 还提供了另一个管理命令，即 findstatic。该命令可输入一个静态文件的相对路径（与在静态模板标签中使用的相同），Django 会通知你该文件的位置。除此之外，findstatic 命令还可用于详细模式以输出正在搜索的目录。

注意：

读者可能不太熟悉详细模式这一概念。具有更高的详细程度（或简单地打开详细模式）将导致命令生成更多的输出内容。许多命令行应用程序在执行时的详细程度不一而同，这在调试程序时十分有用。当查看详细模式的示例时，可尝试以详细模式运行 Python shell。输入 python -v（而不是 python），随后按 Enter 键。Python 将以详细模式启动，并输出它导入的每个文件的路径。

此命令主要用于调试/故障排除。如果正在加载错误的文件，或者无法找到特定的文件，则可以使用此命令尝试找出原因。该命令将显示针对特定路径加载磁盘上的哪个文件，或者让用户知道无法找到文件以及搜索了哪些目录。

这可以帮助解决多个文件具有相同的名称以及优先级问题。有关 STATICFILES_DIRS 设置项中优先级的说明，读者可参考 FileSystemFinder 部分中的内容。此外还可能看到，Django 未在期望的目录中搜索文件。在这种情况下，静态目录可能需要被添加至 STATICFILES_DIRS 设置中。

在下一个练习中，将执行 findstatic 管理命令，以便了解不同场合（正确找到文件或文件丢失）下的一些输出内容。

练习 5.05　利用 findstatic 查找文件

在本练习中，我们将运行 findstatic 命令和各种选项，并理解其输出的含义。首先，我们将使用该命令查找一个存在的文件，并查看它是否显示该文件的路径。随后，我们将尝试查找一个不存在的文件，并检查错误的输出结果。接下来，我们将以不同的详细程度，以及与命令交互的不同方式重复此过程。虽然本练习不会改变或推进 Bookr 项目，但在开发自己的 Django 应用程序时，熟悉该命令是十分有用的。

（1）打开终端并导航至 business_site 项目目录。

（2）执行 findstatic 命令且不包含任何选项，这将输出一些应用方面的帮助。

```
python3 manage.py findstatic
```

对应的输出结果如下。

```
usage: manage.py findstatic
     [-h] [--first] [--version] [-v {0,1,2,3}]
     [--settings SETTINGS] [--pythonpath PYTHONPATH]
     [--traceback] [--no-color] [--force-color]
     [--skip-checks]
     staticfile [staticfile ...]

manage.py findstatic: error: Enter at least one label.
```

（3）可以一次找到一个或多个文件。下面从已知的 main.css 文件开始。

```
python3 manage.py findstatic main.css
```

该命令输出找到 main.css 的路径

```
Found 'main.css' here:
   /Users/ben/business_site/static/main.css
```

完整的路径可能会有所不同。但是可以看到，当 Django 在请求中定位 main.css 时，它会从项目静态目录中加载 main.css 文件。

如果安装的第三方应用程序没有对其静态文件实现正确的命名空间，并且与某个文件冲突，那么这将十分有用。

（4）尝试查找不存在的文件：logo.png。

```
python3 manage.py findstatic logo.png
```

Django 将输出一条错误消息表明该文件未找到。

```
No matching file found for 'logo.png'.
```

Django 无法定位这个文件，因为我们对它实现了命名空间——我们必须包含完整的相对路径，就像在 static 模板标签中使用的一样。

（5）再次尝试查找 logo.png 文件，但这一次使用全路径。

```
python3 manage.py findstatic landing/logo.png
```

Django 现在可以查找到该文件。

```
Found 'landing/logo.png' here:
   /Users/ben/business_site/landing/static/landing/logo.png
```

（6）作为参数添加每一个文件，可一次查找多个文件。

```
python3 manage.py findstatic landing/logo.png missing-file.js main.css
```

每个文件的位置状态如下。

```
No matching file found for 'missing-file.js'.
Found 'landing/logo.png' here:
   /Users/ben/business_site/landing/static/landing/logo.png
Found 'main.css' here:
   /Users/ben/business_site/static/main.css
```

（7）该命令的执行详细度为 0、1 或 2。默认状态下，该命令以详细度 1 执行。当设置详细度时，可使用--verbosity 或-v 标志。相应地，将详细度减至 0，则仅输出它所定位的路径，且不会输出任何额外的信息。如果路径丢失，则不会显示错误消息。

```
python3 manage.py findstatic -v0 landing/logo.png missing-file.js main.css
```

这里，输出仅显示查找路径——注意，对应丢失的文件 missing-file.js 并未显示错误消息。

```
/Users/ben/business_site/landing/static/landing/logo.png
/Users/ben/business_site/static/main.css
```

如果要将输出输送到另一个文件或命令，这种级别的详细度可能很有用。

（8）关于 Django 在哪个目录中搜索所请求的文件，为了获得更多的信息，可将详细度增至 2。

```
python3 manage.py findstatic -v2 landing/logo.png missing-file.js main.css
```

输出结果包含了更多的信息，包括为请求文件搜索的目录。可以看到，在安装 admin 应用程序时，Django 也在 Django 管理应用程序目录中搜索静态文件，如图 5.16 所示。

```
(bookr) → business_site python3 manage.py findstatic -v2 landing/logo.png missing-file.js main.css
No matching file found for 'missing-file.js'.

Looking in the following locations:
  /Users/ben/business_site/static
  /Users/ben/.virtualenvs/bookr/lib/python3.7/site-packages/django/contrib/admin/static
  /Users/ben/business_site/landing/static
Found 'landing/logo.png' here:
  /Users/ben/business_site/landing/static/landing/logo.png
Looking in the following locations:
  /Users/ben/business_site/static
  /Users/ben/.virtualenvs/bookr/lib/python3.7/site-packages/django/contrib/admin/static
  /Users/ben/business_site/landing/static
Found 'main.css' here:
  /Users/ben/business_site/static/main.css
Looking in the following locations:
  /Users/ben/business_site/static
  /Users/ben/.virtualenvs/bookr/lib/python3.7/site-packages/django/contrib/admin/static
  /Users/ben/business_site/landing/static
```

图 5.16　采用详细度 2 执行的 findstatic 命令，精确地显示了搜索了哪些目录

findstatic 命令并不是在使用 Django 时的常见命令。当视图解决基于静态文件的问题时，了解该命令是十分有用的。可以看到，该命令输出了存在的文件的完整路径，以及当文件不存在时的错误消息。此外，我们还运行了该命令，同时一次性提供了多个文件，并输出了与全部文件相关的信息。最后，我们以不同的详细度运行了该命令。其中：-v0 标志禁用了与丢失文件相关的错误信息；-v1 为默认值并显示找到的路径和错误；-v2 标志还将输出针对特定静态文件搜索的目录。

5.2.10　处理最近的文件

关于缓存，基本的思想是，一些操作执行起来可能比较耗时，我们可将操作结果存储在一个更快访问的地方以加快系统的速度，以便下一次需要这些结果时可对其进行快速检索。这里，较为耗时的操作可以是任何事物，如较为耗时的函数、较长时间渲染的图像、需要很长时间从互联网上下载的数据资源。这里，我们最感兴趣的是最后一种情况。

读者可能已经注意到，当首次访问某个网站时，它的加载速度很慢，但下一次的加载速度则要快得多。这是因为浏览器缓存了站点需要加载的一些（或全部）静态文件。

这里，以我们的商业网站为例，该网站有一个包含 logo.png 文件的页面。当首次访问该商业网站时，我们必须下载动态 HTML，它很小且传输速度较快。浏览器解析 HTML 并看到 logo.png 文件应被包含在内。随后浏览器下载该文件，这一过程较为耗时。注意，此场景假设商业网站下载托管在远程服务器上，而不是本地机器上（这对我们来说访问速度非常快）。

如果 Web 浏览器设置正确，浏览器将在计算机上存储 logo.png 文件。下一次访问 landing 页面（或包含 logo.png 的任意页面）时，浏览器识别的 URL 可从磁盘中加载该文件，而不必再次下载，从而加快了浏览体验。

注意：

我们曾谈及，“如果 Web 服务器设置正确”，浏览器将执行缓存操作。这里的含义是什么？应将前端服务器配置为发送特定的 HTTP 头作为静态文件响应的一部分内容。它可以发送一个 Cache-Control 头，其值可以是 no-cache（该文件不应被缓存。换言之，每次都请求最新的版本）或 max-age=<seconds>（该文件只有在最后一次被检索超过<seconds>秒时，才应该再次被下载）。响应还可以包含 Expires 头，其值为日期。一旦达到该日期，文件就被认为是“过期”的，此时应该请求新版本。

缓存失效是计算机科学中最难的问题之一。例如，如果更改 logo.png 文件，浏览器如何知道它应该下载新版本？唯一确定该文件已经更改的方法是再次下载该文件，并将其与每次保存的版本进行比较。当然，这违背了缓存的目的，因为每次文件更改（或未更改）时，我们仍然需要下载。我们可以在任意时间或服务器指定的时间内进行缓存。但如果静态文件在时间结束前发生了变化，我们将对此一无所知，且仍然会使用旧版本，直至我们认为该文件已经过期，这时才会下载新的版本。如果有效期为一个星期，而静态文件在第二天被更改，那么仍然会使用旧文件 6 天。当然，如果打算再次强制下载所有静态资源，浏览器可以在不使用缓存的情况下重新加载页面（具体操作方式取决于浏览器，例如，Shift+F5 或 Cmd+Shift+R）。

相应地，没有必要尝试缓存动态响应结果（渲染的模板）。由于动态响应被设计为动态的，我们希望确保用户在每次加载页面时都能获得最新版本，因此它们不应该被缓存。另外，其尺寸也较小（与图像等数据资源相比），因此在缓存它们时并没有太多的速度优势。

对此，Django 提供了内建的解决方案。在 collectstatic 阶段，当复制文件时，Django

可将其内容的哈希值附加至文件名上。例如，源文件 logo.png 将被复制至 static_production_test/landing/logo.f30ba08c60ba.png 中。这里，只有在使用 ManifestFilesStorage 存储引擎时才能做到这一点。因为文件名只在内容更改时才会更改，所以浏览器总是会下载新内容。

使用 ManifestFilesStorage 只是使缓存失效的一种方法，可能还存在其他更适合应用程序的选项。

注意：

哈希是一个单向函数，它生成一个固定长度的字符串，而不管输入的长度如何。相应地，存在几种不同的哈希函数可用，Django 使用 MD5 实现内容的哈希化。尽管不再是加密安全的，但它已然能满足当前要求。为了说明固定长度的属性，字符串 a 的 MD5 哈希值为 0cc175b9c0f1b6a831c399e269772661。字符串（一个更长的字符串）的 MD5 哈希值是 69fc4316c18cdd594a58ec2d59462b97。它们都是 32 个字符。。

相应地，可通过更改 settings.py 中的 STATICFILES_STORAGE 值来选择存储引擎。这是一个带有点状路径的字符串，指向要使用的模块和类。实现哈希相加功能的类是 django.contrib.staticfiles.storage.ManifestStaticFilesStorge。使用这个存储引擎不需要对 HTML 模板进行任何更改，前提是在 static 模板标签中包含了静态数据资源。Django 生成一个清单文件（JSON 格式的 staticfiles.json）包含原始文件名和哈希文件名之间的映射。当使用 static 模板标签时，它会自动插入散列的文件名。如果在包含静态文件时没有使用 static 标签，而只是手动插入静态 URL，那么浏览器将尝试加载非哈希路径，并且当缓存应该无效时 URL 将不会自动更新。

例如，利用 static 标签包含 logo.png，如下所示。

```
<img src="{% static 'reviews/logo.png' %}">
```

当页面被渲染时，最新的哈希值将从 staticfiles.json 中被检索，输出结果如下。

```
<img src="/static/landing/logo.f30ba08c60ba.png">
```

如果未使用 static 标签，而是对路径进行硬编码，那么它将始终显示为已编写的内容。

```
<img src="/static/landing/logo.png">
```

因为它不包含哈希值，所以浏览器不会看到路径发生变化，因此不会尝试下载新文件。

在运行 collectstatic 时，Django 会保留带有旧哈希值的上一版本文件，因此应用程序的旧版本仍可在需要时使用该文件。最新版本的文件也会被复制且不带哈希值，所以非 Django 应用程序可以引用它而不需要查找哈希值。

在下一个练习中，我们将更改项目设置以使用 ManifestFilesStorage 引擎，然后运行 collectstatic 管理命令。这将复制所有的静态数据资源，如练习 5.04 所示。但是，现在文件名中包含了哈希值。

练习 5.06　ManifestFilesStorage 存储引擎

在本练习中，我们将暂时更新 settings.py 以使用 ManifestFilesStorage，然后运行 collectstatic 以查看文件是如何利用哈希值生成的。

（1）在 PyCharm 中（在 business_site 项目中），打开 settings.py 文件，在文件底部添加 STATICFILES_STORAGE 设置。

```
STATICFILES_STORAGE = \
'django.contrib.staticfiles.storage.ManifestStaticFilesStorage'
```

读者可访问 http://packt.live/2Jq59Cc 查看完整的文件。

（2）打开终端并导航至 business_site 项目目录。运行 collectstatic 命令。

```
python3 manage.py collectstatic
```

如果 static_production_test 目录非空（在练习 5.04 中，文件可能被移至此处），那么我们将会被提示覆盖现有的文件，如图 5.17 所示。

```
(bookr) → business_site python3 manage.py collectstatic

You have requested to collect static files at the destination
location as specified in your settings:

    /Users/ben/business_site/static_production_test

This will overwrite existing files!
Are you sure you want to do this?

Type 'yes' to continue, or 'no' to cancel:
```

图 5.17　运行 collectstatic 命令时提示覆盖已有的文件

输入 yes 并按 Enter 键以允许覆盖已有文件。

该命令的输出结果将通知你复制的文件适量以及被处理的文件适量，并将哈希值添加至文件名中。

```
0 static files copied to '/Users/ben/business_site
    /static_production_test', 132 unmodified,
    28 post-processed.
```

自从上次运行 collectstatic 以来，我们没有更改任何文件，因此不会复制任何文件。相反，Django 只是对这些文件（28 个）进行后处理，也就是说，生成其哈希值并附加文件名。

静态文件像以前一样被复制至 static_production_test 目录中。但是，现在每个文件都有两个副本：一个文件以哈希值命名，另一个文件不以哈希值命名。

static/main.css 已被复制至 static_production_test/main.856c74fb7029.css（如果 CSS 文件内容不同，如包含了额外的空格或换行符，那么该文件名也将有所不同）中，如图 5.18 所示。

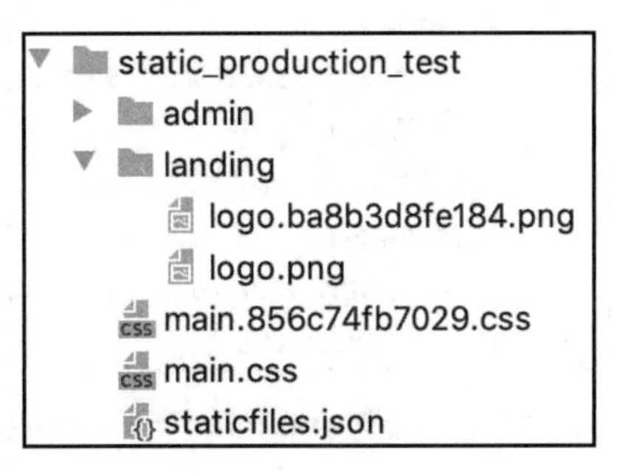

图 5.18　展开的 static_production_test 目录，其中包含了哈希值的文件名

图 5.18 显示了展开后的 static_production_test 目录，可以看到每个静态文件的两个副本以及 staticfiles.json 清单。这里，以 logo.png 为例，可以看到 landing/static/landing/logo.png 已被复制至 static_production_test/landing/logo.ba8d3d8fe184.png 的同一目录中。

（3）更改 main.css 文件以查看哈希值的变化方式。在该文件的底部添加一些空行并保存该文件。这不会改变 CSS 的效果，但文件内容的变化将会影响到哈希值。在终端中运行 collectstatic 命令，如下所示。

```
python3 manage.py collectstatic
```

输入 yes 并确认覆盖原有文件。

```
You have requested to collect static files at the \
 destination location as specified in your settings:

  /Users/ben/business_site/static_production_test

This will overwrite existing files!
Are you sure you want to do this?

Type 'yes' to continue, or 'no' to cancel: yes
```

```
1 static file copied to '/Users/ben/business_site\
   /static_production_test', 131 unmodified, 28 post-processed.
```

由于仅更改了一个文件，因此仅一个静态文件被复制（main.css）。

（4）再次查看 static_production_test 目录。可以看到，包含旧哈希值的旧文件被保留，并且添加了包含新哈希值的新文件，如图 5.19 所示。

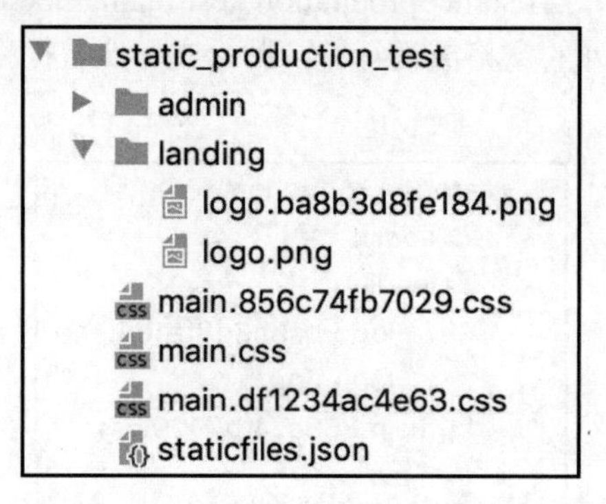

图 5.19　添加了包含最新哈希值的另一个 main.css 文件

在本例中，我们分别持有 main.856c74fb7029.css（现有文件）、main.df1234ac4e63.css（新文件）和 main.css 文件，具体哈希值可能有所不同。

其中，main.css 文件（并包含哈希值）包含最新的内容。也就是说，main.df1234ac4e63.css 和 main.css 文件内容是相同的。在 collectstatic 执行过程中，Django 会复制包含哈希值的文件，也会复制没有哈希值的文件。

（5）检查 Django 生成的 staticfiles.json 文件。这是一个映射，它允许 Django 从正常路径查找哈希路径。打开 tatic_production_test/staticfiles.json，所有的内容都可能出现在一行中。如果是这样，从 Viewmenu→Active Editor→Soft Wrap 中启用自动换行。滚动至文件底部，应该会看到 main.css 文件的一个条目，例如：

```
"main.css": "main.df1234ac4e63.css"
```

这就是 Django 在使用 static 模板标签时如何在模板中填充正确的 URL：通过查找映射文件中的哈希路径。

（6）我们已经完成了 business_site，该过程仅供测试使用。我们可删除或保留该项目，以供操作期间参考。

注意：

然而，我们无法检查哈希 URL 在模板中的插值方式，因为在调试模式下运行时，

Django 不会查找文件的哈希版本。我们知道，Django 开发服务器仅在调试模式下运行，如果关闭调试模式并尝试查看哈希插值，那么 Django 开发服务器将无法启动。在使用前端 Web 服务器进行生产时，需要自己检查这种插值过程。

在本练习中，通过向 settings.py 文件中添加 STATICFILES_STORAGE 设置，我们配置了 Django 以使用其静态文件存储的 ManifestFilesStorage。随后，我们执行了 collectstatic 并查看了哈希值的生成方式，以及如何添加复制文件的文件名。我们看到了名为 staticfiles.json 的清单文件，它存储了原始路径到哈希路径的查找。最后，我们清理了当前练习和练习 5.04 中添加的设置和目录，包括 STATIC_ROOT 设置、STATICFILES_STORAGE 设置和 static_product_test 目录。

5.2.11　自定义存储引擎

在前述内容中，我们将存储引擎设置为 ManifestFilesStorage，该类由 Django 提供。但是，还可以编写自己的存储引擎。例如，当运行 collectstatic 时，可编写自己的存储引擎将静态文件上传至 CDN、Amazon S3 或 Google Cloud bucket 中。

编写自定义存储引擎则超出了本书的讨论范围。对此，存在第三方库支持上传至各种云服务，如 django-storages。读者可访问 https://django-storages.readthedocs.io/查看更多信息。

下列代码简要说明了创建自定义文件存储引擎应实现的方法。

```
from django.conf import settings
from django.contrib.staticfiles import storage
class CustomFilesStorage(storage.StaticFilesStorage):
    def __init__(self):
    """
    The class must be able to be instantiated
    without any arguments.
    Create custom settings in settings.py and read them instead.
    """
    self.setting = settings.CUSTOM_STORAGE_SETTING
```

该类必须能够在没有任何参数的情况下被实例化。__init__函数必须能够从全局标识符（在本例中，从 Django 设置中）加载任何设置。

```
def delete(self, name):
    """
    Implement delete of the file from the remote service.
    """
```

该方法应能够从远程服务上删除 name 参数指定的文件。

```
def exists(self, name):
"""
Return True if a file with name exists in the remote service.
"""
```

另外，该方法应可查询远程服务，并检查 name 指定的文件是否存在。若文件存在，则返回 True，否则返回 False。

```
def listdir(self, path):
"""
List a directory in the remote service. Return should
be a 2-tuple of lists, the first a list of directories,
the second a list of files.
"""
```

另外，该方法应可查询远程服务，并列出 path 处的目录。随后返回一个由列表组成的二元组。其中，第一个元素应该是 path 内的目录列表，第二个元素应该是文件列表。例如：

```
return (['directory1', 'directory2'], \
        ['code.py', 'document.txt', 'image.jpg'])
```

如果 path 不包含目录或文件，那么对应元素将返回一个空列表。如果目录为空，则返回两个空列表。

```
def size(self, name):
"""
Return the size in bytes of the file with name.
"""
```

该方法查询远程服务，并获取 name 指定的文件大小。

```
def url(self, name):
"""
Return the URL where the file of with name can be
access on the remote service. For example, this
might be URL of the file after it has been uploaded
to a specific remote host with a specific domain.
"""
```

该方法确定 URL 并访问 name 指定的文件。这可以通过将 name 附加到特定的静态托管 URL 来构建。

```
def _open(self, name, mode='rb'):
"""
Return a File-like object pointing to file with
name. For example, this could be a URL handle for
a remote file.
"""
```

该方法将提供一个由 name 指定的句柄远程文件。如何实现这一点取决于远程服务的类型。你可能必须下载该文件，随后使用内存缓冲区（如 io.BytesIO 对象）模拟文件的打开。

```
def _save(self, name, content):
"""
Write the content for a file with name. In this
method you might upload the content to a
remote service.
"""
```

该方法应将 content 保存至 name 处的远程文件中。具体实现方法取决于远程服务。它可以通过 SFTP 传输文件，或者上传至 CDN。

虽然这个示例没有实现与远程服务之间的任何传输，但你可以参考它来了解如何实现自定义存储引擎。

在实现了自定义存储引擎之后，你可以通过在 settings.py 文件的 STATICFILES_STORAGE 设置中设置其点状模块路径来激活它。

操作 5.01　添加 reviews Logo

Bookr 应用程序应该包含一个特定于 reviews 应用程序页面的 Logo。这将涉及为 reviews 应用程序添加一个基础模板，并更新当前评论模板以继承基础模板。随后，Bookr reviews Logo 将被包含在这个基础模板中。

具体步骤如下。

（1）添加 CSS 规则以定位 Logo。将该规则添加至现有的 base.html 中，并在.navbar-brand 规则之后。

```
.navbar-brand > img {
    height: 60px;
}
```

（2）添加一个继承模板可覆盖的 brand block 模板标签，将其置入基于 navbar-brand 类的<a>元素中。block 的默认内容应保留为 Book Review。

（3）在 reviews 应用程序中添加一个静态目录，其中包含一个命名空间目录。从

https://packt.live/2WYlGjP 处下载评论的 logo.png，并将其置入这个目录中。

（4）创建 Bookr 项目的 templates 目录（在 Bookr 项目目录中）。随后将 reviews 应用程序的当前 base.html 移至该目录中，因此它变为整个项目的基础模板。

（5）在 settings.py 中向 TEMPLATES['DIRS']设置中添加新的 templates 目录的路径（与练习 5.02 相同）。

（6）针对 reviews 应用程序创建另一个 base.html 模板，将其置入 reviews 应用程序的 templates 目录中。新的模板应扩展了现有的 base.html。

（7）新的 base.html 应覆盖 brand 块的内容。该块应只包含一个<img>实例，它的 src 属性是使用{% static %}模板标签设置的。图像源应为步骤（2）中添加的 Logo。

（8）views.py 中的索引视图应渲染项目 base.html，而不是 reviews 项目。

图 5.20 和图 5.21 显示了调整后页面的最终结果。注意，虽然我们更改了基础模板，但主页的布局并没有任何变化。

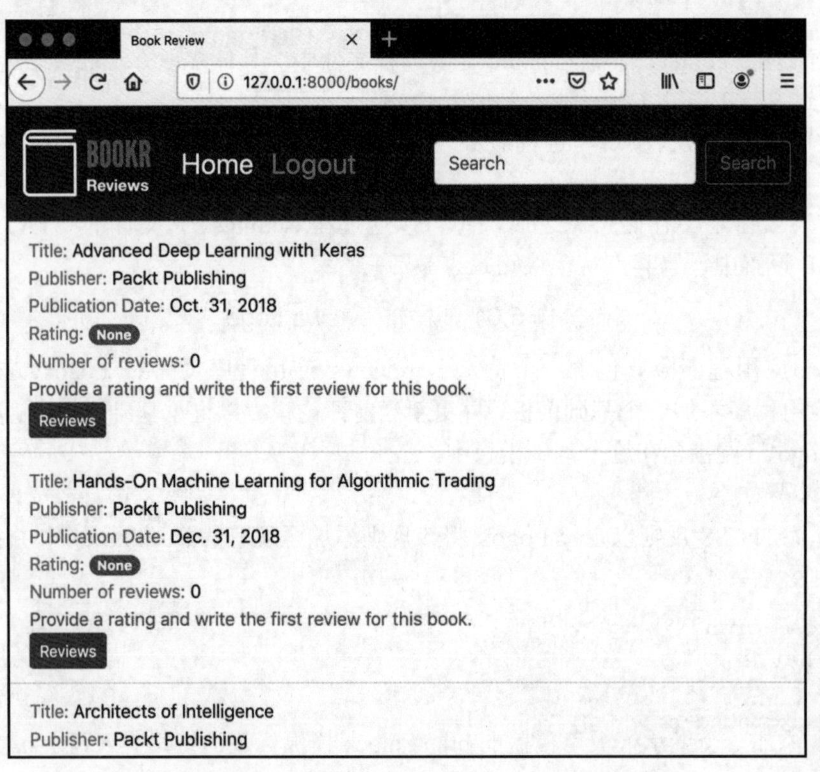

图 5.20　添加了评论 Logo 后的图书列表页面

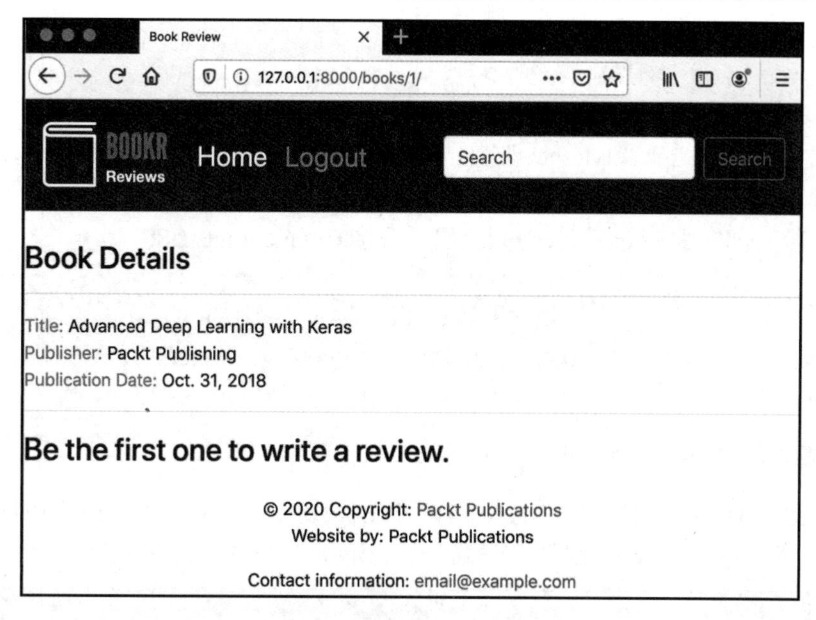

图 5.21　添加了 Logo 后的 Book Details 页面

注意：

读者可访问 http://packt.live/2Nh1NTJ 查看该操作的完整解决方案。

操作 5.02　CSS 增强

目前，CSS 被保留在 base.html 模板中。为了达到最佳效果，应该将其移至自己的文件中，这样就可以单独缓存并减小 HTML 下载的大小。此外，你还可以添加一些 CSS 增强效果，如字体和颜色，以及 Google Fonts CSS 中的链接以支持这些变化内容。

相关步骤如下。

（1）在 Bookr 项目目录中创建名为 static 的目录。随后在其中创建一个名为 main.css 的新文件。

（2）将<style>中的内容从 base.html 主模板中复制至新的 main.css 文件中。随后移除模板中的<style>元素。在 CSS 文件的结尾处添加这些额外的规则。

```
body {
  font-family: 'Source Sans Pro', sans-serif;
    background-color: #e6efe8
  color: #393939;
}
```

```
h1, h2, h3, h4, h5, h6 {
  font-family: 'Libre Baskerville', serif;
}
```

（3）利用<link rel="stylesheet" href="...">标签链接新的 main.css 文件。使用{% static %}模板标签生成 href 属性的 URL，不要忘记加载 static 库。

（4）通过向基础模板中添加下列代码，链接 Google Fonts CSS。

```
<link rel="stylesheet"
  href="https://fonts.googleapis.com/css?family
    =Libre+Baskerville|Source+Sans+Pro&display=swap">
```

注意：

需要建立活动的互联网连接，以便浏览器能够包含远程 CSS 文件。

（5）更新 Django 设置以添加 STATICFILES_DIRS，设置步骤（1）中创建的 static 目录。待一切结束后，Boor 应用程序如图 5.22 所示。

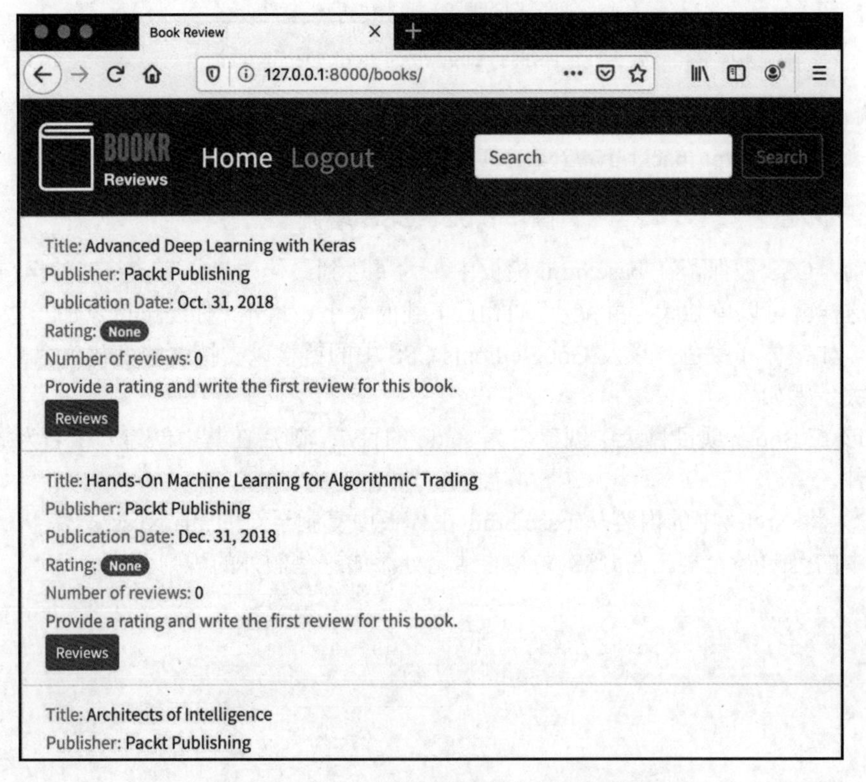

图 5.22　包含新字体和背景颜色的图书列表

注意新的字体和背景颜色，这些内容应显示于所有的 Bookr 页面上。

注意：

读者可访问 http://packt.live/2Nh1NTJ 查看该操作的完整解决方案。

操作 5.03　添加全局 Logo

我们已经添加了 reviews 应用程序页面上的 Logo。但另一个 Logo 可作为默认项并以全局方式加以使用。同时，其他应用程序还能够覆写该 Logo。

（1）访问 https://packt.live/2Jx7Ge4 并下载 Bookr Logo（logo.png）。

（2）将其保存在项目的 static 主目录中。

（3）编辑 base.html 文件。我们已经拥有了一个 Logo 块（brand），所以可在这里放置一个<img>实例。使用 static 模板标签引用刚刚下载的 Logo。

（4）检查页面是否正常工作。在主 URL 中，应可看到 Bookr Logo；但在图书列表和详细页面中，应可看到 Bookr Reviews Logo。

待一切结束后，主页面上的 Bookr Logo 如图 5.23 所示。

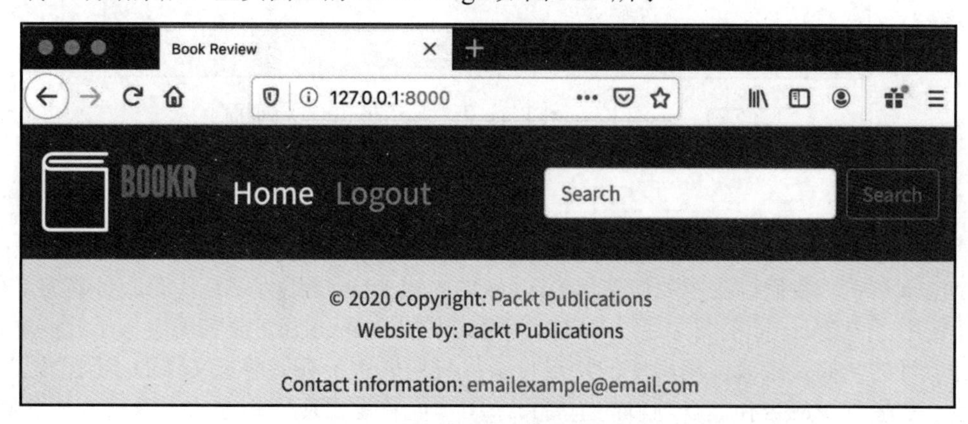

图 5.23　主页面上的 Bookr Logo

当访问之前包含 Bookr Reviews Logo 的页面时，如图书列表页面，它仍然应显示 Bookr Reviews Logo，如图 5.24 所示。

注意：

读者可访问 http://packt.live/2Nh1NTJ 查看该操作的完整解决方案。

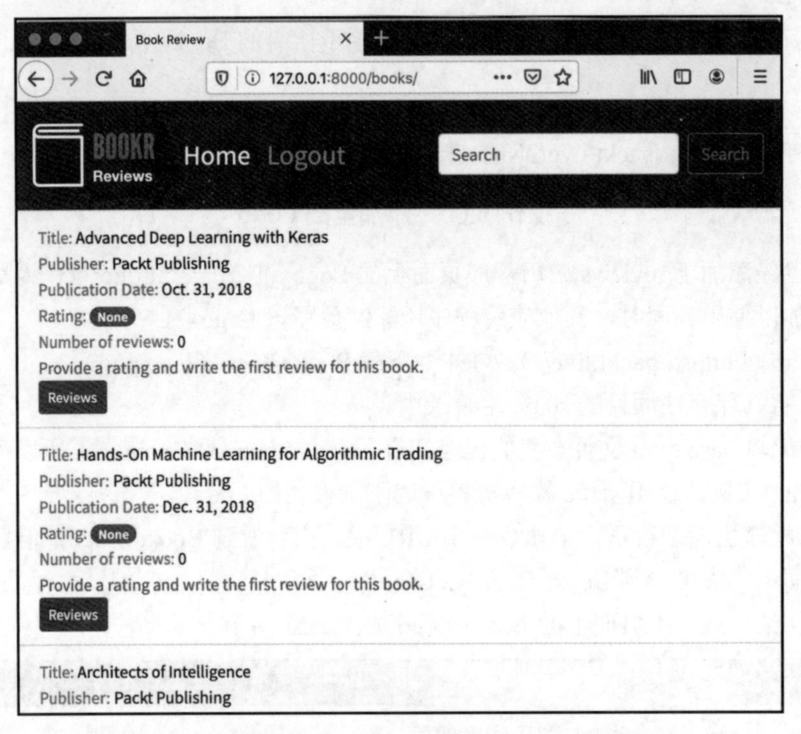

图 5.24　Bookr Reviews Logo 仍然显示在 Reviews 页面上

5.3 本章小结

在本章中，我们讨论了如何使用 Django 的 staticfiles 应用程序查找和服务静态文件。其间使用了内建 static 视图并通过 DEBUG 模式下的 Django 开发服务器服务于这些文件。通过项目的全局目录或应用程序的特定目录，我们展示了存储静态文件的不同位置。相应地，全局资源应被存储在项目的全局目录中，而特定于应用程序的资源应该被存储在应用程序的特定目录中。另外，我们还展示了静态文件目录命名空间对于防止冲突的重要性。在提供了数据资源后，我们使用 static 标签将它们包含在模板中。然后，我们还介绍了 collectstatic 命令如何将所有数据资源复制到 STATIC_ROOT 目录中，以便进行生产部署。我们讨论了如何使用 findstatic 命令调试静态文件的加载。为了自动使缓存失效，我们考虑使用 ManifestFilesStorage 将文件内容的哈希值添加到静态文件 URL 中。最后，我们简要地讨论了如何使用自定义文件存储引擎。

截至目前，我们仅通过已存在的内容获取 Web 页面。在第 6 章中，我们将开始添加表单，进而可通过 HTTP 向 Web 页面发送数据以与页面进行交互。

第6章　表　　单

本章将介绍 Web 表单，这是一种从浏览器向 Web 服务器发送信息的方法。本章首先讲述通用表单，然后讨论如何对数据进行编码以被发送至服务器。另外，我们还将学习在 GET HTTP 请求中发送表单数据和在 POST HTTP 请求中发送表单数据之间的区别，以及如何选择使用哪一种发送方法。在本章结尾，我们将了解如何使用 Django 的表单库自动构建和验证表单，以及它如何减少需要编写的手动 HTML 代码量。

6.1　简　　介

到目前为止，我们为 Django 构建的视图都是单向的，浏览器从编写的视图中检索数据，但不会向它们发送任何数据。第 4 章使用了 Django admin 和提交表单创建了模型实例，但使用的是 Django 内置的视图，而不是我们自己创建的视图。本章将使用 Django 表单库开始接收用户提交的数据。该数据通过 URL 参数中的 GET 请求和/或请求体中的 POST 请求提供。在深入讨论之前，我们首先将理解什么是 Django 中的表单。

6.2　表单的含义

在与交互式 Web 应用程序协同工作时，不仅要向用户提供数据，还要从用户处接收数据，以便定制生成的响应或让用户向网站提交数据。当浏览 Web 时，用户肯定会用到表单，无论是登录网上银行账户、用浏览器浏览网页、在社交媒体上发布消息，还是在在线电子邮件客户端中写电子邮件，在所有这些场合下，都是在表单中输入数据。

表单由定义为提交至服务器的键-值对数据的输入组成。例如，当登录一个网站时，发送的数据包括用户名和密码，以及用户名和密码的值。稍后将讨论不同的输入类型。表单中的每项输入都包含一个名称（name），这是输入数据在服务器端（在 Django 视图中）被识别的方式。相应地，可以存在多个具有相同名称的输入，其数据在包含该名称发布的所有值的列表中可用——例如，包含用户权限的复选框列表。其中，每个复选框包含相同的名称和不同的值。表单具有一些属性，这些属性指定浏览器应该向哪个 URL 提交数据，以及应该使用什么方法提交数据（浏览器只支持 GET 或 POST）。

GitHub 登录表单即为一个表单示例，如图 6.1 所示。

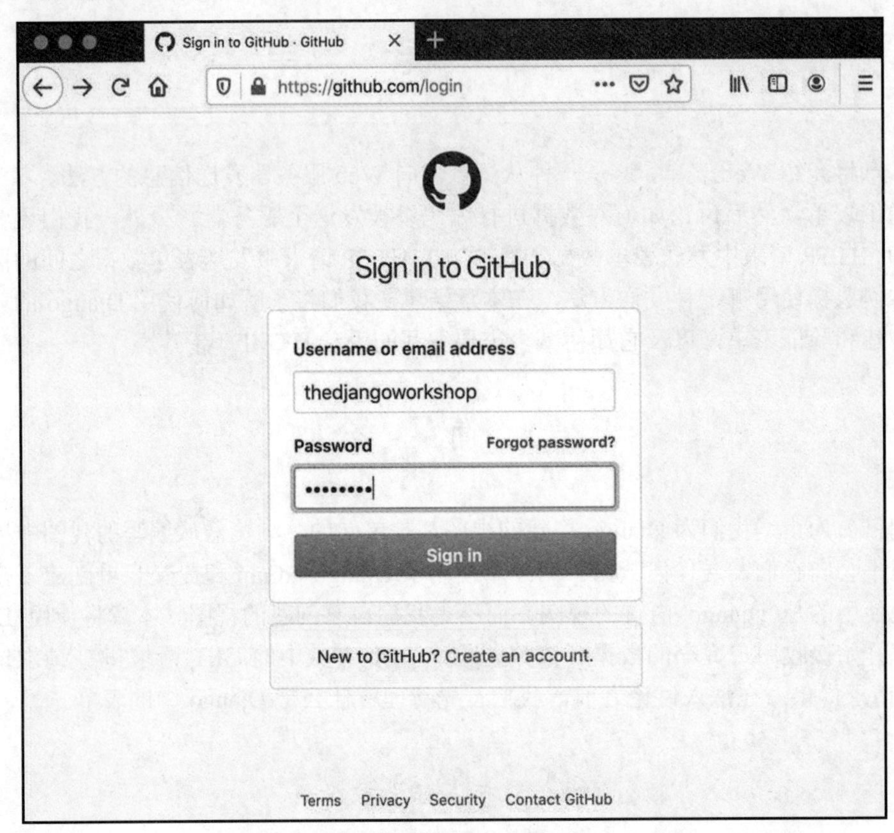

图 6.1　GitHub 登录页面即为一个表单示例

其中包含 3 项可见的输入，即文本框（Username）、密码框（Password）和一个提交按钮（Sign in）。此外，该表单还包含一个不可见字段（其类型为 hidden）和一个特殊的安全令牌〔称作跨站点请求伪造（CSRF）令牌〕，稍后将对此进行讨论。当单击 Sign in 按钮时，表单数据将通过 POST 请求提交。如果输入了有效的用户名和密码，用户将处于登录状态；否则，表单将显示一条错误消息，如图 6.2 所示。

表单可包含两种状态，即 pre-submit 和 post-submit。其中，第一种状态为首次加载页面时的初始状态。所有的字段均包含一个默认值（通常为空），且不会显示任何错误信息。如果输入表单中的全部信息均为有效，通常在提交表单时，用户将转至显示提交表单结果的页面。这可能是搜索结果页面，或者是显示所创建的新对象的页面。在本例中，用户将看不到 post-submit 状态时的表单。

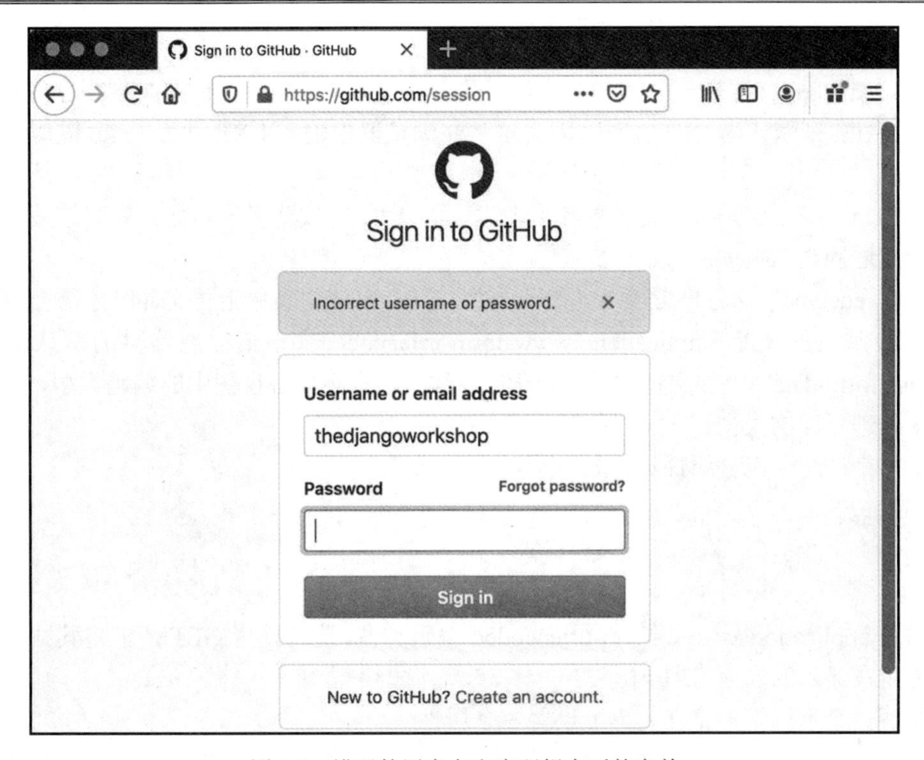

图 6.2　错误的用户名和密码提交后的表单

如果未在表单中输入有效信息，那么表单将在 post-submit 状态下再次被渲染。此时，将向用户显示输入的信息以及任何错误，以帮助用户解决表单问题。相应地，错误可以是 field errors 或 non-field errors。field errors 应用于特定的字段。例如，将必填的字段留空，或者输入的值太大、太小、太长或太短。如果表单要求输入姓名，而用户将其留空，则会在该字段旁边显示 field errors。

non-field errors 并不会应用于一个或多个字段上，且仅显示于表单的上方。在图 6.2 中，当登录时可以看见一条消息，表明用户名或密码错误。出于安全性考虑，GitHub 不会显示用户名是否有效，所以这是一个 non-field errors，而不是用户名或密码字段的 field errors（Django 也遵循这一约定）。non-field errors 也适用于相互依赖的字段。例如，在信用卡表单上，如果付款被拒绝，我们可能不知道信用卡号或安全密码是否错误，因而不能在特定的字段上显示错误，它适用于整体形式。

6.2.1　<form>元素

表单提交时所有的输入内容应包含在<form>元素中。对此，可使用 3 个 HTML 属性调整表单的行为。

（1）method。这是一个 HTTP 方法，用于提交表单，即 GET 或 POST 方法。如果忽略该属性，则默认为 GET 方法（因为这是在浏览器中输入 URL 并按 Enter 键时的默认方法）。

（2）action。这是指要将表单数据发送到的 URL（或路径）。如果忽略该属性，则将数据发送回当前页面。

（3）enctype。这将设置表单的编码类型。只有在使用表单上传文件时才需要更改此设置。最常见的值是 application/xwww-form-urlencoded（该值被忽略时的默认值）或 multipart/form-data（上传文件时设置此值）。注意，不必担心视图中的编码类型，Django 会自动处理不同的类型。

下面是一个不包含属性集的表单示例。

```
<form>
   <!-- Input elements go here -->
</form>
```

通过 application/x-www-form-urlencoded 编码类型，这将使用 GET 请求将其数据提交至表单正在显示的当前 URL 中。

在下一个示例中，将在表单上设置 3 个属性。

```
<form method="post" action="/form-submit" enctype="multipart/form-data">
   <!-- Input elements go here -->
</form>
```

该表单将利用 POST 请求将其数据提交至/form-submit 路径中，并将数据编码为 multipart/form-data。

GET 和 POST 请求在数据发送方式上有何不同？回忆一下，第 1 章讨论了浏览器发送的底层 HTTP 请求和响应数据。在接下来的两个示例中，我们将同一表单提交两次，第一次使用 GET 方法，第二次使用 POST 方法。表单包含两个输入项，即姓氏和名字。

使用 GET 提交的表单在 URL 中发送数据，如下所示。

```
GET /form-submit?first_name=Joe&last_name=Bloggs HTTP/1.1
Host: www.example.com
```

使用 POST 提交的表单在请求体中发送其数据，如下所示。

```
POST /form-submit HTTP/1.1
Host: www.example.com
Content-Length: 31
Content-Type: application/x-www-form-urlencoded
```

```
first_name=Joe&last_name=Bloggs
```

可以看到，在两个例子中，表单数据的编码方式相同，只是位于不同的 GET 和 POST 请求中。稍后将讨论如何在这两种类型的请求之间进行选择。

6.2.2　输入类型

截至目前，我们看到了 4 种输入示例（文本、密码、提交和隐藏）。大多数输入利用<input>标签创建，其类型由<type>属性指定。每项输入都有一个 name 属性，用于定义在 HTTP 请求中发送至服务器的键-值对的键。

在下面的练习中，将考查如何在 HTML 中构建一个表单，进而能够快速了解许多不同的表单字段。

注意：

读者可访问本书的 GitHub 存储库查看本章全部练习和操作的代码，对应网址为 http://packt.live/2KGjlaM。

练习 6.01　在 HTML 中构建表单

在本章前几个练习中，我们需要一个 HTML 表单进行测试。在本练习中，我们将手动编写一个 HTML 表单，进而验证和提交不同的字段。这将在一个新的 Django 项目中完成，从而避免干扰到 Bookr 项目。关于如何创建 Django 项目，读者可参考第 1 章。

（1）创建一个新的 Django 项目。我们可以复用 Django 已经安装的 bookr 虚拟环境。打开新的终端并激活虚拟环境。随后使用 django-admin 启动一个名为 form_project 的 Django 项目。对此，运行下列命令。

```
django-admin startproject form_project
```

这将在名为 form_example 的目录中搭建 Django 项目。

（2）通过 startapp 管理命令在该项目中创建新的 Django 应用程序，该应用程序被称作 form_example。对此，执行 cd 命令进入 form_project 目录，随后运行下列命令。

```
python3 manage.py startapp form_example
```

这将在 form_project 目录中创建 form_example 应用程序目录。

（3）启动 PyCHarm，并打开 form_project 目录。如果已经打开了一个项目，则可选择 File→Open；否则单击 Welcome to PyCharm 页面中的 Open 选项。导航至 form_project 目录，选择该目录并单击 Open。form_project 项目面板如图 6.3 所示。

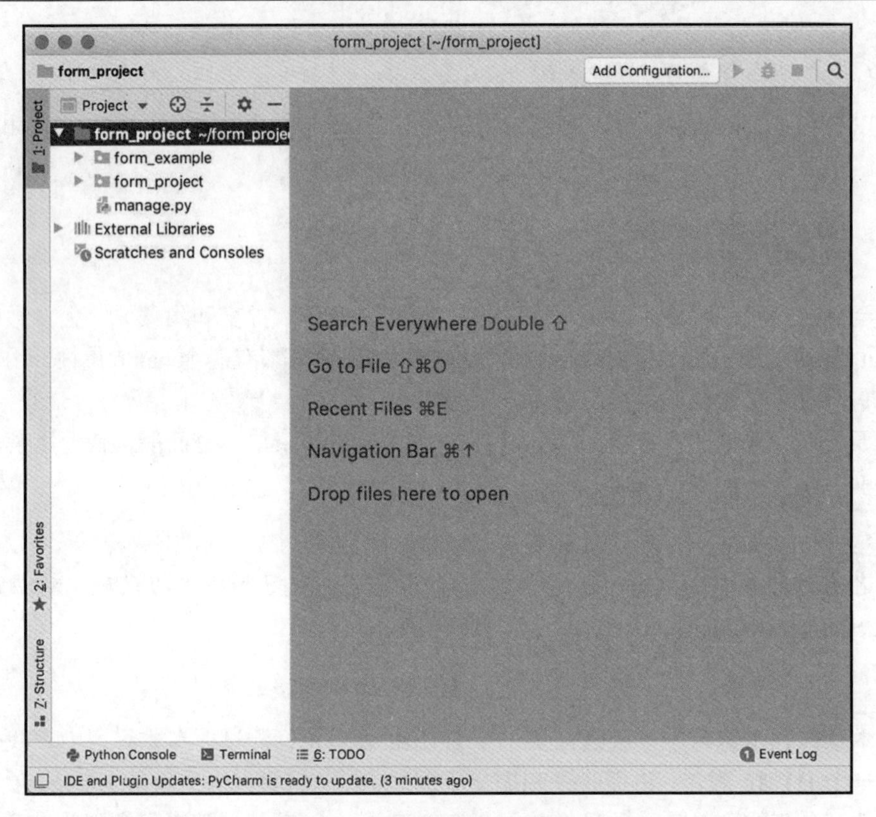

图 6.3　form_project 项目面板

（4）创建新的运行配置，并针对项目执行 manage.py runserver。这里，可再次复用 bookr 虚拟环境。待操作完毕后，Run/Debug Configurations 对话框如图 6.4 所示。

单击 Run 按钮，随后在浏览器中访问 http://127.0.0.1:8000/，以测试配置是否正确。随后应可看到 Django 欢迎画面。如果调试服务器无法启动，或看到了 Bookr 的主页，那么 Bookr 项目可能仍处于运行中。对此，尝试终止 Bookr runserver 进程，随后启动刚刚设置的新项目。

（5）在 form_project 目录中打开 settings.py，将'form_example'添加至 INSTALLED_APPS 设置中。

（6）针对 INSTALLED_APPS 应用程序创建 templates 目录。右击 form_example 目录，选择 New→Directory 选项，并将其命名为 templates。

（7）我们需要一个 HTML 模板以显示表单。对此，右击刚刚创建的 templates 目录，并选择 New→HTML File 选项。在随后出现的对话框中，输入名称 form-example.html 并按 Enter 键创建模板。

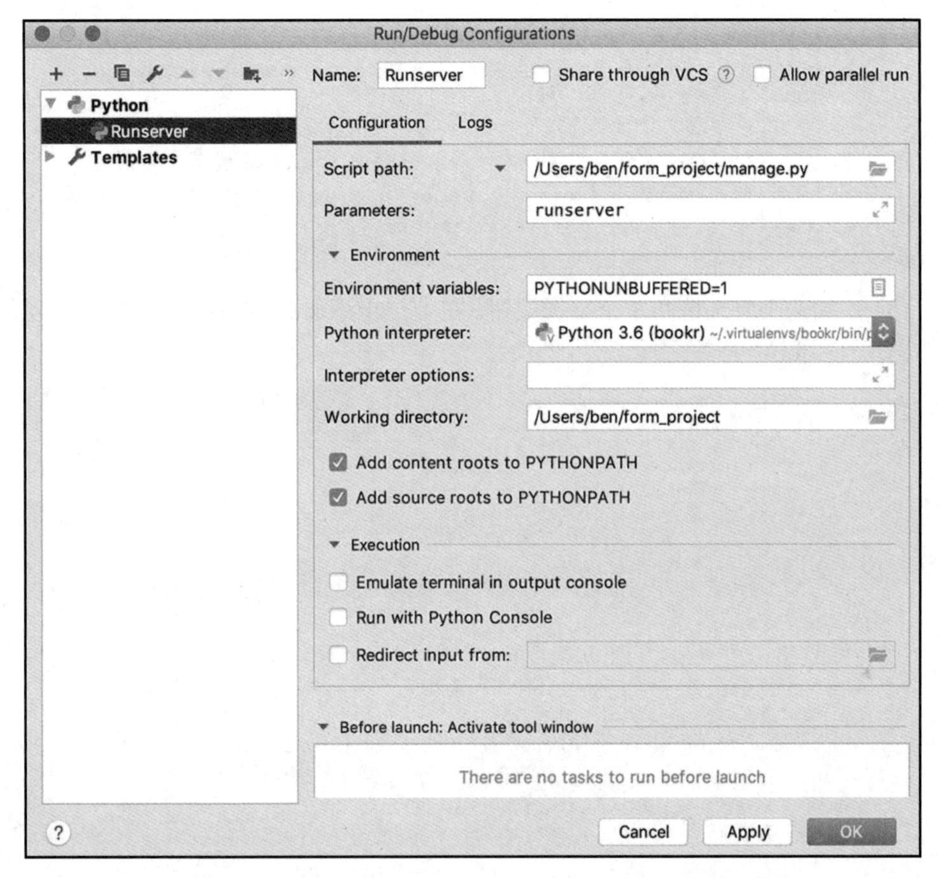

图 6.4　runserver 的 Run/Debug Configurations 对话框

（8）form-example.html 文件在 PyCharm 编辑器面板中应处于打开状态。首先创建 form 元素。我们将其 method 属性设置为 post，并暂时忽略 action 属性，这意味着，表单将提交回加载它的同一个 URL。

在<body>和</body>标签之间插入下列代码。

```
<form method="post">
</form>
```

（9）下面添加新的输入项。为了在每个输入之间增加一点间距，我们将它们包装在<p>标签中。首先是文本字段和密码字段，将下列代码插入刚刚创建的<form>标签之间。

```
<p>
   <label for="id_text_input">Text Input</label><br>
   <input id="id_text_input" type="text" name=
     "text_input" value="" placeholder="Enter some text">
</p>
<p>
   <label for="id_password_input">Password Input</label><br>
   <input id="id_password_input" type="password"name="password_input"
     value="" placeholder="Your password">
</p>
```

（10）添加两个复选框和 3 个单选按钮。在上一步添加的 HTML 之后插入下列代码，它应该出现在</form>标签之前。

```
<p>
   <input id="id_checkbox_input" type="checkbox" name="checkbox_on"
     value="Checkbox Checked" checked>
   <label for="id_checkbox_input">Checkbox</label>
</p>
<p>
   <input id="id_radio_one_input" type="radio" name="radio_input"
     value="Value One">
   <label for="id_radio_one_input">Value One</label>
   <input id="id_radio_two_input" type="radio" name="radio_input"
     value="Value Two" checked>
   <label for="id_radio_two_input">Value Two</label>
   <input id="id_radio_three_input" type="radio"
     name="radio_input" value="Value Three">
   <label for="id_radio_three_input">Value Three</label>
</p>
```

（11）添加下拉菜单，以使用户能够选择一本喜爱的图书。在上一步代码之后（但位于</form>标签之前）添加下列代码。

```
<p>
   <label for="id_favorite_book">Favorite Book</label><br>
   <select id="id_favorite_book" name="favorite_book">
      <optgroup label="Non-Fiction">
         <option value="1">Deep Learning with Keras</option>
         <option value="2">Web Development with Django</option>
      </optgroup>
      <optgroup label="Fiction">
         <option value="3">Brave New World</option>
         <option value="4">The Great Gatsby</option>
```

```
        </optgroup>
    </select>
</p>
```

这将显示划分为两个分组的4个选项，用户将能够选择一个选项。

（12）添加多项选择（可通过 multiple 属性完成）。在上一步代码之后（位于</form>标签之前）添加下列代码。

```
<p>
    <label for="id_books_you_own">Books You Own</label><br>
    <select id="id_books_you_own" name="books_you_own" multiple>
        <optgroup label="Non-Fiction">
            <option value="1">Deep Learning with Keras</option>
            <option value="2">Web Development with Django</option>
        </optgroup>
        <optgroup label="Fiction">
            <option value="3">Brave New World</option>
            <option value="4">The Great Gatsby</option>
        </optgroup>
    </select>
</p>
```

用户将从4个选项中选择0个或多个选项，它们显示于两个分组中。

（13）添加 textarea，它类似于文本框，但包含多行内容。应像前面上一步一样，在</form>标签之前添加下列代码。

```
<p>
    <label for="id_text_area">Text Area</label><br>
    <textarea name="text_area" id="id_text_area"
      placeholder="Enter multiple lines of text"></textarea>
</p>
```

（14）针对特定的数据类型添加一些字段，即 number、email 和 date 输入项。在</form>标签之前添加下列代码。

```
<p>
    <label for="id_number_input">Number Input</label><br>
    <input id="id_number_input" type="number"
      name="number_input" value="" step="any" placeholder="A number">
</p>
<p>
    <label for="id_email_input">Email Input</label><br>
    <input id="id_email_input" type="email"
```

```
    name="email_input" value="" placeholder="Your email address">
</p>
<p>
   <label for="id_date_input">Date Input</label><br>
   <input id="id_date_input" type="date"
    name= "date_input" value="2019-11-23">
</p>
```

（15）添加一些按钮来提交表单。同样，在</form>标签之前添加下列代码。

```
<p>
   <input type="submit" name="submit_input" value="Submit Input">
</p>
<p>
   <button type="submit" name="button_element" value="Button Element">
      Button With <strong>Styled</strong> Text
   </button>
</p>
```

这展示了创建提交按钮的两种方式，即<input>和<button>。

（16）添加一个隐藏字段。在</form>标签之前插入下列代码。

```
<input type="hidden" name="hidden_input" value="Hidden Value">
```

该字段不可见且无法编辑，因而包含一个固定值。保存并关闭 form-example.html 文件。

（17）与任何模板一样，除非有一个视图渲染该模板，否则将无法看到该模板。打开 form_example 应用程序的 views.py 文件，添加一个名为 form_example 的新视图。该视图应该渲染并返回刚刚创建的模板，如下所示。

```
def form_example(request):
   return render(request, "form-example.html")
```

保存并关闭 views.py 文件。

（18）添加一个映射至视图的 URL 中。打开 form_project 包目录中的 urls.py 文件。将路径 form-example 映射到 form_example 视图，并添加到 urlpatterns 变量上，如下所示。

```
path('form-example/', form_example.views.form_example)
```

确保添加了 form_example.views 的导入语句。保存并关闭 urls.py 文件。

（19）启动 Django 开发服务器并在浏览器中加载新视图，对应地址为 http://127.0.0.1:8000/formexample/。对应页面如图 6.5 所示。

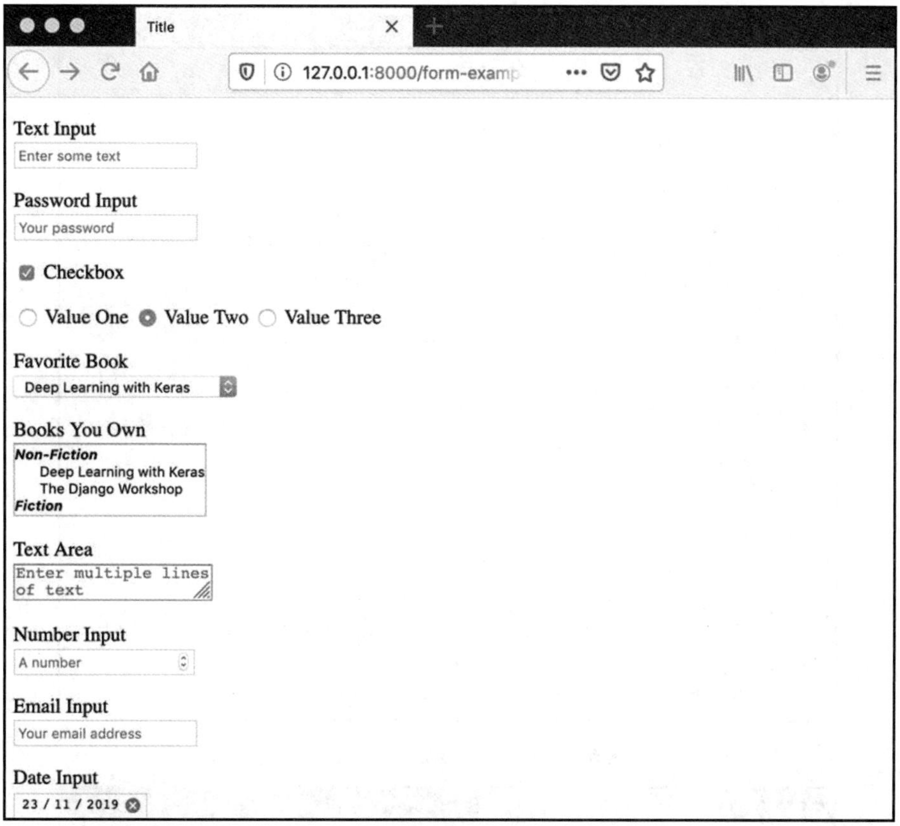

图 6.5　示例输入页面

当前，我们了解了 Web 表单的行为，以及它们是如何从指定的 HTML 中生成的。对此，一种可以尝试的操作是在数字、日期或电子邮件中输入无效数据，随后单击提交按钮——内置的 HTML 验证应该会阻止表单被提交，如图 6.6 所示。

当前，我们还没有为表单提交设置所有内容，因此如果更正了表单中的所有错误并尝试提交该表单（单击其中一个提交按钮），用户将收到一条错误消息，即 CSRF verification failed. Request aborted.，如图 6.7 所示。稍后将对此予以解释并对其进行修复。

（20）如果确实接收到错误，只需返回浏览器返回输入示例页面。

在本练习中，我们创建了显示多项 HTML 输入的示例页面，随后创建了一个渲染该页面的视图，以及映射至该页面的 URL。我们在浏览器中加载了该页面，并尝试修改数据和提交包含错误的表单。

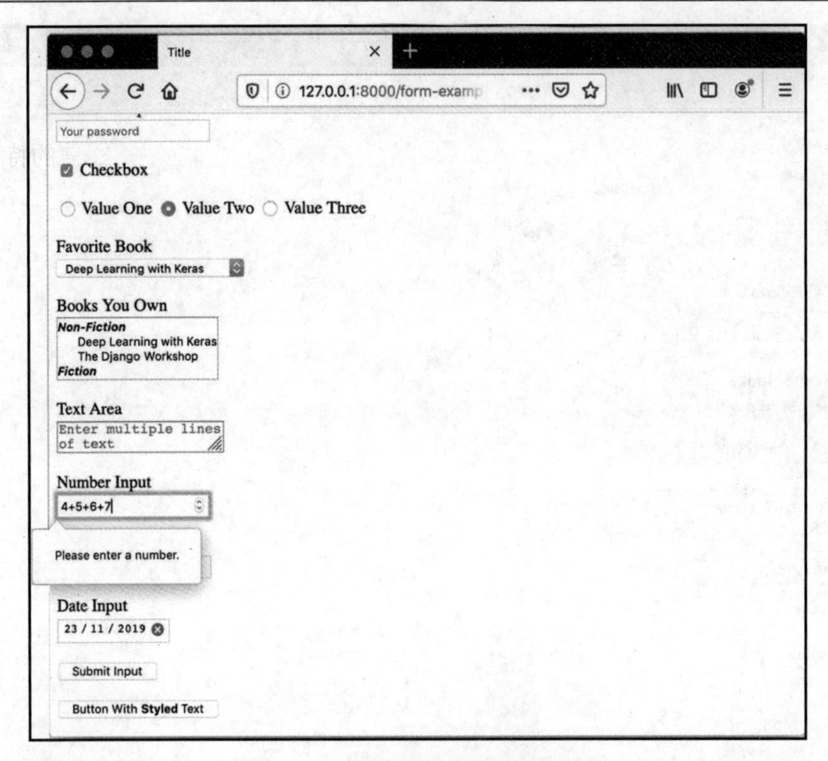

图 6.6　无效数字引起的浏览器错误

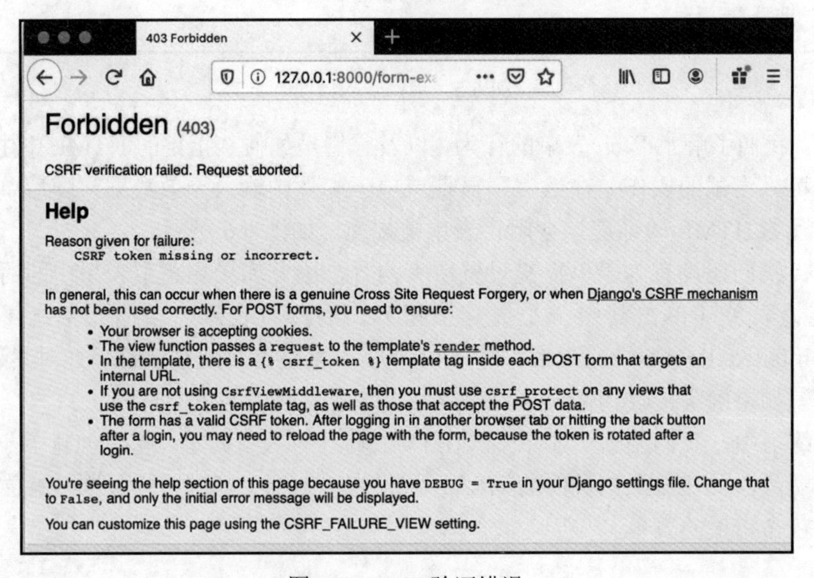

图 6.7　CSRF 验证错误

6.2.3　具有跨站点请求伪造保护的表单安全性

在本书中，我们已经提及了 Django 为防止某些类型的安全漏洞而涵盖的特性，CSRF 保护便是其中之一。

CSRF 攻击利用了下列事实，即一个网站上的表单可以被提交至任何其他网站上。对此，只需适当地设置 form 的 action 属性。这里以 Bookr 为例，同时添加一个视图和 URL，以允许发布一条书评。

为此，一个表单用于发布评论内容和选择评级，其 HTML 如下所示。

```
<form method="post" action="http://127.0.0.1:8000/books/4/reviews/">
    <p>
        <label for="id_review_text">Your Review</label><br/>
        <textarea id="id_review_text" name="review_text"
          placeholder="Enter your review"></textarea>
    </p>
    <p>
        <label for="id_rating">Rating</label><br/>
        <input id="id_rating" type="number" name="rating"
          placeholder="Rating 1-5">
    </p>
    <p>
        <button type="submit">Create Review</button>
    </p
</form>
```

在 Web 页面上，对应结构如图 6.8 所示。

图 6.8　创建评论的示例表单

某些用户使用该表单，进行一些修改，并将其托管在自己的网站上。例如，他们可以隐藏输入并硬编码一本书的评论和评级，然后使其看起来像其他类型的表单，如下所示。

```
<form method="post" action="http://127.0.0.1:8000/books/4/reviews/">
    <input type="hidden" name="review_text" value="This book is great!">
    <input type="hidden" name="rating" value="5">
    <p>
        <button type="submit">Enter My Website</button>
    </p>
</form>
```

当然，隐藏字段并不显示，因此表单在恶意网站上看起来如图 6.9 所示。

Enter My Website

图 6.9　隐藏输入是不可见的

用户会认为他们是在单击一个按钮进入一个网站，但在单击该按钮时，他们会将隐藏值提交到 Bookr 上的原始视图。当然，用户可以检查他们所在页面的源代码，以查看在发送的数据和位置，但大多数用户不太可能检查他们遇到的每个表单。攻击者甚至可以拥有没有提交按钮的表单，并仅使用 JavaScript 提交表单。这意味着用户将在没有意识到的情况下提交表单。

你可能认为，要求用户登录 Bookr 可以防止这种类型的攻击，这确实在一定程度上限制了攻击的有效性，因为攻击只对登录用户有效。但是由于身份验证的工作方式，一旦用户登录，就会在浏览器中设置一个 Cookie，用于向 Django 应用程序标识用户。该 Cookie 会在每个请求上发送，这样用户就不必在每个页面上提供他们的登录凭证。由于 Web 浏览器的工作方式，它们将在发送至特定服务器的所有请求中包含服务器的身份验证 Cookie。尽管表单托管在恶意站点上，但最终还是会向应用程序发送请求，并通过服务器的 Cookie 发送请求。

如何防止 CSRF 攻击？Django 采用了 CSRF 令牌，它是一个较小的随机字符串，对于每个网站访问者来说都是唯一的。通常，可将一个访问者视为一个浏览器会话。同一台计算机上不同的浏览器可能是不同的访问者，登录两个不同浏览器的同一个 Django 用户也可能是不同的访问者。当读取表单时，Django 将令牌作为隐藏输入置入表单中。CSRF 令牌必须包含在所有发送至 Django 的 POST 请求中，且必须与 Django 在服务器端为访问者存储的令牌相匹配，否则将返回一个 403 状态的 HTTP 响应。这种保护可以被禁用，无论是对整个站点还是单个视图。除非特殊原因，一般不建议这样做。对于发送的每个表单，必须将 CSRF 令牌添加到 HTML 中，并使用{% csrf_token %}模板标记完成。下面将其添加至示例 reviews 表单中，模板中的代码如下。

```
<form method="post" action="http://127.0.0.1:8000/books/4/reviews/">
    {% csrf_token %}
    <p>
        <label for="id_review_text">Your Review</label><br/>
        <textarea id="id_review_text" name="review_text"
```

```
        placeholder="Enter your review"></textarea>
    </p>
    <p>
        <label for="id_rating">Rating</label><br/>
        <input id="id_rating" type="number" name="rating"
          placeholder="Rating 1-5">
    </p>
    <p>
        <button type="submit">Enter My Website</button>
    </p>
</form>
```

当模板被渲染时，模板标签将被插入，因此 HTML 输出如下（注意，输入仍位于输出中。出于简洁考虑，此处已将其删除）。

```
<form method="post" action="http://127.0.0.1:8000/books/4/reviews/">
    <input type="hidden" name="csrfmiddlewaretoken"

value="tETZjLDUXev1tiYqGCSbMQkhWiesHCnutxpt6mutHI6YH64F0nin5k2JW3B68IeJ">
    …
</form>
```

由于这是一个隐藏字段，页面上的表单看起来与以前没有任何不同。

CSRF 令牌对于站点上的每个访问者都是唯一的，并且会定期更改。如果攻击者从站点上复制 HTML，他们会得到自己的 CSRF 令牌，而不会匹配其他用户的令牌，因此当其他人发布表单时，Django 会拒绝该表单。

CSRF 令牌也会定期更改。这限制了攻击者利用特定用户和令牌组合的时间。即使能够获得试图利用的用户的 CSRF 令牌，他们也只有很短的时间窗口使用该令牌。

6.2.4　在视图中访问数据

第 1 章曾讨论到，Django 在传递至视图函数的 HTTPRequest 实例上提供了两个 QueryDict 对象。即 request.GET（其中包含了传递至 URL 中的参数）和 request.POST（其中包含了 HTTP 请求体中的参数）。尽管 request.GET 在其名称中包含 GET，但即便是非 GET HTTP 请求也会填充此变量。其原因在于，它包含的数据是从 URL 中解析的。因为所有的 HTTP 请求都包含一个 URL，因此所有的 HTTP 请求都可能包含 GET 数据，即使是 POST 或 PUT 等。在下一个练习中，我们将向视图中添加代码，以读取和显示 POST 数据。

练习 6.02　视图中的 POST 数据

我们将向示例视图中添加一些代码，并将接收到的 POST 数据输出至控制台中。此外，我们还将把用于生成页面的 HTTP 方法插入 TML 输出中。这将允许我们使用什么方法生成页面（GET 或 POST 方法），并查看每种类型的表单有何不同。

（1）在 PyCHarm 中，打开 form_example 应用程序的 views.py 文件。修改 form_example 视图，通过在函数中添加下列代码将 POST 请求中的每个值输出至控制台中。

```
for name in request.POST:
    print("{}: {}".format(name, request.POST.getlist(name)))
```

上述代码遍历请求 POST 数据 QueryDict 中的每个键，并将键和值列表输出至控制台中。我们已经知道，每个 QueryDict 可以包含一个键的多个值，因此使用 getlist 函数获取全部内容。

（2）在名为 method 的上下文变量中将 request.method 传递至模板，该操作通过更新视图中 render 的调用来实现，如下所示。

```
return render(request, "form-example.html", \
            {"method": request.method})
```

（3）在模板中显示 method 变量。打开 formexample.html 模板并使用<h4>标签显示 method 变量。将此置于<body>标签之后，如下所示。

```
<body>
      <h4>Method: {{ method }}</h4>
```

注意，通过正确地使用 request 方法变量和属性，可以直接在模板中访问方法，而不需要将其传递至上下文字典中。从第 3 章中了解到，通过使用渲染快捷函数，请求在模板中总是可用的。这里，我们仅仅描述了如何访问视图中的方法，因为稍后将根据该方法修改页面的行为。

（4）此外，还需要将 CSRF 令牌添加至表单 HTML 中，对此，可将{% csrf_token %}模板标签置于<form>标签之后实现该操作。此时，表单的开始部分如下。

```
<form method="post">
     {% csrf_token %}
```

随后保存当前文件。

（5）启动 Django 开发服务器。在浏览器中加载示例页面（http://127.0.0.1:8000/form-example/）。可以看到，页面上方显示了对应的方法（GET），如图 6.10 所示。

（6）在每个输入项中输入文本或数据并提交表单，单击 Submit Input 按钮，如图 6.11 所示。

随后应可看到页面被重载，显示的方法变为 POST，如图 6.12 所示。

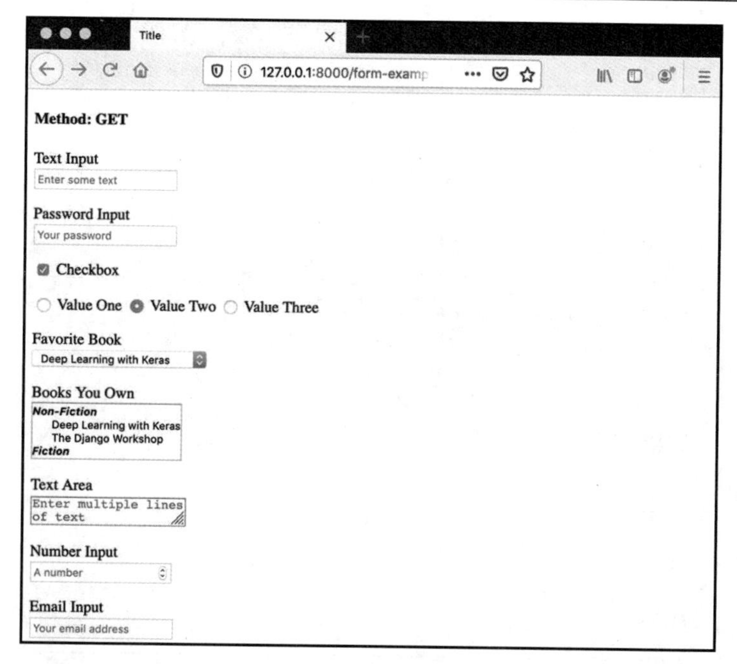

图 6.10　页面上方的方法

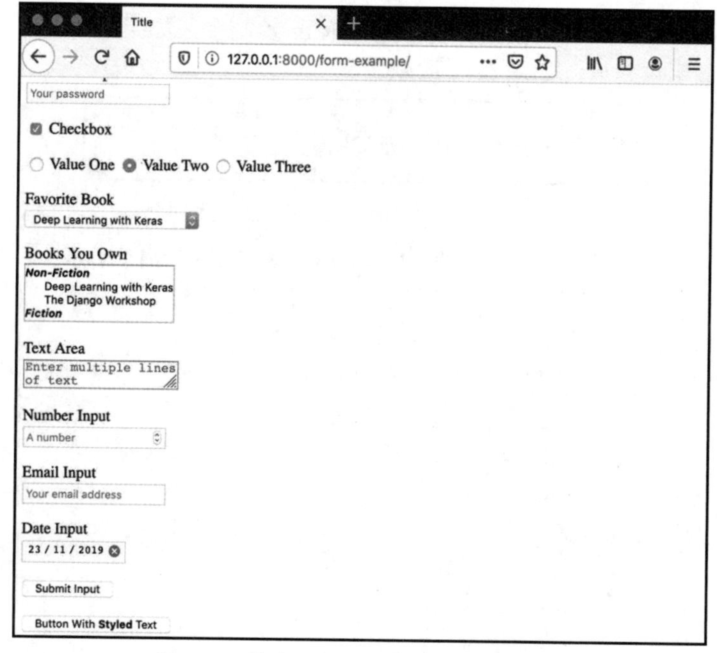

图 6.11　单击 Submit Input 按钮提交表单

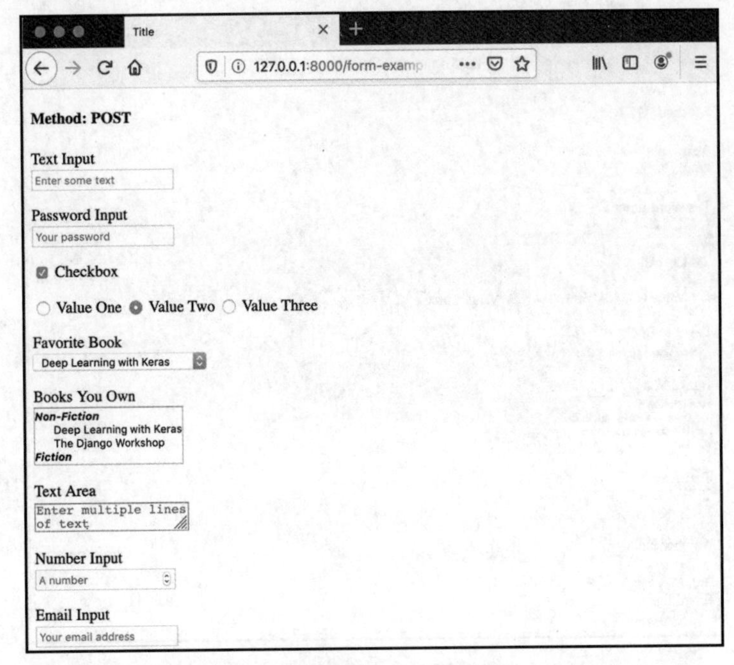

图 6.12　提交表单后，方法更新为 POST

（7）切换回 PyCHarm。查看页面底部的 Run 控制台。如果不可见，则单击页面底部的 Run 按钮显示控制台，如图 6.13 所示。

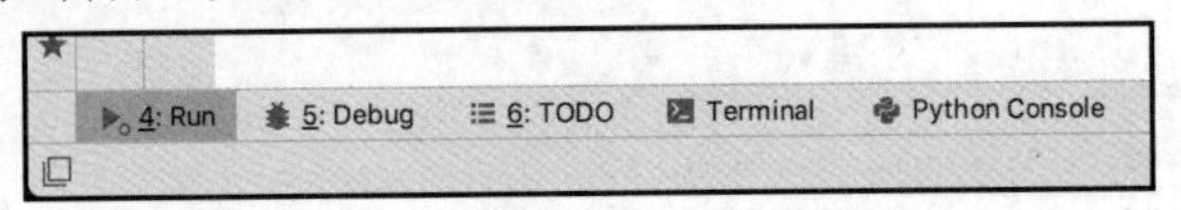

图 6.13　单击页面底部的 Run 按钮显示控制台

在 Run 控制台中，应显示发布至服务器的值列表，如图 6.14 所示。

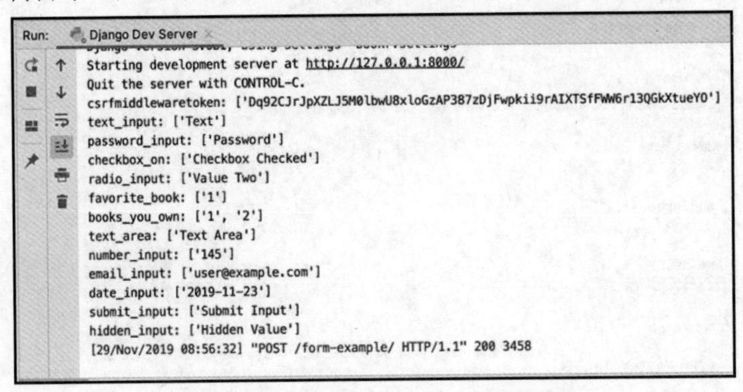

图 6.14　显示于 Run 控制台中的输入值

下列内容显示了一些注意事项。

- ❑ 所有值作为文本发送，即使是 number 和 data 输入。
- ❑ 对于 select 输入，发送的是所选选项的所选 value 属性，而不是 option 标签的文本内容。
- ❑ 如果针对 books_you_own 选择了多个选项，随后将会在请求中看到多个值。这就是为什么使用 getlist 方法，因为同一个输入名称会发送多个值。
- ❑ 如果选中了复选框，那么在调试输出中将有一个 checkbox_on 输入。如果复选框没有被选中，那么键将根本不存在（也就是说，不存在键，而不是存在一个空字符串或 None 值的键）。
- ❑ 我们有一个名为 submit_input 的值，即文本 Submit Input。你通过单击 Submit Input 按钮提交了表单，因此我们接收到它的值。注意，这里没有为 button_element 输入设置值，因为没有单击该按钮。
- ❑ 我们还将尝试另外两种提交表单的方法。首先，当光标位于类似于文本输入框中时（如文本、密码、日期和电子邮件，但不是文本区域，因为在此处按 Enter 键将添加新行），可以按 Enter 键。

如果以这种方式提交表单，表单就会像单击了表单上的第一个按钮一样，因此将包含 submit_input 输入值，你看到的输出结果应该与图 6.14 相匹配。

提交表单的另一种方式是单击 Button Element 提交输入，在该输入中，我们将尝试单击此按钮提交表单。可以看到，submit_button 不再出现在发布值列表中，此时则出现了 button_element，如图 6.15 所示。

```
csrfmiddlewaretoken: ['jfdrTNWqPwXvPwJWTL01
text_input: ['Text']
password_input: ['Password']
checkbox_on: ['Checkbox Checked']
radio_input: ['Value Two']
favorite_book: ['2']
text_area: ['Some text']
number_input: ['4']
email_input: ['user@example.com']
date_input: ['2019-11-23']
button_element: ['Button Element']
hidden_input: ['Hidden Value']
```

图 6.15　submit_button 在输入中消失，并添加了 button_element

我们可以使用这种多次提交技术并根据单击的按钮更改视图的行为。甚至可以存在具有多个相同 name 属性的提交按钮，以简化逻辑的编写过程。

在本练习中，我们通过{% csrf_token %}模板标签将CSRF令牌添加到了form元素中。这意味着，表单可以在不生成 HTTP Permission Denied 响应的情况下被成功地提交给 Django。随后，我们添加了一些代码来输出表单提交时所包含的值。我们尝试提交了带有各种值的表单，以查看它们如何被解析为 request.POST QueryDict 上的 Python 变量。接下来，我们将讨论 GET 和 POST 请求之间的区别，然后转向 Django Forms 库，该库使得设计和验证表单变得更容易。

6.2.5　选择 GET 和 POST

选择何时使用 GET 或 POST 请求需要考虑许多因素。最重要的是决定请求是否应该是幂等的。如果一个请求可以重复并且每次都产生相同的结果，就可以说它是幂等的。接下来让我们考查一些示例。

如果在浏览器中输入任何网址（如迄今为止构建的任何 Bookr 页面），它将执行 GET 请求来获取信息。我们可以刷新页面，无论刷新多少次，都将返回相同的数据。我们发出的请求不会影响服务器上的内容，因此可以说这些请求是幂等的。在第 4 章中，我们曾通过 Django 管理界面添加数据。在表单中输入新书的信息，然后单击 Save 按钮。此时浏览器发出 POST 请求，并在服务器上创建一本新书。如果重复 POST 请求，服务器将创建另一本书，并且在每次重复请求时都会执行该操作。请求由于正在更新信息，因此不是幂等的。浏览器会就此发出警告。如果尝试在提交表单后刷新发送的页面，则可能会收到一条消息，询问是否要重新提交表单数据（或更详细的内容，如图 6.16 所示）。该警告表明再次发送表单数据，这可能会导致重复操作。

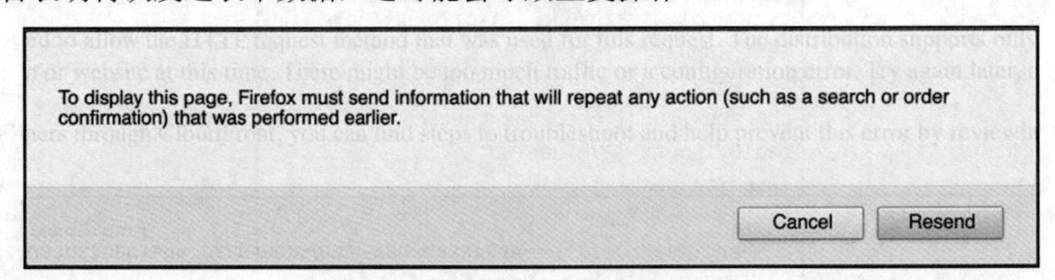

图 6.16　确认信息是否被重复发送

这并不是说所有的 GET 请求都是幂等的，所有的 POST 请求都不是幂等的——后端应用程序可根据任何方式进行设计。虽然这并非最佳实践方案，但开发人员可能已经决定在 Web 应用程序的 GET 请求期间更新数据。在构建应用程序时，应尝试确保 GET 请求是幂等的，并将数据修改留给 POST 请求。除非特殊原因，否则应该坚持这些原则。

另一点需要考虑的是，Django 只对 POST 请求应用 CSRF 保护。任何 GET 请求，包括修改数据的请求，都可以在缺少 CSRF 令牌的情况下访问。

有时候，很难判断一个请求是否是幂等的，如登录表单。在提交用户名和密码之前，用户尚未登录；之后，服务器认为用户已处于登录状态。那么是否可以认为这是非幂等的？因为它改变了服务器的认证状态。另外，一旦登录，如果能够再次发送证书，用户就能够保持登录状态。这意味着请求是幂等的和可重复的。那么，请求应该是 GET 还是 POST？

这就引出了在选择使用何种方法时需要考虑的第二点内容。如果使用 GET 请求发送表单数据，表单参数将在 URL 中可见。如果让登录表单使用 GET 请求，登录 URL 可能是 https://www.example.com/login?username=user&password=password1。用户名，更糟糕的是密码，可以在浏览器的地址栏中看到。此外，它还会被存储在浏览器的历史记录中，因此，任何之后使用浏览器的用户都可以登录该网站。URL 通常也被存储在 Web 服务器日志文件中，这意味着证书也会在那里可见。简而言之，无论请求的幂等性如何，都不要通过 URL 参数传递敏感数据。

有时，参数在 URL 中可见可能是所期望的结果。例如，当使用搜索引擎进行搜索时，通常搜索参数在 URL 中可见。具体搜索过程可在 https://www.google.com 上进行尝试，可以看到，带有结果的页面将搜索项作为 q 参数。例如，搜索 Django 会将用户带至 https://www.google.com/search?q=Django。这允许你通过发送此 URL 与其他人共享搜索结果。在操作 6.01 中，我们将添加一个类似传递参数的搜索表单。

另一个需要考虑的问题是，浏览器允许的 URL 的最大长度可能比 POST 正文的大小要短——有时只有大约 2000 个字符（或大约 2 KB），而 POST 正文可以有许多兆字节或千兆字节（假设服务器设置支持这些请求的尺寸）。

如前所述，不管所发出的请求类型是什么（GET、POST、PUT 等），URL 参数在 request.GET 中都是可用的。可以看到，在 URL 参数中发送一些数据，而在请求体中发送其他数据（可在 request.POST 中得到）是十分有用的。例如，可在 URL 中指定一个 format 参数来设置一些输出数据转换的格式，但是输入数据是在 POST 正文中提供的。

6.2.6 当可以在 URL 中放置参数时为何使用 GET

Django 允许轻松地定义包含变量的 URL 映射。例如，可为一个搜索视图建立一个 URL 映射，如下所示。

```
path('/search/<str:search>/', reviews.views.search)
```

初看之下，这可能是一个较好的方法，但当开始打算使用参数定制结果视图时，情况很快变得复杂起来。例如，我们可能希望能够从一个结果页面移动到下一个页面，因此添加了一个 page 参数。

```
path('/search/<str:search>/<int:page>', reviews.views.search)
```

随后可能需要按照特定的分类对搜索结果进行排序，如作者名或出版日期。因此需要添加另一个参数。

```
path('/search/<str:search>/<int:page>/<str:order >', \
    reviews.views.search)
```

你可能已经发现了这种方法的问题所在——如果不提供一个页面，将无法对结果进行排序。此外，如果打算添加一个参数 results_per_page，在没有设置 page 和 order 键的情况下，我们将无法使用该参数。

这与使用查询参数形成对比：所有的查询参数都是可选的，所以可以按照下列方式进行搜索。

```
?search=search+term:
```

或者按照下列方式设置页面。

```
?search=search+term&page=2
```

或者按照下列方式设置结果顺序。

```
?search=search+term&order=author
```

或者按照下列方式进行整合。

```
?search=search+term&page=2&order=author
```

使用 URL 查询参数的另一个原因是，当提交表单时，浏览器总是以这种方式发送输入值。它不能被更改，以使参数作为 URL 中的路径组件被提交。因此，在使用 GET 提交表单时，必须使用 URL 查询参数作为输入数据。

6.3　Django 表单库

前述内容讨论了如何以手动方式在 HTML 中编写表单，以及如何利用 QueryDict 访问请求对象上的数据。可以看到，浏览器针对特定的字段类型提供了一些验证操作，如电子邮件或数字，但并未尝试在 Python 视图中验证数据。出于以下两个原因，应在 Python 视图中验证表单。

（1）仅依赖于基于浏览器的输入数据验证是不安全的。浏览器可能并未实现特定的验证功能，这意味着用户可发布任意类型的数据。例如，早期的浏览器并不会验证数字字段，因此用户可输入超出范围的数字。进一步讲，恶意用户可在不使用浏览器的情况下尝试发送有害的数据。浏览器验证应该被认为是用户的一个细节，仅此而已。

（2）浏览器不支持跨字段验证。例如，可针对必须填写的输入使用 required 属性。但是，通常希望根据另一个输入的值设置 required 属性。例如，如果用户选中了 Register My Email 复选框，电子邮件地址输入才可被设置为 required。

Django Forms 库允许你通过 Python 类快速定义一个表单。这可通过创建 Django Form 基类的子类完成。随后，可使用该类的实例在模板中渲染表单并验证输入数据。此处将我们的类称作表单，类似于将 Django 模型子类化来创建自己的 Model 类。表单包含一个或多个特定类型的字段（例如文本字段、数字字段或电子邮件字段）。这听起来像 Django 模型，表单与模型相似，但使用不同的字段类。我们甚至可从模型中自动创建一个表单，第 7 章将对此加以讨论。

6.3.1　定义一个表单

创建一个 Django 表单类似于创建一个 Django 模型。我们需要定义一个继承自 django.forms.Form 类的类。该类包含属性，它们是不同 django.forms.Field 子类的实例。在渲染时，类中的属性名对应于它在 HTML 中的输入名称。为了快速了解所包含的字段，相关示例包括 CharField、IntegerField、BooleanField、ChoiceField 和 DateField。当在 HTML 中进行渲染时，每个字段通常对应于一项输入。但表单字段类和输入类型之间并不存在一一映射关系。表单字段与其收集的数据类型耦合得更紧密，而不是其显示方式。

下面考查一个 text 输入和一个 password 输入。二者接收一些输入的文本数据，但二者的主要差别在于，文本内容在 text 输入中是可见的，而在 password 输入中，文本是被隐藏的。在 Django 表单中，这两个字段均通过 CharField 表示。它们显示方式的差异是通过更改字段使用的微件（widget）来设置的。

注意：

如果读者不熟悉微件，该术语用于描述与之交互的实际输入及其显示方式。文本输入、密码输入、选择菜单、复选框和按钮均是不同微件的示例。我们在 HTML 中看到的输入与微件一一对应。在 Django 中，情况则并非如此，同一类型的 Field 类可根据指定的微件以多种方式进行渲染。

Django 定义了许多 Widget 类，这些类定义了 Field 应该如何渲染为 HTML。它们继承自 django.forms.widgets.Widget。微件可被传递至 Filed 构造函数中以更改其渲染方式。例如，默认状态下，CharField 实例渲染为 text <input>。如果使用 PasswordInput 微件，它将渲染为 password <input>。其他使用的微件如下。

- ❑ RadioSelect 将 ChoiceField 实例渲染为单选按钮，而非<select>菜单。
- ❑ Textarea 将 CharField 实例渲染为<textarea>。
- ❑ HiddenInput 将字段渲染为隐藏的<input>。

下面将考查一个示例表单，并逐一添加字段和特性。首先创建一个带有文本输入和密码输入的表单。

```
from django import forms

class ExampleForm(forms.Form):
    text_input = forms.CharField()
    password_input = forms.CharField(widget=forms.PasswordInput)
```

widget 参数可以是一个微件子类，这在大多数时候工作良好。如果打算进一步自定义输入及其属性的显示，则可将 widget 参数设置为 widget 类的实例。稍后将考查如何定制微件的显示。当前示例仅使用 PasswordInput 类，因为除了更改显示的输入类型，我们没有对其进行自定义。

当在模板中显示表单时，对应结果如图 6.17 所示。

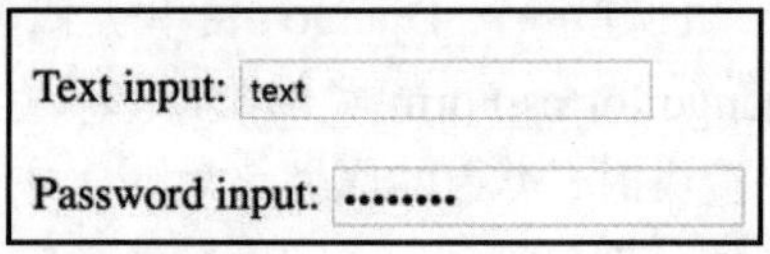

Text input: text

Password input: ••••••••

图 6.17　在浏览器中渲染的 Daniel 表单

注意，当加载页面时，输入项并不包含任何内容。文本经输入后即可显示不同的输入类型。

如果检查页面源，则可看到 Django 生成的 HTML。对于前两个字段，对应结果如下。

```
<p>
    <label for="id_text_input">Text input:</label>
    <input type="text" name="text_input" required id="id_text_input">
</p>
<p>
    <label for="id_password_input">Password input:</label>
    <input type="password" name="password_input" required id="id_
password_input">
</p>
```

注意，Django 已经自动生成了一个 label 实例，其文本来源于字段名。name 和 id 属性已经自动设置。另外，Django 还自动向输入中添加了 required 属性。类似于模型字段，表单字段构造函数也接收 required 参数，且默认设置为 True。将其设置为 False 将从生成的 HTML 中移除 required 属性。

接下来将考查如何将复选框添加至表单中。

复选框用 BooleanField 表示，因为它只能有两个值：选中或未选中。复选框采用与其他字段相同的方式被添加至表单中。

```
class ExampleForm(forms.Form):
    …
    checkbox_on = forms.BooleanField()
```

Django 为这个新字段生成的 HTML 与前面两个字段类似。

```
<label for="id_checkbox_on">Checkbox on:</label>
<input type="checkbox" name="checkbox_on" required id="id_checkbox_on">
```

接下来是选择输入项。

- 我们需要提供一个选择列表以显示在<select>下拉菜单中。
- 该字段类的构造函数接收 choices 参数。选项以二元元组的元组形式提供。每个子元组的第一个元素是选项值，第二个元素是选择的文本或描述。例如，选项可以定义如下。

```
BOOK_CHOICES = (('1', 'Deep Learning with Keras'),\
                ('2', 'Web Development with Django'),\
                ('3', 'Brave New World'),\
                ('4', 'The Great Gatsby'))
```

注意，如果愿意，你还可以使用列表而不是元组（或者二者的组合）。如果你希望选项是可变的，这将十分有用。

```
BOOK_CHOICES = (['1', 'Deep Learning with Keras'],\
                ['2', 'Web Development with Django'],\
                ['3', 'Brave New World'],\
                ['4', 'The Great Gatsby']]
```

当实现 optgroup 时，我们可以嵌套选项。当采用与前面例子相同的方式实现选项时，我们可以使用下列结构。

```
BOOK_CHOICES = (('Non-Fiction', \
                 (('1', 'Deep Learning with Keras'),\
                 ('2', 'Web Development with Django'))),\
                ('Fiction', \
                 (('3', 'Brave New World'),\
                 ('4', 'The Great Gatsby'))))
```

通过 ChoiceField 实例，select 功能被添加至表单中。微件默认为 select 输入，因此除了设置 choices，不需要其他配置。

```
class ExampleForm(forms.Form):
    …
    favorite_book = forms.ChoiceField(choices=BOOK_CHOICES)
```

下列内容为生成后的 HTML。

```
<label for="id_favorite_book">Favorite book:</label>
<select name="favorite_book" id="id_favorite_book">
    <optgroup label="Non-Fiction">
        <option value="1">Deep Learning with Keras</option>
        <option value="2">Web Development with Django</option>
    </optgroup>
    <optgroup label="Fiction">
        <option value="3">Brave New World</option>
        <option value="4">The Great Gatsby</option>
    </optgroup>
</select>
```

多重选择需要使用 MultipleChoiceField。它接收一个与常规 ChoiceField 相同格式的 choices 参数，用于单项选择。

```
class ExampleForm(forms.Form):
    …
    books_you_own = forms.MultipleChoiceField(choices=BOOK_CHOICES)
```

除了添加了 multiple 属性，它的 HTML 类似于单项选择。

```
<label for="id_books_you_own">Books you own:</label>
<select name="books_you_own" required id="id_books_you_own" multiple>
    <optgroup label="Non-Fiction">
        <option value="1">Deep Learning with Keras</option>
        <option value="2">Web Development with Django</option>
    </optgroup>
    <optgroup label="Fiction">
        <option value="3">Brave New World</option>
        <option value="4">The Great Gatsby</option>
    </optgroup>
</select>
```

另外，还可在实例化表单之后设置选项。你可能想在视图中动态生成选项 list/tuple，然后将其分配给字段的 choices 属性，如下所示。

```
form = ExampleForm()
form.fields["books_you_own"].choices = \
[("1", "Deep Learning with Keras"), …]
```

接下来是单选按钮，它与 select 十分类似。

- 类似于 select，单选按钮使用 ChoiceField，因为它们在多个选项之间提供了单一选项。
- 要在两个选项之间进行选择的选项被传递到具有 choices 参数的字段构造函数中。
- 选项以二元元组的元组形式提供，类似于 select。

```
choices = (('1', 'Option One'),\
           ('2', 'Option Two'),\
           ('3', 'Option Three'))
```

ChoiceField 默认显示为 select 输入，因此必须将微件设置为 RadioSelect，以将其渲染为单选按钮。将选项设置与此放在一起，我们向表单添加单选按钮，如下所示。

```
RADIO_CHOICES = (('Value One', 'Value One'),\
                 ('Value Two', 'Value Two'),\
                 ('Value Three', 'Value Three'))

class ExampleForm(forms.Form):
   …
   radio_input = forms.ChoiceField(choices=RADIO_CHOICES,\
                                   widget=forms.RadioSelect)
```

下列内容为生成后的 HTML。

```
<label for="id_radio_input_0">Radio input:</label>
<ul id="id_radio_input">
<li>
   <label for="id_radio_input_0">
      <input type="radio" name="radio_input"
         value="Value One" required id="id_radio_input_0">
      Value One
   </label>
</li>
<li>
   <label for="id_radio_input_1">
      <input type="radio" name="radio_input"
         value="Value Two" required id="id_radio_input_1">
      Value Two
   </label>
</li>
<li>
   <label for="id_radio_input_2">
      <input type="radio" name="radio_input"
```

```
        value="Value Three" required id="id_radio_input_2">
      Value Three
    </label>
</li>
</ul>
```

Django 会自动为这 3 个单选按钮生成一个唯一的标签和 ID。

- 要创建一个 textarea 实例，需要使用带有一个 Textarea 微件的 CharField。

```
class ExampleForm(forms.Form):
    …
    text_area = forms.CharField(widget=forms.Textarea)
```

你可能会注意到，textarea 比我们之前看到的要大得多，如图 6.18 所示。

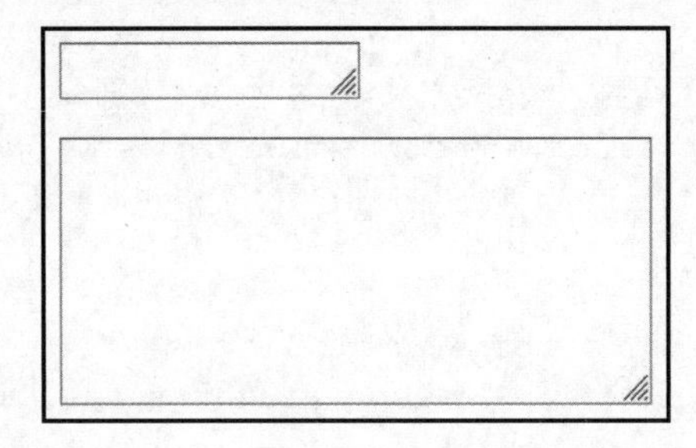

图 6.18　常规的 textarea（上方）和 Django 的默认 textarea（下方）

这是因为，Django 自动添加了 cols 和 rows 属性，它们分别设置文本字段显示的列数和行数。

```
<label for="id_text_area">Text area:</label>
<textarea name="text_area" cols="40"
  rows="10" required id="id_text_area"></textarea>
```

注意，cols 和 rows 设置不影响可以输入字段中的文本数量，只影响每次显示的文本数量。另外，textarea 的大小可以使用 CSS 进行设置（如 height 和 width 属性）。这将覆盖 cols 和 rows 设置项。

要创建 number 个输入，可能希望 Django 持有 NumberField 类型，但事实并非如此。

记住，Django 表单字段是以数据为中心的，而不是以显示为中心的，因此 Django 根据你想存储的数字数据类型提供了不同的 Field 类。

- 对于整数，使用 IntegerField。
- 对于浮点数，使用 FloatField 或 DecimalField。后两者的区别在于如何将数据转换为 Python 值。

- FloatField 将转换为浮点数，而 DecimalField 则是小数。
- 小数值在表示数字时比浮点值提供了更好的精度，但可能无法很好地集成到现有的 Python 代码中。

下面将一次性添加 3 个字段。

```
class ExampleForm(forms.Form):
    …
    integer_input = forms.IntegerField()
    float_input = forms.FloatField()
    decimal_input = forms.DecimalField()
```

这 3 个字段的 HTML 如下所示。

```
<p>
    <label for="id_integer_input">Integer input:</label>
    <input type="number" name="integer_input"
      required id="id_integer_input">
</p>
<p>
    <label for="id_float_input">Float input:</label>
    <input type="number" name="float_input"
      step="any" required id="id_float_input">
</p>
<p>
    <label for="id_decimal_input">Decimal
      input:</label>
    <input type="number" name="decimal_input"
      step="any" required id="id_decimal_input">
</p>
```

IntegerField 生成的 HTML 缺少其他两个字段具有的 step 属性，这意味着微件只接收整数值。另外两个字段（FloatField 和 DecimalField）生成非常相似的 HTML。它们在浏览器中的行为是相同的，仅当其值在 Django 代码中使用时才会不同。

正如所设想的那样，email 可利用 EmailField 进行创建。

```
class ExampleForm(forms.Form):
    …
    email_input = forms.EmailField()
```

它的 HTML 类似于以手动方式创建的 email。

```
<label for="id_email_input">Email input:</label>
<input type="email" name="email_input" required id="id_email_input">
```

在手动创建的表单之后，我们要查看的下一个字段是 DateField。

默认状态下，Django 会将 DateField 渲染为 text 输入。当单击该字段时，浏览器不会弹出日历框。

可将 DateField 添加到表单中，且不带任何参数，如下所示。

```
class ExampleForm(forms.Form):
    …
    date_input = forms.DateField()
```

当渲染时，它看上去像是一个常规的 text 输入，如图 6.19 所示。

图 6.19　在表单中默认的 DateField 显示

下列内容为默认时生成的 HTML。

```
<label for="id_date_input">Date input:</label>
<input type="text" name="date_input" required id="id_date_input">
```

使用 text 输入的原因是它允许用户以多种不同的格式输入日期。例如，默认情况下，用户可以以年-月-日（虚线分隔）或月/日/年（斜线分隔）格式输入日期。可以使用 input_formats 参数将格式列表传递给 DateField 构造函数来指定接收的格式。例如，可以接收日/月/年或日/月/年加世纪的格式的日期，如下所示。

```
DateField(input_formats = ['%d/m/%y', '%d/%m/%Y'])
```

通过将 attrs 参数传递给微件构造函数，我们可以覆盖字段微件上的任何属性。这将接收一个属性键/值字典，这些字典将被渲染到输入的 HTML 中。

目前，我们还没有采用这项内容，但在第 7 章进一步定制字段渲染时还将再次看到它。现在，仅需设置一个属性 type，这将覆盖默认的输入类型。

```
class ExampleForm(forms.Form):
    …
    date_input = forms.DateField\
              (widget=forms.DateInput(attrs={'type': 'date'}))
```

当渲染时，DateField 现在看起来像我们之前的日期字段，单击它会弹出日历日期选择器，如图 6.20 所示。

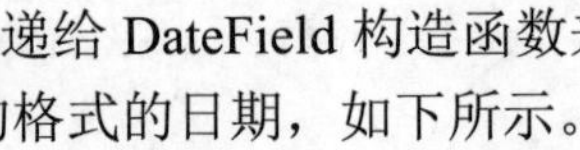

Date input: dd / mm / yyyy

图 6.20　基于日期输入的 DateField

检查生成的 HTML，可以看到它采用了 date 类型。

```
<label for="id_date_input">Date input:</label>
<input type="date" name="date_input" required id="id_date_input">
```

我们遗漏的最后一项输入是隐藏输入。

同样，由于 Django 表单以数据为中心的特性，因此并不存在 HiddenField。相反，我们选择需要隐藏的字段类型，并将其 widget 设置为 HiddenInput。然后，可以使用字段构造函数的 initial 参数设置字段的值。

```
class ExampleForm(forms.Form):
    …
    hidden_input = forms.CharField\
                   (widget=forms.HiddenInput, \
                   initial='Hidden Value')
```

生成后的 HTML 如下所示。

```
<input type="hidden" name="hidden_input"
 value="Hidden Value" id="id_hidden_input">
```

注意，由于这是一个 hidden 输入，Django 不会生成标签实例或任何 p 元素。Django 提供的其他表单字段也以类似的方式工作，包括 DateTimeField（捕获日期和时间）、GenericIPAddressField（用于 IPv4 或 IPv6 地址）和 URLField（用于 URL）。读者可访问 https://docs.djangoproject.com/en/3.0/ref/forms/fields/查看完整的字段列表。

6.3.2 在模板中渲染表单

前述内容讨论了如何创建表单和添加字段，此外还介绍了表单的外观以及生成的 HTML。但是，表单实际上是如何在模板中被渲染的？对此，可简单地实例化 Form 类，并使用上下文将其传递给视图中的渲染函数，就像任何其他变量一样。

例如，下列内容展示了如何将 ExampleForm 传递至模板。

```
def view_function(request):
    form = ExampleForm()
    return render(request, "template.html", {"form": form})
```

在渲染模板时，Django 不会添加<form>元素和提交按钮，且应在模板中放置表单位置的周围添加这些标记。表单可以像其他变量一样被渲染。

如前所述，表单是采用 as_p 方法在模板中渲染的。之所以选择这种布局方法，是因为它与我们手动构建的示例表单最匹配。Django 提供了 3 种可用的布局方法。

（1）as_table。表单渲染为表行，每项输入均在自己的行上。Django 不会生成 table 元素。所以应该自己包装表单，如下所示。

```
<form method="post">
   <table>
      {{ form.as_table }}
   </table>
</form>
```

as_table 是默认的渲染方法，因此{{form.as_table }}和{{ form }}是等价的。渲染时，表单看起来如图 6.21 所示。

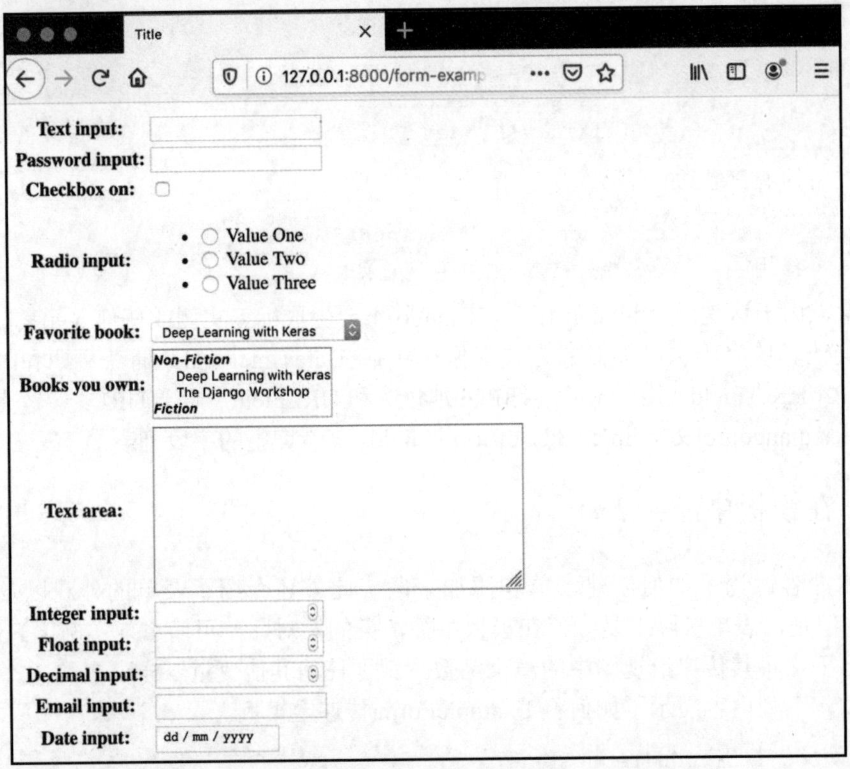

图 6.21　渲染为表的表单

生成的 HTML 示例如下。

```
<tr>
   <th>
      <label for="id_text_input">Text input:</label>
   </th>
   <td>
      <input type="text" name="text_input" required id="id_text_input">
   </td>
```

```
</tr>
<tr>
   <th>
      <label for="id_password_input">Password input:</label>
   </th>
   <td>
      <input type="password" name="password_input" required
id="id_password_input">
   <t/d>
</tr>
```

（2）as_ul。这将表单字段渲染为 ul 或 ol 元素中的列表项（li）。类似于 as_table，包含元素（<ul>或<ol>）并不是由 Django 创建的，且必须由自己添加。

```
<form method="post">
   <ul>
      {{ form.as_ul }}
   </ul>
</form>
```

使用 as_ul 的表单渲染方式如图 6.22 所示。

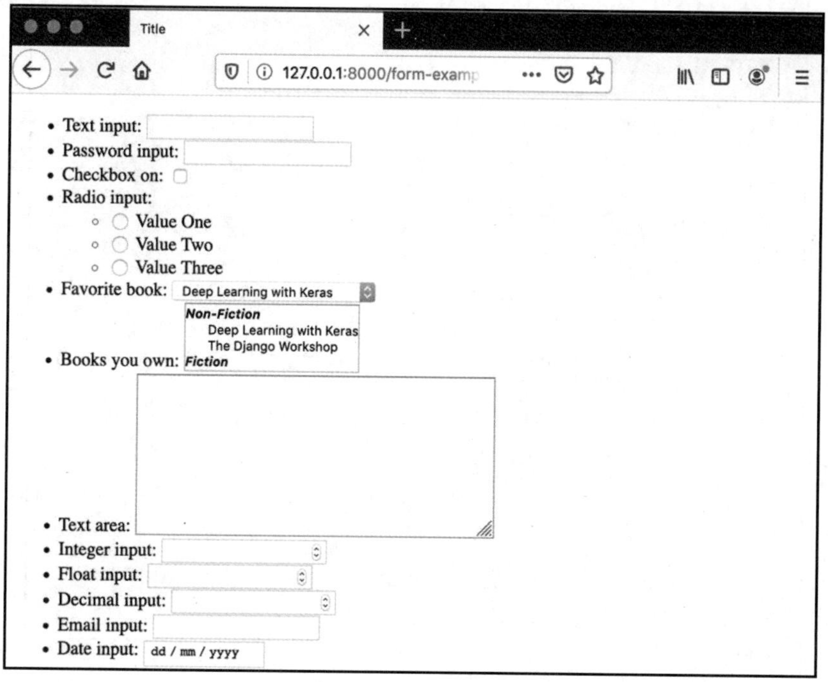

Title
127.0.0.1:8000/form-examp
- Text input:
- Password input:
- Checkbox on:
- Radio input:
  - Value One
  - Value Two
  - Value Three
- Favorite book: Deep Learning with Keras
- Books you own: Non-Fiction / Deep Learning with Keras / The Django Workshop / Fiction
- Text area:
- Integer input:
- Float input:
- Decimal input:
- Email input:
- Date input: dd / mm / yyyy

图 6.22　使用 as_ul 渲染的表单

生成的 HTML 示例如下。

```
<li>
   <label for="id_text_input">Text input:</label>
   <input type="text" name="text_input" required id="id_text_input">
</li>
<li>
   <label for="id_password_input">Password input:</label>
   <input type="password" name="password_input" required id="id_
password_input">
</li>
```

（3）as_p。前述示例中使用了 as_p 方法。每项输入都被包装在<p>标签中，这意味着不必像之前的方法那样手动包装表单（在<table>或<ul>中）。

```
<form method="post">
   {{ form.as_p }}
</form>
```

渲染后的表单如图 6.23 所示。 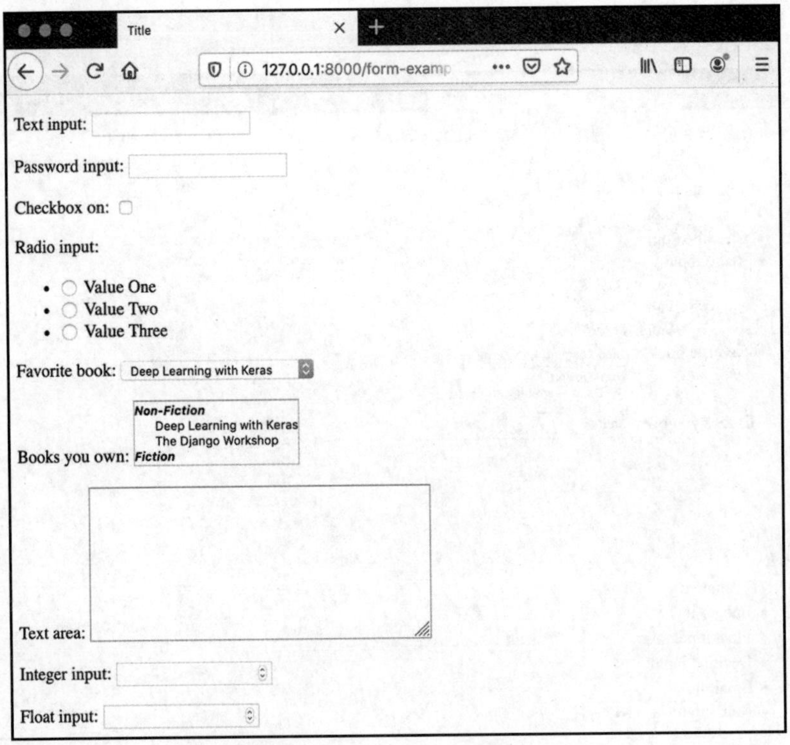

图 6.23　使用 as_p 渲染的表单

生成的 HTML 示例如下。

```
<p>
   <label for="id_text_input">Text input:</label>
   <input type="text" name="text_input" required id="id_text_input">
</p>
<p>
   <label for="id_password_input">Password input:</label>
   <input type="password" name="password_input" required
     id="id_password_input">
</p>
```

由你决定使用哪种方法渲染表单，这取决于哪种方法最适合你的应用程序。就行为和视图的使用而言，所有的方法都是相同的。第 15 章还将介绍一种使用 Bootstrap CSS 类来渲染表单的方法。

由于已经介绍了 Django 表单，现在则可更新示例表单页面，而不是自己动手编写所有的 HTML。

练习 6.03　构建和渲染 Django 表单

在本练习中，我们将采用所有字段构建 Django 表单。表单和视图的行为类似于手动构建的表单，但所需的代码量则少了许多。另外，表单将自动进行字段验证。如果表单发生变化，我们不需要对 HTML 进行更改，因为它会根据表单定义进行动态更新。

（1）在 PyCHarm 中，在 form_example 应用程序目录中创建 forms.py 新文件。

（2）在 forms.py 文件开始处导入 Django forms 库。

```
from django import forms
```

（3）创建 RADIO_CHOICES 变量以定义单选按钮的选项。按如下方式填充该变量。

```
RADIO_CHOICES = (("Value One", "Value One Display"),\
                 ("Value Two", "Text For Value Two"),\
                 ("Value Three", "Value Three's Display Text"))
```

当创建一个名为 radio_input 的 ChoiceField 实例时，很快就会用到它。

（4）通过创建一个 BOOK_CHOICES 变量，针对图书选择输入项定义嵌套选项。按如下方式填充该变量。

```
BOOK_CHOICES = (("Non-Fiction", \
                 (("1", "Deep Learning with Keras"),\
                  ("2", "Web Development with Django"))),\
                 ("Fiction", \
```

```
                  (("3", "Brave New World"),\
                   ("4", "The Great Gatsby"))))
```

（5）创建一个名为 ExampleForm 的类，该类继承自 forms.Form 类。

```
class ExampleForm(forms.Form):
```

在类上添加以下所有字段作为属性。

```
text_input = forms.CharField()
password_input = forms.CharField\
                 (widget=forms.PasswordInput)
checkbox_on = forms.BooleanField()
radio_input = forms.ChoiceField\
              (choices=RADIO_CHOICES, \
              widget=forms.RadioSelect)
favorite_book = forms.ChoiceField(choices=BOOK_CHOICES)
books_you_own = forms.MultipleChoiceField\
                (choices=BOOK_CHOICES)
text_area = forms.CharField(widget=forms.Textarea)
integer_input = forms.IntegerField()
float_input = forms.FloatField()
decimal_input = forms.DecimalField()
email_input = forms.EmailField()
date_input = forms.DateField\
             (widget=forms.DateInput\
                    (attrs={"type": "date"}))
hidden_input = forms.CharField\
               (widget=forms.HiddenInput, initial="Hidden Value")
```

随后保存文件。

（6）打开 form_example 应用程序的 views.py 文件。在该文件开始处，添加一行代码并从 forms.py 文件中导入 ExampleForm。

```
from .forms import ExampleForm
```

（7）在 form_example 视图中，实例化 ExampleForm 类并将其赋予 form 变量。

```
form = ExampleForm()
```

（8）使用 form 键，将 form 变量添加至上下文字典中。return 一行代码如下。

```
return render(request, "form-example.html",\
              {"method": request.method, "form": form})
```

保存文件。确保没有删除输出表单发送数据的代码，因为本练习稍后还将再次使用它。

（9）在 form_example 应用程序的 templates 目录中，打开 form-example.html 文件。除了{% csrf_token %}模板标签和提交按钮，可删除所有 form 元素的内容。

```
<form method="post">
   {% csrf_token %}

   <p>
      <input type="submit" name="submit_input" value="Submit Input">
   </p>
   <p>
      <button type="submit" name="button_element" value="Button
Element">
         Button With <strong>Styled</strong> Text
      </button>
   </p>
</form>
```

（10）利用 as_p 方法添加 form 变量的渲染机制，将此放置在{% csrf_token %}模板标签之后。完整的 form 元素如下。

```
<form method="post">
   {% csrf_token %}
   {{ form.as_p }}
   <p>
      <input type="submit" name="submit_input" value="Submit Input">
   </p>
   <p>
      <button type="submit" name="button_element"
        value="Button Element">
         Button With <strong>Styled</strong> Text
      </button>
   </p>
</form>
```

（11）启动 Django 开发服务器，随后在浏览器中访问表单示例页面，对应地址为 http://127.0.0.1:8000/form-example/，该表单示例如图 6.24 所示。

（12）在表单中输入一些数据。由于 Django 将所有字段标记为必填，所以需要针对全部字段输入文本或选择值，并确保选中复选框。随后提交表单。

（13）切换回 PyCHarm，并在页面底部查看调试控制台。可以看到，表单提交的所有值均输出至控制台中，如图 6.25 所示。

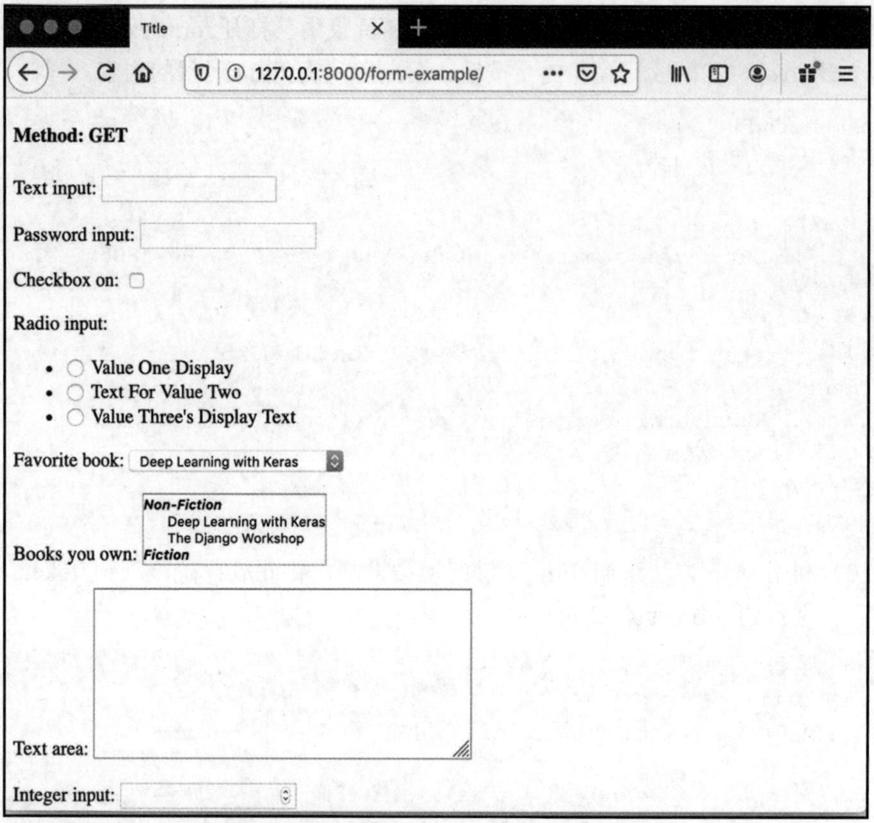

Title
127.0.0.1:8000/form-example/

Method: GET

Text input:

Password input:

Checkbox on:

Radio input:

- Value One Display
- Text For Value Two
- Value Three's Display Text

Favorite book: Deep Learning with Keras

Books you own: *Non-Fiction* Deep Learning with Keras The Django Workshop *Fiction*

Text area:

Integer input:

图 6.24　在浏览器中渲染的 Django 表单示例

```
csrfmiddlewaretoken: ['rZ5I3cs3xV0LS2oUU2rkXJyIktyDSX4yrSBcQNjChpBI6Qu9eNRwgdgakeVhj3VN']
text_input: ['Text']
password_input: ['password']
checkbox_on: ['on']
radio_input: ['Value Two']
favorite_book: ['1']
books_you_own: ['1', '2']
text_area: ['Some text in the text area.']
integer_input: ['10']
float_input: ['10.5']
decimal_input: ['11.5']
email_input: ['user@example.com']
date_input: ['2020-04-20']
hidden_input: ['Hidden Value']
submit_input: ['Submit Input']
```

图 6.25　Django 表单提交的值

可以看到，值仍为字符串，并且名称与 ExampleForm 类的属性相匹配。注意，其中包括单击的提交按钮以及 CSRF 令牌。这里，提交的表单可以是 Django 表单字段和添加的任意字段的混合结果，二者都包含在 request.POST QueryDict 对象中。在该练习中，我们创建了 Django 表单，其中包含了不同类型的表单字段。我们将其实例化到视图的一个变量中，随后将其传递至 form-example.html 中。在 form-example.html 中，它被渲染为 HTML。最后，提交表单并查看提交的值。注意，生成相同表单所需要编写的代码量大大减少了。我们不需要手动编码任何 HTML，而且现在有一个地方既能定义表单的显示方式，又能定义其验证方式。稍后将考查 Django 表单如何自动验证提交的数据，以及数据如何从字符串转换为 Python 对象。

6.4　验证表单并检索 Python 值

截至目前，我们讨论了 Django 表单如何简化事物，进而通过 Python 代码定义表单以及自动渲染表单。接下来将介绍 Django 表单的其他有效用途，即自动验证表单，并检索本地 Python 对象和值。

在 Django 中，一个表单可以是未绑定的（unbound），也可以是绑定的（bound）。这些术语描述了表单是否已将提交的 POST 数据发送给它进行验证。到目前为止，我们只看到了非绑定表单——它们在实例化时没有参数，如下所示。

```
form = ExampleForm()
```

如果使用一些用于验证的数据（如 POST 数据）调用表单，则该表单被绑定。绑定表单可以像这样创建：

```
form = ExampleForm(request.POST)
```

绑定表单允许我们开始使用内置的与验证相关的工具。首先使用 is_valid 方法检查表单的有效性，然后使用表单上的 cleaned_data 属性，其中包含从字符串转换为 Python 对象的值。cleaned_data 属性仅在表单被清理之后可用，这意味着“清理”数据并将其从字符串转换为 Python 对象的过程。清理过程在 is_valid 调用期间运行。如果在调用 is_valid 之前试图访问 cleaned_data，将引发 AttributeError。

下面是一个关于如何访问 ExampleForm 的已清理数据的简短示例。

```
form = ExampleForm(request.POST)

if form.is_valid():
    # cleaned_data is only populated if the form is valid
    if form.cleaned_data["integer_input"] > 5:
        do_something()
```

在该示例中，form.cleaned_data["integer_input"]表示为整数值 10，因而可与数字 5 进行比较。这里，将此值与发布的值进行比较，后者是字符串"10"。清洗过程为我们完成了这种转换。其他字段（如日期或布尔值）也将相应地被转换。

清理过程还设置表单和字段上的任何错误，这些错误将在再次渲染表单时显示。让我们来看看这一切的实际情况。现代浏览器提供了大量的客户端验证，因此除非满足基本验证规则，否则它们会阻止表单的提交。读者如果在前面的练习中尝试过提交空字段的表单，就会了解到这一点，如图 6.26 所示。

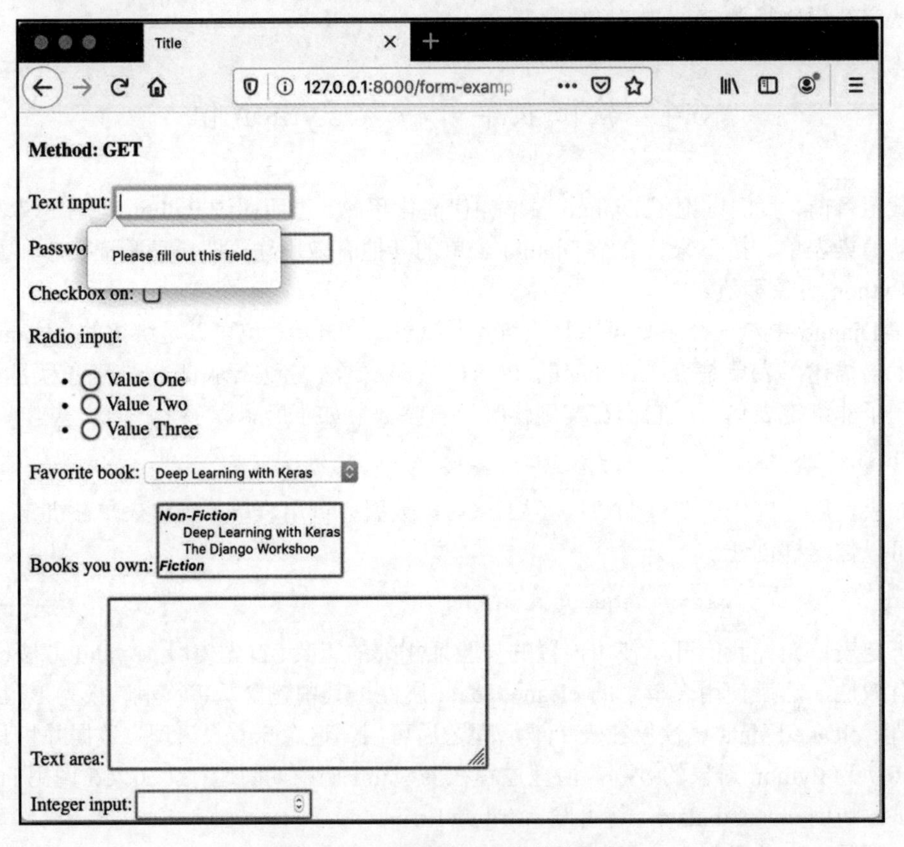

图 6.26　浏览器将阻止表单的提交

图 6.26 显示了阻止表单提交的浏览器。由于浏览器阻止了表单的提交，Django 永远没有机会验证表单本身。为了允许表单被提交，我们需要添加一些浏览器自身无法验证的更高级的验证方法。

稍后将讨论可应用于表单字段的不同类型的验证，但现在，我们只将 max_digits 设置（3）添加到 ExampleForm 的 decimal_input 中。这意味着用户不应该在表单中输入超过 3 位的数字。

注意：

如果浏览器已经在验证表单并阻止提交，那么 Django 为什么还要验证表单呢？服务器端应用程序永远不应该信任来自用户的输入：用户可能使用较旧的浏览器或另一个 HTTP 客户端发送请求，因此不会从他们的“浏览器”中接收任何错误。另外，正如我们刚刚提到的，有些类型的验证是浏览器无法理解的，因此 Django 必须在自己的一端对此进行验证。

ExampleForm 更新后如下所示。

```
class ExampleForm(forms.Form):
    …
    decimal_input = forms.DecimalField(max_digits=3)
    …
```

现在应该更新视图，当方法为 POST 时，将 request.POST 传递给 Form 类，如下所示。

```
if request.method == "POST":
    form = ExampleForm(request.POST)
else:
    form = ExampleForm()
```

当方法不是 POST 时，如果将 request.POST 传递给表单构造函数，那么表单在第一次渲染时将总是包含错误，因为 request.POST 将为空。现在浏览器将允许我们提交表单，但是如果 decimal_input 包含超过 3 位的数字，我们将得到一个错误提示，如图 6.27 所示。

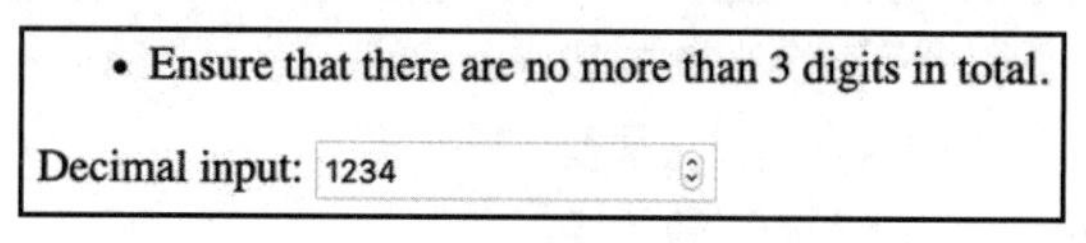

图 6.27　当字段无效时所显示的错误

当出现错误时，Django 会自动在模板中以不同的方式渲染表单。但是，如何根据表单的有效性使视图呈现不同的行为呢？如前所述，可采用表单的 is_valid 方法。使用该检查的视图可能具有如下代码。

```
form = ExampleForm(request.POST)

if form.is_valid():
    # perform operations with data from form.cleaned_data
    return redirect("/success-page") # redirect to a success page
```

在该示例中：如果表单有效，则用户被重定向至成功页面；否则，假设执行流继续执行，并将无效表单传递回 render 函数，以显示给有错误的用户。

注意：

为什么在成功时返回一个重定向？其中包含两个原因：首先，提前返回会阻止视图的其余部分（即失败分支）的执行；其次，如果用户重新加载页面，可以防止出现与重新发送表单数据相关的信息。

在下一个练习中，我们将考查表单的验证操作，并根据表单的有效性调整视图的执行流。

练习 6.04　验证视图中的表单

在本练习中，我们将更新示例视图，并根据 HTTP 方法以不同方式实例化表单。此外，我们还将修改表单，输出已清理的数据，而不是原始的 POST 数据，但前提是表单有效。

（1）在 PyCHarm 中，在 form_example 应用程序目录中打开 forms.py 文件，并将 max_digits=3 参数添加至 ExampleForm 的 decimal_input 中。

```
class ExampleForm(forms.Form):
    …
    decimal_input = forms.DecimalField(max_digits=3)
```

待该参数添加完毕后，即可提交表单。因为浏览器并不知道如何验证这一规则，但 Django 对此却有所了解。

（2）打开 reviews 应用程序的 views.py 文件。我们需要更新 form_ example 视图，这样如果请求的方法是 POST，ExampleForm 就会用 POST 数据实例化；否则，实例化时将不包含参数。利用下面的代码替换当前的表单初始化。

```
def form_example(request):
    if request.method == "POST":
        form = ExampleForm(request.POST)
    else:
        form = ExampleForm()
```

（3）针对 POST 请求方法，将通过 is_valid 方法检查表单是否有效。如果表单有效，则输出全部清理后的数据。在 ExampleForm 实例化之后添加一个条件来检查 form.is_valid()，然后将调试输出循环移至该条件中。此处，POST 分支如下所示。

```
if request.method == "POST":
    form = ExampleForm(request.POST)
    if form.is_valid():
        for name in request.POST:
```

```
            print("{}: {}".format\
                            (name, request.POST.getlist(name)))
```

（4）这里不再遍历原始 request.POST QueryDict（其中所有数据都是 string 实例），而是遍历 form 的 cleaned_data。这是一个普通的字典，并包含转换为 Python 对象的值。下面将 for 行和 print 行替换为下列代码。

```
for name, value in form.cleaned_data.items():
    print("{}: ({}) {}".format\
                        (name, type(value), value))
```

此处不再需要使用 getlist()，因为 cleaned_data 已将多值字段转换为 list 实例。

（5）启动 Django 开发服务器。切换至浏览器并浏览示例表单页面，对应网址为 http://127.0.0.1:8000/formexample/。表单看起来应和以前一样。随后填写所有字段，确保在 Decimal input 字段中输入 4 个或更多的数字，以使表单无效。提交表单，在刷新页面时，将会看到 Decimal input 显示的错误消息，如图 6.28 所示。

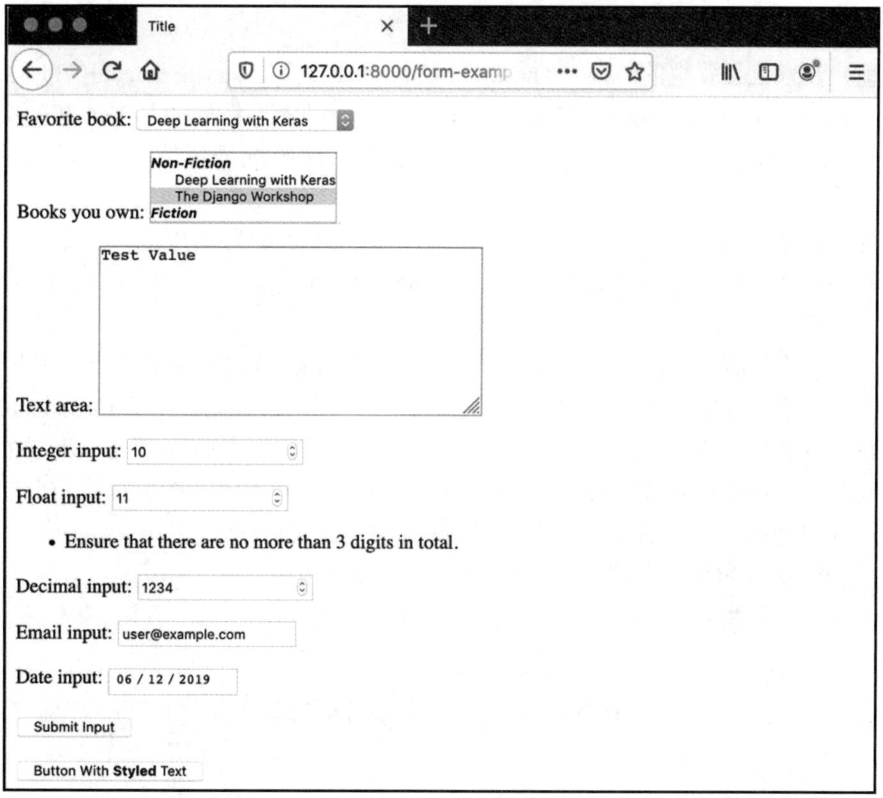

图 6.28　提交表单后显示的 Decimal input 错误消息

（6）修复表单错误，即确保 Decimal input 字段仅有 3 位数字，随后再次提交表单。切换回 PyCHarm 并检查调试控制台，可以看到，所有清理的数据均已被输出，如图 6.29 所示。

```
text_input: (<class 'str'>) Text
password_input: (<class 'str'>) password
checkbox_on: (<class 'bool'>) True
radio_input: (<class 'str'>) Value Two
favorite_book: (<class 'str'>) 1
books_you_own: (<class 'list'>) ['2', '3']
text_area: (<class 'str'>) Test Value
integer_input: (<class 'int'>) 10
float_input: (<class 'float'>) 11.0
decimal_input: (<class 'decimal.Decimal'>) 123
email_input: (<class 'str'>) user@example.com
date_input: (<class 'datetime.date'>) 2019-12-06
hidden_input: (<class 'str'>) Hidden Value
```

图 6.29　输出的表单清理数据

这里，注意已经发生的转换。CharField 实例已被转换为 str，BooleanField 已被转换为 bool，IntegerField、FloatField 和 DecimalField 已分别被转换为 int、float 和 Decimal。DateField 变成 datetime。date 和选择字段保留了其初始选择值的字符串值。注意，books_you_own 被自动转换为 str 实例列表。

另外请注意，与遍历所有 POST 数据不同，cleaned_data 只包含表单字段。其他数据（例如 CSRF 令牌和单击的提交按钮）出现在 POST QueryDict 中，但没有被包括在内，因为它不包括表单字段。

在本练习中，我们更新了 ExampleForm，即使 Django 认为它是无效的，浏览器也允许它被提交。这样，Django 就可以对表单进行验证。随后，我们更新了 form_example 视图，以根据不同的 HTTP 方法实例化 ExampleForm 类，并针对 POST 请求传入请求的 POST 数据。视图还更新了其调试输出代码，以输出 cleaned_data 字典。最后还测试了提交有效和无效的表单数据，以查看不同的执行路径和表单生成的数据类型。可以看到，Django 根据字段类自动将 POST 数据从字符串转换为 Python 类型。

接下来，我们将考查如何向字段中添加更多的验证选项，以进一步控制输入的值。

6.5　内置字段的验证

截至目前，我们还没有讨论可以在字段上使用的标准验证参数。虽然之前已经提到

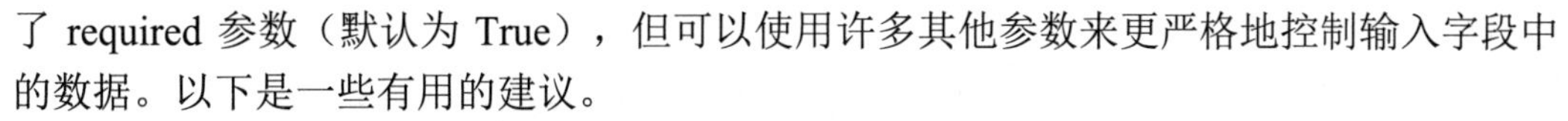

了 required 参数（默认为 True），但可以使用许多其他参数来更严格地控制输入字段中的数据。以下是一些有用的建议。

- max_length：设置可以输入字段内的最大字符数量；可用于 CharField 上（以及 FileField 上；第 8 章将对此加以讨论）。
- min_length：设置可以输入字段内的最小字符数量；可用于 CharField 上（以及 FileField 上；第 8 章将对此加以讨论）。
- max_value：设置可以输入数字字段中的最大值；可用于 IntegerField、FloatField 和 DecimalField 上。
- min_value：设置可以输入数字字段中的最小值；可用于 IntegerField、FloatField 和 DecimalField 上。
- max_digits：设置可以输入的最大位数；包括小数点之前和之后的位数（如果存在小数点）。例如，数字 12.34 包含 4 位，数字 56.7 包含 3 位。max_digits 可用于 DecimalField 上。
- decimal_places：设置小数点之后的最大位数。decimal_places 与 max_digits 一起使用，小数点后的位数将始终计入小数位数，即使小数点后没有输入小数位数。例如，假设 max_digits 为 4，decimal_places 为 3，如果输入数字 12.34，它实际上会被解释为值 12.340。也就是说，直到小数点后的位数等于 decimal_places 设置后，才会追加零。由于将 decimal_places 的值设置为 3，因此数位总数最终为 5，这超过了 max_digits 设置的 4。因此，数字 1.2 是有效的，因为即使扩展到 1.200，总位数也只有 4 位。

我们可以混合和匹配验证规则（前提是字段支持这些规则）。例如，CharField 可以包含 max_length 和 min_length，数字字段可以包含 min_value 和 max_value 等。

如果需要更多的验证选项，还可以编写自定义验证器，稍后将对此加以介绍。现在，我们将向 ExampleForm 中添加一些验证器，以查看它们的运行情况。

练习 6.05　添加额外的字段验证

在本练习中，我们将针对 ExampleForm 的字段添加、调整验证规则。随后将查看这些变化如何在浏览器中以及 Django 验证表单时影响表单的行为。

（1）在 PyCharm 中，在 form_example 应用程序目录中打开 forms.py 文件。

（2）我们使 text_input 最多需要 3 个字符。将 max_length=3 参数添加至 CharField 构造函数中。

```
text_input = forms.CharField(max_length=3)
```

（3）要求最少 8 个字符，以使 password_input 更加安全。将 min_length=8 添加至

CharField 构造函数中。

```
password_input = forms.CharField(min_length=8, \
                                widget=forms.PasswordInput)
```

（4）用户可能未持有图书，所以 books_you_own 不应是必填项。将 required=False 参数添加至 MultipleChoiceField 构造函数中。

```
books_you_own = forms.MultipleChoiceField\
               (required=False, choices=BOOK_CHOICES)
```

（5）用户仅可在 integer_input 中输入 1～10 的值。将 min_value=1 和 max_value=10 参数添加至 IntegerField 构造函数中。

```
integer_input = forms.IntegerField\
               (min_value=1, max_value=10)
```

（6）将 max_digits=5 和 decimal_places=3 添加至 DecimalField 构造函数中。

```
decimal_input = forms.DecimalField\
               (max_digits=5, decimal_places=3)
```

随后保存文件。

（7）启动 Django 开发服务器。因为 Django 会自动更新 HTML 生成和验证逻辑，所以不需要对任何文件进行任何更改就可以获得这些新的验证规则。这是使用 Django 表单的一大优势。只需在浏览器中访问或刷新 http://127.0.0.1:800 /form-example/，新的验证将自动被添加。在尝试使用错误值并提交表单之前，表单看起来应该没有任何不同。在这种情况下，浏览器会自动显示错误。以下内容是可以尝试的一些操作。

向 Text input 字段中输入超过 3 个字符，用户无法完成该操作。

向 Password 字段中输入少于 8 个字符。浏览器应显示一条错误消息，表明该操作无效。

未针对 Books you own 字段选择任何值。这将阻止用户提交表单。

在 Integer input 上使用步进按钮。用户只能输入 1～10 的值。如果输入的值超出了这个范围，浏览器应该会显示一个错误。

Decimal input 是唯一一个在浏览器中不需要验证 Django 规则的字段。用户可输入一个无效值（如 123.456）并提交表单，随后将显示一条错误信息（由 Django 生成）。

图 6.30 显示了浏览器可自身验证的一些字段。

图 6.31 显示了一条 Django 生成的错误信息，因为浏览器无法理解 DecimalField 验证规则。

在本练习中，我们在表单字段上实现了一些基本的验证规则，随后在浏览器中加载了表单示例页面，且无须修改模板或视图。其间，我们尝试了使用不同值提交表单，并查看与 Django 相比浏览器对表单的验证方式。

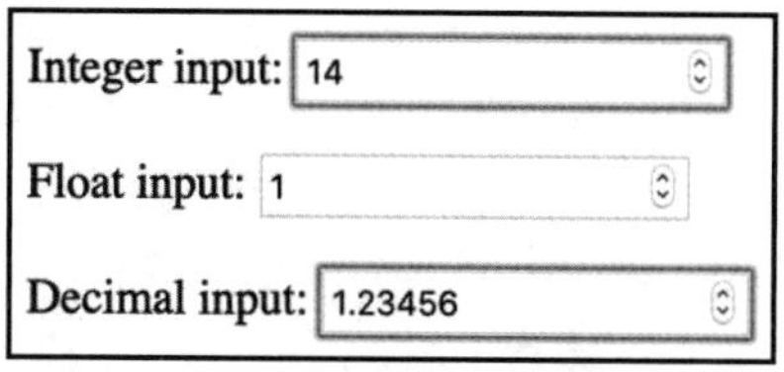

Integer input: 14

Float input: 1

Decimal input: 1.23456

图 6.30 浏览器利用新规则执行验证

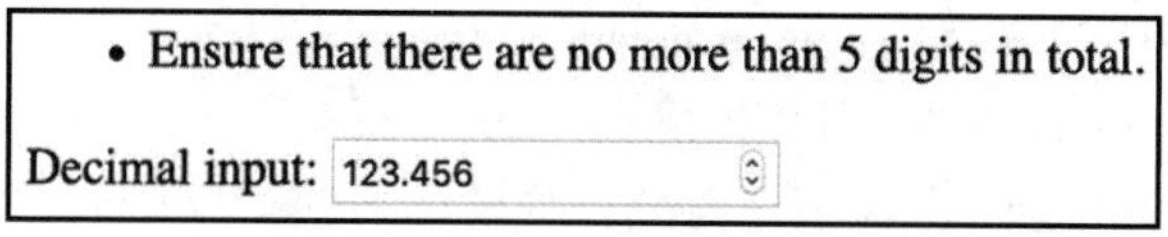

- Ensure that there are no more than 5 digits in total.

Decimal input: 123.456

图 6.31 浏览器认为表单有效，但 Django 认为表单无效

在本章的操作练习中，我们将利用一个 Django 表单实现图书搜索视图。

操作 6.01 图书搜索

在该操作中，我们将完成第 1 章开始的图书搜索视图，并构建一个 SearchForm 实例提交并接收来自 request.GET 的搜索字符串。这将包含一个 select 字段选择、搜索 title 或 contributor。随后将搜索所有的 Book 实例，其中包含 title 或 Contributor 的 first_names 或 last_names 中的给定文本。接下来将在 search-results.html 模板中渲染图书列表。这里，搜索项不应是必需的，如果它存在，其长度应是 3 个或更少的字符。因为即使在使用 GET 方法时，视图也会进行搜索，所以表单总是会检查验证结果。如果将字段设置为 required，那么无论何时加载页面，它都会显示错误。

相应地，存在两种搜索方式：第一种方法是 base.html 模板中的搜索表单，这将只搜索 Book 的标题；另一种方法是提交一个在 search-results.html 页面上渲染的 SearchForm 实例。此表单将显示 ChoiceField 实例，用于在 title 或 contributor 搜索之间进行选择。

具体步骤如下。

（1）在 forms.py 文件中创建 SearchForm 实例。

（2）SearchForm 应包含两个字段。其中，第一个字段是带有名称 search 的 CharField 实例。该字段不应是必填项，但其最小长度为 3。

（3）SearchForm 上的第二个字段是名为 search_in 的 ChoiceField 实例。这将允许在 title 和 contributor（分别使用 Title 和 Contributor 标签）之间进行选择。该字典并非必填项。

（4）更新 book_search 视图，并利用 request.GET 中的数据实例化 SearchForm 实例。

（5）添加代码并利用 title__icontains 搜索 Book 模型（不区分大小写）。只有当表单有效并且包含一些搜索文本时，才应该执行搜索。search_in 值应利用 get 方法从 cleaned_ data 中进行搜索。该值因为为非必填项，所以可能不存在。这里，将其默认值设置为 title。

（6）当搜索贡献者时，可使用 first_names__icontains 或 last_names__icontains，随后遍历贡献者并检索每名贡献者的图书。仅当表单有效且包含一些搜索文本时才应执行搜索。有很多种方法可将搜索结果组合为名字或姓氏。最简单的方法是执行两个查询，一个用于匹配名字，另一个用于匹配姓氏，并分别遍历它们。

（7）更新 render 调用，以包含表单变量和在上下文中检索到的图书（以及已经传递的 search_text）。模板的位置在第 3 章中被改变了，因此需要相应地更新第二个参数进行渲染。

（8）在第 1 章中创建的 search-results.html 模板现在基本上是多余的，所以可以清除其内容。更新 search-results.html 文件以扩展 base.html，而不是将其作为一个独立的模板文件。

（9）添加一个 title 块，如果表单有效并且设置了 search_text，则显示 Search Results for <search_text>，否则仅显示 Book Search。稍后，该块还将被添加至 base.html 中。

（10）添加一个 content 块，这将显示一个带有文本 Search for Books 的<h2>标题。在<h2>标题下方，渲染表单。<form>元素可能不包含属性，该元素将默认向它所在的同一 URL 发出 GET 请求。添加一个提交按钮，就像在前面的操作中那样，使用 btn btn-primary 类。

（11）在表单下方，如果表单有效且输入了搜索文本，那么将显示 Search results for <search_text>消息，否则将不显示任何消息。这应该显示在<h3>标题中，且搜索文本应被封装在<em>中。

（12）遍历搜索结果并渲染每个结果。此处应显示图书标题和贡献者的名字和姓氏。另外，图书标题应链接至 book_detail 页面。如果图书列表为空，则显示文本 No results found。这里，应使用 class list-group 将结果包装在<ul>中，并且每个结果都应该是带有 class list-group-item 的<li>实例。这将类似于 book_list 页面，但不会显示太多信息（仅显示标题和贡献者）。

（13）更新 base.html，在搜索<form>标签中包含一个 action 属性，使用 url 模板标签为这个属性生成 URL。

（14）将搜索字段的 name 属性设置为 search，将 value 属性设置为输入的搜索文本。另外，确保字段的最小长度为 3。

（15）在 base.html 中，向其他模板覆盖的<stitle>标签中添加 title 块〔如步骤（9）所示〕。在<title> HTML 元素中添加一个 block 模板标签，它应该包含内容 Bookr。

在操作完成后，访问 http://127.0.0.1:8000/book-search/并打开图书搜索页面，如图 6.32 所示。

当只使用两个字符进行搜索时，浏览器会阻止提交任何一个搜索字段。如果搜索未返回任何结果，则会看到一条不包含结果的消息。通过标题搜索（可通过任意一个字段完成）将显示匹配的结果。

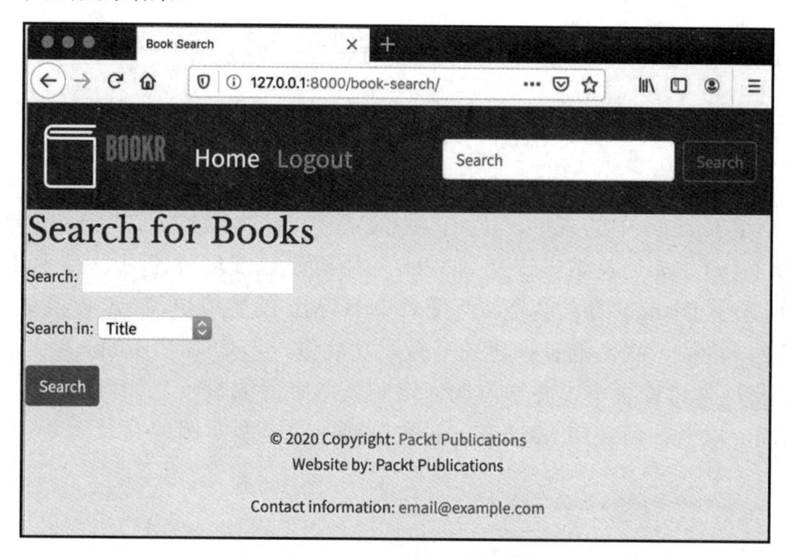

图 6.32　未经搜索的图书搜索页面

类似地，当通过贡献者进行搜索时，对应结果如图 6.33 所示。

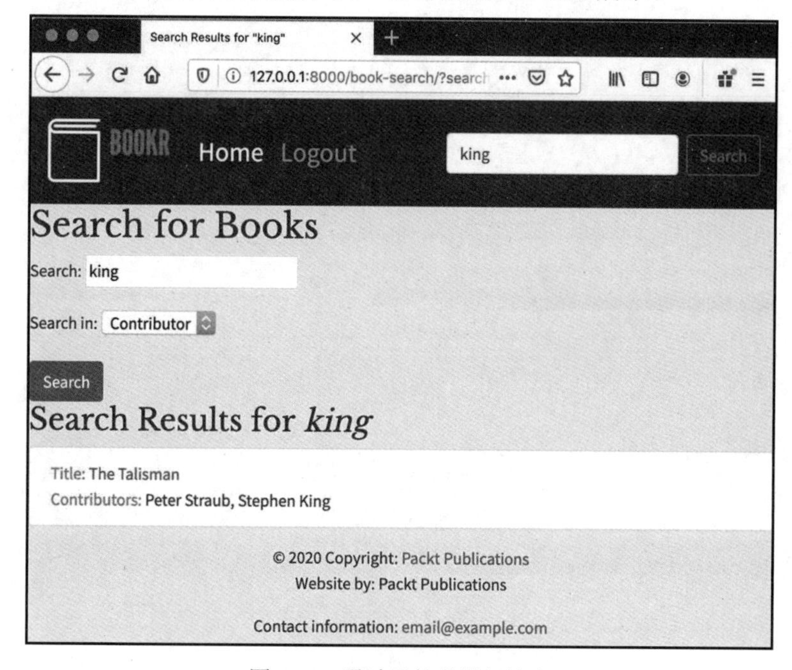

图 6.33　通过贡献者进行搜索

注意：

读者可访问 http://packt.live/2Nh1NTJ 查看该操作的完整解决方案。

6.6 本章小结

本章介绍了 Django 中的表单。其间，我们讨论了 HTML 输入，用于在网页上输入数据。另外，我们考查了如何将数据提交到 Web 应用程序以及何时使用 GET 和 POST 请求。然后，本章研究了 Django 的表单类如何使表单 HTML 的生成更简单，以及如何使用模型自动构建表单。最后，我们通过构建图书搜索功能进一步增强了 Bookr。

第 7 章将深入讨论表单，并学习如何定制表单字段的显示、如何向表单添加更加高级的验证功能，以及如何使用 ModelForm 类自动保存模型实例。

第 7 章　高级表单验证和模型表单

在 Bookr 应用程序的基础上，本章将利用自定义多字段验证和表单清除机制向应用程序中添加新的表单。我们将学习如何在表单上初始化值和自定义微件（生成的 HTML 输入元素）。随后将讨论 ModelForm 类，该类允许从模型中自动创建表单。我们将在视图中使用 ModelForm 以自动保存新的或更改后的 Model 实例。

7.1　简　　介

本章将在第 6 章的基础上讨论，其中，我们学习了如何将数据从 HTML 表单（包括手动构建的 HTML 表单和 Django 表单）提交至 Django 视图中。我们使用 Django 的 form 库来构建表单，并通过基本验证规则自动验证表单。例如，现在我们可以构建检查日期是否以其所需格式输入的表单，是否在用户必须输入年龄的地方输入数字，以及在用户单击 Submit 按钮之前是否选择了下拉列表。另外，大多数大型网站往往需要更高级的验证。

例如，某个字段为必填项，前提是设置了另一个字段。假设打算添加一个复选框，以允许用户注册每月的新闻通信。这里，复选框下面有一个文本框，可让用户输入电子邮件地址。通过一些基本的验证，可以检查：

- 用户选中了复选框。
- 用户输入了电子邮件地址。

当用户单击 Submit 按钮时，将能够验证两个字段是否都已被操作。但如果用户不打算注册新闻通信，情况又当如何？如果用户单击 Submit 按钮，理想情况下，两个字段都应为空。这里，验证单独字段可能不会起到任何作用。

另一个例子是，假设有两个字段，且每个字段可输入的最大值是 50，两个字段填写的总值应小于 75。对此，我们将考查如何编写自定义验证规则以解决此类问题。

稍后，我们还将考查如何在表单上设置初始值，这在自动填写用户已知的信息时非常有用。例如，如果用户已登录，我们可以自动将用户的联系信息放入表单中。

在本章结尾，我们将考查模型表单，这可自动从 Django Model 类中创建一个表单，这将减少创建新 Model 实例时所需编写的代码量。

7.2　自定义字段验证和清除机制

前述内容介绍了 Django 表单如何将 HTTP 请求中的字符串值转换为 Python 对象。在非自定义的 Django 表单中，目标类型依赖于字段类。从 IntegerField 派生的 Python 类型是 int，并且字符串值是根据用户输入逐字给出的。但是，我们也可在 Form 类上实现方法，以所选方式改变字段的输出值。这允许清洗或过滤用户输入的数据，以更符合期望要求。例如：可以将一个整数舍入到最接近 10 的倍数，以适合订购特定物品的批量大小；或者可以将电子邮件地址转换为小写，以便搜索时数据一致。

此外，我们还可以实现一些自定义验证器。对此，我们将研究两种验证字段的不同方法，即编写自定义验证器，以及针对字段编写自定义的 clean 方法。每种方法均包含自身的优缺点。其中，自定义验证器适用于不同的字段和表单，所以不必针对每个字段编写验证逻辑。另外，必须在打算清除的每个表单上实现自定义 clean 方法，该方法功能更强大，允许使用表单中的其他字段进行验证或更改字段返回的已清除值。

7.2.1　自定义验证器

验证器是一个简单的函数并接收一个值，若该值无效，则产生 django.core.exceptions.ValidationError。另外，该值是一个 Python 对象（即已经从 POST 请求字符串转换而来的 cleaned_data）。

下列示例验证器将验证某个值是否为小写。

```
from django.core.exceptions import ValidationError

def validate_lowercase(value):
    if value.lower() != value:
      raise ValidationError("{} is not lowercase."\
                             .format(value))
```

可以看到，无论是成功还是失败，该函数不会返回任何内容。如果值无效，仅生成 ValidationError。

注意：

ValidationError 的行为和处理方式与 Django 中其他异常的行为不同。通常情况下，如果在视图中引发了一个异常，那么 Django 会生成一个 500 的响应结果（如果未在代码中处理这个异常）。

当在验证/清理代码中引发 ValidationError 时，Django form 类会为你捕获错误，然后 form 的 is_valid 方法会返回 False，且不必在可能引发 ValidationError 的代码周围编写 try/except 处理程序。

验证器可以被传递给表单中字段构造函数的 validators 参数，如 ExampleForm 的 text_input 字段。

```
class ExampleForm(forms.Form):
    text_input = forms.CharField(validators=[validate_lowercase])
```

如果提交表单，并且字段包含大写值，则会得到一条错误消息，如图 7.1 所示。

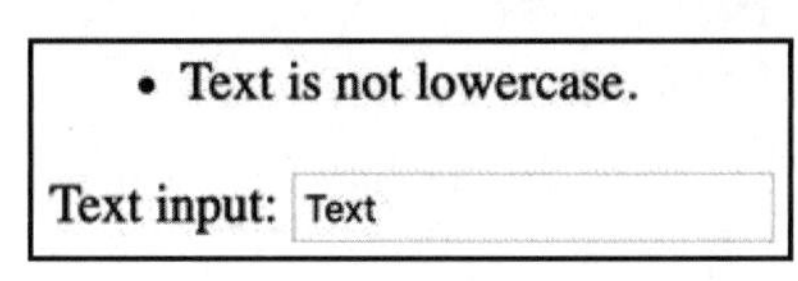

图 7.1　小写文本验证器

验证器函数可以用于任意数量的字段。在示例中，如果我们希望许多字段强制使用小写形式，那么 validate_lowercase 可以被传递给所有字段。接下来考查如何使用自定义的 clean 方法，并以另一种方式实现这一操作。

7.2.2　clean 方法

在 Form 类上创建 clean 方法，并以 clean_field-name 格式命名。例如，text_input 的 clean 方法将被称为 clean_text_input，books_you_own 的 clean 方法将被称为 clean_books_you_own 等。

清洗方法不包含任何参数，相反，它们应在 self 上使用 cleaned_data 属性来访问字段数据。如前所述，字典将包含以标准的 Django 方式清理后的数据。clean 方法必须返回已清除的值，该值将替换 cleaned_data 字典中的原始值。即使方法没有修改值，也必须返回一个值。此外，你还可以使用 clean 方法引发 ValidationError，并且错误将被附加到字段上（与验证器相同）。

下面通过 clean 方法重新实现小写验证器，如下所示。

```
class ExampleForm(forms.Form):
    text_input = forms.CharField()
    …
    def clean_text_input(self):
```

```
        value = self.cleaned_data['text_input']
        if value.lower() != value:
          raise ValidationError("{} is not lowercase."\
                                .format(value))\
       return value
```

可以看到，逻辑本质上是相同的，只是必须在最后返回经过验证的值。如果提交表单，则得到与上一次尝试时相同的结果（见图 7.1）。

再次考查这一个例子可以看到，当值无效时，我们可将值转换为小写形式，而不是引发异常，如下所示。

```
class ExampleForm(forms.Form):
  text_input = forms.CharField()
  …
  def clean_text_input(self):
    value = self.cleaned_data['text_input']
    return value.lower()
```

假设我们以大写方式输入文本，如图 7.2 所示。

Text input: ALL UPPERCASE

图 7.2　输入文本 ALL UPPERCASE

如果利用视图中的调试输出检查以清理的数据，可以看到最终结果显示为小写形式，如图 7.3 所示。

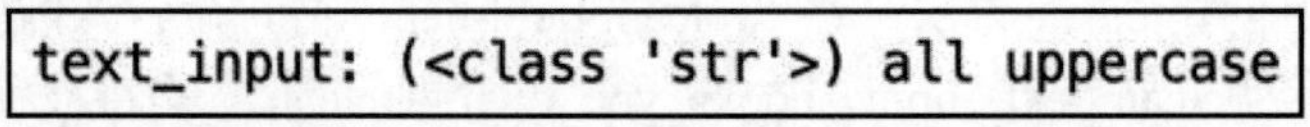

text_input: (<class 'str'>) all uppercase

图 7.3　清洗后的数据转换为小写形式

这两个简单的示例说明了如何使用验证器和 clean 方法验证字段。当然，你如果愿意，还可以使每种类型的验证更加复杂，并利用 clean 方法以更复杂的方式转换数据。

到目前为止，我们仅学习了表单验证的简单方法，并单独处理了每个字段。字段是否有效仅基于其包含的信息，而不是其他内容。如果一个字段的有效性取决于用户在另一个字段中输入的内容，情况又当如何？这方面的例子包括，如果某人打算注册至邮件列表中，那么可设置一个 email 字段收集电子邮件地址。只有选中注册的复选框时，该字段才为必填项。这两个字段本身都不是必填项——如果选中了复选框，那么 email 字段也应是必填项。

稍后将讨论如何通过覆盖表单中的 clean 方法来验证字段相互依赖的表单。

7.2.3　多字段验证

我们刚刚考查了 clean_<field-name>方法，该方法可被添加至 Django 表单中，用来清洗特定的字段。Django 还支持重写 clean 方法，其中可访问所有字段中的 cleaned_data，并且我们知道所有自定义字段方法都已被调用。这样就可以根据另一个字段的数据对字段进行验证。

参考前面的例子，只有在选中复选框时才需要电子邮件地址，接下来将看到如何使用 clean 方法实现这一点。

首先，创建一个 Form 类，并添加两个字段——利用 required=False 参数使其成为选填项。

```
class NewsletterSignupForm(forms.Form):
signup = forms.BooleanField\
        (label="Sign up to newsletter?", required=False)
email = forms.EmailField\
       (help_text="Enter your email address to subscribe", \
       required=False)
```

此处还引入了两个新参数，并可供任意字段使用。

- Label。这允许为字段设置标签文本。如前所述，Django 会根据字段名自动生成标签文本。如果设置了 label 参数，则可以覆盖此默认值。如果打算设置一个更具描述性的标签，则可以使用该参数。
- help_text。如果需要显示关于字段输入的更多信息，则可以使用该参数。默认情况下，它显示在字段的后面。

当渲染时，表单如图 7.4 所示。

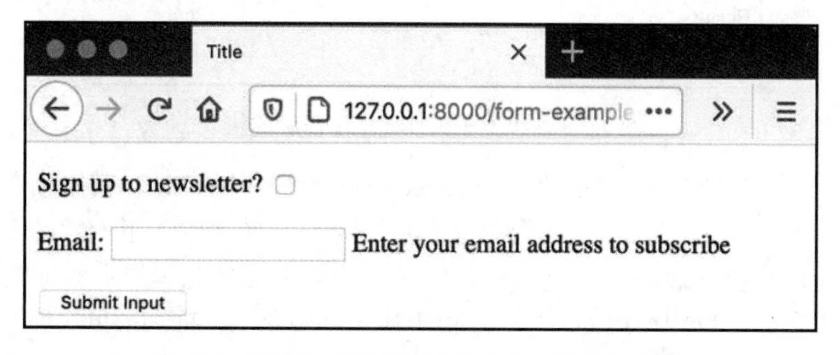

图 7.4　自定义标签和帮助文本的电子邮件注册

如果现在提交表单并且不输入任何数据，那么什么都不会发生。这两个字段都不是必填项，所以表单验证是正常的。

现在可向 clean 方法中添加多字段验证。其间将检查是否选中了 signup 复选框，随后检查 email 字段是否包含值。内置的 Django 方法已经验证了电子邮件地址在此时是有效的，所以我们只需要检查它的值是否存在。随后将使用 add_error 方法为 email 字段设置错误。该方法十分简单，它接收两个参数，即要设置错误的字段的名称，以及错误文本。

clean 方法的代码如下。

```
class NewsletterSignupForm(forms.Form):
  …
  def clean(self):
    cleaned_data = super().clean()

    if cleaned_data["signup"] and not cleaned_data.get("email"):
    self.add_error\
     ("email", \
    "Your email address is required if signing up for the newsletter.")
```

clean 方法必须调用 super().clean()方法检索清洗后的数据。当调用 add_error 并向表单添加错误时，该表单将不再有效（is_valid 方法返回 False）。

如果提交表单且未选中复选框，此时仍不会产生任何错误。但是，如果选中了复选框但缺少电子邮件地址，则会接收到刚刚代码中书写的错误，如图 7.5 所示。

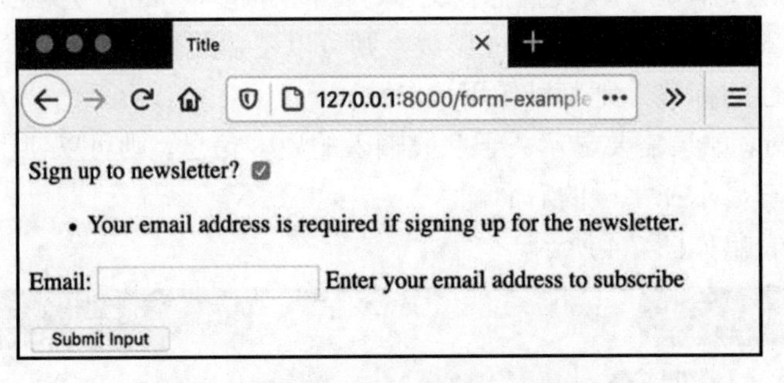

图 7.5　缺少电子邮件地址注册时的错误

可以看到，我们通过 get 方法检索 cleaned_data 字段中的错误，其原因在于，如果表单中的 email 值无效，那么 email 键将在字典中不存在。如果输入了无效的电子邮件，浏览器应该阻止用户提交表单，但是用户可能正在使用不支持此客户端验证的旧浏览器，因此为了安全起见，我们使用 get 方法。由于注册字段是 BooleanField，且不是必填项，因此只有在使用自定义验证函数时，它才无效。此处并未使用自定义验证函数，因此使用方括号访问其值是安全的。

在开始第一个练习之前，还有一个验证场景需要考虑，那就是添加不特定于任何字段的错误。Django 调用这些非字段错误。在许多场景中，当多个字段相互依赖时，可能希望使用到这些字段。

以购物网站为例。其中，订单可以有两个数字字段，它们的总数不能超过某个值。如果超过了总数，则可以减少两个字段的值，使总数低于最大值，因此错误并非特定于任何一个字段。当添加非字段错误时，可以调用 add_error 方法，并将 None 作为第一个参数。

在本例中，我们将有一个表单，其中用户可以为商品 a 或商品 b 指定要订购的一定数量的商品。用户订购的商品总数不能超过 100 个。字段的 max_value 为 100，min_value 为 0，但是需要在 clean 方法中编写自定义验证来处理总数的验证。

```
class OrderForm(forms.Form):
  item_a = forms.IntegerField(min_value=0, max_value=100)
  item_b = forms.IntegerField(min_value=0, max_value=100)\
  def clean(self):
    cleaned_data = super().clean()
    if cleaned_data.get("item_a", 0) + cleaned_data.get\
                                        ("item_b", 0) > 100:
      self.add_error\
      (None, \
       "The total number of items must be 100 or less.")
```

字段（item_a 和 item_b）是按照标准验证规则以正常方式添加的。可以看到，我们使用 clean 方法的方式和之前一样。此外，我们还在该方法中实现了最大项逻辑。如果超过了最大项，则下面这行代码会注册非字段错误。

```
self.add_error(None, \
                    "The total number of items must be 100 or less.")
```

再次说明，此处利用 get 方法访问 item_a 和 item_b 值，其默认值为 0。这是为了防止用户使用较旧的浏览器（2011 年或更早的版本），并且能够提交带有无效值的表单。

在浏览器中，字段级验证确保在每个字段中输入的值为 0～100，否则将阻止表单提交，如图 7.6 所示。

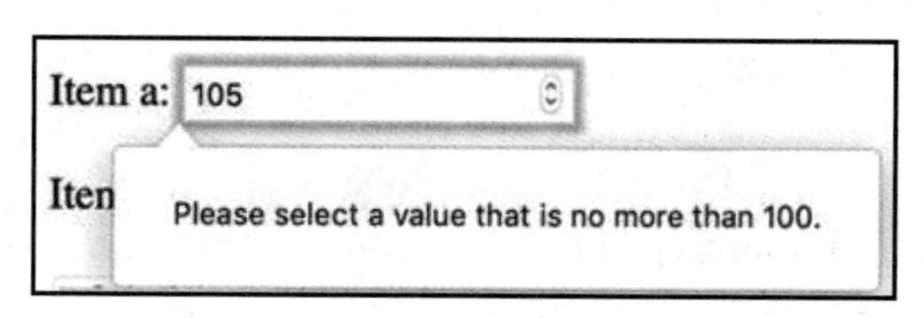

图 7.6　如果一个字段超出了最大值，表单将无法被提交

然而，如果输入的两个值其和大于 100，图 7.7 显示了 Django 如何显示非字段错误。

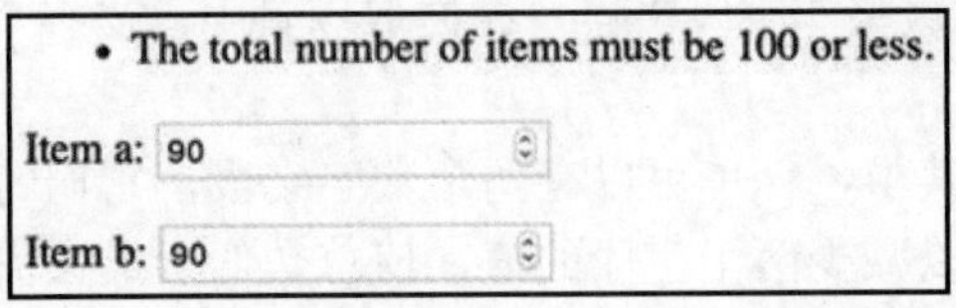

• The total number of items must be 100 or less.

Item a: 90

Item b: 90

图 7.7　在表单开始处显示的 Django 非字段错误

Django 非字段错误通常显示于表单的开始处，位于其他字段和错误之前。稍后将构建一个表单，并实现验证函数、字段 clean 方法和表单 clean 方法。

练习 7.01　自定义 clean 和验证方法

在本练习中，我们将构建一个新表单，以使用户可创建图书或杂志订单，其中必须包含下列验证条件。

- 用户最多可订购 80 本杂志和/或 50 本图书，但商品总数不可超过 100。
- 用户可选择检索订单信息，相应地，需要输入电子邮件地址。
- 用户如果未选择检索订单信息，则不应输入电子邮件地址。
- 为了确保用户是公司的员工，电子邮件地址必须是公司域名的一部分（本例中仅使用 example.com）。
- 为了与虚构公司中的其他电子邮件地址保持一致，该地址应该被转换为小写形式。

这听起来似乎涵盖了许多规则，但在 Django 中，如果逐一对此进行处理，实际过程并不复杂。本练习将在第 6 章 form_project 应用程序的基础上完成。读者可访问 http://packt.live/2LRCczP 下载示例代码。

（1）在 PyCharm 中，打开 form_example 应用程序的 form_example 文件。

注意：

确保 Django 开发服务器没有运行；否则，当修改这个文件时，Django 可能会崩溃，并导致 PyCharm 跳转至调试器。

（2）由于 ExampleForm 的工作已经完成，此处可以从这个文件中删除它。

（3）创建继承自 forms.Form 的 OrderForm 类。

```
class OrderForm(forms.Form):
```

（4）向该类中添加 4 个字段，如下所示。

- magazine_count 和 IntegerField。其中，min_value 为 0，max_value 为 80。
- book_count 和 IntegerField。其中，min_value 为 0，max_value 为 50。
- send_confirmation 和 BooleanField（非必填项）。

- email 和 EmailField（非必填项）。

该类如下所示。

```
class OrderForm(forms.Form):
  magazine_count = forms.IntegerField\
                   (min_value=0, max_value=80)
  book_count = forms.IntegerField\
               (min_value=0, max_value=50)
  send_confirmation = forms.BooleanField\
                      (required=False)
  email = forms.EmailField(required=False)
```

（5）添加验证功能，以检查用户的电子邮件地址是否在正确的域上。首先，需要导入 ValidationError。在文件开始处添加下列代码。

```
from django.core.exceptions import ValidationError
```

随后在 import 语句之后（OrderForm 类实现之前）添加下列函数。

```
def validate_email_domain(value):
  if value.split("@")[-1].lower()!= "example.com":\
     raise ValidationError\
    ("The email address must be on the domain example.com.")
```

该函数在@符号上划分电子邮件地址，随后检查@之后的部分是否等于 example.com。这个函数本身就可以验证非电子邮件地址。例如，字符串 not-valid@someotherdomain@example.com 不会导致该函数中出现 ValidationError。在当前情况下，这是可以接受的，因为我们使用的是 EmailField，其他标准字段验证器将检查电子邮件地址的有效性。

（6）将 validate_email_domain 函数作为验证器添加到 OrderForm 的 email 字段中。更新 EmailField 构造函数调用以添加 validators 参数，同时传入包含验证函数的列表。

```
class OrderForm(forms.Form):
  …
  email = forms.EmailField\
         (required=False, \
          validators=[validate_email_domain])
```

（7）将 clean_email 添加至表单中，并确保电子邮件地址是小写的。

```
class OrderForm(forms.Form):
  # truncated for brevity
  def clean_email(self):
  return self.cleaned_data['email'].lower()
```

（8）添加 clean 方法并执行所有的跨字段验证。首先将添加逻辑，以确保只有在请求订单确认时才输入电子邮件地址。

```
class OrderForm(forms.Form):
  # truncated for brevity
  def clean(self):
    cleaned_data = super().clean()
    if cleaned_data["send_confirmation"] and \
    not cleaned_data.get("email"):
      self.add_error\
      ("email", \
       "Please enter an email address to "\
       "receive the confirmation message.")\
  elif cleaned_data.get("email") and \
  not cleaned_data["send_confirmation"]:
      self.add_error("send_confirmation", \
                     "Please check this if you want to receive \
                     "a confirmation email.")
```

如果 Send confirmation 被选中，但没有添加电子邮件地址，这将在 email 字段中添加一个错误，如图 7.8 所示。

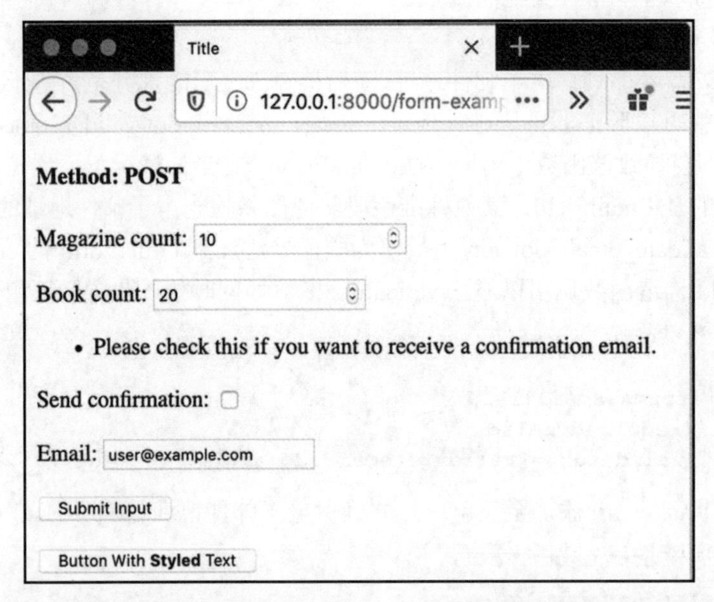

图 7.8　如果 Send confirmation 被选中，但未添加电子邮件地址时的错误

类似地，如果输入了电子邮件地址但未选中 Send confirmation，错误将被添加至 email 中，如图 7.9 所示。

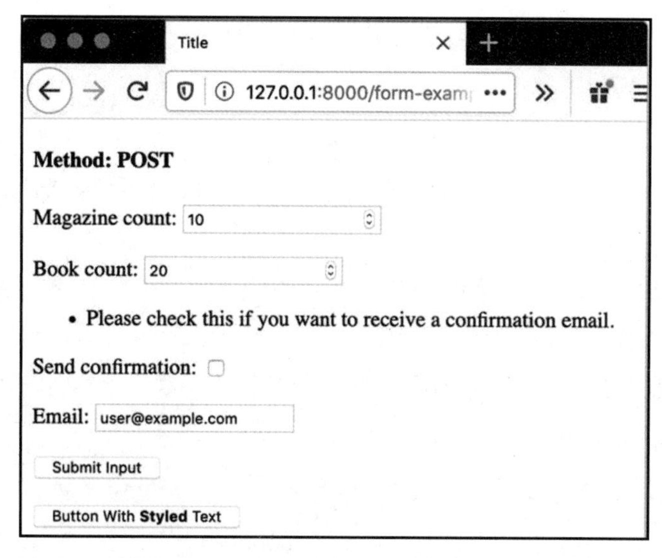

图 7.9　已输入电子邮件地址，但用户未选择接收确认时的错误

（9）在 clean 方法中添加最后一项检查，即项目的总数不超过 100。如果 magazine_count 和 book_count 的总和大于 100，将添加一个非字段错误。

```
class OrderForm(forms.Form):
 …
 def clean(self):
  …
  item_total = cleaned_data.get("magazine_count", 0) \
               + cleaned_data.get("book_count", 0)

  if item_total > 100:
   self.add_error(None, \
                  "The total number of items "\
                  "must be 100 or less.")
```

这将通过将 None 作为第一个参数传递给 add_error 调用来添加一个非字段错误。

注意：

读者可访问 http://packt.live/3nMP3R7 查看完整的代码。

随后保存 forms.py 文件。

（10）打开 reviews 应用程序的 views.py 文件，将调整表单的 import 语句，以便导入 OrderForm 而非 ExampleForm。查看下列代码行。

```
from .forms import ExampleForm, SearchForm
```

将其修改为下列代码行。

```
from .forms import OrderForm, SearchForm
```

（11）在 form_example 视图中，将使用 ExampleForm 的两行更改为使用 OrderForm。查看下列代码行。

```
form = ExampleForm(request.POST)
```

将其修改为下列代码行。

```
form = OrderForm(request.POST)
```

类似地，查看下列代码行。

```
form = ExampleForm()
```

将其修改为下列代码行。

```
form = OrderForm()
```

函数的其余部分保持不变。

模板则不需要做任何调整。启动 Django 开发服务器，并在浏览器中导航至 http://127.0.0.1:8000/form-example/。渲染后的表单如图 7.10 所示。

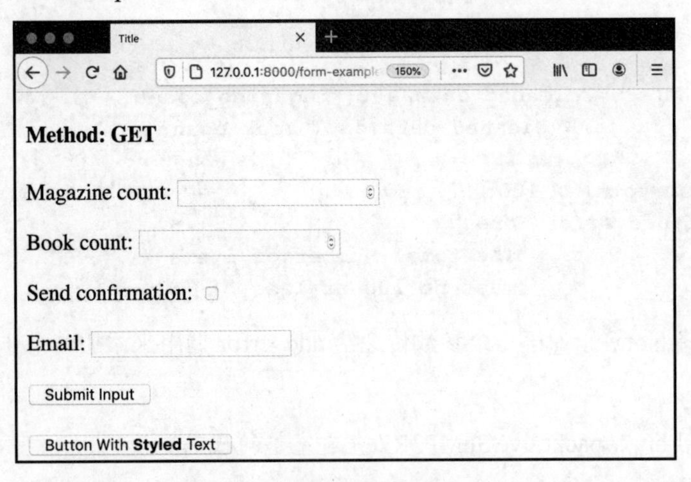

图 7.10　浏览器中的订单表单

（12）尝试利用 Magazine count = 80，Book count = 50 提交表单。浏览器允许此项操作，但二者之和超出了 100，这将导致表单中的 clean 方法引发错误，并显示在页面上，如图 7.11 所示。

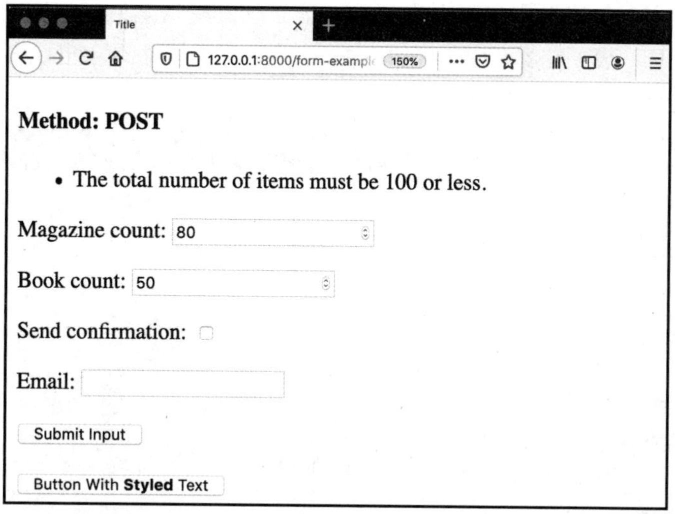

图 7.11　当超出允许项的最大数时，表单上显示的非字段错误

（13）尝试利用 Send confirmation（已选中）和 Email（为空）提交表单。随后填写 Email 文本框，但取消选中 Send confirmation。这两种组合均会产生错误。对应错误根据所缺失的字段而有所不同，如图 7.12 所示。

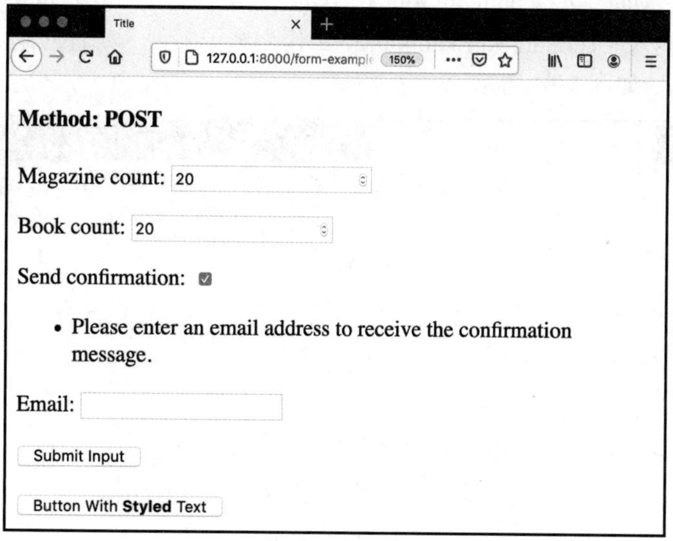

图 7.12　未填写电子邮件地址时的错误消息

（14）尝试选中 Send confirmation 并使用 example.com 域中的电子邮件地址提交表单。随后应该收到一条消息，表明电子邮件地址必须具有域名 example.com。此外，你还将收到另一条消息，表明必须设置电子邮件，因为 email 最终不会出现在 cleaned_data 字典中，因为它是无效的，如图 7.13 所示。

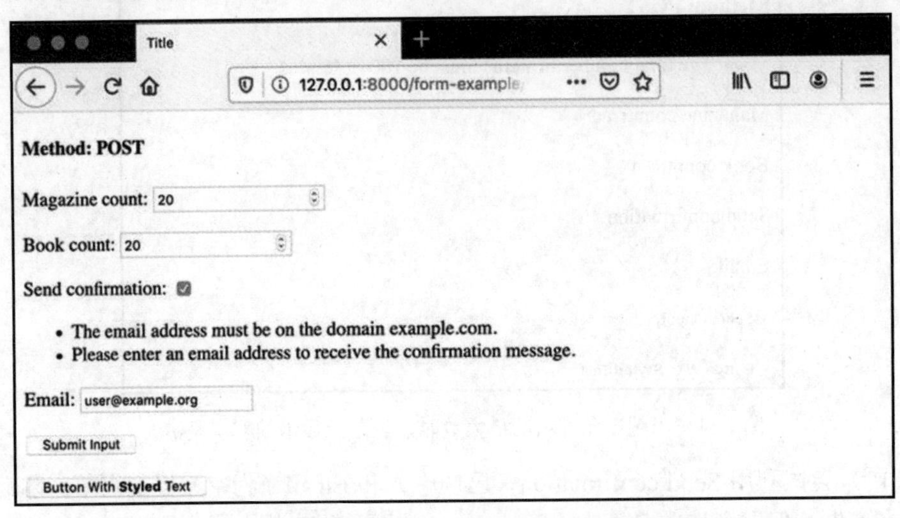

图 7.13　当电子邮件域不是 example.com 时出现的错误消息

（15）输入 Magazine count 和 Book count 的有效值（如 20 和 20）。选中 Send confirmation 并输入 UserName@Example.Com 作为电子邮件（确保匹配大小写，包括大小写混合字符），如图 7.14 所示。

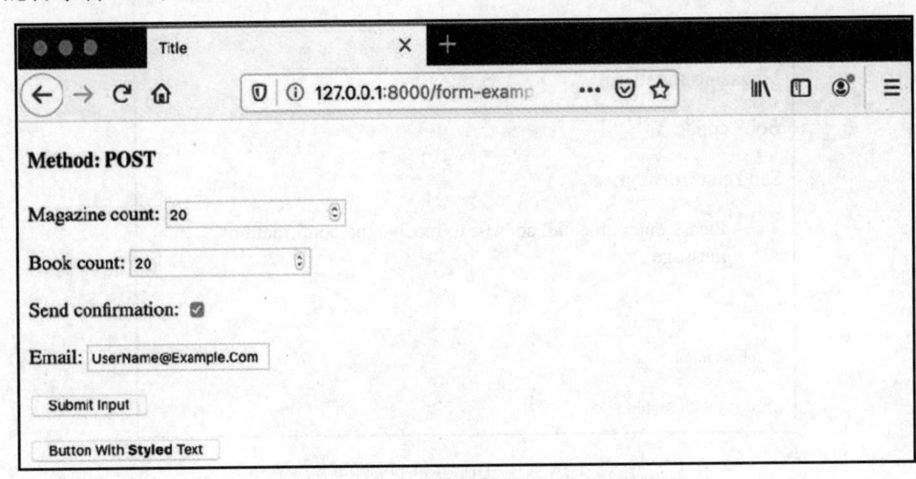

图 7.14　利用有效值提交后的表单

（16）切换至 PyCHarm 并在调试控制台中进行查看。可以看到，当调试代码输出电子邮件时，它已经转换为小写形式，如图 7.15 所示。

```
magazine_count: (<class 'int'>) 20
book_count: (<class 'int'>) 20
send_confirmation: (<class 'bool'>) True
email: (<class 'str'>) username@example.com
```

图 7.15　小写形式的电子邮件以及其他字段

在 clean_email 方法中，尽管输入的数据包含了大小写形式，但它已经全部被转换为小写形式。

在本练习中，我们创建了新的 OrderForm，并实现了表单和字段 clean 方法。我们采用自定义验证器确保了 Email 字段满足特定的验证规则——仅允许特定的域。另外，我们使用了自定义字段的清洗方法（clean_email）将电子邮件地址转换为小写形式。随后，我们实现了 clean 方法验证彼此依赖的表单。在该方法中，我们加入了字段和非字段错误。稍后将讨论如何向表单中添加占位符和初始值。

7.2.4　占位符和初始值

截至目前，表单尚缺少占位符和初始值。添加占位符十分简单，它们只是作为属性被添加至表单字段的微件构造函数中。这类似于之前看到的设置 DateField 的类型。

相关示例如下。

```
class ExampleForm(forms.Form):
  text_field = forms.CharField\
               (widget=forms.TextInput\
               (attrs={"placeholder": "Text Placeholder"}))
  password_field = forms.CharField(\
    widget=forms.PasswordInput\
        (attrs={"placeholder": "Password Placeholder"}))
  email_field = forms.EmailField\
               (widget=forms.EmailInput\
               (attrs={"placeholder": "Email Placeholder"}))
  text_area = forms.CharField\
              (widget=forms.Textarea\
              (attrs={"placeholder": "Text Area Placeholder"}))
```

当在浏览器中渲染时，对应表单如图 7.16 所示。

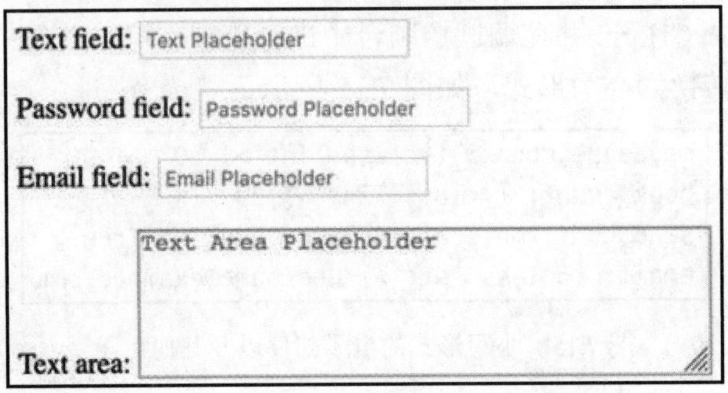

Text field: Text Placeholder

Password field: Password Placeholder

Email field: Email Placeholder

Text area: Text Area Placeholder

图 7.16　包含占位符的 Django 表单

当然，如果针对每个字段以手动方式设置微件，则需要知道使用哪一个微件类。支持占位符的微件类包括 TextInput、NumberInput、EmailInput、URLInput、PasswordInput 和 Textarea。

当研究 Form 类自身时，我们将考查为字段设置初始值的两种方法中的第一种。对此，可使用 Field 构造函数的初始参数来实现，如下所示。

```
text_field = forms.CharField(initial="Initial Value", …)
```

另一种方法是，在视图中实例化表单时传入一个数据字典。其中，键是字段名。这里，字典可包含 0 或多个条目（即空字典是有效的）。此外，任何额外的键都将被忽略。在视图中，这个字典应作为 initial 参数提供，如下所示。

```
initial = {"text_field": "Text Value", \
           "email_field": "user@example.com"}
form = ExampleForm(initial=initial)
```

对于 POST 请求，像往常一样传入 request.POST 作为第一个参数，如下所示。

```
initial = {"text_field": "Text Value", \
           "email_field": "user@example.com"}
form = ExampleForm(request.POST, initial=initial)
```

request.POST 中的值将覆盖 initial 中的值。这意味着，即使有一个必填字段的初始值，如果在提交时它为空，那么它将不会被验证。该字段将不会回退至 initial 中的值。

是否决定在 Form 类本身或视图中设置初始值取决于你以你的用例。如果存在一个在多个视图中使用的表单，且具有相同的值，那么最好在表单中设置 initial 值；否则，在视图中使用设置会更加灵活。

在下一个练习中，我们将向之前的 OrderForm 类中添加占位符和初始值。

练习 7.02　占位符和初始值

在本练习中，我们将通过添加占位符文本来增强 OrderForm 类，并模拟向表单传递初始电子邮件地址。这将是一个硬编码的地址，但一旦用户可以登录，它可能就是一个与用户账户关联的电子邮件地址。我们将在第 9 章学习会话和身份验证。

（1）在 PyCharm 中，打开 reviews 应用程序的 forms.py 文件，并向 OrderForm 上的 magazine_count、book_count 和 email 字段添加占位符，这意味着还设置 widget。

在 magazine_count 字段中，添加一个在 attrs 字典中带有占位符的 NumberInput 微件。这里，占位符应该被设置为 Number of Magazines。

```
magazine_count = forms.IntegerField\
                 (min_value=0, max_value=80,\
                  widget=forms.NumberInput\
                 (attrs={"placeholder": "Number of Magazines"}))
```

（2）以同样方式向 book_count 字段中添加占位符。占位符文本应为 Number of Books。

```
book_count = forms.IntegerField\
             (min_value=0, max_value=50,\
              widget=forms.NumberInput\
             (attrs={"placeholder": "Number of Books"}))
```

（3）OrderForm 的最后一项更改是向电子邮件字段中添加占位符。此时，微件为 EmailInput，占位符文本应为 Your company email address。

```
email = forms.EmailField\
        (required=False, validators=[validate_email_domain],\
         widget=forms.EmailInput\
        (attrs={"placeholder": "Your company email address"}))
```

注意，clean_email 和 clean 方法保持不变。随后保存文件。

（4）打开 reviews 应用程序的 views.py 文件。在 form_example 视图函数中，创建一个名为 initial 的字典变量，并带有一个 email 键，如下所示。

```
initial = {"email": "user@example.com"}
```

（5）在实例化 OrderForm 的两个地方，也要使用 initial 关键字参数（kwarg）传入 initial 变量。第一个实例如下。

```
form = OrderForm(request.POST, initial=initial)
```

第二个实例如下。

```
form = OrderForm(initial=initial)
```

读者可访问 http://packt.live/3szaPM6 查看 views.py 文件的完整源代码。

随后保存 views.py 文件。

（6）启动 Django 开发服务器。在浏览器中导航至 http://127.0.0.1:8000/form-example/。可以看到，表单当前包含了占位符和初始值设置，如图 7.17 所示。

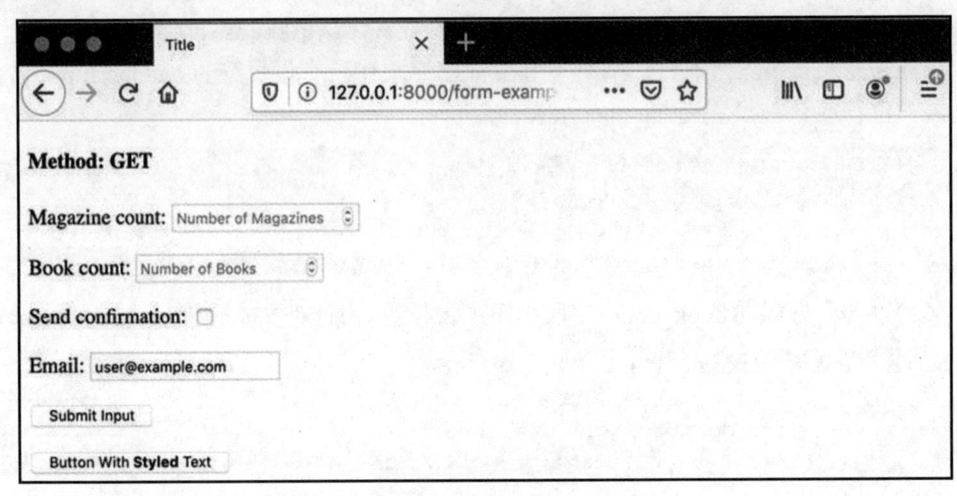

图 7.17　包含初始值和占位符的订单表单

在本练习中，我们向表单字段中添加了占位符。这是通过在表单类上定义 form 字段时设置 form 微件，并在 attrs 字典中设置占位符值来实现的。此外，我们还使用字典为表单设置了一个初始值，并使用 initial kwarg 将其传递给了 form 实例。

稍后，我们将讨论如何利用表单数据与 Django 模型协同工作，以及 ModelForm 如何简化这一操作过程。

7.2.5　创建和编辑 Django 模型

前述内容曾介绍了如何定义一个表单。在第 2 章中，我们学习了如何创建 Django 模型实例。经整合后，我们能够创建一个显示表单的视图，并将模型实例保存至数据库中。这可被视为保存数据的一种简便方法，且无须编写大量的样板代码或创建自定义表单。在 Bookr 中，我们将通过该方法使用户能够添加评论，且无须访问 Django 管理网站。如果不使用 ModelForm，我们可完成下列任务。

- 根据现有模型（如 Publisher）创建一个表单。该表单被称作 PublisherForm。
- 通过定义于 Publisher 模型上的相同规则，我们可以手动方式定义 PublisherForm

上的字段，如下所示。

```
class PublisherForm(forms.Form):
  name = forms.CharField(max_length=50)
  website = forms.URLField()
  …
```

- 在视图中，initial 值从数据库查询的模型中被检索，随后通过 initial 参数被传递至表单中。如果创建了一个新的实例，initial 值将为空，如下所示。

```
if create:
  initial = {}
else:
  publisher = Publisher.objects.get(pk=pk)
  initial = {"name": publisher.name, \
             "website": publisher.website, …}

form = PublisherForm(initial=initial)
```

- 随后在视图的 POST 流中，可根据 cleaned_data 创建或更新模型。

```
form = PublisherForm(request.POST, initial=initial)
if create:
  publisher = Publisher()
else:
  publisher = Publisher.objects.get(pk=pk)

publisher.name = form.cleaned_data['name']
publisher.website = forms.cleaned_data['website']
…
publisher.save()
```

这涉及大量的工作，且必须考虑存在多少重复的逻辑。例如，我们在 name 表单中定义名称的长度，若其中出现了错误，则可在字段中使用比模型所允许的更长的名称。除此之外，还必须记住设置 initial 字典中的所有字段，以及使用表单中的 cleaned_data 设置新模型，或更新模型上的值。这里有很多机会犯下错误，如果模型发生变化，还要记住为每个步骤添加或删除字段设置数据。所有这些代码都必须在所处理的每个 Django 模型中重复使用，这就加剧了重复所导致的问题。

7.2.6　ModelForm 类

对此，Django 提供了一种更简单的方法，通过 ModelForm 类从表单中构建 Model 实例。ModelForm 是从特定模型中自动构建的表单，并将继承模型中的验证规则（例如字段是否为必填项，或 CharField 实例的最大长度等）。ModelForm 提供了一个额外的__init__参数（称为 instance）来自动填充现有模型的初始值。此外，它还添加了一个 save 方法并自动将表单数据持久化到数据库中。设置 ModelForm 需要指定它的模型和应该使用哪些字段，这是在 form 类的 class Meta 属性上完成的。下面考查如何从 Publisher 中构建表单。

在包含表单的文件中（如之前的 forms.py 文件），唯一的变化是需要导入模型。

```
from .models import Publisher
```

随后定义 Form 类，该类需要一个 class Meta 属性，而该属性必须定义一个 model 属性以及 fields 或 excludes 属性。

```
class PublisherForm(forms.ModelForm):
  class Meta:
    model = Publisher
    fields = ("name", "website", "email")
```

Fields 是包含在表单中的字段的列表或元组。当手动设置字段列表时，你如果向模型中添加了额外的字段，则还必须在这里添加其名称，以便在表单上显示它们。

此外，你还可以使用特殊值__all__代替列表或元组以自动包含所有字段，如下所示。

```
class PublisherForm(forms.ModelForm):
  class Meta:
    model = Publisher
    fields = "__all__"
```

model 字段如果具有设置为 False 的其 editable 属性设置为 False，那么将不会被自动包含。相反，exclude 属性将字段设置为不显示在表单中。添加到模型中的任何字段都将自动被添加到表单中。我们可以对任何空元组使用 exclude 来定义前面的表单，因为我们需要所有的字段。对应代码如下。

```
class PublisherForm(forms.ModelForm):
  class Meta:
    model = Publisher
    exclude = ()
```

这节省了一些工作量，因为无须同时向模型和 fields 列表中添加字段，但会缺乏一定的安全性，因为可能会自动向终端用户展示不想公开的字段。例如，如果存在一个带有 UserForm 的 User 模型，可以向 User 模型中添加一个 is_admin 字段，以给予管理用户额外的权限。如果这个字段没有 exclude 属性，则会向用户显示该字段。这样用户就可以让自己成为管理员，这可能是你不希望看到的结果。

无论决定使用这 3 种方法中的哪一种来选择要显示的表单，在我们的案例中，它们在浏览器中的显示都是一样的。这是因为我们选择的是显示所有的字段。当在浏览器中进行渲染时，对应结果如图 7.18 所示。

Name:		The name of the Publisher.
Website:		The Publisher's website.
Email:		The Publisher's email address.

图 7.18　出版社表单

注意，Publisher 模型中的 help_text 也会自动被渲染。

视图中的用法类似于我们已经看到的其他表单。此外，如前所述，还可以提供一个额外的参数，称为 instance。可以将它设置为 None，这将渲染一个空表单。

假设在视图函数中，存在相应的方法可确定是在创建还是编辑一个模型（稍后将讨论如何实现这一点），这将定义一个名为 is_create 的变量（如果创建一个实例，该变量为 True；否则，如果编辑一个现有的实例，则该变量为 False）。创建表单的视图函数如下。

```
if is_create:
  instance = None
else:
  instance = get_object_or_404(Publisher, pk=pk)

if request.method == "POST":
  form = PublisherForm(request.POST, instance=instance)
  if form.is_valid():
    # we'll cover this branch soon
else:
  form = PublisherForm(instance=instance)
```

可以看到，在任何一个分支中，实例被传递至 PublisherForm 构造函数中。尽管该实例在创建模式下为 None。

如果表单有效，随后即可保存 model 实例，这可通过调用表单上的 save 方法完成。这将自动创建实例，或者简单地保存对旧实例的更改。

```
if form.is_valid():
  form.save()
  return redirect(success_url)
```

save 方法返回保存的 model 实例，该方法接收一个可选参数，即 commit，该参数确定是否应将更改保存至数据库中，这将需要设置表单中未包含的属性。如前所述，也许会在 User 实例上将 is_admin 标志设置为 False。

```
if form.is_valid():
  new_user = form.save(False)
  new_user.is_admin = False
  new_user.save()
  return redirect(success_url)
```

在操作 7.02 中，我们还会使用这一特性。

如果模型使用 ManyToMany 字段，并且还调用了 form.save(False)，那么还应调用 form.save_m2m()以保存已经设置的多对多关系。如果调用了 commit 设置为 True（即默认值）的表单 save 方法，则无须调用该方法。

模型表单可以通过更改其 Meta 属性来定制，并可以设置 widgets 属性。它可以包含一个以字段名为键的字典，以微件类或实例作为值。例如，下列内容显示了如何设置 PublisherForm 以包含占位符。

```
class PublisherForm(forms.ModelForm):
  class Meta:
    model = Publisher
    fields = "__all__"
    widgets = {"name": forms.TextInput\
              (attrs={"placeholder": "The publisher's name."})}
```

这些值的行为与在字段定义中设置 kwarg 微件相同。它们可以是类，也可以是实例。例如，要将 CharField 显示为密码输入，可以使用 PasswordInput 类，它不需要实例化。

```
widgets = {"password": forms.PasswordInput}
```

模型表单也可以通过添加额外字段的方式来增强，就像它们被添加到普通表单中一样。例如，假设打算在保存 Publisher 对象后提供发送通知邮件的选项，则可以像这样给 PublisherForm 添加一个 email_on_save 字段。

```
class PublisherForm(forms.ModelForm):
  email_on_save = forms.BooleanField\
                  (required=False, \
                  help_text="Send notification email on save")

  class Meta:
    model = Publisher
    fields = "__all__"
```

当渲染时，表单如图 7.19 所示。

Name:		The name of the Publisher.
Website:		The Publisher's website.
Email:		The Publisher's email address.
Email on save:	☑	Send notification email on save

图 7.19　包含附加字段的出版社表单

附加的字段被放在 Model 字段之后。额外的字段不会被自动处理——它们在模型中并不存在，所以 Django 不会尝试将其保存在 model 实例中。相反，应该通过检查表单的 cleaned_data 值来处理值的保存过程，就像使用标准表单一样，例如（在视图函数中）：

```
if form.is_valid():
  if form.cleaned_data.get("email_on_save"):
    send_email()
      # assume this function is defined elsewhere
  # save the instance regardless of sending the email or not
  form.save()
  return redirect(success_url)
```

在下面一个练习中，我们将编写新的视图函数以创建或编辑 Publisher。

练习 7.03　创建或编辑 Publisher

在本练习中，我们将继续讨论 Bookr，并在不使用 Django admin 的情况下创建和编辑 Publisher。对此，我们将针对 Publisher 模型添加一个 ModelForm，并用于新的视图函数中。该视图函数将接收一个可选的参数 pk，它可以是正在编辑的 Publisher 的 ID，或者为 None，以创建一个新的 Publisher。我们将添加两个新的 URL 映射来实现这一点。完成这项操作后，我们将能够使用出版社的 ID 查看和更新任何出版社。例如，Publisher 1 的信息可以在 URL 路径/publishers/1 上进行查看/编辑。

（1）在 PyCharm 中，打开 reviews 应用程序的 forms.py 文件。在 forms 导入语句之后导入 Publisher 模型。

```
from .models import Publisher
```

（2）创建 PublisherForm 类，该类继承自 forms.ModelForm。

```
class PublisherForm(forms.ModelForm):
```

（3）定义 PublisherForm 上的 class Meta 属性。Meta 需要的属性是模型（Publisher）

和字段（"__all__"）。

```
class PublisherForm(forms.ModelForm):
  class Meta:
    model = Publisher
    fields = "__all__"
```

随后保存 forms.py 文件。

注意：

读者可访问 http://packt.live/3qh9bww 查看完整的文件。

（4）打开 reviews 应用程序的 views.py 文件，在文件开始处导入 PublisherForm。

```
from .forms import PublisherForm, SearchForm
```

（5）确保从 django.shortcuts 中导入 get_object_or_404 和 redirect 函数。

```
from django.shortcuts import render, get_object_or_404, redirect
```

（6）确保导入 Publisher 模型。

```
from .models import Book, Contributor, Publisher
```

（7）最后一个导入项是 messages 模块，这将允许我们注册一条消息，并让用户知道一个 Publisher 对象已被编辑或创建。

```
from django.contrib import messages
```

（8）创建一个名为 publisher_edit 的新函数，该函数接收两个参数，即 request 和 pk（要编辑的 Publisher 对象的 ID）。pk 是一个可选参数，如果该参数为 None，则创建一个 Publisher 对象。

```
def publisher_edit(request, pk=None):
```

（9）在视图函数中，如果 pk 不为 None，则可尝试加载已有的 Publisher 实例；否则，Publisher 应为 None。

```
def publisher_edit(request, pk=None):
  if pk is not None:
    publisher = get_object_or_404(Publisher, pk=pk)
  else:
    publisher = None
```

（10）在获得 Publisher 实例（或 None）后，完成 POST 请求的分支。以之前相同的方式实例化表单，但此处要确保它将 instance 作为 kwarg。随后，如果该表单有效，则利用 form.save()方法保存它。该方法将返回更新后的 Publisher 实例，该实例被存储在 updated_publisher 变量中。接下来。根据 Publisher 实例是创建还是更新，注册不同的成功消息。最后，重定向回 publisher_edit 视图，因为 updated_publisher 此时总是包含一个 ID。

```
def publisher_edit(request, pk=None):
  …
  if request.method == "POST":
  form = PublisherForm(request.POST, instance=publisher)
  if form.is_valid():
  updated_publisher = form.save()
    if publisher is None:
      messages.success\
       (request, "Publisher \"{}\" was created."\
                 .format(updated_publisher))
    else:
      messages.success\
       (request, "Publisher \"{}\" was updated."\
                 .format(updated_publisher))\
    return redirect("publisher_edit", updated_publisher.pk)
```

如果表单无效，则执行失败，并仅返回带有无效表单的 render 函数调用〔这将在步骤（12）中实现〕。这里，重定向使用一个命名的 URL 映射，稍后将在练习中添加该映射。

（11）填写代码的非 POST 分支，在这种情况下，仅需利用 instance 实例化表单。

```
def publisher_edit(request, pk=None):
  …
  if request.method == "POST":
    …
  else:
    form = PublisherForm(instance=publisher)
```

（12）可以复用在前面练习中使用过的 form-example.html 文件。使用 Render 函数渲染它，并传递 HTTP 方法和表单作为上下文。

```
def publisher_edit(request, pk=None):
  …
  return render(request, "form-example.html", \
                {"method": request.method, "form": form})
```

随后保存文件。读者可访问 http://packt.live/3nI62En 查看该文件的完整内容。

（13）在 reviews 目录中打开 urls.py 文件。添加两个新的 URL 映射，它们都将转至

publisher_edit 视图。其中一个将捕获要编辑的 Publisher 的 ID，并将其作为 pk 参数传入视图。另一个将使用 new 这个词来代替，并且不传递 pk，这将表明将要创建一个新的 Publisher。

对于 urlpatterns 变量，添加映射至视图 reviews.views.publisher_edit 的路径'publishers/<int:pk>/'，名称为'publisher_edit'。

另外，还添加映射至 reviews.views.publisher_edit 视图的路径'publishers/new/'，名称为'publisher_create'。

```
urlpatterns = [
  …
  path('publishers/<int:pk>/',views.publisher_edit, \
       name='publisher_edit'),\
  path('publishers/new/',views.publisher_edit, \
       name='publisher_create')]
```

由于第二个映射不会捕捉任何内容，因此传递至 publisher_detail 视图函数中的 pk 为 None。

保存 urls.py 文件。读者可访问 http://packt.live/39CpUnw 查看完整的文件内容。

（14）在 reviews 应用程序的 templates 目录中创建 form-example.html 文件。因为这是一个独立的模板（不扩展其他模板），所以需要在其中渲染消息。将下列代码添加在<body>标签之后，遍历所有消息并显示它们。

```
{% for message in messages %}
<p><em>{{ message.level_tag|title }}:</em> {{ message }}</p>
{% endfor %}
```

这将循环遍历所添加的消息，并显示标签（在本例中为 Success）和消息。

（15）添加常规的表单渲染机制和提交按钮。

```
<form method="post">
  {% csrf_token %}
  {{ form.as_p }}
  <p>
    <input type="submit" value="Submit">
  </p>
</form>
```

保存并关闭文件。

读者可访问 http://packt.live/38I8XZx 并查看完整的文件内容。

（16）启动 Django 开发服务器，并导航至 http://127.0.0.1:8000/publishers/new/。随后将会看到一个空的 PublisherForm，如图 7.20 所示。

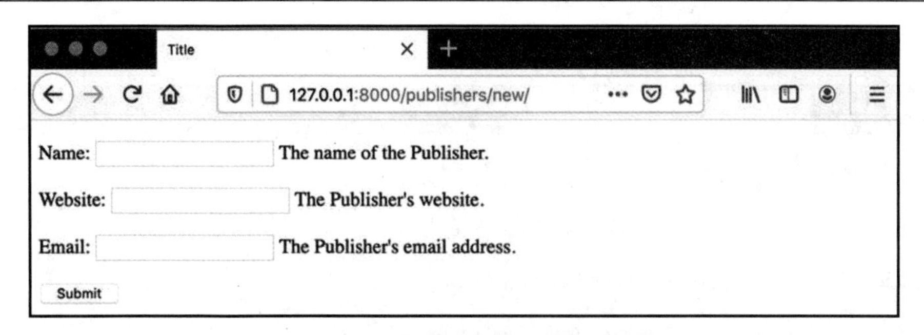

图 7.20　空的 PublisherForm 表单

（17）该表单继承了模型的验证规则，如果 Name 的字符过多，或者 Website 和 Email 中填写了无效信息，表单将无法被提交。因此，填写有效信息并提交表单。在提交后，将会看到成功消息，且将通过保存至数据库中的信息填写表单，如图 7.21 所示。

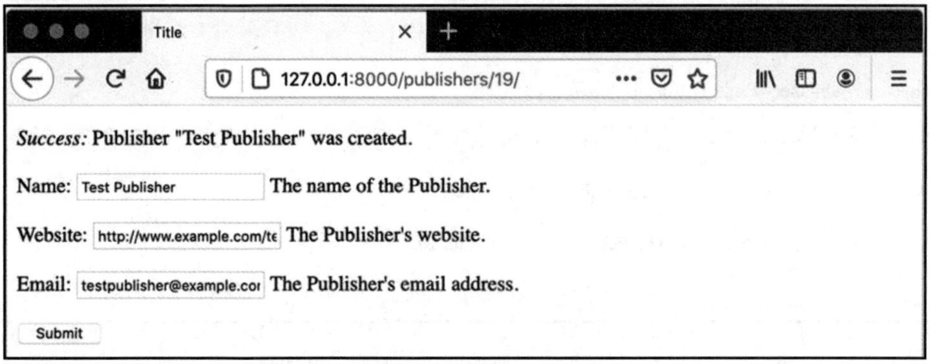

图 7.21　提交后的表单

注意，URL 已被更新，且当前包含了所创建的出版社的 ID，在本例中为 http://127.0.0.1:8000/publishers/19/。但是设置中的 ID 取决于数据库中已经有多少 Publisher 实例。

注意，如果刷新页面，将不会收到消息以确认是否需要重新发送表单数据。这是因为在保存后进行了重定向，所以可以多次刷新该页面，并且不会创建新的 Publisher 实例。如果没有重定向页面，那么每次刷新页面时都会创建一个新的 Publisher 实例。

如果数据库中还存在其他 Publisher 实例，则可以更改 URL 中的 ID 来编辑其他实例。因为当前实例中的 ID 为 3，所以可假设 Publisher 1 和 Publisher 2 已经存在，并且可以替换其 ID 以查看已有的数据。图 7.22 显示了已有的 Publisher 1（http://127.0.0.1:8000/publishers/1/）的视图。

尝试修改已有的 Publisher 实例。注意，保存后消息是不同的——它通知用户 Publisher

实例被更新了，而不是被创建了，如图 7.23 所示。

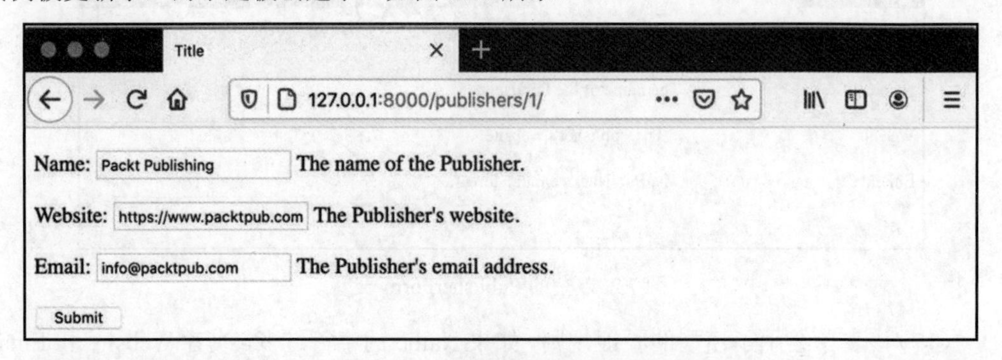

图 7.22　已有的 Publisher 1 信息

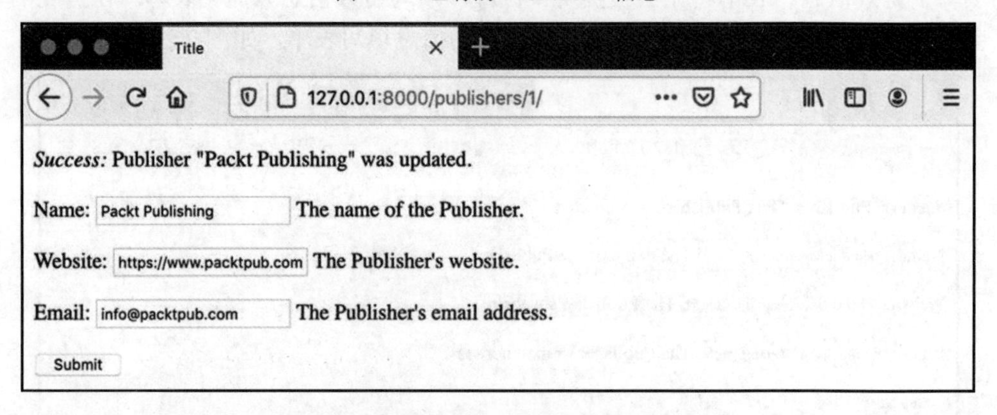

图 7.23　更新（而非创建）后的 Publisher

在本练习中，我们从一个模型中实现了 ModelForm（PublisherForm 是从 Publisher 中创建的），并看到了 Django 如何自动生成带有正确验证规则的表单字段。随后，我们使用了表单内置的 save 方法将更改保存至 publisher_edit 视图的 Publisher 实例中（或自动创建它），这里，我们将两个 URL 映射到了视图中。其中：第一个 URL 用于编辑现有的 Publisher，并将 pk 传递至视图；另一个 URL 则未将 pk 传递至视图，这表明应该创建一个 Publisher 实例。最后，我们使用浏览器尝试创建了一个新的 Publisher 实例，随后编辑了一个现有的实例。

操作 7.01　样式化并集成 PublisherForm

在练习 7.03 中，我们添加了 PublisherForm 以创建和编辑了 Publisher 实例，并使用了一个没有扩展任何模板的独立模板，因此它缺乏全局样式。在当前操作中，我们将构建一个通用的表单详细页面，该页面将显示一个 Django 表单，类似于 formexample.html，但扩展一个基本模板。模板将接收一个变量来显示正在编辑的模型类型。此外，我们还将更新主 base.html 模板，使用 Bootstrap 样式来渲染 Django 消息。

（1）编辑 base.html 项目。将 content 块包装在容器 div 中以获得更好的布局，并使用一些间距。随后使用 class="container-fluid"的<div>元素包围现有 content 块。

（2）在 messages 中渲染每个 message〔类似于练习 7.03 中的步骤（4）〕。将{% for %}块添加在刚刚创建的<div>之后，但在 content 块之前。此处应使用 Bootstrap 框架类，如下所示。

```
<div class="alert alert-{% if message.level_tag
  == 'error' %}danger{% else %}{
     {message.level_tag }}{% endif %}"
     role="alert">
  {{ message }}
</div>
```

Bootstrap 类和 Django 消息标签在大多数情况下都有对应的名称（例如，success 和 alert-success）。唯一的例外是 Django 的 error 标签。对应的 Bootstrap 类是 alert-danger。读者可访问 https://getbootstrap.com/docs/4.0/components/alerts/查看更多关于 Bootstrap 警报方面的信息。这就是为什么在这段代码中需要使用 if 模板标签。

（3）在 reviews 应用程序的命名空间 templates 目录中，创建一个名为 instance-form.html 的新模板。

（4）instance-form.html 应扩展自 reviews 应用程序的 base.html。

（5）传递给模板的上下文将包含一个名为 instance 的变量。这将是正在编辑的 Publisher 实例，或者为 None（如果正在创建一个新的 Publisher 实例）。上下文还将包含一个 model_type 变量，它是指示模型类型的字符串（在本例中为 Publisher）。随后使用这两个变量来填充标题块模板标签。

如果实例为 None，标题应为 New Publisher；否则，标题应为 Editing Publisher <Publisher Name>。

（6）instance-form.html 应包含 content block 模板标签，以覆盖 base.html content 块。

（7）在 content 块中添加<h2>元素，并利用与标题相同的逻辑填充它。对于更好的样式，可将出版社名包装在<em>元素中。

（8）利用 post 的 method 向模板中添加<form>元素。由于发回相同的 URL，因此不需要指定 action。

（9）在<form>体内包含 CSRF 令牌模板标签。

（10）利用 as_p 方法在<form>内渲染 Django 表单（其上下文变量为 form）。

（11）向表单中添加 submit <button>，其文本取决于编辑还是创建表单。针对编辑操作，文本为 Save；针对创建操作，文本为 Create。这里，针对按钮样式，我们可使用 Bootstrap 类，并包含属性 class="btn btn-primary"。

（12）在 reviews/views.py 中，publisher_edit 视图不需要太多修改。更新 render 调用并渲染 instance-form.html 而非 form-example.html。

（13）更新传递至 render 调用中的上下文字典，且应包含 Publisher 实例（已经定义的 publisher 变量）和 model_type 字符串。上下文字典已经包含了 form（PublisherForm），我们可移除 method 键。

（14）因为已经完成了 form-example.html 模板，所以可以删除它。

待一切结束后，Publisher 创建页面（位于 http://127.0.0.1:8000/publishers/new/）如图 7.24 所示。

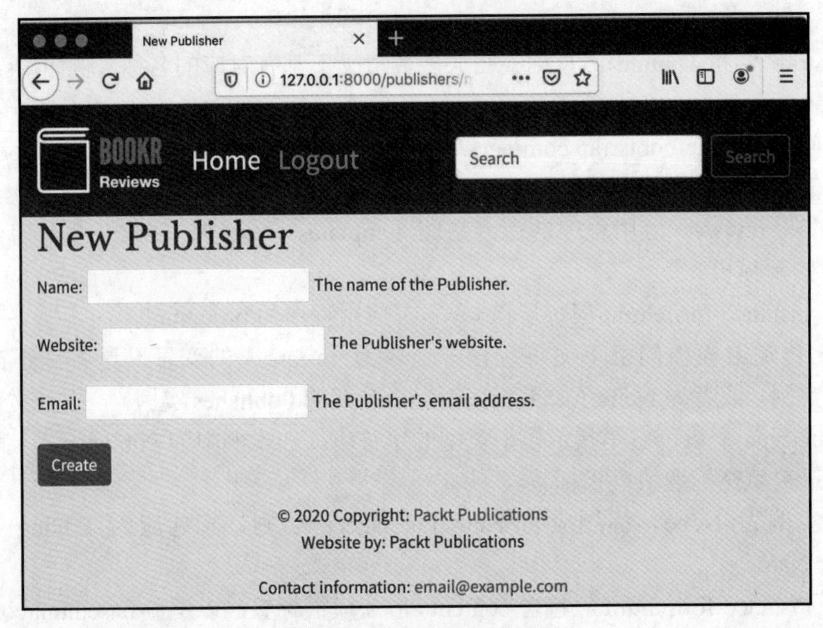

图 7.24　Publisher 创建页面

当编辑 Publisher（URL 为 http://127.0.0.1:8000/publishers/1/）时，页面如图 7.25 所示。

在保存了 Publisher 实例后，无论是创建或编辑，成功消息将显示在页面的上方，如图 7.26 所示。

读者可访问 http://packt.live/2Nh1NTJ 查看完整的解决方案。

图 7.25　Editing Publisher 页面

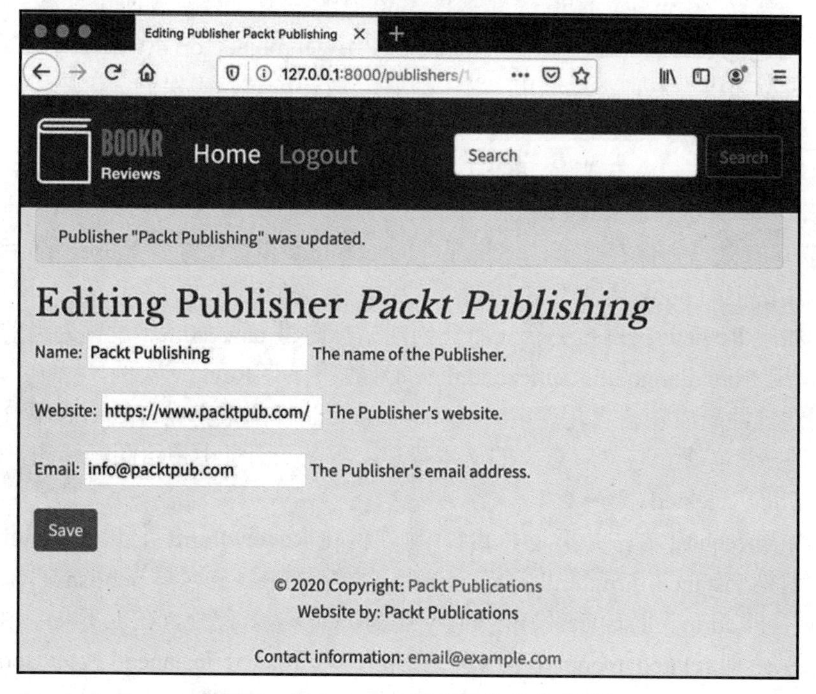

图 7.26　为 Bootstrap 警报渲染的成功消息

操作 7.02　创建评论 UI

操作 7.01 涵盖了广泛的内容。在此基础上，我们可以更容易地添加编辑视图或创建视图。在构建用于创建和编辑评论的表单时，我们将在本操作中亲身体验这一点。因为 instance-form.html 模板是通用的，所以可以在其他视图中复用它。

在该操作中，我们将创建一个评论 ModelForm，随后添加 review_edit 视图以创建或编辑 Reviews 实例。这里，可复用来自操作 7.01 中的 instance-form.html，并将其传入不同的上下文变量中，以使其与 Reviews 模型协同工作。当使用评论时，将在一本书的上下文中进行操作，也就是说，review_edit 视图必须接收一本书的 pk 作为参数。这里将单独获取 Book 实例，并将其分配给创建的 Review 实例。

具体步骤如下。

（1）在 forms.py 中，添加 ModelForm 的 ReviewForm 子类，其模型应为 Review（确保导入了 Review 模型）。

ReviewForm 应该排除 date_edited 和 book 字段，因为用户不应该在表单中设置这些字段。数据库允许使用任何评级，但可以使用最小值 0、最大值 5 的 IntegerField 覆盖评级字段。

（2）创建名为 review_edit 的新视图，该视图在请求后接收两个参数，即必需的 book_pk 和可选的 review_pk（默认为 None）。使用 get_object_or_404 快捷方式获取 Book 实例和 Review 实例（每种类型调用一次）。在获取评论时，确保该评论属于本书。如果 review_pk 为 None，那么 Review 实例也应该为 None。

（3）如果 request 方法是 POST，那么使用 request.POST 和评论实例实例化 ReviewForm。确保导入了 ReviewForm。

如果表单有效，则保存表单，但将保存的 commit 参数设置为 False。随后，将返回的 Review 实例上的 book 属性设置为步骤（2）中获取的图书。

（4）如果 Review 实例被更新（而非创建），则将 date_edited 设置为当前日期和时间。随后使用 from django.utils.timezone.now()函数并保存 Review 实例。

（5）通过注册成功消息并重定向回 book_detail 视图来完成有效的表单分支。因为 Review 模型并没有真正包含有意义的文本描述，所以在消息中使用图书标题，如 Review for "<book title>" created。

（6）如果 request 方法并不是 POST，则实例化 ReviewForm 并传入 Review 实例中。

（7）渲染 instance-form.html 模板。在上下文字典中，包含与 publisher_view 中使用的相同的项，即 form、instance 和 model_type（Review）。此外，在上下文字典中，还包含两个额外项，即 related_model_type（应为 Book）和 related_instance（应为 Book 实例）。

（8）编辑 instance-form.html 以添加一个位置来显示步骤（6）中添加的相关实例信

息。在<h2>元素下，添加一个<p>元素，该元素仅在同时设置了 related_model_type 和 related_instance 时才显示，它应该显示文本 For <related_model_type> <related_instance>，如 For Book Advanced Deep Learning with Keras。最后，将 related_instance 输出放置在<em>元素中以获取较好的可读性。

（9）在 reviews 应用程序的 urls.py 文件中，添加 review_edit 视图的 URL 映射。URL /books/ and /books/<pk>/均已经过配置。随后添加 URL /books/<book_pk>/reviews/new/并创建一个评论，同时添加/books/<book_pk>/reviews/<review_pk>/并编辑评论。这里，确保是诸如 review_create 和 review_edit 这些名称。

（10）在 book_detail.html 模板中，添加插件或编辑评论的链接。在 endblock 模板标签之前，在 content 块中添加一个链接，在创建模式下，它应该使用 url 模板标签链接 review_edit 视图。同样，使用属性 class="btn btn-primary"使链接像 Bootstrap 按钮一样进行显示。链接文本应该是 Add Review。

（11）在遍历 Reviews for Book 的 for 循环中，添加一个编辑评论的链接。在 text-info <span>的所有实例之后，使用 url 模板标签添加一个 review_edit 视图的链接。此处需要提供 book.pk 和 review.pk 作为参数。链接的文本应该是 Edit Review。待完成后，Review Comments 页面如图 7.27 所示。

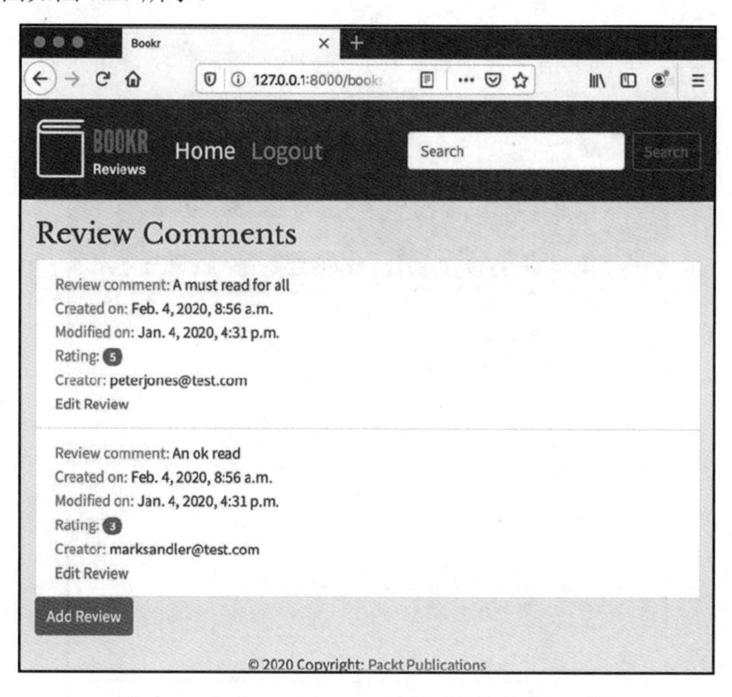

图 7.27　包含 Add Review 按钮后的图书详细页面

其中可以看到 Add Review 按钮。单击该按钮，你将被转至 Create Book Review 页面，如图 7.28 所示。

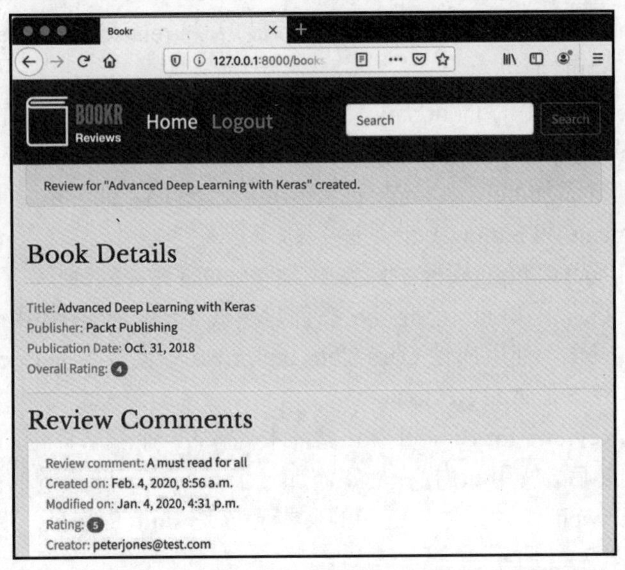

图 7.28　创建评论页面

在表单中输入一些详细信息并单击 Create 按钮，随后你将被重定向至 Book Details 页面，同时应可看到成功消息和相应的评论内容，如图 7.29 所示。

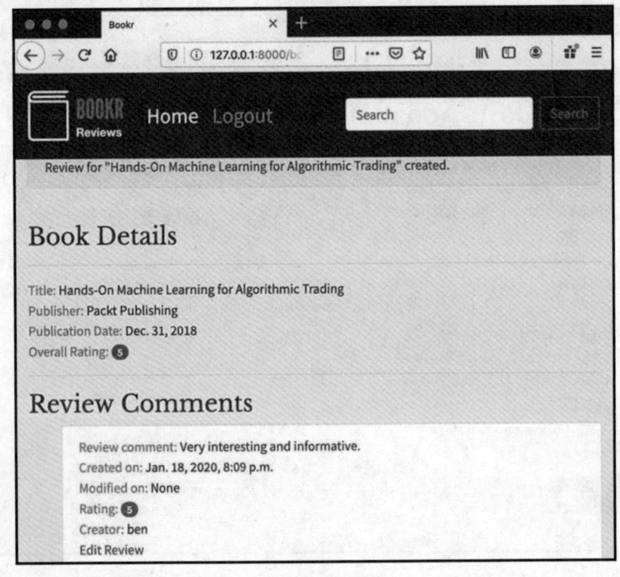

图 7.29　添加了评论的 Book Details 页面

此外，你还可看到 Edit Review 链接。单击该链接将转至预先填充了评论数据的表单，如图 7.30 所示。

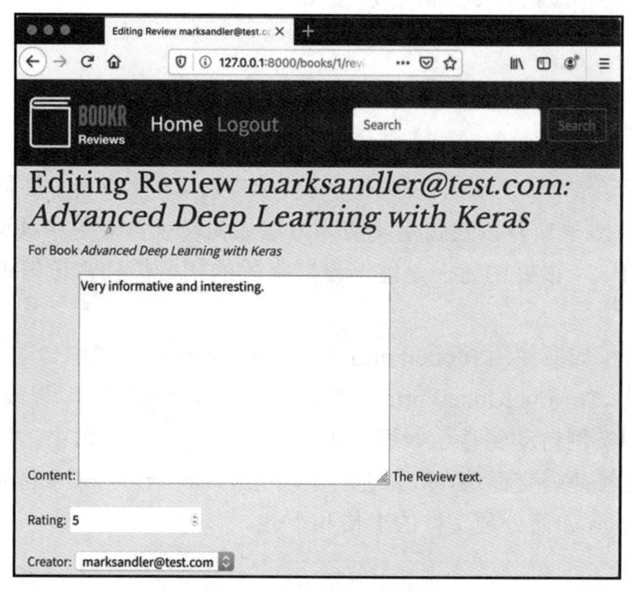

图 7.30　编辑评论时的评论表单

在保存了已有的评论后，你将会在 Book Details 页面上看到 Modified on 日期被更新，如图 7.31 所示。

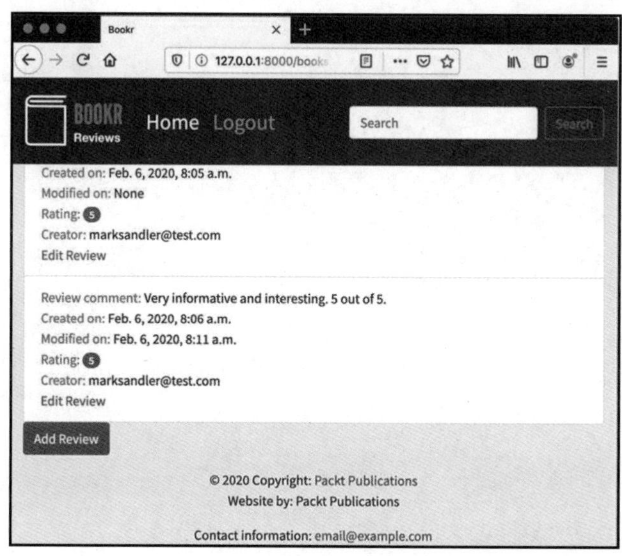

图 7.31　填写 Modified on 日期

注意：

读者可访问 http://packt.live/2Nh1NTJ 查看本操作的完整解决方案。

7.3 本章小结

本章详细介绍了表单。针对清洗数据和验证字段，本章考查了如何利用自定义高级验证规则增强 Django 表单，以及自定义清除方法如何转换从表单中获取的数据。可以看到，添加至表单的一个很好的特性是能够设置字段的初始值和占位符值，这样用户就不必对其进行填写。

随后我们考查了如何使用 ModelForm 类，并从 Django 模型中自动创建一个表单、如何向用户显示字段、如何向 ModelForm 应用自定义表单验证规则，以及 Django 如何将新的或更新后的模型实例自动保存至数据库中。在本章的操作练习中，我们通过添加表单以创建和编辑出版社并提交评论，从而进一步增强了 Bookr。第 8 章将讨论提交用户输入的主题，以及 Django 如何处理文件的上传和下载。

第 8 章　媒体服务和文件上传

本章将介绍媒体文件，以及如何设置 Django 以服务于它们。一旦理解了这一点，我们就可以在 HTML 中构建一个表单，该表单可将文件上传至视图，以便存储至磁盘中。为了强化这一处理过程并减少代码量，我们将采用 Django 表单生成和验证一个表单，并以此处理文件上传操作。接下来，我们将学习提供的某些增强效果，包括图像文件处理以及使用 Python 图像库重置图像的尺寸。随后，我们将创建一个模型，该模型使用 FileField 和 ImageField 分别存储一个文件和一幅图像，并通过 Django 表单对其进行上传。此后，我们将从模型中自动构建一个 ModelForm 实例，并通过一行代码保存模型和文件。在本章结尾，我们还将进一步增强 Bookr，即向 Book 模型中添加封面图像和图书节选。

8.1　简　　介

媒体文件是指在部署后可以添加的额外文件，以丰富 Django 应用程序。通常，它们是将在站点中使用的额外图像。任何类型的文件（包括视频、音频、PDF、文本、文档，甚至 HTML）都可以作为媒体文件。

我们可将媒体文件看作介于动态数据和静态数据资源之间的数据。媒体文件不是 Django 即时生成的动态数据，如渲染模板时，也不是网站开发者在部署网站时包含的静态文件。相反，媒体文件可以是用户上传或应用程序生成的额外文件，以便后续检索使用。

一些常见的媒体文件的例子包括可以附加到 Book 对象的图书封面和预览 PDF。此外，还可以使用媒体文件允许用户上传博客文章的图像或社交媒体网站的虚拟形象。如果想使用 Django 构建自己的视频共享平台，则可以将上传的视频存储为媒体文件。如果所有这些文件都是静态文件，网站将无法正常运行，因为用户将无法上传他们自己的图书封面、视频等，而只能使用部署的文件。

8.2　设置媒体上传和服务

在第 5 章中，我们考查了如何使用 Django 服务于静态文件。相应地，服务于媒体文件也十分类似。对此，必须在 settings.py 中配置两个设置项，即 MEDIA_ROOT 和

MEDIA_URL。这些类似于服务静态文件的 STATIC_ROOT 和 STATIC_URL。

- MEDIA_ROOT。这是存储媒体（如上传后的文件）磁盘路径。类似于静态文件，Web 服务器应该被配置为直接从这个目录中提供服务，以减轻 Django 的负载。
- MEDIA_URL。这类似于 STATIC_URL，但是正如可能猜到的那样，它应该是用于提供媒体的 URL，必须以/结尾，如/media/。

注意：

出于安全考虑，MEDIA_ROOT 不应等同于 STATIC_ROOT 的路径，MEDIA_URL 不应等同于 STATIC_URL。如果二者相等，用户可能会通过恶意代码替换静态文件（如 JavaScript 或 CSS 文件），并借机利用用户。

MEDIA_URL 被设计为在模板中使用，这样就不会对 URL 进行硬编码，并且可以轻松更改它。例如，在部署到生产环境时，可能希望将其设置为特定的主机或内容交付网络（CDN）。稍后将讨论如何在模板中使用 MEDIA_URL。

8.3 服务于开发环境中的媒体文件

类似于静态文件，当在生产环境中服务于媒体时，Web 服务器应该被配置为直接从 MEDIA_ROOT 目录中提供服务，以防止 Django 被绑定在服务请求上。Django 开发服务器可以为开发环境中的媒体文件提供服务。但是，与静态文件不同，URL 映射和视图不是为媒体文件自动设置的。

Django 提供了 static URL 映射，该映射可以被添加到现有的 URL 映射中来服务媒体文件。该映射被添加至 urls.py 文件中，如下所示。

```
from django.conf import settings
from django.conf.urls.static import static

urlpatterns = [
    # your existing URL maps
]
if settings.DEBUG:
    urlpatterns += static(settings.MEDIA_URL,\
                          document_root=settings.MEDIA_ROOT)
```

这将把在 settings.py 中定义的 MEDIA_ROOT 设置提供给同样在那里定义的 MEDIA_URL 设置。在添加映射之前检查 settings.DEBUG 的原因是，这样就不会在生产环境中添加这个映射。

例如，如果 MEDIA_ROOT 被设置为/var/www/bookr/media，MEDIA_URL 被设置为/media/，那么可以在 http://127.0.0.1:8000/media/image.jpg 上找到/var/www/bookr/media/image.jpg 文件。

当 Django 的 DEBUG 被设置为 False 时，static URL 映射不起作用，因此无法在生产环境中使用。然而，如前所述，在生产环境中，Web 服务器应该为这些请求提供服务，因此 Django 不需要处理它们。

在第一个练习中，将创建一个新的 MEDIA_ROOT 和 MEDIA_URL 并将其添加到 settings.py 文件中。然后，将添加 static 媒体服务 URL 映射，并添加一个测试文件，以确保正确配置了媒体服务。

练习 8.01 配置媒体存储并服务于媒体文件

在本练习中，我们将设置一个新的 Django 项目，随后对该项目进行配置以能够服务于媒体文件。对此，我们将创建一个 media 目录并添加 MEDIA_ROOT 和 MEDIA_URL 设置。接下来将设置 MEDIA_URL 的 URL 映射。

为了检查所有的配置和服务是否正确，可在 media 目录中放置一个测试文件。

（1）类似于之前设置的 Django 示例项目，可复用已有的 bookr 虚拟环境。在终端中，激活 bookr 虚拟环境，随后通过 django-admin.py 启动一个名为 media_project 的新项目。

注意：

读者可参考前言查看如何创建和激活虚拟环境。

```
django-admin.py startproject media_project
```

访问所创建的 media_project 目录，随后使用 startapp 管理命令启动名为 media_example 的应用程序。

```
python3 manage.py startapp media_example
```

（2）在 PyCharm 中打开 media_project 目录。按照打开其他 Django 项目的相同方式，为 runserver 命令设置运行配置，如图 8.1 所示。

图 8.1 显示了 PyCHarm 中项目的 runserver 配置

（3）在 media_project 项目目录中创建名为 media 的新目录，随后在该目录中创建名为 test.txt 的新文件。当前，目录结构如图 8.2 所示。

（4）test.txt 文件将自动打开，在其中输入文本 Hello, world!。随后保存并关闭该文件。

（5）在 media_project 包目录中打开 settings.py 文件。在该文件的结尾，使用刚刚创建的媒体目录路径为 MEDIA_ROOT 添加设置。确保在该文件开始处导入 os 模块。

```
import os
```

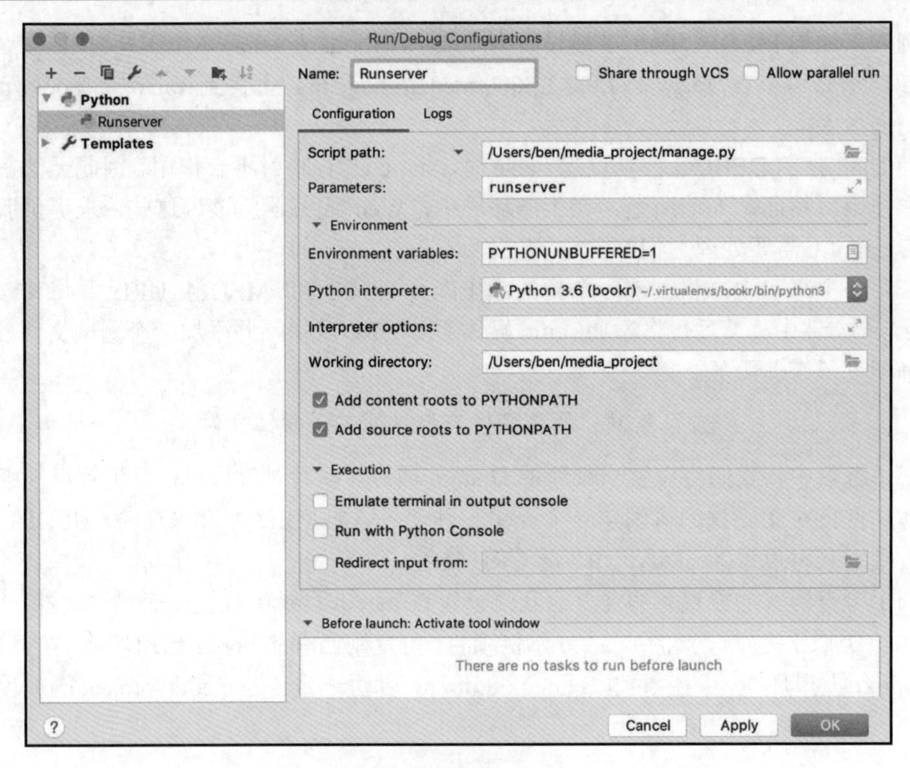

图 8.1　runserver 配置

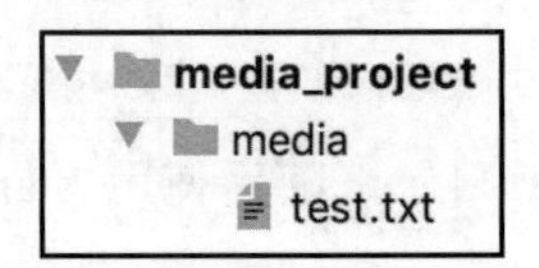

图 8.2　媒体目录和 test.txt 布局

然后使用 os.path.join 函数将其连接到 BASE_DIR。

```
MEDIA_ROOT = os.path.join(BASE_DIR, 'media')
```

（6）在步骤（5）所添加的代码下方，添加另一个 MEDIA_URL 设置，即'/media/'。

```
MEDIA_URL = '/media/'
```

随后保存 settings.py 文件。该文件当前如下所示。

```
STATIC_URL = '/static/'

MEDIA_ROOT = os.path.join(BASE_DIR, 'media')
MEDIA_URL = '/media/'
```

读者可访问 http://packt.live/34RdhU1 查看最终的 settings.py 文件。

（7）打开 media_project 包的 urls.py 文件。在 urlpatterns 定义后，添加下列代码，进而添加媒体服务 URL（如果运行于 DEBUG 模式）。首先，通过在 urlpatterns 定义上方添加粗体表示的导入语句，我们需要导入 Django 设置和静态服务视图。

```
from django.contrib import admin
from django.urls import path
from django.conf import settings
from django.conf.urls.static import static

urlpatterns = [path('admin/', admin.site.urls),]
```

（8）在 urlpatterns 定义之后添加下列代码，有条件地添加从 MEDIA_URL 到静态视图的映射，该映射将从 MEDIA_ROOT 服务。

```
if settings.DEBUG:
    urlpatterns += static(settings.MEDIA_URL,\
                          document_root=settings.MEDIA_ROOT)
```

随后保存该文件。读者可访问 http://packt.live/3nVUiPn 查看最终的文件。

（9）启动 Django 开发服务器，并访问 http://127.0.0.1:8000/media/test.txt。如果一切正确，将会在浏览器中看到文本 Hello, world!，如图 8.3 所示。

图 8.3　服务于媒体文件

如果浏览器如图 8.3 所示，那么这意味着媒体文件是从 MEDIA_ROOT 目录中提供的。这里创建的 test.txt 文件只是用于测试，但是还将在练习 8.02 中使用该文件，所以先不要删除该文件。

在本练习中，我们配置了 Django 服务于媒体文件。其间，我们还提供了一个测试文件，以确保一切都按预期工作。接下来，我们将考查如何在模板中自动生成媒体 URL。

8.4　上下文预处理器以及在模板中使用 MEDIA_URL

当在模板中使用 MEDIA_URL 时，在视图中，可通过渲染上下文字典传递它。例如：

```
from django.conf import settings

def my_view(request):
    return render(request, "template.html",\
                  {"MEDIA_URL": settings.MEDIA_URL,\
                   "username": "admin"})
```

上述代码能够工作，但问题是 MEDIA_URL 是一个常见变量，可能需要在许多地方使用该变量，因此必须在几乎每个视图中传递该变量。

相反，可使用上下文处理器，这是一种在每次 render 调用时自动向上下文字典中添加一个或多个变量的方法。

上下文处理器是一个函数，该函数接收一个参数，即当前请求，并返回一个上下文信息字典，该字典与传递至 render 调用的字典合并。

下面考查 media 上下文处理器的源代码及其工作方式。

```
def media(request):
    """
    Add media-related context variables to the context.
    """
    return {'MEDIA_URL': settings.MEDIA_URL}
```

当激活 media 上下文处理器后，MEDIA_URL 将被添加至上下文字典中。我们可将之前看到的 render 调用修改为下列形式。

```
return render(request, "template.html", {"username": "admin"})
```

同样的数据将被发送至模板，因为上下文处理器添加了 MEDIA_URL。

media 上下文处理器的完整模块路径为 django.template.context_processors.media。Django 提供的其他一些上下文处理器示例如下。

- django.template.context_processors.debug。这将返回字典{"DEBUG": settings.DEBUG}。
- django.template.context_processors.request。这将返回字典{"request": request}。也就是说，它仅将当前 HTTP 请求添加至上下文中。

当启用上下文处理器时，其模块路径必须被添加至 TEMPLATES 设置的 context_processors 选项中。例如，若打算启用 media 上下文处理器，必须添加 django.template.context_processors.media。练习 8.02 将详细讲述其操作方式。

一旦启用了 media 上下文处理器，就可以像访问普通变量一样在模板中访问 MEDIA_URL 变量。

```
{{ MEDIA_URL }}
```

例如，可以此为一个图像提供来源。

```
<img src="{{ MEDIA_URL }}uploads/image.jpg">
```

注意，与静态文件不同，不存在用于加载媒体文件的模板标签（也就是说，不存在与{% static %}模板标签等价的标签）。

除此之外，还可以编写自定义上下文处理器。例如，在我们构建的 Bookr 应用程序中，可能希望在每个页面的侧栏中显示 5 个最新评论的列表。对此，上下文将执行下列操作。

```
from reviews.models import Review

def latest_reviews(request):
    return {"latest_reviews": \
             Review.objects.order_by('-date_created')[:5]}.
```

这将被保存在 Bookr 项目目录中名为 context_processors.py 的文件中，然后通过其模块路径 context_processors.latest_reviews 在 context_processors 设置中进行引用。或者我们可以将它保存在 reviews 应用中，并将其引用为 reviews.context_processors.latest_reviews。上下文处理器是项目范围的还是特定于应用程序的，则由你来决定。但是请记住，无论存储在哪里，一旦激活，它就会适用于应用程序的所有 render 调用。

上下文处理器可以返回包含多个条目的字典，甚至可返回包含 0 个条目的字典。如果有条件的话，可以只在满足某些条件的情况下添加项目，例如，仅在用户登录的情况下才显示最新的评论。下一个练习将详细讨论这一问题。

练习 8.02　模板设置并在模板中使用 MEDIA_URL

在本练习中，我们将继续使用 media_project 并配置 Django，以自动向每个模板中添加 MEDIA_URL 设置。对此，我们可向 TEMPLATES context_processors 设置中添加 django.template.context_processors.media。随后，我们将添加一个使用这个新变量的模板，以及一个示例视图来渲染它。在本章的练习中，我们将对视图和模板进行更改。

（1）在 PyCharm 中，打开 settings.py 文件。首先，需要将 media_example 添加到 INSTALLED_APPS 设置中，因为在项目设置时该操作尚未完成。

```
INSTALLED_APPS = [# other apps truncated for brevity\
    'media_example']
```

（2）大约在文件的一半位置处，可以看到 TEMPLATES，这是一个字典，其中是条目 OPTIONS（另一个字典）。OPTIONS 内部是 context_processors 设置。

在该列表结尾处添加下列内容。

```
'django.template.context_processors.media'
```

完整的列表如下所示。

```
TEMPLATES = \
[{'BACKEND': 'django.template.backends.django.DjangoTemplates',
  'DIRS': [],
  'APP_DIRS': True,
  'OPTIONS': {'context_processors': \
             ['django.template.context_processors.debug',\
              'django.template.context_processors.request',\
              'django.contrib.auth.context_processors.auth',\
              'django.contrib.messages.context_processors.messages',\
              'django.template.context_processors.media'\
           ],\
       },\
  },\
]
```

读者可访问 http://packt.live/3nVOpSx 查看完整的文件内容。

（3）打开 media_example 应用程序的 views.py 文件，并创建名为 media_example 的新视图。当前，仅需渲染名为 media-example.html 的模板〔在步骤（5）中创建〕。视图函数的完整代码如下。

```
def media_example(request):
    return render(request, "media-example.html")
```

保存 views.py 文件。读者可访问 http://packt.live/3pvEGCB 查看完整的文件内容。

（4）我们需要一个映射至 media_example 视图的 URL。打开 media_project 包的 urls.py 文件。

首先，导入 media_example.views。

```
import media_example.views
```

随后将 path 添加至 urlpatterns 中，将 media-example/映射为 media_example 视图。

```
path('media-example/', media_example.views.media_example)
```

完整的 urlpatterns 如下所示。

```
from django.conf.urls.static import static
```

```
import media_example.views

urlpatterns = [path('admin/', admin.site.urls),\
               path('media-example/', \
                    media_example.views.media_example)]

if settings.DEBUG:
    urlpatterns += static(settings.MEDIA_URL,\
                          document_root=settings.MEDIA_ROOT)
```

随后保存并关闭文件。

（5）在 media_example 应用程序目录中创建一个 templates 目录。随后，在 media_project 项目的 templates 目录中创建一个新的 HTML 文件。选择 HTML 5 file 并将其命名为 media-example.html，如图 8.4 所示。

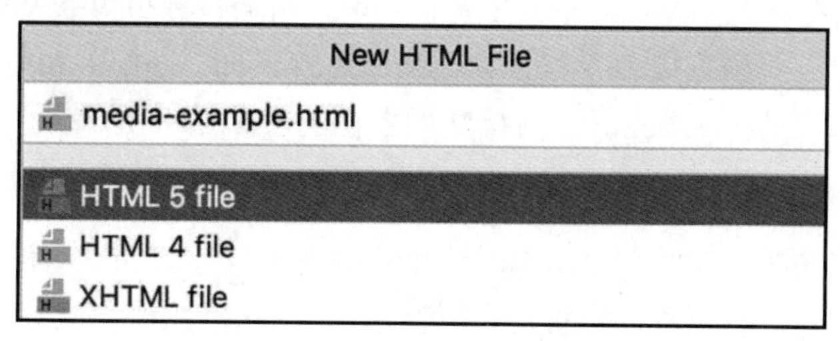

图 8.4　创建 media-example.html

（6）media-example.html 文件应该自动打开。我们只需在该文件中添加一个指向 test.txt 文件（在练习 8.01 中创建）的链接。在<body>标签中，添加下列代码。

```
<body>
    <a href="{{ MEDIA_URL }}test.txt">Test Text File</a>
</body>
```

注意，MEDIA_URL 和文件名之间没有/——这是因为在 settings.py 文件中定义它时已经添加了一个尾随斜杠。保存文件。读者可访问 http://packt.live/3nYTvgF 查看完整的文件内容。

（7）启动 Django 开发服务器并访问 http://127.0.0.1:8000/media-example/。随后应可看到如图 8.5 所示的简单页面。

单击该链接，我们将被转至 test.txt 显示页面，并看到练习 8.01 中创建的 Hello, world! 文本。这意味着，我们正确地配置了 Django context_processors 设置。

至此，我们完成了 rest.txt，因而可删除该文件。我们将在其他练习中使用 media_

example 视图和模板，所以暂且保留该文件。稍后将讨论如何使用 Web 浏览器上传文件，以及 Django 如何在视图中访问这些文件。

图 8.5　基本的媒体链接页面

8.5　使用 HTML 表单上传文件

在第 6 章中，我们曾经讨论了如何针对 GET 或 POST 请求使用<form>的 method 属性。虽然截至目前我们仅使用了表单提交文本数据，但还可通过表单提交一个或多个文件。

当提交表单时，应确保表单上至少存在两个属性，即 method 和 enctype。此外，还可能需要使用其他属性，如 action。支持文件上传的表单如下所示。

```
<form method="post" enctype="multipart/form-data">
```

文件上传仅适用于 POST 请求，而对 GET 请求无效。因为不可能通过 URL 发送文件的所有数据。另外，必须设置 enctype 属性，以让浏览器知道它应该将表单数据分为多个部分进行发送，其中一部分用于发送表单的文本数据，另一部分用于发送绑定到表单的每个文件。这种编码对用户来说是无缝的，他们不知道浏览器是如何编码表单的，也不需要做任何不同的事情。

当向表单绑定文件时，需要创建类型为 file 的输入。我们可以按照下列方式以手动方式编写 HTML 代码。

```
<input type="file" name="file-upload-name">
```

当输入在浏览器中被渲染且为空时，对应结果如图 8.6 所示。

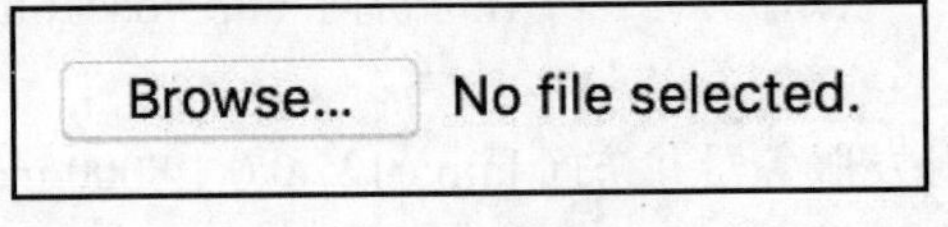

图 8.6　空的文件输入

取决于浏览器，按钮的标题可能会有所不同。

单击 Browse...按钮将显示一个 file open 对话框，如图 8.7 所示。

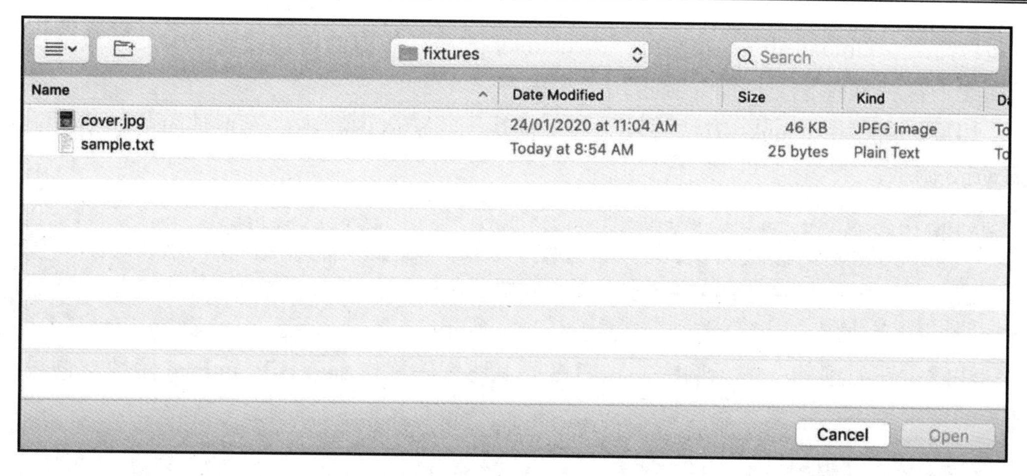

图 8.7　macOS 上的文件浏览器

在选择了一个文件后，文件名将显示在文本框中，如图 8.8 所示。

图 8.8　选择 cover.jpg 后的文件输入

图 8.8 显示了包含所选文件名 cover.jpg 的文件输入。

8.5.1　在视图中处理上传文件

除了文本数据，如果表单还包含文件上传，Django 会用这些文件填充 request.FILES 属性。request.FILES 是一个类似字典的对象，它以给定文件输入的 name 属性作为键。

在前述表单示例中，文件输入包含名称 file-upload-name，因此文件可通过 request.FILES["file-upload-name"]在视图中进行访问。

Request.FILES 包含的对象是类似文件的对象（具体来说，是 django.core.files.uploadedfile.UploadedFile 实例），所以使用时必须读取其数据。例如，要在视图中获取上传文件的内容，可编写下列代码。

```
content = request.FILES["file-upload-name"].read()
```

相应地，更为常见的操作是将文件内容写入磁盘中。当上传文件时，这些文件被存储在临时位置处（如果小于 2.5MB，则被存储于内存中；否则被存储在磁盘上的临时文件中）。当在已知位置处存储文件数据时，必须先读取文件内容，随后将其写入磁盘的期望位置处。UploadedFile 实例有一个 chunks 方法，该方法每次读取一个文件数据块，以防止一次读取整个文件而导致占用太多内存。

相反，可使用 chunks 方法将较小的文件块一次读入内存中，而不是简单地使用 read 和 write 函数。

```
with open("/path/to/output.jpg", "wb+") as output_file:
    uploaded_file = request.FILES["file-upload-name"]
    for chunk in uploaded_file.chunks():
        output_file.write(chunk)
```

注意，在后续的一些示例中，我们将把上述代码称作 save_file_upload 函数。假设该函数的定义如下。

```
def save_file_upload(upload, save_path):
    with open(save_path, "wb+") as output_file:
        for chunk in upload.chunks():
            output_file.write(chunk)
```

随后，可以重构上述示例代码以调用函数。

```
uploaded_file = request.FILES["file-upload-name"]
save_file_upload(uploaded_file, "/path/to/output.jpg")
```

另外，每个 UploadedFile 对象（上述示例代码片段中的 uploaded_file 变量）也包含与上传文件相关的额外的元数据，如文件的名称、大小和内容类型。其中，最为有用的属性如下所示。

- size：顾名思义，这表示为上传文件的大小（以字节计算）。
- name：指上传文件的名称，如 image.jpg、file.txt、document.pdf 等。该值由浏览器发送。
- content_type：指上传文件的内容类型（MIME 类型），如 image/jpeg、text/plain、application/pdf 等。类似于 name，该值也由浏览器发送。
- charset：指上传文件的字符集或文本编码机制，用于文本文件，如 utf8 或 ascii。同样，该值也由浏览器确定和发送。

下列内容展示了这些属性的访问示例（如在视图中）。

```
upload = request.FILES["file-upload-name"]
size = upload.size
name = upload.name
content_type = upload.content_type
charset = upload.charset
```

8.5.2　浏览器发送值的安全性和信任性

如前所述，name、content_type 和 charset 的 UploadedFile 值由浏览器确定。考虑到这一点十分重要，因为恶意用户可能会发送假值来代替真实值，以掩盖正在上传的实际文件。Django 不会自动确定上传文件的内容类型或字符集，因此它依赖于客户端在发送这些信息时的准确性。

如果在缺少适当检查的情况下手动处理 tile 上传的保存机制，那么可能会发生以下情况。

- 网站用户上传了一个恶意可执行程序 malware.exe，但发送的内容类型为 image/jpeg。
- 代码检查内容类型并将其视为安全的，因此将 malware.exe 保存为 MEDIA_ROOT 文件。
- 网站的另一个用户下载了认为是图书封面的图像，但实际上是 malware.exe 可执行文件。在打开这个文件后，用户的计算机即被该恶意软件感染。

上述场景已被简化，实际上，恶意文件可能包含一个不太明显的名字，如 cover.jpg.exe，但该场景阐述了一般过程。

如何处理上传的安全性取决于具体的用例，但对于大多数情况，下列技巧将有所帮助。

- 在将文件保存至磁盘中时，应生成一个名称，而不是使用上传者提供的名称。另外，应将文件扩展名替换为所期望的扩展名。例如，如果文件名为 cover.exe，但内容类型为 image/jpeg，则保存为 cover.jpg。相应地，还可以生成一个完全随机的文件名，以提高安全性。
- 检查文件扩展名是否与内容类型匹配。该方法不是万无一失的，因为有太多的 mime 类型。如果正在处理不常见的文件，则有可能无法找到匹配的结果。对此，内置的 mimetypes Python 模块可能会提供帮助，其 guess_type 函数接收一个文件名并返回 mimetype（内容类型）和编码的元组。下列代码片段展示了该函数在 Python 控制台中的应用。

```
>>> import mimetypes
>>> mimetypes.guess_type('file.jpg')
('image/jpeg', None)
>>> mimetypes.guess_type('text.html')
('text/html', None)
>>> mimetypes.guess_type('unknownfile.abc')
(None, None)
```

```
>>> mimetypes.guess_type('archive.tar.gz')
('application/x-tar', 'gzip')
```

如果无法猜测出类型或编码，则元组中的任何一个元素都可以为 None。一旦通过 import mimetypes 将它导入文件中，则可以在视图中按照下列方式使用它。

```
upload = request.FILES["file-upload-name"]
mimetype, encoding = mimetypes.guess_type(upload.name)
if mimetype != upload.content_type:
    raise TypeError("Mimetype doesn't match file extension.")
```

该方法适用于常见的文件类型，如图像。但是，如前所述，对于 mimetype，许多不常见的类型可能返回 None。

- 我们如果打算实现图像上传，可使用 Pillow 库尝试以图像方式打开上传的文件。如果文件不是一个有效的图像，那么 Pillow 将无法打开该文件。这便是 Django 在使用 ImageField 上传图像时所实现的操作。稍后将在练习 8.05 中展示如何使用这种技术打开和操作图像。
- 此外，我们还可以考虑 Python-magic Python 包，该包检查文件的实际内容以尝试确定其类型。它可以采用 pip 进行安装，其 GitHub 项目是 https://github.com/ahupp/python-magic。一旦安装了该包，并通过 import magic 将其导入文件中，即可在视图函数中按照下列方式使用它。

```
upload = request.FILES["field_name"]
mimetype = magic.from_buffer(upload.read(2048), mime=True)
```

随后，可验证 mimetype 是否在所允许的类型列表中。

这并不是防止恶意文件上传的方法的最终列表。最佳方案取决于要构建的应用程序类型。我们可以构建一个用于托管任意文件的站点，在这种情况下，我们根本不需要执行任何类型的内容检查。

下面将考查如何构建一个 HTML 表单和视图以上传文件，随后将其存储于 media 目录中，并在浏览器中检索下载的文件。

练习 8.03　文件上传和下载

在本练习中，我们将向 media-example.html 模板中添加一个带有文件字段的表单，并利用浏览器将文件上传至 media_example 视图中。另外，我们还将更新 media_example 视图，并将文件保存至 MEDIA_ROOT 中以供下载使用。随后，我们将再次下载文件以测试全部工作。

（1）在 PyCHarm 中，打开位于 templates 文件夹中的 media-example.html 模板。在

<body>标签中，移除练习 8.02 步骤（6）中的<a>链接，并将其替换为<form>标签，同时确保该标签包含 method="post"和 enctype="multipart/formdata"。

```
</head>
<body>
   <form method="post" enctype="multipart/form-data">

   </form>
</body>
```

（2）在<form>标签体内插入{% csrf_token %}模板标签。

（3）在{% csrf_token %}后添加一个<input>标签，其中 type="file"且 name="file_upload"。

```
<input type="file" name="file_upload">
```

（4）在</form>标签前，添加<button>标签，其中 type="submit"且文本内容为 Submit。

```
<button type="submit">Submit</button>
```

当前，HTML 体如下所示。

```
<body>
   <form method="post" enctype="multipart/form-data">
      {% csrf_token %}
      <input type="file" name="file_upload">
      <button type="submit">Submit</button>
   </form>
</body>
```

（5）打开 media_example 应用程序的 views.py。在 media_example 视图中，添加代码并将上传后的文件保存至 MEDIA_ROOT 目录中。对此，需要从设置中访问 MEDIA_ROOT，并在文件开始处导入 Django 设置。

```
from django.conf import settings
```

此外，还需使用 os 模块构建保存路径，因此还需要导入 os。

```
import os
```

（6）如果请求方法为 POST，还应保存上传后的文件。在 media_example 视图内，添加 if 语句以验证 request.method 是否为 POST。

```
def media_example(request):
   if request.method == 'POST':
      …
```

（7）在上一个步骤添加的 if 语句中，通过将上传的文件名连接至 MEDIA_ROOT 来生成输出路径。随后以 wb 模式打开该路径并使用 chunks 方法遍历上传的文件。最后，将每个块写入已保存的文件中。

```
def media_example(request):
    if request.method == 'POST':
        save_path = os.path.join\
                (settings.MEDIA_ROOT, \
                 request.FILES["file_upload"].name)

        with open(save_path, "wb") as output_file:
            for chunk in request.FILES["file_upload"].chunks():
                output_file.write(chunk)

    return render(request, "media-example.html")
```

注意，上传的文件及其元数据从 request.FILES 字典中进行访问，同时使用与文件输入名匹配的键（此处为 file_upload）。随后保存并关闭 views.py 文件。读者可访问 http://packt.live/37TwxSr 查看完整的文件内容。

（8）启动 Django 开发服务器，并导航至 http://127.0.0.1:8000/media-example/。随后将会看到文件上传字段和 Submit 按钮，如图 8.9 所示。

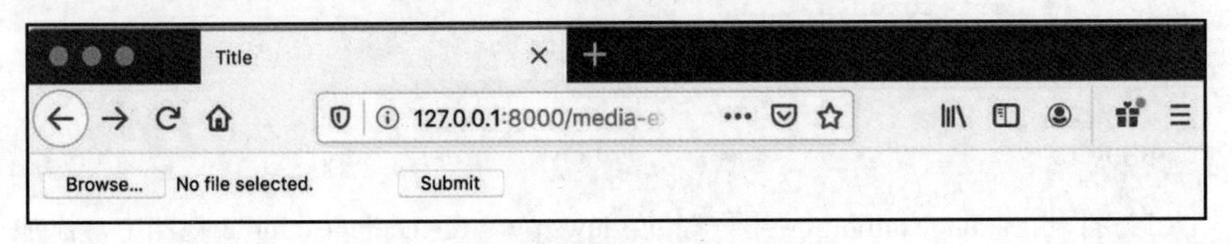

图 8.9　文件上传表单

单击 Browse...按钮（或浏览器中的等效功能）并选择一个上传文件，该文件的名称将显示在文件输入中，随后单击 Submit 按钮。页面将重载，表单将再次为空。这是正常的——在后台，文件应该已经被保存了。

（9）利用 MEDIA_URL 尝试下载上传的文件。在当前示例中，名为 cover.jpg 的文件被上传，并在 http://127.0.0.1:8000/media/cover.jpg 处被下载，如图 8.10 所示。URL 将取决于上传的文件名称。

如果上传了图像文件、HTML 文件，或另一种浏览器可显示的文件类型，则可在浏览器中查看该文件；否则，浏览器将再次将该文件下载至磁盘中。在这两种情况下，这意味着上传是成功的。

图 8.10　在 MEDIA_URL 中可见的上传文件

除此之外，我们还可查看 media_project 项目目录中的 media 目录以确认上传是成功的，如图 8.11 所示。

图 8.11　media 目录中的 cover.jpg

在 PyCHarm 中，图 8.11 在 media 中显示了 cover.jpg。

在本练习中，我们添加了一个 HTML 表单，该表单的 enctype 设置为 multipart/form-data，以便允许文件上传。该表单包含了一个文件输入，用于选择要上传的文件，随后向 media_example 视图中添加了保存功能，以将上传的文件保存到磁盘中。

稍后，我们将考查如何简化表单的生成，并通过 Django 表单添加验证功能。

8.5.3　基于 Django 表单的文件上传

在第 6 章中，我们考查了 Django 如何简化表单定义，并自动将表单渲染为 HTML。在前述示例中，我们通过手动方式定义了表单并编写了 HTML。我们可利用一个 Django 表单对此进行替换，并使用 FileField 构造函数实现文件输入。

表单上 FileField 的定义方式如下。

```
from django import forms

class ExampleForm(forms.Form):
    file_upload = forms.FileField()
```

FileField 构造函数可接收下列关键字参数。

- required：针对必填字段，该参数为 True；如果字段可选，则该参数为 False。
- max_length：上传文件的文件名的最大长度。
- allow_empty_file：即使上传的文件为空（大小为 0），具有此参数的字段也有效。

除了上述这些关键字参数，构造函数还可接收标准的 Field 参数，如 widget。FileField 的默认微件类为 ClearableFileInput。这是一个文件输入，并可以显示一个复选框。相应地，可以选中该复选框以发送 null 值，并清除模型字段上保存的文件。

在视图中使用带有 FileField 的表单与其他表单类似，但是当表单已经提交时（即 request.METHOD 为 POST），那么 request.FILES 也应该传递到表单构造函数中。这是因为 Django 在验证表单时需要访问 request.FILES 来查找上传文件的信息。

view 函数中的基本流如下。

```
def view(request):
    if request.method == "POST":
        # instantiate the form with POST data and files
        form = ExampleForm(request.POST, request.FILES)
        if form.is_valid():
            # process the form and save files
            return redirect("success-url")
    else:
        # instantiate an empty form as we've seen before
        form = ExampleForm()

    # render a template, the same as for other forms
    return render(request, "template.html", {"form": form})
```

在处理上传的文件和表单时，我们可以通过 request.FILES 或 form.cleaned_data 访问上传的文件，从而与它们进行交互：这些值将返回相同的对象。在前述例子中，我们可通过下列方式处理上传文件。

```
if form.is_valid():
    save_file_upload("/path/to/save.jpg", \
                     request.FILES["file_upload"])
    return redirect("/success-url/")
```

或者，因为它们包含相同的对象，所以可使用 form.cleaned_data。

```
if form.is_valid():
    save_file_upload("/path/to/save.jpg", \
                     form.cleaned_data["file_upload"])
    return redirect("/success-url/")
```

保存的数据将是相同的。

注意：

在第 6 章中，我们尝试使用了表单并提交了无效值。当页面刷新并显示表单错误时，之前输入的数据将在页面重新加载时填充。这不会发生在文件字段，相反，如果表单无效，用户将不得不再次浏览和选择文件。

在下一个练习中，我们将构建一个示例表单以实践 FileField。随后调整视图，且仅在表单有效时保存文件。

练习 8.04　基于 Django 表单的文件上传

在练习 8.03 中，我们在 HTML 中创建了一个表单，并使用该表单将文件上传至 Django 视图中。如果尝试在未选择文件的情况下提价表单，则会得到一个 Django 异常页面。我们尚未对表单进行任何验证，因此该方法十分脆弱。

在本练习中，我们将创建一个基于 FileFIeld 的 Django 表单，并可使用表单验证功能，以使表单更加健壮，同时减少编码量。

（1）在 PyCharm 中，在 media_example 中创建一个名为 forms.py 的新文件。该文件将自动打开。在该文件的开始处，导入 Django forms 库。

```
from django import forms
```

随后创建 forms.Form 子类，并将其命名为 UploadForm。随后向其中添加一个字段，即名为 file_upload 的 FileField。对应类如下所示。

```
class UploadForm(forms.Form):
    file_upload = forms.FileField()
```

随后保存并关闭该文件。读者可访问 http://packt.live/34S5hBV 查看该文件的完整内容。

（2）打开 form_example 应用程序的 views.py 文件。在该文件的开始处以及现有 import 语句的下方导入新类，如下所示。

```
from .forms import UploadForm
```

（3）如果你位于视图的 POST 分支中，则 UploadForm 需要用 request.POST 和 request.FILES 进行实例化。如果你没有传入 request.FILES，那么表单实例将无法访问上传的文件。在 if request.method == "POST"检查下，利用以下两个参数实例化 UploadForm。

```
form = UploadForm(request.POST, request.FILES)
```

（4）这里，可以保留定义 save_path 和存储文件内容的现有代码行，但应缩进一个代码块，并将其置入一个表单有效性检查中，因此只有在表单有效时才执行它们。随后，添加 if form.is_valid():行，然后缩进其他行，如下所示。

```
if form.is_valid():
    save_path = os.path.join\
                (settings.MEDIA_ROOT, \
                 request.FILES["file_upload"].name)

    with open(save_path, "wb") as output_file:
        for chunk in request.FILES["file_upload"].chunks():
            output_file.write(chunk)
```

（5）由于正在使用一个表单，因此可以通过该表单访问文件上传。此处，将 request.FILES["file_upload"]替换为 form.cleaned_data["file_upload"]。

```
if form.is_valid():
    save_path = os.path.join\
                (settings.MEDIA_ROOT,\
                 form.cleaned_data["file_upload"].name)

    with open(save_path, "wb") as output_file:
        for chunk in form.cleaned_data["file_upload"].chunks():
            output_file.write(chunk)
```

（6）添加一个 else 分支来处理非 post 请求，这将简单地实例化一个没有任何参数的表单。

```
if request.method == 'POST':
    …
else:
    form = UploadForm()
```

（7）向 render 调用中添加一个上下文字典参数，并在 form 键中设置 form 变量。

```
return render(request, "media-example.html", \
            {"form": form})
```

保存并关闭该文件。读者可访问 http://packt.live/3psXxyc 查看该文件的完整内容。

（8）打开 media-example.html 模板，移除手动方式定义的文件<input>，将其替换为 form，并使用 as_p 方法进行渲染。

```
<body>
   <form method="post" enctype="multipart/form-data">
      {% csrf_token %}
      {{ form.as_p }}
      <button type="submit">Submit</button>
   </form>
</body>
```

文件的其余部分保持不变，随后保存并关闭该文件。读者可访问 http://packt.live/3qHHSMi 查看该文件的完整内容。

（9）启动 Django 开发服务器，并导航至 http://127.0.0.1:8000/media-example/。随后将会看到如图 8.12 所示的 File upload 字段和 Submit 按钮。

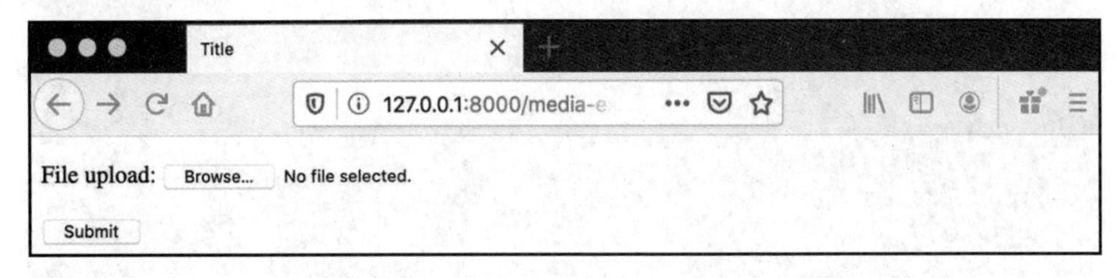

图 8.12　在浏览器中渲染的文件上传 Django 表单

（10）由于正在使用 Django 表单，因此将自动获得内建的验证机制。如果在未选择文件的情况下提交表单，浏览器将阻止后续操作并显示一条错误消息，如图 8.13 所示。

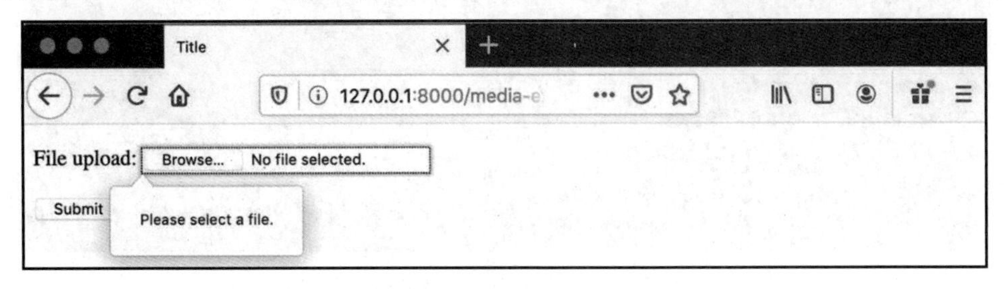

图 8.13　浏览器阻止表单提交

（11）重复练习 8.03 执行的上传测试，即选择一个文件并提交表单。随后应能够利用 MEDIA_URL 检索文件。此处，名为 cover.jpg 的文件被再次上传，如图 8.14 所示。

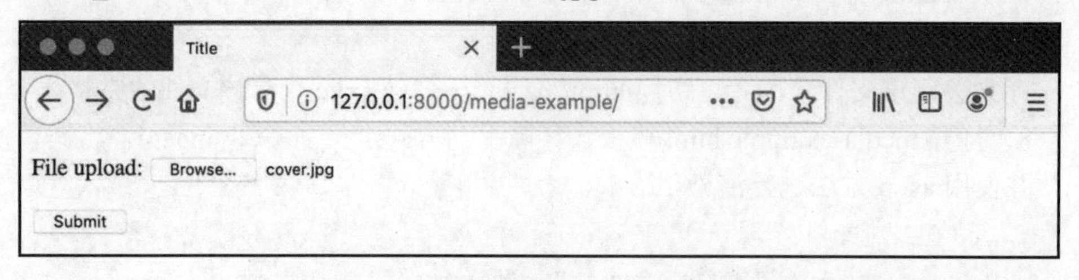

图 8.14　上传一个名为 cover.jpg 的文件

随后可在 http://127.0.0.1:8000/media/cover.jpg 处检索文件，对应结果如图 8.15 所示。

图 8.15　利用 Django 表单上传的文件在浏览器中可见

在本练习中，我们使用了一个包含 FileField 的 Django 表单替换了手工构建的表单，并通过传入 request.POST 和 request.FILES 实例化了视图中的表单。随后，我们采用了标准的 is_valid 方法检查表单的有效性，且只有在表单有效时才保存文件上传。此外，我们还测试了文件上传，并看到能够使用 MEDIA_URL 检索上传的文件。

接下来，我们将考查 ImageField。ImageField 类似于 FileField，但专门用于图像。

8.5.4　基于 Django 表单的图像上传

如果打算在 Python 中与图像协同工作，Pillow 则是最常使用的库。Django 使用该库验证图像。最初，存在一个名为 Python Imaging library（PIL）的库，该库未被及时更新，最终形成了一个库的分支且仍在维护，即 Pillow。为了保持向后兼容性，这个包在安装时仍然被称为 PIL。例如，Image 对象是从 PIL 中导入的：

```
from PIL import Image
```

注意：

术语 Python Imaging Library、PIL 和 Pillow 通常可以互换使用。当提及 PIL 时，一般是指最新的 Pillow 库。

Pillow 提供了各种检索数据或操控图像的方法。我们可获取图像的宽度和高度，或者对图像进行缩放和剪裁，并对其应用转换操作。本章涉及众多操作，所以我们仅介绍一个简单的例子（缩放图像），并将在下一个练习中加以使用。

由于图像是用户可能想要上传的最常见的文件类型之一，Django 还包含了一个 ImageField 实例。这与 FileField 实例的行为类似，但也会自动验证数据是否是图像文件。这有助于解决一些安全问题——有些时候，我们期望的是图像，但用户却上传了恶意文件。

来自 ImageField 的 UploadedFile 具有与 FileField 相同的所有属性和方法（size、content_type、name、chunks()等），但添加了一个额外的属性，即 image。这是 PIL Image 对象的一个实例，用于验证上传的文件是否是有效的图像。

在检查表单是否有效之后，将关闭底层 PIL Image 对象。这是为了释放内存，并防止 Python 进程持有太多打开的文件，这可能会导致性能问题。对于开发人员来说，这意味着可以访问关于图像的一些元数据（例如它的宽度、高度和格式），但是如果不重新打开图像，就无法访问实际的图像数据。

为了说明这一点，我们将持有一个带有 ImageField 的表单，且名为 picture。

```
class ExampleForm(forms.Form):
    picture = ImageField()
```

在视图函数内部，picture 字段可以在表单的 cleaned_data 中进行访问。

```
if form.is_valid():
    picture_field = form.cleaned_data["picture"]
```

随后，可检索 picture 字段的 Image 对象。

```
image = picture_field.image
```

由于在视图中引用了图像，因此可获得一些元数据。

```
w = image.width # an integer, e.g. 600
h = image.height # also an integer, e.g. 420
# the format of the image as a string, e.g. "PNG"
f = image.format
```

Django 会将 UploadedFile 的 content_type 属性自动更新为 picture 字段的正确类型。这将覆盖浏览器在上传文件时发送的值。

试图使用访问实际图像数据（而不仅仅是元数据）的方法将导致引发异常。这是因为 Django 已经关闭了底层的图像文件。

例如，下列代码片段将引发 AttributeError。

```
image.getdata()
```

相反，我们需要重新打开图像。在导入 image 类后，可以使用 ImageField 引用打开图像数据。

```
from PIL import Image

image = Image.open(picture_field)
```

由于图像已被打开，我们可在其上执行相关操作。稍后将考查一个简单的示例，即重置上传的图像。

8.5.5　利用 Pillow 重置图像

在保存图像之前，Pillow 支持对图像的多种操作，限于篇幅，我们无法在本书这种解释全部内容，所以仅考查一个较为常见的操作，即在保存图像之前将图像调整至特定的大小，这有助于节省存储空间并改进下载速度。例如，用户可能会上传较大的封面图像，其尺寸远远大于所需的要求。我们可以通过多种方法（如检查上传文件的 content_type，或 Image 对象的 format）确定上传的图像类型，但在当前示例中，仅将图像保存为 JPEG 文件。

PIL Image 类包含了一个 thumbnail 方法，该方法可将图像重置为最大尺寸，同时保持宽高比。例如，可以设置最大尺寸为 50 像素×50 像素的图像。一个 200 像素×100 像素的图像将被调整为 50 像素×25 像素：通过设置最大尺寸为 50 像素保留宽高比。每个维度均按照 0.25 的比例进行缩放。

```
from PIL import Image

size = 50, 50 # a tuple of width, height to resize to
image = Image.open(image_field) # open the image as before
image.thumbnail(size) # perform the resize
```

此处，重置行为仅在内存中完成，变化内容尚未被存储至磁盘中，直至调用 save 方法，如下所示。

```
image.save("path/to/file.jpg")
```

输出格式可自动由所采用的文件扩展名确定，在当前示例中为 JPEG。除此之外，save 方法还可接收一个格式化参数以覆盖原有的输出格式。例如：

```
image.save("path/to/file.png", "JPEG")
```

尽管输出格式中包含了扩展名 png，但对应的格式指定为 JPEG，因此输出结果为 JPEG 格式。不难发现，这可能令人感到困惑。因此，可能的话，应仅指定扩展名。

稍后，我们将更改我们一直使用的 UploadForm，并采用 ImageField 而非 UploadForm，随后在将上传的图像保存到 media 目录中之前实现对其大小进行调整。

练习 8.05　利用 Django 表单实现图像上传

在本练习中，我们将更新练习 8.04 中的 UploadForm 类，并使用 ImageField 而非 FileField（仅涉及修改字段的类）。随后可以看到，表单将在浏览器中对其进行渲染。接下来，我们将尝试更新某些非图像文件，并查看 Django 如何验证表单并禁用这些文件。最后，我们将更新视图，在保存它之前使用 PIL 来调整图像的大小，随后在操作中对其进行测试。

（1）打开 media_example 应用程序的 forms.py 文件。在 UploadForm 中，修改 file_upload，使其成为 ImageField 的实例而不是 FileField。更新后，UploadForm 如下所示。

```
class UploadForm(forms.Form):
    file_upload = forms.ImageField()
```

保存并关闭文件。读者可访问 http://packt.live/2KAootD 查看 forms.py 文件的完整内容。

（2）启动 Django 开发服务器，导航至 http://127.0.0.1:8000/media-example/。随后可以看到渲染后的表单，该表单看起来和使用 FileField 时一样，如图 8.16 所示。

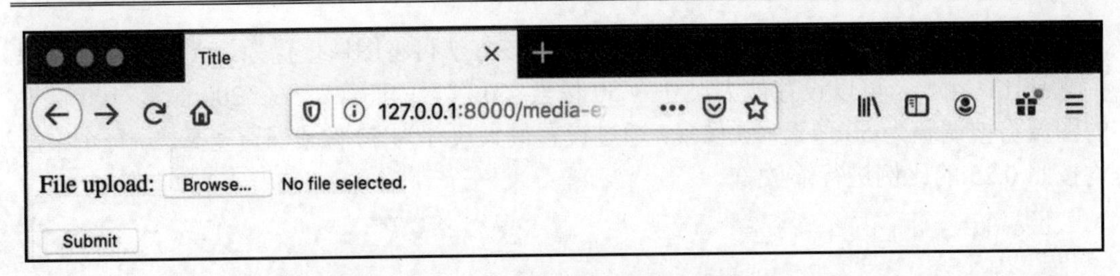

图 8.16　ImageField 看上去和 FileField 一样

（3）当尝试上传非图像文件时，即可看到其中的差异。单击 Browse...按钮，并尝试选择非图像文件。取决于浏览器或操作系统，可能无法选择除图像文件之外的其他文件，如图 8.17 所示。

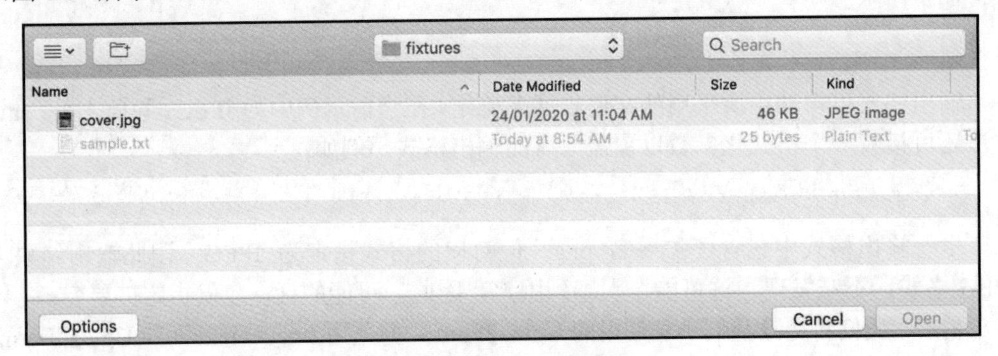

图 8.17　仅可选择图像文件

另外，浏览器可能允许选择一幅图像，但会在选取后在表单中显示一条错误消息。或者，浏览器允许选择一个文件，在提交表单后，Django 将引发 ValidationError。无论如何，可确保在视图中，表单的 is_valid 视图仅在上传图像时才返回 True。

注意：

此处无须测试上传文件，因为结果将与练习 8.04 中的结果相同。

（4）确保安装了 Pillow 库。对此，可在终端中（确保激活了虚拟环境）运行下列命令。

```
pip3 install pillow
```

在 Windows 环境中，该命令为 pip install pillow。对应的输出结果如图 8.18 所示。或者，在 Pillow 安装完毕后，将会看到 Requirement already satisfied 输出消息。

（5）更新 media_example 并在保存前重置图像的大小。切换回 PyCharm 并打开 media_example 应用程序的 views.py 文件，随后导入 PIL 的 Image 类。因此，在文件上方、

import os 语句之后添加下列导入语句。

```
from PIL import Image
```

```
media_project — ben@BensMBP — ~/media_project — -zsh — 80×24
(bookr) → media_project pip3 install pillow
Looking in indexes: http://localhost:3141/root/pypi/+simple/
Collecting pillow
  Downloading http://localhost:3141/root/pypi/%2Bf/d3d/07c86d4efa1fa/Pillow-8.0.1-cp38-cp38-macosx_10_10_x86_64.whl (2.2 MB)
     |████████████████████████████████| 2.2 MB 72.5 MB/s
Installing collected packages: pillow
Successfully installed pillow-8.0.1
(bookr) → media_project
```

图 8.18　安装 Pilloow（通过 pip3）

（6）返回 media_example 视图。在生成 save_path 的代码行下，去掉 3 行代码（打开输出文件、遍历上传文件并写入块），并替换为利用 PIL 打开上传文件、调整其大小并保存文件，如下所示。

```
image = Image.open(form.cleaned_data["file_upload"])
image.thumbnail((50, 50))
image.save(save_path)
```

其中：第一行代码通过打开上传文件创建 Image 实例；第二行代码执行缩略图转换（最大尺寸为 50 像素×50 像素）；第三行代码将文件保存至前述练习生成的相同的保存路径中。保存文件。读者可访问 http://packt.live/34PWvof 查看文件的完整内容。

（7）自步骤（2）起，开发服务器应一直处于运行状态。随后导航至 http://127.0.0.1:8000/media-example/。此时将看到熟悉的 UploadForm。选择一个图像并提交表单。如果上传和调整大小成功，表单将刷新并再次为空。

（8）利用 MEDIA_URL 查看上传图像。例如，名为 cover.jpg 的文件将从 http://127.0.0.1:8000/media/cover.jpg 处下载。随后应可看到图像被重置且最大尺寸仅为 50 像素，如图 8.19 所示。

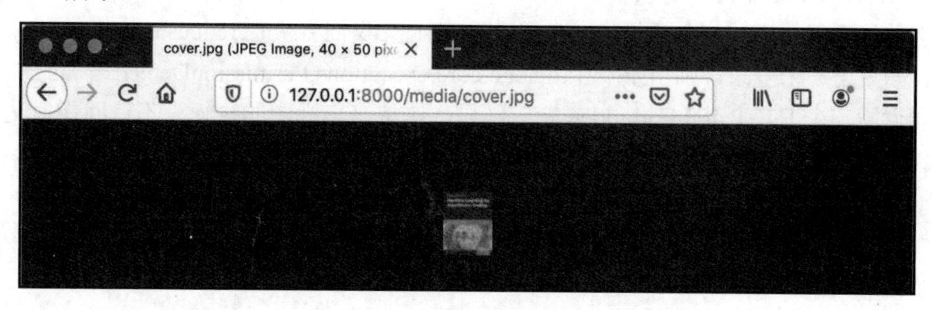

图 8.19　重置后的 Logo

虽然这一尺寸的缩略图并无太大用处，但至少可确保已成功地执行了图像的重置操作。

在本练习中，我们将 UploadForm 上的 FileField 更改为 ImageField。可以看到，浏览器仅允许上传图像。随后，我们将代码添加到了 media_example 视图中，以使用 PIL 调整上传的图像的大小。

出于性能考虑，此处鼓励使用单独的 Web 服务器向静态文件和媒体文件提供服务。然而，在某些情况下，可能希望使用 Django 服务于文件，例如在访问之前提供身份验证。稍后，我们将讨论如何使用 Django 服务于媒体文件。

8.5.6　利用 Django 服务于上传（和其他）文件

在本章和第 5 章中，我们不鼓励使用 Django 服务于文件。这是因为它会不必要地占用一个 Python 进程，只是为了服务一个文件——这是 Web 服务器能够处理的事务。然而，Web 服务器通常不提供动态访问控制，也就是说，只允许经过身份验证的用户下载文件。取决于生产中使用的 Web 服务器，可以令其对 Django 进行身份验证，随后服务于文件本身。但是，特定 Web 服务器的具体配置不在本书讨论范围之内。

一种可行方法是指定 MEDIA_ROOT 目录的子目录，并让 Web 服务器阻止对该特定文件夹的访问。任何受保护的媒体都应该被存储在其中。如果采取了该方法，只有 Django 可以读取其中的文件。例如，Web 服务器可以服务于 MEDIA_ROOT 目录下的所有内容，但 MEDIA_ROOT/protected 目录除外。

另一种方法是配置 Django 视图以服务于特定的磁盘文件。视图将确定要发送的文件在磁盘上的路径，然后使用 FileResponse 类发送该文件。FileResponse 类接收一个打开的文件句柄作为参数，并尝试从文件的内容确定正确的内容类型。Django 会在请求完成后关闭文件句柄。

视图函数将接收请求和要下载文件的相对路径作为参数。这个相对路径是 MEDIA_ROOT/ protected 文件夹中的路径。

当前示例仅检查用户是否匿名（未登录）。对此，我们将检查 request.user.is_anonymous 属性。如果用户未登录，则引发一个 django.core.exceptions.PermissionDenied 异常，并将向浏览器返回一个 HTTP 403 Forbidden 响应结果。这将终止视图的执行且不返回任何文件。

```
import os.path
from django.conf import settings
from django.http import FileResponse
from django.core.exceptions import PermissionDenied

def download_view(request, relative_path):
```

```
    if request.user.is_anonymous:
        raise PermissionDenied
    full_path = os.path.join(settings.MEDIA_ROOT, \
                            "protected", relative_path)
    file_handle = open(full_path, "rb")
    return FileResponse(file_handle)
# Django sends the file then closes the handle
```

在 urls.py 文件中，当采用<path>路径转换器时，视图的 URL 如下所示。

```
urlpatterns = [
    …
    path("downloads/<path:relative_path>", views.download_view)]
```

有许多方法可以选择实现发送文件的视图。重要的是使用了 FileResponse 类，该类被设计成以块的形式将文件传输到客户端，而不是将文件全部加载到内存中。这将减少服务器上的负载，如果不得不使用 Django 发送文件，该方案同样会减少对资源使用的影响。

8.6　在模型实例上存储文件

截至目前，我们均以手动方式管理文件的上传和保存。除此之外，你还可以将文件保存到的路径分配给 CharField，进而将文件与模型实例关联起来。然而，与 Django 的大部分功能一样，models.FileField 类已经提供了这种功能（以及更多功能）。

FileField 可以在构造函数中接收两个特定的可选参数（以及基本的 Field 参数，例如 required、unique、help_text 等）。

- max_length：类似于表单的 ImageField 的 max_length，该参数表示为所允许的文件名的最大长度。
- upload_to：取决于所传递的变量类型，upload_to 参数包含 3 种不同的行为。其中，最简单的用法是使用字符串或 pathlib.Path。此时，路径被简单地追加到 MEDIA_ROOT 中。

在当前示例中，upload_to 仅被定义为一个字符串。

```
class ExampleModel(models.Model):
    file_field = models.FileField(upload_to="files/")
```

保存在 FileField 中的文件将被存储于 MEDIA_ROOT/files 目录中。

利用 pathlib.Path 实例可实现相同的效果。

```
import pathlib
```

```
class ExampleModel(models.Model):
    file_field = models.FileField(upload_to=pathlib.Path("files/"))
```

另一种使用 upload_to 的方法是使用包含 strftime 格式化指令的字符串（例如，%Y 替换当前年份，%m 替换当前月份，%d 替换当月的当前日期）。这些指令的完整列表较为庞大，读者可访问 https://docs.python.org/3/library/time.html#time.strftime 进行查看。在保存文件时，Django 会自动插入这些值。

例如，假设按照下列方式定义模型和 FileField。

```
class ExampleModel(models.Model):
    file_field = models.FileField(upload_to="files/%Y/%m/%d/")
```

对于某一天上传的第一个文件，Django 会创建当天的目录结构。例如，对于 2020 年 1 月 1 日上传的第一个文件，Django 会创建目录 MEDIA_ROOT/2020/01/01，然后将上传的文件存储在其中。同一天上传的下一个文件（以及所有后续文件）也将被存储在该目录中。同样，在 2020 年 1 月 2 日，Django 将创建 MEDIA_ROOT/2020 /01/02 目录，并将文件存储在此处。

如果每天有成千上万的文件被上传，甚至可以通过在 upload_to 参数中包含小时和分钟来进一步拆分文件（upload_to="files/%Y/%m/%d/%H/% m/ "）。但是，如果只有少量的上传量，则无此必要。

通过使用 upload_to 参数的这种方法，我们可以让 Django 自动隔离上传，防止过多的文件存储在一个目录中（这将很难管理）。

使用 upload_to 的最后一种方法是传递一个函数，该函数将被调用来生成存储路径。注意，这与 upload_to 的其他用法不同，因为它应该生成完整的路径，包括文件名，而不仅仅是目录。该函数接收两个参数，即 instance 和 filename。其中，instance 是 FileField 附加到的模型实例，filename 是上传文件的名称。

下面是一个示例函数，该函数使用文件名的前两个字符来生成保存的目录。这将意味着，每个上传的文件将被分组到父目录中，这有助于组织文件，并防止在一个目录中包含太多文件。

```
def user_grouped_file_path(instance, filename):
    return "{}/{}/{}/{}".format(instance.username, \
                                filename[0].lower(), \
                                filename[1].lower(), filename)
```

如果通过文件名 Test.jpg 调用该函数，那么该函数将返回<username>/t/e/Test.jpg；如果通过 example.txt 调用该函数，那么该函数将返回<username>e/x/example.txt 等。username

将从正在保存的实例中被检索。为了说明这一点，这里有一个使用该函数的 FileField 模型，此外它还包含一个用户名（为 CharField）。

```
class ExampleModel(models.Model):
    file_field = models.FileField\
                 (upload_to=user_grouped_file_path)
    username = models.CharField(unique=True)
```

我们可以在 upload_to 函数中使用实例的任何属性，但是要注意，如果该实例正在创建过程中，那么在将其保存到数据库中之前将调用文件保存函数。因此，实例上的一些自动生成的属性（如 id/pk）还没有被填充，且不应该用来生成路径。

无论从 upload_to 函数中返回什么路径，它都会被附加到 MEDIA_ROOT 中，所以上传的文件会被分别保存在 MEDIA_ROOT/<username>/t/e/Test.jpg 和 MEDIA_ROOT/<username>/e/x/example.txt 中。

注意，user_grouped_file_path 只是一个解释性函数，且有意保持简短，因此对于单字符文件名，或者用户名包含无效字符，那么该函数将无法正确地工作。例如，如果用户名中包含一个/，那么这将作为生成路径中的目录分隔符。

现在我们已经深入了解了如何在模型上设置 FileField，但是如何将上传的文件保存到模型中？这就像将上传的文件分配给模型的属性一样简单。下面是一个基于视图的示例，以及之前使用的简单的 ExampleModel 类。

```
class ExampleModel(models.Model):
    file_field = models.FileField(upload_to="files/")

def view(request):
    if request.method == "POST":
        m = ExampleModel() # Create a new ExampleModel instance
        m.file_field = request.FILES["uploaded_file"]
        m.save()
    return render(request, "template.html")
```

在该示例中，我们创建了一个新的 ExampleModel 类，并将上传的文件（表单中的文件名为 uploaded_file）分配给它的 file_field 属性。当保存模型实例时，Django 会自动把文件及其名字写到 upload_to 目录路径中。如果上传的文件名为 image.jpg，则保存路径为 MEDIA_ROOT/upload_to/image.jpg。

我们可以简单地更新现有模型上的文件字段，或者使用表单（在保存之前对其进行验证）。下面是另一个简单的例子。

```
class ExampleForm(forms.Form):
```

```
    uploaded_file = forms.FileField()

def view(request, model_pk):
    form = ExampleForm(request.POST, request.FILES)
    if form.is_valid():
        # Get an existing model instance
        m = ExampleModel.object.get(pk=model_pk)

        # store the uploaded file on the instance
        m.file_field = form.cleaned_data["uploaded_file"]
        m.save()
    return render(request, "template.html")
```

可以看到，在现有模型实例上更新 FileField 与在新实例上设置 FileField 的过程是相同的。如果选择使用 Django 表单，或者直接访问 requestFILES，这个过程也一样简单。

8.6.1　在模型实例上存储图像

虽然 FileField 可存储任意类型的文件，包括图像，但还存在一个 ImageField。如你所料，这仅用于存储图像。模型的 forms.FileField 和 forms.ImageField 之间的关系类似于 models.FileField 和 models.ImageField 之间的关系，即 ImageField 扩展了 FileField 并添加了额外的方法来处理图像。

ImageField 的构造函数接收与 FileField 相同的参数，并添加了两个额外的参数。

- height_field: 这是模型字段的名称，该字段在每次保存模型实例时基于图像的高度进行更新。
- width_field：与 height_field 相对应的宽度，该字段用于存储每次保存模型实例时更新的图像宽度。

这两个参数都是可选的，但是如果使用的话，它们命名的字段必须存在。也就是说，不设置 height_field 或 width_field 是有效的，但如果将它们设置为不存在的字段的名称，则会发生错误。这样做的目的是帮助在数据库中搜索特定维度的文件。

下面是一个使用 ImageField 的示例模型，用于更新图像维度字段。

```
class ExampleModel(models.Model):
    image = models.ImageField(upload_to="images/%Y/%m/%d/", \
                              height_field="image_height",\
                              width_field="image_width")
    image_height = models.IntegerField()
    image_width = models.IntegerField()
```

注意，ImageField 使用了 upload_to 参数，以及保存时更新的日期格式指令。upload_to 的行为与 FileField 的行为相同。

在保存一个 ExampleModel 实例时，它的 image_height 字段将被更新为图像的高度，image_width 字段将被更新为图像的宽度。

这里并不打算展示在视图中设置 ImageField 值的示例，因为该过程与普通的 FileField 相同。

8.6.2　与 FieldFile 协同工作

当访问一个模型实例的 FileField 或 ImageField 属性时，将不会得到一个原生的 Python 文件对象。相反，我们将与 FieldFile 对象协同工作。FieldFile 类是添加了额外方法的文件的包装器。这里，类名 FileField 和 FieldFile 可能会令人感到困惑。

Django 使用 FieldFile 而不是 file 对象包含两个原因：第一个原因是，FieldFile 添加了额外的方法来打开、读取、删除和生成文件的 URL；第二个原因是，FileField 提供了一种抽象，允许使用替代存储引擎。

1. 自定义存储引擎

我们在第 5 章中讨论了关于存储静态文件的自定义存储引擎。这里，我们不会详细地介绍媒体文件的自定义存储引擎，因为在第 5 章中概述的用于静态文件的代码也适用于媒体文件。需要注意的重要一点是，正在使用的存储引擎可以在不更新其他代码的情况下进行更改。这意味着，你可以在开发期间将媒体文件存储在本地驱动器上，然后在应用程序被部署到生产环境中时将其保存到 CDN 中。

默认的存储引擎类可以在 settings.py 中使用 DEFAULT_FILE_STORAGE 来设置。存储引擎也可以利用存储参数在每个字段的基础上进行指定（对于 FileField 或 ImageField）。例如：

```
storage_engine = CustomStorageEngine()

class ExampleModel(models.Model):
    image_field = ImageField(storage=storage_engine)
```

这演示了上传或检索文件时实际发生的情况。Django 委托存储引擎分别对其进行读写操作。即使在保存到磁盘时也会发生这种情况。然而，这仅是基本的操作，对用户来说是不可见的。

2. 读取存储的 FieldFile

前述内容讨论了自定义存储引擎，下面考查 FieldFile 的读取操作。在前述章节中，我们介绍了如何在模型实例上设置文件。再次读回数据同样简单——取决于用例，存在多种不同的方法可帮助我们完成这一操作。

在下列代码片段中，假设我们位于某个视图中，并以某种方式检索了模型实例，该模型实例被存储于变量 m 中。例如：

```
m = ExampleModel.object.get(pk=model_pk)
```

我们可利用 read 方法从文件中读取全部数据。

```
data = m.file_field.read()
```

或者通过 open 方法以手动方式打开文件。如果打算将自己生成的数据写入文件中，这将十分有用。

```
with m.file_field.open("wb") as f:
    chunk = f.write(b"test") # write bytes to the file
```

如果打算以块的方式读取数据，则可使用 chunks 方法。如前所述，这等同于从上传文件中读取数据块。

```
for chunk in m.file_field.chunks():
    # assume this method is defined somewhere
    write_chunk(open_file, chunk)
```

除此之外，你还可利用 path 属性以手动方式亲自打开文件。

```
open(m.file_field.path)
```

如果想要流化 FileField 以供下载，最好的方法是使用之前看到的 FileResponse 类，将其与 FileField 上的 open 方法结合起来。注意：如果只是试图为一个媒体文件提供服务，那么只有当试图限制对该文件的访问时，才应该实现一个视图来做到这一点；否则，应该使用 MEDIA_URL 提供文件，并允许 Web 服务器处理请求。下列代码展示了如何编写 download_view 来使用 FileField 而不是手动指定的路径。

```
def download_view(request, model_pk):
    if request.user.is_anonymous:
        raise PermissionDenied
    m = ExampleModel.objects.get(pk=model_pk)
    # Django sends the file then closes the handle
    return FileResponse(m.file_field.open())
```

Django 打开正确的路径，并在响应后关闭它。Django 也会尝试为文件确定正确的 mime 类型。这里假设 FileField 将其 upload_to 属性设置为 Web 服务器阻止直接访问的受保护目录。

3. 在 FileField 中存储已有的文件或内容

前述内容介绍了如何在图像字段中存储上传文件，即简单地将其分配给对应字段，如下所示。

```
m.file_field = request.FILES["file_upload"]
```

但是如何将字段值设置为磁盘上可能已经存在的现有文件的值呢？你可能认为可以使用标准的 Python 文件对象，但这并不适用。

```
# Don't do this
m.file_field = open("/path/to/file.txt", "rb")
```

此外，你还可尝试利用一些内容设置文件，如下所示。

```
m.file_field = "new file content" # Don't do this
```

同样，这并不适用。

对此，需要使用 FileField 的 save 方法，该方法接收 Django File 或 ContentFile 对象实例（这些类的全路径分别为 django.core.files.File 和 django.core.files.base.ContentFile）。稍后将简要地介绍 save 方法及其参数，然后继续讨论这些类。

FileField 的 save 方法接收 3 个参数。

- name：保存的文件名称。这是保存至存储引擎（此处保存至 MEDIA_ROOT 内部的磁盘）中时文件的名称。
- Content：这是 File 或 ContentFile 实例，稍后将对此加以讨论。
- Save：该参数是可选的且默认为 True，表示在保存文件后是否将模型实例保存至数据库中。如果该参数被设置为 False（也就是说，不保存模型），那么文件仍将被写入存储引擎（即磁盘）中，但关联不会被存储在模型上。在手动调用模型实例的 save 方法之前，之前的文件路径（如果没有设置文件，则不存在文件）仍将被存储在数据库中。仅当对模型实例进行其他更改并手动保存时，才应将该参数设置为 False。

接下来返回 File 和 ContentFile：使用哪一个取决于在 FileField 中存储什么。

File 被用作 Python file 对象的包装器，如果有一个想要保存的现有 file 或类文件对象，则应该使用它。类文件对象包括 io.BytesIO 或 io.StringIO 实例。例如，要实例化 File 实例，只需将本地 file 对象传递给构造函数。

```
f = open("/path/to/file.txt", "rb")
file_wrapper = File(f)
```

当已经加载了某些数据（str 或 bytes 对象）时，可使用 ContentFile。相应地，可将数据传递给 ContentFile 构造函数。

```
string_content = ContentFile("A string value")
bytes_content = ContentField(b"A bytes value")
```

当前已持有了 File 或 ContentFile 实例，那么使用 save 方法将数据保存至 FileField 中则十分简单。

```
m = ExampleModel.objects.first()
with open("/path/to/file.txt") as f:
    file_wrapper = File(f)
    m.file_field.save("file.txt", f)
```

由于未将 save 的值传递给 save 方法，因此该值默认为 True，模型实例将自动持久化至数据库中。

接下来，我们将考查如何将使用 PIL 操作过的图像存储回图像字段中。

4．将 PIL 图像写至 ImageField 中

在练习 8.05 中，我们使用 PIL 重置了图像，并将其保存至磁盘中。当与模型协调工作时，可能需要执行类似的操作，但你可以让 Django 使用 ImageField 处理文件存储，以避免手动操作。与练习中一样，可以将图像保存至磁盘，然后使用 File 类包装存储路径。

```
image = Image.open(request.FILES["image_field"])
image.thumbnail((150, 150))
# save thumbnail to temp location
image.save("/tmp/thumbnail.jpg")

with open("/tmp/thumbnail.jpg", "rb") as f:
    image_wrapper = File(f)
    m.image_field.save("thumbnail.jpg", image_wrapper)

os.unlink("/tmp/thumbnail.jpg") # clean up temp file
```

在当前示例中，我们使用 Image.save()方法将 PIL 存储到一个临时位置，然后重新打开文件。

这种方法有效，但并不理想，因为它涉及将文件写入磁盘中，然后再次读取，这一过程有时会很慢。相反，我们可以在内存中执行整个过程。

注意：

io.BytesIO 和 io.StringIO 是很有用的对象，其行为类似于文件，但只存在于内存中。BytesIO 用于存储原始字节，StringIO 接收 Python 3 的原生 Unicode 字符串。我们可以读取、写入和查找它们，就像普通文件一样。但与普通文件不同的是，它们不会被写入磁盘中，而是在程序终止时消失，或者在超出作用域时被垃圾收集。如果函数想要写入文件之类的内容，但又想立即访问数据，那么这些对象非常有用。

我们首先将图像数据保存到 io.BytesIO 对象中，然后将 BytesIO 对象包装在 django.core.files.images.ImageFile 实例中（File 的一个子类，专门用于图像并提供 width 和 height 属性）。我们一旦持有了 ImageFile 实例，就可以在 ImageField 的 save 方法中使用它。

注意：

ImageFile 是一个文件或类似文件的包装器，就像 File 一样。它提供了两个额外的属性：width 和 height。如果使用 ImageFile 包装非图像文件，则不会生成任何错误。例如，可以 open()一个文本文件并将文件句柄传递给 ImageFile 构造函数而不会出现任何问题。我们可以尝试访问 width 或 height 属性来检查传入的图像文件是否有效：如果这些属性为 None，那么 PIL 无法解码图像数据。另外，你也可以自己检查这些值的有效性，如果值为 None，则抛出异常。

下面在视图中对此进行实际考查。

```
from io import BytesIO
from PIL import Image
from django.core.files.images import ImageFile

def index(request, pk):
    # trim out logic for checking if method is POST

    # get a model instance, or create a new one
    m = ExampleModel.objects.get(pk=pk)

    # store the uploaded image in a variable for shorter code
    uploaded_image = request.FILES["image_field"]

    # load a PIL image instance from the uploaded file
    image = Image.open(uploaded)

    # perform the image resize
    image.thumbnail((150, 150))
```

```
    # Create a BytesIO file-like object to store
    image_data = BytesIO()

    # Write the Image data back out to the BytesIO object
    # Retain the existing format from the uploaded image
    image.save(fp=image_data, uploaded_image.format)

    # Wrap the BytesIO containing the image data
    image_file = ImageFile(image_data)

    # Save the wrapped image file data with the original name
    m.image_field.save(uploaded_image.name, image_file)

    # this also saves the model instance
    return redirect("/success-url/")
```

虽然代码稍显冗长，但节省了将数据写入磁盘中的时间。当然，你可以根据需要选择任何一种方法（或者提出自己的方法）。

8.6.3　在模板中引用媒体

我们一旦上传了一个文件，就需要在模板中引用该文件。对于上传的图像，如图书封面，应可在页面上显示该图像。在练习 8.02 中，我们考查了如何在模板中使用 MEDIA_URL 构建一个 URL。当与模型实例上的 FileField 或 ImageField 协同工作时，则无须执行该操作，因为 Django 提供了此项功能。

根据设置中的 MEDIA_URL，FileField 的 url 属性将自动生成媒体文件的完整 URL。

注意：

此处对 FileField 的引用也适用于 ImageField，因为它是 FileField 的子类。

这可在任何可以访问实例和字段的地方使用，如视图或模板。例如，在视图中：

```
instance = ExampleModel.objects.first()
url = instance.file_field.url # Get the URL
```

或者在模板中（假设 instance 传递至模板上下文中）：

```
<img src="{{ instance.file_field.url }}">
```

在下一个练习中，我们将利用 FileField 和 ImageField 创建一个新的模型，随后展示

Django 如何自动保存它们。此外，我们还将展示如何检索上传文件的 URL。

练习 8.06　模型上的 FileField 和 ImageField

在本练习中，我们将利用 FileField 和 ImageField 创建一个模型，随后生成一个迁移并应用该迁移。接下来，我们将更改一直在使用的 UploadForm，使其包含 FileField 和 ImageField。media_example 视图将被更新，以在模型实例中存储上传的文件。最后，我们将示例模板中添加一个<img>，以显示之前上传的图像。

（1）在 PyCharm 中，打开 media_example 应用程序的 models.py 文件。创建一个名为 ExampleModel 的新模型，其中包含两个字段，即名为 image_field 的 ImageField 和名为 file_field 的 FileField。ImageField 应将其 upload_to 设置为 images/，FileField 应将其 upload_设置为 files/。最终的模型如下。

```
class ExampleModel(models.Model):
    image_field = models.ImageField(upload_to="images/")
    file_field = models.FileField(upload_to="files/")
```

读者可访问 http://packt.live/3p4bfrr 查看完整的 models.py 文件。

（2）打开终端并浏览 media_project 项目目录。确保 bookr 虚拟环境处于激活状态。运行 makemigrations 管理命令，并生成新模型的迁移（在 Windows 环境中，在下列代码中使用 python 而非 python3）。

```
python3 manage.py makemigrations
```

注意：

关于如何创建和激活虚拟环境，读者可参考“前言”部分。

对应的输出结果如下。

```
(bookr)$ python3 manage.py makemigrations
Migrations for 'media_example':
  media_example/migrations/0001_initial.py
    - Create model ExampleModel
```

（3）运行 migrate 管理命令并应用迁移。

```
python3 manage.py migrate
```

对应的输出结果如下。

```
(bookr)$ python3 manage.py migrate
Operations to perform:
  Apply all migrations: admin, auth, contenttypes, reviews, sessions
```

```
Running migrations:
  # output trimmed for brevity
   Applying media_example.0001_initial... OK
```

注意，所有最初的 Django 迁移也将被应用，因为在创建项目后并没有应用这些迁移。

（4）切换回 PyCharm 并打开 reviews 应用程序的 forms.py 文件。将现有的源自 file_upload 的 ImageField 重命名为 image_upload。随后添加一个名为 file_upload 的新 FileField。经上述更改后，UploadForm 代码如下。

```
class UploadForm(forms.Form):
    image_upload = forms.ImageField()
    file_upload = forms.FileField()
```

保存并关闭文件。读者可访问 http://packt.live/37RZcaG 查看完整的文件内容。

（5）打开 media_example 应用程序的 views.py 文件。首先将 ExampleModel 导入文件中。对此，在文件上方已有的 import 语句之后添加下列代码行。

```
from .models import ExampleModel
```

移除下列导入语句。

```
import os
from PIL import Image
from django.conf import settings
```

（6）在 media_example 视图中，针对将渲染的实例设置一个默认值，以防止没有创建实例。在函数定义之后，定义一个名为 instance 的变量，并将其设置为 None。

```
def media_example(request):
    instance = None
```

（7）由于不再需要手动保存文件，因此可完全删除 form.is_valid()分支的内容。相反，它将在保存 ExampleModel 实例时被自动保存。随后将实例化一个 ExampleModel 实例，并从上传的表单中设置 file 和 image 字段。

在 if form.is_valid():下方添加下列代码。

```
instance = ExampleModel()
instance.image_field = form.cleaned_data["image_upload"]
instance.file_field = form.cleaned_data["file_upload"]
instance.save()
```

（8）将实例传递给上下文字典中的模板，该模板将被传递给 render。下列代码使用了键 instance。

```
return render(request, "media-example.html", \
              {"form": form, "instance": instance})
```

读者可访问 http://packt.live/3hqyYz7 查看完整的 media_example 视图。

随后保存并关闭文件。

（9）打开 media-example.html 模板。添加一个<img>元素，用于显示最后上传的图像。在</form>结束标签下，添加一个 if 模板标签，用于检查是否提供了实例。如果是，显示一个带有 instance.image_field.url 的 src 属性的<img>。

```
{% if instance %}
    <img src="{{ instance.image_field.url }}">
{% endif %}
```

保存并关闭文件。读者可访问 http://packt.live/2X5d5w9 查看文件的完整内容。

（10）启动 Django 开发服务器，并导航至 http://127.0.0.1:8000/media-example/。随后可看到包含两个字段的渲染表单，如图 8.20 所示。

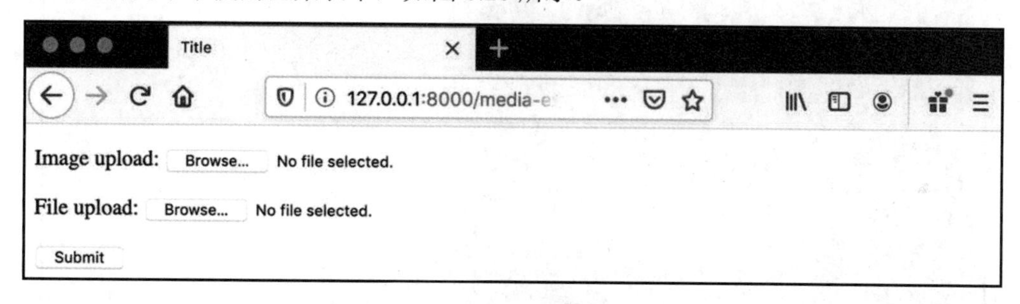

图 8.20　包含两个字段的 UploadForm

（11）针对每个字段选择一个文件。针对 ImageField，选择一幅图像；针对 FileField，则可选择任意类型的文件。图 8.21 显示了包含所选文件的字段。

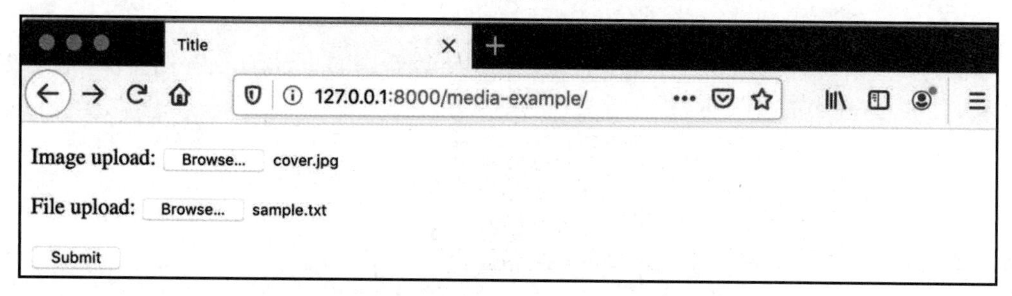

图 8.21　包含所选文件的 ImageField 和 FileField

随后提交表单。如果提交成功，页面将重载并显示上传的最后一幅图像，如图 8.22

所示。

图 8.22　显示上传的最后一幅图像

（12）通过查看 MEDIA_ROOT 目录，我们可以看到 Django 如何存储文件。图 8.23 显示了 PyCharm 中的目录布局。

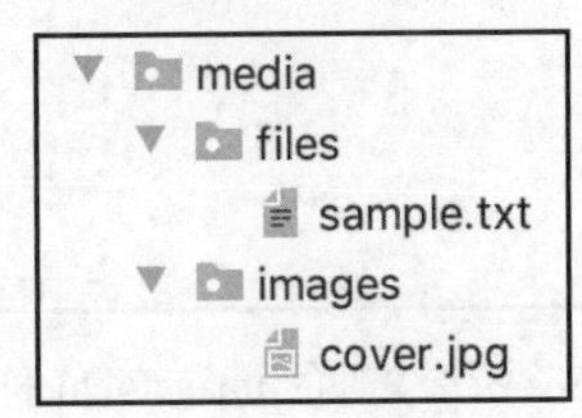

图 8.23　Django 创建的上传文件

可以看到，Django 已经创建了 files 和 images 目录，这些内容是在 ImageField 和 FileField 的 upload_to 参数中设置的。此外，你也可通过尝试下载它们以验证这些上传内容，如 http://127.0.0.1:8000/media/files/sample.txt 或 http://127.0.0.1:8000/media/images/cover.jpg。

在本练习中，我们利用 FileField 和 ImageField 创建了 ExampleModel，并考查了如何在其中存储上传文件。此外，我们还了解了如何生成上传文件的 URL，以供在模板中使用。我们曾尝试上传了一些文件，并看到 Django 自动创建了 upload_to 目录（media/files 和 media/images），随后在其中存储了这些文件。

稍后，我们将讨论如何通过使用 ModelForm 生成表单并保存模型来进一步简化流程，而无须在视图中手动设置文件。

8.6.4 ModelForm 和文件上传

我们已经看到，在表单上使用 form.ImageField 可以防止上传非图像文件。除此之外，我们还考查了 models.ImageField 如何轻松地为模型存储图像。需要注意的是，Django 并未阻止将非图像文件设置为 ImageField。例如，考查一个同时具有 FileField 和 ImageField 的表单。

```
class ExampleForm(forms.Form):
    uploaded_file = forms.FileField()
    uploaded_image = forms.ImageField()
```

在下面的视图中，如果表单上的 uploaded_image 字段不是图像，则表单将不进行验证，因此可以确保上传数据的某些数据的有效性。

```
def view(request):
    form = ExampleForm(request.POST, request.FILES)
    if form.is_valid():
        m = ExampleModel()
        m.file_field = form.cleaned_data["uploaded_file"]
        m.image_field = forms.cleaned_data["uploaded_image"]
        m.save()
    return render(request, "template.html")
```

我们因为确定表单是有效的，所以知道 forms.cleaned_data["uploaded_image"]必须包含一幅图像，因此永远不会将非图像文件分配与模型实例的 image_field。

假设我们在代码中犯下了一个错误，并编写了下列代码。

```
m.image_field = forms.cleaned_data["uploaded_file"]
```

也就是说，如果不小心错误地引用了 FileField，Django 不会验证一个（潜在的）非图像文件被分配给 ImageField，所以它不会抛出异常或产生任何类型的错误。我们可以通过使用 ModelForm 来减轻这类问题的潜在风险。

第 7 章中曾介绍了 ModelForm——这些表单的字段是从模型中自动定义的。可以看到，ModelForm 包含一个 save 方法可以自动创建或更新数据库中的模型数据。当与具有 FileFIeld 或 ImageField 的模型一起使用时，ModelForm 的 save 方法也将保存上传的文件。

下面是一个使用 ModelForm 在视图中保存新模型实例的示例。这里，只是确保将 request.FILES 传递给 ModelForm 构造函数。

```
class ExampleModelForm(forms.Model):
    class Meta:
        model = ExampleModel
        # The same ExampleModel class we've seen previously
        fields = "__all__"

def view(request):
    if request.method == "POST":
        form = ExampleModelForm(request.POST, request.FILES)
        form.save()
        return redirect("/success-page")
    else:
        form = ExampleModelForm()
    return (request, "template.html", {"form": form})
```

与 ModelForm 一样，可以在将 commit 参数设置为 False 时调用 save 方法。随后，模型实例将被不会保存到数据库中，FileField/ImageField 文件也不会被保存到磁盘中。save 方法应该在模型实例自身上调用——这将向数据库中提交更改并保存文件。在下一个简短的例子中，我们在保存模型实例之前设置了一个值。

```
def view(request):
    if request.method == "POST":
        form = ExampleModelForm(request.POST, request.FILES)
        m = form.save(False)
        # Set arbitrary value on the model instance before save
        m.attribute = "value"
        # save the model instance, also write the files to disk
        m.save()
```

```
        return redirect("/success-page/")
    else:
        form = ExampleModelForm()
    return (request, "template.html", {"form": form})
```

在模型实例上调用 save 方法既可以将模型数据保存到数据库中，也可以将上传的文件保存到磁盘中。在下一个练习中，我们将从练习 8.06 创建的 ExampleModel 中构建一个 ModelForm，然后用它测试上传文件。

练习 8.07　利用 ModelForm 上传文件和图像

在本练习中，我们将把 UploadForm 更新为 ModelForm 的一个子类，并从 ExampleModel 中自动构建它。随后，我们将修改 media_ example 视图，从表单中自动保存实例，进而可以看到如何减少代码量。

（1）在 PyCharm 中，打开 media_example 应用程序的 forms.py 文件。由于本章需要使用 ExampleModel，因此在文件开始处、from django import forms 语句之后导入它。

```
from .models import ExampleModel
```

（2）将 UploadForm 修改为 forms.ModelForm 的子类。删除类主体并使用 class Meta 定义替换它，其 model 应该是 ExampleModel。随后将 fields 属性设置为__all__。在完成该步骤后，UploadForm 如下所示。

```
class UploadForm(forms.ModelForm):
    class Meta:
        model = ExampleModel
        fields = "__all__"
```

保存并关闭文件。读者可访问 http://packt.live/37X49ig 查看完整的文件内容。

（3）打开 media_example 应用程序的 views.py 文件。由于不再需要直接引用 ExampleModel，因此可移除文件开始处的 import 语句。

```
from .models import ExampleModel
```

（4）在 media_example 视图中，删除整个 form.is_valid()分支，并将其替换为下列一行代码。

```
instance = form.save()
```

表单的 save 方法将处理实例的数据库持久化以及文件的保存操作，该方法将返回一个 ExampleModel 的实例，这与在第 7 章中使用的其他 ModelForm 实例相同。

在完成了这一步骤后，读者可访问 http://packt.live/37V0ly2 并查看 media_example。随后保存并关闭 views.py 文件。

（5）启动 Django 开发服务器，并导航至 http://127.0.0.1:8000/media-example/。随后可以看到利用两个字段渲染的表单，即 Image field 和 File field，如图 8.24 所示。

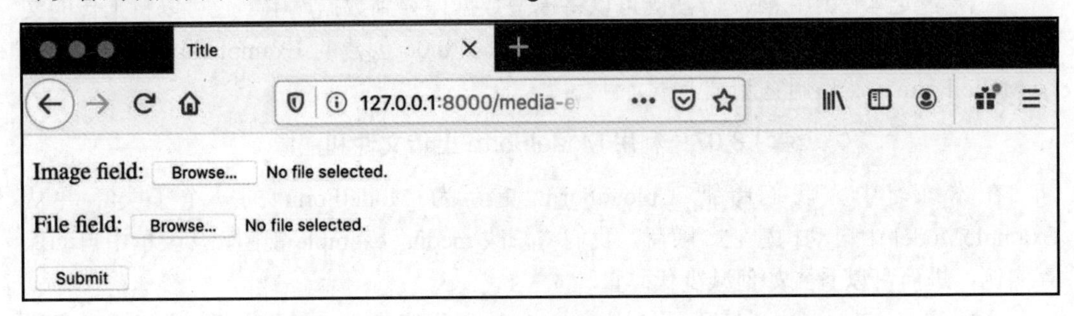

图 8.24　作为 ModelForm 在浏览器中渲染的 UploadForm

注意，这些字段的名称匹配模型的名称而非表单的名称，因为表单只使用模型的字段。

（6）浏览并选择一幅图像和一个文件，如图 8.25 所示，随后提交表单。

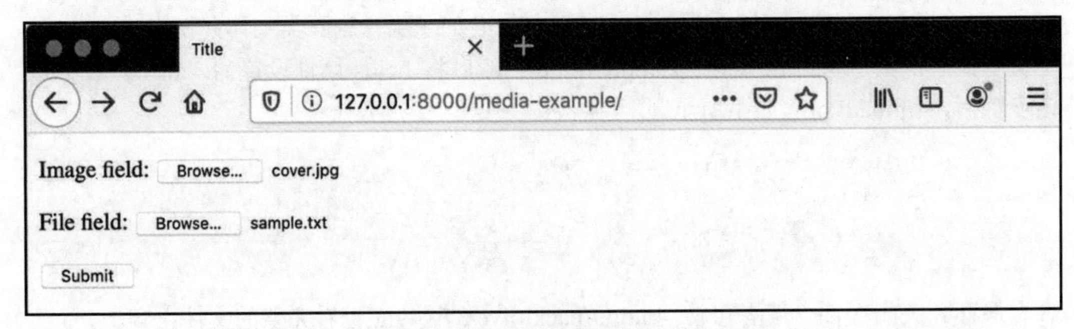

图 8.25　所选的图像和文件

（7）页面将重载。就像练习 8.06 一样，随后会看到之前上传的图像，如图 8.26 所示。

（8）查看 media 目录中的内容。可以看到，目录布局与练习 8.06 相匹配。其中，图像位于 images 目录中，文件位于 files 目录中，如图 8.27 所示。

在本练习中，我们将 UploadForm 更改为 ModelForm 子类，这允许我们自动生成上传字段。我们可通过调用表单的 save 方法来替换在模型上存储上传文件的代码。

在本章的操作练习中，我们将支持封面图像和示例文档（PDF、文本文件等）的功能。这里，在保存图书封面前，将使用 PIL 调整其大小。

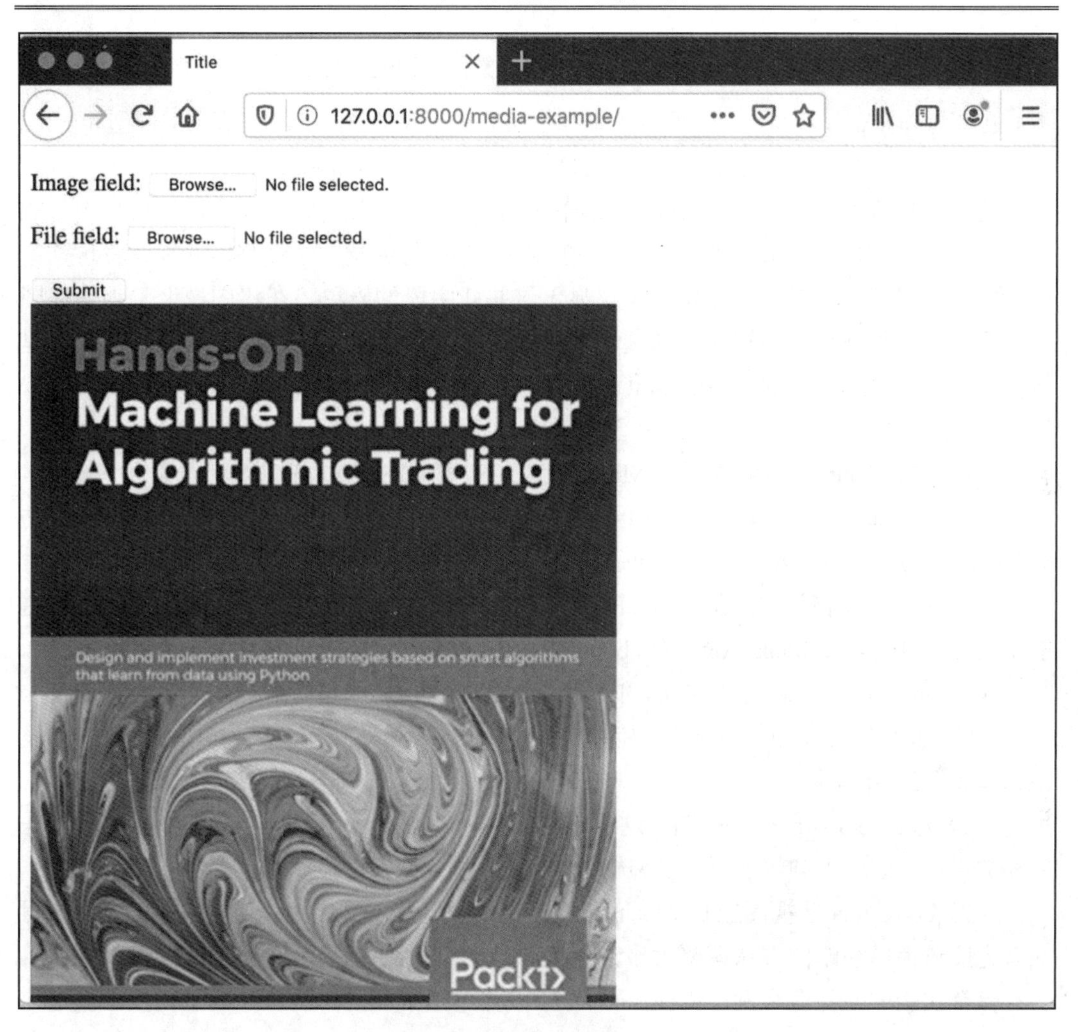

图 8.26　上传后显示的图像

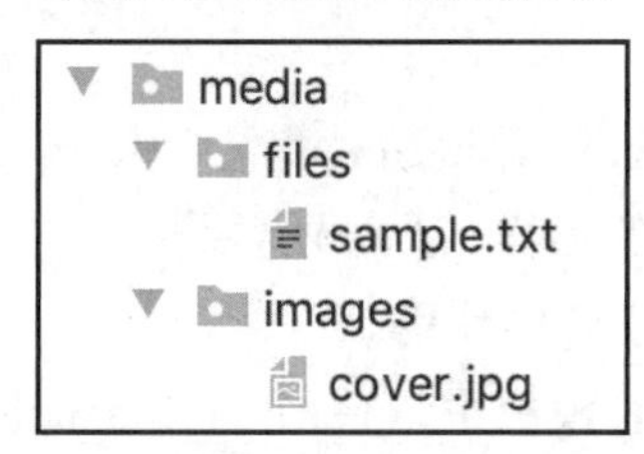

图 8.27　上传后的文件目录与练习 8.06 相匹配

操作 8.01　图书的图像和 PDF 上传

在该操作中，我们将清理（删除）本章练习中的示例视图、模板、表单、模型和 URL 映射。随后，我们生成并应用迁移，以从数据库中删除 ExampleModel。

随后，我们可以开始添加 Bookr 的增强功能。对此，我们首先向 Book 模型中添加 ImageField 和 FileField 以存储图书封面和示例，然后将创建一个迁移，并以此将这些字段添加至数据库中，最后可创建一个仅显示这些新字段的表单。在将图像调整为缩略图尺寸后，我们将添加一个视图，该视图使用此表单保存包含上传文件的模型实例。这里将复用第 7 章中的 instance-form.html 模板，其间仅做了一些较小的改动以支持文件上传。

相关步骤如下。

（1）更新 Django 设置并添加 MEDIA_ROOT 和 MEDIA_URL。

（2）/media/ URL 映射应被添加至 urls.py 中。使用静态视图，以及 Django 设置中的 MEDIA_ROOT 和 MEDIA_URL。记住，只有在 DEBUG 为 True 时才应该添加此映射。

（3）向 Book 模型中添加 ImageField（名为 cover）和 FileField（名为 sample）。这些字段应分别上传至 book_covers/和 book_samples/中。它们都应可以使用 null 和 blank 值。

（4）再次运行 makemigrations 和 migrate，以将 Book 模型更改应用于数据库中。

（5）作为 ModelForm 的子类，创建 BookMediaForm，其模型应为 Book，对应字段应为步骤（3）中添加的字段。

（6）添加 book_media 视图。这将禁止创建一个 Book，相反仅允许向现有的 Book 中添加媒体（因此必须将 pk 作为必选参数）。

（7）book_media 视图应负责验证和保存表单，但不提交实例。如前所述，上传的封面首先应该使用缩略图方法调整大小，这里，最大尺寸应为 300 像素×300 像素。随后将其存储在实例中并保存实例。记住，cover 字段并不是必需的，所以在尝试操控图像之前应对此进行检查。在一个成功的 POST 中，注册一个 Book 已更新的成功消息，然后重定向到 book_detail 视图。

（8）渲染 instance-form.html，并传递一个包含 form、model_type 和 instance 的上下文字典，就像在第 6 章中所做的那样。此外还要传递另一个参数 is_file_upload，并设置为 True。这个变量将在下一个步骤中使用。

（9）在 instance-form.html 模板中，使用 is_file_upload 变量向表单中添加正确的 enctype 属性。这将允许在必要时切换表单的模式以启用文件上传。

（10）添加一个 URL 映射，并将/books/<pk>/media/映射到 book_media 视图中。

启动 Django 开发服务器并在 http://127.0.0.1:8000/books/<pk>/media/处加载 book_media 视图，例如 http://127.0.0.1:8000/books/2/media/。随后应可看到在浏览器中渲染的 BookMediaForm，如图 8.28 所示。

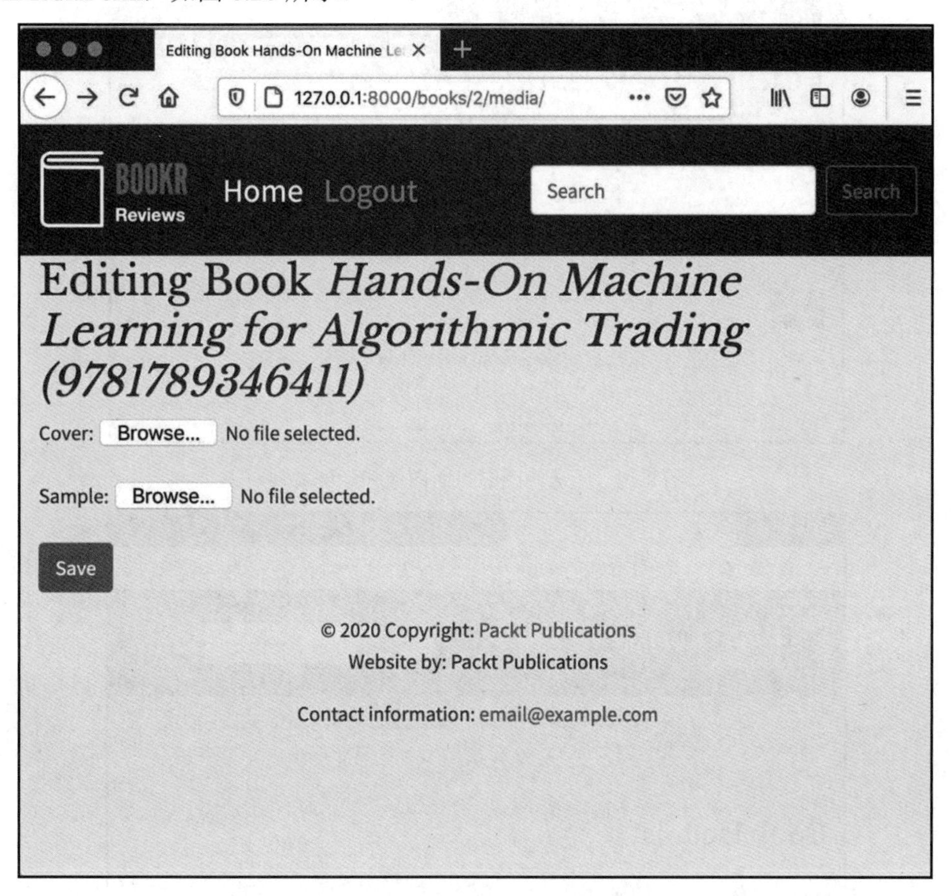

图 8.28　浏览器中的 BookMediaForm

针对某本图书选择一幅封面图像和示例文件。例如，可使用 http://packt.live/2KyIapl 处的图像，以及 http://packt.live/37VycHn 处的 PDF（或者也可使用所选的其他图像和 PDF），如图 8.29 所示。

在提交了表单后，你将被重定向至 Book Details 视图，并可看到相应的成功消息，如图 8.30 所示。

图 8.29　所选的图书封面图像和示例文件

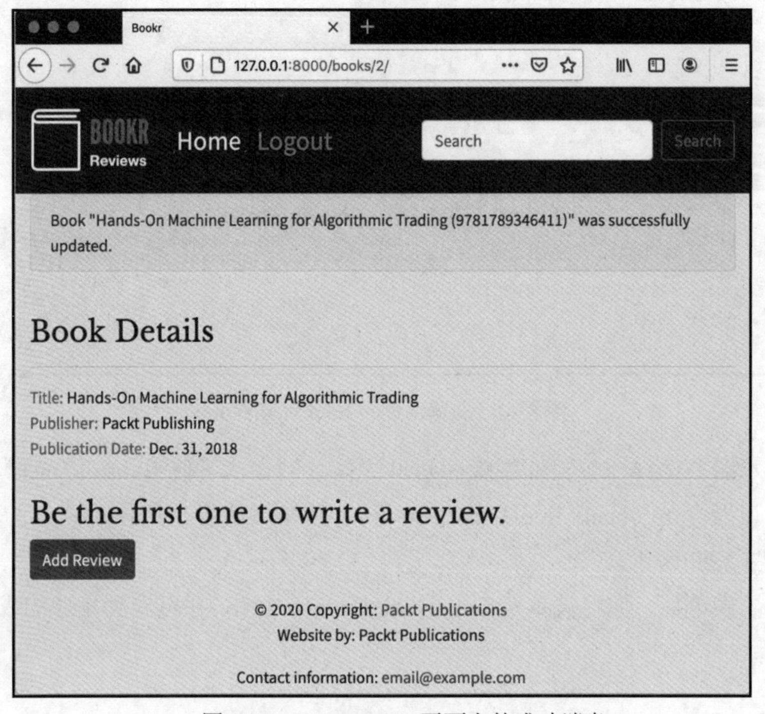

图 8.30　Book Details 页面上的成功消息

你如果返回同一图书的媒体页面，应可看到这些字段已被填充，并有一个选项可清除其中的数据，如图 8.31 所示。

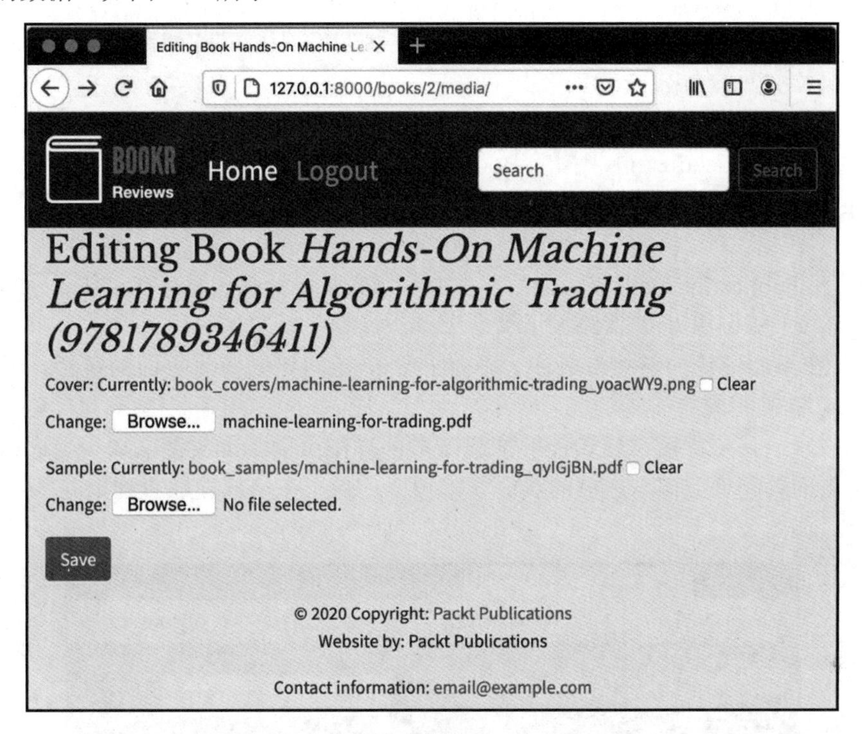

图 8.31　包含已有值的 BookMediaForm

在操作 8.02 中，我们将把这些上传文件添加至 Book Details 视图中。当前，如果打算查看上传是否工作，可考查 Bookr 项目中的 media 目录，如图 8.32 所示。

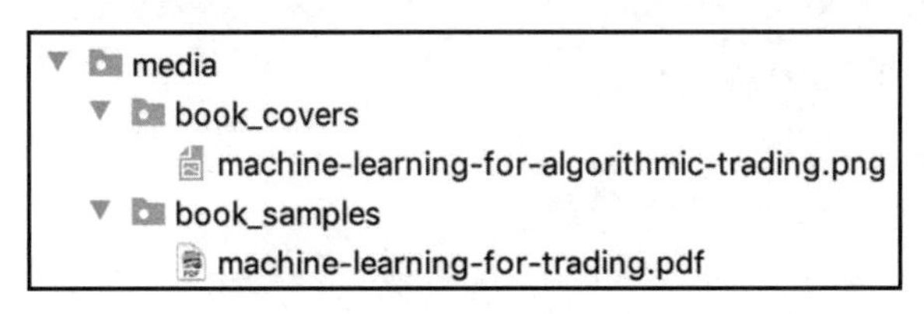

图 8.32　Book 的 media 目录

在图 8.32 中，我们应可看到创建的目录和上传的文件。随后打开一幅上传的图像，可以看到其最大尺寸为 300 像素。

注意：

读者可访问 http://packt.live/2Nh1NTJ 查看该操作的完整解决方案。

操作 8.02　显示封面和示例链接

在该操作中，我们将更新 book_detail.html 以显示图书的封面（如果已经设置）。此外，我们还将添加一个链接以下载示例。其间，我们将使用 FileField 和 ImageField url 属性来生成媒体文件的 URL。

具体步骤如下。

（1）在 book_detail.html 视图的 Book Details 显示中，如果图书有封面图像，则添加一个<img>标签，随后在其中显示图书的封面。在<img>标签后使用
，这样图像就在它自己的行上。

（2）在 Publication Date 显示之后，添加示例文件的链接。只有在上传了示例文件时才会显示该文件。这里，确保添加了另一个
标签，以便正确显示。

（3）在添加评论的链接部分中，添加另一个指向该书媒体页面的链接，且遵循与 Add Review 链接相同的样式。

在完成了上述步骤后，应该能够加载图书的详细页面。如果图书缺少封面或示例文件，那么页面看起来应该与之前的页面非常相似，除了在底部能够看到指向 Media 页面的新链接，如图 8.33 所示。

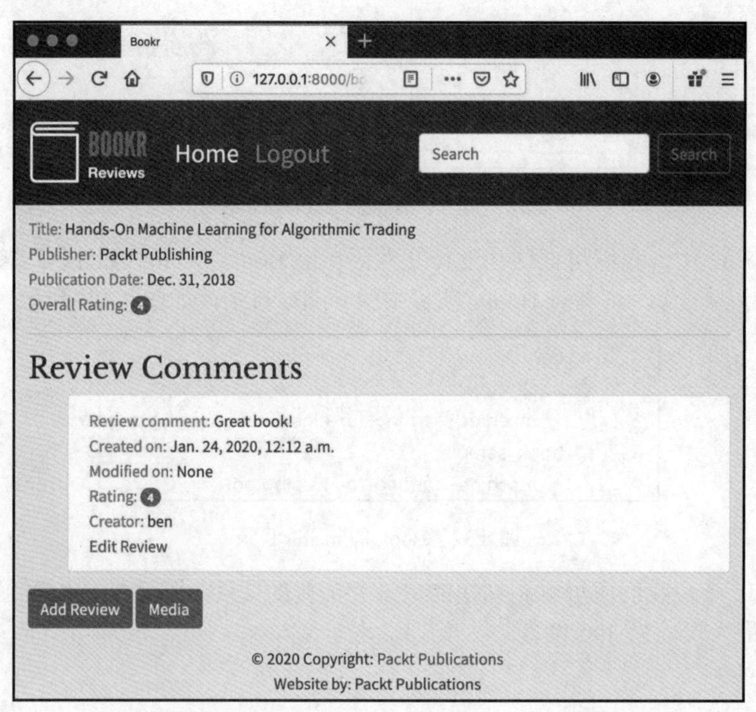

图 8.33　在图书详细页面上，新的 Media 按钮可见

一旦上传了图书的封面和/或示例，就应该显示封面图像和示例链接，如图 8.34 所示。

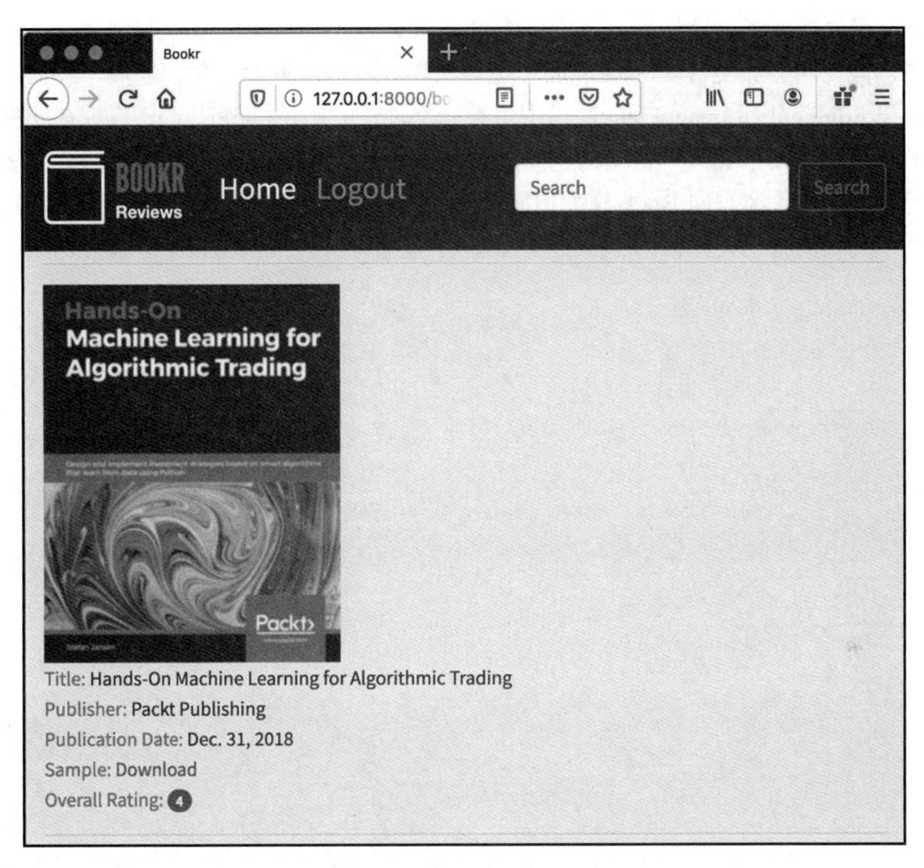

图 8.34 显示图书封面和示例链接

注意：

读者可访问 http://packt.live/2Nh1NTJ 查看该操作的完整解决方案。

8.7 本章小结

在本章中，我们添加了 MEDIA_ROOT 和 MEDIA_URL 设置以及特定的 URL 映射以服务于媒体文件。随后，我们创建了一个表单和视图以上传文件，并将其保存至 media 目录中。其间，我们考查了如何添加媒体上下文处理器，以在模板中自动访问 MEDIA_URL

设置。接下来，我们通过基于 FileField 或 ImageField 的 Django 表单增强和简化了表单代码，而不是以手动方式在 HTML 中对其进行定义。我们通过 ImageField 了解了 Django 为图像提供的一些增强功能，以及如何使用 Pillow 与图像进行交互。我们展示了一个示例视图，该视图能够使用 FileResponse 类提供需要身份验证的文件。随后，我们考查了如何使用 FileField 和 ImageField 在模型中存储文件，并使用 FileField.url 属性在模板中引用它们。通过从模型实例中自动构建 ModelForm，我们能够减少所需编写的代码量。在最后两项操作中，通过向 Book 模型中添加封面图像和示例文件，我们增强了 Bookr。在第 9 章中，我们将学习如何为 Django 应用程序添加身份验证以防止未经授权的用户。

第 9 章　会话和身份验证

在深入讨论身份验证模型和会话引擎的概念之前，本章首先简要介绍中间件。你将实现 Django 的身份验证模型，将权限限制到仅特定的一组用户。随后，你将了解如何利用 Django 身份验证为应用程序安全性提供灵活的方法。在此之后，本章将学习 Django 如何支持多个会话引擎来保留用户数据。在本章结束时，你将熟练地使用会话来保留关于过去用户交互的信息，并在重新访问页面时维护用户首选项。

9.1　简　　介

到目前为止，我们已经使用 Django 开发了用户与应用程序模型交互的动态应用程序，但是还没有尝试向这些应用程序提供安全保护。例如，Bookr 应用程序允许未经认证的用户添加评论和上传媒体。对于任何在线 Web 应用程序来说，这都是一个重要的安全问题，因为这会让网站公开发布垃圾邮件或其他不适当的内容，并破坏现有内容。这里，我们希望内容的创建和修改严格限制于已在站点注册的经过身份验证的用户。

身份验证应用程序为 Django 提供了表示用户、分组和权限的模型。此外，它还提供了中间件、工具函数、装饰器和混入（mixin），并帮助将用户身份验证集成到应用程序中。此外，认证应用程序允许对特定的用户组进行分组和命名。

在第 4 章中，我们使用 Admin 应用程序创建了一个用户组，并具有“可以查看日志条目”“可以查看权限”“可以更改用户”和“可以查看用户”的权限。这些权限可以在代码中使用相应的代码名来引用，即 view_logentry、view_permissions、change_user 和 view_user。本章将学习如何根据特定的用户权限定制 Django 行为。

权限是一组指令，用于描述用户类别所允许的内容。权限既可以分配给分组，也可以直接分配给单个用户。从管理的角度来看，将权限分配给分组将更简洁。分组使建模角色和组织结构更加容易。如果创建了一个新的权限，修改几个分组比将其分配给用户的子集更节省时间。

我们已经熟悉了使用几种方法创建用户和分组并分配权限，例如使用脚本通过模型实例化用户和组，以及通过 Django Admin 应用程序方便地创建它们。身份验证应用程序还提供了创建和删除用户、分组和权限，以及分配它们之间关系的编程方法。

在本章中，我们将学习如何使用身份验证和权限来实现应用程序的安全性，以及如何存储特定于用户的数据来定制用户体验。这有助于保护 bookr 项目免受未经授权的内容的更改，并使其与不同类型的用户具有上下文相关性。在考虑将 bookr 项目部署到互联网之前，将这种基本的安全性添加到 bookr 项目中是至关重要的。

身份验证以及会话管理（笔者稍后将对此加以讨论）是由中间件堆栈处理的。在 bookr 项目中实现身份验证之前，下面先了解中间件堆栈及其模块。

9.2 中　间　件

在第 3 章中，我们讨论了 Django 对请求/响应过程的实现及其视图和渲染功能。除此之外，另一个在 Django 的核心 Web 处理中扮演着极其重要角色的特性是中间件。Django 的中间件指的是在请求/响应过程中进行干预的各种软件组件，以集成诸如安全性、会话管理和身份验证等重要功能。

因此，当在 Django 中编写一个视图时，不需要显式地在响应头中设置一系列重要的安全特性。在视图返回响应后，SecurityMiddleware 实例自动对响应对象进行添加。由于中间件组件包装了视图，并对请求执行了一系列预处理，以及对响应执行了一系列后处理，因此视图不会因为大量重复的代码而变得混乱，我们可以集中精力编写应用程序逻辑，而不必担心底层服务器的行为。Django 的中间件栈实现允许这些组件既可选又可替换，而不是将这些功能构建到 Django 核心中。

9.2.1　中间件模块

当运行 startproject 子命令时，一个默认的中间件模块列表被添加到<project>/settings.py 文件中的 MIDDLEWARE 变量中，如下所示。

```
MIDDLEWARE = ['django.middleware.security.SecurityMiddleware',\
              'django.contrib.sessions.middleware.SessionMiddleware',\
              'django.middleware.common.CommonMiddleware',\
              'django.middleware.csrf.CsrfViewMiddleware',\
              'django.contrib.auth.middleware.AuthenticationMiddleware',\
              'django.contrib.messages.middleware.MessageMiddleware',\
              'django.middleware.clickjacking.XFrameOptionsMiddleware',\]
```

这是一个适用于大多数 Django 应用程序的最小中间件堆栈。下面列出了每个模块的一般用途。

- SecurityMiddleware 提供了常见的安全增强功能，例如处理 SSL 重定向和添加响应头以防止常见的黑客攻击。
- SessionMiddleware 支持会话，并将存储的会话与当前请求无缝关联。
- CommonMiddleware 实现了许多其他特性，例如拒绝来自 DISALLOWED_USER_AGENTS 列表的请求，实现 URL 重写规则，以及设置 Content-Length 报头。
- CsrfViewMiddleware 增加了对跨站请求伪造（cross-site request forgery，CSRF）的保护。
- AuthenticationMiddleware 向 request 对象添加了 user 属性。
- MessageMiddleware 增加了对即显消息的支持。
- XFrameOptionsMiddleware 可防止 XFrameOptions 头的点击攻击。

中间件模块按照它们在中间件列表中出现的顺序加载。这是有意义的，因为我们希望首先调用处理初始安全问题的中间件，以便在发生进一步处理之前拒绝危险的请求。Django 还提供了一些其他的中间件模块来执行重要的功能，如使用 gzip 文件压缩、重定向配置和 Web 缓存配置。

本章致力于讨论有状态应用程序开发的两个重要方面，它们是作为中间件组件实现的，即 SessionMiddleware 和 AuthenticationMiddleware。

SessionMiddleware 的 process_request 方法添加了一个 session 对象作为 request 对象的属性。AuthenticationMiddleware 的 process_request 方法添加了一个 user 对象作为 request 对象的属性。

如果一个项目不需要用户身份验证，或者不需要保存单个交互状态的方法，那么在缺少这些中间件层的情况下编写一个 Django 项目是可能的。然而，大多数默认中间件在应用程序安全性中扮演着重要的角色。如果没有很好的理由更改中间件组件，最好保持这些初始设置。事实上，Admin 应用程序需要运行 SessionMiddleware、AuthenticationMiddleware 和 MessageMiddleware，如果 Admin 应用程序没有安装它们，Django 服务器就会抛出如下错误。

```
django.core.management.base.SystemCheckError: SystemCheckError: System
check identified some issues:

ERRORS:
?: (admin.E408) 'django.contrib.auth.middleware.AuthenticationMiddleware'
must be in MIDDLEWARE in order to use the admin application.
?: (admin.E409) 'django.contrib.messages.middleware.MessageMiddleware'
must be in MIDDLEWARE in order to use the admin application.
?: (admin.E410) 'django.contrib.sessions.middleware.SessionMiddleware'
must be in MIDDLEWARE in order to use the admin application.
```

现在我们已经了解了中间件模块，下面考查在项目中通过身份验证应用程序的视图和模板启用身份验证的一种方法。

9.2.2　实现身份验证视图和模板

我们已经在第 4 章中介绍了 Admin 应用程序的登录表单。这是访问 Admin 应用程序的员工用户的身份验证入口点。此外，我们还需要针对发表书评的普通用户创建登录功能。幸运的是，身份验证应用程序附带的工具能够完成此类操作。

当处理身份验证应用程序的表单和视图时，其实现过程包含很大的灵活性。我们可以自由地实现自己的登录页面，在视图级别定义非常简单或细粒度的安全策略，并根据外部授权进行身份验证。

身份验证应用程序的存在是为了适应许多不同的身份验证方法，这样 Django 就不会严格执行单一的机制。对于第一次接触文档的用户来说，这可能令人感到困惑。在本章的大部分内容中，我们将遵循 Django 的默认配置，但也会提到一些重要的配置选项。

Django 项目的 settings 对象包含登录行为的属性。LOGIN_URL 指定了登录页面的属性，默认值为'/accounts/login/'。LOGIN_REDIRECT_URL 指定了成功登录后重定向的路径，默认的路径为'/accounts/profile/'。

认证应用程序提供了执行典型认证任务的标准表单和视图。表单位于 django.contrib.auth.forms 中，视图则位于 django.contrib.auth.views 中。

这些视图被 django.contrib.auth.urls 中的 URL 模式引用。

```
urlpatterns = [path('login/', views.LoginView.as_view(), \
                    name='login'),
               path('logout/', views.LogoutView.as_view(), \
                    name='logout'),
               path('password_change/', \
                    views.PasswordChangeView.as_view()),\
                    (name='password_change'),\
               path('password_change/done/', \
                    views.PasswordChangeDoneView.as_view()),\
                    (name='password_change_done'),\
               path('password_reset/', \
                    views.PasswordResetView.as_view()),\
                    (name='password_reset'),\
               path('password_reset/done/', \
                    views.PasswordResetDoneView.as_view()),\
                    (name='password_reset_done'),\
```

```
            path('reset/<uidb64>/<token>/', \
                 views.PasswordResetConfirmView.as_view()),\
                 (name='password_reset_confirm'),\
            path('reset/done/', \
                 views.PasswordResetCompleteView.as_view()),\
                 (name='password_reset_complete'),]
```

如果这种风格的视图看起来较为陌生，那是因为它们是基于类的视图，而不是之前遇到的基于函数的视图。我们将在第 11 章中学习更多关于基于类的视图的知识。现在请注意，身份验证应用程序使用类继承来对视图的功能进行分组，并防止大量重复的编码。

如果想要维护认证应用和 Django 设置预设的默认 URL 和视图，则可在项目的 urlpatterns 中包含认证应用的 URL。

据此，我们节省了大量的工作，仅需将身份验证应用程序的 URL 包含到<project>/URLs .py 文件中，并为其分配'accounts'命名空间。指定这个命名空间可确保反向 url 对应于视图的默认模板值。

```
urlpatterns = [path('accounts/', \
                    include(('django.contrib.auth.urls', 'auth')),\
                    (namespace='accounts')),\
               path('admin/', admin.site.urls),\
               path('', include('reviews.urls'))]
```

虽然认证应用程序自带表单和视图，但缺乏将这些组件渲染为 HTML 所需的模板。图 9.1 列出了在项目中实现身份验证功能所需的模板。幸运的是，Admin 应用程序实现了一组模板，我们可以利用这些模板来实现相应的功能。

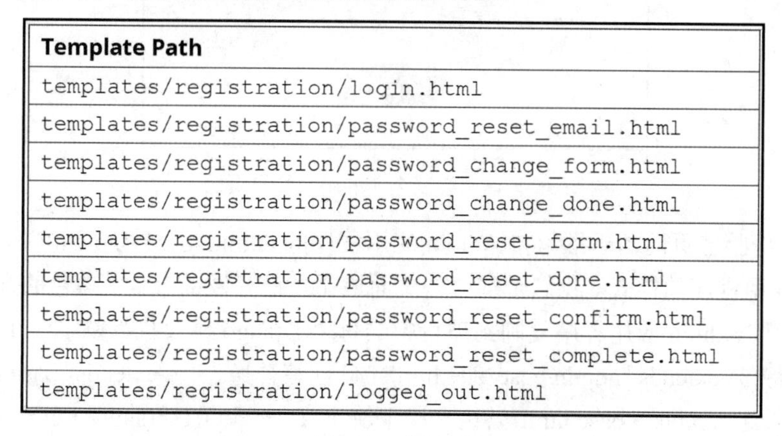

Template Path
templates/registration/login.html
templates/registration/password_reset_email.html
templates/registration/password_change_form.html
templates/registration/password_change_done.html
templates/registration/password_reset_form.html
templates/registration/password_reset_done.html
templates/registration/password_reset_confirm.html
templates/registration/password_reset_complete.html
templates/registration/logged_out.html

图 9.1　身份验证模板的默认路径

我们可以从 Django 源代码的 Django/contrib/admin/templates/registration 目录和 Django/contrib/admin/templates/admin/login.html 目录中将模板文件复制到项目的 templates/registration 目录中。

注意：

当谈及 Django 源代码时，一般是指安装 Django 所在的目录。如果在虚拟环境中安装了 Django（参见“前言”部分），则可在下列路径中找到这些模板文件：<name of your virtual environment>/lib/python3.X/site-packages/django/contrib/admin/templates/registration/。如果虚拟环境已经被激活，并且 Django 已经被安装在其中，则可以通过在终端上运行以下命令来获取 site-packages 目录的完整路径：python -c "import sys; print(sys.path)"。

注意：

仅需复制视图的依赖模板，且应尽量避免复制 base.html 或 base_site.html 文件。

这在一开始提供了一个预示结果。但从具体情况来看，管理模板并不能满足确切需求，这一点可从登录页面中看到，如图 9.2 所示。

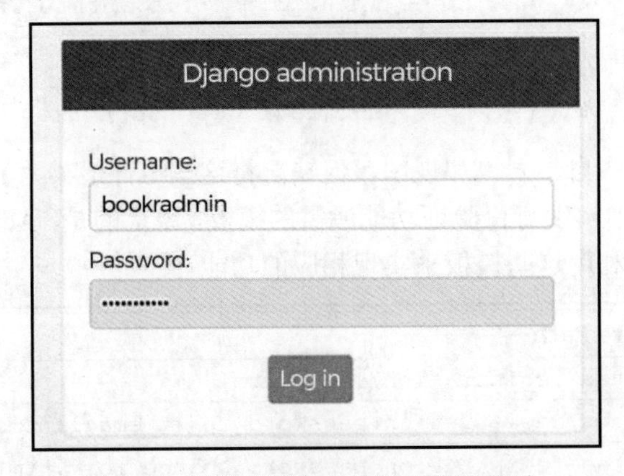

图 9.2　首次尝试进入的用户登录页面

这些身份验证页面由于继承自 Admin 应用程序的 admin /base_site.html 模板，因此遵循 Admin 应用程序的样式。我们希望这些页面遵循之前开发的 bookr 项目的样式。这里，我们可以对从 Admin 应用程序复制到项目中的每个 Django 模板执行以下 3 个步骤。

（1）将{% extends "admin/base_site.html" %}标签替换为{% extends "base.html" %}。

（2）假定 template/base.html 只包含以下块定义——title、brand 和 content——我们应该从 bookr 文件夹的模板中删除所有其他块替换。在应用程序中，我们不使用用户链接和面包屑（breadcrumb）块中的内容，因此这些块可以被完全删除。

其中一些块，如 content_title 和 reset_link，包含与应用程序相关的 HTML 内容。我们应该从 HTML 周围剥离块，并将其放入内容块中。

例如，password_change_done.html 模板包含大量的块，如下所示。

```
{% extends "admin/base_site.html" %}
{% load i18n %}
{% block userlinks %}{% url 'django-admindocs-docroot' as docsroot %}
  {% if docsroot %}<a href="{{ docsroot }}">{% trans 'Documentation' %}
    </a> / {% endif %}{% trans 'Change password' %} / <a href="{% url
      'admin:logout' %}">{% trans 'Log out' %}</a>{% endblock %}

{% block breadcrumbs %}
<div class="breadcrumbs">
<a href="{% url 'admin:index' %}">{% trans 'Home' %}</a>
&rsaquo; {% trans 'Password change' %}
</div>
{% endblock %}

{% block title %}{{ title }}{% endblock %}
{% block content_title %}<h1>{{ title }}</h1>{% endblock %}

{% block content %}
<p>{% trans 'Your password was changed.' %}</p>
{% endblock %}
```

它将在 bookr 项目中简化为下列模板。

```
{% extends "base.html" %}
{% load i18n %}

{% block title %}{{ title }}{% endblock %}
{% block content %}
<h1>{{ title }}</h1>
<p>{% trans 'Your password was changed.' %}</p>
{% endblock %}
```

（3）同样，需要更改反向 URL 模式以反映当前路径，因此{% url 'login' %}被{% url 'accounts:login' %}取代。

考虑到这些因素，下一个练习将重点放在将 Admin 应用程序的登录模板转换为 bookr 项目的登录模板。

i18n 模块用于创建多语言内容。如果打算为网站开发多语言内容，可在模板中保留 i18n 导入、trans 标签和 transblock 语句。为简单起见，本章将不详细讨论这些内容。

练习 9.01　重新使用 Admin 应用登录模板

本章开始时，对应项目并不包含登录页面。通过添加用于身份验证的 URL 模式，并将模板从 Admin 应用程序复制到自己的项目中，我们可以实现登录页面的功能。但这个登录页面并不令人满意，因为它是直接从 Admin 应用程序中复制的，并与 Bookr 设计断开连接。在本练习中，我们将按照需要的步骤为项目重新使用 Admin 应用程序的登录模板。新的登录模板需要直接从 bookr 项目的 templates/base.html 中继承样式和格式。

（1）在项目中为 templates/registration 创建一个项目。

（2）Admin 登录模板位于 Django 源目录的 Django/contrib/Admin/templates/Admin/login.html 路径下，并始于一个 extends 标签、一个 load 标签、i18n 的导入和静态模块，以及一系列覆盖子模板 django/contrib/admin/templates/admi/base.html 中定义的块扩展。login.html 文件的剪裁片段显示在以下代码块中。

```
{% extends "admin/base_site.html" %}
{% load i18n static %}

{% block extrastyle %}{{ block.super }}…
{% endblock %}

{% block bodyclass %}{{ block.super }} login{% endblock %}
{% block usertools %}{% endblock %}
{% block nav-global %}{% endblock %}
{% block content_title %}{% endblock %}
{% block breadcrumbs %}{% endblock %}
```

（3）将 Admin 登录模板 django/contrib/admin/templates/admin/login.html 复制至 templates/registration 中，并通过 PyCharm 开始编辑文件。

（4）因为正在编辑的登录模板位于 templates/registration/login.html 中，并且扩展了基本模板（templates/base.html），所以替换 templates/registration/login.html 顶部 extends 标签的参数。

```
{% extends "base.html" %}
```

（5）我们不需要该文件中的大部分内容，并且只保留 content 块，其中包含登录表单。模板的其余部分包括加载 i18n 和 static 标签库。

```
{% load i18n static %}

{% block content %}
…
{% endblock %}
```

（6）必须将 templates/registration/login.html 中的路径和反向 URL 模式替换为适合项目的路径和反向 URL 模式。由于模板中没有定义 app_path 变量，因此需要将其替换为登录的反向 URL，即'accounts:login'。因此，考查下列代码。

```
<form action="{{ app_path }}" method="post" id="login-form">
```

这一行代码的更改如下所示。

```
<form action="{% url 'accounts:login' %}" method="post" id="login-form">
```

在项目路径中没有定义'admin_password_reset'，因此它将被替换为'accounts:password_reset'。

考查下列代码行。

```
{% url 'admin_password_reset' as password_reset_url %}
```

这一行代码的更改如下所示。

```
{% url 'accounts:password_reset' as password_reset_url %}
```

登录模板如下所示。

```
1  {% extends "base.html" %}
2  {% load i18n static %}
3
4  {% block content %}
5  {% if form.errors and not form.non_field_errors %}
6  <p class="errornote">
7  {% if form.errors.items|length == 1 %}{% trans "Please correct the error
    below." %}{% else %}{% trans "Please correct the errors
    below." %}{% endif %}
8  </p>
9  {% endif %}
```

读者可访问 http://packt.live/2MILJtF 查看完整的代码内容。

要使用标准的 Django 身份验证视图，必须添加映射到它们的 URL。打开 bookr 项目目录下的 urls.py 文件，然后添加下面的 URL 模式。

```
urlpatterns = [path('accounts/', \
```

```
                include(('django.contrib.auth.urls', 'auth')),\
                (namespace='accounts')),\
        path('admin/', admin.site.urls),\
        path('', include('reviews.urls'))]
```

当访问 http://127.0.0.1:8000/accounts/login/处的登录链接时，对应页面如图 9.3 所示。

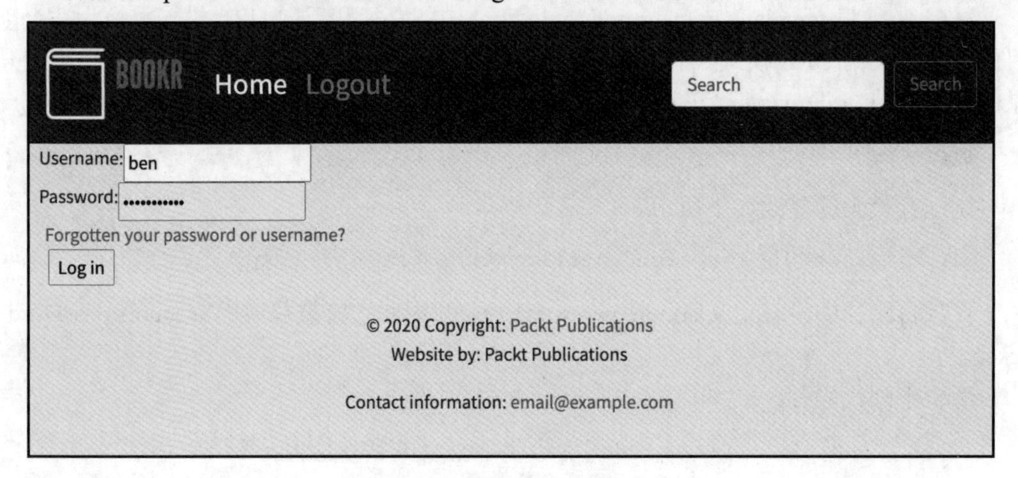

图 9.3　Bookr 登录页面

通过完成本练习，我们已经在项目中创建了非管理员身份验证所需的模板。

注意：

在讨论后续内容之前，必须确保 registration 目录中的其他模板遵循 bookr 项目中的样式。也就是说，它们继承自 Admin 应用程序的 admin /base_site.html 模板。我们已经在 password_change_done.html 和 login.html 模板中看到了这一点。随后，我们可将在本练习（以及之前的部分）学到的知识应用于 registration 目录的其余文件中。或者，我们也可以从 GitHub 存储库中下载修改后的文件，对应网址为 http://packt.live/3s4R5iU。

9.2.3　Django 中的密码存储

Django 不会将密码以纯文本形式存储在数据库中。相反，Django 使用哈希算法（如 PBKDF2/SHA256、BCrypt/SHA256 或 Argon2）来消化密码。由于哈希算法是一种单向转换，因此这可以防止用户的密码从存储在数据库的哈希值中被解密。对于希望系统管理员检索他们忘记的密码的用户来说，这通常会让他们感到惊讶，但这是安全设计中的最佳实践。所以，如果查询数据库的密码，将会看到下列内容。

```
sqlite> select password from auth_user;pbkdf2_
sha256$180000$qgDCHSUv1E4w$jnh69TEIO6kypHMQPOknkNWMlE1e2ux8Q1Ow4AHjJDU=
```

该字符串的组件是<algorithm>$<iterations>$<salt>$<hash>。随着时间的推移，一些哈希算法已经被破坏，我们有时需要处理强制的安全需求。Django 足够灵活，可以适应新的算法，并可以维护在多种算法中加密的数据。

9.2.4　概要页面和 request.user 对象

当登录成功时，登录视图重定向到/accounts/profile。但是，该路径不包括在现有的 auth.url 中，身份验证应用程序也不为其提供模板。为了避免 Page not Found 错误，需要视图和适当的 URL 模式

每个 Django 请求都有一个 request.user 对象。如果请求是由一个未经身份验证的用户发出的，那么 request.user 将是一个 AnonymousUser 对象；如果请求是由经过身份验证的用户发出的，那么 request.user 将是一个 User 对象。这使得在 Django 视图中检索个性化用户信息并将其渲染在模板中变得很容易。

在下一个练习中，我们将向 bookr 项目中添加概要页面。

练习 9.02　添加概要页面

在本练习中，我们将向项目中添加概要页面。对此，我们需要在 URL 模式中包含它的路径，并在视图和模板中包含该页面。概要页面将简单地显示源自 request.user 对象的以下属性。

- username。
- first_name 和 last_name。
- date_joined。
- email。
- last_login。

具体步骤如下。

（1）向项目中添加 bookr/views.py。这需要一个简单的 profile 函数定义视图。

```
from django.shortcuts import render

def profile(request):
   return render(request, 'profile.html')
```

（2）在 bookr 主项目的模板文件夹中，创建名为 profile.html 的新文件。在该模板

中，request.user 对象的属性可以很容易地通过使用{{request.user.username}}这样的符号来引用。

```
{% extends "base.html" %}

{% block title %}Bookr{% endblock %}

{% block content %}
<h2>Profile</h2>
<div>
   <p>
     Username: {{ request.user.username }} <br>
     Name: {{ request.user.first_name }} {{ request.user.last_name }}<br>
     Date Joined: {{ request.user.date_joined }} <br>
     Email: {{ request.user.email }}<br>
     Last Login: {{ request.user.last_login }}<br>
   </p>
</div>
{% endblock %}
```

此外，我们还添加了一个包含用户概要详细信息的块。更重要的是，我们确保profile.html 扩展了 base.html。

（3）路径必须被添加至 bookr/urls.py 中 urlpatterns 的上方。首先导入新视图，随后添加一个路径，该路径将 URL accounts/profile/链接至 bookr.views.profile。

```
from bookr.views import profile

urlpatterns = [path('accounts/', \
                    include(('django.contrib.auth.urls', 'auth')),\
                    (namespace='accounts')),\
               path('accounts/profile/', profile, name='profile'),\
               path('admin/', admin.site.urls),\
               path('', include('reviews.urls'))]
```

这是用户概要页面的一个良好的开始，当爱丽丝登录并访问 http://localhost:8000/accounts/profile/时，对应渲染结果如图 9.4 所示。记住，如果需要启动服务器，可执行 python manage.py runserver 命令。

这里，一旦用户成功登录，我们就考查如何将用户重定向至概要页面。接下来将讨论如何仅向特定用户提供内容访问权。

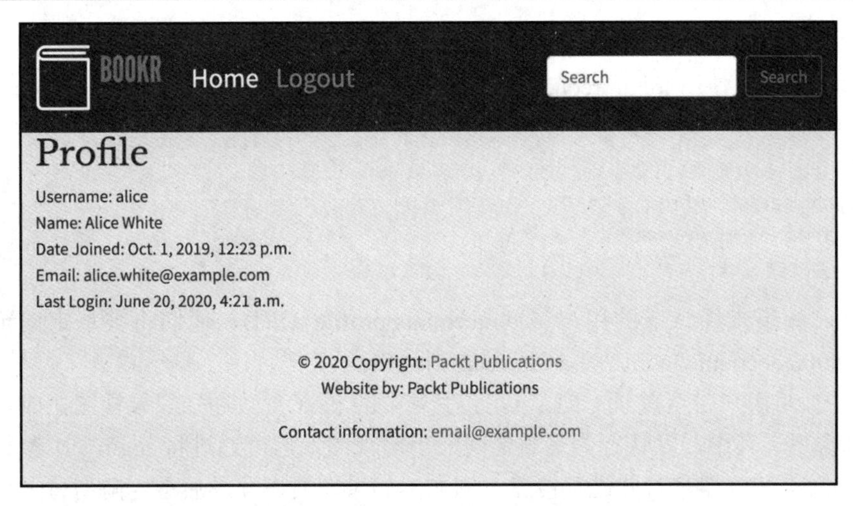

图 9.4　爱丽丝访问其用户概要信息

9.2.5　身份验证装饰器和重定向

前述内容介绍了如何允许普通用户登录项目。接下来，我们将讨论如何将内容限制为经过身份验证的用户。身份验证模块提供了一些有用的装饰器，可用于根据当前用户的身份验证和访问权来保护视图。

然而，如果用户爱丽丝注销了 Bookr，那么概要页面仍然会渲染并显示空的细节信息，如图 9.5 所示。为了避免这种情况的发生，最好将未经认证的访问者引导至登录屏幕。

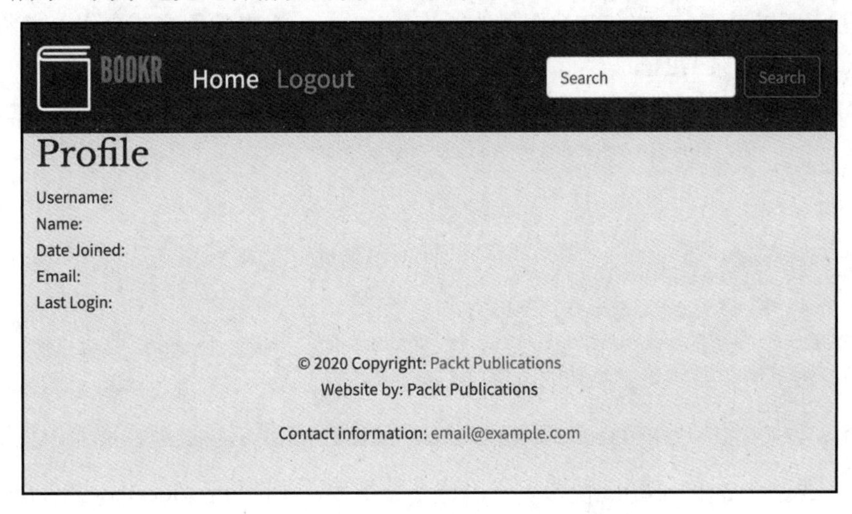

图 9.5　未经认证的访问者访问用户概要页面

认证应用程序提供了有用的装饰器，用于向 Django 视图添加认证行为。在保护概要文件视图时，可以使用 login_required 装饰器。

```
from django.contrib.auth.decorators import login_required

@login_required
def profile(request):
    …
```

当前，如果未经认证的用户访问/accounts/profile URL，他们将被重定向至 http://localhost:8000/accounts/login/?next=/accounts/profile/。

该 URL 将用户带至登录 URL。GET 变量中的 next 参数通知登录视图在成功登录后重定向到哪里。其中，默认行为是重定向回当前视图，但可通过将 login_url 参数指定到 login_required 装饰器来对此进行覆盖。例如，如果需要在登录后重定向到另一个页面，则可在装饰器调用中显式地声明它，如下所示。

```
@login_required(login_url='/accounts/profile2')
```

如果我们重写了登录视图，期望重定向 URL 在一个不同的 URL 参数中指定为'next'，则可在 decorator 调用中使用 redirect_field_name 参数来说明这一点。

```
@login_required(redirect_field_argument='redirect_to')
```

经常会出现这样的情况：URL 应该被限制为持有特定条件的用户或分组。考虑这样一种情况，我们有一个供员工用户查看用户概要的页面，但不希望所有用户都可以访问这个 URL，所以希望将这个 URL 限制为具有'view_user'权限的用户或分组，并将未经授权的请求转发到登录 URL。

```
from django.contrib.auth.decorators \
import login_required, permission_required


…


@permission_required('view_group')
def user_profile(request, uid):
    user = get_object_or_404(User, id=uid)
    permissions = user.get_all_permissions()
    return render(request, 'user_profile.html',\
                {'user': user, 'permissions': permissions}
```

因此，通过在 user_profile 视图上应用这个装饰器，访问 http://localhost:8000/accounts/users/123/profile/的未授权用户将被重定向到 http://localhost:8000/accounts/login/?next=/

accounts/users/123/profile/。

但是，有时需要构造更微妙的条件权限，这些权限不属于这两个指令的范围。对此，Django 提供了一个自定义装饰器，并接收任意函数作为参数。例如，user_passes_test 装饰器需要一个 test_func 参数。

```
user_passes_test(test_func, login_url=None, redirect_field_name='next')
```

下面是一个例子，我们持有一个视图 veteran_features，该视图仅对在站点上注册超过一年的用户可用。

```
from django.contrib.auth.decorators import (login_required),\
                                           (permission_required),\
                                           (user_passes_test)
…

def veteran_user(user):
    now = datetime.datetime.now()
    if user.date_joined is None:
        return False
    return now - user.date_joined > datetime.timedelta(days=365)

@user_passes_test(veteran_user)
def veteran_features(request):
    user = request.user
    permissions = user.get_all_permissions()
    return render(request, 'veteran_profile.html',\
                  {'user': user, 'permissions': permissions}
```

有时视图中的逻辑不能用这些装饰器来处理，且需要在视图的控制流中应用重定向。对此，可以使用 redirect_to_login 帮助函数来实现这一点，该函数接收与装饰器相同的参数，如下所示。

```
redirect_to_login(next, login_url=None, redirect_field_name='next')
```

练习 9.03　向视图中添加身份验证装饰器

在了解了身份验证应用程序的权限和身份验证装饰器的灵活性之后，我们接下来将在 Reviews 应用程序中使用它们。具体来说，应确保只有经过身份验证的用户才能编辑评论，并且只有员工用户才能编辑发布者。有几种方法可以做到这一点，我们将对此进行尝试。这些步骤中的所有代码都在 reviews/views.py 文件中。

（1）解决这个问题的第一反应是，publisher_edit 方法需要一个适当的装饰器来强制用户拥有 edit_publisher 权限。为此，可实现下列操作。

```
from django.contrib.auth.decorators import permission_required
…

@permission_required('edit_publisher')
def publisher_edit(request, pk=None):
    …
```

（2）使用这种方法是可行的，该方法是向视图中添加权限检查的一种方法。此外，我们也可使用一个稍微复杂但更加灵活的方法。与其使用权限装饰器在 publisher_edit 方法上强制执行权限，我们可创建一个需要员工用户的测试函数，并通过 user_ passes_test 装饰器将该测试函数应用于 publisher_edit。编写一个测试函数可在验证用户的访问权或权限方面实现更多的定制行为。如果在步骤（1）中对 views.py 文件做了修改，请随意注释掉装饰器（或删除它）并编写以下测试函数来代替。

```
from django.contrib.auth.decorators import user_passes_test
…

def is_staff_user(user):
    return user.is_staff

@user_passes_test(is_staff_user)
    …
```

（3）通过添加适当的装饰器，确保 review_edit 和 book_media 函数需要登录。

```
…

from django.contrib.auth.decorators import login_required, \
                                          user_passes_test
…
@login_required
def review_edit(request, book_pk, review_pk=None):

@login_required
def book_media(request, pk):
…
```

（4）在 review_edit 方法中，将逻辑添加至视图中，该逻辑要求用户是员工用户或评论的所有者。review_edit 视图控制了评论创建和评论更新的行为。我们正在构建的约束条件只适用于更新现有评论这种情况。所以，添加代码的地方是在成功检索到一个评论对象之后。如果用户不是员工账户或者评论的创建者与当前用户不匹配，那么我们需要引发一个 PermissionDenied 错误。

```
…
from django.core.exceptions import PermissionDenied
from PIL import Image
from django.contrib import messages
…

@login_required
def review_edit(request, book_pk, review_pk=None):
    book = get_object_or_404(Book, pk=book_pk)

    if review_pk is not None:
        review = get_object_or_404(Review),\
                                    (book_id=book_pk),\
                                    (pk=review_pk)
        user = request.user
        if not user.is_staff and review.creator.id != user.id:
            raise PermissionDenied
    else:
        review = None
…
```

当非员工用户企图编辑另一个用户的评论时，将会抛出一个 Forbidden 错误，如图 9.6 所示。稍后，我们将考查如何在模板中应用条件逻辑，以便用户不会被带至缺少足够权限访问的页面。

图 9.6　对于非员工用户，访问被禁止

在本练习中，我们使用了身份验证装饰器来保护 Django 应用程序中的视图。所用的身份验证装饰器提供了一种简单的机制来限制缺乏必要权限的用户、非员工用户和未经身份验证的用户的视图。Django 的身份验证装饰器提供了一个健壮的机制，遵循 Django 的角色和权限框架，而 user_passes_test 装饰器则提供了一个开发自定义身份验证的选项。

9.2.6　利用身份验证数据增强模板

在练习 9.02 中，可以看到，我们向模板传递了 request.user 对象，进而在 HTML 中渲染当前用户的属性。除此之外，我们还可根据用户类型或用户所持有的权限以给出不同模板的渲染方法。假设打算添加一个仅显示员工用户的编辑链接，则可使用一个 if 条件予以实现。

```
{% if user.is_staff %}
    <p><a href="{% url 'review:edit' %}">Edit this Review</a></p>
{% endif %}
```

如果未根据权限有条件地渲染链接，用户在导航应用程序时会有一种令人沮丧的体验，因为他们点击的许多链接将导致 403 Forbidden 页面。下面的练习将展示如何使用模板和身份验证在项目中显示上下文适当的链接。

练习 9.04　在基本模板中切换登录和注销链

在 bookr 项目的基础模板（位于 templates/base.html）中，我们在头中拥有一个占位符链接，其 HTML 编码如下所示。

```
<li class="nav-item">
    <a class="nav-link" href="#">Logout</a>
</li>
```

我们不希望在用户注销后出现注销链接。因此，本练习的目的是在模板中应用条件逻辑，以便根据用户是否经过身份验证来切换 Login 和 Logout 链接

（1）编辑 templates/base.html 文件。复制 Logout 列表元素的结构并创建 Login 列表元素。随后，将占位符链接替换为 Logout 和 Login 页面的正确 URL，分别为/accounts/Logout 和/accounts/Login，如下所示。

```
<li class="nav-item">
    <a class="nav-link" href="/accounts/logout">Logout</a>
</li>
<li class="nav-item">
    <a class="nav-link" href="/accounts/login">Login</a>
</li>
```

（2）将两个 li 元素置于 if ... else ... endif 条件块中。这里，我们使用的的逻辑条件为 if user.is_authenticated。

```
{% if user.is_authenticated %}
  <li class="nav-item">
    <a class="nav-link" href="/accounts/logout">Logout</a>
  </li>
    {% else %}
```

```
  <li class="nav-item">
    <a class="nav-link" href="/accounts/login">Login</a>
  </li>
{% endif %}
```

（3）访问位于 http://localhost:8000/accounts/profile/处的用户概要页面。若用户经过身份验证，则会看到 Logout 链接，如图 9.7 所示。

图 9.7　认证后的用户可以看到 Logout 链接

（4）单击 Logout 链接，用户将被转至/accounts/logout 页面。此时，Login 链接出现于菜单中，以确认该链接上下文依赖于用户的身份验证状态，如图 9.8 所示。

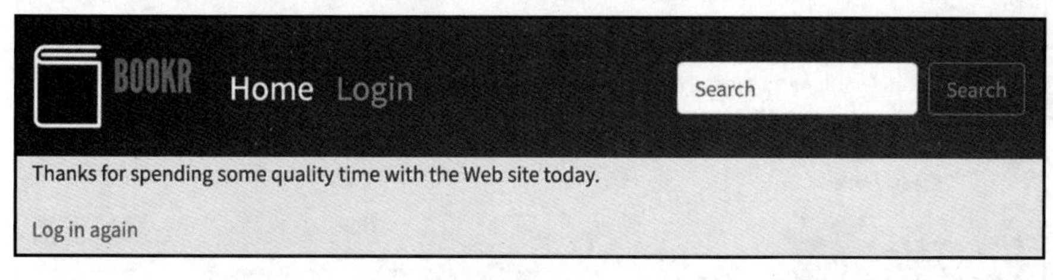

图 9.8　未经身份验证的用户可以看到 Login 链接

本练习是一个简单的例子，展示了如何使用 Django 模板和身份验证信息来创建有状态和上下文相关的用户体验。此外，我们也不希望提供用户没有权限访问的链接或用户权限级别不允许的操作。下列操作将使用这种模板技术来修复 Bookr 中的一些问题。

操作 9.01　模板中使用条件块的基于身份验证的内容

在该操作中，我们将在模板中使用条件块，以根据用户身份验证和用户状态调整内容。另外，用户不应看到不被允许访问的链接，或未被授权执行的操作。具体操作步骤如下。

（1）在 book_detail 模板（位于 reviews/templates/reviews/book_detail.html）中，隐藏来自未经身份验证用户的 Add Review 和 Media 按钮。

（2）隐藏标题"Be the first one to write a review,"，这并非未经验证的用户的选项。

（3）在同一模板中，使 Edit Review 链接仅显示于员工用户或编写评论的用户，如图 9.9 和图 9.10 所示。这里，模板块的条件逻辑类似于之前 review_edit 视图中所采用的条件逻辑。

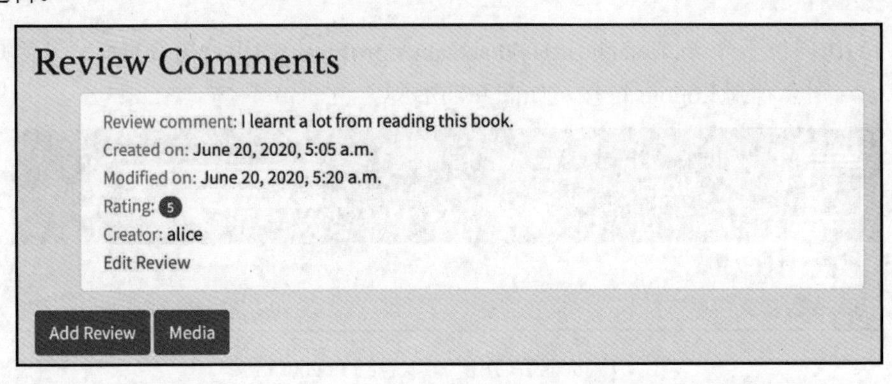

图 9.9　当爱丽丝登录后，Edit Review 链接出现于爱丽丝的评论上

图 9.10　当鲍勃登录后，爱丽丝的评论上不存在 Edit Review 链接

（4）修改 template/base.html，使其将当前已验证用户的用户名显示在标题搜索表单的右侧，链接到用户概要页面。

通过该操作，我们将向模板添加动态内容，以反映当前用户的验证状态和身份，如图 9.11 所示。

图 9.11　经过验证的用户名显示于搜索表单之后

注意：

读者可访问 http://packt.live/2Nh1NTJ 以查看当前操作的完整解决方案。

9.3　会　　话

这里，有必要研究一些理论来理解为什么会话是 Web 应用程序中管理用户内容的常见解决方案。HTTP 协议定义了客户端和服务器之间的交互。它被称为“无状态”协议，因为服务器在请求之间不保留任何有状态的信息。这种协议设计在万维网早期交付超文本信息时工作得很好，但它不适合向特定用户交付定制信息的安全 Web 应用程序的需求。

我们现在了解网站是如何适应个人的浏览习惯的。购物网站推荐与最近浏览过的产品相似的产品，并告诉我们本地区流行的产品。这些特性都需要一种有状态的网站开发方法。实现有状态 Web 体验的最常见方法之一是会话。会话是指用户当前与 Web 服务器或应用程序的交互，并要求在交互期间保持数据。这可能包括有关用户访问过的链接、执行过的操作以及在交互中生成的首选项信息。

如果一个用户在页面上设置了一个黑色主题的博客网站，则会期望下一个页面也使用相同的主题。我们将这种行为描述为“维护状态”。会话密钥作为浏览器 cookie 存储在客户端，可以使用在用户登录时持久化存在的服务器端信息来标识。

在 Django 中，会话实现为中间件表单。当在第 4 章中开始创建表单时，默认状态下，会话支持即被激活。

9.3.1　会话引擎

当前会话和过期会话的信息需要存储在某个地方。在万维网的早期，这是通过将会话信息保存在服务器上的文件中来实现的，但随着 Web 服务器架构变得更加复杂，其性能要求也越来越高，其他更有效的策略，如数据库或内存存储已经成为标准。默认情况下，在 Django 中，会话信息存储在项目的数据库中。

对于大多数小型项目来说，这是一个合理的默认状态。然而，Django 的会话中间件实现提供了以多种方式存储项目会话信息的灵活性，以适应系统架构和性能需求。这些不同的实现中的每一个都被称为会话引擎。如果想要改变会话配置，则需要在项目的 settings.py 文件中指定 SESSION_ ENGINE 设置。

- 缓存会话：在某些环境中，在内存或数据库中缓存会话信息是一种适合于高性能的方法。对此，Django 提供了 django.contrib.sessions.backends.cache 和 django.contrib.sessions.backends.cached_db 会话引擎。

- 基于文件的会话：如前所述，这是一种稍显过时的维护会话信息的方式，但可能适合某些站点。在这些站点中，性能不是问题，并且有理由不将动态信息存储在数据库中。
- 基于 cookie 的会话：与其将会话信息保存在服务器端，不如将会话内容序列化为 JSON 并将其存储在基于浏览器的 cookie 中，而是将它们完全保存在 Web 浏览器客户端中。

9.3.2　是否需要标记 cookie 内容

Django 的所有会话实现都需要在用户浏览器的 cookie 中存储会话 ID。

不管使用哪种会话引擎，所有这些中间件实现都涉及在 Web 浏览器中存储特定于站点的 cookie。在早期的 Web 开发中，将会话 ID 作为 URL 参数传递并不少见，但是出于安全性的考虑，Django 并未采取这种方法。

在包括欧盟在内的许多司法管辖区，如果网站在用户的浏览器中设置了 cookie，网站必须依法警告用户。如果网站运营地区有此类法律要求，那么你有责任确保代码符合这些义务。确保使用最新的实现，避免使用没有跟上立法变化的废弃项目。另外，还应确保使用最新的实现，避免使用没有跟上立法变化的弃用项目。

注意：

为了满足这些变化和法律要求，存在许多有用的应用程序，如 Django Simple Cookie Consent 和 Django Cookie Law，它们被设计成与几个立法框架协同工作。我们可通过下列链接查找更多信息，https://pypi.org/project/django-simple-cookie-consent/和 https://github.com/TyMaszWeb/django-cookie-law。

许多 JavaScript 模块都实现了类似的 cookie 许可机制。

9.3.3　pickle 或 JSON 存储

Python 在其标准库中提供 pickle 模块，用于将 Python 对象序列化为字节流表示形式。pickle 是一种二进制结构，优点是在不同架构和不同版本的 Python 之间可以相互操作，因此 Python 对象可以在 Windows 计算机上序列化为 pickle，在 Linux 树莓派上反序列化为 Python 对象。

这种灵活性也伴随着安全漏洞，因而不建议将其用于表示不受信任的数据。考虑下面的 Python 对象，它包含几种类型的数据，并可以使用 pickle 序列化。

```
import datetime
data = dict(viewed_books=[17, 18, 3, 2, 1],\
          search_history=['1981', 'Machine Learning', 'Bronte'],\
          background_rgb=(96, 91, 92),\
          foreground_rgb=(17, 17, 17),\
          last_login_login=datetime.datetime(2019, 12, 3, 15, 30, 30),\
          password_change=datetime.datetime(2019, 9, 2, 8, 41, 25),\
          user_class='Veteran',\
          average_rating=4.75,\
          reviewed_books={18, 3, 7})
```

当采用 pickle 模块的 dumps 方法时，可序列化数据对象以生成字节表示。

```
import pickle
data_pickle = pickle.dumps(data)
```

JSON 代表 JavaScript 对象表示法。JSON 的语法是 JavaScript 语言的一个子集。它是消息传递和数据交换的广泛标准，通常用于在 Web 浏览器和服务器之间传输数据。我们可以用类似于 pickle 格式的方法序列化 JSON。

```
import json
data_json = json.dumps(data)
```

因为数据包含 Python datetime 和 set 对象，它们不能使用 JSON 序列化，所以当试图序列化该结构时，将抛出一个类型错误。

```
TypeError: Object of type datetime is not JSON serializable
```

为了序列化为 JSON，可以将 datetime 对象转换为字符串并设置为列表。

```
data['last_login_login'] = data['last_login_login'].
strftime("%Y%d%m%H%M%S")
data['password_change'] = data['password_change'].
strftime("%Y%d%m%H%M%S")
data['reviewed_books'] = list(data['reviewed_books'])
```

由于 JSON 数据是人类可读的，因此很容易检查。

```
{"viewed_books": [17, 18, 3, 2, 1], "search_history": ["1981", "Machine
Learning", "Bronte"], "background_rgb": [96, 91, 92], "foreground_rgb":
[17, 17, 17], "last_login_login": "20190312153030", "password_change":
"20190209084125", "user_class": "Veteran", "average_rating": 4.75,
"reviewed_books": [18, 3, 7]}
```

注意，必须显式地转换 datetime 和 set 对象，但元组会被 JSON 自动转换为列表。Django

附带 PickleSerializer 和 JSONSerializer。如果出现需要更改序列化器的情况，可以通过在项目的 settings.py 文件中设置 SESSION_SERIALIZER 变量来更改它。

```
SESSION_SERIALIZER = 'django.contrib.sessions.serializers.JSONSerializer'
```

练习 9.05　检查会话密钥

本练习的目的是查询项目的 SQLite 数据库，并对会话表执行查询，以便了解会话数据是如何存储的。随后，我们将创建一个 Python 脚本，用于检查使用 JSONSerializer 存储的会话数据。

（1）在命令提示符下，使用以下命令打开项目数据库。

```
sqlite3 db.sqlite3
```

（2）使用.schema 指令观察 django_session 表的结构，如下所示。

```
sqlite> .schema django_session
CREATE TABLE IF NOT EXISTS "django_session" ("session_key"
varchar(40) NOT NULL PRIMARY KEY, "session_data" text NOT NULL,
"expire_date" datetime NOT NULL);
CREATE INDEX "django_session_expire_date_a5c62663" ON "django_
session" ("expire_date");
```

这揭示了数据库中的 django_session 表在以下字段中存储会话信息，即 session_key、session_data 和 expire_date。

（3）使用 SQL 命令 select * from django_session;在 django_session 表中查询数据，如图 9.12 所示。

```
sqlite> select * from django_session;
gh4iesm01784g0uq4v3jq9iaoofymxca|MjM0YTkyZDZmYWZmMmQxMzM2OTI3YjdhOGM2NWMxNTg5ODc
4NWUwMjp7Il9hdXRoX3VzZXJfaWQiOiIxIiwiX2F1dGhfdXNlcl9iYWNrZW5kIjoiZGphbmdvLmNvbnR
yaWIuYXV0aC5iYWNrZW5kcy5Nb2RlbEJhY2tlbmQiLCJfYXV0aF91c2VyX2hhc2giOiIyMGFlMDI3Nzd
hZWQ0OTNmOTk1YWFmY2JiMmRkYTcyOTg2ZjY5OTM4In0=|2019-10-18 06:46:44.504781
0oygh7wfg3hrnofazx61hjnkpd9kg00i|MjM0YTkyZDZmYWZmMmQxMzM2OTI3YjdhOGM2NWMxNTg5ODc
4NWUwMjp7Il9hdXRoX3VzZXJfaWQiOiIxIiwiX2F1dGhfdXNlcl9iYWNrZW5kIjoiZGphbmdvLmNvbnR
yaWIuYXV0aC5iYWNrZW5kcy5Nb2RlbEJhY2tlbmQiLCJfYXV0aF91c2VyX2hhc2giOiIyMGFlMDI3Nzd
hZWQ0OTNmOTk1YWFmY2JiMmRkYTcyOTg2ZjY5OTM4In0=|2019-11-03 01:16:50.981512
```

图 9.12　在 django_session 表中查询数据

注意：

要退出 sqlite3，在 Linux 和 macOS 上按 Ctrl+D 组合键，在 Windows 上按 Ctrl+Z 组合键和 Enter 键。

（4）可以看到，会话数据编码为 base64 格式。我们可以在 Python 命令行中使用 base64 模块解密这些数据。一旦从 base64 中解码，session_key 数据就会包含一个 binary_key 和一个由冒号分隔的 JSON 有效负载。

```
b'\x82\x1e"z\xc9\xb4\xd7\xbf8\x83K…5e02:{"_auth_user_id":"1"…}'
```

下列代码展示了如何获取负载，如图 9.13 所示。

```
>>> import base64
>>> import json
>>>
>>> session_key = 'gh4iesm01784g0uq4v3jq9iaoofymxca|MjM0YTkyZDZmYWZmMmQxMzM2OTI3
YjdhOGM2NWMxNTg5ODc4NWUwMjp7Il9hdXRoX3VzZXJfaWQiOiIxIiwiX2F1dGhfdXNlcl9iYWNrZW5k
IjoiZGphbmdvLmNvbnRyaWIuYXV0aC5iYWNrZW5kcy5Nb2RlbEJhY2tlbmQiLCJfYXV0aF91c2VyX2hh
c2giOiIyMGFlMDI3NzdhZWQ0OTNmOTk1YWFmY2JiMmRkYTcyOTg2ZjY5OTM4In0='
>>>
>>> binary_key, payload = base64.b64decode(session_key).split(b':', 1)
>>> json.loads(payload.decode())
{'_auth_user_id': '1', '_auth_user_backend': 'django.contrib.auth.backends.Model
Backend', '_auth_user_hash': '20ae02777aed493f995aafcbb2dda72986f69938'}
>>>
```

图 9.13　使用 Python shell 解码会话密钥

我们可以看到编码在有效载荷中的结构。有效负载表示会话中存储的最小数据，它包含 _auth_user_id、_auth_user_backend 和 _auth_user_hash 的键，以及从 User.id、ModelBackend 类名和从用户的密码信息派生的散列中获得的值。稍后，我们将学习如何添加额外的数据。

（5）我们将开发一个简单的 Python 实用程序来解密此会话信息，其间将运用已经使用过的模块，以及用于格式化输出的 pprint 和用于检查命令行参数的 sys 模块。

```
import base64
import json
import pprint
import sys
```

（6）在 import 语句之后，编写一个函数来解码会话密钥，并将 JSON 有效负载加载为 Python 字典。

```
def get_session_dictionary(session_key):
    binary_key, payload = base64.b64decode\
                          (session_key).split(b':', 1)
    session_dictionary = json.loads(payload.decode())
    return session_dictionary
```

（7）添加一个代码块，以便在运行此实用程序时，它接收命令行中指定的 session_key 参数，并使用 get_session_dictionary 函数将其转换为字典。然后，使用 pprint 模块输出字典结构的缩进版本。

```
if __name__ == '__main__':
    if len(sys.argv)>1:
        session_key = sys.argv[1]
        session_dictionary = get_session_dictionary(session_key)
        pp = pprint.PrettyPrinter(indent=4)
        pp.pprint(session_dictionary)
```

（8）使用这个 Python 脚本检查存储在数据库中的会话数据。我们可以在命令行中调用它，方法是通过传递会话数据作为参数，如下所示。

```
python session_info.py <session_data>
```

当尝试最终的操作时，这将对调试会话行为十分有用，如图 9.14 所示。

```
> python session_info.py 'gh4iesm01784g0uq4v3jq9iaoofymxca|MjM0YTkyZDZmYWZmMmQxM
zM2OTI3YjdhOGM2NWMxNTg5ODc4NWUwMjp7Il9hdXRoX3VzZXJfaWQiOiIxIiwiX2F1dGhfdXNlcl9iY
WNrZW5kIjoiZGphbmdvLmNvbnRyaWIuYXV0aC5iYWNrZW5kcy5Nb2RlbEJhY2tlbmQiLCJfYXV0aF91c
2VyX2hhc2giOiIyMGFlMDI3NzdhZWQ0OTNmOTk1YWFmY2JiMmRkYTcyOTg2ZjY5OTM4In0='
{   '_auth_user_backend': 'django.contrib.auth.backends.ModelBackend',
    '_auth_user_hash': '20ae02777aed493f995aafcbb2dda72986f69938',
    '_auth_user_id': '1'}
> 
```

图 9.14　Python 脚本

该脚本输出已解码的会话信息。目前会话仅包含 3 个密钥。

（1）_auth_user_backend 是用户后端类的字符串表示形式。当项目在模型中存储用户凭据时，将使用 ModelBackend。

（2）_auth_user_hash 表示用户密码的哈希值。

（3）_auth_user_id 表示从模型的 User.id 属性中获取的用户 ID。

本练习有助于你了解会话数据是如何存储在 Django 中的。接下来，我们将尝试向 Django 会话中添加额外的数据。

9.3.4　在会话中存储数据

前述内容已经介绍了在 Django 中实现会话的方式。现在，我们将简要地研究一些利用会话来丰富用户体验的方法。在 Django 中，session 是 request 对象的一个属性，被实现为一个类似字典的对象。在视图中，我们可以像典型的字典一样为会话对象分配键，如下所示。

```
request.session['books_reviewed_count'] = 39
```

但也存在一些限制条件。首先，会话中的键必须为字符串，因此不支持整数和时间戳。其次，以下画线开头的键保留给内部系统使用。数据仅限于可以编码为 JSON 的值，因此一些不能解码为 UTF-8 的字节序列，例如前面列出的 binary_key，不能存储为 JSON 数据。另一个警告是避免重新分配请求。会话转换为不同的值。我们应该只分配或删除键。所以，不要执行下列操作。

```
request.session = {'books_read_count':30, 'books_reviewed_count': 39}
```

而是执行下列操作。

```
request.session['books_read_count'] = 30
request.session['books_reviewed_count'] = 39
```

考虑到这些限制，我们将研究如何在 Reviews 应用程序中使用会话数据。

练习 9.06　在会话中存储最近查看过的图书

本练习的目的是使用会话来保存经过身份验证的用户最近浏览的 10 本书的信息，该信息将显示在 bookr 项目的概要文件页面上。当一本书被浏览时，book_detail 视图将被调用。在本练习中，我们将编辑 reviews/views.py，并向 book_detail 方法中添加一些额外的逻辑。我们将向会话中添加一个名为 viewed_books 的键。通过 HTML 和 CSS 的基本知识，我们可以创建页面，显示概要文件的详细信息，并查看存储在页面不同部分的图书，如图 9.15 所示。

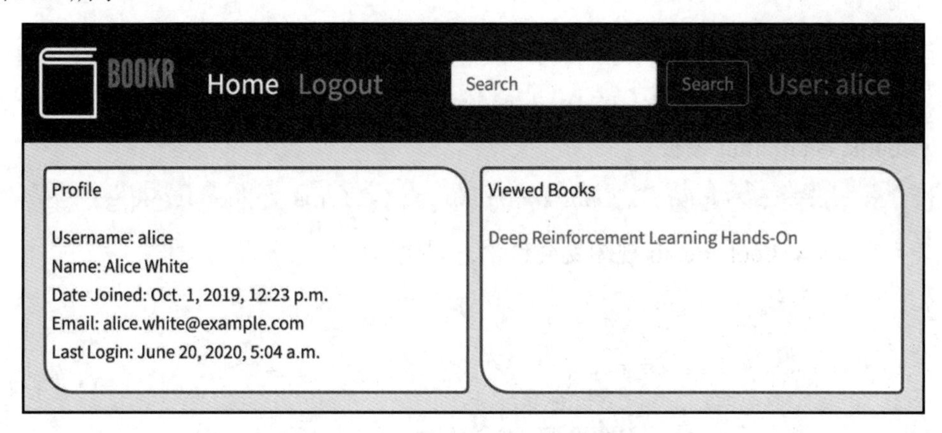

图 9.15　包含已查看图书的概要页面

（1）编辑 reviews/views.py 和 the book_detail 方法。此处仅关注添加验证用户的会话信息，因此添加一个条件语句，以检查用户是否经过身份验证，并将 viewed_books_length（所查看图书的最大量）设置为 10。

```
def book_detail(request, pk):
    …
```

```
    if request.user.is_authenticated:
        max_viewed_books_length = 10
```

（2）在同一条件块中，添加代码检索 request.session['viewed_books']的当前值。如果该键在会话中不存在，则从一个空列表开始。

```
viewed_books = request.session.get('viewed_books', [])
```

（3）如果当前图书的主键已经存在于 viewed_books 中，下面的代码将删除它。

```
viewed_book = [book.id, book.title]
if viewed_book in viewed_books:
    viewed_books.pop(viewed_books.index(viewed_book))
```

（4）下列代码将向 viewed_books 列表的开始处插入当前图书的主键。

```
viewed_books.insert(0, viewed_book)
```

（5）添加下列键，且仅保存列表的前 10 个元素。

```
viewed_books = viewed_books[:max_viewed_books_length]
```

（6）下面的代码将把 viewed_books 添加回会话['viewed_books']中，以便在后续的请求中可用。

```
request.session['viewed_books'] = viewed_books
```

（7）和前面一样，在 book_detail 函数的末尾，给定请求和上下文数据后，渲染 reviews/book_detail.html 模板。

```
return render(request, "reviews/book_detail.html", context)
```

一旦完成后，book_detail 视图就会包含下列代码块。

```
def book_detail(request, pk):
    …
    if request.user.is_authenticated:
        max_viewed_books_length = 10
        viewed_books = request.session.get('viewed_books', [])
        viewed_book = [book.id, book.title]
        if viewed_book in viewed_books:
            viewed_books.pop(viewed_books.index(viewed_book))
        viewed_books.insert(0, viewed_book)
        viewed_books = viewed_books[:max_viewed_books_length]
        request.session['viewed_books'] = viewed_books
    return render(request, "reviews/book_detail.html", context)
```

（8）修改 templates/profile.html 的页面布局和 CSS，以适应所查看的图书分区。由于将来可能会在这个页面中添加更多的分区，因此一个方便的布局概念是 flexbox。我们将添加这个 CSS，并将内容分离为嵌套的 div 实例，这些 div 实例将被水平排列在页面上。我们将内部 div 实例称为 infocell 实例，并使用绿色边框和圆角边来对其进行样式化。

```
<style>
.flexrow { display: flex;
           border: 2px black;
}
.flexrow > div { flex: 1; }

.infocell {
  border: 2px solid green;
  border-radius: 5px 25px;
  background-color: white;
  padding: 5px;
  margin: 20px 5px 5px 5px;
}

</style>

  <div class="flexrow" >
    <div class="infocell" >
      <p>Profile</p>
      …
    </div>

    <div class="infocell" >
      <p>Viewed Books</p>
      …
    </div>
  </div>
```

（9）修改 templates/profile.html 中的 Viewed Books div，以便显示图书的标题，并链接至各个图书的详细页面，并按照下列方式进行渲染。

```
<a href="/books/1">Advanced Deep Learning with Keras</a><br>
```

如果列表为空，则应该显示一条消息。整个 div，包括 request.session.viewed_books 的迭代，应如下所示。

```
<div class="infocell" >
  <p>Viewed Books</p>
```

```
  <p>
  {% for book_id, book_title in request.session.viewed_books %}
  <a href="/books/{{ book_id }}">{{ book_title }}</a><br>
  {% empty %}
       No recently viewed books found.
  {% endfor %}
  </p>
</div>
```

一旦所有这些更改内容被合并，这就会是一个完整的概要模板。

```
1 {% extends "base.html" %}
2
3 {% block title %}Bookr{% endblock %}
4
5 {% block heading %}Profile{% endblock %}
6
7 {% block content %}
8
9 <style>
```

读者可访问 http://packt.live/3btvSJZ 查看该文件的完整代码。

通过添加最近查看过的图书列表，当前练习增强了概要页面。当访问 http://127.0.0.1:8000/accounts/profile/处的登录链接后，对应页面如图 9.16 所示。

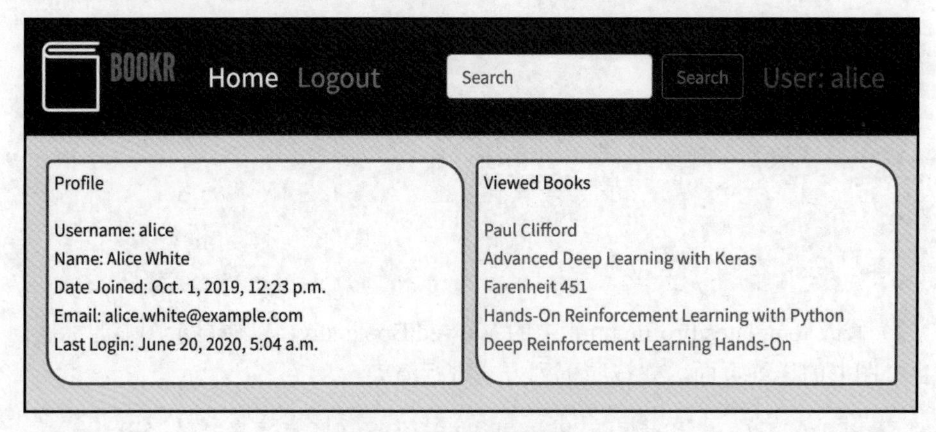

图 9.16　最近查看过的图书

我们可以使用在练习 9.05 中开发的 session_info.py 脚本来检查这个特性实现后用户的会话。它可以在命令行中通过将会话数据作为参数来调用，如下所示。

```
python session_info.py <session_data>
```

可以看到，viewed_books 键中列出了图书 ID 和书名，如图 9.17 所示。记住，编码的数据是通过查询 SQLite 数据库中的 django_session 表来获得的。

```
> python session_info.py 'clbdr0hg5gzszlnif987ir31cpvw327r|MTg2OTUzMGM3YjY3
YzhkOWFiODMyYjJkY2JjZDczNWZiMTY0MjIwZDp7Il9hdXRoX3VzZXJfaWQiOiI2IiwiX2F1dGh
fdXNlcl9iYWNrZW5kIjoiMphipmdvLmNvbnRyaWIuYXV0aC5iYWNrZW5kcy5Nb2RlbEJhY2tlbm
QiLCJfYXV0aF91c2VyX2hhc2giOiI1MDkzMzQwNjY2YmQxNmZ1ZDQ1YmI5ODU0Y2QzM2U0NmZlY
jI1Zjk4Iiwidmlld2VkX2Jvb2tzIjpbWzE3LCJQYXVsIENsaWZmb3JkIl0sWzEsIkFkdmFuY2Vk
IERlZXAgTGVhcm5pbmcgd2l0aCBLZXJhcyJdLFsxMywiRmFyZW5oZWl0IDQ1MSJdLFs2LCJIYW5
kcy1PbiBSZWluZm9yY2VtZW50IExlYXJuaW5nIHdpdGggUH10aG9uIl0sWzQsIkRlZXAgUmVpbm
ZvcmNlbWVudCBMZWFybmluZyBIYW5kcy1PbiJdXSwic2VhcmNoX2hpc3RvcnkiOltbImNvbnRya
WJ1dG9yIiwiMTk4NCJdXX0='
{   '_auth_user_backend': 'django.contrib.auth.backends.ModelBackend',
    '_auth_user_hash': '5093340666bd16fed45bb9854cd33e46feb25f98',
    '_auth_user_id': '6',
    'viewed_books': [   [17, 'Paul Clifford'],
                        [1, 'Advanced Deep Learning with Keras'],
                        [13, 'Farenheit 451'],
                        [6, 'Hands-On Reinforcement Learning with Python'],
                        [4, 'Deep Reinforcement Learning Hands-On']]}
> ▌
```

图 9.17　查看后的图书存储于会话数据中

在本练习中，我们使用了 Django 的会话机制来存储用户与 Django 项目交互的临时信息。我们已经了解了如何从用户会话中检索这些信息，并将其显示在通知用户最近操作的视图中。

操作 9.02　针对图书搜索页面使用会话存储

会话是存储短期信息的有用方法，有助于维护站点上的有状态体验。用户经常会重新访问诸如搜索表单的页面，当返回这些页面时，存储他们最近使用过的表单设置会很方便。在第 3 章中，我们为 bookr 项目开发了一个图书搜索功能。图书搜索页面包含两个 Search in 选项 Title 和 Contributor。当前每次访问页面时，默认为 Title，如图 9.18 所示。

Search for Books

Search:

Search in: Title

Search

图 9.18　图书搜索表单中的 Search 和 Search in

在该操作中，我们将使用会话存储，这样当访问图书搜索页面/book search 时，该页面将默认为最近使用的搜索选项。此外，我们还将向概要页面添加第三个 infocell，其中包含最近使用的搜索词的链接列表。具体步骤如下。

（1）编辑 book_search 视图，并从会话中检索 search_history。

（2）当表单接收到有效输入，且用户处于登录状态时，向会话的搜索历史列表中添加搜索选项和搜索文本。

在表单还没有被填充的情况下（例如，当页面第一次被访问时），通过之前使用的 Search in 选项（即 Title 或 Contributor）来渲染表单，如图 9.19 所示。

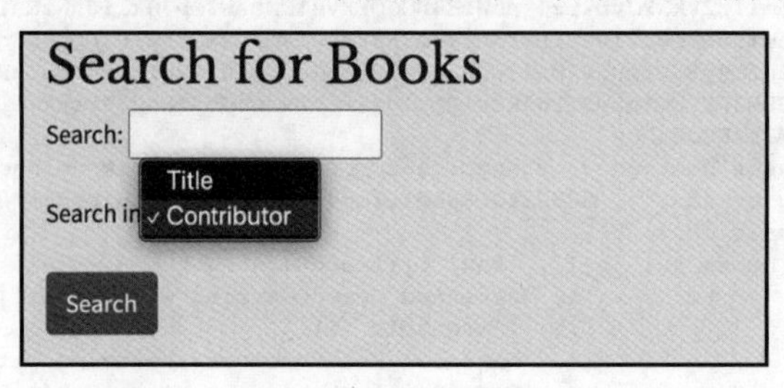

图 9.19　在搜索页面中选择 Contributor

（3）在概要模板中，为 Search History 包含一个额外的 infocell 分区。

（4）将搜索历史作为一系列图书搜索页面的链接列出。链接的形式是/book-search?search=Python&search_in=title。

该操作将挑战如何应用会话数据来解决 Web 表单中的可用性问题。这种方法将适用于许多现实情况，并将让你了解在创建有状态 Web 体验时如何使用会话。在完成该操作后，概要页面将包含第 3 个 infocell，如图 9.20 所示。

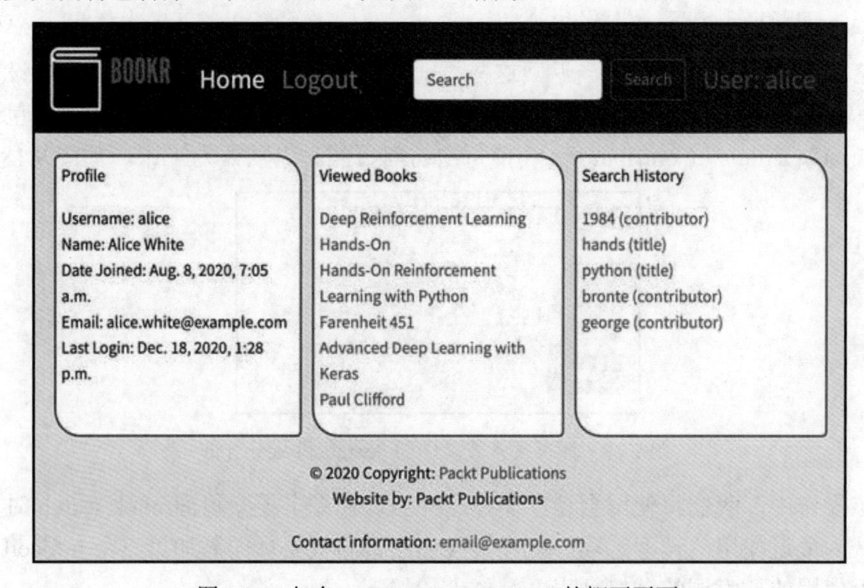

图 9.20　包含 Search History infocell 的概要页面

注意：

读者可访问 http://packt.live/2Nh1NTJ 查看该操作的完整解决方案。

9.4 本章小结

本章考查了身份验证和会话的 Django 中间件实现。我们学习了如何将身份验证和权限逻辑整合至视图和模板中。此外，我们可以在特定页面上设置权限，并将其访问限定在经过身份验证的用户。我们还研究了如何在用户会话中存储数据并在后续页面中渲染数据。

当前，你已经掌握了定制 Django 项目以提供个性化 Web 体验的技能，并且可以将内容限制为经过身份验证或持有特殊权限的用户，还可以根据用户以前的交互过程个性化他们的体验。第 19 章将再次考查管理应用程序，并通过一些高级技术定制用户模型，并将细粒度的更改应用于模型的管理界面。

第 10 章　高级 Django 管理和定制

本章将介绍 Django Admin 站点的高级定制行为，进而可以定制 Django Admin 仪表板的外观，使其与 Web 项目的其他部分相融合。我们将看到如何将新的特性和功能添加到 Web 项目的 Django 管理界面中，使其更强大，更适合项目目标。这些自定义是由添加的自定义模板驱动的，这些模板有助于修改现有页面的外观。这些自定义模板还添加了新的视图，可以帮助扩展 Admin 仪表板的默认功能。在完成本章的学习后，你不仅可以自定义界面，还可以掌握基于 Django 的管理页面的功能。

10.1　简　　介

假设想要定制一个大型机构的管理站点的首页，希望显示组织中不同系统的健康状况，并查看任何处于活动状态的高优先级警报。如果这是一个构建在 Django 之上的内部网站，我们需要对其进行定制。添加这些功能需要 IT 团队中的开发人员定制默认的管理面板，并创建自己的自定义 AdminSite 模块，该模块将渲染与默认管理站点提供的索引页面不同的索引页面。幸运的是，Django 使这些定制行为变得很容易。

本章将考查如何利用 Django 的框架及其可扩展性来定制 Django 的默认管理界面（见图 10.1）。其间，我们不仅要学习如何使界面更加个性化，还将学习如何控制管理站点的各个方面，使 Django 加载一个自定义管理站点，而不是默认框架附带的管理站点。当打算在管理站点中引入默认情况下不存在的特性时，这样的自定义行为即可派上用场。

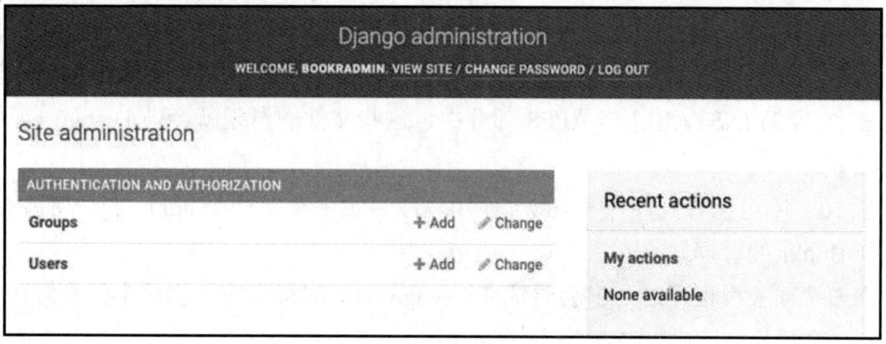

图 10.1　默认的 Django 管理面板界面

本章将在第 4 章的基础上完成。简单回顾一下，我们已经学习了如何使用 Django 管理站点来控制 Bookr 应用程序的管理和授权。此外，我们还学习了如何注册模型来阅读和编辑它们的内容，以及如何使用 admin.site 属性定制 Django 的管理界面。接下来，我们将进一步扩展所学的知识，并考查如何开始使用 Django 的 AdminSite 模块为 Web 应用程序的管理门户添加强大的新功能以定制管理站点。

10.2　定制管理站点

Django 作为一个 Web 框架，为构建 Web 应用程序提供了很多自定义选项。当针对项目构建管理应用程序时，我们将采用 Django 提供的同样的内容。

前述内容介绍了如何使用 admin.site 属性来定制 Django 管理界面的元素。但是，如果需要对管理站点的行为进行更多的控制，情况又当如何？例如，假设想要为登录页面（或注销页面）使用一个自定义模板，以便在用户访问 Bookr 管理面板时向他们予以显示。在这种情况下，提供的 admin.site 属性可能还有所欠缺，我们需要构建可以扩展默认管理站点行为的自定义内容。幸运的是，这可以通过从 Django 的管理模型中扩展 AdminSite 类轻松实现。但是在开始构建管理站点之前，让我们先了解 Django 是如何发现管理文件的，以及如何使用这个管理文件发现机制在 Django 内部构建一个新的应用程序，并作为我们的管理站点应用程序。

10.2.1　在 Django 中发现管理文件

当在 Django 项目中构建应用程序时，我们经常会使用 admin.py 文件来注册模型或创建 ModelAdmin 类，这些类在管理界面中负责自定义与模型的交互。admin.py 文件将存储这些信息，并将这些信息提供给项目的管理界面。一旦将 django.contrib.admin 添加到 settings.py 文件的 INSTALLED_APPS 部分中，这些文件的发现就会被 Django 自动影响，如图 10.2 所示。

在图 10.2 中可以看到，在 reviews 应用程序目录下存在一个 admin.py 文件，Django 以此定制 Bookr 的管理站点。

当添加管理应用程序时，它会尝试在 Django 项目的每个应用程序中找到管理模块，如果找到一个模块，它会从该模块中加载内容。

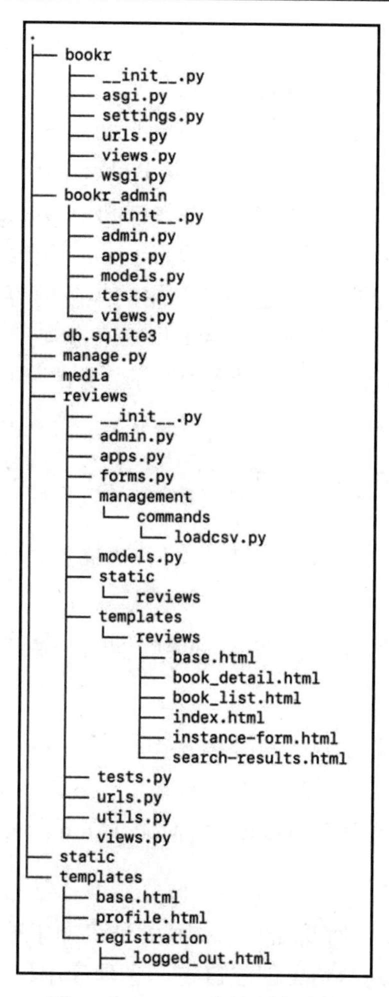

图 10.2　Bookr 应用程序结构

10.2.2　Django 的 AdminSite 类

在开始定制 Django 的管理站点之前，首先需要理解如何生成和处理默认的管理站点。

为了提供默认的管理站点，Django 打包了一个名为 admin 模块的模块，它包含一个名为 AdminSite 的类。这个类实现了很多有用的功能和智能默认值，Django 社区认为，对于大多数 Django 网站来说，实现一个有用的管理面板非常重要。默认的 AdminSite 类提供了许多内置属性，这些属性不仅控制默认管理站点在 Web 浏览器中渲染的外观，而且还控制我们与它交互的方式，以及特定的交互将如何生成操作。其中一些默认值包括站点模板属性，如显示在站点头中的文本，显示在 Web 浏览器标题栏中的文本，与 Django 的 auth 模块集成以验证管理站点，以及许多其他属性。

在为 Django Web 项目构建自定义管理站点的过程中，保留很多已经内建于 Django AdminSite 类中的有用功能是非常可取的。这就是 Python 面向对象编程的概念的有利之处。

当开始创建我们的自定义管理站点时，将尝试利用 Django 默认的 AdminSite 类提供的现有有用功能集。为此，我们将创建一个新的子类，该类继承自 Django 的 AdminSite 类，以利用 Django 已经提供的现有功能集和有用的集成内容，而不是从头开始构建所有内容。这种方法使我们能够专注于向自定义管理站点添加一组新的有用的功能，而不是花时间从头开始实现基本功能。例如，下面的代码片段展示了如何创建 Django AdminSite 类的子类。

```
class MyAdminSite(admin.AdminSite):
    ...
```

为了处理 Web 应用程序的自定义管理站点，首先通过自定义 AdminSite 类覆盖 Django 管理面板的一些基本属性。

这里，可以覆盖的一些属性包括 site_header、site_title 等。

注意：

在创建自定义管理站点时，必须再次注册之前使用默认 adminsite 变量注册过的任何 Model 和 ModelAdmin 类。这是因为自定义管理站点不会从 Django 提供的默认管理站点继承实例细节，所以除非重新注册 Model 和 ModelAdmin 接口，否则自定义管理站点将不会显示它们。

现在，在了解了 Django 如何发现要加载到管理界面中的内容，以及如何开始构建自定义管理站点后，下面继续为 Bookr 创建自定义管理应用程序，它扩展了 Django 提供的现有管理模块。在接下来的练习中，我们将使用 Django 的 AdminSite 类为 Bookr 应用程序创建一个自定义管理站点接口。

练习 10.01　针对 Bookr 创建自定义管理站点

在本练习中，我们将创建扩展了默认 Django 管理站点的新应用程序，并可自定义界面的组件。因此，我们将自定义 Django 管理面板的默认标题。完成之后，我们将覆盖 Django 的 admin.site 属性的默认值，以指向自定义管理站点。

（1）在开始处理自定义管理站点之前，需要确保我们处于项目的正确目录中，并可以从该目录中运行 Django 应用程序的管理命令。为此，使用终端或 Windows 命令提示符访问 bookr 目录，然后通过运行以下命令创建一个名为 book_admin 的新应用程序，该应用程序将作为 Bookr 的管理站点。

```
python3 manage.py startapp bookr_admin
```

一旦成功地执行上述命令，我们就会在项目中生成一个名为 bookr_admin 的新目录。

（2）在配置了默认结构后，下一步是创建一个名为 BookrAdmin 的新类，它将扩展 Django 提供的 AdminSite 类，以继承默认管理站点的属性。对此，在 PyCharm 内，打开 book_admin 目录下的 admin.py 文件。一旦文件被打开，就会看到文件里面已经包含了下面的代码片段。

```
from django.contrib import admin
```

保持 import 语句不变。从下一行开始，创建一个名为 BookrAdmin 的新类，该类继承了前面导入的 admin 模块提供的 AdminSite 类。

```
class BookrAdmin(admin.AdminSite):
```

在新的 BookrAdmin 类中，覆盖 site_header 变量的默认值，该变量负责在 Django 的管理面板中通过设置 site_header 属性来渲染站点头，如下所示。

```
site_header = "Bookr Administration"
```

据此，我们定义了自定义管理站点。当使用该类时，首先需要创建该类的实例，如下所示。

```
admin_site = BookrAdmin(name='bookr_admin')
```

（3）保存文件，但不要关闭文件〔步骤（6）将再次访问该文件〕。接下来编辑 bookr 应用程序中的 urls.py 文件。

（4）根据定义的自定义类，接下来将调整 urlpatterns 列表，并将项目中的/admin 端点映射至所创建的新的 AdminSite 类中。对此，在 PyCharm 中打开 Bookr 项目下的 urls.py 文件，并将/admin 端点的映射修改为指向自定义站点。

```
from bookr_admin.admin import admin_site

urlpatterns = [….,\
               path('admin/', admin_site.urls)]
```

首先从 book_admin 应用程序的 admin 模块中导入 admin_site 对象。然后，使用该对象的 urls 属性映射到应用程序的 admin 端点上，如下所示。

```
path('admin/', admin_site.urls)
```

此时，admin_site 对象的 urls 属性被 Django 的 admin 模块提供的 admin.AdminSite 基

类自动填充。一旦完成，urls.py 文件就会如 http://packt.live/3qjx46J 所示。

（5）根据完成后的配置内容，下面将在浏览器中运行管理程序。对此，在 manage.py 文件所在的项目根目录下运行以下命令。

```
python manage.py runserver localhost:8000
```

随后导航至 http://localhost:8000/admin（或 http://127.0.0.1:8000/admin），打开后的页面如图 10.3 所示。

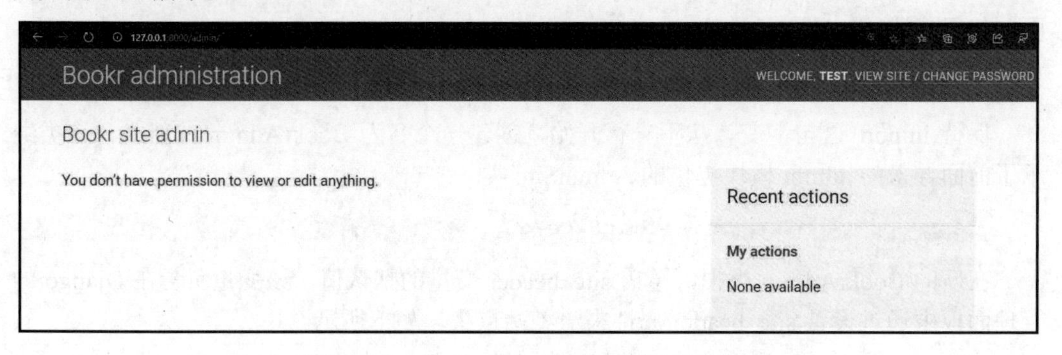

图 10.3　自定义 Bookr 管理网站的主页视图

在图 10.3 中可以看到，Django 显示了一条消息，即 You don’t have permission to view or edit anything。之所以会出现没有足够权限的问题，是因为到目前为止，还没有向自定义 AdminSite 实例注册任何模型。这个问题同样适用于随 Django auth 模块一起发布的 User 和 Groups 模型。因此，让我们通过从 Django 的 auth 模块中注册 User 模型，以让自定义管理站点更加实用。

（6）当注册 Django 的 auth 模块中的 User 模型时，在 PyCharm 中打开 bookr_admin 目录下的 admin.py 文件，并在该文件上方添加下列代码行。

```
from django.contrib.auth.admin import User
```

在文件结尾处，使用 BookrAdmin 实例注册模型，如下所示。

```
admin_site.register(User)
```

当前，admin.py 文件如下所示。

```
from django.contrib import admin
from django.contrib.auth.admin import User

class BookrAdmin(admin.AdminSite):
    site_header = "Bookr Administration"
```

```
admin_site = BookrAdmin(name='bookr_admin')
admin_site.register(User)
```

一旦结束后，重载 Web 服务器并访问 http://localhost:8000/admin。当前，应该能够看到 User 模型显示在管理界面中以供编辑，如图 10.4 所示。

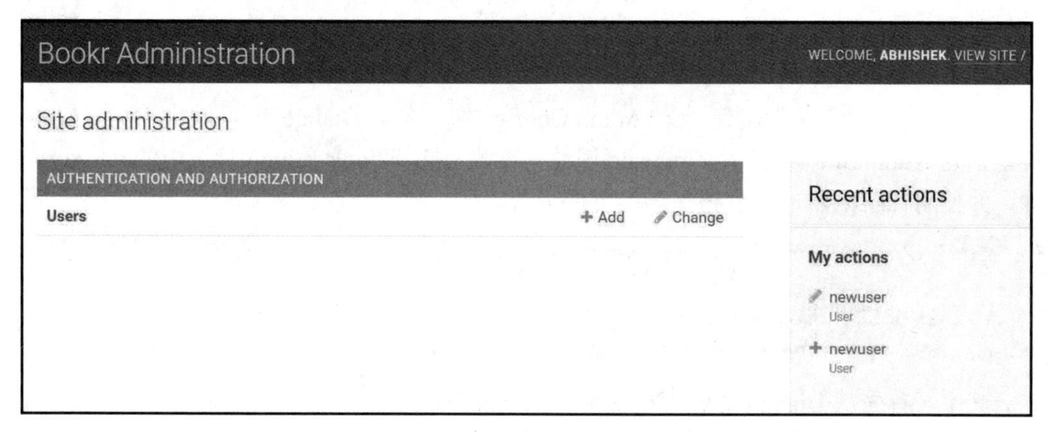

图 10.4　在 Bookr 管理站点上，显示注册模型的主页

据此，我们创建了管理站点应用程序，并验证了以下事实：自定义站点包含不同的标题，即 Bookr Administration。

10.2.3　覆盖默认的 admin.site

在 10.2.1 节中，在创建了自己的 AdminSite 应用程序后，我们看到必须手动注册模型。这是因为，在自定义管理站点之前构建的大多数应用程序仍然使用 admin.site 属性来注册它们的模型。如果打算使用 AdminSite 实例，则需要更新所有这些应用程序并使用我们的实例。如果一个项目中有很多应用程序，这可能会变得很麻烦。

幸运的是，我们可以通过覆写默认的 admin.site 属性来避免这种额外的负担。为此，首先必须创建一个新的 AdminConfig 类，它将覆盖默认的 admin.site 属性，这样应用程序就被标记为默认的管理站点，从而覆盖项目中的 admin.site 属性。在下一个练习中，我们将研究如何将自定义管理站点映射为应用程序的默认管理站点。

练习 10.02　覆写默认的管理站点

在本练习中，我们将使用 AdminConfig 类覆写默认的项目管理站点，从而可继续使用默认的 admin.site 变量注册模型、覆写站点属性等。

（1）打开 book_admin 目录下的 admin.py 文件，并删除对 User 模型和 BookrAdmin 实例创建的导入语句〔练习 10.01 步骤（6）中所编写的内容〕。待完成后，文件内容应如下所示。

```
from django.contrib import admin

class BookrAdmin(admin.AdminSite):
    site_header = "Bookr Administration"
```

（2）为自定义站点创建一个 AdminConfig 类，这样 Django 就可以将 BookrAdmin 类识别为 AdminSite 并覆盖 admin.site 属性。对此，打开 book_admin 目录中的 apps.py 文件，并使用如下所示的内容覆盖该文件的内容。

```
from django.contrib.admin.apps import AdminConfig

class BookrAdminConfig(AdminConfig):
    default_site = 'bookr_admin.admin.BookrAdmin'
```

其中，首先从 Django 的管理模块中导入 AdminConfig 类。该类用来定义用作默认管理站点的应用程序，也用来覆盖 Django 管理站点的默认行为。

对于当前用例，我们创建了一个名为 BookrAdminConfig 的类，该类作为 Django AdminConfig 类的子类，并覆盖 default_site 属性以指向 BookrAdmin 类，即自定义管理站点。

```
default_site = 'bookr_admin.admin.BookrAdmin'
```

完成此操作后，需要将应用程序设置为 Bookr 项目中的管理应用程序。对此，打开 Bookr 项目的 settings.py 文件，在 INSTALLED_APPS 部分，将'reviews.apps.ReviewsAdminConfig'替换为'bookr_admin.apps.BookrAdminConfig'。当前，settings.py 文件如 http://packt.live/3siv1lf 所示。

（3）在将应用程序映射为管理应用程序后，最后一步涉及修改 URL 映射，以便'admin/'端点使用 admin.site 属性找到正确的 URL。为此，打开 bookr 项目下的 urls.py 文件。考查 urlpatterns 列表中的以下条目。

```
path('admin/', admin_site.urls)
```

将上述条目替换为下列内容。

```
from django.contrib import admin

urlpatterns = [....\
```

```
    path('admin/', admin.site.urls)]
```

记住，admin_site.urls 是一个模块，而 admin.site 则是一个 Django 内部属性。

完成上述步骤后，重新加载 Web 服务器，并通过访问 http://localhost:8000/admin 检查管理站点是否加载。如果加载的网站看起来如图 10.5 所示，那么我们将拥有自己的自定义管理应用程序，并用于管理界面。

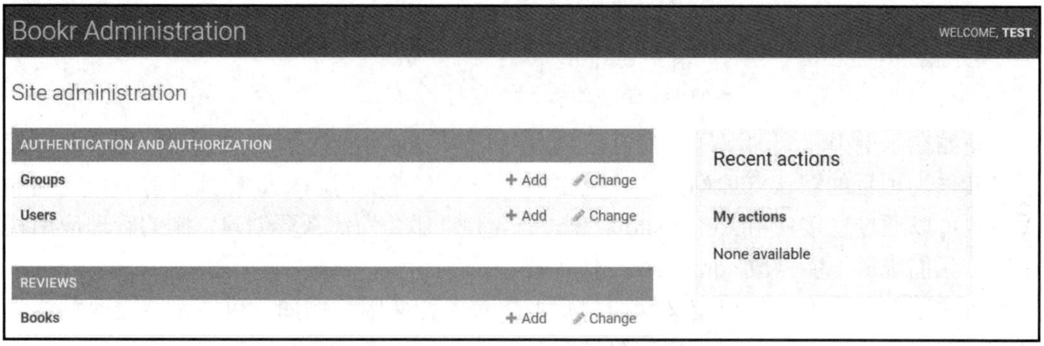

Bookr Administration　WELCOME, TEST.

Site administration

AUTHENTICATION AND AUTHORIZATION		
Groups	+ Add	Change
Users	+ Add	Change

REVIEWS		
Books	+ Add	Change

Recent actions

My actions

None available

图 10.5　自定义 Bookr 管理站点的主页视图

可以看到，一旦使用管理应用程序覆盖了 admin.site，之前使用 admin.site.register 属性注册的模型就会开始自动显示。

这样，我们就拥有了一个自定义的基础模板，并可以此构建 Django 管理自定义的其余部分。随着本章内容的深入，我们还将发现一些有趣的自定义，这些自定义内容允许将管理仪表板作为应用程序的集成部分。

10.2.4　利用 admin.site 属性自定义管理站点文本

正如可以使用 admin.site 属性为 Django 应用程序定制文本一样，我们也可以使用 AdminSite 类公开的属性来定制这些文本。在练习 10.02 中，我们考查了如何更新管理站点的 site_header 属性。类似地，还有许多其他属性可以修改，一些可以被覆盖的属性描述如下。

- site_header：显示在每个管理页面上方的文本（默认为 Django Administration）。
- site_title：显示在浏览器标题栏中的文本（默认为 Django Admin Site）。
- site_url：用于 View Site 选项的链接（默认为/）。当站点在自定义路径上运行，并且重定向应将用户直接带至子路径时，该属性将被覆盖。
- index_title：显示在管理应用程序的索引页面上的文本（默认为 Site administration）。

关于 admin.site 属性的更多信息，读者可参考 Django 官方文档，对应网址为 https://docs.djangoproject.com/en/3.1/ref/contrib/admin/#adminsite-attributes。

如果打算在自定义管理站点中覆盖这些属性，对应过程十分简单。

```
class MyAdminSite(admin.AdminSite):
    site_header = "My web application"
    site_title = "My Django Web application"
    index_title = "Administration Panel"
```

正如在示例中看到的那样，我们已经为 Bookr 创建了一个自定义管理应用程序，然后将其作为项目的默认管理站点。这里出现了一个有趣的问题。既然到目前为止定制的属性也可以通过直接使用 admin.site 对象进行定制，那么为什么要创建定制的管理应用程序呢？我们难道不能修改 admin.site 属性吗？

事实证明，人们选择自定义管理网站可能有多种原因。例如，可能希望更改默认管理站点的布局，使其与应用程序的整体布局保持一致。在为内容同质性非常重要的企业创建 Web 应用程序时，这是非常常见的。下面是一个简短的需求列表，可能会迫使开发人员继续构建一个自定义管理站点，而不是简单地修改 admin.site 变量的属性。

- 需要覆盖管理界面的索引模板。
- 需要覆盖登录或注销模板。
- 需要向管理界面中添加自定义视图。

10.2.5　自定义管理站点模板

就像一些可自定义的常见文本，如 site_header 和 site_title，它们出现在管理站点中。Django 也允许自定义模板，通过在 AdminSite 类中设置某些属性，这些模板用于在管理站点中渲染不同的页面。

这些定制行为可以包括对用于渲染索引页、登录页、模型数据页等的模板的修改。通过利用 Django 提供的模板系统，这些定制可以很容易地被完成。例如，下面的代码片段展示了如何向 Django 管理仪表板中添加一个新模板。

```
{% extends "admin/base_site.html" %}

{% block content %}
    <!-- Template Content -->
{% endblock %}
```

在这个自定义模板中，我们需要了解几个重要的方面。

当通过修改仪表板内某些页面的显示方式，或向仪表板中添加一组新页面来定制现有的 Django 管理仪表板时，可能不想为了维护 Django 管理仪表板的基本外观而重新编写每一段 HTML。

通常，在定制管理仪表板时，我们希望保留 Django 组织仪表板上显示的不同元素的布局，这样就可以专注于修改页面中对我们重要的部分。这个页面的基本布局，以及一些常见的页面元素，如页眉和页脚，都是在 Django 管理的基本模板中定义的，这个模板也是默认 Django 管理网站中所有页面的主模板。

为了保持 Django 管理页面中公共元素的组织和渲染方式，需要从这个基本模板中进行扩展。这样，自定义模板页面提供的用户体验与 Django 管理仪表板中的其他页面保持一致。这可以通过使用模板扩展标签，并从 Django 提供的 admin 模块中扩展 base_site.html 模板来实现。

```
{% extends "admin/base_site.html" %}
```

待完成后，下一部分是为自定义模板定义自己的内容。Django 提供的 base_site.html 模板提供了一个基于块的占位符，供开发人员向模板中添加自己的内容。当添加内容时，开发人员必须将用于页面的自定义元素的逻辑放在{% block content %}标记中。这基本上覆盖了 base_site.html 模板中{% block content %}标签定义的任何内容，同时遵循 Django 中模板继承的概念。

接下来将考查如何定制模板。在用户单击管理模板中的 Logout 按钮后，该模板用于显示注销页面。

练习 10.03　针对 Bookr 管理站点自定义注销模板

在本练习中，我们将定制用户单击管理站点上的 Logout 按钮后渲染注销页面的模板。这种覆盖行为在银行网站上可以派上用场。一旦用户单击 Logout 按钮，银行就可能希望向用户显示一个页面，其中详细说明如何确保安全关闭他们的银行会话。

（1）在之前创建的 templates 目录中，创建另一个名为 admin 的目录，该目录用于存储自定义管理站点的模板。

注意：

在继续后续操作之前，确保 templates 目录被添加至 settings.py 文件（位于 bookr/project 下）的 DIRS 列表中。

（2）目录结构设置完成，Django 配置加载模板，下一步涉及编写想要渲染的自定义注销模板。为此，可在步骤（1）中创建的 templates/admin 目录下创建一个名为 logout.html 的新文件，并向其中添加以下内容。

```
{% extends "admin/base_site.html" %}

{% block content %}
<p>You have been logged out from the Admin panel. </p>
<p><a href="{% url 'admin:index' %}">Login Again</a> or
   <a href="{{ site_url }}">Go to Home Page</a></p>
{% endblock %}
```

在上述代码片段中，首先对于自定义注销模板，我们将采用与 django.contrib.admin 模块提供的相同的主布局。所以，考虑下列代码。

```
{% extends "admin/base_site.html" %}
```

对此，Django 会尝试在 django.contrib.admin 模块提供的 templates 目录中找到并加载 admin/base_site.html 模板。

现在，我们的基本模板都设置为扩展，接下来将尝试通过执行以下命令覆盖内容块的 HTML。

```
{% block content %}
…
{% endblock %}
```

根据所定义的设置项，admin:index 和 site_url 值将自动由 AdminSite 类提供。

通过使用 admin:index 和 site_url 值，我们创建了 Login Again 超链接。当单击该超链接时，将把用户带回至登录表单；当单击 Go to Home Page 链接时，则将把用户带回至网站的主页。读者可访问 http://packt.live/3oIGQPo 查看该文件的完整内容。

（3）在定义了自定义模板后，接下来将在自定义管理站点中使用这个自定义模板。对此，打开 book_admin 目录下的 admin.py 文件，并在 BookrAdmin 类中添加以下字段作为最终值。

```
logout_template = 'admin/logout.html'
```

保存文件。读者可访问 http://packt.live/3oHHsVz 查看该文件的完整内容。

（4）在结束了上述各步骤后，接下来通过运行下列命令启动开发服务器。

```
python manage.py runserver localhost:8000
```

随后导航至 http://localhost:8000/admin。

尝试登录并单击 Logout 按钮。待注销后，将会看到如图 10.6 所示的渲染页面。

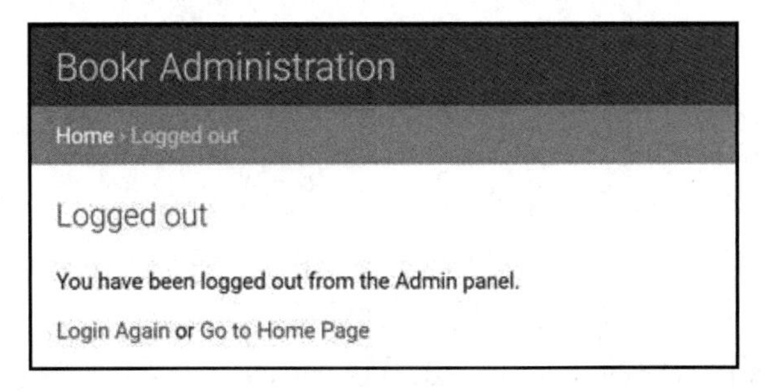

图 10.6　单击 Logout 按钮后向用户渲染的注销视图

据此，我们成功地覆盖了第一个模板。类似地，我们还可覆盖 Django 管理面板中的其他模板，如索引视图和登录表单的模板。

10.3　向管理站点中添加视图

就像 Django 内部的一般应用程序可以有多个视图相关联一样，Django 也允许开发人员向管理站点中添加自定义视图。这允许开发人员扩大管理站点界面可操作的的范围。

相应地，将视图添加到管理站点的能力为网站的管理面板提供了较大的可扩展性，并适用于多种场合。例如，正如在本章开始时所讨论的，大型组织的 IT 团队可以向管理站点中添加自定义视图，然后该视图可以用来监视组织中不同 IT 系统的健康状况，并为 IT 团队提供快速查看需要处理的紧急警报的能力。

这里的问题是，如何向管理网站中添加自定义视图？

事实证明，在管理模板中添加一个新视图非常容易，并且遵循了为应用程序创建视图时使用的相同方法，只是做了一些小的修改。稍后将考查如何向 Django 管理仪表板中添加一个新视图。

10.3.1　创建视图函数

向 Django 应用程序中添加新视图的第一步是创建一个实现了视图处理逻辑的视图函数。在前述章节中，我们在一个名为 views.py 的单独文件中创建了视图函数，该文件用于保存所有基于方法和基于类的视图。

当向 Django 管理仪表板中添加一个新视图时，需要在自定义 AdminSite 类中定义一个新的视图函数。例如，要添加一个显示组织内部不同 IT 系统健康状况的页面的新视图，需要在自定义 AdminSite 类实现中创建一个名为 system_health_dashboard()的新视图函数，如下面的代码片段所示。

```
class SysAdminSite(admin.AdminSite):
    def system_health_dashboard(self, request):
        # View function logic
```

在视图函数中，我们可以执行生成视图的操作，并最终使用响应结果渲染模板。在这个视图函数中，存在一些需要确保正确实现的重要的逻辑。

首先是针对视图函数中的 request 字段设置 current_app 属性。为了让模板中的 Django 的 URL 解析器正确解析应用程序的视图函数，这一个步骤不可或缺。为了在刚刚创建的自定义视图函数中设置这个值，此处需要设置 current_app 属性，如下面的代码片段所示。

```
request.current_app = self.name
```

self.name 字段由 Django 的 AdminSite 类自动填充，且不需要显式地初始化它。这样，最小自定义视图实现将如下列代码片段所示。

```
class SysAdminSite(admin.AdminSite):
    def system_health_dashboard(self, request):
        request.current_app = self.name
        # View function logic
```

10.3.2　访问常见的模板变量

在创建自定义视图函数时，可能需要访问常见的模板变量，例如 site_header 和 site_title，以便在与视图函数关联的模板中正确地渲染它们。事实证明，使用 AdminSite 类提供的 each_context()方法可以很容易地实现这一点。

AdminSite 类的 each_context()方法接收一个参数 request（即当前请求上下文），并返回被插入所有管理站点模板中的模板变量。

例如，如果打算访问自定义视图函数中的模板变量，可实现下列代码片段。

```
def system_health_dashboard(self, request):
    request.current_app = self.name
    context = self.each_context(request)
    # view function logic
```

each_context()方法返回的值是一个字典，其中包含了变量和关联值。

10.3.3　映射自定义视图的 URL

定义了视图函数之后，下一步涉及将该视图函数映射到一个 URL 上，以便用户可以访问它，或允许其他视图链接到它。对于 AdminSite 内定义的视图，映射到视图的 URL 由 AdminSite 类实现的 get_urls()方法加以控制。get_urls()方法返回映射到 AdminSite 视图的 urlpatterns 列表。

如果想为自定义视图添加 URL 映射，首选的方法包括覆盖自定义 AdminSite 类中的 get_urls()的实现，并于此处添加 URL 映射。下面的代码片段演示了这种方法。

```
class SysAdminSite(admin.AdminSite):
    def get_urls(self):
        base_urls = super().get_urls(). # Get the existing set of URLs
        # Define our URL patterns for custom views
        urlpatterns = [path("health_dashboard/"),\
                             (self.system_health_dashboard)]
        # Return the updated mapping
        return base_urls + urlpatterns.
```

get_urls()方法通常由 Django 自动调用，不需要对它执行任何手动处理。

完成此操作后，最后一步应确保自定义管理视图只能通过管理站点访问，非管理用户不能访问它。

10.3.4　限制自定义视图到管理站点

如果完全遵循了前述小节中的各项步骤，那么当前即拥有了一个可以使用的自定义 AdminSite 视图。然而，这里存在一个问题，即任何不在管理站点上的用户也可以直接访问这个视图。

为了确保不出现这种情况，需要将此视图限制为管理站点。这可以通过在 admin_view()调用中封装 URL 路径来实现，如下面的代码片段所示。

```
urlpatterns = [self.admin_view\
              (path("health_dashboard/"),\
              (self.system_health_dashboard))]
```

admin_view 函数确保提供给它的路径仅限于管理仪表板，并且非管理权限的用户不可以访问它。

接下来向管理站点中添加新的自定义视图。

练习 10.04　向管理站点添加自定义视图

在本练习中，我们将向管理站点添加一个自定义视图，该视图将渲染用户概要信息，并向用户显示修改其电子邮件或添加新概要信息图像的选项。当构建自定义视图时，具体步骤如下。

（1）打开 book_admin 目录下的 admin.py 文件，并添加以下导入语句。这些将是在管理站点应用程序中构建自定义视图所必需的。

```
from django.template.response import TemplateResponse
from django.urls import path
```

（2）打开 bookr_admin 目录下的 admin.py 文件，并在 BookrAdmin 类中创建一个名为 profile_view 的新方法，该方法将一个 request 变量作为参数。

```
def profile_view(self, request):
```

在方法内部，获取当前应用程序的名称，并在 request 上下文中设置该名称。为此，可以使用类的 name 属性，它是由 Django 自动填充的。要获得该属性并在 request 上下文中设置它，需要添加以下代码行。

```
request.current_app = self.name
```

在将应用程序名称填充到请求上下文中之后，下一步是获取模板变量，这些变量是在管理模板中渲染内容所必需的，如 site_title、site_header 等。为此，可利用 AdminSite 类的 each_context()方法，它提供了类中管理站点模板变量的字典。

```
context = self.each_context(request)
```

一旦数据就绪，最后一步就是返回 TemplateResponse 对象，当访问映射至自定义视图的 URL 端点时，该对象将渲染自定义配置文件模板。

```
return TemplateResponse(request, "admin/admin_profile.html", \
                        context)
```

（3）现在创建了视图函数，下一步是让 AdminSite 返回将视图映射到 AdminSite 内部路径的 URL。为此，需要创建一个名为 get_urls()的新方法，该方法将覆盖 AdminSite.get_urls()方法并返回新视图的映射。这可以通过针对自定义管理站点创建的 BookrAdmin 类中创建一个名为 get_urls()的新方法来完成。

```
def get_urls(self):
```

在该方法中，首先是获取已经映射到管理端点的 URL 列表。这是必需的步骤，否则，自定义管理站点将无法加载与模型编辑页面、注销页面等相关的任何结果，以防映射丢失。要得到该映射，需要调用派生 BookrAdmin 类的基类的 get_urls()方法。

```
urls = super().get_urls()
```

在捕获基类的 URL 后，下一步是创建一个 URL 列表，该列表将自定义视图映射到管理站点中的 URL 端点。为此，我们创建了一个名为 url_patterns 的新列表，并将 profile_view 方法映射到 admin_profile 端点。对此，我们使用了 Django 中的 path 实用函数，它允许使用一个基于字符串的 API 端点路径来映射视图函数。

```
url_patterns = [path("admin_profile", self.profile_view)]
return urls + url_patterns
```

保存 admin.py 文件。读者可访问 http://packt.live/38Jlyvz 查看该文件的完整内容。

（4）在为新视图配置了 BookrAdmin 类之后，下一步是为管理概要页面创建模板。为此，在项目根目录的模板/admin 目录下创建一个名为 admin_profile.html 的新文件。在该文件中，首先添加一个 extend 标签，以确保你是从默认的管理模板中扩展的。

```
{% extends "admin/index.html" %}
```

这一步确保所有的管理模板样式表和 HTML 都可以在自定义视图模板中使用。例如，如果缺少这个 extend 标签，自定义视图将不会显示已经映射到管理站点的任何特定内容，如 site_header、site_title，或任何注销或转到另一个页面的链接。

一旦添加了扩展标记，就可以添加一个 block 标签，并为其提供内容值。这可以确保在{% block content %}…{% endblock %}段之间添加的代码覆盖了 index.html 模板中的任何值，该模板是预先打包在 Django 管理模块中的。

```
{% block content %}
```

在 block 标签中，添加所需的 HTML，并渲染本练习步骤（2）中创建的概要视图。

```
<p>Welcome to your profile, {{ username }}</p>
<p>You can do the following operations</p>
<ul>
   <li><a href="#">Change E-Mail Address</a></li>
   <li><a href="#">Add Profile Picture</a></li>
</ul>
{% endblock %}
```

读者可访问 http://packt.live/2MZhU8d 查看完整的文件内容。

（5）待完成了上述各项步骤后，运行 python manage.py runserver localhost:8000 并重载应用程序服务器，随后访问 http://localhost:8000/admin/admin_profile。

当页面打开时，对应结果如图 10.7 所示。

注意：

无论用户是否登录管理应用程序，到目前为止创建的视图都可以渲染得很好。

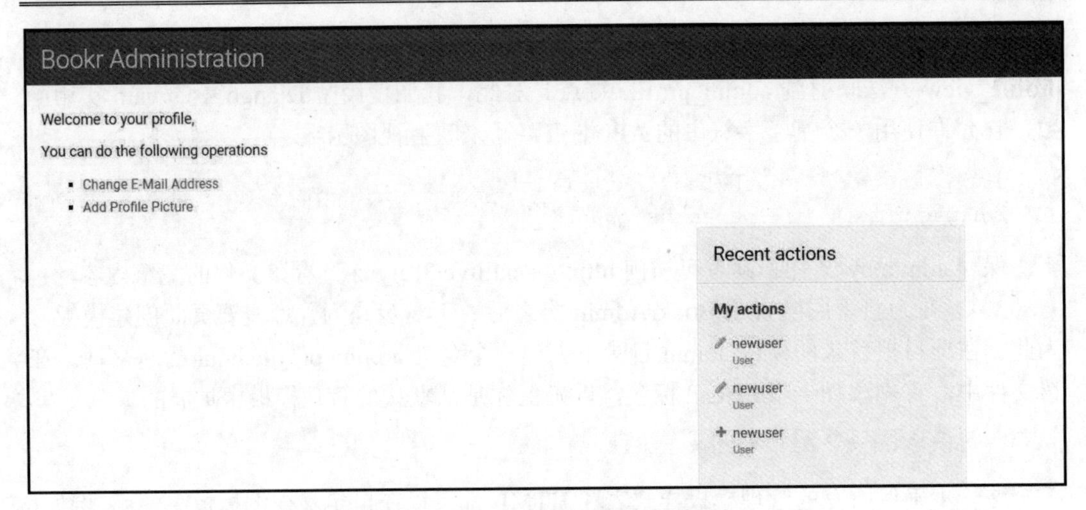

图 10.7　管理站点中的概要页面视图

为了确保该视图只能被登录的管理员访问，需要对 get_urls()方法稍作修改，该方法是在本练习的步骤（3）中定义的。

在 get_urls()方法中，修改 url_patterns 列表，如下所示。

```
url_patterns = [path("admin_profile", \
                self.admin_view(self.profile_view)),]
```

上述代码将 profile_view 方法封装在 admin_view()方法中。

AdminSite.admin_view()方法将视图限制为已登录的用户。如果当前没有登录管理站点的用户试图直接访问 URL，他们将被重定向到登录页面，只有在成功登录的情况下，用户才被允许看到自定义页面的内容。

在本练习中，通过对 Django 应用程序视图编写的理解，并将其与 AdminSite 类的上下文合并起来，我们针对管理仪表板构建了一个自定义视图。在此基础上，我们可以继续向 Django 管理中添加有用的功能以增强其实用性。

10.3.5　利用模板变量向模板中添加额外的键

在管理站点内部，传递给模板的变量值是通过使用模板变量传递的。这些模板变量由 AdminSite.each_context()方法准备并返回。

现在，你如果希望将某个值传递给管理站点的所有模板，那么可以重写 AdminSite.each_context()方法，并将所需的字段添加到 request 上下文中。接下来让我们看一个例子，看看如何实现这个结果。

考虑之前传递给 admin_profile 模板的 username 字段。如果想把它传递给自定义管理站点中的每个模板，首先需要重写 BookrAdmin 类中的 each_context()方法，如下所示。

```
def each_context(self, request):
    context = super().each_context(request)
    context['username'] = request.user.username
    return context
```

each_context()方法接收 HTTPRequest 类型的单个参数（这里不考虑 self），它用来评估某些其他值。

在重写的 each_context()方法中，我们首先调用基类 each_context()方法，以便检索管理站点的 context 字典。

```
context = super().each_context(request)
```

完成之后，接下来将 username 字段添加到 context 中，并将其值设置为 request.user.username 字段的值。

```
context['username'] = request.user.username
```

完成此操作后，剩下的最后一件事就是返回修改后的上下文。

现在，每当自定义管理站点渲染一个模板时，该模板将被传递至这个附加的用户名变量中。

操作 10.01　利用内建搜索构建自定义管理仪表板

在该操作中，我们将利用创建自定义管理站点不同方面的知识为 Bookr 构建自定义管理仪表板。该仪表板将允许用户使用图书名称或图书出版社名称搜索图书的功能，还允许用户修改或删除这些记录。

下列步骤将构建一个自定义管理仪表板，并添加使用出版社的名称搜索图书记录的功能。

（1）在 Bookr 项目中创建一个名为 bookr_admin 的应用程序，用于存储自定义管理站点的逻辑。

（2）在 bookr_admin 目录下的 admin.py 文件中，创建新类 BookrAdmin。该类继承自 Django 管理模块的 AdminSite 类。

（3）在步骤（2）新创建的 BookrAdmin 类中，为站点标题或管理仪表板的其他品牌组件添加自定义内容。

（4）在 book_admin 目录下的 apps.py 文件中，创建一个新的 BookrAdminConfig 类，

在这个新的 BookrAdminConfig 类中，将默认站点属性设置为自定义管理站点类 BookrAdmin 的全限定模块名。

（5）在 Django 项目的 settings.py 文件中，添加在步骤（4）中创建的 BookrAdminConfig 类的全限定路径，作为第一个安装的应用程序。

（6）要从 Bookr 的 reviews 应用程序中注册 Books 模型，可在评论目录中打开 admin.py 文件，并确保使用 admin.site.register(ModelClass)将 Books 模型注册到管理站点上。

（7）若允许根据出版社的名称搜索图书，可在 reviews 应用程序的 admin.py 文件中，修改 BookAdmin 类并向其添加一个名为 search_fields 的属性，其中作为字段包含了 publisher_name。

（8）要为 search_fields 属性正确获取出版社的名称，需要在 BookAdmin 类中引入一个名为 get_publisher 的新方法，该方法将从 Book 模型中返回出版社的名称字段。

（9）通过使用 admin.site.register(Book, BookModel)，确保 BookAdmin 类在 Django 管理仪表板中注册为 Book 模型的模型管理类。

完成该操作后，一旦启动应用服务器，访问 http://localhost:8000/admin 并导航到 Book 模型，你就应该能够通过出版社的名称搜索图书。如果搜索成功，将会看到如图 10.8 所示的页面。

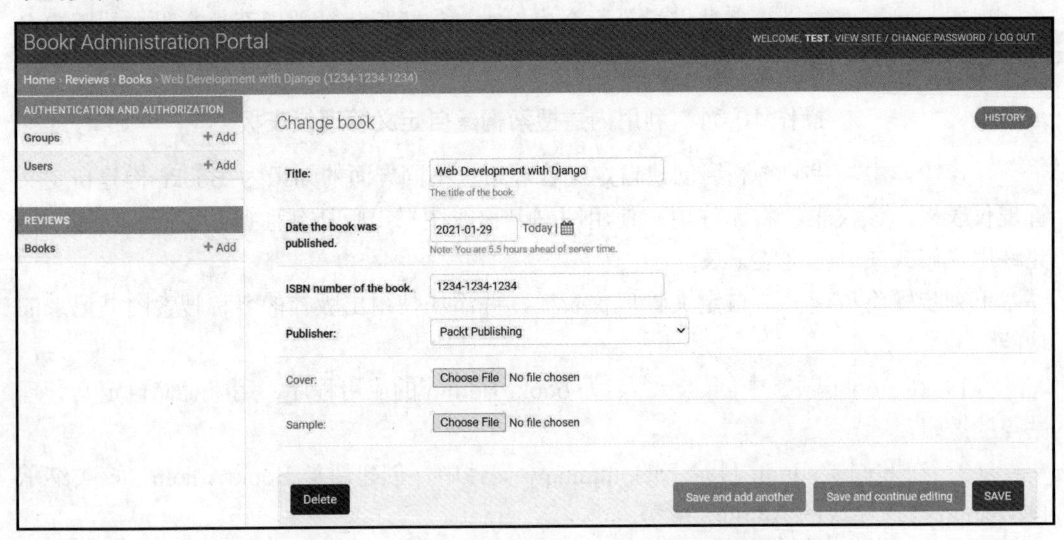

图 10.8　Bookr 管理仪表板中的图书编辑页面

注意：

读者可访问 http://packt.live/2Nh1NTJ 并查看该操作的完整解决方案。

10.4　本 章 小 结

在本章中，我们介绍了 Django 如何自定义其管理网站，即为站点的一些通用部分内容（如标题字段、标题和主页链接）提供易于使用的属性。除此之外，我们还学习了如何通过 Python 中面向对象编程的概念，以及创建 AdminSite 的子类来构建自定义管理站点。

通过实现注销页面的自定义模板，该功能得到了进一步的增强。此外，我们还了解了如何通过添加一组新的视图来增强管理仪表板的使用。

在第 11 章中，我们将在目前所学的基础上，学习如何为模板创建自己的自定义标签和过滤器。此外，使用基于类的视图，我们将获得以面向对象的方式构建视图的能力。

第 11 章　高级模板和基于类的视图

在本章中，我们将学习如何使用 Django 的模板 API 来创建自定义模板标签和过滤器。此外，我们还将编写有助于执行 CRUD 操作的基于类的视图。在本章结束时，读者将清楚地了解 Django 如何处理高级模板，以及如何构建支持基于 CRUD 的操作的自定义视图。读者将能够在 Django 内部使用类来定义视图，并且能够构建自定义标签和过滤器来补充 Django 提供的强大模板引擎。

11.1　简　　介

在第 3 章中，我们学习了如何在 Django 中构建视图和创建模板。随后，我们学习了如何使用这些视图来渲染构建的模板。在本章中，我们将通过基于类的视图扩展视图方面的开发知识，这允许我们编写可以将逻辑方法分组为单个实体的视图。在为同一个应用程序编程接口（API）端点开发映射到多个 HTTP 请求方法的视图时，此技能非常方便。使用基于方法的视图，我们可能最终会使用大量 if-else 条件来成功处理不同类型的 HTTP 请求方法。相反，基于类的视图允许我们为想要处理的每个 HTTP 请求方法定义单独的方法。然后，根据收到的请求类型，Django 负责在基于类的视图中调用正确的方法。

除了能够采用不同的开发技术构建视图，Django 还附带了强大的模板引擎。这个引擎允许开发人员为他们的 Web 应用程序构建可重用的模板。通过使用模板标签和过滤器，模板引擎的可重用性得到了进一步的增强，这有助于在模板中轻松实现常用的特性，如遍历数据列表、以给定样式格式化数据、从变量中提取一段文本予以显示，以及覆盖模板特定块中的内容。所有这些特性也扩展了 Django 模板的可重用性。

在本章的学习过程中，通过利用 Django 定义自定义模板标签和过滤器的能力，我们将了解如何扩展 Django 提供的默认模板过滤器和模板标签集。这些自定义模板标签和过滤器可以在 Web 应用程序中以可重用的方式实现一些公共功能。例如，在构建可以在 Web 应用程序中多个位置显示的用户个人资料徽章时，最好利用编写自定义模板包含标签的能力，将徽章模板插入想要的任何视图中，而不是重写徽章模板的整个代码，或为模板引入额外的复杂性。

11.2　模板过滤器

当开发模板时，开发人员通常仅需要修改模板变量的值，随后将其渲染给用户。例如，考查构建 Bookr 用户的概要页面这种情况。其中，需要显示用户阅读的图书数量。随后还需要显示一张表，其中列出用户所读的图书。

对此，我们可以将两个独立的变量从视图中传递给 HTML 模板。其中一个变量可以被命名为 books_read，它表示用户阅读的图书数量。另一个变量可以是 book_list，它包含用户所读书籍的名称列表。

```
<span class="books_read">You have read {{ books_read }} books</span>
<ul>
{% for book in book_list %}
<li>{{ book }} </li>
{% endfor %}
</ul>
```

或者也可以使用模板过滤器。Django 中的模板过滤器是简单的基于 Python 的函数，它接收变量作为参数（以及变量上下文中的任何额外数据），根据需求更改其值，随后渲染更改后的值。

现在，通过在 Django 中使用模板过滤器，我们可以在不使用两个单独变量的情况下，获得与前面代码片段相同的结果，如下所示。

```
<span class="books_read">You have read {{ book_list|length }}</span>
<ul>
{% for book in book_list %}
<li>{{ book }}</li>
{% endfor %}
</ul>
```

这里，我们使用了 Django 提供的内置 length 过滤器。此过滤器的使用会导致 book_list 变量的长度被计算并返回，然后在渲染期间将其插入 HTML 模板中。

和 length 一样，Django 中还有很多其他模板过滤器，它们都是预先打包的，可以随时使用。例如，lowercase 过滤器将文本转换为全部小写格式，last 过滤器可用于返回列表中的最后一项，json_script 过滤器可用于输出传递给模板的 Python 对象，作为 JSON 值包装在模板的<script>标签中。

注意：

关于 Django 提供的完整的模板过滤器列表，读者可参考 Django 的官方文档，对应网址为 https://docs.djangoproject.com/en/3.1/ref/templates/builtins/。

11.3　自定义模板过滤器

Django 提供了很多有用的过滤器，我们可以在开发项目时在模板中使用它们。但是，如果想要格式化一段特定的文本，并使用不同的字体渲染，情况又当如何？或者，如果想根据后端错误代码的映射将错误代码转换为用户友好的错误消息。在这些情况下，预定义的过滤器是不够的，我们希望编写自己的过滤器，以便在整个项目中重用。

幸运的是，Django 提供了一个易于使用的 API，我们可以用它来编写自定义过滤器。该 API 为开发人员提供了一些有用的装饰器函数，可用于快速将 Python 函数注册为自定义模板过滤器。一旦 Python 函数注册为自定义过滤器，开发人员就可以开始在模板中使用该函数。

要访问这些过滤器，需要 template 库方法的一个实例。这个实例可以通过从 Django 的 template 模块中实例化 Django 中的 Library()类来创建，如下所示。

```
from django import template
register = template.Library()
```

一旦创建了实例，我们就可以使用模板库实例中的过滤器装饰器来注册过滤器。

11.3.1　模板过滤器

当创建自定义模板过滤器时，需要执行多个步骤。下面尝试理解这些步骤的内容，以及如何帮助我们创建自定义模板过滤器。

11.3.2　设置目录存储模板过滤器

需要注意的是，在创建自定义模板过滤器或模板标签时，需要将它们放在应用程序目录下名为 templatetags 的目录中。之所以会出现这种需求，是因为 Django 内部配置为在加载 Web 应用程序时寻找自定义模板标签和过滤器。如果未将目录命名为 templatetags，则会导致 Django 不加载我们创建的自定义模板过滤器和标签。

要创建这个目录，首先，导航至要在其中创建自定义模板过滤器的应用程序文件夹，然后在终端中运行以下命令。

```
mkdir templatetags
```

创建目录之后，下一步是在 templatetags 目录中创建一个新文件，用于存储自定义过滤器的代码。这可以通过在 templatetags 目录中执行以下命令来完成。

```
touch custom_filter.py
```

注意：

上述命令在 Windows 中不起作用。但是，你可以使用 Windows 资源管理器导航至所需的目录并创建一个新文件。

或者，这也可以通过使用 PyCharm 提供的 GUI 界面来完成。

11.3.3　设置模板库

一旦创建了用于存储自定义过滤器代码的文件，就可以开始实现自定义过滤器代码。为了让自定义过滤器在 Django 中工作，需要先将它们注册到 Django 的模板库中，然后才能在模板中使用它们。为此，第一步是设置模板库的实例，该实例将用于注册自定义过滤器。为此，在上一节创建的 custom_filters.py 文件中，首先需要从 Django 项目中导入模板模块。

```
from django import template
```

一旦导入被解析，下一步就是通过添加以下代码行创建模板库的实例。

```
register = template.Library()
```

Django 模板模块中的 Library 类被实现为一个 Singleton 类，它返回同一个对象，在应用程序开始时只初始化一次。

一旦模板库示例设置完毕，接下来就可以继续实现自定义过滤器。

11.3.4　实现自定义过滤函数

Django 内部的自定义过滤器不过是简单的 Python 函数，并接收以下参数。

（1）应用过滤器的值（必选项）。

（2）需要传递给过滤器的附加参数（0 个或多个，可选项）。

要像模板过滤器一样工作，这些函数需要用 Django 模板库实例中的 filter 属性进行装饰。例如，自定义过滤器的通用实现如下所示。

```
@register.filter
def my_filter(value, arg):
    # Implementation logic of the filter
```

至此，我们已经学习了如何实现自定义过滤器的基础知识。在开始第一个练习之前，让我们快速学习如何使用自定义过滤器。

11.3.5　在模板中使用自定义过滤器

一旦创建了过滤器，就可以在模板中使用它。对此，首先需要将过滤器导入模板中，这可通过在文件开始处添加下列代码来完成。

```
{% load custom_filter %}
```

当 Django 的模板引擎解析模板文件时，Django 会自动解析上述代码行，以找到 templatetags 目录下指定的正确模块。因此，custom_filter 模块中提到的所有过滤器都自动在模板中可用。

在模板中使用自定义过滤器十分简单，如下所示。

```
{{ some_value|generic_filter:"arg" }}
```

综上所述，接下来将创建第一个自定义过滤器。

练习 11.01　创建自定义模板过滤器

在本练习中，我们将编写一个名为 explode 的自定义过滤器。当提供一个字符串和分隔符时，过滤器将返回一个字符串列表。例如，考查下列字符串。

```
names = "john,doe,mark,swain"
```

可将下列过滤器应用于字符串上。

```
{{ names|explode:"," }}
```

采用了过滤器后的输出结果如下。

```
["john", "doe", "mark", "swain"]
```

（1）在 bookr 项目中创建一个用于演示目的的新应用程序。

```
python manage.py startapp filter_demo
```

上述代码将在 Django 项目中设置一个新的应用程序。

（2）在 filter_demo 应用程序目录中创建一个名为 templatetags 的新目录，以存储自定义模板过滤器代码。当创建该目录时，在终端应用程序或命令提示符下，在 filter_demo

中运行下列命令。

```
mkdir templatetags
```

（3）待生成目录后，在 templatetags 目录中创建名为 explode_filter.py 的新文件。

（4）打开文件并添加下列代码行。

```
from django import template

register = template.Library()
```

上述代码创建了一个 Django 库的实例，该实例可以用来在 Django 中注册自定义过滤器。

（5）添加下列代码以实现 explode 过滤器。

```
@register.filter
def explode(value, separator):
    return value.split(separator)
```

explode 过滤器接收两个参数，第一个参数是使用过滤器的 value，第二个参数是从模板中传递到过滤器的 separator。过滤器将使用该分隔符将字符串转换为列表。

（6）自定义过滤器准备好后，创建一个模板并在其中应用该过滤器。为此，首先在 filter_demo 目录下创建一个名为 templates 的新文件夹，然后在其中创建一个名为 index.html 的新文件，其中包含以下内容。

```
<html>
<head>
    <title>Custom Filter Example</title>
<body>
{% load explode_filter %}

{{ names|explode:"," }}
</body>
</html>
```

在第一行代码中，Django 的模板引擎从 explode_filter 模块中加载了自定义过滤器，这样就可以在模板中使用它。为了实现这一点，Django 会在 templatetags 目录下寻找 explode_filter 模块，如果找到，就加载该模块以供使用。

在下一行代码中，传递 names 变量（传递至模板）并对其应用 explode 过滤器，同时将逗号“,”作为分隔值传递给过滤器。

（7）模板创建完毕后，接下来创建一个 Django 视图，该视图可以渲染模板并将 name 变量传递给模板。为此，打开 views.py 文件并添加下列代码。

```
from django.shortcuts import render

def index(request):
    names = "john,doe,mark,swain"
    return render(request, "index.html", {'names': names})
```

上述代码段执行一些基本操作。首先从 django.shortcuts 模块中导入 render 帮助器，这有助于渲染模板。导入完成后，它定义了一个名为 index()的新视图函数，该函数将渲染 index.html。

（8）现在将视图映射到一个 URL 中，然后可以使用该 URL 在浏览器中渲染结果。为了做到这一点，在 filter_ demo 目录中创建一个名为 urls.py 的新文件，并添加以下代码。

```
from django.urls import path
from . import views

urlpatterns = [path('', views.index, name='index')]
```

（9）将 filter_demo 应用程序添加到项目 URL 映射中。为了做到这一点，打开 bookr 项目目录中的 urls.py，并在 urlpatterns 中添加下列代码行。

```
urlpatterns = [path('filter_demo/', include('filter_demo.urls')),\
               ….]
```

（10）在 bookr 项目的 settings.py 下的 INSTALLED_APPS 部分添加应用程序。

```
INSTALLED_APPS = [….,\
                  'filter_demo']
```

这一需求是由 Django 实现的安全指南引起的，该安全指南要求实现自定义过滤器/标签的应用程序需要添加到 INSTALLED_APPS 部分。

（11）当查看自定义过滤器是否正常工作时，可运行下列命令。

```
python manage.py runserver localhost:8000
```

在浏览器中导航至 http://localhost:8000/filter_demo（或 127.0.0.1，而非 localhost）。对应结果如图 11.1 所示。

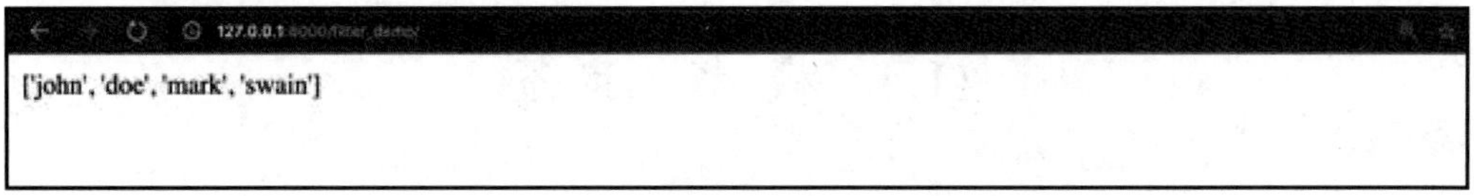

['john', 'doe', 'mark', 'swain']

图 11.1　使用 explode 过滤器后显示的索引页面

据此，我们看到了如何在 Django 中快速创建一个自定义过滤器，然后在模板中使用它。接下来，我们考查另一种类型的过滤器，即字符串过滤器。它只对字符串类型值起作用。

11.3.6　字符串过滤器

在练习 11.01 中，我们构建了一个自定义过滤器，它允许我们使用分隔符分隔提供的字符串，并从中生成一个列表。该过滤器可以接收任何类型的变量，并根据所提供的分隔符将其拆分为值列表。但是，如果希望将过滤器限制为只处理字符串，而不处理其他类型的值（如整数），情况又当如何？

为了开发只对字符串有效的过滤器，可以使用 Django 模板库提供的 stringfilter 装饰器。当使用 stringfilter 装饰器在 Django 中注册一个 Python 方法作为过滤器时，框架会确保传递给过滤器的值在过滤器执行之前被转换为字符串。这减少了将非字符串值传递给过滤器时可能出现的任何潜在问题。

实现字符串过滤器的步骤与构建自定义过滤器的步骤相似，只是存在一些细微的变化。还记得在 11.3.2 节中创建的 custom_filter.py 文件吗？我们可以在其中添加一个新的 Python 函数，作为字符串过滤器。

不过，在实现字符串过滤器之前，需要导入 stringfilter 装饰器，它将自定义过滤器函数划分为字符串过滤器。我们可以通过在 custom_filters.py 文件中添加以下 import 语句来添加这个装饰器。

```
from django.template.defaultfilters import stringfilter
```

当实现自定义字符串过滤器时，可使用下列语法。

```
@register.filter
@stringfilter
def generic_string_filter(value, arg):
    # Logic for string filter implementation
```

通过这种方法，我们可以构建尽可能多的字符串过滤器，并像使用其他过滤器一样使用它们。

11.4　模板标签

模板标签是 Django 模板引擎的一个强大特性。它们允许开发人员通过评估特定条件生成 HTML 来构建强大的模板，并有助于避免重复编写通用代码。

使用模板标签的一个例子是网站导航栏中的注册/登录选项。在这种情况下，我们可以使用模板标签来评估当前页面上的访问者是否已登录。在此基础上，我们可以渲染概要横幅或注册/登录横幅。

在开发模板时，经常会出现标签。例如，考查下列代码，在练习 11.01 中，我们曾用它来导入模板中的自定义过滤器。

```
{% load explode_filter %}
```

这使用了一个称为 load 的模板标签，它负责将 explode 过滤器加载到模板中。模板标签比过滤器强大得多。过滤器只能访问它们所操作的值，而模板标签可以访问整个模板的上下文，因此它们可以用于在模板中构建许多复杂的功能。

下面考查 Django 所支持的不同的模板标签类型，以及如何构建自己的自定义模板标签。

11.4.1　模板标签的类型

Django 支持下列两种模板标签类型。

（1）简单标签：这些标签对提供的变量数据（以及它们的任何附加变量）进行操作，并在调用它们的模板中进行渲染。例如，相关用例包括，根据用户名向用户渲染定制的欢迎消息，或者根据用户名显示用户的最后登录时间。

（2）包含标签：这些标签接收提供的数据变量，并通过渲染另一个模板生成输出。例如，标签可以接收一个对象列表并遍历它们以生成 HTML 列表

稍后将考查如何创建这些不同类型的标签，以及如何在应用程序中使用它们。

11.4.2　简单标签

简单标签为开发人员提供了一种构建模板标签的方法，这些模板标签从模板中接收一个或多个变量，随后处理它们并返回响应结果。从模板标签返回的响应用于替换 HTML 模板中提供的模板标签定义。这些类型的标签可以用来实现一些有用的功能，例如，解析日期，或者展示想要显示给用户的任何活动警报（如果存在）。

使用模板库提供的 simple_tag 装饰器时，可以通过修饰应充当模板标记的 Python 方法轻松地创建简单标签。现在，让我们看看如何使用 Django 的模板库实现一个自定义的简单标签。

11.4.3　如何创建简单的模板标签

创建简单的模板标签遵循 11.3 节中讨论的相同约定，仅是存在一些细微的差别。接

下来让我们了解如何在 Django 模板中创建模板标签。

1. 设置目录

就像自定义过滤器一样，自定义模板标签也需要在同一个 templatetags 目录中进行创建，以便 Django 的模板引擎能够发现它们。该目录可以直接使用 PyCharm GUI 进行创建，也可以在想要创建自定义标签的应用程序目录中运行以下命令来创建。

```
mkdir templatetags
```

待完成后，我们可以创建一个新的文件，该文件将通过下列命令存储自定义模板标签的代码。

```
touch custom_tags.py
```

注意：

上述命令无法在 Windows 环境下工作。但是，你可以利用 Windows 资源管理器创建一个新文件。

2. 设置模板库

一旦建立了目录结构，并且持有了保存自定义模板标签代码的文件，随后就可以开始创建模板标签。在此之前，我们需要像之前那样建立一个 Django 模板库的实例。这可以通过在 custom_tag.py 文件中添加以下代码行来实现。

```
from django import template
register = template.Library()
```

像自定义过滤器一样，这里使用模板库实例注册自定义模板标签，以便在 Django 模板中使用。

3. 实现一个简单的模板标签

Django 内部的简单模板标签可被视为 Python 函数，这些 Python 函数可以根据需要接收任意数量的参数。另外，这些 Python 函数需要使用模板库中的 simple_tag 装饰器进行装饰，以便将这些函数注册为简单模板标签。下面的代码片段展示了一个简单的模板标签是如何实现的。

```
@register.simple_tag
def generic_simple_tag(arg1, arg2):
    # Logic to implement a generic simple tag
```

4．在模板内使用简单标签

在 Django 中使用简单标签十分简单。在模板文件内，我们通过在模板文件开始处添加下列代码，确保将标签导入模板中。

```
{% load custom_tag %}
```

上述语句从之前定义的 custom_tag.py 文件中加载全部标签，并确保其在模板中可用。随后我们可通过添加下列命令使用自定义简单标签。

```
{% custom_simple_tag "argument1" "argument2" %}
```

接下来将把所学的知识付诸于实践中，并创建第一个自定义简单标签。

练习 11.02　创建自定义简单标签

在本练习中，我们将创建接收两个参数的简单标签。其中，第一个参数为欢迎消息，第二个参数为用户名。该标签将输出格式化的欢迎消息。

（1）遵循练习 11.01 中的示例，我们将复用相同的目录结构以存储简单标签的代码。因此，首先在 filter_demo/template_tags 目录下创建一个名为 simple_tag.py 的新文件，并在该文件中添加下列代码。

```
from django import template

register = template.Library()

@register.simple_tag
def greet_user(message, username):
    return\
    "{greeting_message},\
    {user}!!!".format(greeting_message=message, user=username)
```

在本练习中，我们创建了一个名为 greet_user()的 Python 方法。该方法接收两个参数，即欢迎消息 message 和被欢迎的用户名 username。随后，该方法用@register.simple_tag 进行修饰，这表明这个方法是一个简单的标签，可以用作模板中的模板标签。

（2）创建一个使用简单标签的新模板。为此，在 filter_demo/templates 目录下创建一个名为 simple_tag_template.html 的新文件，并向其中添加下列代码。

```
<html>
<head>
<title>Simple Tag Template Example</title>
</head>
<body>
{% load simple_tag %}
```

```
{% greet_user "Hey there" username %}
</body>
</html>
```

在上述代码片段中，我们刚刚创建了一个使用自定义 simple 标签的基本 HTML 页面。加载自定义模板标签的语义与加载自定义模板过滤器的语义相似，并且需要在模板中使用{% load %}标签。该过程将在 templatetags 目录下查找 simple_tag.py 模块，如果找到，将加载在该模块下定义的标签。

下列代码行展示了如何使用自定义模板标签。

```
{% greet_user "Hey there" username %}
```

这里，首先使用了 Django 的标签说明符{% %}。其中：传递的第一个参数是需要使用的标签的名称，随后是第一个参数 Hey there，它是欢迎消息；第二个参数是 username，它将从视图函数被传递至模板中。

（3）基于创建的模板，接下来涉及创建渲染模板的视图。为此，在 filter_demo 目录下的 views.py 文件中添加下列代码。

```
def greeting_view(request):
    return render(request),\
                ('simple_tag_template.html', {'username': 'jdoe'})
```

在上述代码片段中，我们创建了一个简单的基于函数的视图，该视图渲染步骤（2）中定义的 simple_tag_template，并将值'jdoe'传递至名为 username 的变量中。

（4）基于所创建的视图，接下来将其映射至应用程序的 URL 端点上。要做到这一点，需要打开 filter_demo 目录下的 urls.py 文件，并将下列代码添加至 urlpatterns 列表中。

```
path('greet', views.greeting_view, name='greeting')
```

据此，greeting_view 被映射至 filter_demo 应用程序的 URL 端点/greet 上。

（5）要查看自定义标签的运行情况，需要运行下列命令启动 Web 服务器。

```
python manage.py runserver localhost:8000
```

当在浏览器中访问了 http://localhost:8000/filter_demo/greet（或 127.0.0.1，而非 localhost），将会看到如图 11.2 所示的页面。

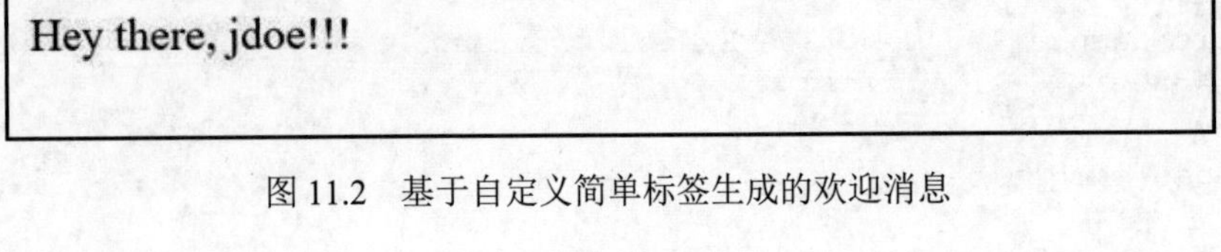

localhost:8080/filter_demo/greet

Hey there, jdoe!!!

图 11.2　基于自定义简单标签生成的欢迎消息

这样，我们创建了第一个自定义模板标签，并成功地以此渲染模板，如图 11.2 所示。下面考查简单标签的另一个重要方面，它与将模板中可用的上下文变量传递给模板标签相关。

11.4.4　将模板上下文传递至自定义模板标签中

在前面的练习中，我们创建了一个简单的标签，并向其中传递了两个参数，即欢迎消息和用户名。但是，如果打算将大量的变量传递给标签，或者简单地说，如果不想显式地将用户的用户名传递给标签，情况又当如何？

有时候，开发人员希望访问模板中所有的变量和数据，以便在自定义标签中可用。幸运的是，这很容易实现。

通过前述 greet_user 标签示例，让我们创建一个名为 contextual_greet_user 的新标签，并查看如何将模板中可用的数据直接传递给标签，而不是将其作为参数手动传递。

第一处修改是装饰器，如下所示。

```
@register.simple_tag(takes_context=True)
```

据此，我们通知 Django，当使用 contextal_greet_user 标签时，Django 也应该将模板上下文传递给它，其中包含从视图传递给模板的所有数据。完成此添加后，接下来是更改 contextual_greet_user 实现，以作为参数接收添加的上下文。下列代码显示了 contextual_greet_user 标签的修改形式，它使用模板上下文来渲染欢迎消息。

```
@register.simple_tag(takes_context=True)
def contextual_greet_user(context, message):
    username = context['username']
    return "{greeting_message},\
            {user}".format(greeting_message=message, user=username)
```

在上述代码示例中，可以看到如何修改 contextual_greet_user()方法，其间以接收传递的上下文作为第一个参数，然后是用户传递的欢迎消息。

当使用修改后的模板标签时，需要在 filter_demo 下的 simple_tag_template.html 中更改对 contextual_greet_user 标签的调用，如下所示。

```
{% contextual_greet_user "Hey there" %}
```

当重载 Django Web 应用程序时，http://localhost:8000/filter_demo/greet 处的输出类似于练习 11.02 中的步骤（5）。

据此，我们了解了如何构建一个简单的标签，以及如何将模板上下文传递给标签。

接下来，我们考查如何构建一个包含标签，该标签可用于以另一个模板所描述的特定格式渲染数据。

11.4.5 包含标签

简单标签允许构建接收一个或多个输入变量，对它们进行一些处理并返回输出的标签。然后将该输出插入使用简单标签的位置处。

但是，如果打算构建的标签不是返回文本输出，而是用于渲染页面的各个部分，情况又当如何？例如，许多 Web 应用程序允许用户在其概要中添加自定义微件，这些单独的微件可以被构建为包含标签并被独立渲染。这种方法将基本页面的代码和各个模板分开，因此便于复用和重构。

开发自定义包含标签的过程与开发简单标签的过程类似。这涉及模板库提供的 inclusion_tag 装饰器的使用。下面考查具体的实现过程。

1. 实现包含标签

包含标签是那些用于渲染模板的标签，作为对其在模板内使用的响应。这些标签的实现方式与其他自定义模板标签的实现方式类似，只是做了一些小修改。

包含标签也是简单的 Python 函数，这些 Python 函数可以接收多个参数，其中每个参数都映射到从调用标签的模板中传递的参数。这些标签使用 Django 模板库中的 inclusion_tag 装饰器进行装饰。inclusion_tag 装饰器接收一个参数，即模板的名称，它应该作为对包含标签处理的响应而被渲染。

包含标签的通用实现如下所示。

```
@register.inclusion_tag('template_file.html')
def my_inclusion_tag(arg):
    # logic for processing
    return {'key1': 'value1'}
```

注意当前示例中的返回值。包含标签应返回一个值字典，用于渲染作为 inclusion_tag 装饰器参数指定的 template_file.html 文件。

2. 在模板中使用包含标签

包含标签可方便地用于模板文件中，这可以通过首先导入标签来完成，如下所示。

```
{% load custom_tags %}
```

随后像其他标签那样使用该标签。

```
{% my_inclusion_tag "argument1" %}
```

该标签渲染的响应结果是一个子模板，该子模板将在使用包含标签的主模板中进行渲染。

练习 11.03　构建自定义包含标签

在本练习中，我们将构建一个自定义 inclusion 标签，该标签将渲染用户阅读的图书列表。

（1）本练习将继续使用之前的同一示例文件夹。首先在 filter_demo/templatetags 目录下创建名为 inclusion_tag.py 的新文件，并将下列代码写入该文件中。

```
from django import template

register = template.Library()

@register.inclusion_tag('book_list.html')
def book_list(books):
    book_list = [book_name for book_name, \
                 book_author in books.items()]
    return {'book_list': book_list}
```

@register.inclusion_tag 装饰器用于将该方法标记为自定义包含标签。该装饰器将模板名作为参数，用于渲染标签函数返回的数据。

在装饰器之后，定义一个实现自定义包含标签逻辑的函数。这个函数接收一个名为 books 的参数。此参数将从模板文件中被传递，并将包含读者已阅读的图书列表（以 Python 字典的形式）。在定义中，将字典转换为 Python 式的图书名称列表。字典中的键被映射至图书名称，值被映射至作者。

```
books_list = [book_name for book_name, \
              book_author in books.items()]
```

一旦形成列表，下列代码就返回该列表，并作为传递至包含标签的模板上下文（在当前示例中为 book_list.html）。

```
return {'book_list': books_list}
```

该方法返回的值将由 Django 传递至 book_list.html 模板中，然后内容将被渲染。

（2）创建实际的模板，该模板包含模板标签的渲染结构。为此，在 filter_demo/templates 目录下创建一个名为 book_list.html 的新模板文件，并向该模板文件中添加下列内容。

```
<ul>
   {% for book in book_list %}
<li>{{ book }}</li>
   {% endfor %}
</ul>
```

在新模板文件中，我们创建了一个无序列表，该列表将保存用户已阅读的图书列表。接下来，使用 for 模板标签遍历 book_list 中的值，这些值将由自定义模板函数提供。

```
{% for book in book_list %}
```

遍历结果将创建几个列表项，定义如下。

```
<li>{{ book }}</li>
```

列表项是用传递给模板的 book_list 的内容生成的。for 标签的执行次数与 book_list 中的项目数量相同。

（3）利用为 book_list 标签定义的模板，修改现有的欢迎语模板，使该标签在其中可用，并使用它显示用户已阅读的图书列表。为此，修改 filter_demo/templates 目录下的 simple_tag_template.html 文件，并将代码更改如下。

```
<html>
<head>
  <title>Simple Tag Template Example</title>
</head>
<body>
{% load simple_tag inclusion_tag %}
{% greet_user "Hey" username %}
  <br />
  <span class="message">You have read the following books
    till date</span>
{% book_list books %}
</body>
</html>
```

在上述代码片段中，首先通过编写下列代码加载 inclusion_tag 模块。

```
{% load simple_tag inclusion_tag %}
```

待标签加载完毕后，即可在模板任何地方使用该标签。要使用该标签，需要以下列格式添加 book_list 标签。

```
{% book_list books %}
```

该标签接收一个参数，即图书的字典。其中，键表示为图书标题，键值表示为图书的作者。此处甚至可自定义欢迎消息，在这一步中，我们使用了简单的"Hey"而不是"Hey there"。

（4）基于修改后的模板，最后一步涉及将所需数据传递给模板。对此，可修改 filter_demo 目录中的 views.py，并将欢迎语视图函数更改如下。

```
def greeting_view(request):
    books = {"The night rider": "Ben Author",\
             "The Justice": "Don Abeman"}
    return render(request),\
                 ('simple_tag_template.html'),\
                 ({'username': 'jdoe', 'books': books})
```

此处修改了 greeting_view 函数，并添加了图书及其作者的字典，然后将其传递给 simple_tag_template 上下文。

（5）根据上述更改内容，接下来渲染调整后的模板。要做到这一点，需要运行下列命令并重启 Django 应用程序服务器。

```
python manage.py runserver localhost:8080
```

导航至 http://localhost:8080/filter_demo/greet，这将渲染如图 11.3 所示的页面。

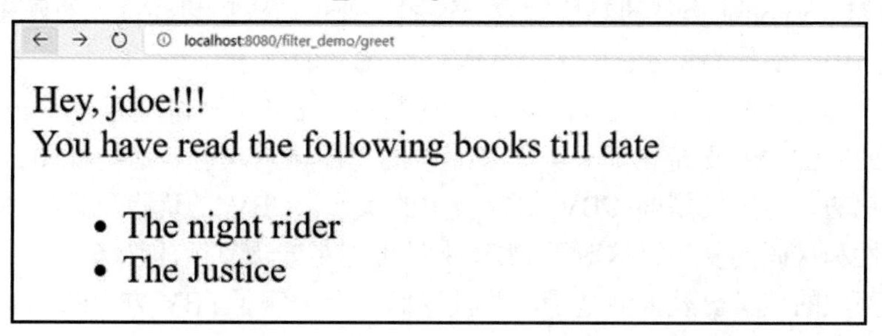

图 11.3　当访问欢迎语端点时，用户所读取的图书列表

该页面显示用户在访问欢迎语端点时阅读的图书列表。我们在页面上看到的列表使用了包含标签进行渲染。其间，首先单独创建列出这些图书的模板，然后使用包含标签将其添加到页面中。

注意：

我们在 filter_demo 应用程序上的工作已经完成。如果打算实践所学过的概念，可以进一步定制该应用程序。由于该应用程序仅仅是为了解释自定义模板过滤器和模板标签的概念，且与正在构建的 bookr 应用程序无关，所以并不会在 GitHub 存储库的/bookr 应用程序文件夹中发现它。

据此，我们奠定了构建高度复杂的模板过滤器或自定义标签的基础，这些模板过滤器或自定义标签有助于开发其他项目。

下面让我们重新审视 Django 视图，并进入一个基于类的视图的全新领域。它们由 Django 提供，可帮助我们利用面向对象编程的强大功能，并运行复用代码来渲染视图。

11.5　Django 视图

回顾一下，Django 中的视图是一段 Python 代码，允许接收请求并根据请求执行操作，然后向用户返回响应，因此构成了 Django 应用程序的重要组成部分。

在 Django 内部，可以选择采用两种不同的方法来构建视图，其中一种方法已经在前面的例子中讨论过，称作基于函数的视图，而另一种方法，稍后将很快介绍，称作基于类的视图。

- 基于函数的视图（function-based views，FBV）：Django 内部的 FBV 可被视为通用的 Python 函数。这个 Python 函数应该接收一个 HTTPRequest 类型的对象作为第一个位置参数，并返回一个 HTTPResponse 类型的对象。这个 HTTPResponse 类型的对象对应于视图在处理请求后想要执行的操作。在前面的练习中，index()和 greeting_view()便是 FBV 的例子。
- 基于类的视图（class-based views，CBV）：CBV 是严格遵循 Python 面向对象原则的视图，并支持在基于类的表达中的视图调用映射。这些视图在本质上是专有化的，给定类型的 CBV 执行特定的操作。CBV 的优点包括视图的简单可扩展性和代码的复用，这对于 FBV 来说可能是一项复杂的任务。

现在，基本的定义已经很清楚了，并且我们已经了解了 FBV 方面的知识。接下来考查 CBV。

11.6　基于类的视图

Django 为开发人员编写应用程序视图提供了不同的方式。一种方法是映射一个 Python 函数来充当视图函数以创建 FBV。创建视图的另一种方法是使用 Python 对象实例，即 CBV。这里的问题是，当采用 FBV 方法创建视图时，对 CBV 的需求是什么？

这里的想法是，当创建 FBV 时，有时可能会多次复制相同的逻辑，如某些字段的处理，或处理某些请求类型的逻辑。尽管完全可以创建逻辑上独立的函数来处理特定的逻辑，但随着应用程序复杂性的增加，该任务将变得难以管理。

这即是 CBV 的用武之地。CBV 抽象了处理某些任务的常见的重复代码，如模板的渲染。与此同时，通过继承和混入，CBV 还可以很容易地复用代码段。例如，下列代码片段显示了 CBV 的实现。

```
from django.http import HttpResponse
from django.views import View

class IndexView(View):

   def get(self, request):
      return HttpResponse("Hey there!")
```

在上述示例中，我们通过继承 Django 提供的内置视图类来构建一个简单的 CBV。

使用这些 CBV 也非常简单。例如，假设想要将 IndexView 映射到应用程序的 URL 端点中。在这种情况下，可在应用程序的 urls.py 文件的 urlpatterns 列表中添加以下一行代码。

```
urlpatterns = [path('my_path', IndexView.as_view(), \
                   name='index_view')]
```

可以看到，这里使用了创建的 CBV 的 as_view()方法。每个 CBV 都实现了 as_view()方法，通过从视图类返回视图控制器的实例，该方法允许视图类映射到 URL 端点中。

Django 提供了一些内置的 CBV，这些 CBV 提供了许多常见任务的实现，如如何渲染模板，或者如何处理特定的请求。内置的 CBV 有助于避免在处理基本功能时从头编写代码，从而实现代码的可重用性。这些内置视图包括以下内容。

- View：Django 中所有可用 CBV 的基类，允许利用所提供和可覆盖的特性编写自定义 CBV。用户可以为不同的 HTTP 请求方法实现自己的定义，如 GET、POST、PUT 和 DELETE，视图将根据接收到的请求类型自动将调用委托给负责处理请求的方法。
- TemplateView：该视图可根据调用 URL 中提供的模板数据的参数渲染模板。这使得开发人员可以轻松地渲染模板，而无须编写任何与如何处理渲染相关的逻辑。
- RedirectView：该视图可根据用户生成的请求自动将用户重定向至正确的资源。
- DetailView：映射到 Django 模型的视图，可以用于使用所选择的模板来渲染从模型中获得的数据。

前述视图只是 Django 默认提供的一些内置视图，随着本章内容的不断深入，我们将介绍更多的视图。

现在，为了更好地理解 CBV 在 Django 中是如何工作的，接下来让我们尝试构建我们的第一个 CBV。

练习 11.04　利用 CBV 创建图书目录

在本练习中，我们将创建一个基于类的表单视图，它将帮助构建图书目录。这个目录将包括图书的名字和作者的名字。

注意：

为了理解基于类的视图的概念，我们将在 Bookr 内部创建一个单独的应用程序，它有自己的一组模型和表单，这样就不会影响到前述练习中的已有代码。就像 filter_demo 一样，我们不会将这个应用程序包含在 GitHub 存储库最终的/bookr 文件夹中。

（1）在 bookr 项目中创建一个新的应用程序，并将其命名为 book_management。这可以通过简单地运行下列命令来完成。

```
python manage.py startapp book_management
```

（2）在构建图书目录之前，需要定义一个 Django 模型，以帮助我们将记录存储于数据库中。要做到这一点，需要打开 book_management 下的 models.py 文件，并定义一个名为 Book 的新模型，如下所示。

```
from django.db import models

class Book(models.Model):
   name = models.CharField(max_length=255)
   author = models.CharField(max_length=50)
```

该模型包含两个字段，即书名和作者的名字。待模型就绪后，需要将模型迁移到数据库中，以便开始在数据库中存储数据。

（3）在完成以上所有步骤后，将 book_management 应用程序添加到 INSTALLED_APPS 列表中，这样 Django 就可以发现它，并且可以正确地使用模型。为此，打开 bookr 目录下的 settings.py 文件，并在 INSTALLED_APPS 部分的最后位置添加以下代码。

```
INSTALLED_APPS = [….,\
                  'book_management']
```

（4）通过运行以下两个命令将模型迁移到数据库中。这将首先创建一个 Django 迁移文件，然后在数据库中创建一个表。

```
python manage.py makemigrations
python manage.py migrate
```

（5）随着数据库模型的建立，下面创建一个新表单，并以此获取关于图书的信息，如书名、作者和 ISBN。为此，在 book_management 目录下创建一个名为 forms.py 的新文件，并在该文件中添加以下代码。

```
from django import forms

from .models import Book

class BookForm(forms.ModelForm):
   class Meta:
      model = Book
      fields = ['name', 'author']
```

上述代码片段首先导入了 Django 的表单模块，该表单模块允许我们轻松地创建表单，并为表单提供了渲染功能。下一行代码将导入存储表单数据的模型。

```
from django import forms
from .models import Book
```

在下一行代码中，我们创建了一个名为 BookForm 的新类，它继承自 ModelForm。这只是一个将模型的字段映射到表单中的类。为了成功地实现模型和表单之间的映射，可在 BookForm 类下定义一个名为 Meta 的新子类，并将属性模型设置为指向 Book 模型，将属性字段设置为想要在表单中显示的字段列表。

```
class Meta:
   model = Book
   fields = ['name', 'author']
```

这允许 ModelForm 类在需要时渲染正确的表单 HTML。ModelForm 类提供了一个内置的 form.save()方法，当使用该方法时，可将表单中的数据写入数据库中，从而有助于避免编写冗余代码。

（6）待模型和表单就绪后，接下来将实现一个视图，该视图将渲染表单并接收来自用户的输入。为此，打开 book_management 目录下的 views.py 文件，并在该文件中添加以下代码行。

```
from django.http import HttpResponse
from django.views.generic.edit import FormView
from django.views import View
```

```
from .forms import BookForm

class BookRecordFormView(FormView):
    template_name = 'book_form.html'
    form_class = BookForm
    success_url = '/book_management/entry_success'

    def form_valid(self, form):
        form.save()
        return super().form_valid(form)

class FormSuccessView(View):
    def get(self, request, *args, **kwargs):
       return HttpResponse("Book record saved successfully")
```

在上述代码片段中，我们创建了两个主要视图。其中：一个视图是 BookRecordFormView，该视图负责渲染图书目录项表单；另一个视图是 FormSuccessView，如果表单数据成功保存，则使用它来渲染成功消息。现在让我们分别考查这两个视图。

首先，我们创建了一个名为 BookRecordFormView CBV 的新视图，它继承自 FormView。

```
class BookRecordFormView(FormView)
```

FormView 类可以轻松地创建处理表单的视图。对于这个类，需要提供特定的参数，如将要渲染的显示表单的模板名称、应该用来渲染表单的表单类，以及当表单成功处理时要重定向到的成功 URL。

```
template_name = 'book_form.html'
form_class = BookForm
success_url = '/book_management/entry_success'
```

FormView 类还提供了一个 form_valid()方法，当表单成功完成验证时将调用该方法。在 form_valid()方法中，我们可以决定执行的操作。对于我们的用例，当表单验证成功完成时，我们首先调用 form.save()方法，它将表单的数据持久化到数据库中，然后调用基类 form_valid()方法，如果表单验证成功，这将导致表单视图重定向到成功的 URL。

```
def form_valid(self, form):
    form.save()
    return super().form_valid(form)
```

注意：

form_valid()方法应该总是返回一个 HttpResponse 对象。

这就完成了 BookRecordFormView 的实现。接下来必须构建一个名为 FormSuccessView 的视图，针对刚刚创建的图书记录表单，一旦数据成功保存，我们就使用该视图渲染成功消息。这是通过创建一个名为 FormSuccessView 的新视图类来实现的，它继承自 Django CBV 的视图基类。

```
class FormSuccessView(View)
```

在这个类中，我们重写了 get()方法，该方法将在成功保存表单时进行渲染。在 get()方法中，我们通过返回一个新的 HttpResponse 来渲染一个简单的成功消息。

```
def get(self, request, *args, **kwargs):
    return HttpResponse("Book record saved successfully")
```

（7）创建一个用于渲染表单的模板。为此，在 book_management 目录下创建一个新的 templates 文件夹，并创建一个名为 book_form.html 的新文件。在该文件中添加以下代码行。

```
<html>
  <head>
    <title>Book Record Insertion</title>
  </head>
  <body>
    <form method="POST">
      {% csrf_token %}
      {{ form.as_p }}
      <input type="submit" value="Save record" />
    </form>
  </body>
</html>
```

在上述代码片段中，需要讨论两件重要的事情。

首先是使用{% csrf_token %}标签。插入此标签是为了防止表单遭受跨站点请求伪造（cross-site request forgery，CSRF）攻击。csrf_token 标签是 Django 为避免此类攻击而提供的内置模板标签之一。它通过为渲染的每个表单实例生成唯一的令牌来实现这一点。

其次是使用{{form.as_p}}模板变量。这个变量的数据是由基于 FormView 的视图自动提供的。as_p 调用导致表单字段在<p>...</p>标签中被渲染。

（8）在构建了 CBV 后，随后将它们映射至 URL 中，这样我们就可以开始使用它们添加新的图书记录。为此，在 book_management 目录下创建一个名为 urls.py 的新文件，并向该文件中添加以下代码。

```
from django.urls import path

from .views import BookRecordFormView, FormSuccessView

urlpatterns = [path('new_book_record',\
               BookRecordFormView.as_view(),\
               name='book_record_form'),\
               path('entry_success', FormSuccessView.as_view()),\
                   (name='form_success')]
```

上述代码片段的大部分内容与我们之前编写的代码类似，但是在 URL 模式下映射 CBV 的方式有些不同。在使用 CBV 时，我们不是直接添加函数名，而是使用类名及其 as_view 方法，这将把类对象映射到视图中。例如，要将 BookRecordFormView 映射为视图，我们将使用 BookRecordFormView.as_view()。

（9）在将 URL 添加到 urls.py 文件中后，接下来要做的是将应用程序 URL 映射添加到 bookr 项目中。为此，打开 bookr 应用程序下的 urls.py 文件，并在 urlpatterns 列表中添加下列代码。

```
urlpatterns = [path('book_management/',\
               include('book_management.urls')),\
               ….]
```

（10）运行下列命令并启动开发服务器。

```
python manage.py runserver localhost:8080
```

随后访问 http://localhost:8080/book_management/new_book_record（或 127.0.0.1，而非 localhost）。

一切正常后，将会看到如图 11.4 所示的页面。

图 11.4　向数据库中添加新书的视图

单击 Save record 按钮后，记录将被写入数据库中，并显示如图 11.5 所示的页面。

这样，我们就创建了自己的 CBV，它允许为新书保存记录。通过对 CBV 的了解，我们接下来考查如何在 CBV 的帮助下执行创建、读取、更新、删除（CRUD）操作。

127.0.0.1:8000/book_management/entry_success

Book record saved successfully

图 11.5　成功插入记录后渲染的模板

11.6.1　基于 CBV 的 CRUD 操作

在使用 Django 模型时，我们遇到的最常见的模式之一涉及创建、读取、更新和删除存储在数据库中的对象。Django 管理界面允许我们轻松地实现这些 CRUD 操作，但是如果想要构建自定义视图来实现同样的功能，情况又当如何？

事实证明，Django 的 CBV 很容易实现这一点。我们所需要做的就是编写自定义 CBV，并继承自 Django 提供的内置基类。在现有的图书记录管理示例的基础上，我们接下来考查如何在 Django 中构建基于 CRUD 的视图。

11.6.2　创建视图

要构建一个有助于创建对象的视图，需要打开 book_management 目录下的 view.py 文件，并向该文件中添加以下代码行。

```
from django.views.generic.edit import CreateView
from .models import Book

class BookCreateView(CreateView):
model = Book
    fields = ['name', 'author']
    template_name = 'book_form.html'
    success_url = '/book_management/entry_success'
```

据此，我们为图书资源创建了 CreateView。在使用它之前，需要将其映射至一个 URL 中。为此，我们可以打开 book_management 目录下的 urls.py 文件，并在 urlpatterns 列表下添加以下条目。

```
urlpatterns = [….,\
             path('book_record_create'),\
                 (BookCreateView.as_view(), name='book_create')]
```

当访问 http://127.0.0.1:8000/book_management/book_record_create 时，我们将看到如图 11.6 所示的页面。

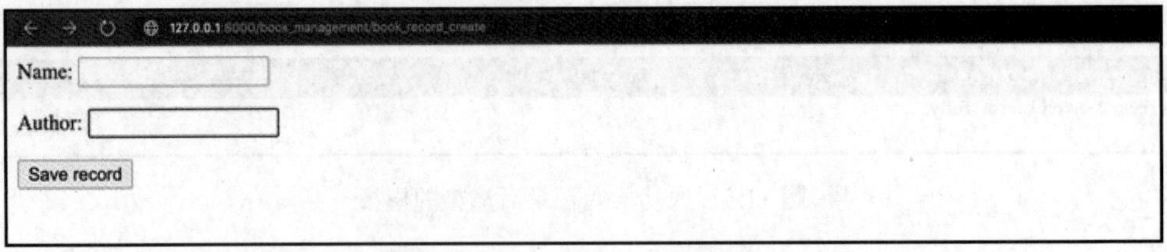

图 11.6　根据 CreateView 插入一个新的图书记录后的视图

这看起来与使用表单视图时得到的结果相似。在填写完数据后，单击 Save record 按钮，Django 就会把数据保存到数据库中。

11.6.3　更新视图

在该视图中，需要针对给定记录更新数据。为此，可打开 book_management 目录下的 view.py 文件，并向该文件中添加下列代码行。

```
from django.views.generic.edit import UpdateView
from .models import Book

class BookUpdateView(UpdateView):
    model = Book
    fields = ['name', 'author']
    template_name = 'book_form.html'
    success_url = '/book_management/entry_success'
```

在上述代码片段中，我们使用了内建的 UpdateView 模板，该模板允许我们更新存储的记录。这里的 fields 属性应该包含允许用户更新的字段的名称。

一旦视图创建完毕，接下来就是添加 URL 映射。为此，可打开 book_management 目录下的 urls.py 文件，并添加下列代码行。

```
urlpatterns = [path('book_record_update/<int:pk>'),\
                (BookUpdateView.as_view(), name='book_update')]
```

在本例中，我们将<int:pk>追加到 URL 字段中。这表示必须检索记录的字段输入。在 Django 模型内部，Django 插入一个整数类型的主键，用来唯一标识记录。在 URL 映射中，这是我们一直要求插入的字段。

当尝试打开 http://127.0.0.1:8000/book_management/book_record_update/1 时，它应该会显示插入数据库的第一条记录，并允许我们编辑它，如图 11.7 所示。

图 11.7　基于 Update 视图显示图书记录更新模板的视图

11.6.4　删除视图

顾名思义，删除视图是从数据库中删除记录的视图。要为 Book 模型实现这样一个视图，需要打开 book_management 目录下的 views.py 文件，并向该文件中添加以下代码片段。

```
from django.views.generic.edit import DeleteView
from .models import Book

class BookDeleteView(DeleteView):
    model = Book
    template_name = 'book_delete_form.html'
    success_url = '/book_management/delete_success
```

这样，我们就为图书记录创建了一个 Delete 视图。正如我们所看到的，这个视图使用了一个不同的模板，其中希望从用户处确认的是，他们是否真的想要删除记录？要实现这一点，需要创建一个新的模板文件 book_delete_form.html，并向该文件中添加以下代码。

```
<html>
  <head>
    <title>Delete Book Record</title>
  </head>
  <body>
    <p>Delete Book Record</p>
    <form method="POST">
      {% csrf_token %}
      Do you want to delete the book record?
      <input type="submit" value="Delete record" />
    </form>
  </body>
</html>
```

然后，我们可以通过修改 book_management 目录下的 urls.py 文件中的 urlpatterns 列

表，为 Delete 视图添加映射，如下所示。

```
urlpatterns = [….,\
              path('book_record_delete/<int:pk>'),\
                  (BookDeleteView.as_view(), name='book_delete')]
```

当访问 http://127.0.0.1:8000/book_management/book_record_delete/1 时，我们应能够看到如图 11.8 所示的页面。

图 11.8　基于 Delete 视图类的 Delete Book Record 视图

单击 Delete record 按钮后，将从数据库中删除该记录，并渲染 Deletion 成功页面。

11.6.5　读取页面

在这个视图中，我们希望看到数据库为图书存储的记录列表。为了实现这一点，可构建一个名为 DetailView 的视图，它将渲染所请求的书籍的详细信息。要构建这个视图，需要在 book_management 目录下的 views.py 文件中添加以下代码行。

```
from django.views.generic import DetailView

class BookRecordDetailView(DetailView):
   model = Book
   template_name = 'book_detail.html'
```

在上述代码片段中，我们正在创建 DetailView，它将帮助我们渲染所要求的图书 ID 的详细信息。DetailView 在内部使用提供给它的图书 ID 查询数据库模型，如果找到了记录，则通过在模板上下文中传递一个对象变量，用存储在记录中的数据渲染模板。

完成此操作后，下一步是为图书详细信息创建模板。为此，需要在 book_management 应用程序的模板目录下创建一个名为 book_detail.html 的新模板文件，如下所示。

```
<html>
  <head>
    <title>Book List</title>
  </head>
  <body>
```

```
    <span>Book Name: {{ object.name }}</span><br />
    <span>Author: {{ object.author }}</span>
  </body>
</html>
```

根据所创建的模板，需要做的最后一件事是为 DetailView 添加 URL 映射。这可以通过将以下内容添加到 book_management 应用程序的 urls.py 文件下的 urlpatterns 列表中来完成。

```
path('book_record_detail/<int:pk>',\
     (BookRecordDetail.as_view(), name='book_detail')
```

待一切配置完毕后，如果打开 http://127.0.0.1:8000/book_management/book_record_detail/1，我们将会看到与图书相关的细节内容，如图 11.9 所示。

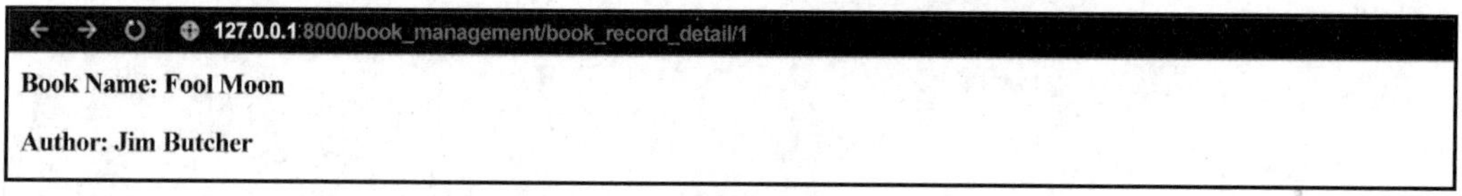

127.0.0.1:8000/book_management/book_record_detail/1

Book Name: Fool Moon

Author: Jim Butcher

图 11.9　当试图访问以前存储的图书记录时渲染的视图

在前面的示例中，我们只是为 Book 模型启用了 CRUD 操作，并且所有这些操作都是在使用 CBV 的情况下完成的。

操作 11.01　利用包含标签渲染用户概要页面上的详细信息

在该操作中，我们将创建一个自定义包含标签，用于帮助开发一个用户概要页面，该页面不仅显示用户的详细信息，还列出他们阅读过的书籍。

具体步骤如下。

（1）在 bookr 项目的 reviews 应用程序下创建一个新的 templatetags 目录，以提供一个可以创建自定义模板标签的地方。

（2）创建一个名为 profile_tags.py 的新文件，该文件将存储包含标签的代码。

（3）在 profile_tags.py 文件内，导入 Django 的模板库，并以此初始化模板库类的实例。

（4）从 reviews 应用程序中导入 Review 模型，以获取用户编写的评论。这将用于过滤当前用户在用户概要页面上渲染的评论。

（5）创建一个名为 book_list 的新 Python 函数，该函数将包含包含标签的逻辑。这个函数应该只接收一个参数，即当前登录用户的用户名。

（6）在 book_list 函数的内部，添加用于获取该用户的评论的逻辑，并提取该用户已阅读的图书的名称。假设用户已经阅读了他们提供评论的所有图书。

（7）使用 inclusion_tag 装饰器装饰 book_list 函数，并为它提供一个模板名称

book_list.html。

（8）创建一个名为 book_list.html 的新模板文件，该文件被指定为步骤（7）中的包含标签装饰器。在该文件中，添加代码以渲染图书列表。这可以通过使用 for 循环结构，并为所提供列表中的每个项渲染 HTML 列表标签来实现。

（9）修改 templates 目录下现有的 profile.html 文件，该文件将用于渲染用户概要信息。在这个模板文件中，包含自定义模板标签，并使用它来渲染用户阅读的图书列表。

一旦实现了上述各步骤，启动应用程序服务器并访问用户概要页面应该就会渲染一个类似于图 11.10 所示的页面。

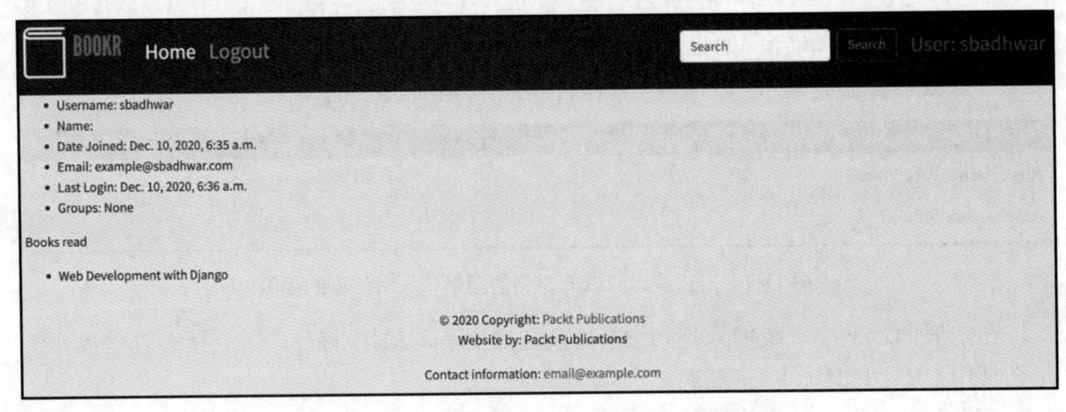

图 11.10　包含用户阅读的图书列表的用户概要页面

注意：

读者可访问 http://packt.live/2Nh1NTJ 以查看该操作的完整解决方案。

11.7　本 章 小 结

在本章中，我们学习了 Django 中的高级模板概念，了解了如何创建自定义模板标签和过滤器，以适应各种用例并支持组件在应用程序中的可重用性。随后，我们考查了 Django 如何提供灵活的 FBV 和 CBV 来渲染响应结果。

在探索 CBV 时，我们了解了它们如何帮助避免代码重复，以及如何利用内置的 CBV 来渲染保存数据的表单，帮助更新现有记录，并在数据库资源上实现 CRUD 操作。

在第 12 章中，我们将利用构建 CBV 的知识在 Django 中实现 REST API，这将允许我们在 Bookr 应用程序中对数据执行良好的 HTTP 操作，且无须在应用程序中维护任何状态。

第 12 章　构建 REST API

本章将介绍 REST API 和 Django REST 框架（Django REST framework，DRF）。首先为 Bookr 项目实现一个简单的 API。接下来，读者将了解模型实例的序列化，这是将数据传递到 Django 应用程序前端的关键步骤。读者将探索不同类型的 API 视图，包括函数类型和基于类的类型。在本章结束时，读者将能够实现自定义 API 端点，包括简单的身份验证。

12.1　简　　介

在前 11 章中，我们学习了模板和基于类的视图。这些概念极大地扩展了在前端（即 Web 浏览器中）为用户提供的功能范围。然而，这还不足以构建一个现代的 Web 应用程序。Web 应用程序通常使用完全独立的库构建前端，例如 ReactJS 或 AngularJS。这些库为构建动态用户界面提供了强大的工具。但是，它们并不直接与后端 Django 代码或数据库进行通信。前端代码只是在 Web 浏览器中运行，不能直接访问后端服务器上的任何数据。因此，我们需要为这些应用程序创建一种与后端代码“对话”的方式。在 Django 中实现这一点的最佳方法之一是使用 REST API。

API 代表应用程序编程接口。API 用于促进不同软件之间的交互，它们使用超文本传输协议（hypertext transfer protocol，HTTP）进行通信。这是服务器和客户端之间通信的标准协议，也是 Web 上信息传输的基础。API 以 HTTP 格式接收请求并发送响应。

在本章的用例中，API 将有助于促进 Django 后端和前端 JS 代码之间的交互。例如，假设想要创建一个前端应用程序，允许用户向 Bookr 数据库中添加新书。用户的 Web 浏览器将向 API 发送一条消息（HTTP 请求），表示他们想要为一本新书创建一个条目，并且可能在该消息中包含关于这本书的一些详细信息。服务器将返回一个响应，以报告图书是否成功添加。然后，Web 浏览器将能够向用户显示他们操作的结果。

12.2　REST API

REST 代表表述性状态转移。大多数现代 Web API 都可以归类为 REST API。REST API

只是一种专注于在数据库服务器和前端客户端之间进行通信和同步对象状态的 API 类型。

想象一下，假设正在一个网站上更新详细信息，用户已经登录了账户。当进入账户详细信息页面时，Web 服务器会通知浏览器有关账户的各种详细信息。当更改该页面的值时，浏览器将更新的详细信息发送回 Web 服务器，并告诉它在数据库中更新这些详细信息。如果操作成功，网站将显示确认消息。

这是前端和后端系统之间的解耦体系结构的一个非常简单的例子。解耦提供了更大的灵活性，并且更容易更新或更改体系结构中的组件。所以，假设想创建一个新的前端网站。在这种情况下，根本不需要更改后端代码，只要构建新的前端并发出与旧前端相同的 API 请求即可。

REST API 是无状态的，这意味着客户端和服务器之间都不存储任何状态进行通信。每次发出请求时，都会处理数据并返回响应结果，而无须由协议本身存储任何中间数据。这意味着 API 孤立地处理每个请求。它不需要存储关于会话本身的信息。这与有状态协议（如 TCP）相反，后者在会话的生命周期内维护有关会话的信息。

因此，顾名思义，RESTful Web 服务就是用于执行一组任务的 REST API 的集合。例如，如果为 Bookr 应用程序开发了一组 REST API 来执行一组特定的任务，那么可以将其称为基于 REST 的 Web 服务。

12.2.1 Django REST 框架

Django REST 框架，简称为 DRF，是一个开源的 Python 库，可用于为 Django 项目开发 REST API。DRF 内置了大多数必要的功能，可以帮助开发任何 Django 项目的 API。在本章中，我们将使用它为我们的 Bookr 项目开发 API。

12.2.2 安装和配置

在 virtual env 设置和 PyCharm 中安装 djangorestframework。在终端应用程序或命令提示符中输入以下代码来执行此操作。

```
pip install djangorestframework
```

随后打开 settings.py 文件，并向 INSTALLED_APPS 中添加 rest_framework，如下所示。

```
INSTALLED_APPS = ['django.contrib.admin',\
                  'django.contrib.auth',\
                  ‹django.contrib.contenttypes›,\
                  'django.contrib.sessions',\
```

```
                'django.contrib.messages',\
                'django.contrib.staticfiles',\
                ‹rest_framework›,\
                ‹reviews›]
```

接下来即可开始使用 DRF 并创建第一个简单的 API。

12.2.3　函数式 API 视图

在第 3 章中，我们学习了简单的函数视图，该视图接收一个请求并返回一个响应结果。我们也可采用 DRF 编写类似的函数视图。然而需要注意的是，基于类的视图则更加常用，稍后将对此加以讨论。只需将以下装饰器添加到普通视图上，就可以创建函数视图，如下所示。

```
from rest_framework.decorators import api_view

@api_view
def my_view(request):
...
```

该装饰器获取函数视图，并将其转换为 DRF APIView 的子类。这是一种将现有视图作为 API 的一部分的快速方法。

练习 12.01　创建一个简单的 REST API

在本练习中，我们将利用 DRF 创建第一个 REST API，并通过函数视图实现一个端点。我们将创建该端点以查看数据库中全部数量的图书。

注意：

在执行本练习之前，需要在系统中安装 DRF，否则可参考 12.2.2 节。

（1）在 bookr/reviews 文件夹中创建 api_views.py 文件。

REST API 视图的工作方式类似于 Django 的常规视图。我们本可以在 views.py 文件中添加 API 视图和其他视图。但是，将 REST API 视图放在一个单独的文件中将有助于维护一个更干净的代码库。

（2）在 api_views.py 文件中添加下列代码。

```
from rest_framework.decorators import api_view
from rest_framework.response import Response
from .models import Book
```

```
@api_view()
def first_api_view(request):
    num_books = Book.objects.count()
    return Response({"num_books": num_books})
```

第一行代码导入 api_view 装饰器，用于将函数视图转换为可与 DRF 一起使用的视图。

第二行代码导入 Response，用于返回一个响应结果。

view 函数返回一个 Response 对象，该对象包含数据库中图书数量的字典。

打开 bookr/reviews/urls.py，导入 api_views 模块。然后，在 URL 模式中为 api_views 模块添加一个新路径。

```
from . import views, api_views

urlpatterns = [path('api/first_api_view/)',\
              path(api_views.first_api_view)
    …
]
```

利用 python manage.py runserver 命令启动 Django 服务，访问 http://0.0.0.0:8000/api/first_api_view/并生成第一个 API 请求。对应结果如图 12.1 所示。

图 12.1　包含图书数量的 API 视图

调用该 URL 端点向 API 端点发出默认的 GET 请求，该请求返回一个 JSON 键-值对（"num_books": 0）。另外，注意 DRF 如何提供一个较好的接口以查看 API 并与 API 进行交互。

（3）我们还可使用 Linux curl（客户端 URL）命令发送一个 HTTP 请求，如下所示。

```
curl http://0.0.0.0:8000/api/first_api_view/
{"num_books":0}
```

另外，你如果正在使用 Windows 10，则可在命令提示符中利用 curl.exe 生成等价的 HTTP 请求。

```
curl.exe http://0.0.0.0:8000/api/first_api_view/
```

在本练习中，我们学习了如何利用 DRF 和简单的函数视图创建一个 API。接下来，我们将使用序列化器在数据库中存储的信息和 API 返回的信息之间进行更优雅的转换。

12.3 序列化器

到目前为止，我们已经了解了 Django 在应用程序中处理数据的方式。一般来说，数据库表的列是在 models.py 的类中定义的，当访问表的一行时，则正在使用该类的实例。理想情况下，通常只想将这个对象传递给前端应用程序。例如，如果想要构建一个网站，在 Bookr 应用程序中显示图书列表，就需要调用每个图书实例的 title 属性，以知晓要向用户显示什么字符串。但是，前端应用程序对 Python 一无所知，需要通过 HTTP 请求检索这些数据，该请求只返回特定格式的字符串。

这意味着，任何在 Django 和前端之间转换的信息（通过 API）都必须用 JSON 格式表示。JSON 对象看起来类似于 Python 字典，除了存在一些额外的规则来限制确切的语法。在之前的练习 12.01 的例子中，API 返回了以下 JSON 对象，其中包含数据库中的图书数量。

```
{"num_books": 0}
```

但是，如果想用 API 返回数据库中实际图书的完整细节，情况又当如何？DRF 的 serializer 类有助于将复杂的 Python 对象转换为 JSON 或 XML 等格式，以便它们可以使用 HTTP 协议在 Web 上进行传输。DRF 中进行这种转换的部分被称为序列化器。序列化器还可执行反序列化，这是指将序列化的数据转换回 Python 对象，以便在应用程序中处理数据。

练习 12.02　创建一个 API 视图以显示图书列表

在本练习中，我们将使用序列化器创建一个 API，并返回 bookr 应用程序中出现的图书列表。

（1）在 bookr/reviews 文件夹中，创建一个名为 serializers.py 的文件，并在该文件中放置 API 的全部序列器代码。

（2）向 serializers.py 文件中添加下列代码。

```
from rest_framework import serializers

class PublisherSerializer(serializers.Serializer):
    name = serializers.CharField()
    website = serializers.URLField()
    email = serializers.EmailField()

class BookSerializer(serializers.Serializer):
    title = serializers.CharField()
    publication_date = serializers.DateField()
    isbn = serializers.CharField()
    publisher = PublisherSerializer()
```

其中，第一行代码从 rest_framework 模块中导入了序列化器。

随后定义了两个类，即 PublisherSerializer 和 BookSerializer。顾名思义，这两个类分别表示为 Publisher 和 Book 模块的序列化器。这两个序列化器表示为 serializers.Serializer 的子类，并针对每个序列化器定义了字段类型，如 CharField、URLField 和 EmailField 等。

考查 bookr/reviews/models.py 文件中的 Publisher 模型。Publisher 模型包含 name、website 和 email 属性。因此，当序列化一个 Publisher 对象时，我们需要 serializer 类中的 name、website 和 email 属性，这些属性均在 PublisherSerializer 中加以定义。类似地，针对 Book 模型，我们定义了 title、publication_date、isbn 和 publisher 作为 BookSerializer 中期望的属性。由于 publisher 表示为 Book 模型的外键，因此我们使用了 PublisherSerializer 作为 publisher 属性的序列化器。

（3）打开 bookr/reviews/api_views.py 文件，移除事先存在的代码并添加下列代码。

```
from rest_framework.decorators import api_view
from rest_framework.response import Response

from .models import Book
from .serializers import BookSerializer

@api_view()
def all_books(request):
```

```
    books = Book.objects.all()
    book_serializer = BookSerializer(books, many=True)
    return Response(book_serializer.data)
```

在第二行代码中，我们从 serializers 模块中导入了新创建的 BookSerializer。

随后添加一个函数视图 all_books。该视图接收一个包含所有图书的查询集，随后利用 BookSerializer 对其进行序列化。serializer 类也接收一个参数，即 many=True，表明 books 对象是一个 queryset 或多个对象的一个列表。记住，序列化接收 Python 对象，并以 JSON 序列化格式返回它们，如下所示。

```
[OrderedDict([('title', 'Advanced Deep Learning with Keras'),
('publication_date', '2018-10-31'), ('isbn', '9781788629416'),
('publisher', OrderedDict([('name', 'Packt Publishing'),
('website', 'https://www.packtpub.com/'), ('email', 'info@packtpub.
com')]))]), OrderedDict([('title', 'Hands-On Machine Learning for
Algorithmic Trading'), ('publication_date', '2018-12-31'), ('isbn',
'9781789346411'), ('publisher', OrderedDict([('name', 'Packt
Publishing'), ('website', 'https://www.packtpub.com/'), ('email',
'info@packtpub.com')]))]) …
```

（4）打开 bookr/reviews/urls.py 文件，移除前述示例 first_api_view 的路径，并添加 all_books 路径，如下所示。

```
from django.urls import path
from . import views, api_views

urlpatterns = [path('api/all_books/'),\
               path(api_views.all_books),\
               path(name='all_books')
    …
]
```

这个新添加的路径在遇到 URL 中的 api/all_books/路径时将调用视图函数 all_books。

（5）待所有代码添加完毕后，利用 python manage.py runserver 命令运行 Django 服务器，并导航至 http://0.0.0.0:8000/api/all_books/，对应结果如图 12.2 所示。

图 12.2 显示了调用/api/all_books 端点时返回的所有图书列表。至此，我们已经成功地使用了序列化器，并借助 REST API 在数据库中高效地返回了数据。

到目前为止，我们一直专注于函数视图。但是，我们将了解到基于类的视图在 DRF 中更常用，这将使工作更加轻松。

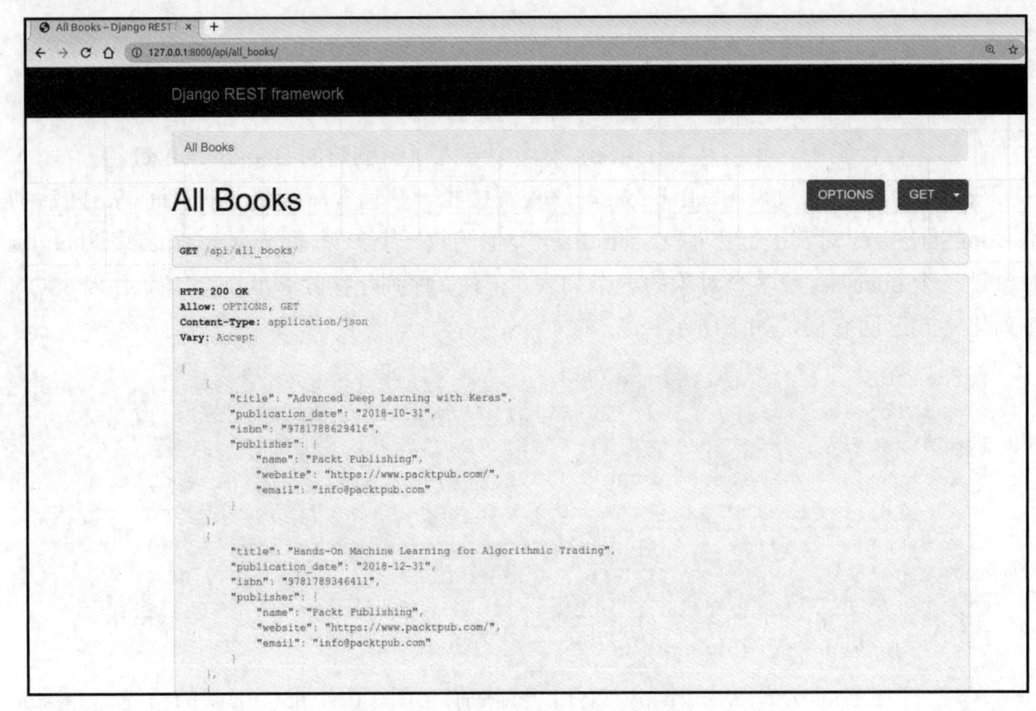

图 12.2　all_books 端点中显示的图书列表

12.3.1　基于类的 API 视图和通用视图

与在第 11 章中学到的内容类似，也可以为 REST API 编写基于类的视图。基于类的视图是开发人员编写视图的首选方式，因为只需编写很少的代码就可以实现很多功能。

与传统视图一样，DRF 提供了一组通用视图，使得编写基于类的视图更加简单。在设计通用视图时，要牢记在创建 API 时需要的一些最常见的操作。DRF 提供的一些通用视图是 ListAPIView、RetrieveAPIView 等。在练习 12.02 中，函数视图负责创建对象的查询集，然后调用序列化器。同样地，我们可以使用 ListAPIView 来完成同样的事情。

```
class AllBooks(ListAPIView):
   queryset = Book.objects.all()
   serializer_class = BookSerializer
```

这里，对象的 queryset 被定义为类属性。将 queryset 传递给 serializer 是由 ListAPIView 上的方法处理的。

12.3.2　模型序列化器

在练习 12.02 中，序列化器被定义如下。

```
class BookSerializer(serializers.Serializer):
    title = serializers.CharField()
    publication_date = serializers.DateField()
    isbn = serializers.CharField()
    publisher = PublisherSerializer()
```

然而，Book 模型如下所示（注意模型和序列化器定义的相似程度）。

```
class Book(models.Model):
    """A published book."""
    title = models.CharField(max_length=70),\
                            (help_text="The title of the book.")

    publication_date = models.DateField\
                        (verbose_name="Date the book was published.")
    isbn = models.CharField(max_length=20),\
                          (verbose_name="ISBN number of the book.")
    publisher = models.ForeignKey(Publisher),\
                                (on_delete=models.CASCADE)
    contributors = models.ManyToManyField('Contributor'),\
                                        (through="BookContributor")

    def __str__(self):
        return self.title
```

我们不希望指定标题必须是 serializers.CharField()。如果序列化器只是查看 title 在模型中是如何定义的，并能找出要使用的序列化器字段，那情况就变得更加容易了。

这就是模型序列化器的用武之地。它们通过利用模型上的字段定义来提供创建序列化器的快捷方式。我们不需要指定 title 应该使用 CharField 进行序列化，而只是告诉模型序列化器我们需要包括标题，并且它使用 CharField 序列化器，因为模型上的 title 字段也是一个 CharField。

例如，假设想为 models.py 中的 Contributor 模型创建一个序列化器。我们可以给它一个字段名列表，然后让它自己解决剩下的问题，而不是自定每个字段应该使用的序列化器的类型。

```
from rest_framework import serializers

from .models import Contributor

class ContributorSerializer(serializers.ModelSerializer):

    class Meta:
```

```
        model = Contributor
        fields = ['first_names', 'last_names', 'email']
```

在下面的练习中，我们将看到如何使用模型序列化器来避免前面类中的代码重复。

练习 12.03 创建基于类的 API 视图和模型序列化器

在本练习中，在使用模型序列化器时，我们将创建基于类的视图以显示所有图书的列表。

（1）打开 bookr/reviews/serializers.py 文件，移除先前的代码，并将其替换为下列代码。

```
from rest_framework import serializers

from .models import Book, Publisher

class PublisherSerializer(serializers.ModelSerializer):

    class Meta:
        model = Publisher
        fields = ['name', 'website', 'email']

class BookSerializer(serializers.ModelSerializer):
    publisher = PublisherSerializer()

    class Meta:
        model = Book
        fields = ['title', 'publication_date', 'isbn', 'publisher']
```

此处包含了两个模型序列化器类，即 PublisherSerializer 和 BookSerializer。这两个类继承了父类 serializers.ModelSerializer。我们不需要指定如何序列化每个字段，相反，可以简单地传递一个字段名称列表，并且字段类型是从 models.py 文件中的定义推断出来的。

尽管提到 fields 中的字段对于模型序列化器来说已经足够了，但在某些特殊情况下，可能必须自定义字段，因为 publisher 字段是一个外键。因此，我们必须使用 PublisherSerializer 来序列化 publisher 字段。

（2）打开 bookr/reviews/api_views.py 文件，移除之前的代码，并添加下列代码。

```
from rest_framework import generics

from .models import Book
from .serializers import BookSerializer

class AllBooks(generics.ListAPIView):
    queryset = Book.objects.all()
    serializer_class = BookSerializer
```

这里使用了 DRF 基于类的 ListAPIView，而非函数视图。这意味着，图书列表被定义为一个类属性，且无须编写函数直接处理请求并调用序列化器。上一步中的图书序列化器也被导入并赋值为该类的属性。

打开 bookr/reviews/urls.py 文件，修改/api/all_books API 路径以包含新的基于类的视图，如下所示。

```
urlpatterns = [path('api/all_books/'),\
               path(api_views.AllBooks.as_view()),\
               path(name='all_books')]
```

由于使用了基于类的视图，因此必须使用类名和 as_view()方法。

（3）待上述修改全部完成后，稍作等待直至 Django 服务重启，或者利用 python manage.py runserver 启动服务器，随后在 Web 浏览器中打开 http://0.0.0.0:8000/api/all_books/处的 API。对应结果如图 12.3 所示。

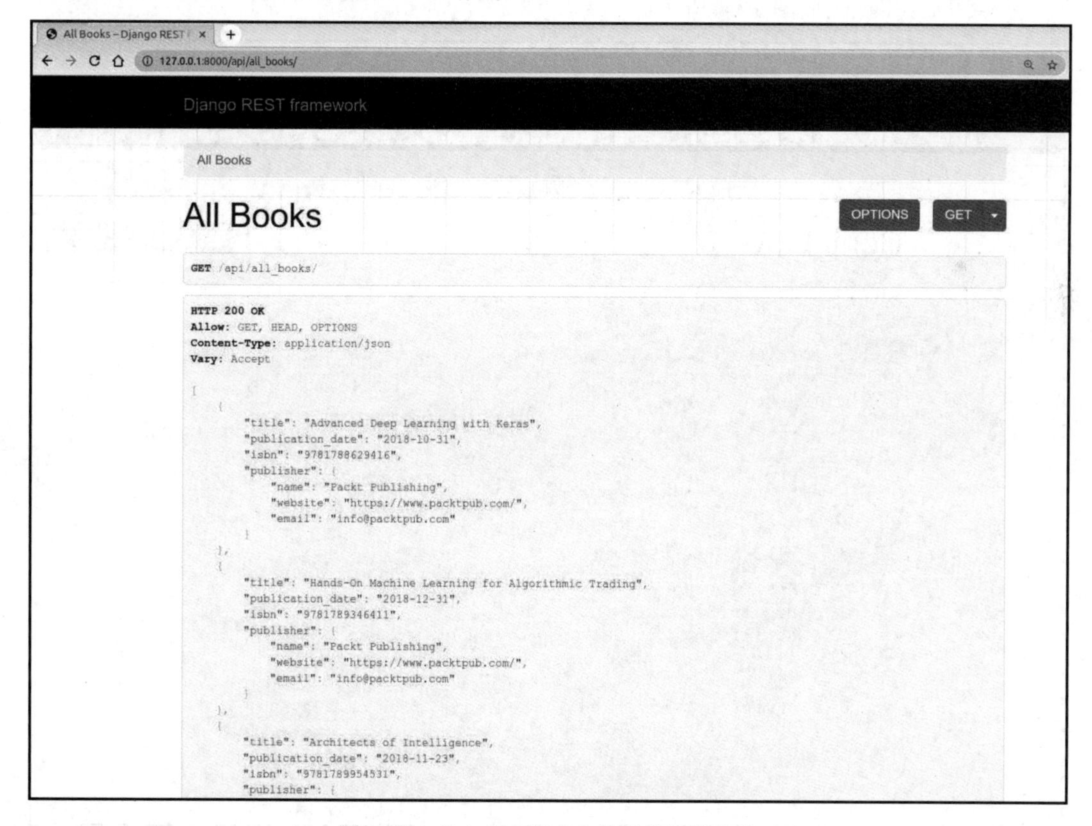

图 12.3　all_books 端点中显示的图书列表

与在练习 12.02 中看到的一样，这是书评应用程序中所有图书的列表。在本练习中，我们使用模型序列化器来简化代码，并使用基于类的通用 ListAPIView 来返回数据库中的图书列表。

操作 12.01　为贡献者页面创建 API 端点

假设团队决定创建一个网页，显示数据库中的主要贡献者（即作者、合著者和编辑）。他们决定聘请外部开发人员用 React JavaScript 创建应用程序。为了与 Django 后端集成，开发人员需要一个端点，并提供以下功能。

- 在数据库中添加贡献者列表。
- 每名贡献者所贡献的图书列表。
- 每名贡献者所贡献的图书数量。
- 所贡献的每本图书以及在该书中饰演的角色。

最终的 API 视图如图 12.4 所示。

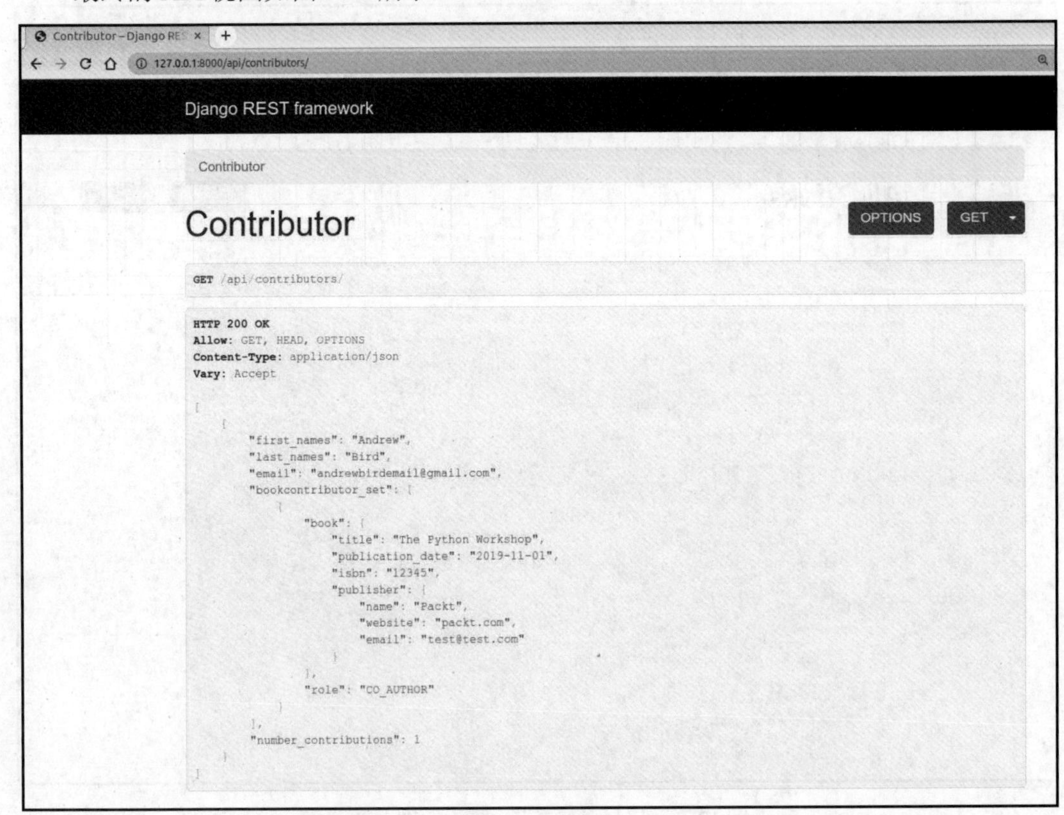

图 12.4　贡献者端点

具体步骤如下。

（1）向 Contributor 类中添加一个方法，该方法返回所做贡献的数量。

（2）添加 ContributionSerializer，它序列化 BookContribution 模型。

（3）添加 ContributorSerializer，它序列化 Contributor 模型。

（4）添加 ContributorView，它使用 ContributorSerializer。

（5）向 urls.py 中添加一个模式以启用对 ContributorView 的访问。

注意：

读者可访问 http://packt.live/2Nh1NTJ 查看该操作的完整的解决方案。

12.4　Viewsets

我们已经看到了如何使用基于类的通用视图优化代码并使其更简洁。视图和路由器有助于进一步简化代码。顾名思义，视图集是表示在单个类中的视图集合。例如，我们使用 AllBooks 视图返回应用程序中所有图书的列表，使用 BookDetail 视图返回单本图书的详细信息。使用视图集，我们可以将这两个类合并为一个类。

DRF 还提供了一个名为 ModelViewSet 的类。该类不仅结合了前面讨论中提到的两个视图（即列表和细节），而且还允许创建、更新和删除模型实例。实现所有这些功能所需的代码可以像指定序列化器和查询集一样简单。例如，管理用户模型的所有这些操作的视图可以被定义如下。

```
class UserViewSet(viewsets.ModelViewSet):
    serializer_class = UserSerializer
    queryset = User
```

最后，DRF 提供了一个 ReadOnlyModelViewSet 类。这是前面 ModelViewSet 的一个简单版本。除了只允许列出和检索特定的用户，二者基本相同。你不能创建、更新或删除记录。

12.5　路　由　器

当与视图集一起使用时，路由器负责自动为视图集创建所需的 URL 端点。这是因为可通过不同的 URL 访问单个视图集。例如，在前面的 UserViewSet 中，将访问 URL /api/users/的用户列表，以及 URL /api/users/123 的特定用户记录。其中，123 是该用户记录的主键。下面是一个简单的例子，表明如何在之前定义的 UserViewSet 环境中使用路由器。

```
from rest_framework import routers
router = routers.SimpleRouter()
router.register(r'users', UserViewSet)
urlpatterns = router.urls
```

下面尝试在一个简单的练习中整合路由器和视图集这两个概念。

练习 12.04　使用视图集和路由器

在本练习中，我们将整合现有的视图并生成一个视图集，以及针对该视图集创建所需的路由机制。

（1）打开 bookr/reviews/serializers.py 文件，移除已有的代码，并添加下列代码片段。

```
01 from django.contrib.auth.models import User
02 from django.utils import timezone
03 from rest_framework import serializers
04 from rest_framework.exceptions import NotAuthenticated,PermissionDenied
05
06 from .models import Book, Publisher, Review
07 from .utils import average_rating
08
09 class PublisherSerializer(serializers.ModelSerializer):
```

读者可访问 http://packt.live/3osYJli 查看完整的代码内容。

此处向 BookSerializer 中添加了两个新字段，即 reviews 和 rating。关于这些字段的有趣之处在于，它们背后的逻辑被定义为序列化器自身上的一个方法。这就是为什么我们使用 serializers.SerializerMethodField 类型来设置 serializer 类的属性。

（2）打开 bookr/reviews/api_views.py 文件，移除已有的代码，并添加下列代码。

```
from rest_framework import viewsets
from rest_framework.pagination import LimitOffsetPagination

from .models import Book, Review
from .serializers import BookSerializer, ReviewSerializer

class BookViewSet(viewsets.ReadOnlyModelViewSet):
    queryset = Book.objects.all()
    serializer_class = BookSerializer
```

```
class ReviewViewSet(viewsets.ModelViewSet):
    queryset = Review.objects.order_by('-date_created')
    serializer_class = ReviewSerializer
    pagination_class = LimitOffsetPagination
    authentication_classes = []
```

此处删除了 AllBook 和 BookDetail 视图，并将它们替换为 BookViewSet 和 ReviewViewSet。在第一行代码中，我们从 rest_framework 导入了 ViewSets 模块。BookViewSet 类是 ReadOnlyModelViewSet 的子类，它确保视图仅用于 GET 操作。

打开 bookr/reviews/urls.py 文件，移除前两个以 api/开始的 URL 模式，并添加下列代码（加粗显示的代码）。

```
from django.urls import path, include
from rest_framework.routers import DefaultRouter

from . import views, api_views

router = DefaultRouter()
router.register(r'books', api_views.BookViewSet)
router.register(r'reviews', api_views.ReviewViewSet)

urlpatterns = [path('api/', include((router.urls, 'api'))),\
               path('books/', views.book_list, \
                    name='book_list'),
               path('books/<int:pk>/', views.book_detail, \
                    name='book_detail'),
               path('books/<int:book_pk>/reviews/new/', \
                    views.review_edit, name='review_create'),
               path('books/<int:book_pk>/reviews/<int:review_pk>/', \
                    views.review_edit, name='review_edit'),
               path('books/<int:pk>/media/', views.book_media, \
                    name='book_media'),
               path('publishers/<int:pk>/', views.publisher_edit, \
                    name='publisher_detail'),
               path('publishers/new/', views.publisher_edit, \
                    name='publisher_create')]
```

此处，我们将 all_books 和 book_detail 整合至名为 books 的单一路径中。此外，我们还在 reviews 路径下添加了一个新端点，以供后续章节使用。

我们首先从 rest_framework.routers 中导入 DefaultRouter 类。随后使用 DefaultRouter 类创建一个路由器对象，然后注册新创建的 BookViewSet 和 ReviewViewSet，如粗体显示的代码所示。这确保了只要 API 包含/ API /books 路径，BookViewSet 就会被调用。

（3）保存全部文件并重启 Django 服务（可利用 python manage.py runserver 命令以手动方式启动 Django 服务），访问 URL http://0.0.0.0:8000/api/books/以获取图书列表。随后，你将在浏览器中看到如图 12.5 所示的视图。

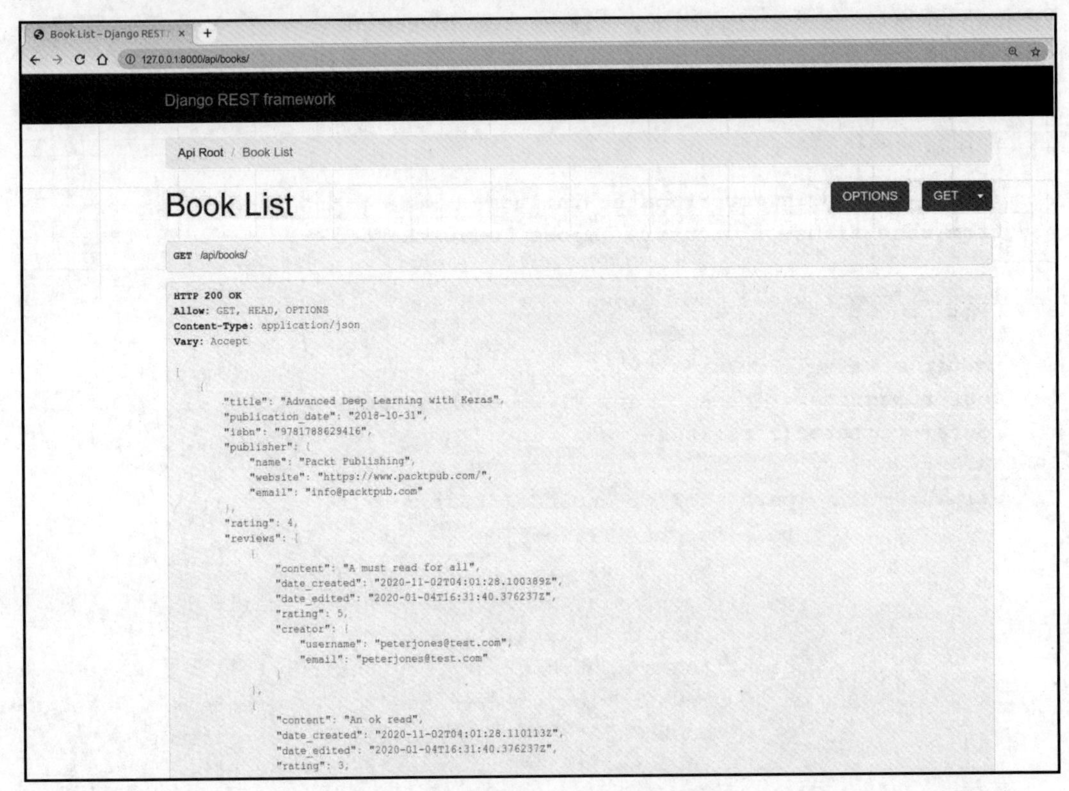

图 12.5　路径/api/books 处的图书列表

（4）你还可利用 URL http://0.0.0.0:8000/api/books/1/访问特定图书的详细信息。在当前示例中，这将返回主键为 1 的图书的详细信息（如果存在），如图 12.6 所示。

在本练习中，我们看到了如何使用视图集和路由器将列表视图和详细视图组合成一个视图集。使用视图集将使代码更加一致和自然，并促进与其他开发人员的协作。在与单独的前端应用程序集成时，这一点尤其重要。

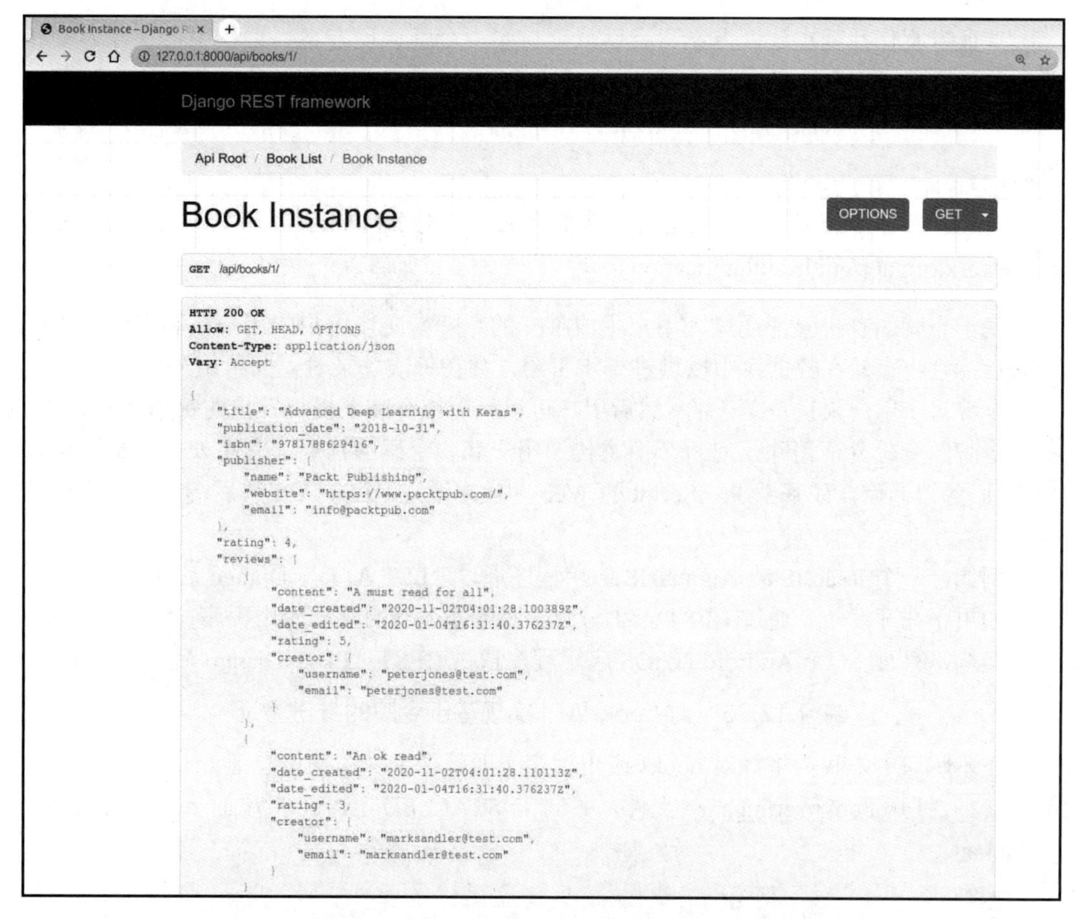

图 12.6　"Advanced Deep Learning with Keras"图书的详细信息

12.6　身 份 验 证

正如在第 9 章中了解到的，对应用程序的用户进行身份验证是很重要的。较好的做法是只允许那些在应用程序中注册的用户登录并从应用程序中访问信息。类似地，对于 REST API，我们也需要设计一种在传递任何信息之前对用户进行身份验证和授权的方法。例如，假设 Facebook 的网站发出一个 API 请求，以获得一个帖子的所有评论列表。如果他们没有在这个端点上进行身份验证，那么你可以使用它以编程方式获取想要的任何帖子的评论。这种情况显示不被允许，因此需要实现某种身份验证。

认证方案包括基本认证方案、会话认证方案、令牌认证方案、远程用户认证方案和各种第三方认证方案。在本章范围内，以及针对 Bookr 应用程序，我们将使用令牌身份验证。

注意：

关于各种身份验证方案，读者可参考官方文档，对应网址为 https://www.django-rest-framework.org/api-guide/authentication。

基于令牌的身份验证通过为用户生成唯一的令牌来交换用户的用户名和密码。生成令牌后，它将存储在数据库中以供进一步引用，并在每次登录时返回给用户。

令牌对于用户来说是唯一的，然后用户可以使用该令牌来授权发出的每个 API 请求。基于令牌的身份验证消除了对每个请求传递用户名和密码的需要。它更安全，最适合客户端-服务器通信，如基于 JavaScript 的 Web 客户端通过 REST API 与后端应用程序进行交互。

例如，一个 ReactJS 或 AngularJS 应用程序通过 REST API 与 Django 后端进行交互。

如果正在开发一个通过 REST API 与后端服务器交互的移动应用程序，也可以使用相同的架构，例如，一个 Android 或 iOS 应用程序通过 REST API 与 Django 后端进行交互。

练习 12.05　对 bookr API 实现基于令牌的身份验证

在本练习中，我们将针对 bookr 应用程序实现基于令牌的身份验证。

（1）打开 bookr/settings.py 文件，并向 INSTALLED_APPS 中添加 rest_framework.authtoken。

```
INSTALLED_APPS = ['django.contrib.admin',\
                  'django.contrib.auth',\
                  ‹django.contrib.contenttypes›,\
                  'django.contrib.sessions',\
                  'django.contrib.messages',\
                  'django.contrib.staticfiles',\
                  ‹rest_framework›,\
                  ‹rest_framework.authtoken›,\
                  ‹reviews›]
```

（2）由于 authtoken 应用程序已经关联了数据库更改，因此在命令行/终端中运行 migrate 命令，如下所示。

```
python manage.py migrate
```

（3）打开 bookr/reviews/api_views.py 文件，移除已有的代码，并将其替换为下列内容。

```
from django.contrib.auth import authenticate
from rest_framework import viewsets
from rest_framework.authentication import TokenAuthentication
from rest_framework.authtoken.models import Token
from rest_framework.pagination import LimitOffsetPagination
from rest_framework.permissions import IsAuthenticated
from rest_framework.response import Response
from rest_framework.status import HTTP_404_NOT_FOUND, HTTP_200_OK
from rest_framework.views import APIView
```

读者可访问 http://packt.live/2JQebbS 查看该文件的完整代码。

这里定义了一个名为 Login 的视图。该视图的目的是允许用户获取（如果不存在的话也可以创建）一个令牌，并可以使用这个令牌进行 API 的身份验证。

此处重写了这个视图的 post 方法，因为我们希望自定义用户向我们发送数据（即他们的登录详细信息）时的行为。首先，我们使用 Django 的 auth 库中的 authenticate 方法来检查用户名和密码是否正确。如果正确，那么就有了一个 user 对象，否则返回一个 HTTP 404 错误。如果确实有一个有效的用户对象，那么只需获取或创建一个令牌，并将其返回给用户即可。

（4）将身份验证类添加到 BookViewSet 中。这意味着当用户试图访问此视图集时，将要求他们使用基于令牌的身份验证。注意，可以包含一系列不同的可接收的身份验证方法，而不仅仅是一种方法。此外，我们还添加了 permissions_classes 属性，它只使用 DRF 的内置类来检查给定的用户是否有权限查看这个模型中的数据。

```
class BookViewSet(viewsets.ReadOnlyModelViewSet):
    queryset = Book.objects.all()
    serializer_class = BookSerializer
    authentication_classes = [TokenAuthentication]
    permission_classes = [IsAuthenticated]
```

注意：

上述代码（粗体显示）将与 GitHub 存储库中看到的代码不匹配，因为我们将在稍后的步骤（9）中对其进行修改。

（5）打开 bookr/reviews/urls.py 文件，并将下列路径添加至 url 模式中。

```
path('api/login', api_views.Login.as_view(), name='login')
```

（6）保存文件并等待应用程序重启，或利用 python manage.py runserver 命令以手动方式启动服务器。随后利用 URL http://0.0.0.0:8000/api/login 访问应用程序，对应结果如

图 12.7 所示。

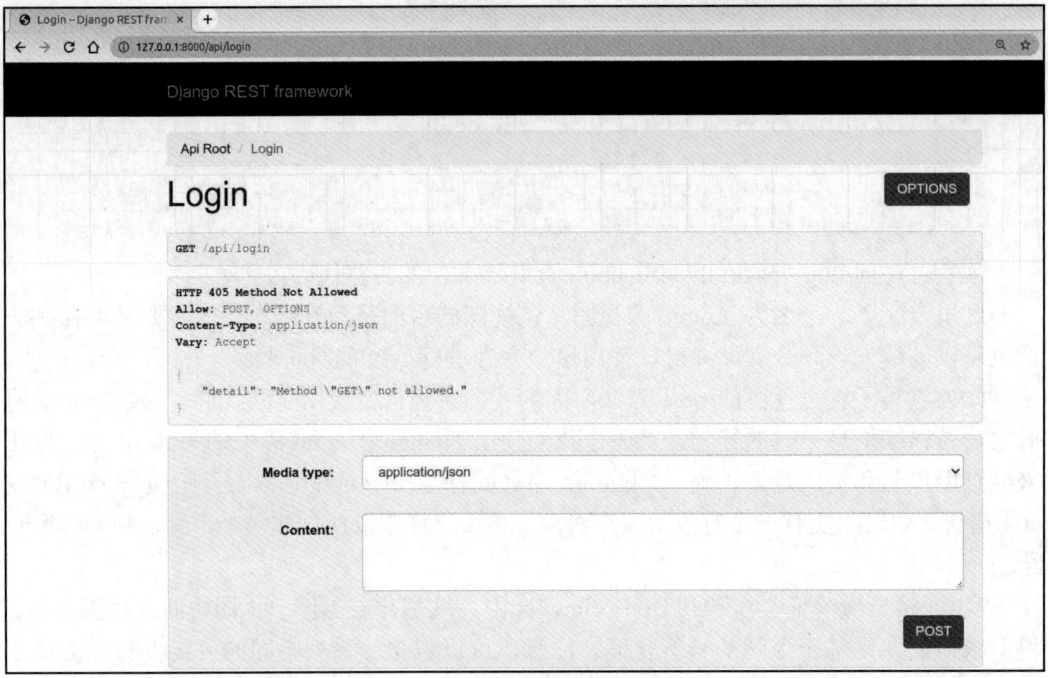

Login – Django REST fram ×

127.0.0.1:8000/api/login

Django REST framework

Api Root / Login

Login

OPTIONS

GET /api/login

```
HTTP 405 Method Not Allowed
Allow: POST, OPTIONS
Content-Type: application/json
Vary: Accept

{
    "detail": "Method \"GET\" not allowed."
}
```

Media type: application/json

Content:

POST

图 12.7　登录页面

/api/login 处的 API 是一个 POST 消息，因此显示 Method GET not allowed。

（7）在内容中输入下列片段，随后单击 POST。

```
{
"username": "Peter",
"password": "testuserpassword"
}
```

你需要在数据库中为账户替换一个实际的用户名和密码。现在可以看到为用户生成的令牌，如图 12.8 所示。这是需要用来访问 BookSerializer 的令牌。

（8）尝试使用之前在 http://0.0.0.0:8000/api/books/上创建的 API 访问图书列表。注意，现在不允许你访问它。这是因为这个视图集现在要求使用令牌进行身份验证。

同样的 API 可以在命令行上使用 curl 进行访问。

```
curl -X GET http://0.0.0.0:8000/api/books/

{"detail":"Authentication credentials were not provided."}
```

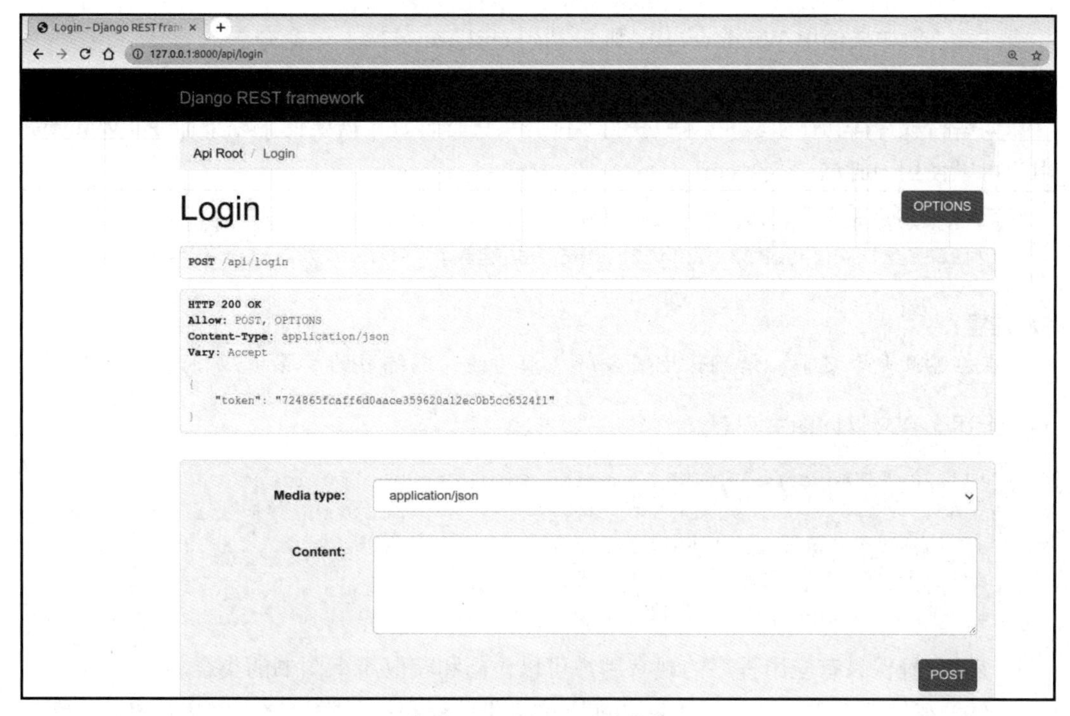

图 12.8　为用户生成的令牌

由于未提供令牌，因此显示 Authentication credentials were not provided，如图 12.9 所示。

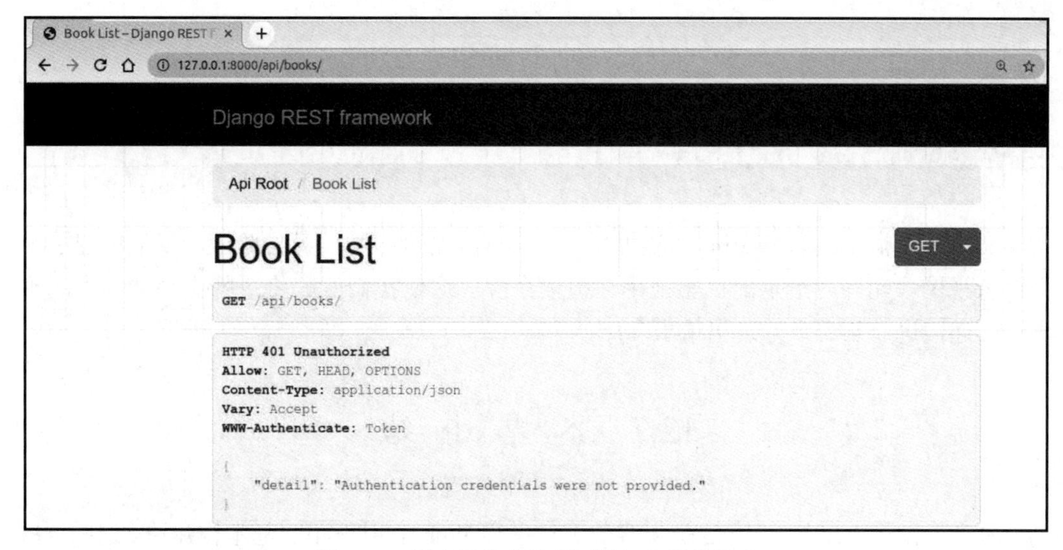

图 12.9　没有提供身份验证详细信息的消息

注意，你如果使用 Windows 10，则可利用 curl.exe 替换上述命令中的 curl，并在命令行提示符中运行该命令。

要将授权令牌〔在步骤（7）中获得〕作为头进行传递，需要使用以下命令（Windows 用户可以使用 curl.exe 替换 curl）。

```
curl -X GET http://0.0.0.0:8000/api/books/ -H "Authorization: Token
724865fcaff6d0aace359620a12ec0b5cc6524f1"
```

注意：

在粘贴此命令之前，请确保已将令牌替换为运行本练习的步骤（7）时获得的令牌。

上述命令应返回图书列表。

```
[{"title":"Advanced Deep Learning with Keras","publication_
date":"2018-10-31","isbn":"9781788629416","publisher":{"name":"Packt
Publishing","website":"https://www.packtpub.com/","email":"info@
packtpub.com"},"rating":4,"reviews":[{"content":"A must read for
all","date_created":… (truncated)
```

该操作确保只有应用程序的现有用户可以访问和获取所有图书的集合。

（9）在继续之前，将 BookViewSet 上的身份验证和权限类设置为空字符串。后续章节将不使用这些身份验证方法，为了简单起见，假设未经身份验证的用户可以访问我们的 API。

```
class BookViewSet(viewsets.ReadOnlyModelViewSet):
    queryset = Book.objects.all()
    serializer_class = BookSerializer
    authentication_classes = []
    permission_classes = []
```

在本练习中，我们在 Bookr 应用程序中实现了基于令牌的身份验证。我们创建了一个登录视图，允许为给定的已验证用户检索令牌。这使我们能够将令牌作为请求中的头进行传递，进而从命令行发出请求。

12.7　本章小结

本章介绍了 REST API，这是大多数现实世界 Web 应用程序的基本构建块。这些 API

促进了后端服务器和 Web 浏览器之间的通信，因此它们是 Django web 开发人员成长过程中的核心内容。此外，本章还介绍了如何序列化数据库中的数据，以便通过 HTTP 请求传输数据。同时，我们了解了 DRF 提供的各种选项，以利用模型本身的现有定义来简化所编写的代码。接下来，本章介绍了视图集和路由器，还介绍了如何通过组合多个视图的功能来进一步压缩代码。随后，我们学习了身份验证和授权，并为书评应用程序实现了基于令牌的身份验证。在第 13 章中，我们将通过学习如何生成 CSV、PDF 和其他二进制文件类型，为用户扩展 Bookr 的功能。

第 13 章　生成 CSV、PDF 和其他二进制文件

本章将讨论如何使用 Python 中提供的一些常用库生成不同数据格式的文件，如 CSV、PDF 和其他二进制文件格式（如兼容 Excel 的文件）。这些知识将帮助你构建 Web 项目，让你的用户将记录从站点导出并下载为熟悉的 CSV 或基于 Excel 的格式。此外，本章还将讨论如何在 Python 中生成图形，并将它们渲染为 HTML，并在 Web 应用程序中显示它们。另外，你将能够构建允许用户以 PDF 格式导出数据的功能。

13.1　简　　介

到目前为止，我们已经学习了 Django 框架的各个方面，并探索了如何使用 Django 构建所需的特性和定制的 Web 应用程序。

假设在构建 Web 应用程序时，我们需要做一些分析并准备一些报告。其间可能需要分析用户统计数据，了解平台的使用情况，或者生成可以输入机器学习系统的数据，以发现某种模式。我们希望网站以表格形式显示一些分析结果，其他结果以详细的图形和图表形式显示。此外，我们还希望允许用户导出报告，并在 Jupyter Notebook 和 Excel 等应用程序中进一步阅读它们。

在本章中，我们将学习如何实现这些理念，并在 Web 应用程序中实现相关功能，这些功能允许我们通过使用逗号分隔值（comma-separated value，CSV）文件或 Excel 文件将记录导出为结构化格式，如表格。此外，我们还将学习如何允许用户生成在 Web 应用程序中存储的数据的可视化表示，并将其导出为 PDF，以便可以轻松地分发以供快速参考。

接下来，我们将学习如何在 Python 中使用 CSV 文件来开始我们的旅程。这项技能将允许你导出数据以供进一步分析。

13.2　与 Python 中的 CSV 文件协同工作

有几个原因可能需要导出应用程序中的数据。原因之一可能涉及数据分析——例如，可能需要了解在应用程序上注册的用户的人口统计数据，或者提取应用程序使用的模式。此外可能还需要了解应用程序是如何为用户工作的，以便设计未来的改进工作。这样的

用例要求数据采用易于使用和分析的格式。这里，CSV 文件格式就可以派上用场了。

CSV 是一种方便的文件格式，可用于以行和列格式快速从应用程序中导出数据。CSV 文件的数据通常由简单的分隔符和换行符分隔，分隔符用于区分列和列，换行符用于指示表中新记录（或行）的开始。

得益于 csv 模块，Python 在其标准库中对 CSV 文件提供了强大的支持。这种支持包括 CSV 文件的读取、解析和写入。接下来，让我们看看如何利用 Python 提供的 CSV 模块来处理 CSV 文件并从其中读取和写入数据。

13.3　与 Python 的 CSV 模块协同工作

Python 中的 csv 模块提供了与 CSV 格式的文件交互的能力，CSV 格式只是一种文本文件格式。也就是说，存储在 CSV 文件中的数据是人类可读的。

csv 模块要求在应用 csv 模块提供的方法之前打开文件。下面来看看如何从 CSV 文件中读取数据。

13.3.1　从 CSV 文件中读取数据

从 CSV 文件中读取数据十分简单，包括下列各项步骤。

（1）打开文件。

```
csv_file = open('path to csv file')
```

此处使用 Python open()方法读取文件，然后将读取数据的文件的名称传递给该方法。

（2）利用 csv 模块的 reader()方法从 file 对象中读取数据。

```
import csv
csv_data = csv.reader(csv_file)
```

第一行代码导入了 csv 模块，其中包含了处理 CSV 文件所需的方法集。

```
import csv
```

打开文件后，下一步是使用 CSV 模块的 reader()方法创建 CSV reader 对象。该方法接收 open()调用返回的 file 对象，并使用 file 对象从 CSV 文件中读取数据。

```
csv_reader = csv.reader(csv_file)
```

reader()方法读取的数据将作为列表的列表返回，其中每个子列表都是一条新记录，列表中的每个值都是指定列的值。通常，列表中的第一条记录被称为标题，它表示 CSV

文件中存在的不同列，但在 CSV 文件中没有必要有 header 字段。

（3）一旦数据被 csv 模块读取，我们就可以遍历该数据以执行任何类型的操作，如下所示。

```
for csv_record in csv_data:
    # do something
```

（4）一旦处理完成，我们就只需使用 Python 的文件处理程序对象的 close()方法即可关闭 CSV 文件。

```
csv_file.close()
```

让我们来看看第一个练习，其中我们将实现一个简单的模块，该模块可以帮助我们读取一个 CSV 文件，随后在屏幕上输出其内容。

练习 13.01　利用 Python 读取一个 CSV 文件

在本练习中，我们将通过 Python 内建的 csv 模块在 Python 中读取和处理一个 CSV 文件。CSV 文件包含了几家纳斯达克上市公司的虚构市场数据。

（1）单击 http://packt.live/2MNWzOV 链接，从 GitHub 存储库中下载 market_cap.csv 文件。

注意：

CSV 文件由随机生成的数据组成，不对应任何历史市场趋势。

（2）下载文件后，打开该文件并查看其内容。该文件包含了一组逗号分隔的值，且每个不同的记录位于它自己的行上，如图 13.1 所示。

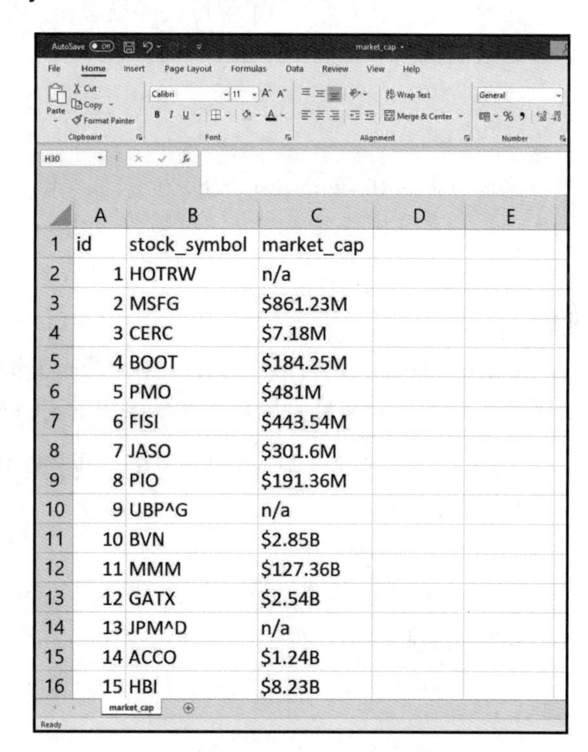

	A	B	C	D	E
1	id	stock_symbol	market_cap		
2	1	HOTRW	n/a		
3	2	MSFG	$861.23M		
4	3	CERC	$7.18M		
5	4	BOOT	$184.25M		
6	5	PMO	$481M		
7	6	FISI	$443.54M		
8	7	JASO	$301.6M		
9	8	PIO	$191.36M		
10	9	UBP^G	n/a		
11	10	BVN	$2.85B		
12	11	MMM	$127.36B		
13	12	GATX	$2.54B		
14	13	JPM^D	n/a		
15	14	ACCO	$1.24B		
16	15	HBI	$8.23B		

图 13.1　市值 CSV 文件的内容

（3）下载文件后，即可编写代码。为此，在下载 CSV 文件的同一目录中创建一个名为 csv_reader.py 的新文件，并在该文件中添加以下代码。

```
import csv
```

```
def read_csv(filename):
    """Read and output the details of CSV file."""

    try:
        with open(filename, newline='') as csv_file:
            csv_reader = csv.reader(csv_file)
            for record in csv_reader:
                print(record)
    except (IOError, OSError) as file_read_error:
        print("Unable to open the csv file. Exception: {}".format(file_
read_error))

if __name__ == '__main__':
    read_csv('market_cap.csv')
```

下面尝试理解上述代码片段中实现的内容。

在导入 csv 模块后，为了保持代码模块化，我们创建了一个名为 read_csv()的新方法，该方法只接收一个参数，即读取数据的文件名。

```
try:
    with open(filename, newline='') as csv_file:
```

这也被称为 try-with-resources 方法（如果读者不熟悉前面代码片段中显示的打开文件的方法）。在这种情况下，任何封装在 with 块作用域中的代码块都可以访问 file 对象，一旦代码退出 with 块作用域，文件就会自动关闭。

注意：

在 try-except 块中封装文件 I/O 操作是一个较好的习惯，因为文件 I/O 可能由于多种原因而失败，并且向用户展示堆栈跟踪并不是一个较好的选择方案。

reader()方法返回一个 reader 对象，我们可以对其进行遍历以访问值，就像我们在 13.3.1 节中看到的那样。

```
for record in csv_reader:
    print(record)
```

一旦完成此操作，你就可以通过调用 read_csv()方法和传递要读取的 CSV 文件的名称来编写入口点方法，你的代码将从该方法处开始执行。

```
if __name__ == '__main__':
    read_csv(market_cap.csv')
```

（4）完成后，即可解析 CSV 文件。你可以在终端或命令提示符中运行 Python 文件，如下所示。

```
python3 csv_reader.py
```

注意：

在 Windows 环境下，可使用 python csv_reader.py，如图 13.2 所示。

代码执行后，对应的输出结果如图 13.2 所示。

```
C:\Users\CV552\Documents\Chapter13\Exercise13.01>python csv_reader.py
['id', 'stock_symbol', 'market_cap']
['1', 'HOTRW', 'n/a']
['2', 'MSFG', '$861.23M']
['3', 'CERC', '$7.18M']
['4', 'BOOT', '$184.25M']
['5', 'PMO', '$481M']
['6', 'FISI', '$443.54M']
['7', 'JASO', '$301.6M']
['8', 'PIO', '$191.36M']
['9', 'UBP^G', 'n/a']
['10', 'BVN', '$2.85B']
['11', 'MMM', '$127.36B']
['12', 'GATX', '$2.54B']
['13', 'JPM^D', 'n/a']
['14', 'ACCO', '$1.24B']
['15', 'HBI', '$8.23B']
['16', 'Y', '$9.37B']
['17', 'DHX', '$128.99M']
['18', 'AGNCB', '$9.12B']
['19', 'BT', '$37.72B']
['20', 'GGP^A', 'n/a']
['21', 'XRAY', '$14.6B']
['22', 'ANCB', '$62.74M']
['23', 'MLP', '$386.9M']
['24', 'AEG', '$10.51B']
['25', 'CELGZ', 'n/a']
['26', 'ACXM', '$2.06B']
['27', 'JBSS', '$696.39M']
['28', 'MOBL', '$571.52M']
['29', 'FFHL', '$10.06M']
['30', 'ONEQ', '$798.86M']
['31', 'FBNC', '$768.07M']
['32', 'WSBF', '$568.57M']
['33', 'AGU', '$12.97B']
```

图 13.2　源自 CSV 读取器程序的输出结果

据此，我们了解了如何读取 CSV 文件内容。此外，从练习 13.01 的输出结果中可以看到，各个行的输出以列表的形式表示。

下面考查如何使用 Python csv 模块创建新的 CSV 文件。

13.3.2　利用 Python 写入 CSV 文件

在前述内容中，我们考查了如何在 Python 中使用 csv 模块以读取 CSV 格式文件的内容。下面讨论如何将 CSV 数据写入文件中。

除了某些细微差别，写入 CSV 数据的操作与从 CSV 文件中读取数据的操作十分类似。将数据写入 CSV 文件中主要包含下列步骤。

（1）以写入模式打开文件。

```
csv_file = open('path to csv file', 'w')
```

（2）获取 CSV writer 对象，它可以帮助我们写入正确格式化的 CSV 格式数据。这是通过调用 csv 模块的 writer()方法来完成的，该方法返回一个 writer 对象，该对象可用于将兼容 csv 格式的数据写入 CSV 文件中。

```
csv_writer = csv.writer(csv_file)
```

（3）一旦得到了 writer 对象，就可以开始写入数据。这可以通过 writer 对象的 writerow()方法实现。writerow()方法接收它写入 CSV 文件的值列表。列表本身表示单行，列表中的值表示列的值。

```
record = ['value1', 'value2', 'value3']
csv_writer.writerow(record)
```

如果打算在一次性调用中写入多条记录，还可使用 CSV 写入器的 writerows()方法。writerows()方法的行为类似于 writerow()方法，但它接收一个列表的列表，并一次性写入多个行。

```
records = [['value11', 'value12', 'value13'],\
           ['value21', 'value22', 'value23']]
csv_writer.writerows(records)
```

（4）一旦记录被写入，就可以关闭 CSV 文件。

```
csv_file.close()
```

在下一个练习中，我们将应用所学的知识实现一个程序，并将数值写入 CSV 文件中。

练习 13.02　利用 Python 的 csv 模块生成一个 CSV 文件

在本练习中，我们将使用 Python csv 模块创建一个新文件。

（1）创建一个名为 csv_writer.py 的新文件，并在该文件中编写 CSV 写入器的代码。在该文件中，添加下列代码。

```
import csv

def write_csv(filename, header, data):
    """Write the provided data to the CSV file.

    :param str filename: The name of the file \
      to which the data should be written
```

```
    :param list header: The header for the \
        columns in csv file
    :param list data: The list of list mapping \
        the values to the columns
    """
    try:
        with open(filename, 'w') as csv_file:
            csv_writer = csv.writer(csv_file)
            csv_writer.writerow(header)
            csv_writer.writerows(data)
    except (IOError, OSError) as csv_file_error:
        print\
        ("Unable to write the contents to csv file. Exception: {}"\
         .format(csv_file_error))
```

有了该代码，你现在应该能够轻松地创建新的 CSV 文件。下面将逐步解释每行代码的功能。

这里，我们定义了一个名为 write_csv()的新方法，该方法接收 3 个参数，即应该写入数据的文件名（filename），应该用作标题的列名列表（header），最后是包含需要映射到单个列的数据的列表的列表（data）。

```
def write_csv(filename, header, data):
```

参数设置好后，下一步是打开需要写入数据的文件，并将其映射到一个对象中。

```
with open(filename, 'w') as csv_file:
```

待文件打开后，主要执行 3 个步骤。首先，通过使用 csv 模块中的 writer()方法获取一个新的 CSV 写入器对象，并将其传递给文件句柄，该句柄包含对打开文件的引用。

```
csv_writer = csv.writer(csv_file)
```

下一步涉及使用 CSV 写入器的 writerow()方法，并将数据集的 header 字段写入文件中。

```
csv_writer.writerows(data)
```

注意：

我们还可以将 header 列表作为数据列表的第一个元素，并使用数据列表作为参数调用 writerows()方法，从而将写入 header 和数据的步骤合并到一行代码中。

（2）当创建了可以将提供的数据写入 CSV 文件中的方法后，即为入口点调用编写代码，并在其中设置 header、数据和文件名字段的值，最后调用之前定义的 write_csv()方法。

```
if __name__ == '__main__':
    header = ['name', 'age', 'gender']
    data = [['Richard', 32, 'M'], \
```

```
        ['Mumzil', 21, 'F'], \
        ['Melinda', 25, 'F']]
filename = 'sample_output.csv'
write_csv(filename, header, data)
```

（3）当代码编写完毕后，执行刚刚创建的文件，并查看是否生成了 CSV 文件。为此，运行下列命令。

```
python3 csv_writer.py
```

上述命令执行结束后，即会在执行该命令的同一目录中看到创建了新文件，当打开该文件时，对应内容如图 13.3 所示。

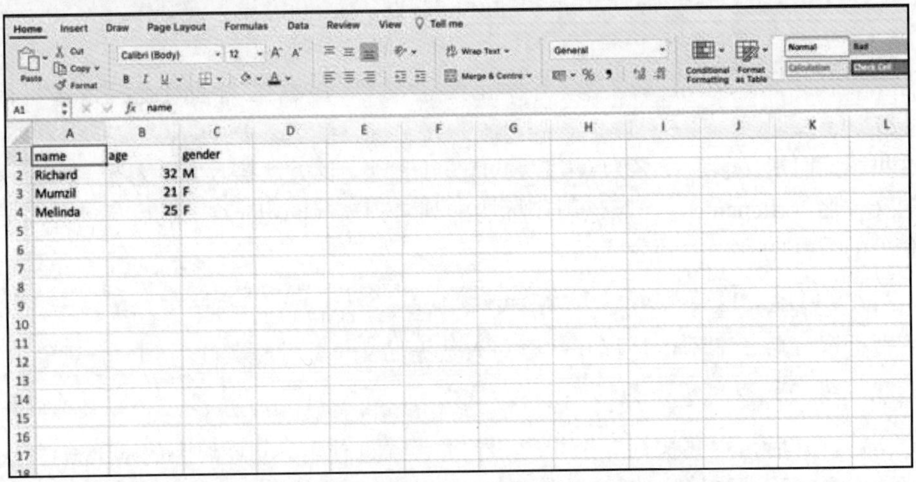

图 13.3　CSV 写入器 sample_output.csv 的输出结果

据此，我们现在已经具备了读写 CSV 文件内容的能力。

在本练习中，我们学习了如何将数据写入 CSV 文件中。接下来，我们将考查一些增强功能，这些增强功能可以使开发人员更方便地向 CSV 文件中读取和写入数据。

13.3.3　以较好的方式读写 CSV 文件

现在，有一件重要的事情需要处理。如果读者还记得，CSV 读取器读取的数据通常将值映射到一个列表中。现在，如果希望访问各个列的值，则需要使用列表索引来访问它们。这种方式是不自然的，会导致负责写入文件的程序和负责读取文件的程序之间存在更高程度的耦合。例如，如果写入程序打乱了行的顺序会怎样？在这种情况下，现在必须更新读取器程序，以确保它识别正确的行。那么，这里的问题是，是否有更好的方法来读写值，而不是使用列表索引，在保留上下文的同时使用列名？

答案是肯定的，解决方案是由另一组称为 DictReader 和 DictWriter 的 CSV 模块提供的，它们提供了将 CSV 文件中的对象映射到 dict（而不是映射到列表）中的功能。

该接口易于实现。让我们重温练习 13.01 中所写的代码。如果打算将代码解析为 dict，则需要更改 read_csv()方法的实现，如下所示。

```
def read_csv(filename):
    """Read and output the details of CSV file."""
    try:
        with open(filename, newline='') as csv_file:
            csv_reader = csv.DictReader(csv_file)
            for record in csv_reader:
                print(record)
    except (IOError, OSError) as file_read_error:
        print\
         ("Unable to open the csv file. Exception: {}"\
        .format(file_read_error))
```

正如所看到的，此处所做的唯一更改是将 csv.reader()更改为 csv.dictreader()，它应该将 CSV 文件中的各个行表示为 OrderedDict。另外，你也可以通过更改并执行以下命令来验证这一点。

```
python3 csv_reader.py
```

对应输出结果如图 13.4 所示。

```
(venv) sbadhwar@sbadhwar-mn1 Exercise13.01 % python3 csv_reader.py
{'id': '1', 'stock_symbol': 'HOTRW', 'market_cap': 'n/a'}
{'id': '2', 'stock_symbol': 'MSFG', 'market_cap': '$861.23M'}
{'id': '3', 'stock_symbol': 'CERC', 'market_cap': '$7.18M'}
{'id': '4', 'stock_symbol': 'BOOT', 'market_cap': '$184.25M'}
{'id': '5', 'stock_symbol': 'PMO', 'market_cap': '$481M'}
{'id': '6', 'stock_symbol': 'FISI', 'market_cap': '$443.54M'}
{'id': '7', 'stock_symbol': 'JASO', 'market_cap': '$301.6M'}
{'id': '8', 'stock_symbol': 'PIO', 'market_cap': '$191.36M'}
{'id': '9', 'stock_symbol': 'UBP^G', 'market_cap': 'n/a'}
{'id': '10', 'stock_symbol': 'BVN', 'market_cap': '$2.85B'}
{'id': '11', 'stock_symbol': 'MMM', 'market_cap': '$127.36B'}
{'id': '12', 'stock_symbol': 'GATX', 'market_cap': '$2.54B'}
{'id': '13', 'stock_symbol': 'JPM^D', 'market_cap': 'n/a'}
{'id': '14', 'stock_symbol': 'ACCO', 'market_cap': '$1.24B'}
{'id': '15', 'stock_symbol': 'HBI', 'market_cap': '$8.23B'}
{'id': '16', 'stock_symbol': 'Y', 'market_cap': '$9.37B'}
{'id': '17', 'stock_symbol': 'DHX', 'market_cap': '$128.99M'}
{'id': '18', 'stock_symbol': 'AGNCB', 'market_cap': '$9.12B'}
{'id': '19', 'stock_symbol': 'BT', 'market_cap': '$37.72B'}
{'id': '20', 'stock_symbol': 'GGP^A', 'market_cap': 'n/a'}
{'id': '21', 'stock_symbol': 'XRAY', 'market_cap': '$14.6B'}
{'id': '22', 'stock_symbol': 'ANCB', 'market_cap': '$62.74M'}
{'id': '23', 'stock_symbol': 'MLP', 'market_cap': '$386.9M'}
{'id': '24', 'stock_symbol': 'AEG', 'market_cap': '$10.51B'}
{'id': '25', 'stock_symbol': 'CELGZ', 'market_cap': 'n/a'}
```

图 13.4　基于 DictReader 的输出结果

如图 13.4 所示，各个行在字典中被映射为键-值对。要在行中访问这些单独的字段，需要采用下列代码。

```
print(record.get('stock_symbol'))
```

这将为我们提供来自各个记录的 stock_symbol 字段的值。

类似地，你还可以使用 DictWriter()接口将 CSV 文件作为字典进行操作。要了解这一点，让我们考查练习 13.02 中的 write_csv()方法，并将其修改如下。

```
def write_csv(filename, header, data):
    """Write the provided data to the CSV file.

    :param str filename: The name of the file \
        to which the data should be written
    :param list header: The header for the \
        columns in csv file
    :param list data: The list of dicts mapping \
        the values to the columns
    """

    try:
        with open(filename, 'w') as csv_file:
            csv_writer = csv.DictWriter(csv_file, fieldnames=header)
            csv_writer.writeheader()
            csv_writer.writerows(data)
    except (IOError, OSError) as csv_file_error:
        print\
        ("Unable to write the contents to csv file. Exception: {}"\
        .format(csv_file_error))
```

在上述代码中，我们用 csv.DictWriter()替换了 csv.writer()，它提供了一个类似字典的接口来与 CSV 文件进行交互。DictWriter()还接收一个 fieldnames 参数，该参数用于在写入 CSV 文件之前映射 CSV 文件中的各个列。

当写入 header 时，可调用 writeheader()方法，该方法将 fieldname header 写入 CSV 文件中。

最后一个调用涉及 writerows()方法，该方法接收一个字典列表并将它们写入 CSV 文件中。为了使代码正确工作，还需要修改数据列表，如下所示。

```
data = [{'name': Richard, 'age': 32, 'gender': 'M'}, \
        {'name': Mumzil', 'age': 21, 'gender':'F'}, \
        {'name': 'Melinda', 'age': 25, 'gender': 'F'}]
```

综上所述，我们已经具备足够的知识在 Python 中处理 CSV 文件。

我们既然讨论的是如何处理表格数据，特别是读取和写入文件，那么来看看最流行的表格数据编辑器之一使用的一种更知名的文件格式——Microsoft Excel。

13.4　在 Python 中处理 Excel 文件

微软 Excel 是世界著名的簿记和表格记录管理软件。类似地，与 Excel 一起引入的 XLSX 文件格式已经得到了快速和广泛的采用，当今所有主要产品供应商都支持它。

不难发现，微软 Excel 和它的 XLSX 格式在许多公司的市场和销售部门被大量使用。例如，对于一家公司的营销部门，你正在 Django 中构建一个门户网站，用于跟踪用户购买的产品。此外，它还显示有关购买的数据，如购买时间和购买地点。营销和销售团队正计划使用这些数据来生成线索或创建相关广告。

由于市场营销和销售团队大量使用 Excel，我们可能希望以 XLSX 格式导出 Web 应用程序中可用的数据，这是 Excel 的原生格式。稍后，我们将考查如何使网站使用这种 XLSX 格式。但在此之前，让我们快速了解二进制文件格式的用法。

13.4.1　用于数据导出的二进制文件格式

到目前为止，我们主要处理文本数据，以及如何从文本文件中读取和写入数据。但是，基于文本的格式是不够的。例如，假设想要导出一张图像或图形，那么如何将图像或图形表示为文本，以及如何对这些图像进行读写？

在这些情况下，二进制文件格式可以帮助我们。它们可以帮助我们读写丰富多样的数据集。所有商业运作系统均提供了处理文本和二进制文件格式的本机支持。因此，Python 提供了处理二进制数据文件的最通用实现也就不足为奇了。一个简单的例子是 open 命令，你可以用它来声明想要打开文件的格式。

```
file_handler = open('path to file', 'rb')
```

其中，b 表示为二进制。

从本节开始，我们将讨论如何处理二进制文件，并使用它们来表示和导出 Django Web 应用程序中的数据。这里要考查的第一个格式是微软 Excel 流行的 XLSX 文件格式。

因此，让我们深入研究如何用 Python 处理 XLSX 文件。

13.4.2　利用 XlsxWriter 包处理 XLSX 文件

本节将要学习与 XLSX 文件格式相关的更多知识，并了解如何通过 XlsxWriter 包对其进行处理。

1. XLSX 文件

XLSX 文件是用于存储表格数据的二进制文件。任何支持这种格式的软件都可以读取这些文件。XLSX 格式将数据划分为两个逻辑分区。

- 工作簿：每个 XLSX 文件被称为工作簿，且包含与特定领域相关的数据集。在图 13.5 中，Example_file.xlsx 是一个工作簿（①）。
- 工作表：在每个工作簿中，可以有一个或多个工作表，这些工作表用于以表格格式存储不同但逻辑上相关的数据集的数据。在图 13.5 中，Sheet1 和 Sheet2 是两个工作表（②）。

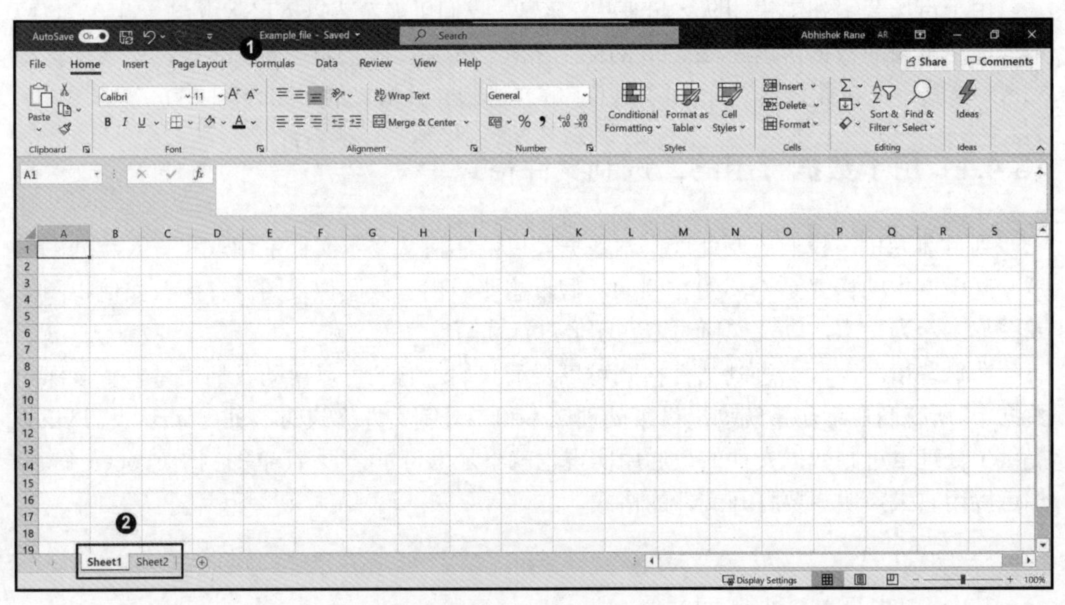

图 13.5　Excel 中的工作簿和工作表

当使用 XLSX 格式时，这就是通常使用的两个单元。读者如果了解关系数据库，则可以将工作簿视为数据库，将工作表视为表。据此，下面尝试理解如何在 Python 中开始处理 XLSX 文件。

2. XlsxWriter Python 包

Python 并没有通过它的标准库为处理 XLSX 文件提供本地支持。但是借助 Python 生态系统中庞大的开发者社区，我们很容易找到一些包，它们可以帮助我们管理与 XLSX 文件的交互。这个类别中的一个流行的包是 XlsxWriter。

XlsxWriter 是由开发人员社区积极维护的包，提供与 XLSX 文件交互的支持。该包提供了许多有用的功能，并支持工作簿以及单个工作簿中的工作表的创建和管理。相应地，你可以在终端或命令提示符中执行以下命令安装 XlsxWriter。

```
pip install XlsxWriter
```

待安装完毕后，即可导入 xlsxwriter 模块，如下所示。

```
import xlsxwriter
```

基于 XlsxWriter 包的支持，接下来考查如何创建 XLSX 文件。

3. 创建一个工作簿

当开始处理 XLSX 文件时，首先需要创建该文件。XLSX 文件也被称作工作簿，并可通过调用 xlsxwriter 模块中的 Workbook 类进行创建，如下所示。

```
workbook = xlsxwriter.Workbook(filename)
```

对 Workbook 类的调用将打开一个由 filename 参数指定的二进制文件，并返回一个 workbook 实例，该实例可用于进一步创建工作表和写入数据。

4. 创建一个工作表

在将数据写入一个 XLSX 文件中之前，需要创建一个工作表。这可通过调用之前获得的 workbook 对象的 add_worksheet()方法完成。

```
worksheet = workbook.add_worksheet()
```

add_worksheet()方法创建一个新的工作表，将其添加到工作簿中，并返回一个将工作表映射到 Python 对象中的对象，通过该对象可以将数据写入工作表中。

5. 将数据写入工作表中

一旦工作表的引用可用，就可以通过调用 worksheet 对象的 write()方法开始向工作表中写入数据，如下所示。

```
worksheet.write(row_num, col_num, col_value)
```

可以看到，write()方法接收 3 个参数：行号（row_num）、列号（col_num）和属于

[row_num,col_num]对的数据（由 col_value 表示）。这里可以重复此调用，将多个数据项插入工作表中。

6. 将数据写入工作簿中

一旦所有的数据被写入，为了最终确定写入的数据集并关闭 XLSX 文件，就需要你调用工作簿上的 close()方法。

```
workbook.close()
```

此方法写入文件缓冲区中可能存在的任何数据，最后关闭工作簿。现在，让我们使用这些知识来实现自己的代码，从而将数据写入 XLSX 文件中。

进一步阅读：

限于篇幅，这里无法列出 XlsxWriter 包提供的全部方法和特性。读者可访问官方文档查看更多信息，对应网址为 https://xlsxwriter.readthedocs.io/contents.html。

练习 13.03　在 Python 中生成 XLSX 文件

在本练习中，我们将使用 XlsxWriter 包，创建一个新的 Excel（XLSX）文件，并将数据从 Python 写入该文件中。

（1）在系统中安装 XlsxWriter 包。对此，你可以在终端或命令行提示符中运行下列命令。

```
pip install XlsxWriter
```

该命令执行结束后，XlsxWriter 包将被安装在系统中。

（2）待 XlsxWriter 包安装完毕后，即可开始编写代码并创建 Excel 文件。对此，创建名为 xlsx_demo.py 的新文件并向该文件中添加下列代码。

```
import xlsxwriter

def create_workbook(filename):
    """Create a new workbook on which we can work."""
    workbook = xlsxwriter.Workbook(filename)
    return workbook
```

在上述代码片段中，我们创建了一个新函数，该函数将帮助我们生成一个新的工作簿，我们可以在该工作簿中存储数据。一旦创建了新的工作簿，下一步就是创建一个工作表，该工作表提供了组织存储在 XLSX 工作簿中的数据所需的表格格式。

（3）创建工作簿后，即可通过将下列代码片段添加至 xlsx_demo.py 文件中来生成一个新的工作表。

```
def create_worksheet(workbook):
    """Add a new worksheet in the workbook."""
    worksheet = workbook.add_worksheet()
    return worksheet
```

在上述代码片段中，我们利用 XlsxWriter 包提供的 workbook 对象的 add_worksheet()方法创建了一个新的工作表。随后该工作表用于写入对象的数据。

（4）创建一个帮助函数，该函数可以行和列编号定义的表格格式将数据写入工作表中。为此，将下列代码片段添加至 xlsx_writer.py 文件中。

```
def write_data(worksheet, data):
    """Write data to the worksheet."""
    for row in range(len(data)):
        for col in range(len(data[row])):
            worksheet.write(row, col, data[row][col])
```

在上述代码片段中，我们已经创建了一个名为 write_data()的新函数，该函数接收两个参数，即需要写入数据的 worksheet 对象，以及需要写入工作表的由列表的列表表示的 data 对象。该函数遍历传递给它的数据，然后将数据写入它所属的行和列中。

（5）在实现了所有核心方法后，即可添加关闭 workbook 对象的方法，这样就可以将数据写入文件中，而不会发生任何文件损坏。为此，在 xlsx_demo.py 文件中实现以下代码片段。

```
def close_workbook(workbook):
    """Close an opened workbook."""
    workbook.close()
```

（6）集成前述步骤中实现的所有方法。为此，在 xlsx_demo.py 文件中创建一个新的入口点方法，如下所示。

```
if __name__ == '__main__':
    data = [['John Doe', 38], \
            ['Adam Cuvver', 22], \
            ['Stacy Martin', 28], \
            ['Tom Harris', 42]]
    workbook = create_workbook('sample_workbook.xlsx')
    worksheet = create_worksheet(workbook)
    write_data(worksheet, data)
    close_workbook(workbook)
```

在上述代码片段中，首先创建了一个数据集，希望以列表的列表的形式将其写入 XLSX 文件中。完成此操作后，将获得一个新的 workbook 对象，该对象将用于创建 XLSX

文件。然后，在此 workbook 对象中创建了一个工作表，以行和列格式组织数据，然后将数据写入工作表中，并关闭工作簿以将数据持久化至磁盘中。

（7）下面考查代码是否以期望的方式工作。为此，执行下列命令。

```
python3 xlsx_demo.py
```

命令执行完成后，我们将看到在执行命令的目录中创建了一个名为 sample_workbook.xlsx 的新文件。要验证它是否包含正确的结果，需要使用 Microsoft Excel 或 Google Sheets 打开该文件并查看内容。对应结果如图 13.6 所示。

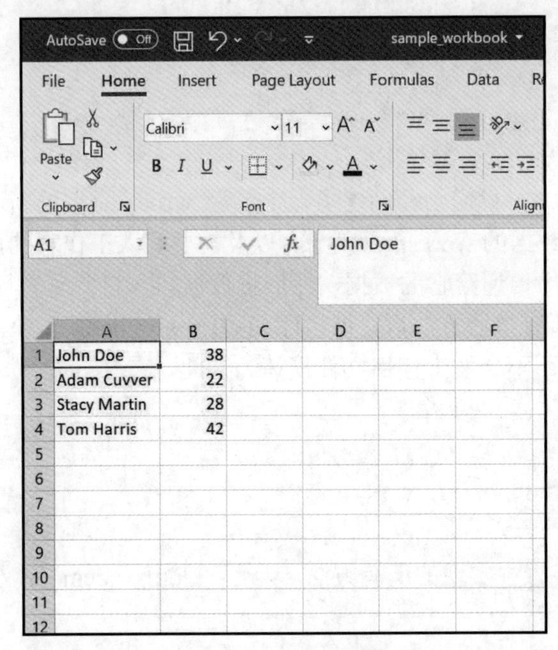

图 13.6　使用 xlsxwriter 生成的 Excel 电子表格

在 xlsxwriter 模块的帮助下，我们还可以将公式应用于列。例如，如果打算在电子表格中添加另一行显示人们的平均年龄，则可以简单地修改 write_data()方法来做到这一点，如下所示。

```
def write_data(worksheet, data):
    """Write data to the worksheet."""
    for row in range(len(data)):
        for col in range(len(data[row])):
            worksheet.write(row, col, data[row][col])
    worksheet.write(len(data), 0, "Avg. Age")
```

```
# len(data) will give the next index to write to
avg_formula = "=AVERAGE(B{}:B{})".format(1, len(data))
worksheet.write(len(data), 1, avg_formula)
```

在上述代码片段中，我们向工作表中添加了一个 write 调用，并使用 Excel 提供的 AVERAGE 函数计算工作表中人们的平均年龄。

至此，我们已经了解了如何使用 Python 生成与 Microsoft Excel 兼容的 XLSX 文件，以及如何导出组织中不同团队可以使用的表格内容。

下面考查另一种广泛使用的文件格式。

13.5　在 Python 中处理 PDF 文件

可移植文档格式或 PDF 是世界上最常见的文件格式之一。读者一定在某些时候遇到过 PDF 文档。这些文档包括业务报告、电子书等。

另外，某些网站会配置一个 Print page as PDF 按钮。很多政府机构的网站都提供了这个选项，允许直接以 PDF 格式打印网页。这里的问题是，如何在 Web 应用中做到这一点？如何添加将某些内容导出为 PDF 的选项？

多年来，庞大的开发人员社区为 Python 生态系统贡献了许多有用的包。其中一个包可以帮助我们实现 PDF 文件的生成。

有时，我们可能会遇到将网页转换为 PDF 的情况。例如，可能想打印一个网页以将其存储为本地副本。当试图打印本机显示为网页的证书时，这同样十分方便。

为了完成这些工作，我们可以利用一个名为 weasyprint 的简单库，该库由 Python 开发人员社区维护，可以快速轻松地将网页转换为 PDF。接下来，让我们来看看如何生成网页的 PDF 版本。

练习 13.04　在 Python 中生成 Web 页面的 PDF 版本

在本练习中，我们将利用 Python 生成网站的 PDF 版本。其间将使用社区贡献的名为 weasyprint 的 Python 模块，该模块可帮助我们生成 PDF。

（1）为了确保代码在后续步骤中工作正确，首先需要在系统上安装 weasyprint。为此，运行下列命令。

```
pip install weasyprint
```

注意：

weasyprint 依赖于 cairo 库。如果还没有安装 cairo 库，使用 weasyprint 可能会引发错误消息：libcairo-2.dll file not found。如果在安装模块时遇到了这个问题或其他问题，则可使用 GitHub 存储库 http://packt.live/3btLoVV 上提供的 requirements.txt 文件。将文件下载到磁盘中并打开终端、shell 或命令提示符，输入以下命令（需要访问本地保存该文件的路径）：pip install -r requirements.txt。如果这不起作用，则可按照 weasyprint 文档中提到的步骤执行，该文档对应网址为 https://weasyprint.readthedocs.io/en/stable/install.html。

（2）待 weasyprint 包安装完毕后，创建名为 pdf_demo.py 的新文件，该文件包含了 PDF 生成逻辑。在该文件中，添加下列的代码。

```
from weasyprint import HTML

def generate_pdf(url, pdf_file):
    """Generate PDF version of the provided URL."""
    print("Generating PDF...")
    HTML(url).write_pdf(pdf_file)
```

下面尝试理解这段代码的作用。其中，第一行代码从步骤（1）中安装的 weasyprint 包中导入 HTML 类。

```
from weasyprint import HTML
```

该 HTML 类提供了一种机制，我们可以通过它读取网站的 HTML 内容（如果拥有该网站的 URL）。

在下一步中，我们创建了一个名为 generate_pdf()的新方法，该方法接收两个参数，即用作生成 PDF 的源 URL 的 URL 和 pdf_file 参数。pdf_file 参数接收文档应该写入的文件的名称。

```
def generate_pdf(url, pdf_file):
```

接下来将 URL 传递给之前导入的 HTML 类对象。这将导致 URL 由 weasyprint 库解析，并读取其 HTML 内容。一旦完成了这一步，就可以调用 HTML 类对象的 write_pdf() 方法，并向它提供应该写入内容的文件的名称。

```
HTML(url).write_pdf(pdf_file)
```

（3）在此之后，编写用于设置 URL 的入口点代码（在本练习中，将使用用于演示的国家公共广播电台（NPR）网站的文本版本）和用于写入 PDF 内容的文件名。设置完毕后，代码将调用 generate_pdf()方法来生成内容。

```
if __name__ == '__main__':
    url = 'http://text.npr.org'
```

```
    pdf_file = 'demo_page.pdf'
    generate_pdf(url, pdf_file)
```

（4）当前，要查看代码的运行情况，需要运行以下命令。

```
python3 pdf_demo.py
```

命令执行完成后，将得到一个名为 demo_page.pdf 的新 PDF 文件，该文件保存在执行命令的同一目录中。当打开该文件时，对应内容如图 13.7 所示。

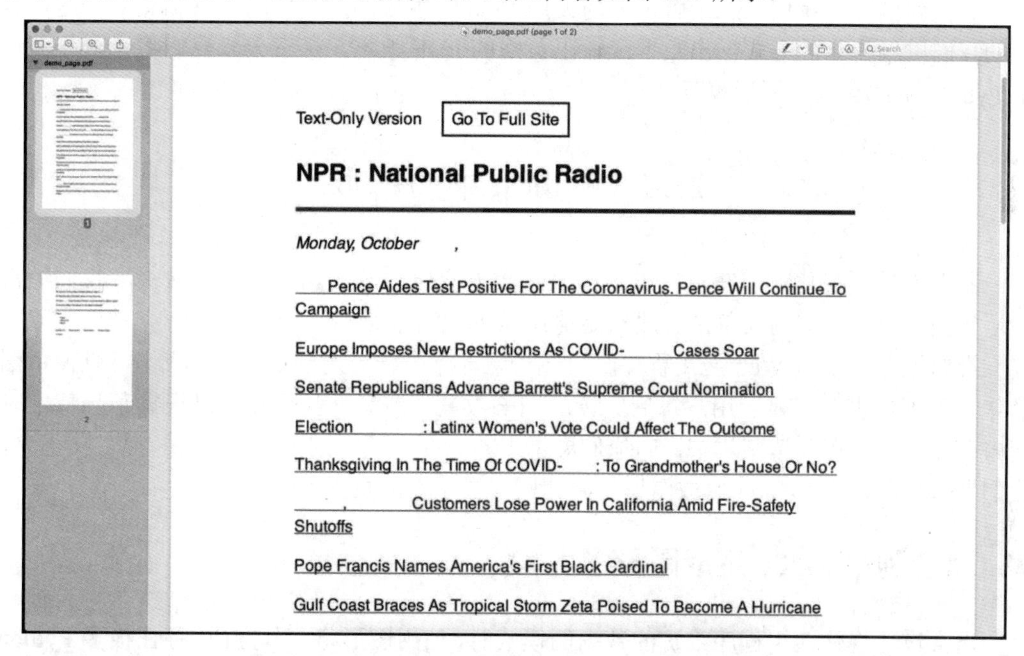

图 13.7　使用 weasyprint 转换为 PDF 后的 Web 页面

在生成的 PDF 文件中，可以看到内容似乎缺乏网站的实际格式。这是因为 weasyprint 包读取 HTML 内容，但不解析页面的附加 CSS 样式表，所以页面格式丢失。

weasyprint 还可以很容易地改变页面的格式。这可以通过向 write_ pdf()方法中引入样式表参数来实现。下列内容对 generate_pdf()方法进行简单的修改。

```
from weasyprint import CSS, HTML

def generate_pdf(url, pdf_file):
    """Generate PDF version of the provided URL."""
    print("Generating PDF...")
    css = CSS(string='body{ font-size: 8px; }')
    HTML(url).write_pdf(pdf_file, stylesheets=[css])
```

当执行上述代码时，我们将看到页面 HTML 主体内容中所有文本的字体大小在输出的 PDF 版本中为 8px。

注意：

weasyprint 中的 HTML 类还能够获取任何本地文件以及原始 HTML 字符串内容，并可以使用这些文件生成 PDF。关于更多信息，读者可访问 https://weasyprint.readthedocs.io。

到目前为止，我们已经了解了如何使用 Python 生成不同类型的二进制文件，这可以帮助我们以结构化的方式导出数据或输出页面的 PDF 版本。接下来，我们将考查如何使用 Python 生成数据的图形表示。

13.6 Python 中的图形

图形是以可视化方式在特定维度内表示数据变化的形式。在日常生活中，我们经常会遇到图表，如一周的天气图、股市走势或学生成绩单。

类似地，当使用 Web 应用程序时，图形也非常方便。对于 Bookr，我们可以使用图形作为可视化媒介来显示用户每周阅读的图书数量。或者，我们还可以根据某一特定时间内有多少读者在阅读某本书，向他们展示一本书在一段时间内的受欢迎程度。接下来，我们考查如何使用 Python 生成图形，并让图形显示在网页上。

13.6.1 利用 plotly 生成图形

当尝试可视化应用程序维护的数据的模式时，使用图形将十分方便。存在很多 Python 库可以帮助开发人员生成静态或交互式图形。

在本书中，我们将使用 plotly，这是一个社区支持的 Python 库，该库可以生成图形并在网页上渲染它们。另外，plotly 易于与 Django 集成。

当在系统中安装 plotly 时，可在命令行中输入下列命令。

```
pip install plotly
```

接下来，我们考查如何利用 plotly 生成图形可视化结果。

1. 设置一幅图像

在生成图形之前，首先需要初始化 plotly Figure 对象，该对象表示为图形容器。plotly Figure 初始化工作十分简单，如下所示。

```
from plotly.graph_objs import graphs
figure = graphs.Figure()
```

plotly 库的 graph_objs 模块中的 Figure()构造函数返回一个 Figure 图形容器实例，并可在该实例中生成图形。待 Figure 对象设置完毕后，接下来需要生成一个图形。

2．生成图形

图形是数据集的可视化表示。这个图形可以是散点图、折线图、图表等。例如，要生成散点图，需要使用以下代码片段。

```
scatter_plot = graphs.Scatter(x_axis_values, y_axis_values)
```

Scatter 构造函数接收 *X* 轴和 *Y* 轴的值，并返回一个对象用于构建散点图。一旦生成了 scatter_plot 对象，下一步就是将该图形添加至 Figure 中，如下所示。

```
figure.add_trace(scatter_plot)
```

add_trace()方法负责将图形对象添加至图像中，并在图像中生成其可视化效果。

3．在页面上渲染图形

图形一旦被添加至图像中，就可以在 Web 页面上进行渲染，即调用 plotly 库的 offline 绘制模块中的 plot 方法，如下所示。

```
from plotly.offline import plot
visualization_html = plot(figure, output_type='div')
```

plot 方法采用两个主要参数：第一个参数是需要渲染的图形，第二个参数是将在其中生成图形 HTML 的容器的 HTML 标签。plot 方法返回完全集成的 HTML，该 HTML 可以被嵌入任何网页中，也可以作为模板的一部分来渲染图形。

在理解了图形的工作方式后，下面将尝试生成样本数据集的图形。

练习 13.05　在 Python 中生成图形

在本练习中，我们将使用 Python 生成一个图形，即一个表示二维数据的散点图。

（1）本练习将使用 plotly 库，因此你首先需要在系统中安装 plotly 库。要安装 plotly 库，需要运行下列命令。

```
pip install plotly
```

注意：

通过 GitHub 存储库提供的 requirements.txt 文件，你可以安装 plotly 和其他依赖项，对应网址为 http://packt.live/38y5OLR。

（2）在安装了 plotly 库后，创建名为 scatter_plot_demo.py 的新文件，并在该文件中添加下列 import 语句。

```
from plotly.offline import plot
import plotly.graph_objs as graphs
```

（3）创建名为 generate_scatter_plot()的方法，该方法接收两个参数，即 X 轴的值和 Y 轴的值。

```
def generate_scatter_plot(x_axis, y_axis):
```

（4）在该方法中，首先创建一个对象作为图形容器。

```
figure = graphs.Figure()
```

（5）待图形容器设置完毕后，利用 X 轴和 Y 轴的值创建一个新的 Scatter 对象，并将该对象添加至图形 Figure 容器中。

```
scatter = graphs.Scatter(x=x_axis, y=y_axis)
figure.add_trace(scatter)
```

（6）一旦散点图准备就绪并被添加到图中，最后一步就是生成 HTML，该 HTML 用于在 Web 页面中渲染图形。要做到这一点，需要调用 plot 方法并将图形容器对象传递给它，然后在 HTML div 标签中渲染 HTML。

```
return plot(figure, output_type='div')
```

完整的 generate_scatter_plot()方法如下。

```
def generate_scatter_plot(x_axis, y_axis):
    figure = graphs.Figure()
    scatter = graphs.Scatter(x=x_axis, y=y_axis)
    figure.add_trace(scatter)
    return plot(figure, output_type='div')
```

（7）一旦生成了图形的 HTML，就需要在某个地方对其进行渲染。为此，创建一个名为 generate_html()的新方法，该方法作为参数接收图形 HTML，并渲染由图形构成的 HTML 文件。

```
def generate_html(plot_html):
    """Generate an HTML page for the provided plot."""
    html_content = "<html><head><title>Plot
      Demo</title></head><body>{}</body></html>".format(plot_html)
    try:
        with open('plot_demo.html', 'w') as plot_file:
            plot_file.write(html_content)
```

```
    except (IOError, OSError) as file_io_error:
        print\
         ("Unable to generate plot file. Exception: {}"\
        .format(file_io_error))
```

（8）待 generate_html()方法设置完毕后，接下来将调用该方法。为此，创建一个脚本入口点，这将设置 *X* 轴列表和 *Y* 轴列表的值，然后调用 generate_scatter_plot()方法。根据该方法返回的值，随后调用 generate_html()方法。generate_html()方法将创建一个包含散点图的 HTML 页面。

```
if __name__ == '__main__':
    x = [1,2,3,4,5]
    y = [3,8,7,9,2]
    plot_html = generate_scatter_plot(x, y)
    generate_html(plot_html)
```

（9）代码就绪后，运行文件并查看输出结果。当运行代码时，可执行下列命令。

```
python3 scatter_plot_demo.py
```

执行完成后，将在执行脚本的同一目录中创建一个新的 plot_demo.html 文件。打开该文件后，对应内容如图 13.8 所示。

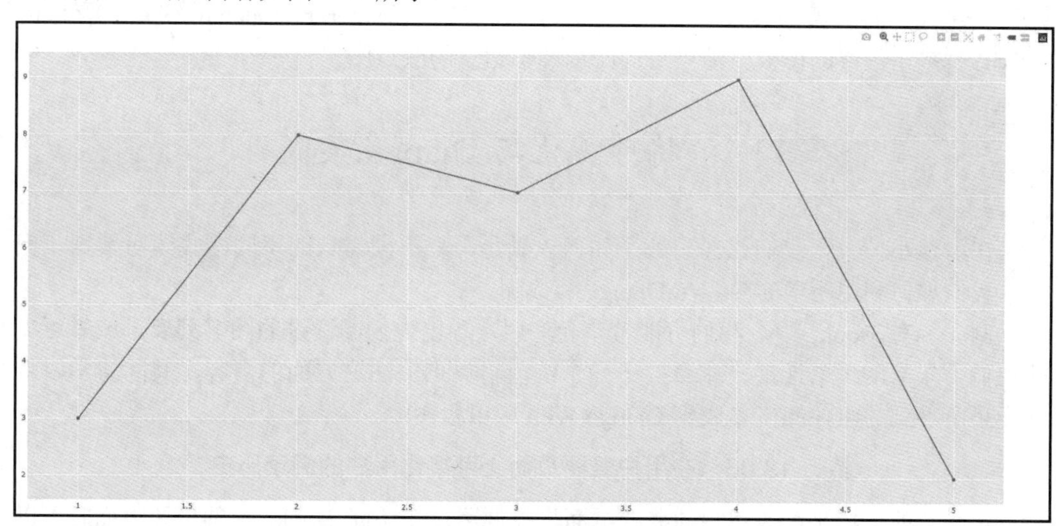

图 13.8　使用 plotly 在浏览器中生成的图形

据此，我们生成了第一幅散点图。其中，不同的点通过一条直线连接。

在本练习中，我们采用了 plotly 库并生成了一个图形，该图形可在浏览器中渲染，进而实现了数据可视化效果。

当前，我们了解了如何在 Python 中与图形协同工作，以及如何从中生成 HTML 页面。

但作为一名 Web 开发人员，如何在 Django 中使用这些图形？接下来，我们将对此加以讨论。

13.6.2　将 plotly 与 Django 集成

通过 plotly 生成的图形很容易被嵌入 Django 模板中。由于 plot 方法返回一个完全包含的 HTML，该 HTML 可以用来渲染图形，我们可以在 Django 中使用返回的 HTML 作为模板变量，并原样传递它。然后，Django 模板引擎负责将生成的 HTML 添加至最终模板中，随后将其显示在浏览器中。

一些示例代码如下。

```
def user_profile(request):
    username = request.user.get_username()
    scatter_plot_html = scatter_plot_books_read(username)
    return render(request, 'user_profile.html'),\
                (context={'plt_div': scatter_plot_html})
```

上述代码将导致模板中使用的{{plt_div}}内容被 scatter_plot_demo 变量中存储的 HTML 替换，最终的模板将渲染每周阅读图书数量的散点图。

13.7　将可视化与 Django 集成

在前述小节中，我们已经了解了如何以满足用户不同需求的不同格式读写数据。但是，我们如何利用所学的内容与 Django 集成呢？

例如，在 Bookr 中，我们可能希望允许用户导出他们阅读过的图书列表，或者可视化他们一年来的读书活动。本章的下一个练习将重点关注这方面的内容，其间将学习目前为止所看到的组件如何集成到 Django Web 应用程序中。

练习 13.06　在用户概要页面上可视化用户的阅读历史

本练习的目标是修改用户的概要页面，以便用户在访问 Bookr 上的概要页面时可以看到他们的图书阅读历史。

具体步骤如下。

（1）当开始集成可视化用户阅读历史的功能时，首先需要安装 plotly 库。为此，在终端上运行下列命令。

```
pip install plotly
```

注意：

读者可以使用 GitHub 存储库提供的 requirements.txt 文件安装 plotly 和其他依赖项，对应网址为 http://packt.live/3scIvPp。

（2）一旦安装了 plotly 库，下一步就是编写代码，该代码将获取用户阅读的全部图书，以及用户每月阅读的图书。为此，在 bookr 应用程序目录下创建一个名为 utils.py 的新文件，并在该文件中添加所需的导入语句，这将用于从 reviews 应用程序的 Review 模型中获取用户的图书阅读历史。

```
import datetime

from django.db.models import Count
from reviews.models import Review
```

（3）创建一个名为 get_books_read_by_month()的新实用工具方法，该方法接收需要获取阅读历史的用户的用户名。

（4）在该方法中，我们查询 Review 模型并返回用户每月阅读的图书字典。

```
def get_books_read_by_month(username):
    """Get the books read by the user on per month basis.

    :param: str The username for which the books needs to be returned
    :return: dict of month wise books read
    """

    current_year = datetime.datetime.now().year
    books = Review.objects.filter\
            (creator__username__contains=username),\
            (date_created__year=current_year)\
          .values('date_created__month')\
          .annotate(book_count=Count('book__title'))
    return books
```

现在，让我们查看下面的查询，它负责获取今年每月阅读的书籍的结果。

```
Review.objects.filter(creator__username__contains=username,date_
created__year=current_year).values('date_created__month').
annotate(book_count=Count('book__title'))
```

该查询可以分解为以下几个部分。

- 过滤。

```
Review.objects.filter(creator__username__contains=username,date_
created__year=current_year)
```

这里可过滤评论记录，以选择属于当前用户和当前年份的所有记录。通过添加__year，year 字段可以很容易地从 date_created 字段中进行访问。

- 过滤。一旦过滤了评论记录，就不会对可能存在的所有字段感兴趣。这里，我们感兴趣的是月份和每个月阅读的图书数量。为此，使用 values()调用并仅从 Review 模型的 date_created 属性中选择 month 字段，你将在该模型上运行分组操作。
- 分组。这里，你可以选择一个月内阅读的总图书数量。这是通过将 annotate 应用到 values()调用返回的 QuerySet 实例来实现的。

（5）一旦有了实用工具文件，下一步就是编写视图函数，该函数有助于在用户的概要页面上显示每月阅读书籍的情况。为此，打开 bookr 目录下的 views.py 文件，并在该文件中添加以下导入语句。

```
from plotly.offline import plot
import plotly.graph_objects as graphs

from .utils import get_books_read_by_month
```

（6）一旦完成了导入工作，接下来就是将修改渲染概要文件页面的视图函数。目前，概要页面是由 views.py 文件中的 profile()方法处理的。修改该方法，具体操作如下。

```
@login_required
def profile(request):
    user = request.user
    permissions = user.get_all_permissions()
    # Get the books read in different months this year
    books_read_by_month = get_books_read_by_month(user.username)

    """
    Initialize the Axis for graphs, X-Axis is months,
    Y-axis is books read
    """

    months = [i+1 for i in range(12)]
    books_read = [0 for _ in range(12)]
```

```
    # Set the value for books read per month on Y-Axis
    for num_books_read in books_read_by_month:
        list_index = num_books_read['date_created__month'] - 1
        books_read[list_index] = num_books_read['book_count']

    # Generate a scatter plot HTML
    figure = graphs.Figure()
    scatter = graphs.Scatter(x=months, y=books_read)
    figure.add_trace(scatter)
    figure.update_layout(xaxis_title="Month"),\
                        (yaxis_title="No. of books read")
    plot_html = plot(figure, output_type='div')

    # Add to template
    return render(request, 'profile.html'),\
                 ({'user': user, 'permissions': permissions,\
                 'books_read_plot': plot_html})
```

在该方法中，首先调用 get_books_read_by_month()方法，并向其提供当前登录用户的用户名。该方法返回给定用户在当前年度中每月阅读的书籍列表。

```
books_read_by_month = get_books_read_by_month(user.username)
```

接下来是使用一些默认值预先初始化图形的 *X* 轴和 *Y* 轴。在该可视化操作中，使用 *X* 轴显示月份，使用 *Y* 轴显示阅读的图书数量。

因为 1 年包含 12 个月，所以将 *X* 轴预初始化为 1～12 的值。

```
months = [i+1 for i in range(12)]
```

对于已阅读的书籍，初始化 *Y* 轴，将所有 12 个索引设置为 0，如下所示。

```
books_read = [0 for _ in range(12)]
```

在完成了预初始化之后，填写每月阅读书籍的一些实际值。为此，迭代调用 get_books_read_by_month(user.username)得到的列表，并从中提取月份和该月的图书计数。

一旦提取了图书计数和月份，下一步就是将 book_count 值赋给位于月份索引处的 books_read 列表。

```
for num_books_read in books_read_by_month:
    list_index = num_books_read['date_created__month'] - 1
    books_read[list_index] = num_books_read['book_count']
```

设置好坐标轴的值后，使用 plotly 库生成一个散点图

```
figure = graphs.Figure()
```

```
scatter = graphs.Scatter(x=months, y=books_read)
figure.add_trace(scatter)
figure.update_layout(xaxis_title="Month", \
                     yaxis_title="No. of books read")
plot_html = plot(figure, output_type='div')
```

一旦生成了图形的 HTML，就可以使用 render()方法将其传递给模板，进而在概要页码上实现可视化效果。

```
return render(request, 'profile.html',
              {'user': user, 'permissions': permissions,\
              'books_read_plot': plot_html}
```

（7）完成视图函数后，接下来是修改模板以渲染图形。为此，打开 templates 目录下的 profile.html 文件，并将下列粗体显示的代码添加到文件中（位于最后一条{% endblock %}语句之前）。

```
{% extends "base.html" %}

{% block title %}Bookr{% endblock %}

{% block heading %}Profile{% endblock %}

{% block content %}
  <ul>
    <li>Username: {{ user.username }} </li>
    <li>Name: {{ user.first_name }} {{ user.last_name }}</li>
    <li>Date Joined: {{ user.date_joined }} </li>
    <li>Email: {{ user.email }}</li>
    <li>Last Login: {{ user.last_login }}</li>
    <li>Groups: {{ groups }}{% if not groups %}None{% endif %} </ li>
  </ul>
  {% autoescape off %}
    {{ books_read_plot }}
  {% endautoescape %}

{% endblock %}
```

上述代码片段添加了传递给视图函数的 books_read_plot 变量，以便在 HTML 模板中使用。另外请注意，这个变量的 autoescape 被设置为关闭。这是必需的，因为该变量包含了由 plotly 库生成的 HTML，如果允许 Django 转义 HTML，那么将只会在概要页面中看到原始的 HTML，而不是图形可视化效果。

至此，我们成功地将图形集成至应用程序中。

（8）当尝试可视化操作时，可运行下列命令，然后通过访问 http://localhost:8080:导航到用户概要文件。

```
python manage.py runserver localhost:8080
```

对应结果如图 13.9 所示。

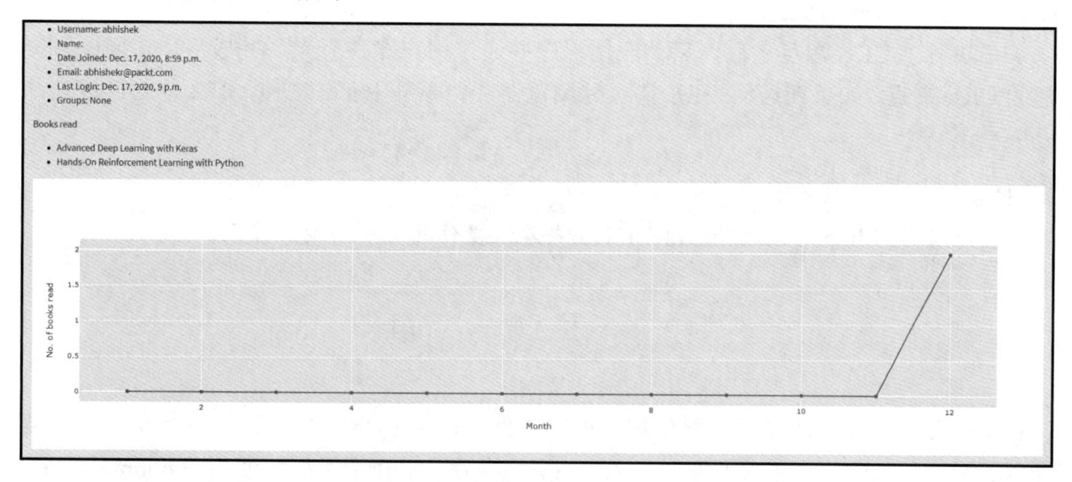

图 13.9　用户图书阅读历史散点图

上述练习考查了如何将绘图库与 Django 集成在一起以可视化用户的阅读历史。类似地，Django 允许将任何通用的 Python 代码集成到 Web 应用程序中，唯一的约束是，作为集成结果产生的数据应该转换为有效的 HTTP 响应，该响应可以由任何标准的 HTTP 兼容工具处理，如 Web 浏览器或命令行工具（如 CURL）。

操作 13.01　将用户阅读的图书导出为 XLSLX 文件

在该操作中，我们将在 Bookr 内部实现一个新的 API 端点，用户可导出和下载他们已经阅读过的图书列表作为 XLSX 文件。

（1）安装 XlsxWriter 库。

（2）在 bookr 应用程序下创建的 utils.py 文件中，创建一个新函数，该函数将帮助获取用户已阅读的图书列表。

（3）在 bookr 目录下的 views.py 文件中，创建一个新的视图函数，该函数允许用户以 XLSX 文件格式下载他们的阅读历史。

（4）要在视图函数中创建 XLSX 文件，首先需要创建一个基于 BytesIO 的内存文件，该文件可用于存储来自 XlsxWriter 库的数据。

（5）使用临时文件对象的 getvalue()方法读取存储在内存文件中的数据。

（6）使用'application/vnd.ms-excel'内容类型头创建一个新的 HttpResponse 实例，然后将步骤（5）中获得的数据写入响应对象中。

（7）待响应对象准备完毕后，从视图函数中返回响应对象。

（8）视图函数就绪后，将其映射到一个 URL 端点，用户可以访问该 URL 端点来下载他们的图书阅读历史。

在映射了 URL 端点之后，启动应用程序并通过用户账户登录。完成后，访问刚刚创建的 URL 端点，如果在访问 URL 端点时浏览器开始下载 Excel 文件，那么你已经成功地完成了该操作。

注意：

读者可访问 http://packt.live/2Nh1NTJ 查看该操作的完整解决方案。

13.8　本 章 小 结

在本章中，我们研究了如何处理二进制文件，以及 Python 的标准库（预加载了必要的工具）如何处理常用的文件格式，如 CSV。随后本章介绍了如何使用 Python 的 CSV 模块在 Python 中读取和写入 CSV 文件。接下来我们与 XlsxWriter 包协同工作，它为我们提供了直接从 Python 环境中生成 Microsoft excel 兼容文件的能力，而不用担心文件的内部格式。

本章的后半部分致力于学习如何使用 weasyprint 库生成 HTML 页面的 PDF 版本。当想要为用户提供一个简单的选项来打印页面的 HTML 版本，并添加所选的任何 CSS 样式时，该技能可以派上用场。本章最后一部分讨论了如何用 Python 生成交互式图形，并将其渲染为 HTML 页面，以便在浏览器中使用 plotly 库进行查看。

第 14 章将考查如何测试前几章中实现的不同组件，以确保代码更改不会破坏网站的功能。

第 14 章　测 试 机 制

本章将介绍测试 Django Web 应用程序的概念。读者将了解测试在软件开发中的重要性，以及在构建 Web 应用程序中的重要性。我们将为 Django 应用程序的组件（如视图、模型和端点）编写单元测试。完成本章的学习读者将具备为 Django web 应用程序编写测试用例的技能。这样，就可以确保应用程序代码按预期的方式工作。

14.1　简　　介

在前述章节中，我们重点介绍了如何在 Django 中通过编写不同的组件来构建 Web 应用，如数据库模型、视图和模板。我们所做的一切都是为了向用户提供一个交互式应用程序，在这个应用程序中，用户可以创建个人资料，并为他们读过的图书编写评论。

除了构建和运行应用程序，还有一个重要方面是确保应用程序代码按照期望的方式工作。这是通过一种叫作测试的技术来保证的。在测试中，将运行 Web 应用程序的不同部分，并检查所执行组件的输出是否与预期的输出匹配。如果输出匹配，那么该组件测试成功；如果输出不匹配，那么该组件未能按预期工作。

在本章的不同部分中，我们将了解为什么测试很重要，测试 Web 应用程序的不同方法是什么，以及如何建立一个强大的测试策略，这将有助于确保构建的 Web 应用程序是健壮的。

14.2　测试的重要性

确保应用程序按照设计的方式工作是开发工作的一个重要方面，否则，用户可能会不断遇到奇怪的行为，这些行为通常会使他们远离应用程序。

测试机制确保不同类型的问题能够得到正确的解决。假设一个开发人员正在构建一个在线事件调度平台。在这个平台上，用户可以根据当地时区在日历上安排事件。如果在这个平台上，用户可以按照预期安排事件，但是由于一个错误，事件被调度至错误的时区。这类问题往往会导致许多用户离去。

这就是为什么许多公司花费大量资金来确保他们正在构建的应用程序通过了彻底的

测试。通过这种方式，他们可以确保不会发布包含漏洞的产品或远远无法满足用户需求的产品。

简言之，测试有助于实现下列目标。

- 确保应用程序组件根据规范工作。
- 确保与不同基础设施平台的互操作性：如果应用程序可以被部署在不同的操作系统上，如 Linux、Windows 等。
- 降低重构应用程序代码时引入错误的可能性。

当今，人们对测试做出的一个常见假设是，必须在开发所有组件时手动测试它们，以确保每个组件都符合其规范，并且在每次进行更改或向应用程序中添加新组件时重复此操作。这一情况虽然属实，但并没有提供测试的完整画面。随着时间的推移，测试作为一种技术已经变得非常强大，作为开发人员，可以通过实现自动化测试用例来减少大量的测试工作。那么，这些自动化测试用例是什么呢？或者，换句话说，什么是自动化测试？下面让我们一探究竟。

14.3　自动化测试

当单个组件被修改时，重复测试整个应用程序可能是一项具有挑战性的任务，如果该应用程序由大型代码库组成，则更是如此。代码库的大小可能取决于特性的数量，或它所解决问题的复杂性。

当我们开发应用程序时，重要的是要确保对这些应用程序所做的更改可以很容易地进行测试，这样就可以验证是否存在“破损”之处。这就是自动化测试的概念的用武之地，自动化测试的重点是将测试编写为代码，这样应用程序的各个组件就可以单独进行测试，也可以根据它们彼此之间的交互进行测试。

因此，定义可为应用程序执行的不同类型的自动化测试则显得十分重要。

自动化测试可以大致分为五种不同的类型。

- 单元测试：在这种类型的测试中，测试的是独立的代码单元。例如，单元测试可以针对单个方法或单个隔离的 API。执行这种测试是为了确保应用程序的基本单元按照它们的规范工作。
- 集成测试：在这种类型的测试中，独立的代码单元被合并以形成一个逻辑分组。一旦这个分组形成，就会对这个逻辑组执行测试，以确保该组按照预期的方式工作。
- 功能测试：在这种测试中，将测试应用程序不同组件的整体功能。这可能包括不同的 API、用户界面等。
- 冒烟测试：在这种测试中，将测试已部署应用程序的稳定性，以确保应用程序在用户与之交互时继续保持功能，而不会导致崩溃。

- 回归测试：执行这种测试是为了确保对应用程序所做的更改不会降低应用程序先前构建的功能。

正如我们所看到的那样，测试是一个需要时间来掌握的广泛的领域，市场上已经有很多关于这方面主题的图书。当强调测试的重要方面时，我们将在本章中重点关注单元测试。

14.4 Django 中的测试机制

Django 是一个功能丰富的框架，旨在快速开发 Web 应用程序。它提供了测试应用程序的全功能方法。此外，它还提供了一个良好集成的模块，允许应用程序开发人员为其应用程序编写单元测试。该模块基于大多数 Python 发行版附带的 Python unittest 库。

下面开始考查如何在 Django 中编写基本的测试用例，以及如何利用提供的框架模块测试应用程序代码。

14.4.1 实现测试用例

当实现代码测试机制时，首先需要理解的是如何在逻辑上对该实现进行分组，以便在一个逻辑单元中测试彼此密切相关的模块。

这可以通过实现一个测试用例来简化。测试用例是一个逻辑单元，它将与逻辑相似单元相关的测试分组在一起，这样用于初始化测试用例环境的所有公共逻辑都可以被组合在同一个地方，从而避免在实现应用程序测试代码时重复工作。

14.4.2 Django 中的单元测试机制

在基本了解了测试后，下面考查如何在 Django 中进行单元测试。在 Django 环境中，单元测试由两个主要部分组成。

（1）TestCase 类，该类包装了针对给定模块分组的不同测试用例。

（2）一个实际的测试用例，需要执行它来测试特定组件的流程。

实现单元测试的类应该继承自 Django 测试模块提供的 TestCase 类。默认情况下，Django 在每个应用程序目录下都提供了一个 tests.py 文件，该文件可以用来存储应用程序模块的测试用例。

一旦编写了这些单元测试，就可以通过使用 manage.py 中提供的测试命令直接运行它们来轻松执行，如下所示。

```
python manage.py test
```

14.4.3 使用断言

编写测试的一个重要部分是验证测试是通过还是失败。通常，为了在测试环境中实现这样的决策，我们可使用断言。

断言是软件测试中的一个常见概念。它们接收两个操作数，并验证左侧操作数（LHS）的值是否与右侧操作数（RHS）的值匹配。如果 LHS 上的值与 RHS 上的值匹配，则认为断言成功，如果值不同，则认为断言失败。

求值为 False 的断言实际上会导致测试用例评估为失败，然后将其报告给用户。

Python 中的断言很容易实现，它们使用一个简单的关键字 assert。例如，下面的代码片段显示了一个非常简单的断言。

```
assert 1 == 1
```

上述断言接收一个表达式，该表达式的计算结果为 True。如果这个断言是测试用例的一部分，那么该测试成功。

接下来考查如何使用 Python unittest 库实现测试用例。该过程较为简单，对应步骤如下。

（1）导入 unittest 模块，该模块允许我们构建测试用例。

```
import unittest
```

（2）一旦模块被导入，就可以创建一个名称以 Test 开头的类，它继承自 unittest 模块提供的 TestCase 类

```
class TestMyModule(unittest.TestCase):
    def test_method_a(self):
        assert <expression>
```

仅当 TestMyModule 类继承了 TestCase 类，Django 才能自动运行它，并与框架完全集成。一旦定义了相关类，就可以在类中实现一个名为 test_method_a()的新方法，用于验证断言。

注意：

这里需要注意的一个重要部分是测试用例和测试函数的命名方案。要实现的测试用例应该以 test 这个名称作为前缀，这样测试执行模块就可以将它们检测为有效的测试用例并予以执行。同样的规则也适用于测试方法的命名。

（3）一旦测试用例编写完毕，就可以通过下列命令简单地运行测试用例。

```
python manage.py test
```

在对实现测试用例有了基本理解之后，下面编写一个非常简单的单元测试来看看单元测试框架在 Django 中的行为。

练习 14.01　编写一个简单的单元测试

在本练习中，我们将编写一个简单的单元测试，以理解 Django 单元测试框架的工作方式，并以此实现第一个测试用例以验证一组简单的表达式。

（1）打开 Bookr 项目的 reviews 应用程序下的 tests.py 文件。默认情况下，这个文件只包含一行从 test 模块中导入 Django 的 TestCase 类。如果该文件已经包含一组测试用例，那么你可以删除文件中的所有代码行（除了导入 TestCase 类的代码行），如下所示。

```
from django.test import TestCase
```

（2）在刚刚打开的 tests.py 文件中，添加下列代码行。

```
class TestSimpleComponent(TestCase):
    def test_basic_sum(self):
        assert 1+1 == 2
```

此处创建了一个名为 TestSimpleComponent 的新类，该类继承自 Django 的 test 模块提供的 TestCase 类。assert 语句将比较左侧（1+1）表达式和右侧表达式（2）。

（3）在测试用例编写完毕后，返回项目文件夹并运行下列命令。

```
python manage.py test
```

对应的输出结果如下。

```
% ./manage.py test
Creating test database for alias 'default'...
System check identified no issues (0 silenced).
.
----------------------------------------------------------------------
Ran 1 test in 0.001s

OK
Destroying test database for alias 'default'...
```

上述输出结果表明，Django 的测试运行程序执行了一个测试用例，该测试用例成功地通过了评估。

（4）确认测试用例正在工作并通过评估之后，现在尝试在 test_basic_sum()方法的末尾添加另一个断言，如下面的代码片段所示。

```
assert 1+1 == 3
```

（5）将 assert 语句添加到 tests.py 后，现在从项目文件夹中运行以下命令来执行测试用例。

```
python manage.py test
```

此时可以看到，Django 报告测试用例的执行失败。

至此，我们已经了解了如何在 Django 中编写测试用例，以及如何使用断言来验证测试下的方法调用所生成的输出是否正确。

14.4.4　断言的类型

在练习 14.01 中，我们看到了下列断言。

```
assert 1+1 == 2
```

这些断言语句很简单，并且使用 Python assert 关键字。在使用 unittest 库时，可以在单元测试中测试几种不同类型的断言，如下所示。

- assertIsNon：该断言用于检查表达式的计算结果是否为 None。例如，这种类型的断言可用于对数据库的查询返回 None 的情况，因为没有为指定的过滤条件找到记录。
- assertIsInstance：该断言用于验证所提供的对象是否计算为所提供类型的实例。例如，可以验证方法返回的值是否确实是特定类型的，如 list、dict、tuple 等。
- assertEquals：这是一个非常基本的函数，该函数接收两个参数并检查提供给它的参数的值是否相等。当打算比较那些不保证排序的数据结构的值时，这个函数会很有用。
- assertRaises：该方法用于验证在调用时提供给它的方法名是否引发指定的异常。当编写需要测试引发异常的代码路径的测试用例时，这是很有用的。例如，当想要确保执行数据库查询的方法引发异常（例如，数据库连接是否尚未建立）时，这种断言非常有用。

这些只是可以在测试用例中执行的一小部分有用断言。在 Django 的测试库之上构建的 unittest 模块提供了更多可以测试的断言。

14.4.5　在每个测试用例运行后执行测试前设置和清理

有时在编写测试用例时，可能需要执行一些重复的任务。例如，设置测试所需的一些变量。一旦测试结束，我们就希望清理对测试变量所做的所有更改，以便任何新的测试都从一个新的实例开始。

unittest 库提供了一种有用的方法，通过这种方法，我们可以在每个测试用例运行之前自动地设置环境，并在测试用例完成后清理环境。这是通过以下两种方法实现的——我们可以在 TestCase 类中实现这两种方法。

setUp()：该方法在 TestCase 类中的每个测试方法执行之前被调用。它实现了在测试执行之前设置测试用例环境所需的代码。该方法是设置任何本地数据库实例，或测试用例所需的测试变量的好地方。

注意：

setUp()方法只对 TestCase 类中编写的测试用例有效。

例如，下面的例子说明了 setUp()方法在 TestCase 类中的使用方式的简单定义。

```
class MyTestCase(unittest.TestCase):
    def setUp(self):
        # Do some initialization work
    def test_method_a(self):
        # code for testing method A
    def test_method_b(self):
        # code for testing method B
```

在前面的例子中，当尝试执行测试用例时，这里定义的 setUp()方法将在每次测试方法执行之前被调用。换句话说，setUp()方法将在 test_method_a()调用执行之前被调用，然后在 test_method_b()调用之前再次被调用。

tearDown()：该方法在测试函数执行完成后被调用，并在测试用例执行完成后清理变量及其值。无论测试用例的结果是 True 还是 False，该方法都会被执行。下面是一个使用 tearDown()方法的例子。

```
class MyTestCase(unittest.TestCase):
    def setUp(self):
        # Do some initialization work
    def test_method_a(self):
        # code for testing method A
    def test_method_b(self):
```

```
        # code for testing method B
    def tearDown(self):
        # perform cleanup
```

在上面的例子中，tearDown()方法将在每次测试方法完成执行时被调用，即test_method_a()完成后执行一次，test_method_b()完成后执行一次。

现在，我们了解了编写测试用例的不同组成部分。接下来，我们考查如何使用提供的测试框架来测试 Django 应用程序的其他不同方面。

14.5　测试 Django 模型

Django 中的模型是数据如何存储在应用程序数据库中的基于对象的表示。它们提供了一些方法，这些方法可以帮助我们验证针对给定记录提供的数据输入，以及在将数据插入数据库之前对数据执行任何处理。

在 Django 中创建模型很容易，测试它们也同样十分简单。下面考查如何使用 Django 测试框架测试 Django 模型。

练习 14.02　测试 Django 模型

在本练习中，我们将创建一个新的 Django 模型并为其编写测试用例。测试用例将验证模型是否能够正确地从数据库中插入和检索数据。这些适用于数据库模型的测试用例在开发人员团队协作开发大型项目时非常有用，并且随着时间的推移，同一数据库模型可能会被多个开发人员修改。为数据库模型实现测试用例允许开发人员预先识别潜在的破坏性更改，这些更改可能会在他们的工作中不经意地引入。

注意：

为了确保能够在新创建的应用上从头开始运行测试，这里将创建一个名为 book_test 的新应用程序。该应用程序的代码独立于主 bookr 应用程序，因此不会将该应用程序的文件包含在最终的/bookr 文件夹中。在完成本章内容之后，我们建议你通过为主 bookr 应用程序的各个组件编写类似的测试来实践你所学到的知识。

（1）创建一个新的应用程序并用于本章的练习。为此，运行下列命令，这将为用例设置一个新的应用程序。

```
python manage.py startapp bookr_test
```

（2）为了确保 book_test 应用程序的行为与 Django 项目中的其他应用程序一样，可将这个应用程序添加到 bookr 项目的 INSTALLED_APPS 部分。为此，打开 bookr 项目中的 settings.py 文件，并将以下代码添加到 INSTALLED_APPS 列表中。

```
INSTALLED_APPS = [….,\
                  ….,\
                 'bookr_test']
```

（3）在应用程序设置完成后，创建一个新的数据库模型，并使用该模型进行测试。对于本练习，我们将创建一个名为 Publisher 的新模型，该模型将在数据库中存储关于图书出版社的详细信息。要创建该模型，需要打开 book_test 目录下的 models.py 文件，并在该文件中添加以下代码。

```
from django.db import models

class Publisher(models.Model):
    """A company that publishes books."""
    name = models.CharField\
           (max_length=50,\
            help_text="The name of the Publisher.")
    website = models.URLField\
              (help_text="The Publisher's website.")
    email = models.EmailField\
            (help_text="The Publisher's email address.")

    def __str__(self):
        return self.name
```

在上述代码中，我们创建了一个名为 Publisher 的新类，它继承自 Django models 模块的 Model 类，将这个类定义为一个 Django 模型，该模型将用于存储关于出版社的数据。

```
class Publisher(models.Model)
```

在这个模型中，我们添加了 3 个字段，并作为模型的属性。

- name：出版社的名称。
- website：出版社的网站。
- email：出版社的电子邮件地址。

完成此操作后，我们将创建一个类方法__str__()，它定义了模型的字符串表示形式。

（4）在创建了模型之后，首先需要迁移这个模型，然后才能对其运行测试。为此，执行以下命令。

```
python manage.py makemigrations
python manage.py migrate
```

（5）在建立了模型后，下面将编写测试用例，并以此测试步骤（3）中创建的模型。为此，打开 book_ test 目录下的 tests.py 文件，并向该文件中添加以下代码。

```
from django.test import TestCase
from .models import Publisher

class TestPublisherModel(TestCase):
    """Test the publisher model."""
    def setUp(self):
        self.p = Publisher(name='Packt', \
                           website='www.packt.com', \
                           email='contact@packt.com')

    def test_create_publisher(self):
        self.assertIsInstance(self.p, Publisher)

    def test_str_representation(self):
        self.assertEquals(str(self.p), "Packt")
```

在上述代码片段中，有两件事值得研究。

在从 Django 测试模块中导入 TestCase 类之后，我们从 book_test 目录中导入了 Publisher 模型，它将用于测试。

一旦导入了所需的库，就创建一个名为 TestPublisherModel 的新类，它继承 TestCase 类，并对与 Publisher 模型相关的单元测试进行分组。

```
class TestPublisherModel(TestCase):
```

在该类中，我们定义了一组方法。具体来说，首先定义了一个名为 setUp()的新方法，并在其中添加了 Model 对象创建代码。这样，每次在这个测试用例中执行一个新的测试方法时，即会创建 Model 对象。该 Model 对象被存储为类成员，因此可以在其他方法中访问它。

```
def setUp(self):
    self.p = Publisher(name='Packt', \
                       website='www.packt.com', \
                       email='contact@packt.com')
```

第一个测试用例验证是否成功地创建了 Publisher 模型的 Model 对象。为此，我们创建一个名为 test_create_publisher()的新方法，在该方法中检查创建的 Model 对象是否指向 Publisher 类型的对象。如果未能成功地创建这个 Model 对象，那么测试将失败。

```
def test_create_publisher(self):
    self.assertIsInstance(self.p, Publisher)
```

如果仔细检查，我们将使用 unittest 库的 assertIsInstance()方法来断言 Model 对象是否属于 Publisher 类型。

下一个测试验证模型的字符串表示是否与预期的相同。从代码定义中，Publisher 模型的字符串表示形式应该输出出版社的名称。为了测试这一点，我们创建一个名为 test_str_representation()的新方法，并检查生成的模型字符串表示是否与期望的匹配。

```
def test_str_representation(self):
    self.assertEquals(str(self.p), "Packt")
```

要执行此验证，需要使用 unittest 库的 assertEquals 方法，该方法验证提供给它的两个值是否相等。

（6）测试用例就绪后，可以运行它们来查看发生的情况。当运行这些测试用例时，可执行以下命令。

```
python manage.py test
```

一旦命令执行完毕，对应的输出结果就会如下所示（实际结果可能略有不同）。

```
% python manage.py test
Creating test database for alias 'default'...
System check identified no issues (0 silenced).
..
----------------------------------------------------------------
--
Ran 2 tests in 0.002s

OK
Destroying test database for alias 'default'...
```

从上述输出结果中可以看到，测试用例被成功地执行了，因此验证了诸如创建新的 Publisher 对象，以及获取时其字符串表示等操作是正确执行的。

通过这个练习，我们了解了如何轻松地为 Django 模型编写测试用例，并验证它们的功能，包括对象的创建、检索和表示。在该练习的输出结果中，有一行内容需要引起注意。

```
"Destroying test database for alias 'default'..."
```

出现这种情况是因为，当有测试用例需要将数据持久化到数据库中时，Django 不会使用生产数据库，而是为测试用例创建一个新的空数据库，用来持久化测试用例的值。

14.6　测试 Django 视图

Django 中的视图根据用户在 Web 应用程序中访问的 URL 控制 HTTP 响应的渲染。在本节中，我们将了解如何在 Django 中测试视图。假设你正在处理一个需要大量应用程序编程接口（API）端点的网站。一个有趣的问题是，如何验证每个新端点？如果手动完成，则必须在每次添加新端点时首先部署应用程序，然后在浏览器中手动访问该端点以验证其是否正常工作。当端点数量较低时，这种方法可能有效，但如果有数百个端点，这可能变得极其麻烦。

Django 提供了一种非常全面的测试应用程序视图的方法。这是通过使用 Django 的 test 模块提供的测试客户端类实现的。该类可用于访问映射到视图的 URL，并捕获通过访问 URL 端点生成的输出。然后，我们可以使用捕获的输出来测试 URL 是否生成了正确的响应。这个客户端可以通过从 Django test 模块中导入 Client 类来使用，随后对其进行初始化，如下所示。

```
from django.test import Client

c - Client()
```

客户端对象支持多个方法，这些方法可用于模拟用户生成的不同 HTTP 调用，即 GET、POST、PUT、DELETE 等。下列代码显示了一个请求生成示例。

```
response = c.get('/welcome')
```

随后，客户端捕获视图生成的响应，并将其作为 response 对象公开，接下来可以查询该响应对象以验证视图的输出。

据此，下面考查如何为 Django 视图编写测试用例。

练习 14.03　为 Django 视图编写单元测试

在本练习中，我们将使用 Django 测试客户端为 Django 视图编写一个测试用例，该用例将映射到一个特定的 URL 中。这些测试用例将有助于验证视图函数在使用映射的 URL 访问时是否生成了正确的响应。

（1）本练习将使用练习 14.02 步骤（1）中生成的 bookr_test 应用程序。首先打开 bookr_test 目录下的 views.py 文件，并向该文件中添加下列代码。

```
from django.http import HttpResponse
```

```
def greeting_view(request):
    """Greet the user."""
    return HttpResponse("Hey there, welcome to Bookr!")\
                       ("Your one stop place")\
                       ("to review books.")
```

此处创建了一个简单的 Django 视图，当用户访问映射到所提供视图的端点时，该视图将用于向用户发出欢迎消息。

（2）一旦创建了该视图，就需要将其映射至一个 URL 端点中，随后可在浏览器或测试客户端中访问该端点。为此，打开 book_test 目录下的 urls.py 文件，并将粗体显示的代码添加到 urlpatterns 列表中。

```
from django.urls import path
from . import views

urlpatterns = [path('test/greeting',views.greeting_view,\
               name='greeting_view')]
```

在上述代码片段中，通过在 urlpatterns 列表中设置路径，我们已经将 greeting_view 映射到应用程序的'test/greeting'端点上。

（3）一旦路径设置完毕，就需要确保项目也标识了该路径。为此，需要将此条目添加到 bookr 项目的 URL 映射中。要实现这一点，需要打开 bookr 目录中的 urls.py 文件，并将以下粗体显示的代码行附加到 urlpatterns 列表的末尾，如下所示。

```
urlpatterns = [….,\
               ….,\
               path('', include('bookr_test.urls'))]
```

读者可访问 http://packt.live/3nF8Sdb 查看 urls.py 文件的完整内容。

（4）当视图设置完毕后，需要验证其是否正常工作。为此，运行下列命令。

```
python manage.py runserver localhost:8080
```

随后在浏览器中访问 http://localhost:8080/test/greeting。页面打开后，将会看到下列文本。对应文本在步骤（1）中添加至欢迎视图中，并显示于浏览器中。

```
Hey there, welcome to Bookr! Your one stop place to review books.
```

（5）当前，我们已经准备好为 greeting_view 编写测试用例了。在该练习中，将编写一个测试用例，检查在访问/test/greeting 端点时，是否获得了成功的结果。要实现这个测试用例，需要打开 book_test 目录下的 tests.py 文件，并在文件末尾添加以下代码。

```
from django.test import TestCase, Client

class TestGreetingView(TestCase):
    """Test the greeting view."""
    def setUp(self):
        self.client = Client()

    def test_greeting_view(self):
        response = self.client.get('/test/greeting')
        self.assertEquals(response.status_code, 200)
```

在上述代码片段中，我们定义了一个测试用例，以帮助验证欢迎视图是否正常工作。

这是通过首先导入 Django 的测试客户端来完成的，它可以通过调用视图并分析生成的响应来测试映射到 URL 中的视图。

```
from django.test import TestCase, Client
```

一旦导入完成，就创建一个名为 TestGreetingView 的新类，它将对步骤（2）中创建的欢迎视图相关的测试用例进行分组。

```
class TestGreetingView(TestCase):
```

在这个测试用例中，我们定义了两个方法，即 setUp()方法和 test_greeting_view()方法。test_greeting_view()方法实现了测试用例。其中，首先对映射到欢迎视图中的 URL 生成 HTTP GET 调用，然后将视图生成的响应存储在创建的 response 对象中。

```
response = self.client.get('/test/greeting')
```

一旦调用完成，就在响应变量中拥有它的 HTTP 响应代码、内容和可用的标题。接下来，使用以下代码执行断言，并验证调用生成的状态代码是否与成功的 HTTP 调用（HTTP 200）的状态代码匹配。

```
self.assertEquals(response.status_code, 200)
```

据此，可准备运行测试。

（6）在测试用例编写完毕后，接下来将查看运行测试用例时将会发生什么情况。

```
python manage.py test
```

当命令执行完毕后，对应的输出结果如下。

```
% python manage.py test
Creating test database for alias 'default'...
System check identified no issues (0 silenced).
...
```

```
----------------------------------------------------------------------
--
Ran 3 tests in 0.006s

OK
Destroying test database for alias 'default'...
```

从输出结果中可以看到，测试用例执行成功，因此验证了 greeting_view()方法生成的响应符合期望结果。

在本练习中，我们学习了如何实现 Django 视图函数的测试用例，并使用 Django 提供的 TestClient 来断言视图函数生成的输出与开发人员应该看到的输出相匹配。

14.7　使用身份验证测试视图

在前述例子中，我们学习了如何在 Django 中测试视图。关于视图，需要强调的一个重要部分是，我们创建的视图可以被任何人访问，并且不受任何身份验证或登录检查的保护。现在想象一下这样一种情况：只有当用户登录时，视图才可以被访问。例如，设想实现一个视图函数，它渲染 Web 应用程序的注册用户的概要页面。为了确保只有已登录的用户才能查看其账户的概要页面，你可能希望将视图限制为仅已登录的用户。

这里的问题是，如何测试需要身份验证的视图？

幸运的是，Django 的测试客户端提供了这个功能，我们可以以此登录视图，然后在视图上运行测试。对应结果可以通过使用 Django 的测试客户端 login()方法来实现。当该方法被调用时，Django 的测试客户端会对服务执行一个认证操作，如果认证成功，它会在内部存储登录 cookie，然后用于进一步的测试运行。下面的代码片段展示了如何设置 Django 的测试客户端来模拟一个登录用户。

```
login = self.client.login(username='testuser', password='testpassword')
```

针对测试用户，login 方法需要使用用户名和密码，这将在下一个练习中进行展示。我们接下来将考查如何测试一个需要用户认证的流程。

练习 14.04　编写测试用例以验证用户身份

在本练习中，我们将为需要验证的用户的视图编写测试用例。作为其中一部分，当一个未登录的用户试图访问页面时，以及当一个登录的用户试图访问映射到视图函数中的页面时，我们将验证 view 方法生成的输出。

（1）针对本练习，我们将使用练习 14.02 步骤（1）创建的 bookr_test 应用程序。首先必须打开 bookr_test 应用程序下的 views.py 文件，并向该文件中添加下列代码。

```
from django.http import HttpResponse
from django.contrib.auth.decorators import login_required
```

待添加了上述代码片段后，在该文件的结尾创建新函数 greeting_view_user()，如下所示。

```
@login_required
def greeting_view_user(request):
    """Greeting view for the user."""
    user = request.user
    return HttpResponse("Welcome to Bookr! {username}"\
                        .format(username=user))
```

这样，就创建了一个简单的 Django 视图，每当登录用户访问映射到所提供视图中的端点时，该视图就会用欢迎信息来欢迎用户登录。

（2）一旦创建了视图，就需要将该视图映射到一个 URL 端点上，然后可以在浏览器或测试客户端中访问该 URL 端点。为此，打开 book_test 目录下的 urls.py 文件，并向该文件中添加以下粗体显示的代码。

```
from django.urls import path
from . import views

urlpatterns = [path('test/greet_user',\
               views.greeting_view_user,\
               name='greeting_view_user')]
```

在前述代码片段（请参阅粗体显示的部分）中，通过在 urlpatterns 列表中设置路径，我们已经将 greeting_view_user 映射到应用程序的'test/greet_user'端点上。参照前面的练习，这个 URL 应该已经在项目中为检测设置好了，并且不需要进一步来配置 URL 映射。

（3）当视图设置完毕后，接下来需要验证该视图是否正常工作。为此，运行下列命令。

```
python manage.py runserver localhost:8080
```

随后在浏览器中访问 http://localhost:8080/test/greet_user。

如果尚未登录，通过访问上述 URL，用户将被重定向至项目的登录页面。

（4）下面为 greeting_view_user 编写测试用例，它检查在访问/test/greet_user 端点时，是否获得了成功的结果。要实现这个测试用例，需要打开 book_test 目录下的 tests.py 文件，并向该文件中添加以下代码。

```
from django.contrib.auth.models import User

class TestLoggedInGreetingView(TestCase):
    """Test the greeting view for the authenticated users."""
    def setUp(self):
        test_user = User.objects.create_user\
                    (username='testuser', \
                     password='test@#628password')
        test_user.save()
        self.client = Client()

    def test_user_greeting_not_authenticated(self):
        response = self.client.get('/test/greet_user')
        self.assertEquals(response.status_code, 302)

    def test_user_authenticated(self):
        login = self.client.login\
               (username='testuser', \
               password='test@#628password')
        response = self.client.get('/test/greet_user')
        self.assertEquals(response.status_code, 200)
```

在上述代码片段中，我们已经实现了一个测试用例，该用例在查看内容之前检查启用了身份验证的视图。

据此，首先导入所需的类和方法，它们将被用来定义测试用例并初始化测试客户端。

```
from django.test import TestCase, Client
```

接下来需要的是 Django 的 auth 模块中的 User 模型。

```
from django.contrib.auth.models import User
```

该模型是必需的，因为对于需要身份验证的测试用例，我们需要初始化一个新的测试用户。接下来，我们创建了一个名为 TestLoggedInGreetingView 的新类，它封装了与 greeting_user 视图（需要身份验证）相关的测试。该类定义了三个方法，分别是 setUp()、test_user_greeting_not_authenticated()和 test_user_authenticated()。setUp()方法用于首先初始化一个测试用户，并将使用该用户进行身份验证。这是一个必要的步骤，因为 Django 内部的测试环境是一个完全隔离的环境，它不使用来自生产应用程序的数据，因此所有所需的模型和对象都将在测试环境中单独实例化。

随后创建测试用户并利用下列代码初始化测试客户端。

```
test_user = User.objects.create_user\
```

```
            (username='testuser', \
            password='test@#628password')
test_user.save()
self.client = Client()
```

接下来，当用户未经过身份验证时，我们将为 greet_user 端点编写测试用例。其中，Django 会将用户重定向到登录端点。该重定向行为可以通过检查响应的 HTTP 状态码来检测，它应该被设置为 HTTP 302，表示重定向操作。

```
def test_user_greeting_not_authenticated(self):
    response = self.client.get('/test/greet_user')
    self.assertEquals(response.status_code, 302)
```

接下来，我们编写了另一个测试用例，以检查当用户通过身份验证时，greet_user 端点是否成功渲染。当对用户进行身份验证时，我们首先调用测试客户端的 login()方法，并通过提供在 setUp()方法中创建的测试用户的用户名和密码执行身份验证，如下所示。

```
login = self.client.login\
        (username='testuser', \
         password='test@#628password')
```

一旦登录完成，我们就可以向 greet_user 端点发出一个 HTTP GET 请求，并通过检查返回响应的 HTTP 状态代码来验证端点是否生成了正确的结果。

```
response = self.client.get('/test/greet_user')
self.assertEquals(response.status_code, 200)
```

（5）编写完测试用例后，下面检查它们是如何运行的。为此，执行以下命令。

```
python manage.py test
```

待执行完毕后，对应的输出结果如下。

```
% python manage.py test
Creating test database for alias 'default'...
System check identified no issues (0 silenced).
.....
-----------------------------------------------------------------
--
Ran 5 tests in 0.366s

OK
Destroying test database for alias 'default'...
```

在上述输出结果中可以看到，测试用例已经成功通过，并验证了创建的视图生成了所需的响应，即在用户未经过身份验证时将用户重定向到网站，并且在用户经过身份验证时允许用户查看页面。

本练习仅实现了一个测试用例，其中可以测试一个视图函数生成的关于用户身份验证状态的输出。

14.8　Django 的 RequestFactory 类

到目前为止，我们一直在使用 Django 的测试客户端来测试为应用程序创建的视图。测试客户端类模拟浏览器，并使用此类模拟调用所需的 API。但是，如果不想使用测试客户端及其作为浏览器的相关模拟，而是想通过传递请求参数直接测试视图函数，情况又当如何？

对此，我们可以利用 Django 提供的 RequestFactory 类。RequestFactory 类帮助我们提供请求对象，并可以将其传递给视图函数以评估其工作情况。RequestFactory 的以下对象可以通过实例化类来创建，如下所示。

```
factory = RequestFactory()
```

这样创建的 factory 对象只支持 get()、post()、put()等 HTTP 方法，以模拟对任何 URL 端点的调用。下面考查如何修改在练习 14.04 中编写的测试用例来使用 RequestFactory。

练习 14.05　使用请求工厂测试视图

在本练习中，我们将使用一个请求工厂在 Django 中测试视图函数。

（1）针对该练习，我们将使用练习 14.04 步骤（1）中创建的 greeting_view_user 视图函数，如下所示。

```
@login_required
def greeting_view_user(request):
    """Greeting view for the user."""
    user = request.user
    return HttpResponse("Welcome to Bookr! {username}"\
                        .format(username=user))
```

（2）修改现有的测试用例 TestLoggedInGreetingView，它是在 book_test 目录下的 tests.py 文件中定义的。打开 tests.py 文件并进行以下更改。

首先需要添加下列导入语句，并在测试用例中使用 RequestFactory。

```
from django.test import RequestFactory
```

然后需要从 Django 的 auth 模块中导入 AnonymousUser 类，从 views 模块中导入 greeting_view_user 视图方法。这是使用未登录的模拟用户测试视图函数所必需的。这可以通过添加以下代码来完成。

```
from django.contrib.auth.models import AnonymousUser
from .views import greeting_view_user
```

（3）一旦添加了 import 语句，就可以修改 TestLoggedInGreetingView 类的 setUp()方法，并将其内容更改如下。

```
def setUp(self):
    self.test_user = User.objects.create_user\
                    (username='testuser', \
                     password='test@#628password')
    self.test_user.save()
    self.factory = RequestFactory()
```

在此方法中，首先创建了一个用户对象并将其存储为类成员，以便稍后在测试中使用它。一旦创建了用户对象，就可以实例化 RequestFactory 类的一个新实例，并以此来测试视图函数。

（4）在定义了 setUp()方法后，修改现有测试以使用 RequestFactory 实例。对于未验证的视图函数调用的测试，修改 test_user_greeting_not_authenticated 方法，使其具有以下内容。

```
def test_user_greeting_not_authenticated(self):
    request = self.factory.get('/test/greet_user')
    request.user = AnonymousUser()
    response = greeting_view_user(request)
    self.assertEquals(response.status_code, 302)
```

在该方法中，首先使用在 setUp()方法中定义的 RequestFactory 实例创建了一个请求对象。完成此操作后，可将一个 AnonymousUser()实例分配给 request.user 属性。将 AnonymousUser()实例分配给该属性会使视图函数认为发出请求的用户没有登录。

```
request.user = AnonymousUser()
```

完成此操作后，调用 greeting_view_user()视图方法，并将创建的请求对象传递给它。一旦调用成功，就可以使用以下代码在响应变量中捕获方法的输出。

```
response = greeting_view_user(request)
```

对于未经身份验证的用户，我们希望得到一个重定向响应，这可以通过检查响应的

HTTP 状态代码进行测试，如下所示。

```
self.assertEquals(response.status_code, 302)
```

（5）完成后，继续修改另一个方法 test_user_authenticated()（通过使用 RequestFactory 实例），如下所示。

```
def test_user_authenticated(self):
    request = self.factory.get('/test/greet_user')
    request.user = self.test_user
    response = greeting_view_user(request)
    self.assertEquals(response.status_code, 200)
```

可以看到，其中大部分代码类似于在 test_user_greeting_not_authenticated 方法中编写的代码，在该方法中，我们采用的是在 setUp()方法中创建的 test_user，而不是针对 request.user 属性使用 AnonymousUser。

```
request.user = self.test_user
```

待修改完成后，接下来运行测试。

（6）当运行测试，并验证请求工厂是否按照期望方式工作时，运行下列命令。

```
python manage.py test
```

待命令执行完毕后，对应的输出结果如下。

```
% python manage.py test
Creating test database for alias 'default'...
System check identified no issues (0 silenced).
......
----------------------------------------------------------------------
--
Ran 6 tests in 0.248s

OK
Destroying test database for alias 'default'...
```

从输出结果中可以看到，我们编写的测试用例已成功通过，因此验证了 RequestFactory 类的行为。

通过本练习，我们学习了如何利用 RequestFactory 为视图函数编写测试用例，并将请求对象直接传递给视图函数，而不是使用测试客户端方法模拟 URL 访问，从而允许更直接的测试。

在前述练习中，我们考查了如何测试定义为方法的视图，但对于基于类的视图，情况又当如何？

事实证明，测试基于类的视图是非常容易的。例如，如果有一个基于类的视图，其名称为 ExampleClassView(View)，要测试这个视图，只需要使用以下语法。

```
response = ExampleClassView.as_view()(request)
```

Django 应用程序通常由几个可以独立工作的不同组件组成，如模型，以及一些需要与 URL 映射和框架的其他部分交互才能工作的其他组件。测试这些不同的组件可能需要一些仅对这些组件通用的步骤。例如，当测试一个模型时，可能首先想在开始测试之前创建 model 类的某些对象，或者对于视图，可能首先想用用户凭证初始化一个测试客户端。

事实证明，Django 还提供了一些基于 TestCase 类的其他类，这些类可以用来编写与所使用组件类型相关的特定类型的测试用例。下面看看 Django 提供的这些不同的类。

14.9　Django 中的测试用例类

除了 Django 提供的基本 TestCase（可以用来为不同的组件定义大量的测试用例），Django 还提供了一些从 TestCase 类派生的专门类。基于提供给开发人员的功能，这些类用于特定类型的测试用例。

14.9.1　SimpleTestCase

该类派生自 Django 测试模块提供的 TestCase 类，应该用于编写简单的测试用例来测试视图函数。通常，当测试用例涉及数据库查询时，该类不是首选的。此外，该类还提供了很多有用的特性，如下所示。

- 检查由视图函数引发的异常的能力。
- 测试表单字段的能力。
- 内置测试客户端。
- 通过视图函数验证重定向的能力。
- 匹配由视图函数生成的两个 HTML、JSON 或 XML 输出的相等性。

现在，根据 SimpleTestCase 的基本概念，下面尝试理解另一种类型的测试用例类，它有助于编写涉及与数据库交互的测试用例。

14.9.2 TransactionTestCase

该类派生自 SimpleTestCase 类，应该在编写涉及与数据库交互的测试用例时使用，例如数据库查询、模型对象创建等。

该类提供了下列添加的特性。

- 在测试用例运行之前将数据库重置为默认状态的能力。
- 跳过基于数据库特性的测试——如果用于测试的数据库不支持生产数据库的所有特性，那么该特性可以派上用场。

14.9.3 LiveServerTestCase

该类类似于 TransactionTestCase 类，但是存在一个较小的区别，类中编写的测试用例使用 Django 创建的活动服务器（而不是使用默认的测试客户端）。

在编写测试渲染的 Web 页面以及与它们的任何交互的测试用例时，运行活动服务器进行测试非常方便，而在使用默认测试客户端时，这是不可能的。

这样的测试用例可以利用 Selenium 之类的工具，这些工具可以用来构建交互式测试用例，这些测试用例通过与渲染页面交互来修改所渲染页面的状态。

14.9.4 模块化测试代码

在前面的练习中，我们已经看到了如何为项目的不同组件编写测试用例。但是需要注意的一个重要方面是，到目前为止，我们已经在单个文件中为所有组件编写了测试用例。当应用程序没有很多视图和模型时，这种方法是可行的。但随着应用程序的增长，这可能会出现问题，因为单个 tests.py 文件将变得难以维护。

为了避免遇到这样的场景，我们应该尝试模块化测试用例。这样，模型的测试用例与视图相关的测试用例是分开的，等等。要实现这种模块化，我们只需要完成以下两个简单的步骤。

（1）运行下列命令，在应用程序目录创建一个名为 tests 的新目录。

```
mkdir tests
```

（2）运行下列命令，在 tests 目录中创建一个名为__init__.py 的新的空文件。

```
touch __init__.py
```

Django 需要__init__.py 文件来正确检测作为模块而不是常规目录创建的 tests 目录。

一旦完成了上述步骤，就可以继续为应用程序中的不同组件创建新的测试文件。例如，要为模型编写测试用例，可以在 tests 目录中创建一个名为 test_models.py 的新文件，并在该文件中添加用于模型测试的任何相关代码。

此外，不需要执行任何额外步骤来运行测试。同样的命令也适用于模块化测试代码库。

```
python manage.py test
```

综上所述，我们现在已经理解了如何为项目编写测试用例。那么，我们如何为 Bookr 项目编写测试用例来评估这些方法呢？

操作 14.01　测试 Bookr 中的模块和视图

在该操作中，我们将对 Bookr 项目实现测试用例。我们将实现测试用例来验证在 Bookr 项目的 reviews 应用程序中创建的模型的功能，然后将实现一个简单的测试用例来验证 reviews 应用程序中的索引视图。

具体操作步骤如下。

（1）在 reviews 应用程序目录中创建一个名为 tests 的目录，以便所有 reviews 应用程序的测试用例都可以被模块化。

（2）创建一个空的__init__.py 文件，这样目录就不会被认为是一个通用目录，而是一个 Python 模块目录。

（3）创建一个新文件 test_models.py，用于实现测试模型的代码。在该文件中，可导入想要测试的模型。

（4）在 test_models.py 文件中，创建一个继承自 django.tests 模块的 TestCase 类的新类，并实现验证 Model 对象的创建和读取的方法。

（5）当测试视图函数时，在 tests 目录（步骤（1）所创建）中创建一个名为 test_views.py 的新文件。

（6）在 test_views.py 文件中，从 django.tests 模块中导入测试 Client 类，并从 reviews 应用程序的 views.py 文件中导入 index 视图函数。

（7）在步骤（5）创建的 test_views.py 文件中，创建新的 TestCase 类，并实现方法以验证索引视图。

（8）在步骤（7）创建的 TestCase 类中，创建一个新函数 setUp()。在该函数中，初始化 RequestFactory 的一个实例，该实例将用于创建一个可以直接传递给视图函数进行测试的请求对象。

（9）一旦完成了前述步骤并编写了测试用例，就通过执行 python manage.py 测试来运行测试用例，以验证测试用例是否通过。

在完成该操作之后，所有测试用例都应该成功通过。

注意：

读者可访问 http://packt.live/2Nh1NTJ 以查看该操作的完整解决方案。

14.10　本章小结

在本章中，我们学习了如何用 Django 为 Web 应用项目的不同组件编写测试用例。我们了解了为什么测试在任何 Web 应用程序的开发中都扮演着至关重要的角色，以及行业中使用的不同类型的测试技术，以确保发布的应用程序代码是稳定的，没有错误的。

随后本章考查了如何使用 Django 的测试模块提供的 TestCase 类来实现单元测试，它可以用来测试模型和视图。我们还研究了如何使用 Django 的测试客户端来测试需要或不需要用户身份验证的视图函数。此外，我们还浏览了另一种方法，并使用 RequestFactory 测试方法视图和基于类的视图。

在本章的最后，我们了解了 Django 提供的预定义类，以及它们应该在哪里使用，并研究了如何将测试代码库模块化，以使其看起来更简洁。

在第 15 章中，我们将尝试理解如何通过将第三方库集成到项目中，以使 Django 应用程序更加强大。该功能将用于在 Django 应用程序中实现第三方身份验证，从而允许用户使用流行的服务（如 Google Sign-In、Facebook Login 等）登录应用程序。

第 15 章　Django 第三方库

本章将介绍 Django 第三方库。我们将使用 dj-database-urls 和 URL 配置数据库连接，并使用 Django 调试工具栏检查和调试的应用程序。通过 django-crisp -forms，我们可以增强表单的外观，同时通过使用 crispy 模板标签减少所需编写的代码量。此外，本章还将介绍 django-allauth 库，它可以根据第三方提供者验证用户身份。在最后的操作中，我们将使用 django-crisp-forms 来增强 Bookr 的表单。

15.1　简　　介

Django 于 2007 年发布，因此存在一个丰富的第三方库生态系统可以被插入应用程序中，为应用程序提供额外的功能。到目前为止，我们已经学习了很多关于 Django 的知识，并使用了它的许多特性，包括数据库模型、URL 路由、模板、表单等。我们使用这些 Django 工具直接构建了一个 Web 应用程序，但现在将考查如何利用其他人的工作来快速地为我们自己的应用程序添加更高级的功能。我们已经提到了存储文件的应用程序（第 5 章提到了一个应用程序 django-storage，该应用程序可将静态文件存储于 CDN 中）。但除了文件存储，还可以使用它们来插入第三方认证系统、与支付网关集成、自定义如何构建我们的设置、修改图像、更容易地构建表单、调试网站、使用不同类型的数据库等。很有可能，如果你想添加某种功能，就会有相应的应用程序存在。

限于篇幅，本章无法介绍每个应用程序，所以仅关注在许多不同类型的应用程序中可提供有用功能的 4 个应用程序。django-configurations 使用类来配置 Django 设置，并利用继承来简化不同环境的设置。这将与 dj-database-urls 协同工作，使用 URL 指定数据库连接设置。另外，Django 调试工具栏可以在浏览器中获得额外的调试信息。最后一个应用程序是 django-crisp-forms，它提供了额外的 CSS 类，使表单看起来更加美观，且更容易使用 Python 代码配置。

对于这些库，我们将介绍安装、基本设置和使用方式，且主要应用于 Bookr 中。此外，它们还有更多的配置选项，可以进一步定制应用程序。这些应用程序都可以通过 pip 安装。

我们还将简要介绍 django-allauth，它允许 Django 应用程序针对第三方提供商（如谷歌、GitHub、Facebook 和 Twitter）对用户进行身份验证。这里不会详细介绍其安装和设置，但会提供一些示例来帮助你配置它。

15.1.1 环境变量

当创建一个程序时，我们经常希望用户能够配置程序的一些行为。例如，假设有一个连接到数据库的程序，并将该程序找到的所有记录保存到一个文件中。通常情况下，该程序可能只向终端输出一条成功消息，但你可能也希望在调试模式下运行该程序，进而输出正在执行的所有 SQL 语句。

相应地，存在许多方法可以配置这样的程序。例如，可以从配置文件中进行读取。但在某些情况下，用户可能很快就想打开 Django 服务器的某个特定设置（如调试模式），然后用相同的设置运行服务器。这里，每次都要更改配置文件会很不方便。此时，可以从环境变量中读取数据。环境变量是可以在操作系统中设置并由程序读取的键-值对。有几种方法可以设置环境变量。

- ❑ shell（终端）可以在启动时从配置文件脚本中读取变量，然后每个程序都可以访问这些变量。
- ❑ 可以在终端内设置一个变量，然后该变量将对随后启动的任何程序可用。在 Linux 和 macOS 中，这是使用 export 命令完成的；在 Windows 中，这是使用 set 命令完成的。以这种方式设置的任何变量都会覆盖配置文件脚本中的变量，但仅适用于当前会话。当关闭终端时，变量就丢失了。
- ❑ 在终端上执行命令时，可以同时设置环境变量。这些变量仅在正在运行的程序中存在，它们覆盖导出的环境变量，以及从配置文件脚本中读取的环境变量。
- ❑ 可以在正在运行的程序中设置环境变量，它们仅在程序内部可用（或对程序启动的程序可用）。以这种方式设置的环境变量将覆盖刚刚设置的所有其他方法。

这听起来可能有些复杂，但下面将用一个简短的 Python 脚本对此予以解释，并展示如何以最后三种方式设置变量（第一种方法取决于使用的 shell）。该脚本还将显示如何读取环境变量。

在 Python 中，可以使用 os.environ 变量获得环境变量。这是一个类似字典的对象，可用于按名称访问环境变量。相应地，使用 get 方法访问值是最安全的，以防止它们未被设置。此外，它还提供了一个 setdefault 方法，该方法仅允许在未设置时设置值（也就是说，它不会覆盖现有键）。

下面是读取环境变量的 Python 脚本示例。

```
import os

# This will set the value since it's not already set
```

```
os.environ.setdefault('UNSET_VAR', 'UNSET_VAR_VALUE')

# This value will not be set since it's already passed
# in from the command line
os.environ.setdefault('SET_VAR', 'SET_VAR_VALUE')

print('UNSET_VAR:' + os.environ.get('UNSET_VAR', ''))
print('SET_VAR:' + os.environ.get('SET_VAR', ''))

# All these values were provided from the shell in some way
print('HOME:' + os.environ.get('HOME', ''))
print('VAR1:' + os.environ.get('VAR1', ''))
print('VAR2:' + os.environ.get('VAR2', ''))
print('VAR3:' + os.environ.get('VAR3', ''))
print('VAR4:' + os.environ.get('VAR4', ''))
```

然后通过一些变量来设置 shell。在 Linux 或 macOS 中，可使用 export 命令（注意这些命令没有输出），如下所示。

```
$ export SET_VAR="Set Using Export"
$ export VAR1="Set Using Export"
$ export VAR2="Set Using Export"
```

在 Windows 环境下，可在命令行中使用 set 命令，如下所示。

```
set SET_VAR="Set Using Export"
set VAR1="Set Using Export"
set VAR2="Set Using Export"
```

在 Linux 和 macOS 中，也可以通过在命令之前设置环境变量来提供环境变量（实际的命令就是 python3 env_example.py）。

```
$ VAR2="Set From Command Line" VAR3="Also Set From Command Line" python3
env_example.py
```

注意：

上述命令在 Windows 上不起作用。对于 Windows，环境变量必须在执行前设置，且不能同时传入。

上述命令的输出结果如下。

```
UNSET_VAR:UNSET_VAR_VALUE
SET_VAR:Set Using Export
HOME:/Users/ben
```

```
VAR1:Set Using Export
VAR2:Set From Command Line
VAR3:Also Set From Command Line
VAR4:
```

- 当脚本运行 os.environ.setdefault('UNSET_VAR', 'UNSET_VAR_VALUE')时，该值是在脚本内部设置的，因为 shell 没有为 UNSET_VAR 设置值。输出的值是脚本本身设置的值。
- 当 os.environ.setdefault('SET_VAR', 'SET_VAR_VALUE')被执行时，该值不会被设置，因为 shell 已经提供了一个值。这是通过 export SET_VAR="Set Using Export"命令设置的。
- HOME 值不是由运行的任何命令设置的——这是 shell 提供的。它是用户的主目录。这只是 shell 正常提供的环境变量的一个示例。
- VAR1 是由 export 设置的，在执行脚本时没有被覆盖。
- VAR2 是由 export 设置的，但随后在执行脚本时被重写。
- VAR3 仅在执行脚本时被设置。
- VAR4 从未被设置——我们使用 get 方法访问它以避免 KeyError。

在介绍了环境变量后，下面讨论如何修改 manage.py 以支持 django-configurations。

15.1.2　django-configurations

在将 Django 应用程序部署至生产环境中时，需要考虑的一个主要问题是如何对其进行配置。如前所述，所有 Django 配置都是在 settings.py 文件中定义的，甚至第三方应用程序的配置也在这个文件中。在第 12 章中使用 Django REST 框架时，我们已经看到了这一点。

在 Django 中，存在很多方法可提供不同的配置，并在它们之间进行切换。如果已经开始处理现有的应用程序，且该应用程序在开发环境和生产环境中已经具备切换配置的特定方法，那么应继续沿用该方法。

在第 17 章中，在将 Bookr 发布到产品 Web 服务器上时，需要切换到产品配置，这时将使用 django-configurations。

当安装 django-configurations 时，可使用 pip3，如下所示。

```
pip3 install django-configurations
```

注意：

在 Windows 环境下，你可以在上述命令中使用 pip 而非 pip3。

对应的输出结果如下。

```
Collecting django-configurations
  Using cached https://files.pythonhosted.org/packages/96/ef/
bddcce16f3cd36f03c9874d8ce1e5d35f3cedea27b7d8455265e79a77c3d/django_
configurations-2.2-py2.py3-none-any.whl

Requirement already satisfied: six in /Users/ben/.virtualenvs/bookr/lib/
python3.6/site-packages (from django-configurations) (1.14.0)
Installing collected packages: django-configurations

Successfully installed django-configurations-2.2
```

django-configurations 可修改 settings.py 文件，以便所有设置都会从定义的类中进行读取，该类是 configurations.Configuration 的一个子类。这些设置不是 settings.py 文件中的全局变量，而是定义的类上的属性。通过使用这种基于类的方法，我们可以利用面向对象的范例，尤其是继承机制。其中，类中定义的设置可以继承另一个类中的设置。例如，生产设置类可以继承开发设置类，只是覆盖一些特定的设置——如在生产中强制 DEBUG 为 False。

仅显示文件中的前几项设置即可说明设置文件的操作。标准的 Django settings.py 文件通常是这样开始的（注释行已被删除）。

```
import os

BASE_DIR =os.path.dirname\
         (os.path.dirname(os.path.abspath(__file__)))
SECRET_KEY =\
'y%ux@_^+#eahu3!^i2w71qtgidwpvs^o=w2*$=xy+2-y4r_!fw'
DEBUG = True
…
# The rest of the settings are not shown
```

要将设置转换为 django-configurations，首先从 configurations 中导入 Configuration。然后定义一个 Configuration 子类。最后，将所有的设置缩进到该类之下。在 PyCharm 中，这就像选择所有设置并按 Tab 键缩进一样简单。

在操作完毕后，settings.py 文件将如下所示。

```
import os

from configurations import Configuration
```

```
class Dev(Configuration):
    BASE_DIR = os.path.dirname\
            (os.path.dirname(os.path.abspath(__file__)))
    SECRET_KEY = \
    'y%ux@_^+#eahu3!^i2w71qtgidwpvs^o=w2*$=xy+2-y4r_!fw'
    DEBUG = True
    …
    # All other settings indented in the same manner
```

要拥有不同的配置（不同的设置集），需要扩展配置类并覆盖不同的设置。

例如，在生产环境中，需要重写变量 DEBUG，该变量应为 False（出于安全和性能）。为此，可以定义一个 Prod 类来扩展 Dev 并设置 DEBUG，如下所示。

```
class Dev(Configuration):
   DEBUG = True
   …
   # Other settings truncated

class Prod(Dev):
   DEBUG = False
   # no other settings defined since we're only overriding DEBUG
```

当然，也可以覆盖其他生产设置，而不仅仅是 DEBUG。通常，为了安全性，还将重新定义 SECRET_KEY 和 ALLOWED_HOSTS。另外，为了配置 Django 并使用你的生产数据库，还需要设置 DATABASES 的值。任何 Django 设置都可以根据选择进行配置。

如果尝试执行 runserver（或其他管理命令），则会得到一个错误。因为当设置文件如此安排时，Django 无法找到 settings.py 文件。

```
django.core.exceptions.ImproperlyConfigured: django-configurations
settings importer wasn't correctly installed. Please use one of the starter
functions to install it as mentioned in the docs:
https://django-configurations.readthedocs.io/
```

在 manage.py 文件重新开始工作之前，我们需要对其进行修改。在生成该文件之前，我们将简要地讨论环境变量。

15.1.3　修改 manage.py 文件

需要在 manage.py 文件中添加/更改两行代码来启用 django-configurations。首先，我们需要定义一个默认环境变量，以通知 Django Configuration 应该加载哪个 Configuration 类。

下列代码应该被添加到 main()函数中，以设置 DJANGO_CONFIGURATION 环境变量的默认值。

```
os.environ.setdefault('DJANGO_CONFIGURATION', 'Dev')
```

这将默认设置为 Dev，即定义的类的名称。正如在示例脚本中看到的，如果这个值已经被定义，该值将不会被覆盖。这将允许我们使用环境变量在配置之间进行切换。

第二处改变是将 execute_from_command_line 函数与 django-configurations 提供的一个函数进行交换。考虑下列代码行。

```
from django.core.management import execute_from_command_line
```

上述代码将调整如下。

```
from configurations.management import execute_from_command_line
```

从现在开始，manage.py 将像以前一样工作，除了在启动时输出它使用的 Configuration 类，如图 15.1 所示。

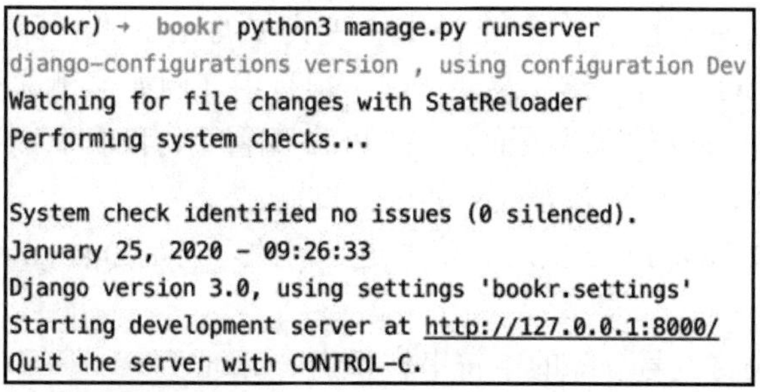

```
(bookr) → bookr python3 manage.py runserver
django-configurations version , using configuration Dev
Watching for file changes with StatReloader
Performing system checks...

System check identified no issues (0 silenced).
January 25, 2020 - 09:26:33
Django version 3.0, using settings 'bookr.settings'
Starting development server at http://127.0.0.1:8000/
Quit the server with CONTROL-C.
```

图 15.1　django-configurations 使用配置 Dev

在第二行代码中，可以看到 django 配置的输出结果，它使用了 Dev 类进行设置。

15.1.4　源自环境变量的配置

就像使用环境变量在 Configuration 类之间切换一样，django-configurations 允许使用环境变量为各个设置赋值，并提供了自动从环境中读取值的 Value 类。如果没有提供值，则可以定义默认值。由于环境变量总是字符串，因此使用不同的 Value 类将字符串转换为指定的类型。

下面通过几个示例对此进行考查。我们将允许 DEBUG、ALLOWED_HOSTS、TIME_ZONE 和 SECRET_KEY 使用环境变量进行设置，如下所示。

```
from configurations import Configuration, values

class Dev(Configuration):
    DEBUG = values.BooleanValue(True)
    ALLOWED_HOSTS = values.ListValue([])
    TIME_ZONE = values.Value('UTC')
    SECRET_KEY =\
    'y%ux@_^+#eahu3!^i2w7lqtgidwpvs^o=w2*$=xy+2-y4r_!fw'
    …
    # Other settings truncated

class Prod(Dev):
    DEBUG = False
    SECRET_KEY = values.SecretValue()
    # no other settings are present
```

接下来逐一解释相关设置项。

- 在 Dev 中，DEBUG 从环境变量中被读取并被转换为布尔值。值 yes、y、true 和 1 变成 True；值 no、n、false 和 0 变为 False。因此，即使在开发机上也可以关闭 DEBUG 运行，这在某些情况下很有用（例如，测试一个自定义的异常页面而不是 Django 的默认页面）。在 Prod 配置中，我们不希望 DEBUG 意外地变成 True，所以采用静态方式对其进行设置。
- ALLOWED_HOSTS 在生产环境中是必需的。它是 Django 应该接收请求的主机列表。
- ListValue 类将逗号分隔的字符串转换为 Python 列表。
- 字符串 www.example.com，example.com 被转换为["www.example.com","example.com"]。
- TIME_ZONE 只接收一个字符串值，所以它是使用 Value 类设置的。该类只读取环境变量，且不会对其进行转换。
- SECRET_KEY 是在 Dev 配置中静态定义的，且无法用环境变量来改变。在 Prod 配置中，SECRET_KEY 使用 SecretValue 进行设置。这类似于 Value，因为它只是一个字符串设置。但是，它不允许设置默认值。如果设置了默认值，则会引发异常。这是为了确保不会在 settings.py 文件中置入一个秘密值，因为该值可能会被意外共享（例如，上传到 GitHub）。注意，由于在生产环境中没有为 Dev 使用 SECRET_KEY，因此我们并不关心它是否被泄露。

默认情况下，django-configurations 要求每个环境变量都有 DJANGO_前缀。例如：要设置 DEBUG，需要使用 DJANGO_DEBUG 环境变量；要设置 ALLOWED_HOSTS，需

要使用 DJANGO_ALLOWED_HOSTS 等。

前述内容介绍了 django-configurations，以及为支持它而需要对项目进行的修改。接下来将其添加至 Bookr 中并进行这些修改。在接下来的练习中，将在 Bookr 中安装并设置 django-configurations。

练习 15.01　Django 配置设置

在本练习中，我们将利用 pip 安装 django-configurations，随后更新 settings.py 文件以添加 Dev 和 Prod 配置，接下来将对 manage.py 进行修改以支持新的配置风格，最后将对此进行测试。

（1）在终端中，确保激活了 bookr 虚拟环境。随后运行下列命令并通过 pip3 安装 django-configurations。

```
pip3 install django-configurations
```

注意：

对于 Windows 环境，你可以在上述命令中使用 pip 而非 pip3。

安装过程运行后，将会看到如图 15.2 所示的输出结果。

```
(bookr) → bookr pip install django-configurations
Collecting django-configurations
  Using cached https://files.pythonhosted.org/packages/96/ef/bddcce16f3cd36f03c9874d8ce1e5d35f3cedea27b7d8455265e79a77c3d/django_configurations-2.2-py2.py3-none-any.whl
Requirement already satisfied: six in /Users/ben/.virtualenvs/bookr/lib/python3.6/site-packages (from django-configurations) (1.14.0)
Installing collected packages: django-configurations
Successfully installed django-configurations-2.2
```

图 15.2　基于 pip 的 django-configurations 安装

（2）在 PyCharm 中，打开 bookr 包中的 settings.py 文件。在现有的 os 导入语句下方，从 configurations 中导入 Configuration 和 values，如下所示。

```
from configurations import Configuration, values
```

（3）在导入之后，但在第一个设置定义之前（设置 BASE_DIR 值的代码行），添加一个称为 Dev 的新的 Configuration 子类。

```
class Dev(Configuration):
```

（4）下面需要移除全部已有的设置项，使其成为 Dev 类的属性而非全局变量。在 PyCharm 中，这就像选择所有的设置一样简单，然后按 Tab 键缩进它们。相应地，最终的设置项如图 15.3 所示。

（5）在缩进设置项之后，我们将更改从环境变量中读取的一些设置。首先，将 DEBUG 更改为 BooleanValue。它应该默认为 True。考查下列代码行。

```
DEBUG = True
```

随后将其更改为如下所示的代码。

```
DEBUG = values.BooleanValue(True)
```

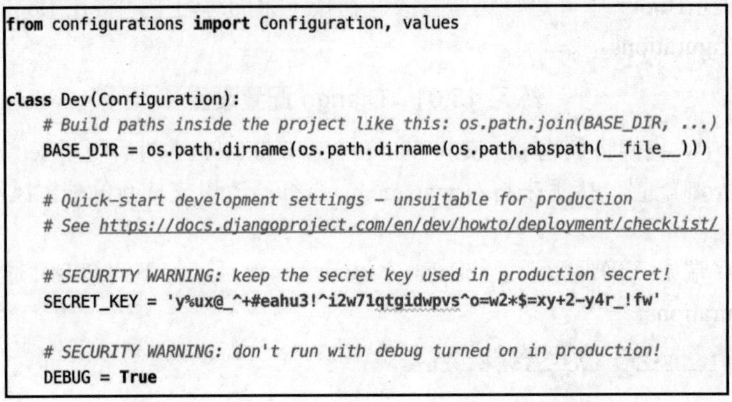

```
from configurations import Configuration, values


class Dev(Configuration):
    # Build paths inside the project like this: os.path.join(BASE_DIR, ...)
    BASE_DIR = os.path.dirname(os.path.dirname(os.path.abspath(__file__)))

    # Quick-start development settings - unsuitable for production
    # See https://docs.djangoproject.com/en/dev/howto/deployment/checklist/

    # SECURITY WARNING: keep the secret key used in production secret!
    SECRET_KEY = 'y%ux@_^+#eahu3!^i2w71qtgidwpvs^o=w2*$=xy+2-y4r_!fw'

    # SECURITY WARNING: don't run with debug turned on in production!
    DEBUG = True
```

图 15.3　新的 Dev 配置内容

这将自动从 DJANGO_DEBUG 环境变量中读取 DEBUG，并将其转换为一个布尔值。如果环境变量未被设置，那么其默认值为 True。

（6）还可以使用 values.ListValue 类将 ALLOWED_HOSTS 转换为从环境变量中被读取。ALLOWED_HOSTS 默认为[]（空列表）。考查下列代码。

```
ALLOWED_HOSTS = []
```

并将其修改为如下所示的代码。

```
ALLOWED_HOSTS = values.ListValue([])
```

ALLOWED_HOSTS 从 JANGO_ALLOWED_HOSTS 环境变量中被读取，默认为空列表。

（7）到目前为止，所有操作都是在 Dev 类上添加/更改属性的。现在，在同一个文件的末尾，添加一个继承自 Dev 的 Prod 类，并定义两个属性：DEBUG = True 和 SECRET_KEY = values.SecretValue()。完整的 Prod 类如下所示。

```
class Prod(Dev):
    DEBUG = False
    SECRET_KEY = values.SecretValue()
```

最后保存 settings.py 文件。

（8）如果现在尝试运行任何管理命令，我们将收到一条错误消息（django-configurations 未正确设置）。为此，需要对 manage.py 稍作调整。打开 bookr 项目目录下的 manage.py 文件。

考查下列代码行。

```
os.environ.setdefault('DJANGO_SETTINGS_MODULE', 'bookr.settings')
```

在上述代码行下方添加下列代码行。

```
os.environ.setdefault('DJANGO_CONFIGURATION', 'Dev')
```

这将把默认配置设置为 Dev 类。默认设置可以通过设置 DJANGO_CONFIGURATION 环境变量（例如，设置为 Prod）而被覆盖。

（9）在接下来的两行代码中，考查下列代码。

```
from django.core.management import execute_from_command_line
```

将其修改为如下所示的代码。

```
from configurations.management import execute_from_command_line
```

这将使 manage.py 脚本使用 Django 配置的 execute_from_command_line 函数，而不是 Django 内置的函数。

保存 manage.py 文件。

（10）启动 Django 开发服务器。如果开始时没有错误，则可以确信所做的更改已经产生作用。为了确定这一点，可检查页面是否在浏览器中加载。对此，打开 http://127.0.0.1:8000/，并尝试浏览网站。一切都应该和以前一样，如图 15.4 所示。

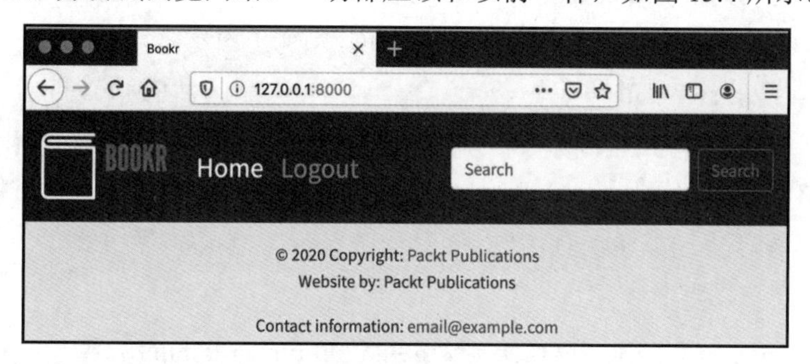

图 15.4　Bookr 网站应该和以前一样

在本练习中，我们安装了 django-configurations 并重构了 settings.py 文件，以使用其 Configuration 类来定义设置项。我们添加了 Dev 和 Prod 配置，并使用环境变量设置了 DEBUG、ALLOWED_HOSTS 和 SECRET_KEY。最后，我们更新了 manage.py 以使用 Django Configuration 的 execute_from_command_line 函数，这样就可以使用新的 settings.py 格式。

稍后，我们将介绍 dj-database-url，这是一个可以使用 URL 配置 Django 数据库设置的包。

15.1.5　dj-database-url

django-database-url 是另一个帮助配置 Django 的应用程序。具体来说，django-database-url 允许使用 URL 而不是配置值字典来设置数据库(Django 应用程序连接到的数据库）。正如在现有的 settings.py 文件中所看到的，DATABASES 设置包含几个项，并且在使用具有更多配置选项（用户名、密码等）的不同数据库时变得更加冗长。我们可通过一个 URL 来设置这些内容，其中包含了所有这些值。

URL 的格式根据使用的是本地 SQLite 数据库还是远程数据库服务器而略有不同。要在磁盘上使用 SQLite（就像 Bookr 目前所做的那样），URL 则如下所示。

```
sqlite:///<path>
```

注意这里有 3 个斜杠。这是因为 SQLite 没有主机名，因此这看起来像是一个 URL。

```
<protocol>://<hostname>/<path>
```

也就是说，URL 的主机名是空的。因此这 3 个斜杠连在一起。

当为远程数据库服务器构建 URL 时，对应格式通常如下所示。

```
<protocol>://<username>:<password>@<hostname>:<port>/<database_name>
```

例如，要连接到主机 db.example.com 上名为 book_django 的 PostgreSQL 数据库，端口为 5432，用户名为 bookr，密码为 b00ks，URL 则如下所示。

```
postgres://bookr:b00ks@db.example.com:5432/bookr_django
```

在介绍了 URL 的格式后，接下来考查如何在 settings.py 文件中实际使用它们。首先，必须使用 pip3 安装 dj-database-url。

```
pip3 install dj-database-url
```

注意：

对于 Windows 环境，你可以在上述命令中使用 pip 而非 pip3。

对应的输出结果如下。

```
Collecting dj-database-url
  Downloading https://files.pythonhosted.org/packages/d4/
a6/4b8578c1848690d0c307c7c0596af2077536c9ef2a04d42b00fabaa7e49d/
dj_database_url-0.5.0-py2.py3-none-any.whl
Installing collected packages: dj-database-url
Successfully installed dj-database-url-0.5.0
```

现在，dj_database_url 可以被导入 settings.py 文件中，dj_database_url.parse 方法可以用来将 URL 转换为 Django 可以使用的字典。我们可以使用该方法的返回值来设置 DATABASES 字典中的默认（或其他）项。

```
import dj_database_url

DATABASES = {'default':dj_database_url.parse\
            ('postgres://bookr:b00ks@db.example.com:5432/\
             bookr_django')}
```

或者，对于 SQLite 数据库，我们可以利用 BASE_DIR 设置，就像我们已经做的那样，并将它包含在 URL 中。

```
import dj_database_url

DATABASES = {'default': dj_database_url.parse\
            ('sqlite:///{}/db.sqlite3'.format(BASE_DIR))}
```

解析之后，DATABASES 字典与我们之前定义的字典类似。它包含了一些不适用于 SQLite 数据库的冗余项（USER、PASSWORD、HOST 等），但是 Django 会忽略这些冗余项。

```
DATABASES = {'default': \
            {'NAME': '/Users/ben/bookr/bookr/db.sqlite3',\
             'USER': '',\
             'PASSWORD': '',\
             'HOST': '',\
             'PORT': '',\
             'CONN_MAX_AGE': 0,\
             'ENGINE': 'django.db.backends.sqlite3'}}
```

这种设置数据库连接信息的方法并不是很有用，因为我们仍然在 settings.py 中静态地定义数据。唯一的区别是使用的是 URL 而不是字典。dj-database-url 还可以自动从环境变量中读取 URL。这将允许我们可在环境中设置这些值来覆盖它们。

要从环境中读取数据，需要使用 dj_database_url.config 函数，如下所示。

```
import dj_database_url

DATABASES = {'default': dj_database_url.config()}
```

这里，URL 将自动从 DATABASE_URL 环境变量中读取。

我们可以通过为 config 函数提供默认参数来改进这一点。如果没有在环境变量中指定 URL，则默认使用该 URL。

```
import dj_database_url

DATABASES = {'default':dj_database_url.config\
            (default='sqlite:///{}/db.sqlite3'\
             .format(BASE_DIR))}
```

通过这种方式，我们可以指定一个默认 URL，该 URL 可以被生产中的环境变量覆盖。

此外，我们还可以通过传入 env 参数来指定读取 URL 的环境变量——这是第一个位置参数。通过这种方式，你可以读取不同数据库设置的多个 URL。

```
import dj_database_url

DATABASES = {'default':dj_database_url.config\
            (default='sqlite:///{}/db.sqlite3'\
                    .format(BASE_DIR)),\
           'secondary':dj_database_url.config\
                     ('DATABASE_URL_SECONDARY'\
                     default=\
                     'sqlite:///{}/db-secondary.sqlite3'\
                     .format(BASE_DIR)),}
```

在当前示例中，default 条目的 URL 是从 DATABASE_URL 环境变量中读取的，secondary 则从 DATABASE_URL_SECONDARY 中读取。

django-configurations 还提供了一个配置类，它与 dj_database_url: DatabaseURLValue 协同工作。这与 dj_database_url.config 略有不同，因为它生成包括默认项在内的整个 DATABASES 字典。例如，考虑以下代码。

```
import dj_database_url

DATABASES = {'default': dj_database_url.config()}
```

上述代码等价于下列代码。

```
from configurations import values

DATABASES = values.DatabaseURLValue()
```

此处不要编写 DATABASES['default'] = values.DatabaseURLValue()，因为字段会被双重嵌套。

如果需要指定多个数据库，则需要直接回退到 dj_database_url.config，而不是使用 DatabaseURLValue。

像其他值类一样，DatabaseURLValue 接收一个默认值作为它的第一个参数。此外，你可能还想使用 environment_prefix 参数并将其设置为 DJANGO，以便其读取的环境变量与其他环境变量的命名一致。这里，一个使用 DatabaseURLValue 的完整示例如下所示。

```
DATABASES = values.DatabaseURLValue\
            ('sqlite:///{}/db.sqlite3'.format(BASE_DIR),\
             environment_prefix='DJANGO')
```

通过像这样设置 environment_prefix，我们可以使用 DJANGO_DATABASE_URL 环境变量来设置数据库 URL（而不仅仅是 DATABASE_URL）。这意味着它与其他以 DJANGO_开头的环境变量设置是一致的，如 DJANGO_DEBUG 或 DJANGO_ALLOWED_HOSTS。

注意，即使没有在 settings.py 文件中导入 dj-database-url，django-configurations 会在内部使用 dj-database-url，所以仍然必须安装 dj-database-url。

在下一个练习中，我们将配置 Bookr 并使用 DatabaseURLValue 来设置它的数据库配置。它将能够从环境变量中读取，并返回指定的默认值。

练习 15.02　dj-database-url 和设置

在本练习中，我们将使用 pip3 安装 dj-database-url，随后将更新 Bookr 的 settings.py，并使用一个 URL 来配置 DATABASE 设置，这个 URL 是从一个环境变量中读取的。

（1）在终端内，确保激活了 bookr 环境变量，随后运行下列命令并通过 pip3 安装 dj-database-url。

```
pip3 install dj-database-url
```

在安装过程结束后，对应的输出结果如图 15.5 所示。

```
(bookr) →  bookr pip3 install dj-database-url
Collecting dj-database-url
  Downloading https://files.pythonhosted.org/packages/d4/a6/4b8578c1848690d0c307c7c0596af2077536c9ef2a04d42b00fabaa7e49d/dj_database_url-0.5.0-py2.py3-none-any.whl
Installing collected packages: dj-database-url
Successfully installed dj-database-url-0.5.0
```

图 15.5　基于 pip 的 dj-database-url 安装

（2）在 PyCharm 中，打开 bookr 包目录下的 settings.py 文件。向下滚动以查找定义 DATABASES 属性的位置。将其替换为 values.DatabaseURLValue 类。第一个参数（默认值）应该是 SQLite 数据库的 URL，即' SQLite:///{/db.sqlite3'.format(BASE_DIR)。同时传入 environ_prefix，并设置为 DJANGO。完成这一步后，属性设置应如下所示。

```
DATABASES = values.DatabaseURLValue\
            ('sqlite:///{}/db.sqlite3'.format(BASE_DIR),\
             environ_prefix='DJANGO')
```

随后保存 settings.py 文件。

（3）启动 Django 开发服务器。类似于练习 15.01，如果服务器启动正常，则可确信修改是成功的。为了确认这一点，可在浏览器中打开 http://127.0.0.1:8000/并检查所有内容的外观和行为是否与以前相同。此时应访问一个数据库查询页面（如 Books List 页面），并检查是否显示了一个图书列表，如图 15.6 所示。

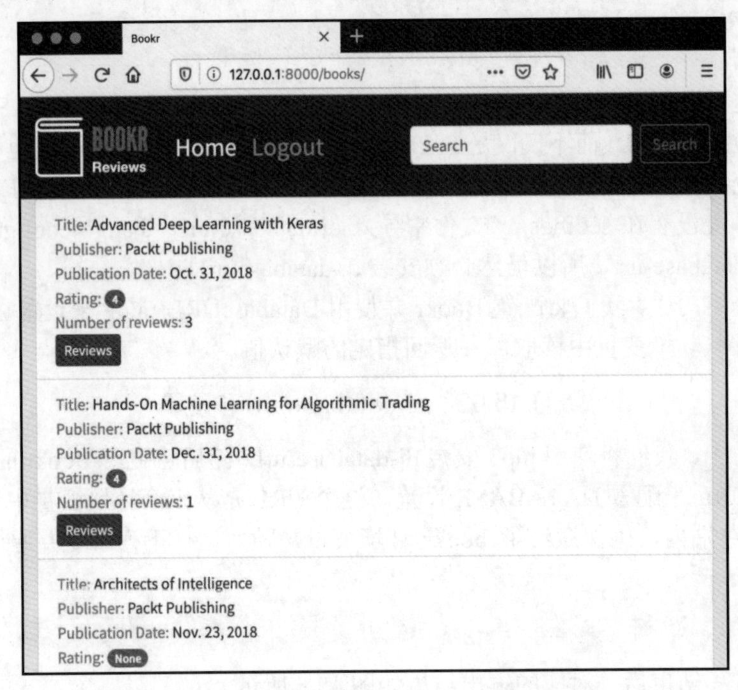

图 15.6　基于数据库查询的 Bookr 页面可正常工作

在本练习中，我们更新了 settings.py 文件，以根据环境变量中指定的 URL 确定其 DATABASES 设置。这里使用了 values.DatabaseURLValue 类自动读取值，并提供了一个默认 URL。此外，我们还将 environ_prefix 参数设置为 DJANGO，这样环境变量的名称就是 DJANGO_DATABASE_URL，并与其他设置保持一致。

稍后，我们将讨论 Django 调试工具栏，该应用程序可通过浏览器调试 Django 应用程序。

15.1.6　Django 调试工具栏

Django 调试工具栏是一个可以在浏览器中显示网页调试信息的应用，包括运行哪些 SQL 命令来生成页面、请求和响应头、渲染页面所需的时间等信息。其中：

- 页面加载时间过长——可能是运行了太多的数据库查询。对此，你可以查看相同的查询是否正在多次运行，在这种情况下，你可以考虑使用缓存机制，否则，通过向数据库添加索引可能会加快某些查询的速度。

- ❑ 想要确定页面返回错误信息的原因。其间，浏览器可能发送了非预期的头，或者 Django 的一些头是不正确的。
- ❑ 页面十分缓慢，因为它在非数据库代码中花费了大量的时间——可以对页面进行分析，查看哪些函数花费的时间最长。
- ❑ 页面看起来不正确。对此，你可以查看 Django 渲染了哪些模板。可能有一个第三方模板被意外地渲染。此外，你还可以检查所有正在使用的设置（包括没有设置的 Django 内置设置）。这有助于查明不正确的设置，以及导致页面行为不正确。

我们将解释如何使用 Django 调试工具栏来查看这些信息。在深入了解如何设置 Django 调试工具栏及其使用方式之前，让我们先快速浏览调试工具栏。工具栏显示在浏览器窗口的右侧，可以通过切换打开和关闭功能来显示信息，如图 15.7 所示。

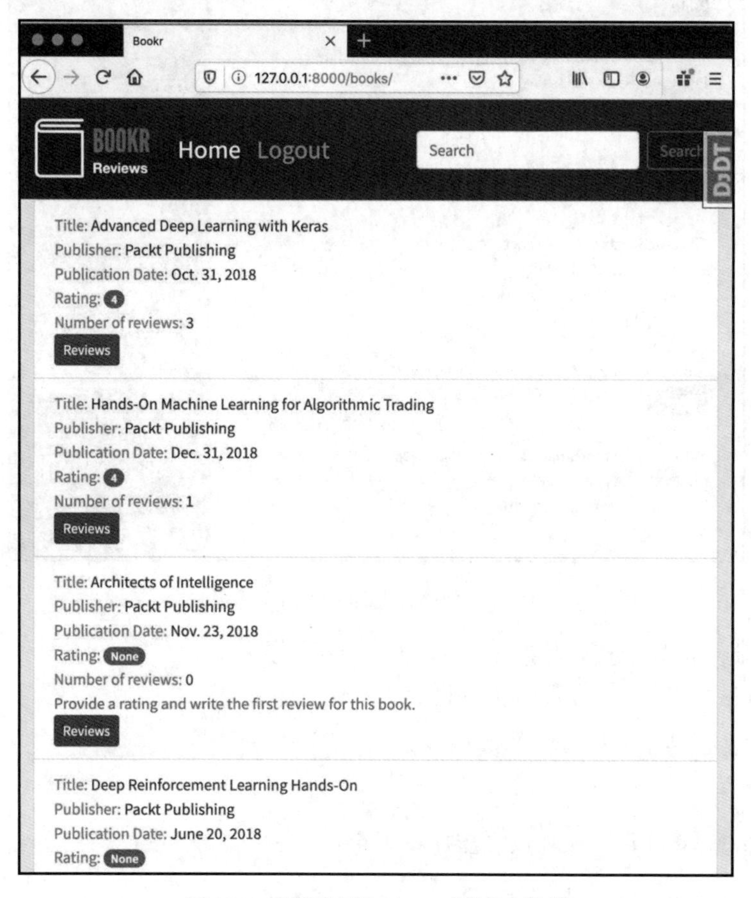

图 15.7　关闭时的 Django 调试工具栏

图 15.8 显示了出于关闭状态下的 Django 调试工具栏。请注意窗口右上角的切换栏。单击该工具栏并打开调试工具栏，如图 15.8 所示。

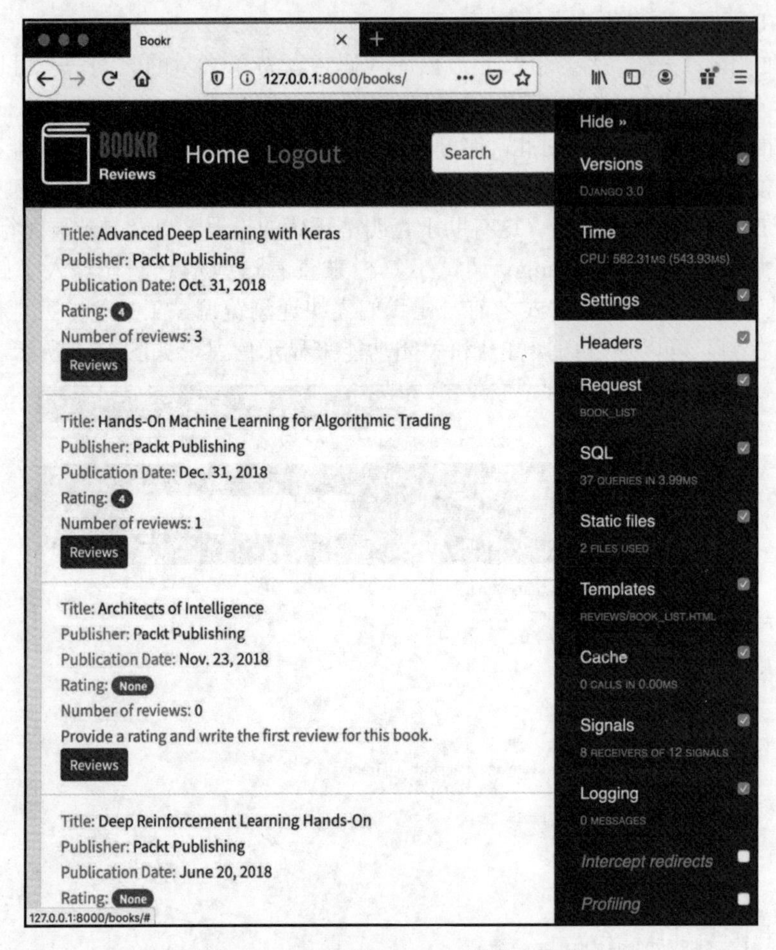

图 15.8　打开时的 Django 调试工具栏

图 15.8 显示了处于打开状态下的 Django 调试工具栏。

可使用 pip 安装 Django 调试工具栏。

```
pip3 install django-debug-toolbar
```

注意：

对于 Windows 用户，你可以在上述命令中使用 pip 而非 pip3。

设置 Django 调试工具栏需要几个步骤，主要是通过修改 settings.py 完成的。

（1）将 debug_toolbar 添加至 INSTALLED_APPS 设置列表中。

（2）将 debug_toolbar.middleware.DebugToolbarMiddleware 添加至 MIDDLEWARE 中间件列表中。对于 Bookr，它可以是该列表中的第一项。这是所有请求和响应都要经过的中间件。

（3）将'127.0.0.1'添加到 INTERNAL_IPS 设置列表中（该设置可能必须创建）。Django 调试工具栏只显示这里列出的 IP 地址。

（4）将 Django 调试工具栏的 URL 添加到基本的 urls.py 文件中，且仅在 DEBUG 模式下添加该映射。

```
path('__debug__/', include(debug_toolbar.urls))
```

在下一个练习中，我们将详细讨论这些步骤。

在 Django 调试工具栏安装并设置完毕后，所访问的任何页面都会显示 DjDT 侧栏（可以使用 DjDT 菜单打开或关闭 DjDT 侧栏）。当打开 DjDT 侧栏时，可以看到另一组内容，单击这些内容以获取更多信息。

其中，每一个面板旁边都有一个复选框，这允许你启用或禁用对应的指标的集合。注意，收集到的每个指标都会略微减慢页面加载速度（尽管并不明显）。如果发现某个指标集合很慢，则可以在这里关闭它。

（1）我们将详细查看每一个面板。其中，第一个面板是 Versions，显示 Django 正在运行的版本。此处可单击 Versions 查看一个较为详细的显示结果，其中还会显示 Python 的版本和 Django 调试工具栏，如图 15.9 所示。

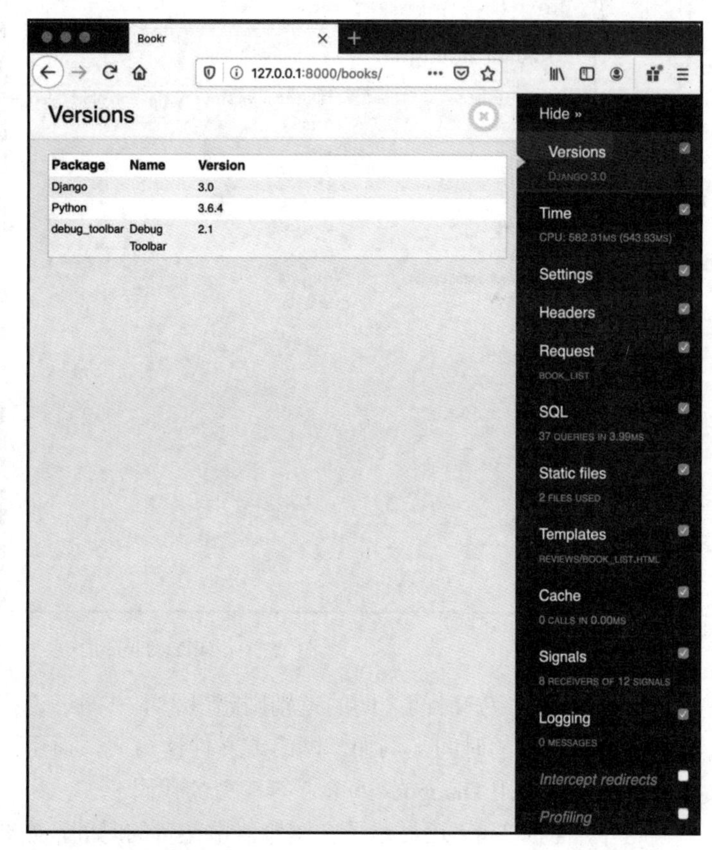

图 15.9　DjDT Versions 面板（为了简单起见，截屏被剪裁）

（2）第二个面板是 Time，它显示了处理请求所需的时间，并被分解为系统时间和用户时间，如图 15.10 所示。

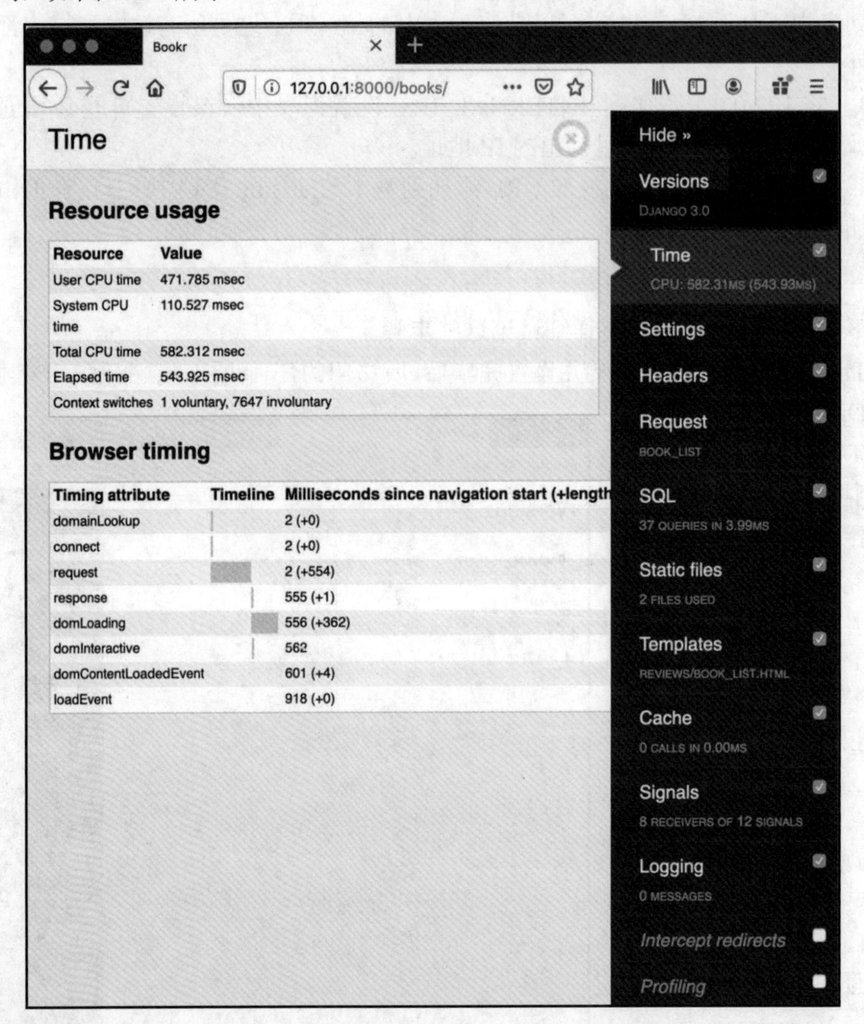

图 15.10　DjDT Time 面板

系统时间和用户时间之间的差别则超出了本书的讨论范围。但是基本上，系统时间是花费在内核上的时间（例如，网络或文件读写），而用户时间则是操作系统内核之外的代码（包括采用 Django、Python 等编写的代码）。

此外，面板 Time 还显示了在浏览器中花费的时间，如获取请求所花费的时间和渲染页面所花费的时间。

（3）第三个面板 Settings 显示了应用程序正在使用的所有设置，如图 15.11 所示。

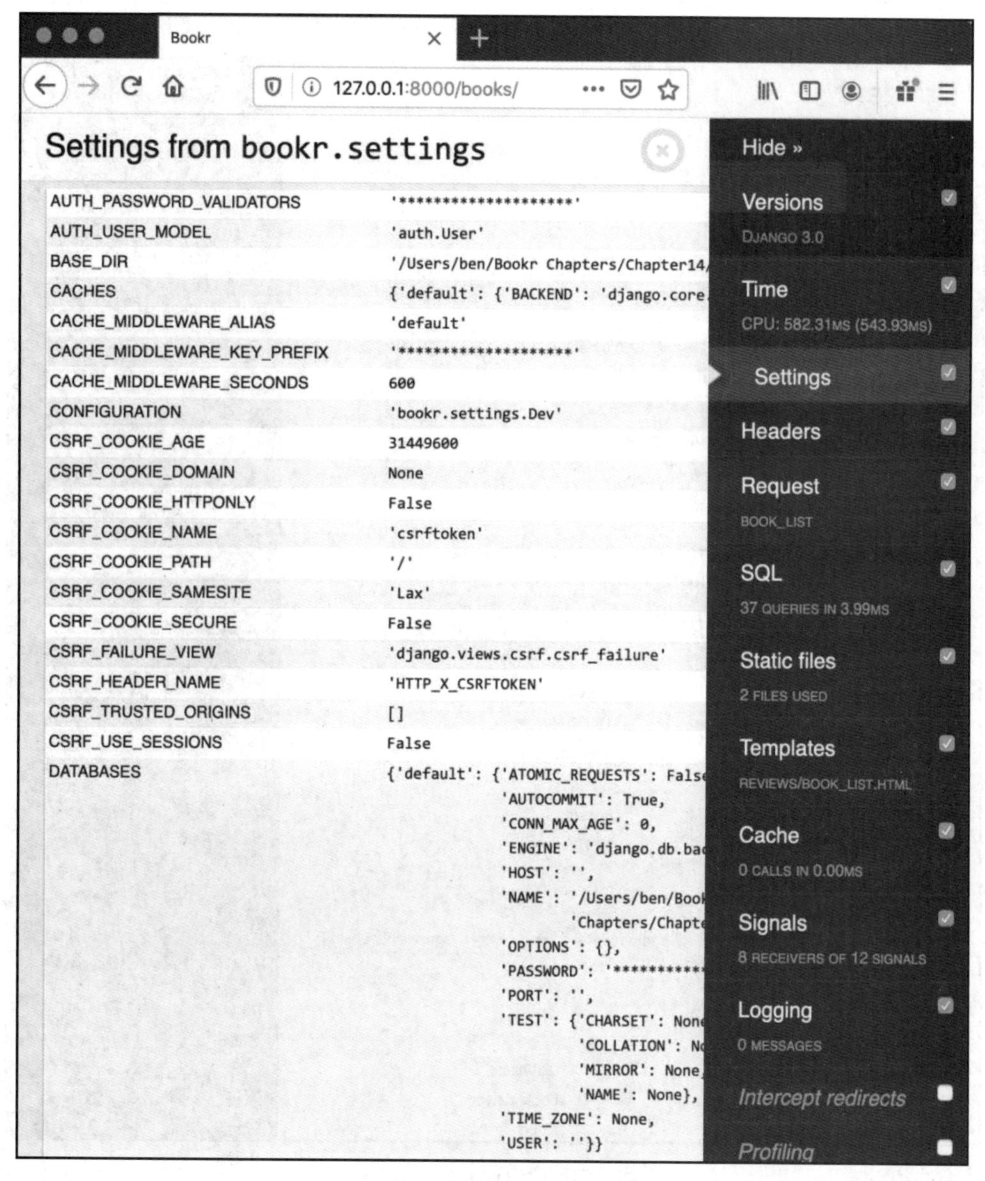

图 15.11　DjDT Settings 面板

（4）第 4 个面板是 Headers，如图 15.12 所示。它显示了浏览器发出的请求头，以及 Django 发送的响应头。

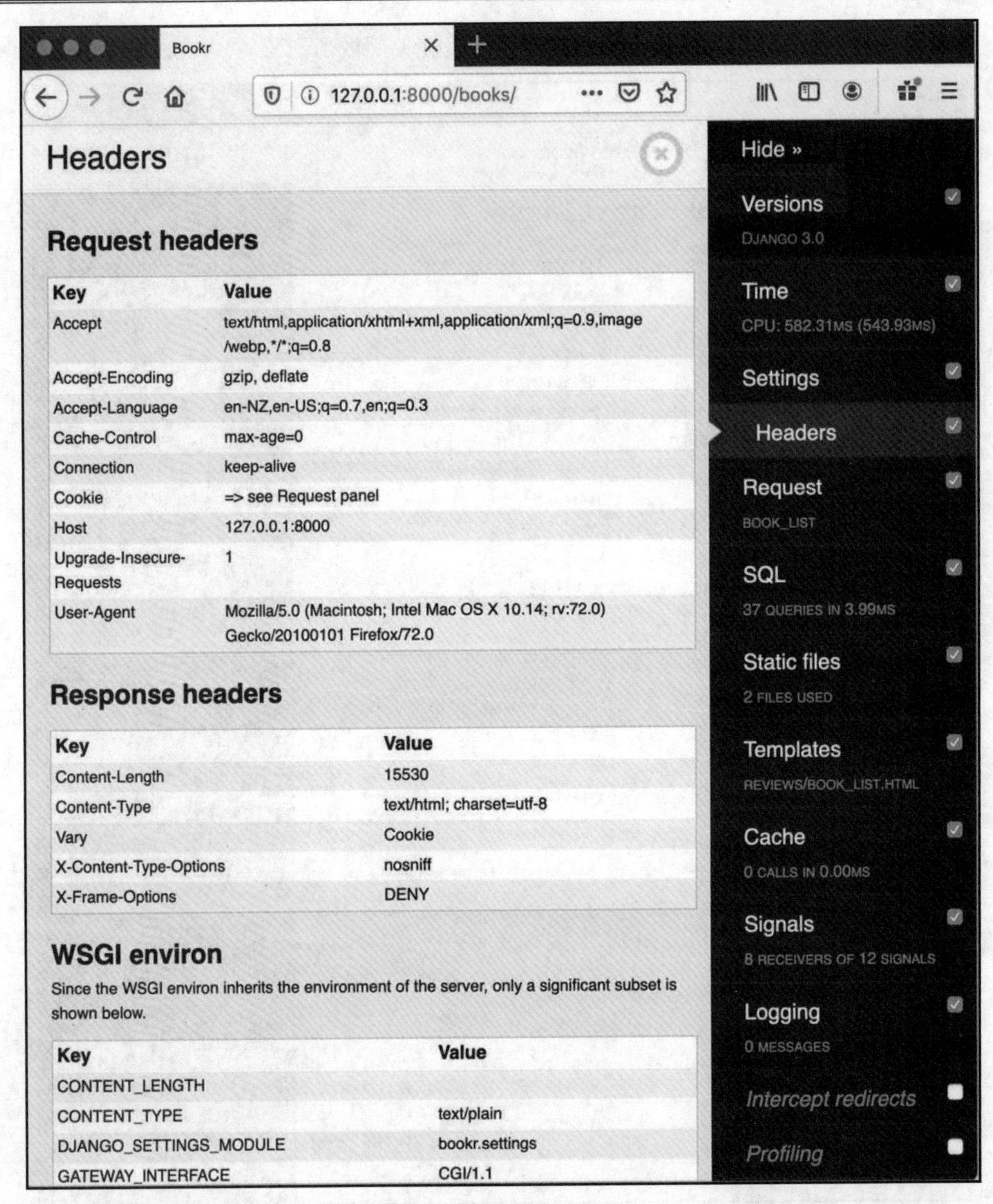

图 15.12　DjDT Headers 面板

（5）第 5 个面板 Request 显示了生成响应的视图，以及调用视图时使用的 args 和 kwargs，如图 15.13 所示。此外，你也可以在它的 URL 映射中看到 URL 的名称。

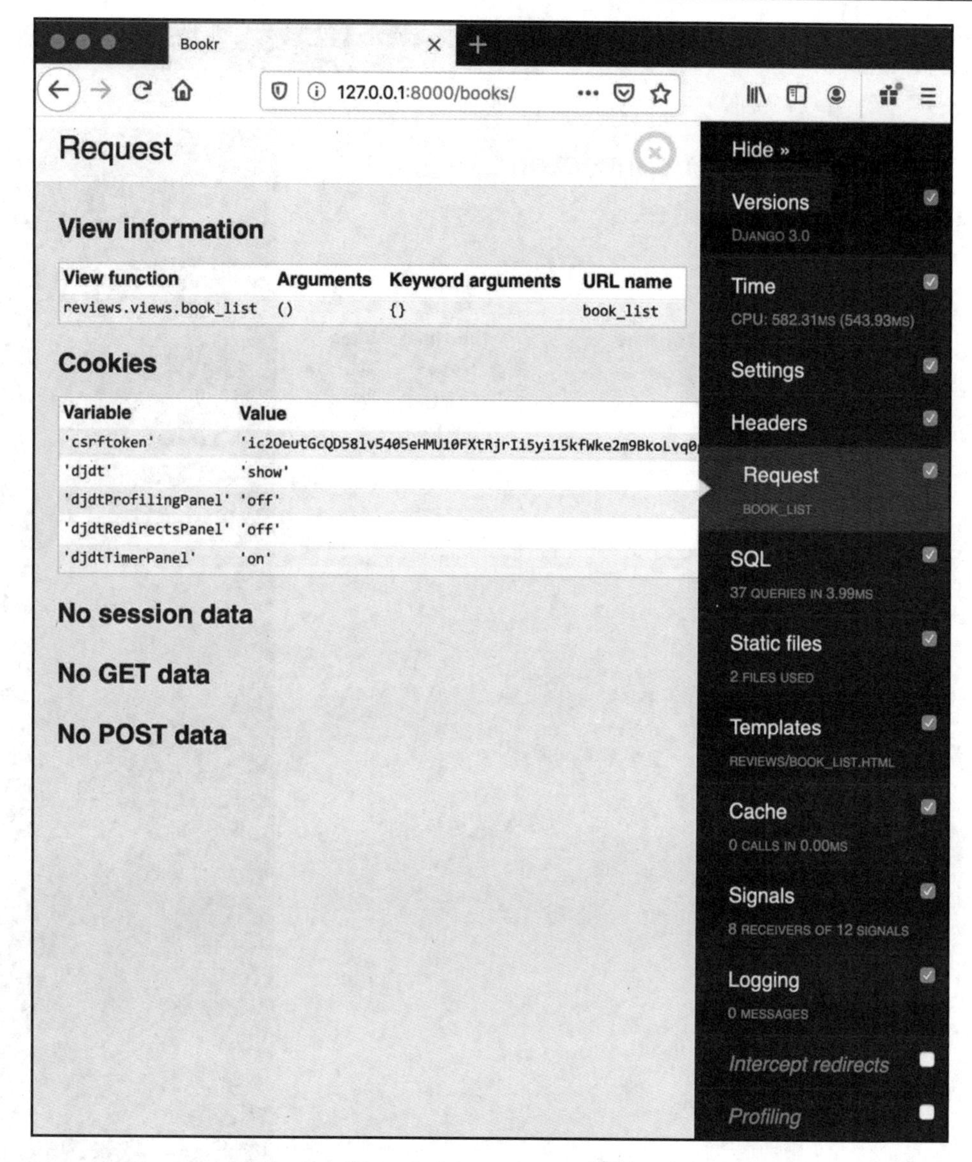

图 15.13　DjDT Request 面板

除此之外，面板 Request 还显示了请求的 cookie、存储于会话中的信息（参见第 8 章），以及 request.GET 和 request.POST 数据。

（6）第 6 个面板 SQL 显示了在构建响应时执行的所有 SQL 数据库查询，如图 15.14 所示。

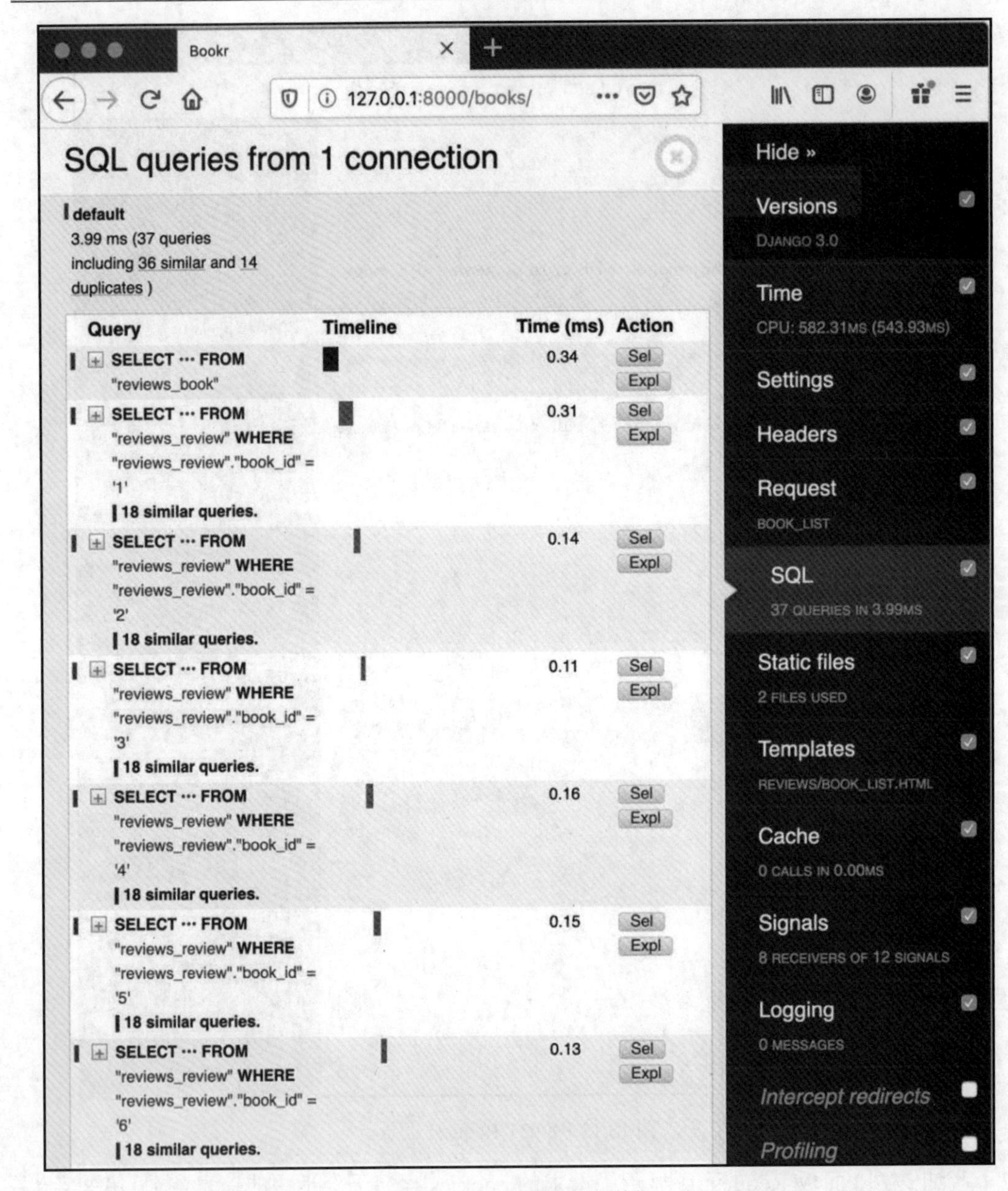

图 15.14　DjDT SQL 面板

其中，可以看到执行每个查询所需的时间以及执行的顺序。此外，面板 SQL 还标记了相似和重复的查询，以便可以重构代码以删除它们。

每个 SELECT 查询显示两个操作按钮，Sel（选择的缩写）和 Expl（解释的缩写）。这些都不会出现在 INSERT、UDPATE 或 DELETE 查询中。

Sel 按钮显示了执行的 SELECT 语句以及针对查询检索到的所有数据，如图 15.15 所示。

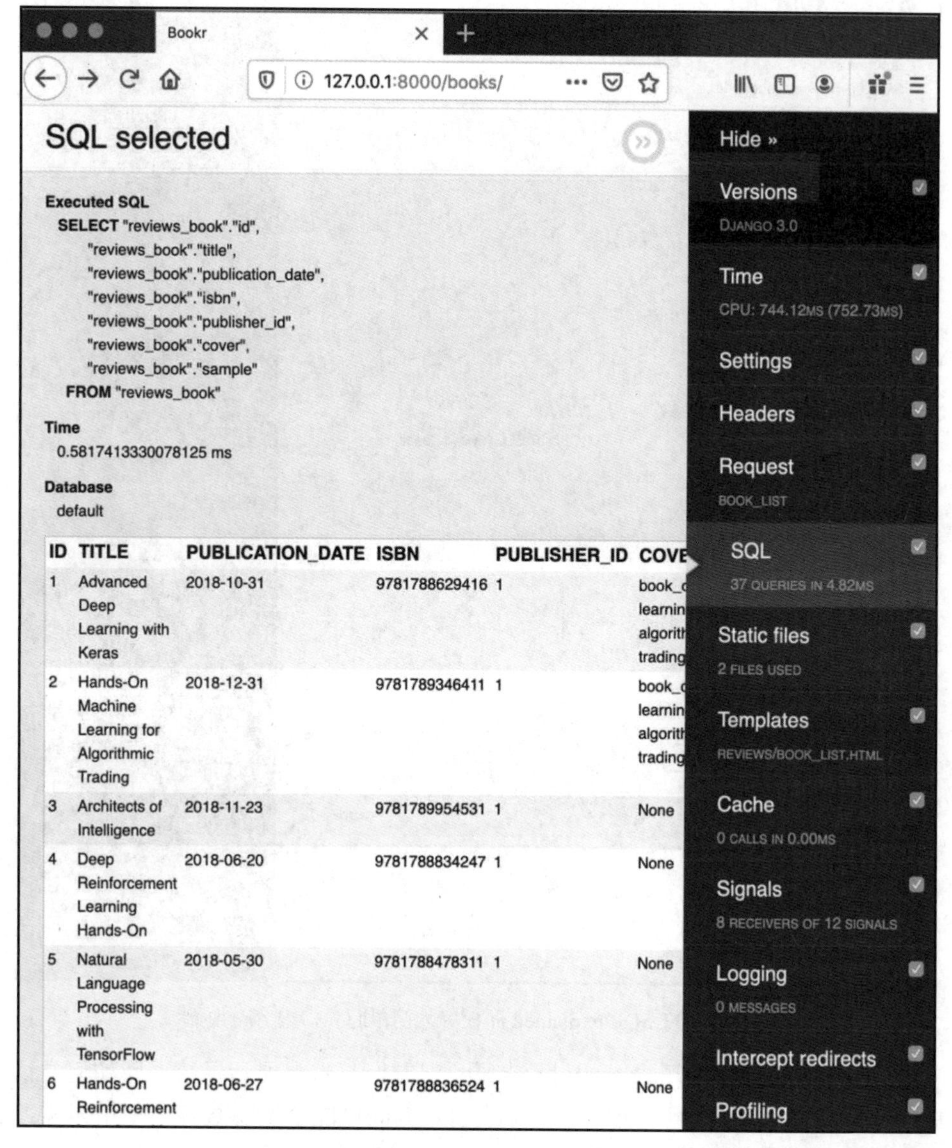

图 15.15　DjDT SQL Selected 面板

Expl 按钮显示了针对 SELECT 查询的 EXPLAIN 查询，如图 15.16 所示。

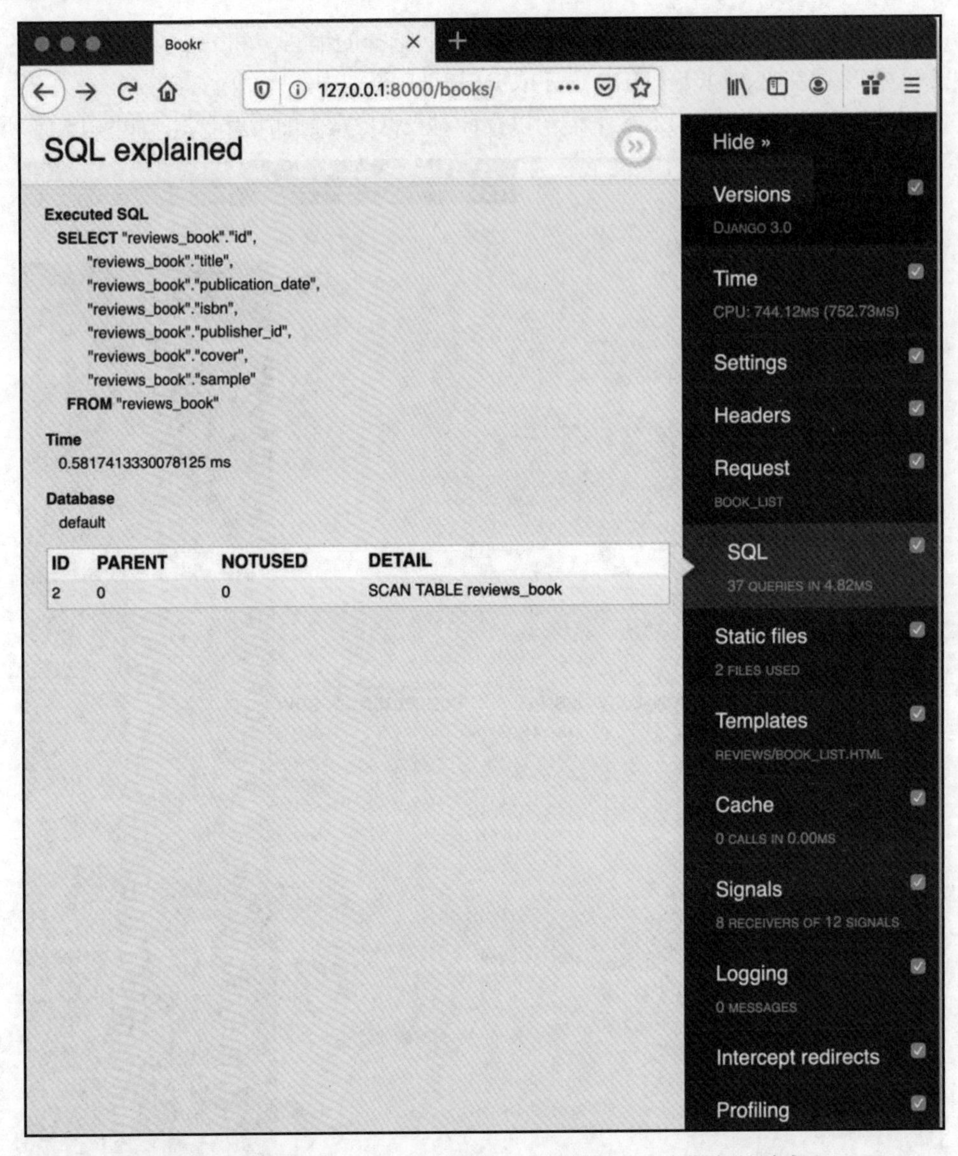

图 15.16　DjDT SQL explained 面板（为简单起见，内容有所删减）

EXPLAIN 查询则超出了本书的讨论范围，但它们基本上展示了数据库如何尝试执行 SELECT 查询，例如，使用了哪些数据库索引。其间可能会发现查询不使用索引，因此通过添加索引可以获得更快的性能。

（7）第 7 个面板是 Static files，它显示了在请求中加载了哪些静态文件，如图 15.17

所示。此外，它还显示了所有可用的静态文件以及如何加载这些文件（也就是说，哪个静态文件查找器找到了这些文件）。Static files 面板的信息类似于从 findstatic 管理命令中获得的信息。

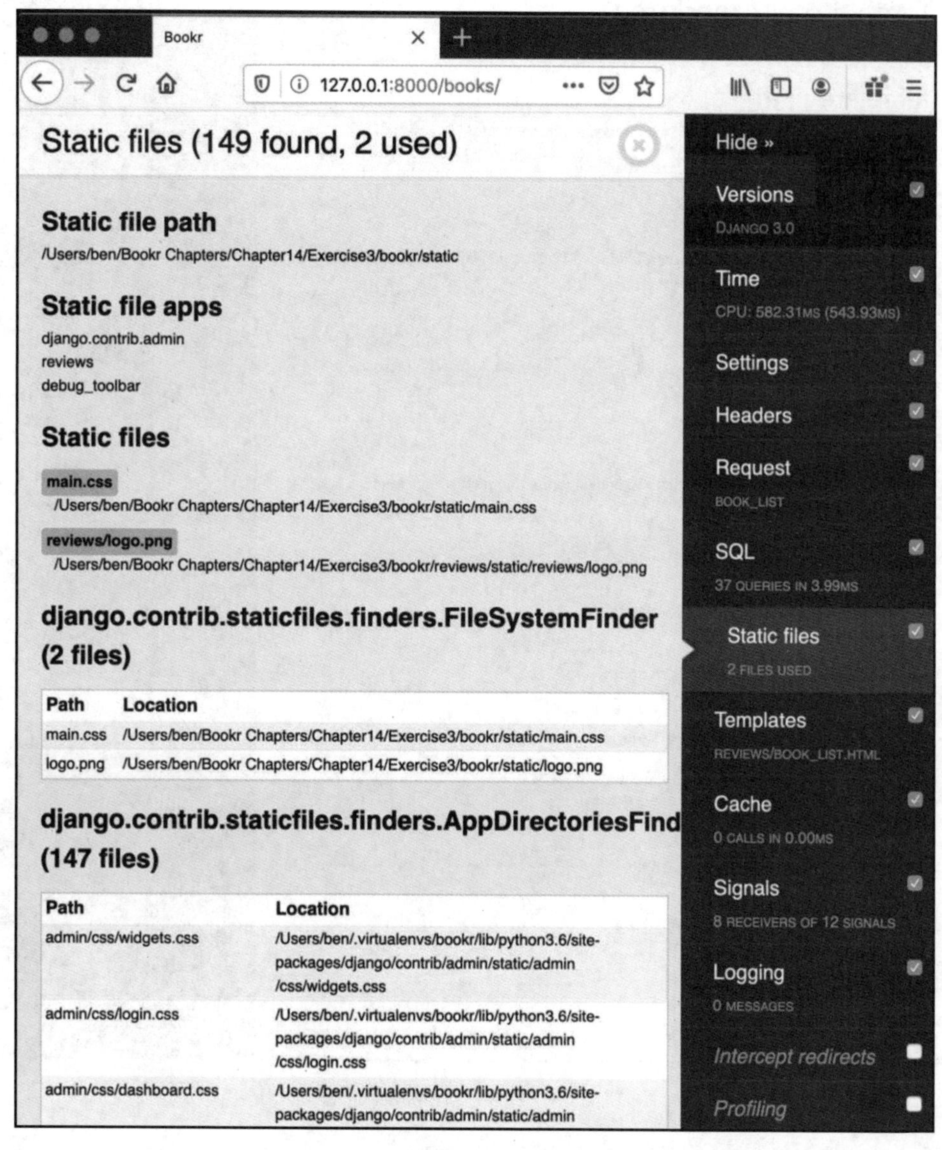

图 15.17　DjDT Static files 面板

（8）第 8 个面板 Templates 显示了与渲染模板相关的信息，如图 15.18 所示。

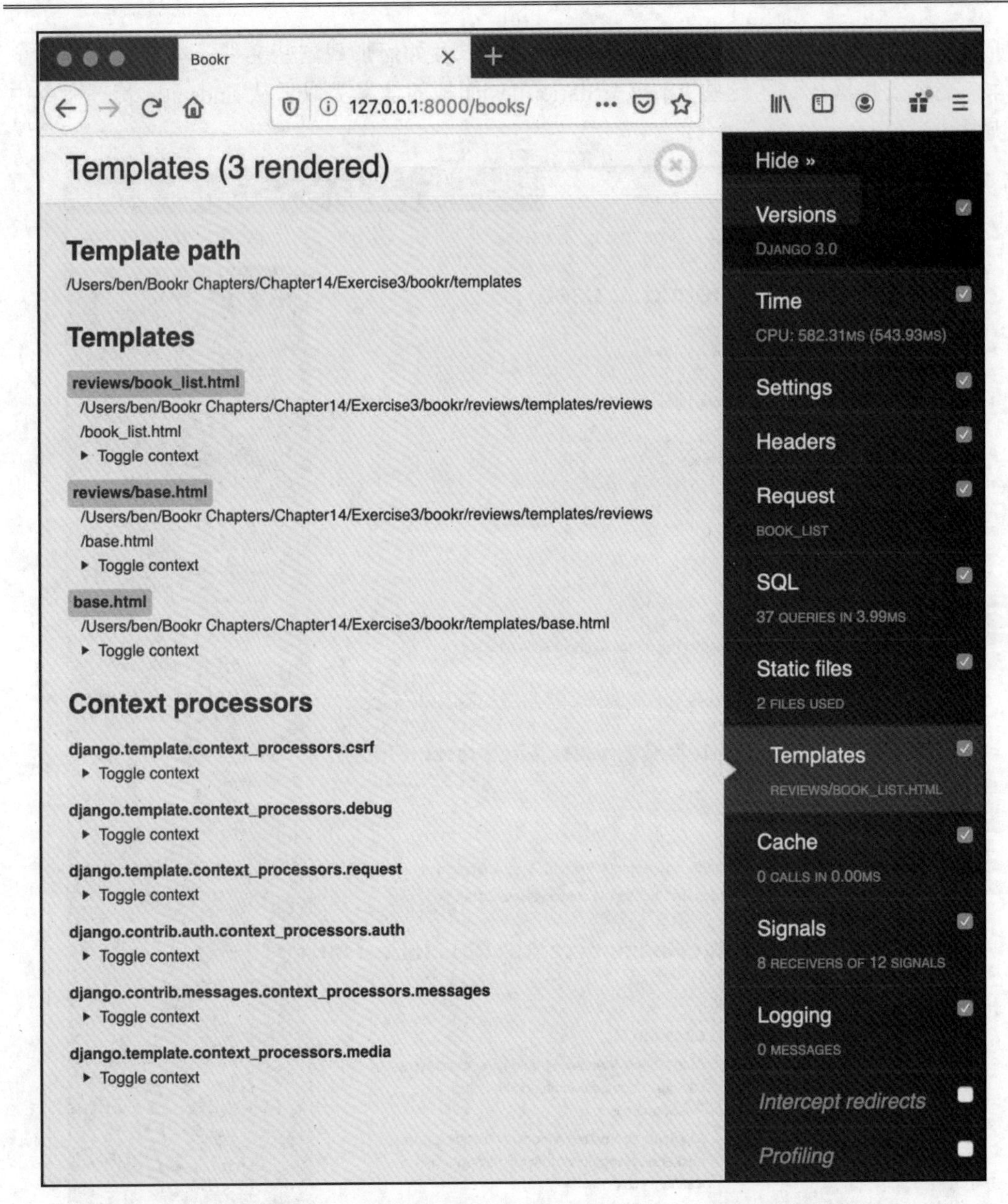

图 15.18　DjDT Templates 面板

Templates 面板显示了加载模板的路径和继承链。

（9）第 9 个面板 Cache 显示了从 Django 缓存中获取数据的信息，如图 15.19 所示。

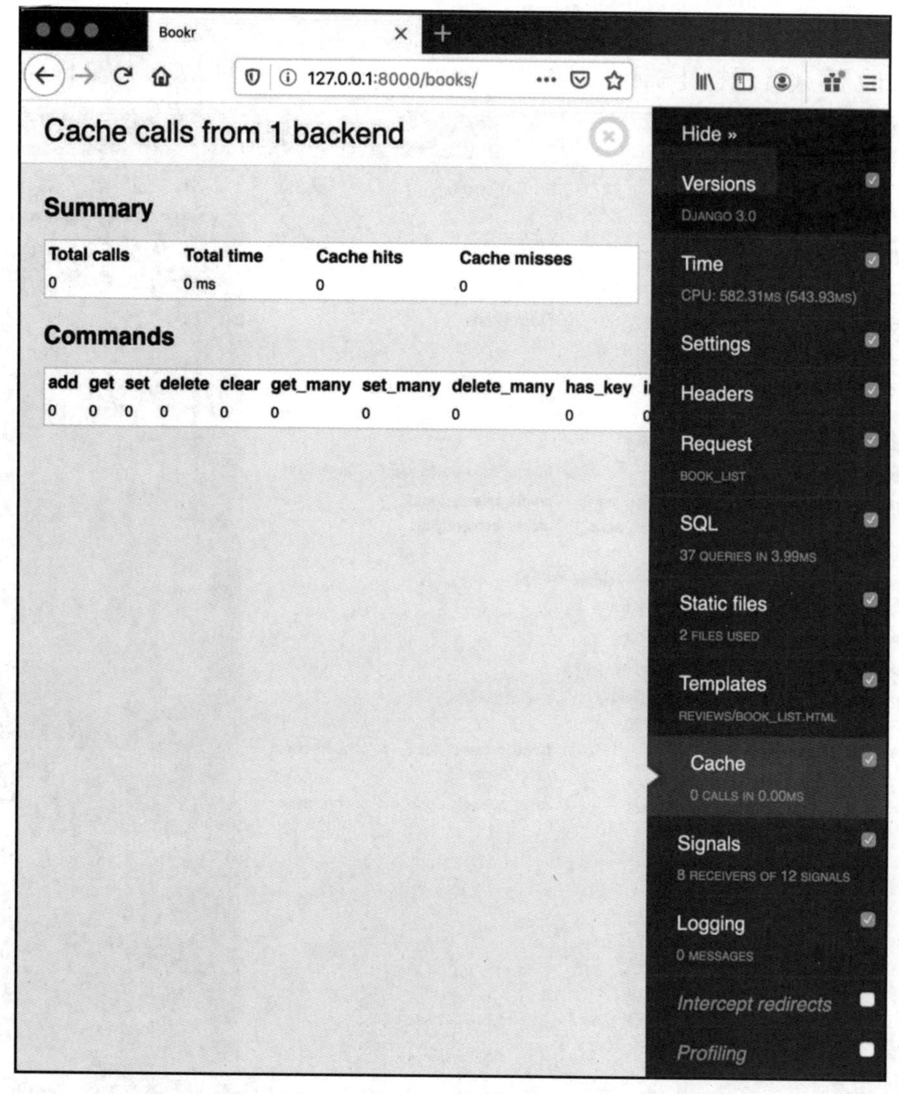

图 15.19　DjDT Cache 面板（为了简单起见，内容有所删减）

由于没有在 Bookr 中使用缓存，因此这一部分内容为空白。如果是这样，我们将能够看到对缓存发出了多少请求，以及这些请求中有多少成功地检索了条目。此外，我们还可以看到有多少项被添加到缓存中。这可以让我们了解是否有效地使用了缓存。如果向缓存中添加了很多项，但没有检索任何项，那么应该重新考虑要缓存哪些数据。相反，如果存在很多缓存缺失（这里，缺失是指请求的数据不在缓存中），那么应该缓存比现有数据更多的数据。

（10）第 10 个面板是 Signals，它显示了与 Django 信号相关的信息，如图 15.20 所示。

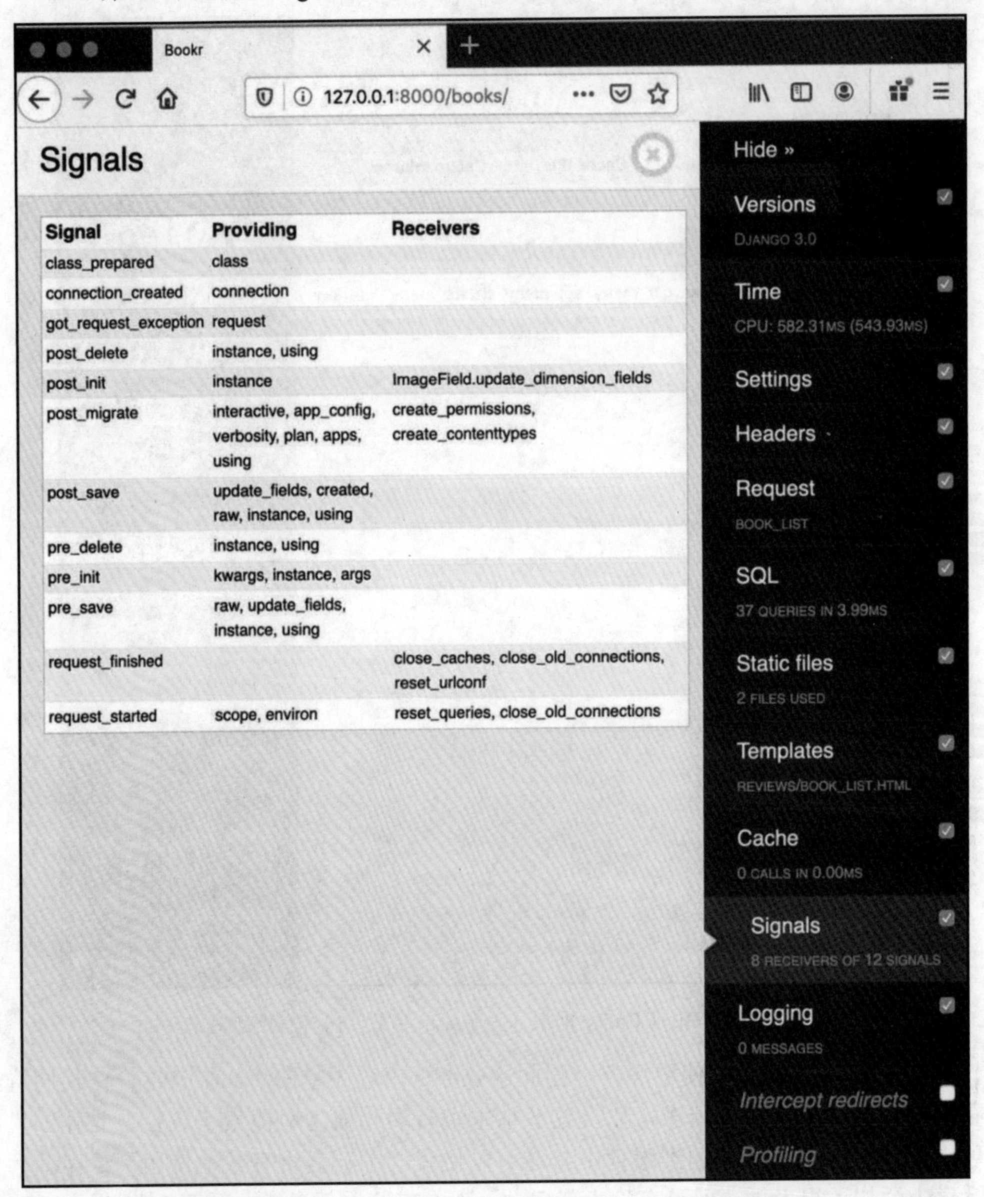

图 15.20　DjDT Signals 面板（为了简单起见，内容有所删减）

虽然本书中未涉及信号，但它们就像事件一样，当 Django 执行某些操作时，你可以“钩入”某些事件并执行函数。例如，如果创建了一个用户，则向其发送一封欢迎邮件。本节显示了哪些信号被发送，以及哪些函数接收了这些信号。

（11）第 11 个面板是 Logging，它显示了 Django 应用程序生成的日志消息，如图 15.21 所示。

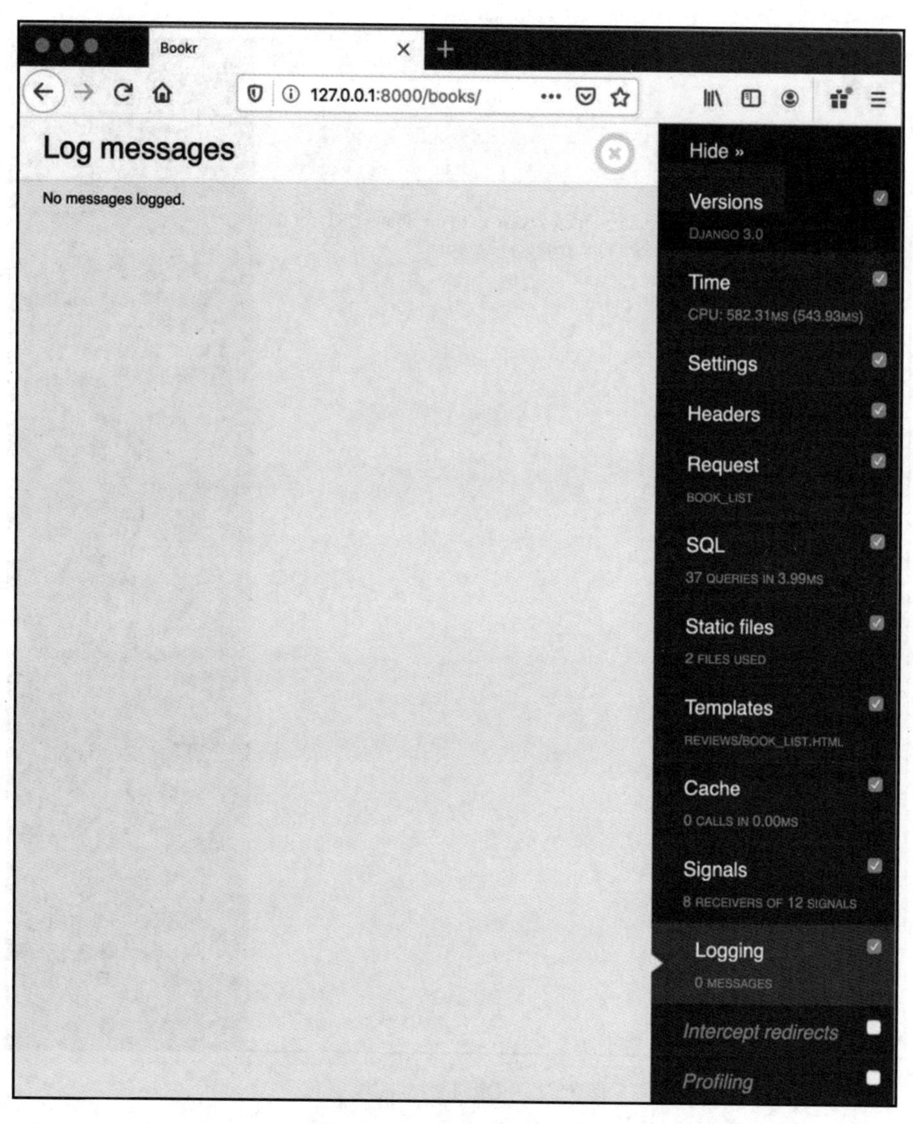

图 15.21　DjDT Logging 面板

由于请求中未生成日志消息，因此该模板为空。

下一个面板 Intercept redirects 并不涉及数据部分。相反，它允许切换重定向拦截。如果视图返回重定向，则不会遵循该重定向行为，取而代之的是如图 15.22 所示的页面。

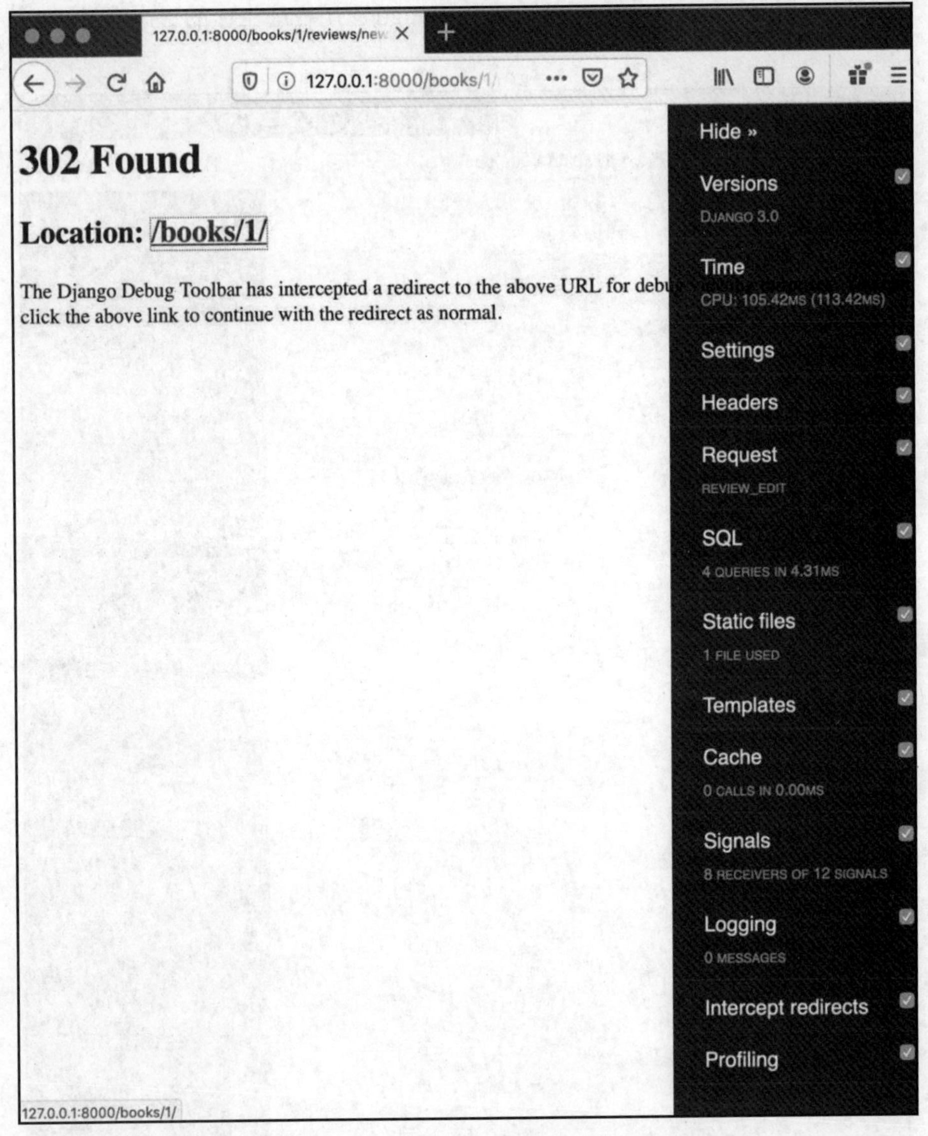

图 15.22　DjDT 拦截的重定向

（12）最后一个面板是 Profiling，在默认状态下该面板是关闭的，因为分析过程会大大降低响应速度。一旦该面板被打开，就必须刷新页面以生成概要信息，如图 15.23 所示。

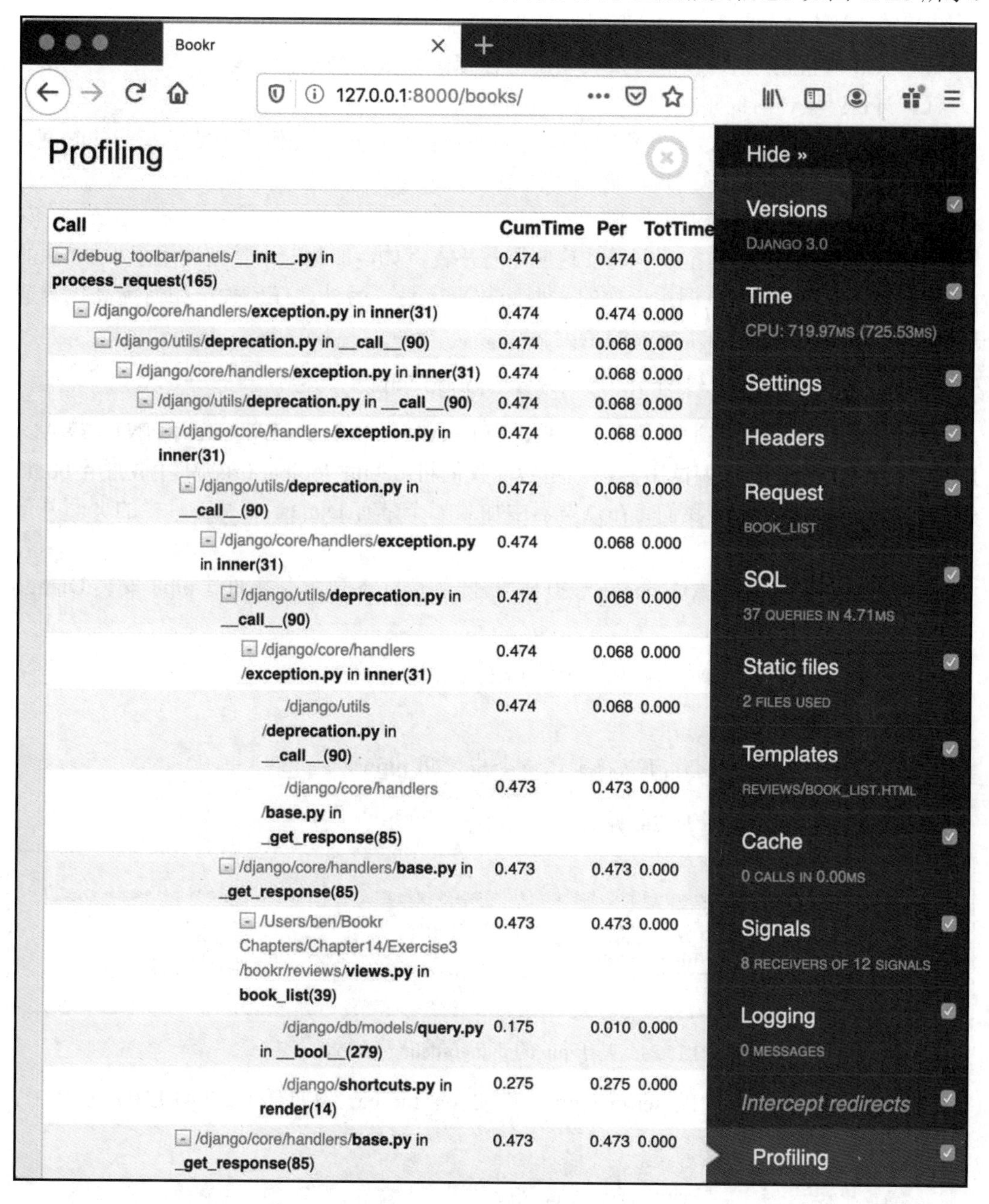

图 15.23　DjDT Profiling 面板

这里显示的信息是响应中每个函数调用所需时间的细分结果。页面的左侧显示了执行的所有调用的堆栈跟踪。右边是计时数据列，如下所示。

- CumTime：花费在函数及其调用的任何子函数上的累计时间。
- Per：累计时间除以调用次数（count）。
- TotTime：在函数中花费的时间，而不是在它调用的任何子函数中花费的时间。
- Per（每秒）：总时间除以调用次数。
- Calls：该函数的调用次数。

这些信息可以帮助确定在哪里加速应用程序。例如，加速一个某处调用了 1000 次的函数可能比优化一个只被调用一次的大型函数更容易。另外，任何关于如何提高代码速度的更深入的技巧都超出了本书的范围。

练习 15.03　设置 Django 调试工具栏

在本练习中，我们将通过调整 INSTALLED_APPS、MIDDLEWARE 和 INTERNAL_IPS 设置来添加 Django 调试工具栏。随后，我们将 debug_toolbar.urls 映射添加至 bookr 包的 urls.py 中。接下来，我们将在浏览器中加载一个带有 Django 调试工具栏的页面并使用该页面。

（1）在终端中，确保激活 bookr 虚拟环境，随后运行下列命令并通过 pip3 安装 Django 调试工具栏。

```
pip3 install django-debug-toolbar
```

注意：

对于 Windows 用户，你可以在上述命令中使用 pip 而非 pip3。

对应的输出结果如图 15.24 所示。

```
(bookr) → bookr pip3 install django-debug-toolbar
Collecting django-debug-toolbar
  Downloading https://files.pythonhosted.org/packages/14/92/d923c1df1f927d5395438eb2dc0cab41084009fcaae13b4974eca1d821b2/django_debug_toolbar-2.1-py3-none-any.whl (198kB)
    |████████████████████████████████| 204kB 1.6MB/s
Requirement already satisfied: sqlparse>=0.2.0 in /Users/ben/.virtualenvs/bookr/lib/python3.6/site-packages (from django-debug-toolbar) (0.3.0)
Requirement already satisfied: Django>=1.11 in /Users/ben/.virtualenvs/bookr/lib/python3.6/site-packages (from django-debug-toolbar) (3.0)
Requirement already satisfied: asgiref~=3.2 in /Users/ben/.virtualenvs/bookr/lib/python3.6/site-packages (from Django>=1.11->django-debug-toolbar) (3.2.2)
Requirement already satisfied: pytz in /Users/ben/.virtualenvs/bookr/lib/python3.6/site-packages (from Django>=1.11->django-debug-toolbar) (2019.2)
Installing collected packages: django-debug-toolbar
Successfully installed django-debug-toolbar-2.1
```

图 15.24　基于 pip 的 django-debug-toolbar 安装

打开 bookr 包目录中的 settings.py，将 debug_toolbar 添加至 INSTALLED_APPS 设置中。

```
INSTALLED_APPS = […\
                  'debug_toolbar']
```

这使得 Django 可找到 Django 调试工具栏的静态文件。

（2）将 debug_toolbar.middleware.DebugToolbarMiddleware（作为第一项内容）添加至 MIDDLEWARE 设置中。

```
MIDDLEWARE = ['debug_toolbar.middleware.DebugToolbarMiddleware',\
              …]
```

这将通过 DebugToolbarMiddleware 路由请求和响应，允许 Django 调试工具栏检查请求并将其 HTML 插入响应中。

（3）最后要添加的设置是将地址 127.0.0.1 添加到 INTERNAL_IPS 中。此时，我们还未定义 INTERNAL_IPS 设置，所以添加以下设置。

```
INTERNAL_IPS = ['127.0.0.1']
```

这将使 Django 调试工具栏只显示在开发人员的计算机上。随后保存 settings.py 文件。

（4）添加 Django 调试工具栏的 URL。打开 bookr 包目录中的 urls.py，其中的 if 条件用于检查 DEBUG 模式，随后添加媒体 URL，如下所示。

```
if settings.DEBUG:
    urlpatterns += static(settings.MEDIA_URL,\
                          document_root=settings.MEDIA_ROOT)
```

此外，我们还将在 if 语句中添加 debug_toolbar.urls 的 include，但是我们将把它添加到 urlpatterns 的开头，而不是把它附加到结尾。在 if 语句中添加以下代码。

```
import debug_toolbar

urlpatterns = [path\
               ('__debug__/',\
               include(debug_toolbar.urls)),] + urlpatterns
```

保存 urls.py 文件。

（5）启动 Django 开发服务器，并导航至 http://127.0.0.1:8000。随后应可看到 Django 调试工具栏处于开启状态，否则，单击右上方的 DjDT 切换按钮并打开 Django 调试工具栏，如图 15.25 所示。

图 15.25　DjDT 的切换按钮

（6）尝试浏览一些面板，访问不同的页面并查看相关信息。随后尝试打开拦截重定向，然后创建一个新的书评。提交表单后，应该看到被拦截的页面，而不是被重定向到新的评论处，如图 15.26 所示。

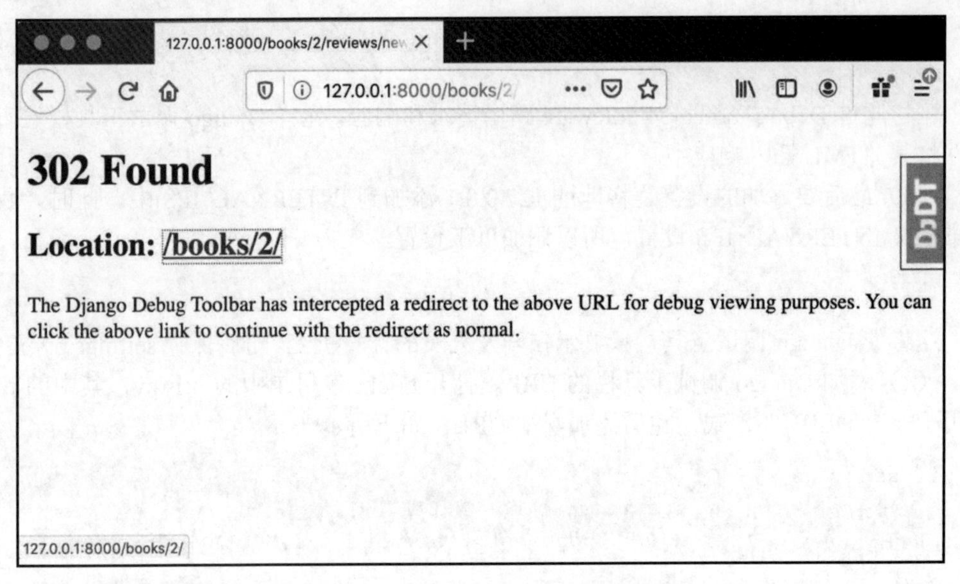

图 15.26　提交新评论后的重定向拦截页面

随后可以单击 Location 链接，并进入它被重定向到的页面。

（7）此外，你还可以尝试打开 Profiling 面板，并查看哪些函数被频繁调用，哪些函数占用了大部分渲染时间。

（8）一旦完成了 Django 调试工具栏的测试，你就可以关闭 Intercept redirects 和 Profiling 面板。

在本练习中，我们通过添加设置和 URL 映射来安装并设置了 Django 调试工具栏。随后，我们查看了 Django 调试工具栏的实际应用，并考查了可提供的相关信息，包括如何使用重定向和查看分析信息。

稍后，我们将介绍 django-crisp-forms 应用程序，它将减少编写表单所需的代码量。

15.2　django-crispy-forms

在 Bookr 中，我们使用的是 Bootstrap CSS 框架，并提供了可以使用 CSS 类的应用于表单的样式。由于 Django 是独立于 Bootstrap 的，所以当使用 Django 表单时，它甚至不知道我们正在使用 Bootstrap，因此也不知道应用哪些类到表单微件中。

django-crisp-forms 作为 Django Forms 和 Bootstrap Forms 之间的中介，可以使用正确的 Bootstrap 元素和类来渲染 Django 表单。django-crisp-forms 不仅支持 Bootstrap，还支持其他框架，如 Uni-Form 和 Foundation（尽管 Foundation 支持必须通过一个单独的包 crisp-forms-foundation 进行添加）。

django-crispy-forms 的安装和设置十分简单。同样，它是用 pip3 安装的。

```
pip3 install django-crispy-forms
```

注意：

对于 Windows 用户，你可以在上述命令中使用 pip 而非 pip3。

接下来就是几个设置上的改变。首先，将 crispy_forms 添加到 INSTALLED_APPS 中。然后，需要告诉 django-crispy-forms 正在使用哪个框架，以便加载正确的模板。这可以通过 CRISPY_TEMPLATE_PACK 设置来完成。在当前情况下，它应该被设置为 bootstrap4。

```
CRISPY_TEMPLATE_PACK = 'bootstrap4'
```

django-crispy-forms 有两种主要的操作模式，即过滤器或模板标签。过滤器更容易被置入现有模板中。模板标签允许更多的配置选项，并将更多的 HTML 生成移到 Form 类中。我们将按顺序查看这两种模式。

15.2.1　crispy 过滤器

使用 django-crispy-forms 渲染表单的第一种方法是使用 crispy 模板。首先，必须在模板中加载过滤器，库名称是 crispy_forms_tags。

```
{% load crispy_forms_tags %}
```

然后，不要再使用 as_p 方法（或其他方法）来渲染表单，而应该使用 crispy 过滤器。考虑以下代码行。

```
{{ form.as_p }}
```

将其替换为下列代码行。

```
{{ form|crispy }}
```

这里显示了 Review Create 表单的前后变化对比。除了表单渲染，HTML 的其余部分都没有更改。图 15.27 显示了标准的 Django 表单。

图 15.28 显示了 django-crispy-forms 添加了 Bootstrap 类之后的 django-crispy-forms。

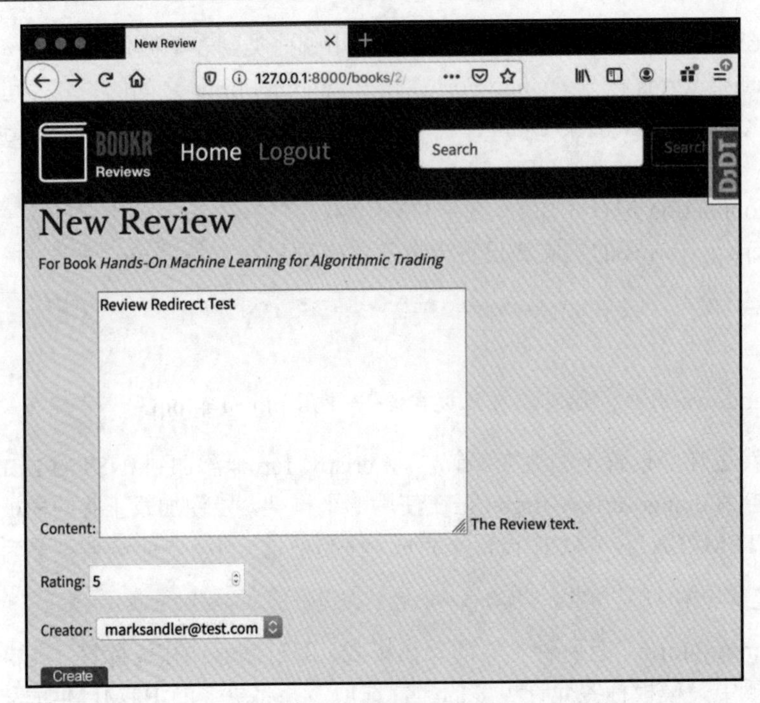

图 15.27　基于默认样式的 Review Create 表单

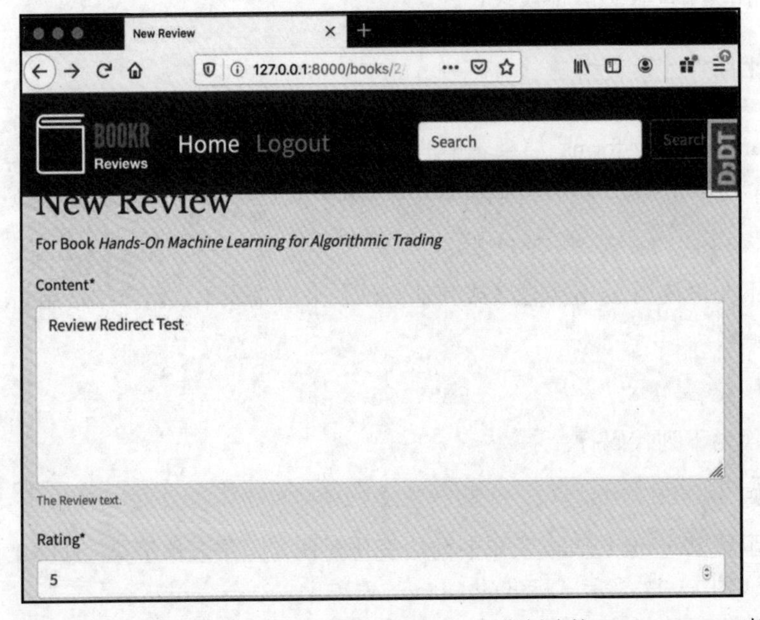

图 15.28　使用 django-crispy-forms 添加的 Bootstrap 类创建的 Review Create 表单

在将 django-crisp-forms 集成到 Bookr 中时，我们不会使用这种方法。但是，考虑到将其置入现有模板中十分简单，因而该方法值得了解。

15.2.2　crispy 模板标签

另一种使用 django-crispy-forms 渲染表单的方法是使用 crispy 模板标签。要使用它，必须首先将 crispy_forms_tags 库加载到模板中（就像我们在上一节中所做的那样）。然后，表单被渲染为如下所示。

```
{% crispy form %}
```

这与 crispy 过滤器有何不同？crispy 模板标签也会渲染<form>元素和{% csrf_token %}模板标签。因此，考查下列应用示例。

```
<form method="post">
   {% csrf_token %}
   {% crispy form %}
</form>
```

对应的输出结果如下。

```
<form method="post" >
<input type="hidden" name="csrfmiddlewaretoken" value="…">
<form method="post">
<input type="hidden" name="csrfmiddlewaretoken" value="…">
   … form fields …
</form>
</form>
```

也就是说，表单和 CSRF 令牌字段是重复的。为了定制生成的<form>元素，django-crispy-forms 提供了一个 FormHelper 类，该类可以被设置为 Form 实例的 helper 属性。crispy 模板标签使用 FormHelper 实例来确定<form>应该具有哪些属性。

下面考查添加了 FormHelper 的 ExampleForm。首先导入所需的模块。

```
from django import forms
from crispy_forms.helper import FormHelper
```

接下来定义一个表单。

```
class ExampleForm(forms.Form):
example_field = forms.CharField()
```

我们可以实例化一个 FormHelper 实例，然后将其设置为 form.helper 属性（例如，在视图中），但通常在表单的__init__方法中创建并分配 FormHelper 更有用。当前，我们还没有使用__init__方法创建表单，但它与其他 Python 类没有什么不同。

```
def __init__(self, *args, **kwargs):
    super().__init__(*args, **kwargs)
```

接下来设置 helper 并针对 helper 设置 form_method（随后它被渲染在表单 HTML 中）。

```
self.helper = FormHelper()
self.helper.form_method = 'post'
```

其他属性可以在 helper 上设置，如 form_action、form_id 和 form_class。不过我们不需要在 Bookr 中使用这些属性，也不需要在表单或其 helper 上手动设置 enctype，因为如果表单包含文件上传字段，crispy 表单标签会自动将其设置为 multipart/form-data。

如果现在尝试渲染表单，那么将无法提交它，因为尚不存在提交按钮（记住，我们手动添加了提交按钮到表单中，它们不是 Django 表单的一部分）。django-crispy-forms 还包括可以添加到表单中的布局 helper，这些布局 helper 将在其他字段之后进行渲染。相应地，可以像这样添加一个提交按钮——首先，导入 Submit 类。

```
from crispy_forms.layout import Submit
```

注意：

django-crispy-forms 不支持使用<button>按钮来提交表单。但对于我们的目的而言，使用<input type="submit">与按钮提交表单在功能上是相同的。

随后实例化 Submit 并将其添加至 helper 的输入中，如下所示。

```
self.helper.add_input(Submit("submit", "Submit"))
```

其中，Submit 构造函数的第一个参数是其名称，第二个参数则是其标记。

django-crispy-forms 知道正在使用 Bootstrap，并利用 btn btn-primary 类自动渲染按钮。

使用 crispy 模板标签和 FormHelper 的好处是，这意味着只有一个地方可以定义表单的属性和行为。我们已经在 Form 类中定义了所有的表单字段，这允许在相同的位置定义表单的其他属性。我们可以在这里轻松地将表单从 GET 提交更改为 POST 提交。然后，FormHelper 实例将自动知道它需要在渲染时向其 HTML 输出添加 CSRF 令牌。

我们将在下一个练习中实践这些内容，其中将安装 django-crispy-forms，随后更新 SearchForm 以利用表单 helper，接下来使用 crispy 模板标签进行渲染。

练习 15.04　使用基于 SearchForm 的 django-crispy-forms

在本练习中，我们将安装 django-crispy-forms，并将 SearchForm 转换为与 crispy 模板

标签一起使用。这将通过添加__init__方法并在其中构建一个 FormHelper 实例来完成。

（1）在终端中，确保已经激活了 bookr 虚拟环境。随后运行下列命令并通过 pip3 安装 django-crispy-forms。

```
pip3 install django-crispy-forms
```

注意：

Windows 用户可在上述命令中使用 pip 而非 pip3。

对应的输出结果如图 15.29 所示。

```
(bookr) → bookr pip3 install django-crispy-forms
Collecting django-crispy-forms
  Using cached https://files.pythonhosted.org/packages/6e/27/9d6eef25ee96060b20a8df3cc6f6e5f98492900fada0b736767daf6f8f1c/django_crispy_forms-1.8.1-py2.py3-none-any.whl
Installing collected packages: django-crispy-forms
Successfully installed django-crispy-forms-1.8.1
```

图 15.29 基于 pip 的 django-crispy-forms 安装

打开 bookr 包目录中的 settings.py 文件，并将 crispy_forms 添加至 INSTALLED_APPS 设置中。

```
INSTALLED_APPS = […\
                  'reviews',\
                  'debug_toolbar',\
                  'crispy_forms'\]
```

这将允许 Django 找到所需的模板。

（2）在 settings.py 文件中，为 CRISPY_TEMPLATE_PACK 添加一个新设置——其值应该是 bootstrap4。这应该作为 Dev 类的属性添加。

```
CRISPY_TEMPLATE_PACK = 'bootstrap4'
```

这让 django-crispy-forms 知道在渲染表单时应该使用为 bootstrap 4 设计的模板。随后可保存并关闭 settings.py 文件。

（3）打开 reviews 应用程序的 forms.py 文件。首先需要向该文件中添加两个导入语句，即来自 crispy_forms.helper 的 FormHelper，以及来自 crispy_forms.layout 的 Submit。

```
from crispy_forms.helper import FormHelper
from crispy_forms.layout import Submit
```

（4）为 SearchForm 添加一个__init__方法。该方法应接收*args 和**kwargs 作为参数，然后使用它们来调用超类的__init__方法。

```
class SearchForm(forms.Form):
…
```

```
    def __init__(self, *args, **kwargs):
        super().__init__(*args, **kwargs)
```

这将简单地传递提供给超类构造函数的任何参数。

（5）在__init__方法中，将 self.helper 设置为 FormHelper 实例。然后将 helper 的 form_method 设置为 get。最后，创建一个 Submit 类的实例，传入一个空字符串作为名称（第一个参数），并传入 Search 作为按钮标签（第二个参数）。随后使用 add_input 方法将其添加到 helper 中。

```
self.helper = FormHelper()
self.helper.form_method = "get"
self.helper.add_input(Submit("", "Search"))
```

接下来保存并关闭 forms.py 文件。

（6）在 reviews 应用程序的 templates 目录中，打开 search-results.html。在该文件的开始处以及 extends 模板标签之后，使用 load 模板标签添加 crispy_forms_tags。

```
{% load crispy_forms_tags %}
```

（7）在模板中定位现有的<form>，如下所示。

```
<form>
    {{ form.as_p }}
<button type="submit" class="btn btn-primary">Search</button>
</form>
```

我们可以删除已输入的<form>元素并将其替换为 crispy 模板标签。

```
{% crispy form %}
```

这将使用 django-crispy-forms 库渲染表单，包括<form>元素和提交按钮。在修改后，模板部分如图 15.30 所示。

```
{% block content %}
<h2>Search for Books</h2>
{% crispy form %}
{% if form.is_valid and search_text %}
<h3>Search Results for <em>{{ search_text }}</em></h3>
```

图 15.30　使用 crispy 表单渲染器替换<form>后的 search-results.html

随后保存 search-results.html 文件。

（8）启动 Django 开发服务器，并访问 http://127.0.0.1:8000/book-search/。图书的搜索表单如图 15.31 所示。

这里，应能够以之前的方式使用表单，如图 15.32 所示。

图 15.31　利用 django-crispy-forms 渲染的图书搜索表单

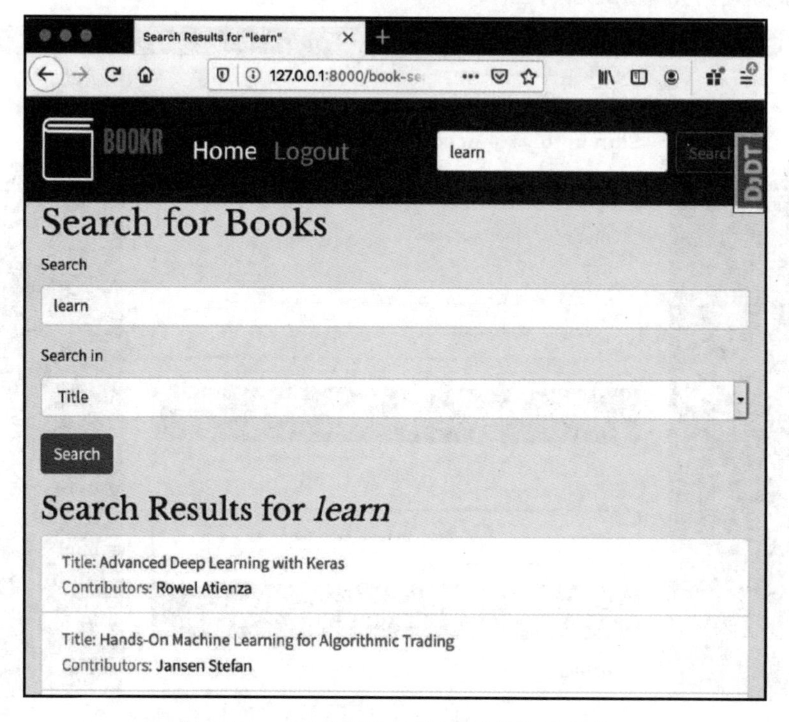

图 15.32　利用更新后的搜索表单执行搜索

尝试在 Web 浏览器中查看页面源代码以查看渲染的输出。可以看到，<form>元素已经使用 method="get"属性进行了渲染，正如在步骤（5）中指定给 FormHelper 的那样。另外还要注意，django-crispy-forms 没有插入 CSRF 令牌字段——它知道使用 get 提交的表单不需要该字段。

在本练习中，我们使用 pip3（windows 用户使用 pip）安装了 django-crispy-forms，然后通过将其添加到 INSTALLED_APPS 中并定义想要使用的 crispy_template_pack（在当前情况下是 bootstrap4），在 settings.py 中对其进行配置。随后，我们更新了 SearchForm 类以使用 FormHelper 实例来控制表单上的属性，并使用 Submit 类添加了提交按钮。最后，我们更改了 search-results.html 模板以使用 crispy 模板标签来渲染表单，这使我们可以删除先前使用的<form>元素，并通过将所有与表单相关的代码移动到 python 代码中而简化了表单生成（而不是部分在 HTML 中，部分在 Python 中）。

15.2.3　django-allauth

当浏览网站时，你可能已经看到了允许使用其他网站证书登录的按钮。例如，使用 GitHub 登录方式，如图 15.33 所示。

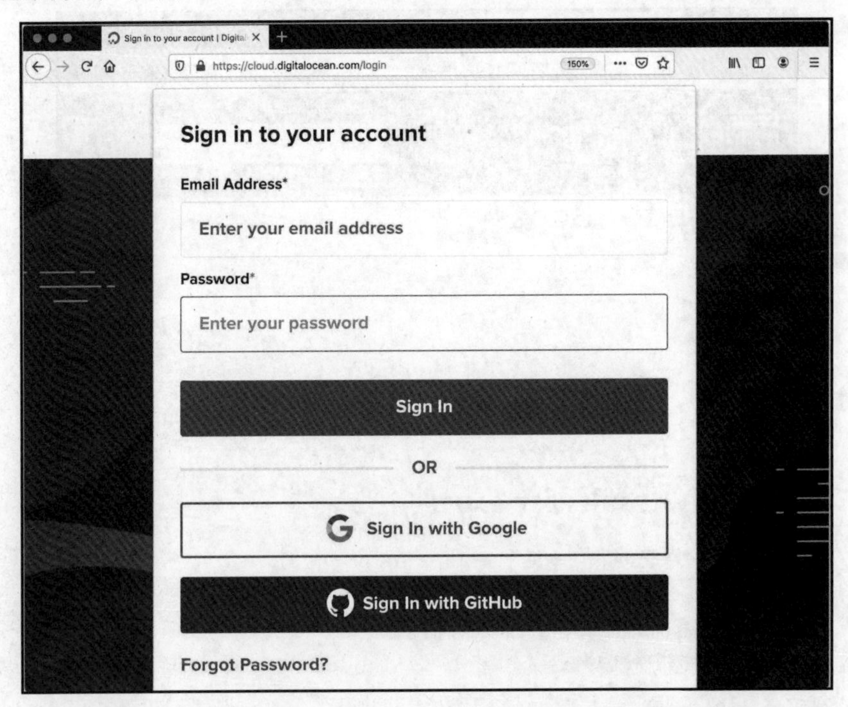

图 15.33　带选项的登录表单，可以使用 Google 或 GitHub 进行登录

在解释这个过程之前，让我们先介绍将会用到的术语。

- ❑ 请求站点：用户正在尝试登录的站点。
- ❑ 认证提供商：用户正在进行认证的第三方提供商（如 Google、GitHub 等）。
- ❑ 认证应用程序：这是请求站点的创建者在认证提供程序中设置的内容。它确定请求站点与认证提供方之间的权限范围。例如，请求应用程序可以访问你的 GitHub 用户名，但无权写入存储库中。用户可以通过禁用认证应用程序访问权限来阻止请求站点访问他们在认证提供程序中的信息。

无论选择哪种第三方登录选项，该过程通常都是相同的。首先，用户将被重定向到身份验证提供者网站，并被要求允许身份验证应用程序访问账户，如图 15.34 所示。

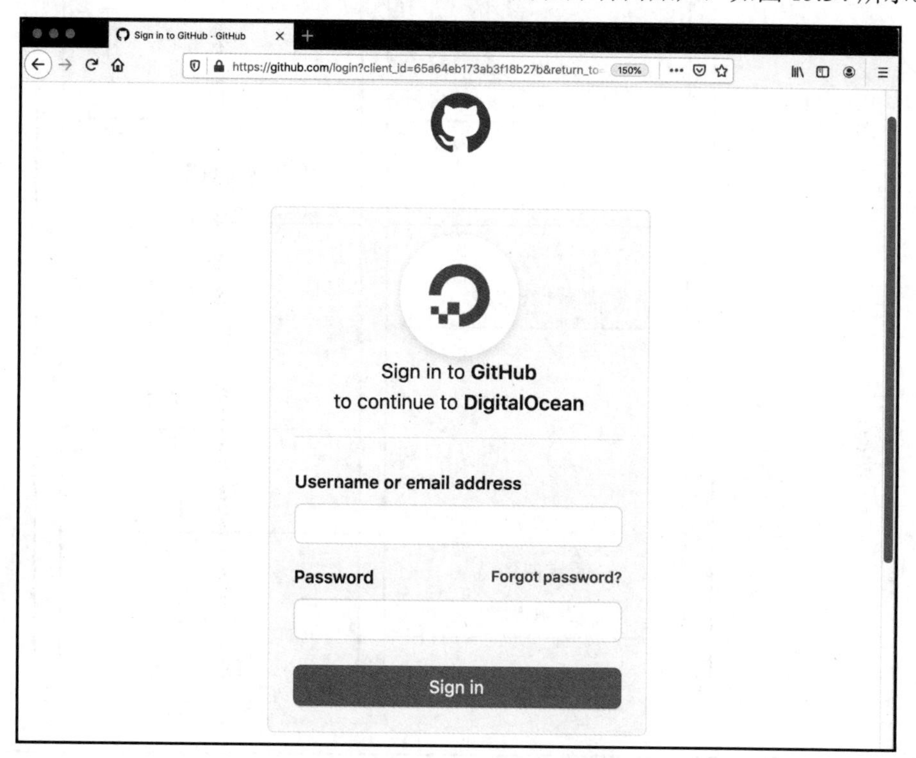

图 15.34 身份验证提供者授权页面

当授权身份验证应用程序后，身份验证提供者将重定向回请求站点。用户被重定向到的 URL 将包含一个秘密令牌，请求站点可以在后端使用该令牌请求用户信息。这允许请求站点直接与认证提供者通信以验证身份。在使用令牌验证身份后，请求站点可以将用户重定向到你的内容。该流程在图 15.35 的顺序图中进行了说明。

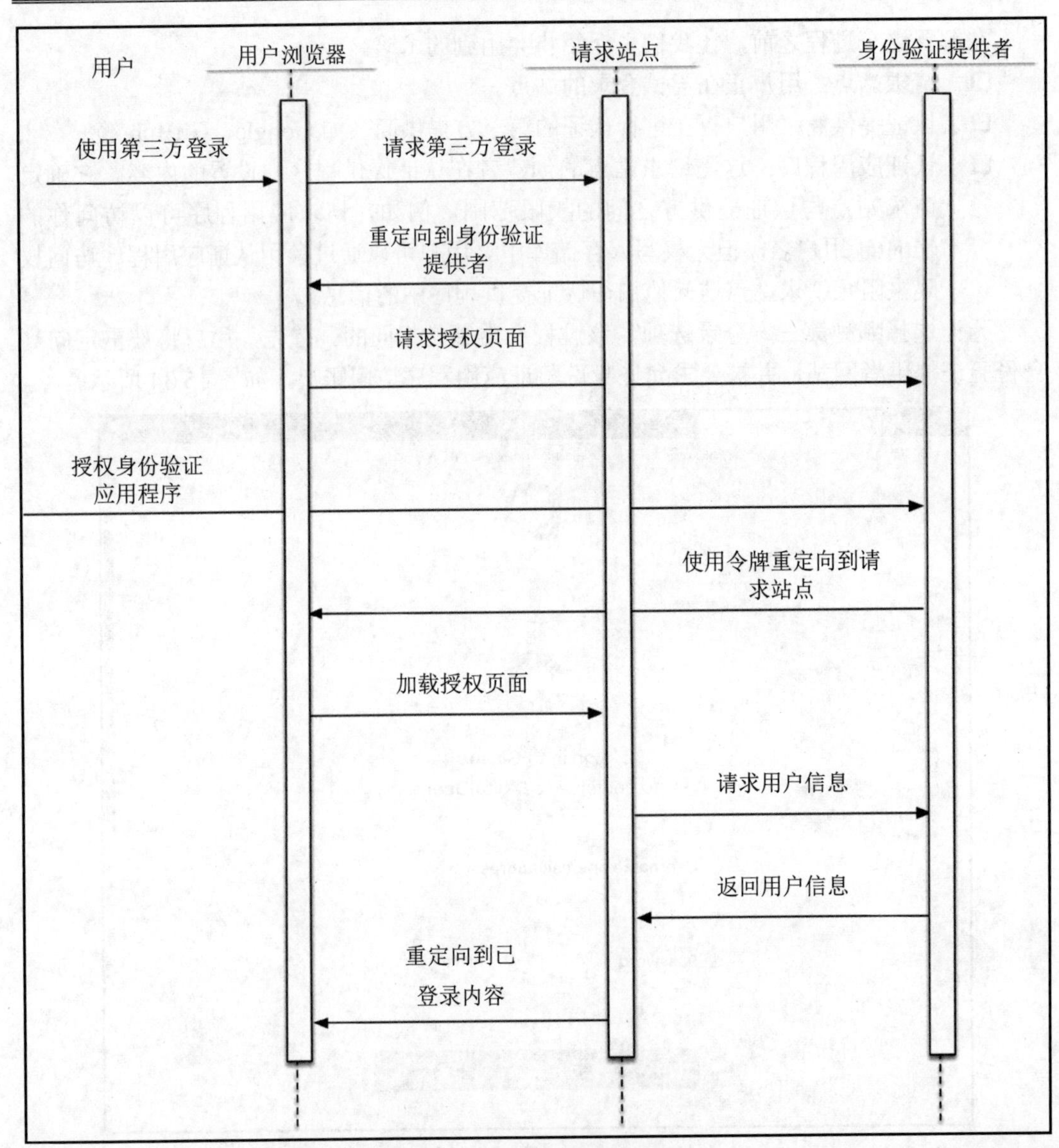

图 15.35　第三方身份验证流程

前述内容介绍了使用第三方服务进行身份验证，接下来我们可以讨论 django-allauth。django-allauth 是一个应用程序，它可以轻松地将 Django 应用程序插入第三方身份验证服务中，包括 Google、GitHub、Facebook、Twitter 和其他一些服务。事实上，在编写本书时，django-allauth 支持超过 75 种身份验证提供商。

当用户第一次在站点进行身份验证时，django-allauth 将创建一个标准的 Django User 实例。另外，它还知道如何解析身份验证提供商在最终用户授权身份验证应用程序后加载的回调/重定向 URL。

django-allauth 向应用程序添加了 3 个方法。

- SocialApplication：该方法存储了用于识别认证应用的信息。输入的信息将取决于提供商，提供商会发放一个客户端 ID、密钥和（可选）密钥等信息。注意，这些是 django-allauth 为这些值使用的名称，它们将根据提供商而异。稍后会在本节中提供一些示例值。SocialApplication 是 django-allauth 中唯一需要自行创建的模型，其他模型都是在用户进行身份验证时由 django-allauth 自动创建的。
- SocialApplicationToken：该方法包含了向认证提供商识别 Django 用户所需的值，并包含一个令牌和（可选的）令牌密钥。此外，该方法还包含了一个对创建 SocialApplicationToken 的 SocialApplication，以及 SocialApplication 所适用的 SocialAccount 的引用。
- SocialAccount：该方法将 Django 用户与提供商（如 Google 或 GitHub）关联，并存储提供商可能提供的额外信息。

由于身份验证提供商数量众多，因此无法介绍全部设置方式。但是，我们将简要说明如何设置，以及如何将来自提供商的认证令牌映射至 SocialApplication 中的正确字段上。其中包括本章一直提到的两个认证提供商，即 Google 和 GitHub。

1. django-allauth 安装和设置

类似于本章中的其他应用程序，django-allauth 可通过 pip3 进行安装。

```
pip3 install django-allauth
```

注意：

Windows 用户可在上述命令中使用 pip 而非 pip3。

接下来需要对设置进行一些更改。django-allauth 需要 django.contrib.sites 应用程序才能运行，因此需要将其添加到 INSTALLED_APPS 中。随后需要添加一个新的设置并为站点定义 SITE_ID。为此，可在 settings.py 文件中将 SITE_ID 设置为 1。

```
INSTALLED_APPS = [# this entry added
                  'django.contrib.sites',\
                  'django.contrib.admin',\
                  'django.contrib.auth',\
                  # the rest of the values are truncated]

SITE_ID = 1
```

注意：

可以在多个主机名上托管单个 Django 项目，并使其在每个主机名上表现不同，但也可以跨所有站点共享内容。我们不需要在项目中的任何地方使用 SITE_ID，但必须在此处设置一个 SITE_ID。读者可以访问 https://docs.djangoproject.com/en/3.0/ref/contrib/sites/以了解有关 SITE_ID 设置的更多信息。

除此之外，还需要向 INSTALLED_APPS 中添加 allauth 和 allauth.socialaccount。

```
INSTALLED_APPS = [# the rest of the values are truncated
                  'allauth',\
                  'allauth.socialaccount',]
```

接下来，我们支持的每家提供商也必须被添加至 INSTALLED_APPS 列表中。考查下列代码片段。

```
INSTALLED_APPS = [# the rest of the values are truncated
                 'allauth.socialaccount.providers.github',\
                 'allauth.socialaccount.providers.google',]
```

待一切结束后，必须运行 migrate 管理命令以创建 django-allauth 模型。

```
python3 manage.py migrate
```

一旦完成，新的社交应用程序就可以通过 Django Admin 界面进行添加，如图 15.36 所示。

当添加一个社交应用程序时，可选择一个 Provider（该列表仅显示 INSTALLED_APPS 列表中的内容），输入一个名称（可以与 Provider 相同），并从提供商的网站中输入 Client ID（稍后将对此加以讨论）。此外，你可能还需要一个 Secret key 和 Key，随后选择它适用的站点（如果仅有一个 Site 实例，那么其名称无关紧要，只需选择该实例仅可。站点名称可以在 Django admin 的 Sites 部分进行更新。此外也可以于此处添加更多的网站）。

接下来将查看 3 个示例提供商适用的令牌。

2. GitHub 认证设置

新的 GitHub 应用程序可以在 GitHub 配置文件下进行设置。在开发期间，应用程序的回调 URL 应该被设置为 http://127.0.0.1:8000/accounts/github/login/callback/，并在部署到生产环境中时使用真实主机名进行更新。创建应用程序后，该应用程序将提供一个 Client ID 和 Client Secret。这些分别是 django-allauth 中的 Client id 和 Secret key。

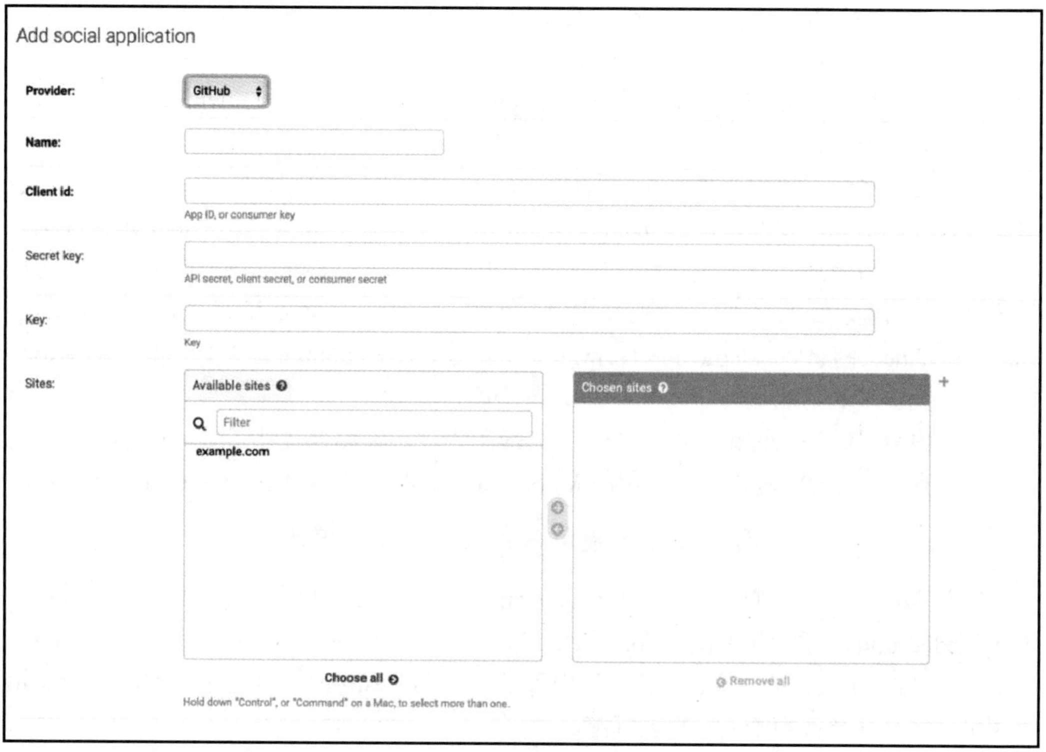

图 15.36　添加一个社交应用程序

3．Google 认证设置

Google 应用程序的创建是通过 Google 开发人员控制台完成的。授权的重定向 URI 应在开发期间被设置为 http://127.0.0.1:8000/accounts/google/login/callback/，并在生产部署后进行更新。应用程序的 Client ID 也是 django-allauth 中的客户端 ID，应用程序的 Client secret 是 Secret key。

15.2.4　利用 django-allauth 初始化身份认证

要通过第三方提供商初始化身份验证，首先需要在 URL 映射中添加 django-allauth URL。在 urlpatterns 中的某处有一个 urls.py 文件，其中包括 allauth.urls，如下所示。

```
urlpatterns = [path('allauth', include('allauth.urls')),]
```

然后可以使用 http://127.0.0.1:8000/allauth/github/login/?process=login 或 http://127.0.0.1:

8000/allauth/google/login/?process=login 等 URL 来启动登录。django-allauth 将处理所有的重定向，然后在 Django 用户返回网站时创建/认证他们的身份。另外，你还可以在登录页面上设置一些按钮，这些按钮上的文字如 Login with GitHub 或 Login with Google 都可以链接到这些 URL。

除了通过第三方提供商进行身份验证，django-allauth 还可以添加一些非 Django 内置的有用特性。例如，我们可以对 django-allauth 进行配置来要求用户提供电子邮件地址，并让用户在登录前通过单击确认链接来验证他们的电子邮件地址，django-allauth 还可以处理生成密码重置的 URL 并通过电子邮件发给用户。读者可以在 https://django-allauth.readthedocs.io/en/ stable/overview.html 中查看 django-allauth 的文档，其中解释了这些功能以及更多的功能。

前述内容已经深入讨论了前 4 个第三方应用程序，并简要概述了 django-allauth。在操作 15.01 中，我们将重构正在使用的 ModelForm 实例，并使用 CrispyFormHelper 类。

操作 15.01　使用 FormHelper 更新表单

在该操作中，我们将更新 ModelForm 实例（PublisherForm、ReviewForm 和 BookMediaForm），并使用 CrispyFormHelper 类。当使用 FormHelper 时，我们可以在 Form 类中定义 Submit 按钮的文本。随后，我们可以从 instance-form.html 模板中移除<form>渲染逻辑，并将其替换为 crispy 模板标签。

具体步骤如下。

（1）创建一个继承 forms.ModelForm 的 InstanceForm 类。这将是现有 ModelForm 类的基础。

（2）在 InstanceForm 的__init__方法中，在 self 上设置一个 FormHelper 实例。

（3）向 FormHelper 中添加一个 Submit 按钮。如果表单是通过 instance 实例化的，则按钮文本为 Save，否则按钮文本为 Create。

（4）更新 PublisherForm、ReviewForm 和 BookMediaForm，以便从 InstanceForm 中进行扩展。

（5）更新 instance-form.html 模板，以便使用 crispy 模板标签渲染 form。随后可移除<form>的其余内容。

（6）在 book_media 视图中，is_file_upload 上下文条目不再需要。

待上述操作结束后，应该可以看到使用 Bootstrap 主题渲染的表单。图 15.37 显示了 New Publisher 页面。

图 15.38 显示了 New Review 页面。

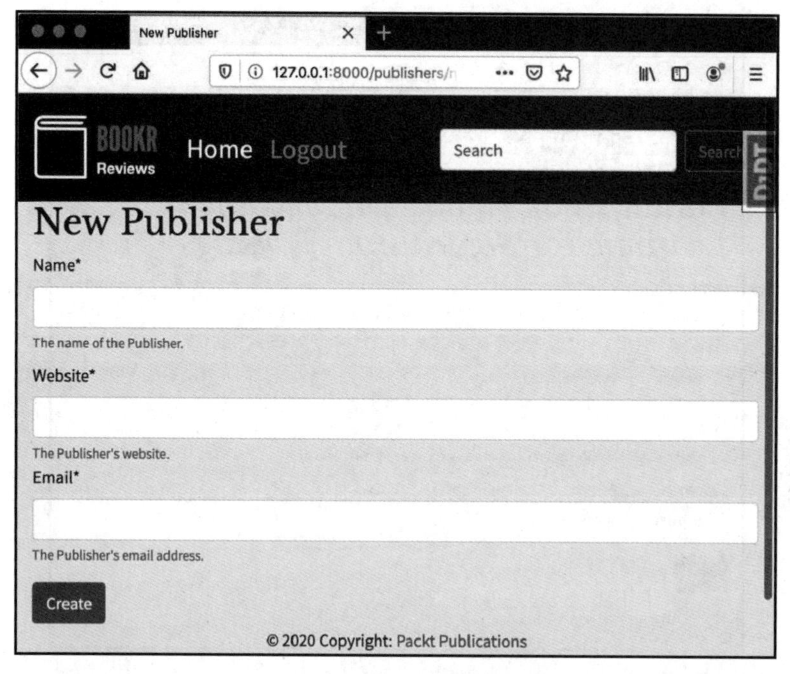

图 15.37　New Publisher 页面

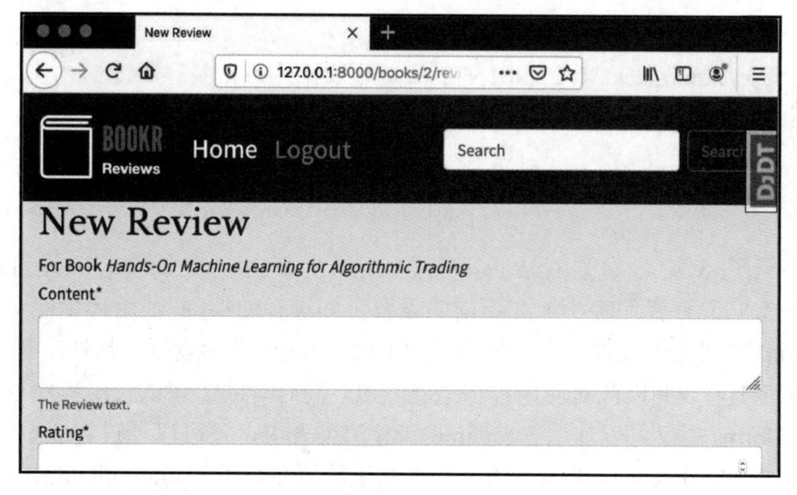

图 15.38　New Review 页面

最后，图 15.39 显示了图书媒体页面。

注意，表单仍然运行良好并允许上传文件。django-crispy-forms 自动将 enctype="multipart/form-data"属性添加至<form>中。你可以通过查看页面源代码来验证这一点。

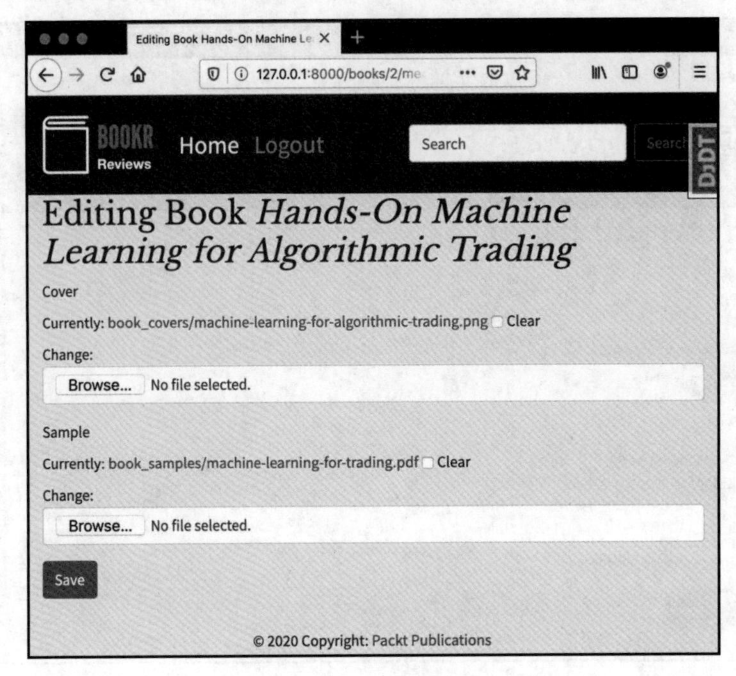

图 15.39　图书媒体页面

注意：

读者可访问 http://packt.live/2Nh1NTJ 以查看该操作的完整解决方案。

15.3　本 章 小 结

本章介绍了 5 个可增强网站的第三方 Django 应用。我们安装并设置了 django-configurations，它允许我们轻松地在不同的设置之间进行切换，并使用环境变量进行更改。dj-database-url 也有助于设置，允许我们使用 URL 更改数据库设置。此外，本章还讨论了 Django 调试工具栏，并以此对应用程序进行查看，同时有助于调试应用程序遇到的问题。django-crisp-forms 不仅可以使用 Bootstrap CSS 渲染表单，还可以通过将表单行为定义为表单类本身的一部分来保存代码。同时，本章还简要介绍了 django-allauth，并了解了如何将其集成到第三方身份验证提供者中。在本章的操作练习中，我们更新了 ModelForm 实例以使用 django-crispy-forms FormHelper，并通过 crispy template 标签从模板中删除了一些逻辑。

在第 16 章中，我们将考查如何将 React JavaScript 框架与 Django 应用程序进行集成。

第 16 章　在 Django 中使用前端 JavaScript 库

本章将介绍 JavaScript 的基础知识，并以使用 React JavaScript 框架为 Bookr 构建交互式 Web 前端作为结束。其间，我们将学习如何在 Django 模板中包含 React JavaScript 框架，以及如何构建 React 组件。此外，本章还包括对 JSX 的介绍，这是一种结合了 JavaScript 代码和 HTML 的特殊格式——我们还将学习 Babel 如何将 JSX 转换成纯 JavaScript。稍后，我们将了解 fetch JavaScript 函数，该函数用于从 REST API 中检索信息。最后，本章将介绍 Django {% verbatim %} 模板标签，它用于在 Django 模板中包含未解析的数据。

16.1　简　　介

Django 是构建应用程序后端的优秀工具，且设置数据库、路由 URL 和渲染模板十分简单。但是，如果不使用 JavaScript，当这些页面被渲染到浏览器中时，它们是静态的，且不提供任何形式的交互。通过使用 JavaScript，页面可被转换为在浏览器中完全交互的应用程序。

本章将简要介绍 JavaScript 框架以及如何在 Django 中使用该框架。虽然本章不会深入探讨如何从头开始构建整个 JavaScript 应用程序（这本身就是一本书），但我们将提供足够的介绍，以便可以为自己的 Django 应用程序添加交互式组件。在本章中，我们将主要使用 React 框架。即使读者没有任何 JavaScript 经验，我们也会介绍足够的内容，以便在本章结束时，读者可以轻松编写自己的 React 组件。第 12 章曾为 Bookr 构建了一个 REST API。我们将使用 JavaScript 与该 API 进行交互以检索数据，并通过在主页上显示一些动态加载的、可翻页浏览的评论预览来增强 Bookr。

注意：

读者可访问本书的 GitHub 存储库以查看本章练习和操作的源代码，对应网址为 http://packt.live/3iasIMl。

16.2　JavaScript 框架

如今，实时交互性是 Web 应用程序的基本组成部分。虽然可以在没有框架的情况下添加简单的交互（在没有框架的情况下进行开发通常被称为 Vanilla JS），但随着 Web 应用程序的增长，使用框架可以更容易地对其进行管理；否则，需要自己完成下列操作。

- 以手动方式定义数据库模式。
- 将数据从 HTTP 请求中转换为本地对象。
- 编写表单验证操作。
- 编写 SQL 查询以保存数据。
- 构建 HTML 以显示响应。

将此与 Django 提供的功能进行比较可以看到，Django 的 ORM（对象关系映射）、自动表单解析和验证以及模板极大地减少了需要编写的代码量。JavaScript 框架为 JavaScript 开发也带来了类似的节省时间方面的增强效果，否则必须在数据更改时手动更新浏览器中的 HTML 元素。让我们看一个简单的例子：显示按钮被单击的次数。如果缺少框架，则需要完成下列操作。

（1）为按钮单击事件分配一个处理程序。

（2）增加存储计数的变量。

（3）定位包含单击计数显示的元素。

（4）用新的单击计数替换元素的文本。

当采用框架时，按钮计数变量被绑定至显示（HTML）上，所以编码处理过程如下。

（1）处理按钮单击行为。

（2）递增变量。

框架负责自动重新渲染数字显示。这仅是一个简单的例子，随着应用程序的增长，这两种方法在复杂性上的差异也会加大。相应地，存在一些可用的 JavaScript 框架，且每个框架都涵盖不同的特性，其中一些框架被大公司支持和使用。较为流行的框架包括 React（https://reactjs.org）、Vue（http://vuejs.org）、Angular（https://angularjs.org）、Ember（https://emberjs.com）和 Backbone.js（https://backbonejs.org）。

本章将使用 React，因为它很容易进入现有的 Web 应用程序中，并且允许渐进式增强。这意味着，不必为了 React 而从头开始构建应用程序，我们可以简单地将 React 应用到 Django 生成的 HTML 的某些部分中。例如，单个文本字段可以自动解释 Markdown 并显示结果，而无须重新加载页面。此外，我们还将介绍 Django 提供的一些特性，这些特性可以帮助集成多个 JavaScript 框架。

JavaScript 可以在几个不同的层次上被集成到 Web 应用程序中。图 16.1 显示了当前的堆栈，且不涉及 JavaScript（注意，图中没有显示对服务器的请求）。

我们可以使用 Node.js（服务器端 JavaScript 解释器）将整个应用程序建立在 JavaScript 上，这将取代 Python 和 Django 在堆栈中的位置，如图 16.2 所示。

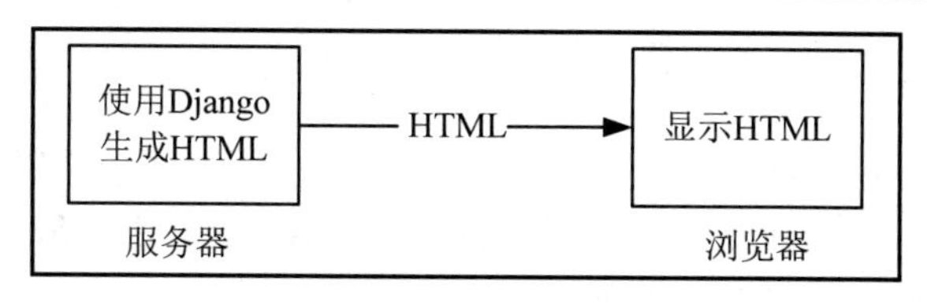

图 16.1　当前栈

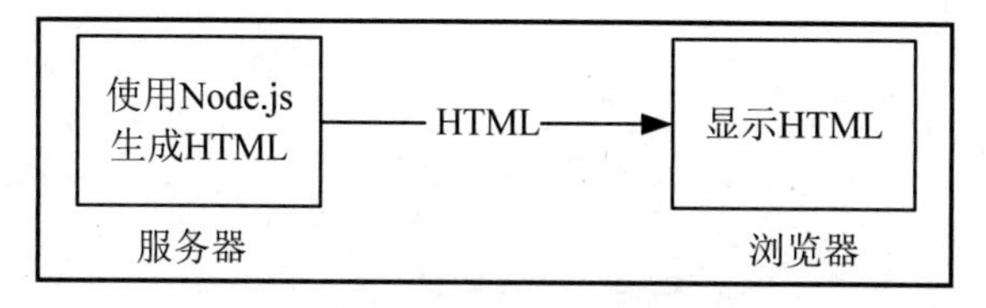

图 16.2　使用 Node.js 生成 HTML

或者，也可以让前端和模板完全使用 JavaScript，只使用 Django 作为 REST API 来提供数据以进行渲染。图 16.3 显示了这个堆栈。

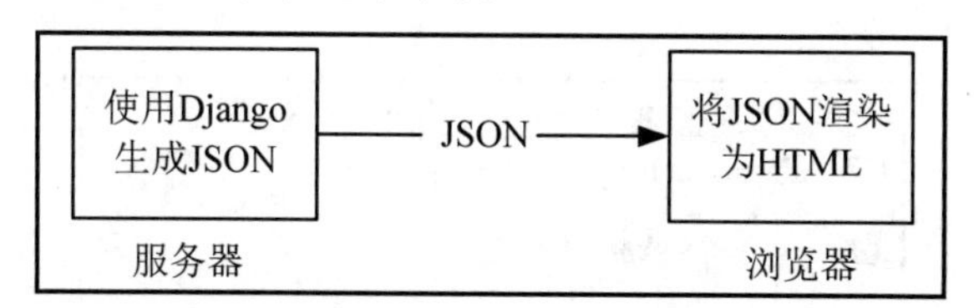

图 16.3　从 Django 中发送 JSON，并在浏览器中对其进行渲染

最后一种方法是渐进式增强，这也是我们将要使用的方法（如前所述）。通过这种方式，Django 仍然生成 HTML 模板，React 在此基础上添加交互性，如图 16.4 所示。

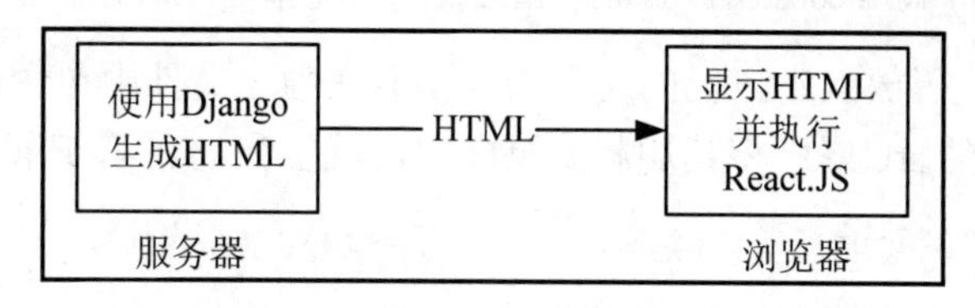

图 16.4　由 Django 和 React 生成的 HTML 提供了渐进式增强

注意，多种技术一起使用是十分常见的。例如，Django 可能会在浏览器中生成 React 应用的初始 HTML。然后，浏览器可以使用 React 向 Django 查询要渲染的 JSON 数据。

16.3　JavaScript 简介

本节将简要地介绍 JavaScript 的一些基本概念，如变量、函数以及不同的操作符。

1. 加载 JavaScript

JavaScript 既可以被内联在 HTML 页面中，也可以被包含在单独的 JavaScript 文件中。这两种方法都使用<script>标签。当使用内联 JavaScript 时，JavaScript 代码直接被写在 HTML 文件中的<script>标签内，如下所示。

```
<script>
   // comments in JavaScript can start with //
   /* Block comments are also supported. This comment is multiple
    lines and doesn't end until we use a star then slash:
   */
   let a = 5; // declare the variable a, and set its value to 5
   console.log(a); // print a (5) to the browser console
</script>
```

注意，console.log 函数将数据输出至浏览器控制台中，这些数据在浏览器的开发人员工具中可见，如图 16.5 所示。

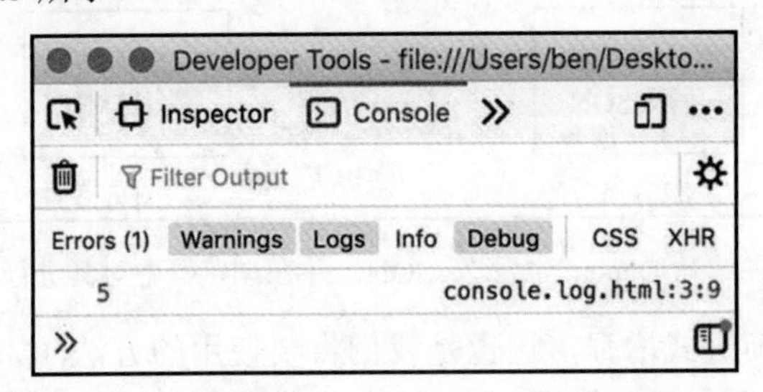

图 16.5　调用 console.log(a)的输出结果——5 被输出至浏览器控制台中

我们还可以将代码放入它自己的文件中（不会在独立文件中包含<script>标签）。然后使用<script>标签的 src 属性将其加载到页面中，就像我们在第 5 章看到的那样。

```
<script src="{% static 'file.js' }"></script>
```

源代码，无论是内联的还是包含的，都将在浏览器加载<script>标签后立即执行。

2. 变量和常量

与 Python 不同，JavaScript 中的变量必须被声明，对此，可以使用 var、let 或 const 关键字。

```
var a = 1; // variable a has the numeric value 1
let b = 'a'; // variable b has the string value 'a'
const pi = 3.14; // assigned as a constant and can't be redefined
```

不过，就像在 Python 中一样，变量的类型不需要进行声明。另外可以看到，行以分号结束。JavaScript 不要求行以分号结束——它们是可选的。然而，一些风格指南强制使用分号。对于任何项目，你都应该坚持使用单一的约定。

此处应该使用 let 关键字来声明变量。变量声明是包含作用域的。例如，在 for 循环内用 let 声明的变量将不会在循环外被定义。在本例中，我们将循环并求和 10 的倍数直到 90，然后将结果输出至 console.log 中。这里，我们可以在 for 循环中访问函数级声明的变量。

```
let total = 0;
for (let i = 0; i< 10; i++){ // variable i is scoped to the loop
  let toAdd = i * 10; // variable toAdd is also scoped
  total += toAdd; // we can access total since it's in the outer scope
}
console.log(total); // prints 450
console.log(toAdd); /* throws an exception as the variable is not
 declared in the outer scope */
console.log(i); /* this code is not executed since an exception was
 thrown the line before, but it would also generate the same
  exception */
```

const 用于常量数据，不能重新定义。但是，这并不意味着它所指向的对象不能被更改。例如，不可执行下列操作。

```
const pi = 3.1416;
pi = 3.1; /* raises exception since const values can't
 be reassigned */
```

不支持 let 或 const 的旧浏览器需要使用 var 关键字。目前只有 1%的浏览器不支持这些关键字，所以在本章的其余部分，我们将只使用 let 或 const。像 let 一样，用 var 声明的变量可以被重新赋值。然而，它们的作用域仅局限于函数级别。

JavaScript 支持几种不同类型的变量，包括字符串、数组、对象（类似于字典）和数字。我们将在数组和对象各自的章节中介绍它们。

3. 数组

数组的定义与 Python 中的类似，并用方括号括起来。数组可以包含不同类型的数据，就像 Python 一样。

```
const myThings = [1, 'foo', 4.5];
```

使用 const 时要记住的另一件事是，它可以防止对常量进行重新赋值，但不阻止更改所指向的变量或对象。例如，我们不允许执行下列操作。

```
myThings = [1, 'foo', 4.5, 'another value'];
```

然而，你可以通过使用 push 方法（类似于 Python 的 list.append）来更新 myThings 数组的内容，以添加一个新项。

```
myThings.push('another value');
```

4. 对象

JavaScript 对象类似于 Python 字典，提供键-值存储。声明的语法也很相似，如下所示。

```
const o = {foo: 'bar', baz: 4};
```

注意，与 Python 不同，JavaScript 对象/字典键在创建时不需要加引号——除非它们包含特殊字符（空格、破折号、点等）。

o 中的值可以通过项或属性进行访问。

```
o.foo; // 'bar'
o['baz']; // 4
```

还需要注意的是，由于 o 被声明为常量，因此不能对它进行重新赋值，但却可以改变对象的属性。

```
o.anotherKey = 'another value' // this is allowed
```

5. 函数

在 JavaScript 中定义函数有几种不同的方法，这里将考查其中的 3 种方法。首先可以使用 function 关键字定义函数。

```
function myFunc(a, b, c) {
  if (a == b)
    return c;
  else if (a > b)
    return 0;
  return 1;
}
```

在 JavaScript 中，函数的所有参数都是可选的。也就是说，可以像这样调用前面的函数 myFunc()，并且不会引发错误（至少在调用期间）。变量 a、b 和 c 都是特殊类型 undefined。这将导致函数逻辑中的问题。undefined 有点像 Python 中的 None——尽管 JavaScript 也有 null，但它更类似于 None。另外，也可以通过将函数赋值给变量（或常量）来定义函数。

```
const myFunc = function(a, b, c) {
    // function body is implemented the same as above
}
```

此外，我们还可以使用箭头语法定义函数。例如，可按照下列方式定义 myFunc。

```
const myFunc = (a, b, c) => {
    // function body as above
}
```

例如，在将函数定义为对象的一部分时，这种情况更为常见。

```
const o = {
myFunc: (a, b, c) => {
    // function body
    }
}
```

在这种情况下，其调用方式如下。

```
o.myFunc(3, 4, 5);
```

在介绍类之后，我们将讨论使用箭头函数的原因。

6. 类和方法

类使用 class 关键字进行定义。在类定义内部，定义方法时不使用 function 关键字。JavaScript 解释器可以识别语法并告诉它是一个方法。下面是一个示例类，它在实例化时接收一个要添加的数字（通过 toAdd）。该数字将被添加到传递给 add 方法的任何内容中，并返回结果。

```
class Adder {
  // A class to add a certain value to any number

  // this is like Python's __init__ method
  constructor (toAdd) {
    //"this" is like "self" in Python
    //it's implicit and not manually passed into every method
    this.toAdd = toAdd;
  }

  add (n) {
    // add our instance's value to the passed in number
    return this.toAdd + n;
  }
}
```

类使用 new 关键字进行实例化。除此之外，它们的用法与 Python 中的类非常相似。

```
const a = new Adder(5);
console.log(a.add(3)); // prints "8"
```

7. 箭头函数

在介绍了 this 关键字后，接下来继续讨论箭头函数的用途。箭头函数不仅写起来更加简短，而且还保留了 this 的上下文。不同于 Python 中的 self，Python 中的 self 总是引用一个特定的对象，因为它被传递到方法中；this 引用的对象可以根据上下文而改变。通常，这是由于函数嵌套造成的，这在 JavaScript 中很常见。

下面考查两个示例。首先是一个具有名为 outer 的函数的对象。outer 函数包含一个 inner 函数。我们在 inner 和 outer 函数中都引用了 this。

注意：

下面的代码示例引用了 window 对象。在 JavaScript 中，window 是一个特殊的全局变量，它存在于每个浏览器选项卡中，并表示有关该选项卡的信息。该对象是 window 类的一个实例。window 属性的一些例子包括 document（存储当前 HTML 文档）、location（显示在选项卡地址栏中的当前位置）、outerWidth 和 outerHeight（分别表示浏览器窗口的宽度和高度）。例如，要将当前选项卡的位置输出到浏览器控制台中，需要编写 console.log(window.location)。

```
const o1 = {
    outer: function() {
        console.log(this); // "this" refers to o1
        const inner = function() {
            console.log(this); // "this" refers to the "window"
              object
        }
        inner();
    }
}
```

在 outer 函数内，this 引用了 o1 自身；而在 inner 函数内，this 引用了 window（包含与浏览器窗口相关的信息）。

将此与使用箭头语法定义内部函数进行比较。

```
const o2 = {
    outer: function() {
        console.log(this); // refers to o2
        const inner = () => {
            console.log(this); // also refers to o2
```

```
        }
        inner();
    }
}
```

当使用箭头函数时，this 保持一致并在两种情况下都指向 o2。现在我们已经对 JavaScript 有了一个非常简单的了解，接下来介绍 React。

进一步阅读：

涵盖 JavaScript 的所有概念超出了本书的范围。要获得完整的 JavaScript 教程，读者可以参考 *JavaScript Workshop*，对应网址为 https://courses.packtpub.com/courses/javascript。

16.3.1　React

React 允许使用组件构建应用程序。每个组件都可以通过生成要插入页面中的 HTML 来渲染自己。

一个组件也可以跟踪其自身的状态。组件如果它确实跟踪自己的状态，那么当状态发生变化时，将会自动重新渲染自己的状态。这意味着，你如果有一个更新组件上的状态变量的操作方法，则无须再确定是否需要重新绘制组件，React 将为你执行此操作。Web 应用程序应跟踪自己的状态，这样它就不需要查询服务器来查找如何更新以显示数据。

数据通过属性在组件之间进行传递，或者简称为 props。传递属性的方法看起来有点像 HTML 属性，但也存在一些不同之处，稍后将对此进行讨论。属性由单个 props 对象中的组件接收。

为了举例说明，可以使用 React 构建一个购物清单应用程序。你将持有一个用于列表容器的组件（ListContainer）和一个用于列表项的组件（ListItem）。ListtItem 将被实例化多次，针对购物清单上的每个项目都实例化一次。容器将保存一个状态，其中包含项目名称的列表。每个项目名称都将作为 prop 被传递给 ListtItem 实例。然后，每个 ListItem 都将在其自己的状态中存储项目名称和 isBought 标志。当单击某项以将其标记出列表时，isBought 将被设置为 true。然后 React 会自动调用该 ListItem 上的渲染器来更新显示。

在应用程序中使用 React 有几种不同的方法。如果打算构建一个具有一定深度且复杂的 React 应用程序，则应该使用 npm（node package manager，一个管理 Node.js 应用程序的工具）来建立一个 React 项目。我们由于只是打算使用 React 来增强一些页面，因此可以使用<script>标签来包含 React 框架代码。

```
<script crossorigin src="https://unpkg.com/react@16/umd/react.
development.js"></script>
```

```
<script crossorigin src="https://unpkg.com/react-dom@16/umd/react-dom.
development.js"></script>
```

注意：

crossorigin 属性是出于安全考虑，意味着不能将 cookie 或其他数据发送到远程服务器。当使用公共 CDN（如 https://unpkg.com/）时，这是必要的，以防有人在那里托管恶意脚本。

这些标签应该放在想要添加 React 的页面上，就在</body>结束标签之前。之所以在这里而不是在页面的<head>中放置标签，是因为脚本可能需要引用页面上的 HTML 元素。如果将 script 标签放在 head 中，它将在页面元素可用之前执行。

注意：

读者可访问 https://reactjs.org/docs/cdn-links.html 查看最新的 React 版本链接。

16.3.2 组件

在 React 中有两种构建组件的方法：使用函数或使用类。无论采用哪种方法，当在页面上显示时，组件必须返回一些要显示的 HTML 元素。函数组件是返回元素的单个函数，而基于类的组件将从其 render 方法中返回元素。另外，功能组件不能跟踪自己的状态。

React 就像 Django 一样，能自动在 render 返回的字符串中转义 HTML。要生成 HTML 元素，必须使用它们的标签及其应该有的属性/特性和内容来构建它们。这是通过 React.createElement 函数完成的。组件将返回一个 React 元素，其中可能包含子元素。

下面考查同一个组件的两种实现，首先是作为一个函数，然后是作为一个类。函数组件将 props 作为一个参数。这是一个包含传递给它的属性的对象。下面的函数返回一个 h1 元素。

```
function HelloWorld(props) {
return React.createElement('h1', null, 'Hello, ' +
  props.name + '!');
}
```

注意，函数的第一个字符通常是大写的。

虽然函数组件是生成 HTML 的单个函数，但基于类的组件必须实现 render 方法来完成此工作。render 方法中的代码与函数组件中的代码相同，但有一点不同：基于类的组件在其构造函数中接收 props 对象，然后 render（或其他）方法可以使用 this.props 引用 props。下面是同一个 HelloWorld 组件，并作为一个类实现。

```
class HelloWorld extends React.Component {
render() {
return React.createElement('h1', null, 'Hello, ' +
    this.props.name + '!');
    }
}
```

当使用类时，所有组件都是从 ReactComponent 类中扩展而来的。基于类的组件比函数组件有一个优势，那就是它们封装了处理动作/事件，以及它们自己的状态。对于简单的组件，使用函数式风格意味着更少的代码。有关组件和属性的更多信息，请参见 https://reactjs.org/docs/components-and-props.html。

无论选择哪种方法来定义组件，它们都是以相同的方式使用的。在本章中，我们仅将使用基于类的组件。

要将此组件放置在 HTML 页面上，首先需要添加一个位置供 React 渲染它。通常，这是使用具有 id 属性的<div>来完成的。例如：

```
<div id="react_container"></div>
```

注意，id 不必是 react_container，它只需要在页面中是唯一的。然后，在 JavaScript 代码中，在定义了所有组件之后，使用 ReactDOM.render 函数将其渲染在页面上。该函数有两个参数，即根 React 元素（不是组件）和应该在其中渲染它的 HTML 元素。

对应的使用方式如下所示。

```
const container = document.getElementById('react_container');
const componentElement = React.createElement(HelloWorld, {name: 'Ben'});
ReactDOM.render(componentElement, container);
```

注意，HelloWorld 组件（类/函数）本身并没有被传递给 render 函数，它被包装在一个 React.createElement 调用中，以实例化该组件并将其转换为一个元素。

顾名思义，documentgetElementById 函数定位文档中的 HTML 元素并返回对该元素的引用。

当渲染组件时，浏览器中的最终输出如下所示。

```
<h1>Hello, Ben!</h1>
```

接下来查看一个更高级的示例组件。注意，由于 React.createElement 是一个常用的函数，因此通常使用较短的名称作为别名，例如 e，如本示例的第一行代码所示。

该组件显示一个按钮，并具有一个内部状态，用于跟踪按钮被单击的次数。首先，整个组件类如下所示。

```
const e = React.createElement;

class ClickCounter extends React.Component {
  constructor(props) {
    super(props);
    this.state = { clickCount: 0 };
  }

  render() {
    return e(
      'button', // the element name
      {onClick: () => this.setState({
       clickCount: this.state.clickCount + 1 }) },//element props
       this.state.clickCount // element content
    );
  }
}
```

关于 ClickCounter 类，需要注意以下几点。

- props 参数是在 HTML 中使用组件时传递给组件的属性值的对象（字典）。例如：

```
<ClickCounter foo="bar" rex="baz"/>
```

  props 字典将包含值为 bar 的键 foo 和值为 baz 的键 rex。

- super(props)调用超类的 constructor 方法并传递 props 变量，这类似于 Python 中的 super()方法。
- 每个 React 类都有一个 state 变量，它是一个对象，且构造函数可对其进行初始化。这里，应该使用 setState 方法更改状态，而不是直接操作。当它被更改时，渲染方法将被自动调用以重新绘制组件。

render 方法使用 React.createElement 函数返回一个新的 HTML 元素（记住，变量 e 为该函数的别名）。在这种情况下，传递给 React.creatEelement 的参数将返回一个带有单击处理程序和文本内容 this.state.clickCount 的<button>元素。实际上，当 clickCount 为 0 时，它将返回以下元素。

```
<button onClick="this.setState(…)">
  0
</button>
```

onClick 函数被设置为具有箭头语法的匿名函数。这类似于下列函数（不完全相同，因为处于不同的上下文中）。

```
const onClick = () => {
this.setState({clickCount: this.state.clickCount + 1})
}
```

由于函数只有一行，我们也可以去掉一组大括号，最后得到下列结果。

```
{ onClick: () => this.setState({clickCount:
  this.state.clickCount + 1}) }
```

本章前述内容讨论了如何将 ClickCounter 放置在页面上，如下所示。

```
ReactDOM.render(e(ClickCounter), document.getElementById
   ('react_container'));
```

图 16.6 显示了页面加载时按钮中的计数器。

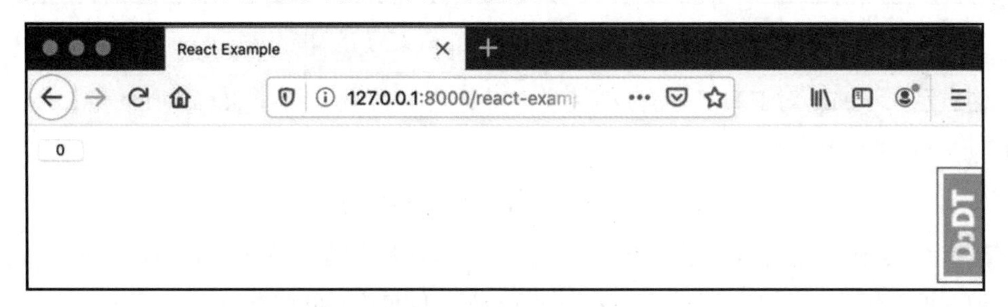

图 16.6　计数为 0 的按钮

注意：

在图 16.6 中，DjDT 引用了第 15 章中介绍的调试工具栏。

在单击按钮多次后，该按钮如图 16.7 所示。

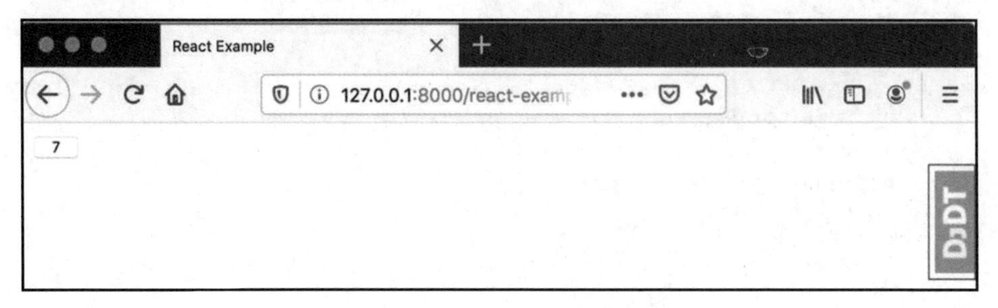

图 16.7　单击 7 次后的按钮

现在，为了演示如何不编写 render 函数，我们来看看如果只是把 HTML 作为一个字符串返回，情况又当如何，如下所示。

```
render() {
    return '<button>' + this.state.clickCount + '</button>'
}
```

渲染后的页面如图 16.8 所示。

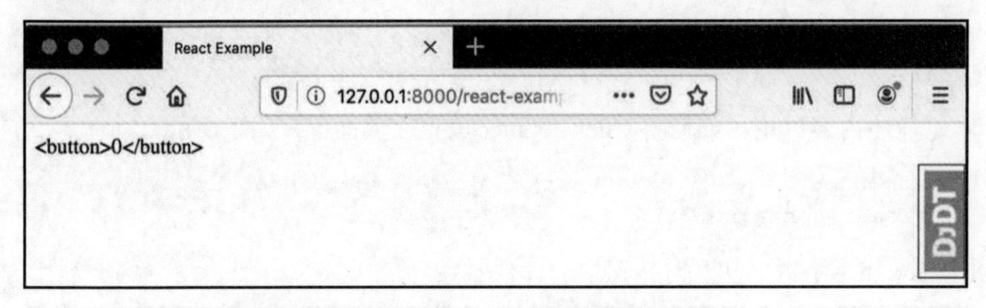

图 16.8　将返回的 HTML 渲染为字符串

这显示了 React 对 HTML 的自动转义。前述内容简要介绍了 JavaScript 和 React，接下来向 Bookr 中添加一个示例页面。

练习 16.01　设置一个 React 示例

在本练习中，我们将创建一个与 React 一起使用的示例视图和模板，并随后实现 ClickCounter 组件。在本练习结束时，你将能够与 ClickCounter 按钮进行交互。

（1）在 PyCharm 中，在项目 static 目录中访问 New→File，并将新文件命名为 react-example.js。

（2）在该文件中，置入下列代码，这将定义 React 组件，然后将其渲染到将要创建的 react_container <div>中。

```
const e = React.createElement;

class ClickCounter extends React.Component {
  constructor(props) {
    super(props);
    this.state = { clickCount: 0 };
  }

  render() {
    return e(
      'button',
      { onClick: () => this.setState({
          clickCount: this.state.clickCount + 1
          })
```

```
      },
      this.state.clickCount
    );
  }
}

ReactDOM.render(e(ClickCounter), document.getElementById
  ('react_container'))
```

随后保存 react-example.js 文件。

（3）在项目的 templates 目录中访问 New→HTML File，如图 16.9 所示。

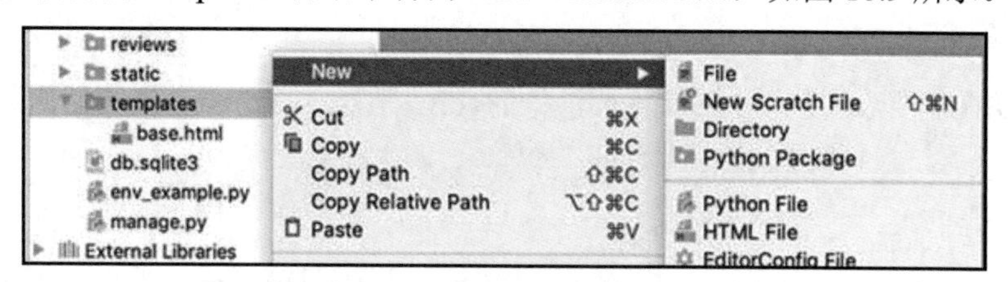

图 16.9　创建新的 HTML 文件

随后将新文件命名为 react-example.html，如图 16.10 所示。

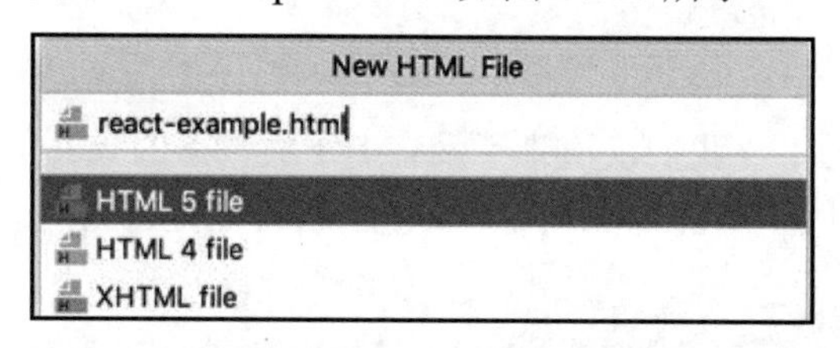

图 16.10　将新文件命名为 react-example.html

你可以将<title>元素中的标题更改为 React Example，但在本练习中没有必要这样做。

（4）react-example.html 是用之前看到的一些 HTML 样板文件创建的。在结束的</body>标签之前添加以下<script>标签来包含 React。

```
<script crossorigin src="https://unpkg.com/react@16/umd/react.
development.js"></script>
<script crossorigin src="https://unpkg.com/react-dom@16/umd/react-
dom.development.js"></script>
```

（5）使用<script>标签包含 react-example.js 文件，并且需要使用静态模板标签生成脚本路径。首先在文件开头的第二行添加下列代码以加载静态模板库。

```
{% load static %}
```

文件的前几行代码如图 16.11 所示。

```
<!DOCTYPE html>
{% load static %}
<html lang="en">
<head>
```

图 16.11　加载包含的静态模板标签

然后，在</body>标签之前，但在步骤（4）添加的<script>标签之后，添加<script>标签来包含 react-example.js。

```
<script src="{% static 'react-example.js' %}"></script>
```

（6）现在需要添加包含 React 将要渲染的<div>元素。在<body>标签后面添加此元素。

```
<div id="react_container"></div>
```

随后保存 react-example.html 文件。

（7）添加视图并渲染模板。为此，打开 reviews 应用程序的 views.py 文件，并在该文件结尾处添加 react_example 视图。

```
def react_example(request):
    return render(request, "react-example.html")
```

在这个简单的视图中，我们仅渲染了没有上下文数据的 react-example.html 模板。

（8）将 URL 映射至新的视图上。打开 bookr 包的 urls.py 文件，将该映射添加至 urlpatterns 变量中。

```
path('react-example/', reviews.views.react_example)
```

随后保存并关闭 urls.py 文件。

（9）启动 Django 开发服务器，随后访问 http://127.0.0.1:8000/react-example/。图 16.12 显示了渲染后的 ClickCount 按钮。

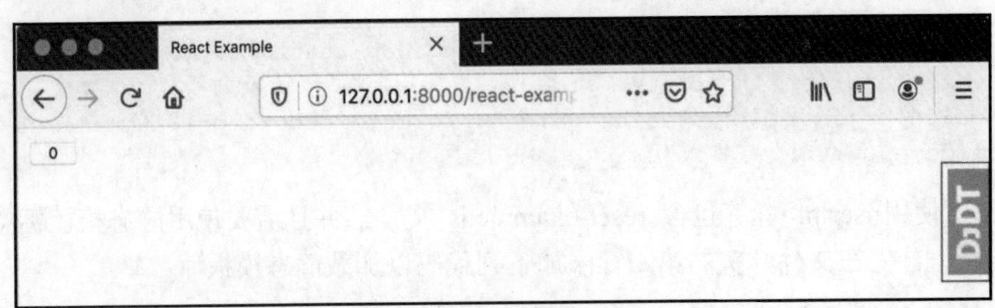

图 16.12　ClickCount 按钮

尝试多次单击该按钮，并查看计数器的递增效果。

在这个例子中，我们创建了第一个 React 组件，然后添加了一个模板和视图来渲染该组件。随后，我们包含了来自 CDN 的 React 框架源代码。在下一节中，我们将介绍 JSX，这是一种将模板和代码合并到一个文件中的方法，进而可以简化代码。

16.3.3　JSX

使用 React.createElement 函数定义每个元素可能会非常冗长——即使使用更短的变量名别名也是如此。当开始构建更大的组件时，冗长现象就会加剧。

当使用 React 时，我们可以使用 JSX 来构建 HTML 元素。JSX 代表 JavaScript XML——因为 JavaScript 和 XML 都写在同一个文件中。例如，考虑下面的代码，其中正在使用 render 方法创建一个按钮。

```
return React.createElement('button', { onClick: … }, 'Button Text')
```

相反，可以直接返回该按钮的 HTML，如下所示。

```
return <button onClick={…}>Button Text</button>;
```

注意，HTML 没有引号，而是作为字符串返回。也就是说，我们没有执行下列操作。

```
return '<button onClick={…}>Button Text</button>';
```

由于 JSX 是一种不寻常的语法（HTML 和 JavaScript 在一个文件中的组合），因此需要在使用它之前包含另一个 JavaScript 库 Babel（https://babeljs.io）。这是一个可以在不同版本的 JavaScript 之间转换代码的库。你可以使用最新的语法编写代码，并将其转换（翻译和编译的结合）为旧浏览器可以理解的代码版本。

Babel 可以像这样包含在<script>标签中。

```
<script crossorigin src="https://unpkg.com/babel-standalone@6/
 babel.min.js"></script>
```

这应该包含在其他与 React 相关的脚本标签之后的页面上，但在包含涵盖 JSX 的任何文件之前。

任何包含 JSX 的 JavaScript 源代码都必须添加 type="text/babel"属性。

```
<script src="path/to/file.js" type="text/babel"></script>
```

这样 Babel 就会知道解析文件，而不是将其作为普通的 JavaScript 处理。

注意：

以这种方式使用 Babel 对于大型项目来说可能很慢。它被设计为在 npm 项目中作为构建过程的一部分使用，并让 JSX 文件提前编译（而不是像此处所做的那样进行实时编译）。npm 项目设置超出了本书的范围。对于当前目的以及使用的少量 JSX，使用 Babel 就可以了。

JSX 使用大括号将 JavaScript 数据包含在 HTML 中，类似于 Django 在模板中的双括号。大括号内的 JavaScript 将被执行。现在来看如何将按钮创建示例转换为 JSX。其中，渲染方法可以这样修改：

```
render() {
   return <button onClick={() =>this.setState({
         clickCount: this.state.clickCount + 1
         })
   }>
   {this.state.clickCount}
</button>;
  }
```

注意：onClick 属性的值周围没有引号；相反，它被用大括号括起来。这将把内联定义的 JavaScript 函数传递给组件。它将在传递给 constructor 方法的组件的 props 字典中可用。例如，假设像这样进行传递：

```
onClick="() =>this.setState…"
```

在这种情况下，它将作为字符串值传递给组件，因此无法工作。

此外，我们还将 clickCount 的当前值渲染为按钮的内容。JavaScript 也可以在这些大括号内执行。为了显示单击计数+ 1，可以这样做：

```
{this.state.clickCount + 1}
```

在下一个练习中，将在模板中包含 Babel，然后将组件转换为使用 JSX。

练习 16.02　JSX 和 Babel

在本练习中，我们打算在组件中实现 JSX 以简化代码。为此，我们需要对 react-example.js 文件和 react-example.html 文件进行一些修改，以切换到 JSX 来渲染 ClickCounter。

（1）在 PyCharm 中，打开 react-example.js 并将 render 方法改为使用 JSX，同时将其替换为以下代码。此处可以参考练习 16.01 中的步骤（2），其中定义了 render 方法。

```
render() {
return <button onClick={() => this.setState({
```

```
        clickCount: this.state.clickCount + 1
        })
    }>
    {this.state.clickCount}
</button>;
  }
```

（2）我们可以将 ClickCounter 本身视为一个元素。在文件末尾的 ReactDOM.render 调用中，我们可以用<ClickCounter/>元素替换第一个参数 e(ClickCounter)，如下所示。

```
ReactDOM.render(<ClickCounter/>, document.getElementById
  ('react_container'));
```

（3）由于不再使用在练习 16.01 的步骤（2）中创建的 React.create 函数，因此可以删除创建的别名，并删除第一行代码。

```
const e = React.createElement;
```

随后保存并关闭 react-example.js 文件。

（4）打开 react-example.html 模板。此处需要包含 Babel 库 JavaScript。在 React script 元素和 react-example.js 元素之间添加以下代码。

```
<script crossorigin src="https://unpkg.com/babel-standalone@6/
babel.min.js"></script>
```

（5）向 react-example.html<script>标签中添加 type="text/babel"属性。

```
<script src="{% static 'react-example.js' %}" type="text/babel"></
script>
```

保存 react-example.html 文件。

（6）启动 Django 开发服务器，并访问 http://127.0.0.1:8000/react-example/。这里应该可以看到与之前相同的按钮（见图 16.12）。单击该按钮时，也应该能够看到计数的增量。

本练习并没有改变 ClickCounter React 组件的行为。相反，我们将其重构为使用 JSX。这使得直接将组件的输出写成 HTML 更加容易，并减少了需要编写的代码量。在下一节中，我们将讨论如何将属性传递给 JSX React 组件。

16.3.4　JSX 属性

基于 JSX 的 React 组件上的属性设置方式与标准 HTML 元素上的属性设置方式相同。重要的是要记住是将它们设置为字符串还是 JavaScript 值。

接下来，我们查看一些使用 ClickCounter 组件的例子。假设想要扩展 ClickCounter，以便可以指定一个 target 数字。当达到 target 时，按钮应该被替换为文本 Well done, <name>!。这些值应该作为属性被传递到 ClickCounter 中。

当使用变量时，必须将其作为 JSX 值传递。

```
let name = 'Ben'
let target = 5;

ReactDOM.render(<ClickCounter name={name} target={target}/>,
  document.getElementById('react_container'));
```

我们还可混合和匹配传递值的方法。下列代码同样有效。

```
ReactDOM.render(<ClickCounter name="Ben" target={5}/>,
  document.getElementById('react_container'));
```

下一个练习将更新 ClickCounter 以从属性中读取这些值，并在达到 target 时更改其行为。另外，我们将从 Django 模板中传入这些值。

练习 16.03　React 组件属性

在本练习中，我们将修改 ClickCounter 以从其 props 中读取 target 和 name 的值。我们将从 Django 视图中传入这些值，并使用 escape.js 过滤器使 name 值可以安全地用于 JavaScript 字符串中。完成后单击按钮，直到到达一个目标，然后可以看到一条 Well done 消息。

（1）在 PyCharm 中，打开 Review 应用程序的 views.py 文件。我们将修改 react_example 视图的 render 调用，以传递一个包含 name 和 target 的上下文，如下所示。

```
return render(request, "react-example.html", {"name": "Ben", \
                                              "target": 5})
```

这里可以使用自己的 name，并根据需要选择不同的 target 值。随后保存 views.py 文件。

（2）打开 react-example.js 文件。我们将更新 constructor 方法中的 state 设置，并设置 props 中的 name 和 target。

```
constructor(props) {
    super(props);
    this.state = { clickCount: 0, name: props.name, target:
      props.target
    };
}
```

（3）修改 render 方法的行为，一旦到达 target，就返回 Well done,<name>!。在 render 方法中添加 if 语句。

```
if (this.state.clickCount === this.state.target) {
    return <span>Well done, {this.state.name}!</span>;
}
```

（4）为了传递值，可将 ReactDOM.render 调用移动到模板中，这样 Django 就可以渲染这段代码。从 react-example.js 的末尾删除 ReactDOM.render 这一行代码。

```
ReactDOM.render(<ClickCounter/>, document.getElementById
  ('react_container'));
```

我们将在步骤（6）中将其粘贴到模板文件中。react-example.js 现在应该只包含 ClickCounter 类。保存并关闭该文件。

（5）打开 react-example.html 文件。在所有现有的<script>标签之后（但在结束的</body>标签之前），使用 type="text/babel"属性添加开始和结束的<script>标签。其中，需要将传递给模板的 Django 上下文值赋值给 JavaScript 变量。

```
<script type="text/babel">
let name = "{{ name|escapejs }}";
let target = {{ target }};
</script>
```

第一个值用 name 上下文变量赋值 name 变量。此处使用 escapejs 模板过滤器；否则，如果名字中有双引号，则可能会生成无效的 JavaScript 代码。第二个值 target 是从 target 分配的。这是一个数字，所以不需要转义。

注意：

由于 Django 转义 JavaScript 值的方式，name 不能像这样直接传递给组件属性：

```
<ClickCounter name="{{ name|escapejs }}"/>
```

JSX 不会正确地反转义这些值，且最终会得到转义序列。

然而，可以像这样传递数值 target：

```
<ClickCounter target="{ {{ target }} }"/>
```

另外，要注意 Django 大括号和 JSX 大括号之间的间距。在本书中，我们将坚持首先将所有属性赋值给变量，然后将它们传递给组件，以保持一致性。

（6）在这些变量声明的下面，粘贴从 react-example.js 复制的 ReactDOM.render 调用。然后，在 ClickCounter 中添加 target={target}和 name={name}属性。记住，这些是传入的 JavaScript 变量，而不是 Django 上下文变量——它们只是碰巧具有相同的名称。当前<script>块如下所示。

```
<script type="text/babel">
    let name = "{{ name|escapejs }}";
    let target = {{ target }};
    ReactDOM.render(<ClickCounter name={ name }
      target={ target }/>, document.getElementById
        ('react_container'));
</script>
```

随后保存 react-example.html 文件。

（7）启动 Django 开发服务器，并访问 http://127.0.0.1:8000/react-example/。尝试多次单击按钮，此时数字将递增，直至单击 target 次。随后数字被替换为 Well done, <name>!文本，如图 16.13 所示。

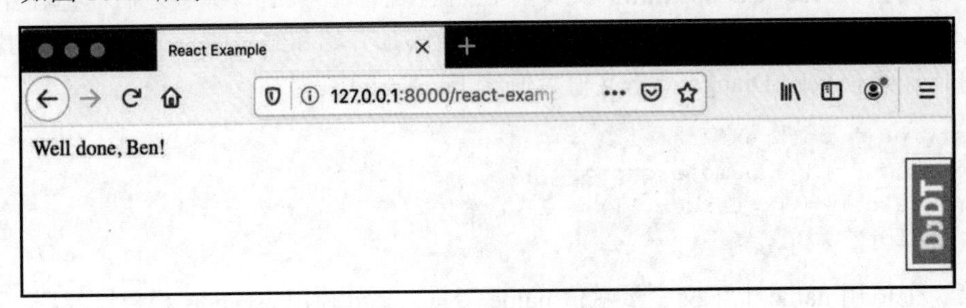

图 16.13　Well done 消息

在本练习中，我们使用 props 将数据传递给了 React 组件。在使用 escapejs 模板过滤器将数据赋值给 JavaScript 变量时，我们对其进行了转义。下一节将介绍如何使用 JavaScript 通过 HTTP 获取数据。

进一步阅读：

关于 React 的更多信息，读者可参考 *React Workshop*，对应网址为 https://courses.packtpub.com/courses/react。

16.3.5　JavaScript Promise

为了防止长时间运行的操作导致的阻塞，许多 JavaScript 函数都是以异步方式实现的。它们的工作方式是立即返回，然后在结果可用时调用回调函数。这些类型的函数返回的对象是一个 Promise。回调函数是通过调用 Promise 对象的 then 方法提供给它的。当函数完成运行时，它将解析 Promise（调用 success 函数），或拒绝 Promise（调用 failure 函数）。

我们将举例说明使用 Promise 的错误和正确的方式。考虑一个长时间运行的函数，该函数执行一个较大的计算，称为 getResult。该函数不是返回结果，而是返回一个 Promise。因此，我们不会采用以下方式。

```
const result = getResult();
console.log(result); // incorrect, this is a Promise
```

相反，它应该像这样调用，通过将回调函数传递给返回的 Promise 上的 then 方法。假设 getResult 永远不会失败，因此只为解析情况提供 success 函数

```
const promise = getResult();
promise.then((result) => {
   console.log(result); /* this is called when the Promise
     resolves*/
});
```

通常情况下，我们不会将返回的 Promise 赋值给一个变量，而是将 then 调用链接到函数调用中。我们将在下一个示例中展示这一点，并使用一个失败回调（假设 getResult 现在可能失败）。此外，我们还将添加一些注释，说明代码执行的顺序。

```
getResult().then(
(result) => {
      // success function
      console.log(result);
// this is called 2nd, but only on success
},
    () => {
      // failure function
      console.log("getResult failed");
      // this is called 2nd, but only on failure
})

// this will be called 1st, before either of the callbacks
console.log("Waiting for callback");
```

前面介绍了 Promise，接下来考查 fetch 函数。fetch 函数发出 HTTP 请求且是异步的，并通过返回 Promise 来工作。

16.3.6　fetch 函数

fetch 函数接收两个参数。第一个参数是发出请求的 URL，第二个参数是带有请求设置的对象（字典）。例如，考查下列语句。

```
const promise = fetch("http://www.google.com", {…settings});
```

上述设置（settings）内容如下所示。

- method：请求 HTTP 方法（GET、POST 等）。
- headers：另一个要发送的 HTTP 头的对象（字典）。
- body：要发送的 HTTP 主体（用于 POST/PUT 请求）。
- credentials：默认情况下，fetch 不发送任何 cookie。这意味着请求将被视为未经过身份验证。要让 fetch 在请求中设置 cookie，应该将其设置为 same-origin 或 include 值。

下面让我们用一个简单的请求来看看实际效果。

```
fetch('/api/books/', {
   method: 'GET',
   headers: {
      Accept: 'application/json'
   }
}).then((resp) => {
   console.log(resp)
})
```

这段代码将从/api/book-list/中获取数据，然后调用一个函数，该函数用 console.log 将请求记录到浏览器的控制台中。

图 16.14 显示了 Firefox 中上述响应的控制台输出。

```
▾ Response
  ▸ body: ReadableStream { locked: false }
    bodyUsed: false
  ▸ headers: Headers {  }
    ok: true
    redirected: false
    status: 200
    statusText: "OK"
    type: "basic"
    url: "http://127.0.0.1:8000/api/books/"
  ▸ <prototype>: ResponsePrototype { clone: clone(), arrayBuffer: arrayBuffer(), blob:
  blob(), … }
```

图 16.14　控制台中的响应输出

可以看到，输出的信息并不多。我们需要解码响应结果，然后才能对其进行处理。对此，可以在响应对象上使用 json 方法将响应体解码为 JSON 对象。这也会返回一个 Promise，所以我们将请求获取 JSON，然后在回调中处理数据。完整的代码块如下所示。

```
fetch('/api/books/', {
   method: 'GET',
   headers: {
      Accept: 'application/json'
   }
```

```
}).then((resp) => {
   return resp.json(); // doesn't return JSON, returns a Promise
}).then((data) => {
   console.log(data);
});
```

这将把 JSON 格式的解码对象记录到浏览器控制台中。在 Firefox 中，输出结果如图 16.15 所示。

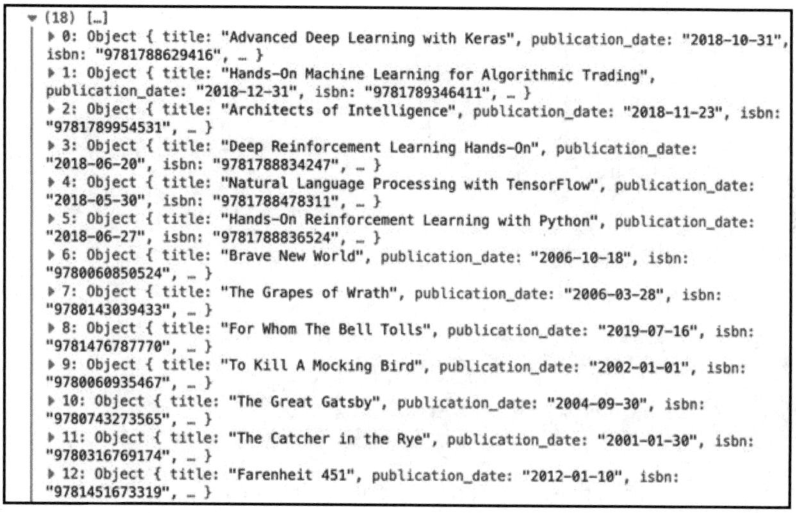

```
▾ (18) […]
  ▸ 0: Object { title: "Advanced Deep Learning with Keras", publication_date: "2018-10-31",
  isbn: "9781788629416", … }
  ▸ 1: Object { title: "Hands-On Machine Learning for Algorithmic Trading",
  publication_date: "2018-12-31", isbn: "9781789346411", … }
  ▸ 2: Object { title: "Architects of Intelligence", publication_date: "2018-11-23", isbn:
  "9781789954531", … }
  ▸ 3: Object { title: "Deep Reinforcement Learning Hands-On", publication_date:
  "2018-06-20", isbn: "9781788834247", … }
  ▸ 4: Object { title: "Natural Language Processing with TensorFlow", publication_date:
  "2018-05-30", isbn: "9781788478311", … }
  ▸ 5: Object { title: "Hands-On Reinforcement Learning with Python", publication_date:
  "2018-06-27", isbn: "9781788836524", … }
  ▸ 6: Object { title: "Brave New World", publication_date: "2006-10-18", isbn:
  "9780060850524", … }
  ▸ 7: Object { title: "The Grapes of Wrath", publication_date: "2006-03-28", isbn:
  "9780143039433", … }
  ▸ 8: Object { title: "For Whom The Bell Tolls", publication_date: "2019-07-16", isbn:
  "9781476787770", … }
  ▸ 9: Object { title: "To Kill A Mocking Bird", publication_date: "2002-01-01", isbn:
  "9780060935467", … }
  ▸ 10: Object { title: "The Great Gatsby", publication_date: "2004-09-30", isbn:
  "9780743273565", … }
  ▸ 11: Object { title: "The Catcher in the Rye", publication_date: "2001-01-30", isbn:
  "9780316769174", … }
  ▸ 12: Object { title: "Farenheit 451", publication_date: "2012-01-10", isbn:
  "9781451673319", … }
```

图 16.15　解码后的图书列表输出至控制台中

在练习 16.04 中，我们将编写一个新的 React 组件，它将获取图书列表，然后将每本图书渲染为列表项（<li>）。在此之前，我们需要了解 JavaScript map 方法，以及如何在 React 中使用它来构建 HTML。

16.3.7　JavaScript map 方法

有时希望对不同的输入数据多次执行同一段代码（JavaScript 或 JSX）。在本章中，生成具有相同 HTML 标签但内容不同的 JSX 元素将是最有用的。在 JavaScript 中，map 方法遍历目标数组，并为数组中的每个元素执行回调函数。然后将这些元素中的每一个添加到一个新数组中，最后返回该数组。例如，下面的代码片段使用 map 方法将 numbers 数组中的每个数字加倍。

```
const numbers = [1, 2, 3];
const doubled = numbers.map((n) => {
```

```
    return n * 2;
});
```

当前，doubled 数组包含值[2, 4, 6]。

此外，我们还可以使用 map 方法创建一个 JSX 值列表。唯一需要注意的是，列表中的每个项必须具有唯一的键属性集。在下一个简短的示例中，我们将把一个数字数组转换为<li>元素，随后可以在<ul>中使用它们。下面是一个 render 函数的例子。

```
render() {
    const numbers = [1, 2, 3];
    const listItems = numbers.map((n) => {
      return <li key={n}>{n}</li>;
      });
    return <ul>{listItems}</ul>
}
```

当渲染时，这将生成下列 HTML。

```
<ul>
<li>1</li>
<li>2</li>
<li>3</li>
</ul>
```

在下一个练习中，我们将构建一个带有按钮的 React 组件，该按钮在单击时将从 API 中获取图书列表。随后将显示图书列表。

练习 16.04　获取并渲染图书

在本练习中，我们将创建一个名为 BookDisplay 的新组件，并在<ul>中渲染图书数组。其中，图书将通过 fetch 被检索。为此，我们向 react-example.js 文件中添加 React 组件。随后我们在 Django 模板中将图书列表的 URL 传递给该组件。

（1）在 PyCharm 中，打开练习 16.03 中使用的 react-example.js 文件，并删除整个 ClickCounter 类。

（2）创建一个名为 BookDisplay 的新类，该类扩展自 React.Component。

（3）添加 constructor 方法，该方法接收 props 作为参数，并调用 super(props)，然后按照下列方式设置它的状态。

```
this.state = { books: [], url: props.url, fetchInProgress: false };
```

这将把 books 初始化为一个空数组，从传递的属性 url 中读取 API URL，并将 fetchInProgress 标志设置为 false。constructor 方法的代码如下所示。

```
constructor(props) {
  super(props);
  this.state = { books: [], url: props.url, fetchInProgress:
  false };
}
```

（4）添加 doFetch 方法，如下所示。

```
doFetch() {
  if (this.state.fetchInProgress)
      return;

this.setState({ fetchInProgress: true })

  fetch(this.state.url, {
      method: 'GET',
      headers: {
          Accept: 'application/json'
            }
          }
          ).then((response) => {
            return response.json();
          }).then((data) => {
    this.setState({ fetchInProgress: false, books: data })
    })
}
```

首先，使用 if 语句检查是否已经开始获取操作。如果是，则从函数中返回。然后，使用 setState 来更新状态，将 fetchInProgress 设置为 true。这将更新按钮显示文本，并阻止多个请求同时运行。然后获取 this.state.url（稍后在练习中通过模板传入）。这里，响应是用 GET 方法检索的，且只想接收 JSON 响应。在得到响应之后，使用 json 方法返回它的 JSON。这将返回一个 Promise，所以使用另一个 then 方法来处理 JSON 解析时的回调。在最后的回调中，我们设置了组件的状态，fetchInProgress 返回 false，books 数组被设置为解码的 JSON 数据。

（5）创建 render 方法，如下所示。

```
render() {
  const bookListItems = this.state.books.map((book) => {
      return <li key={ book.pk }>{ book.title }</li>;
  })

  const buttonText = this.state.fetchInProgress ?
```

```
  'Fetch in Progress' : 'Fetch';

  return <div>
<ul>{ bookListItems }</ul>
<button onClick={ () =>this.doFetch() }
        disabled={ this.state.fetchInProgress }>
          {buttonText}
</button>
</div>;
}
```

这里使用了 map 方法遍历 state 状态下的图书数组，并为每本书生成一个<li>，使用图书的 pk 作为列表项的 key 实例。其中，<li> 的内容是该图书的标题。此处定义 buttonText 变量来存储（和更新）按钮显示的文本。如果当前有一个 fetch 正在运行，那么它将是 Fetch in progress，否则将是 Fetch。最后，返回一个包含所有数据的 <div>。<ul>的内容是 bookListItems 变量（<li>实例的数组）。此外，它还包含类似于先前练习中添加的<button>实例。onClick 方法调用类的 doFetch 方法。如果有一个 fetch 正在进行中，我们可以使按钮为 disabled（即用户无法单击按钮）。另外，我们将按钮文本设置为之前创建的 buttonText 变量。随后可以保存并关闭 react-example.js 文件。

（6）打开 react-example.html 文件。我们需要将 ClickCounter 渲染（来自练习 16.03）替换为 BookDisplay 渲染。这里删除 name 和 target 变量定义。相应地，我们将改为渲染<BookDisplay>。此处将 url 属性设置为字符串，并将 URL 传递给图书列表 API，同时使用{% url %}模板标签来生成 url。当前，ReactDOM.render 调用如下所示。

```
ReactDOM.render(<BookDisplay url="{% url 'api:book-list' %}" />,
  document.getElementById('react_container'));
```

随后可保存并关闭 react-example.html 文件。

（7）启动 Django 开发服务器，并访问 http://127.0.0.1:8000/react-example/。随后应可在页面上看到一个 Fetch 按钮，如图 16.16 所示。

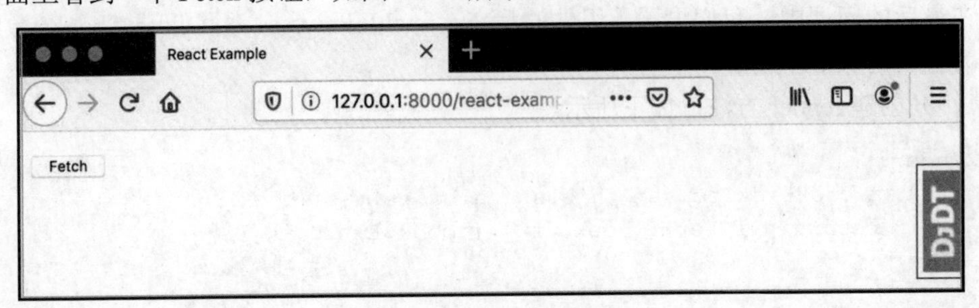

图 16.16　图书 Fetch 按钮

单击 Fetch 按钮后，该按钮将处于禁用状态，其文本变为 Fetch in Progress，如图 16.17 所示。

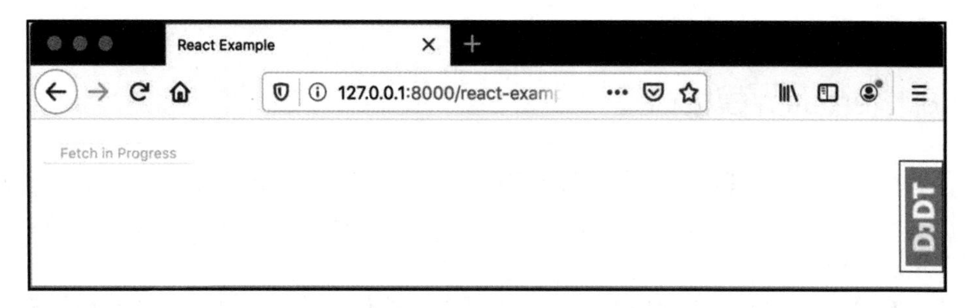

图 16.17　Fetch in Progress

待获取操作结束后，渲染后的图书列表如图 16.18 所示。

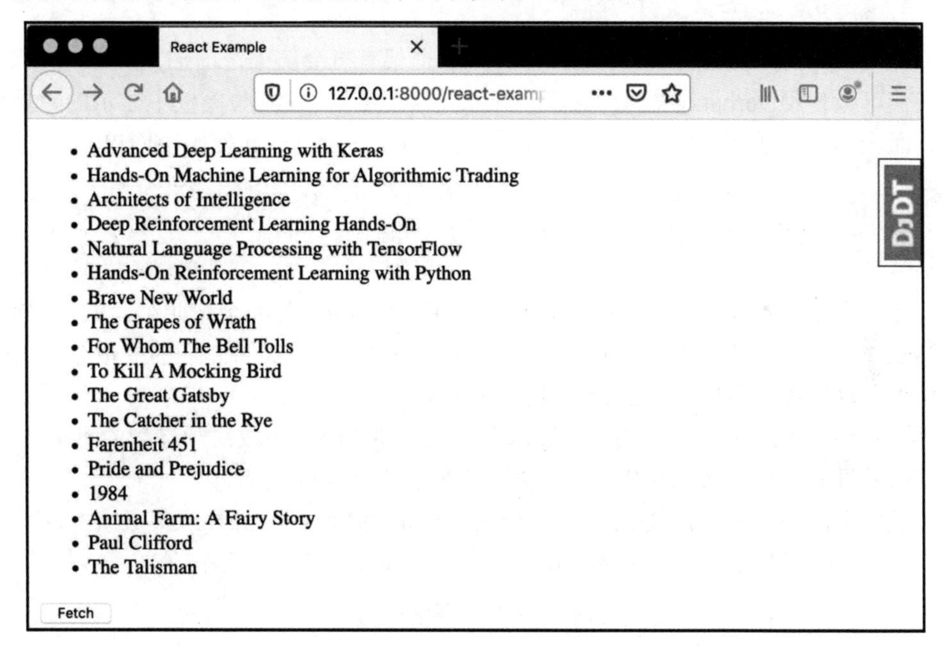

图 16.18　图书获取完成

本练习将 React 与第 12 章构建的 Django REST API 进行集成。我们构建了一个新的组件(BookDisplay)，其中包含一个 fetch 调用来获取图书列表。我们使用了 JavaScript map 方法将 book 数组转换为一些<li>元素。如前所述，我们使用了 button 在单击时触发 fetch。随后，我们将图书列表 API 的 URL 提供给了 Django 模板中的 React 组件。稍后，我们在

Bookr 中看到了使用 REST API 动态加载的图书列表。

在讨论本章操作练习之前，下面将探讨在使用 Django 时，其他 JavaScript 框架的一些注意事项。

16.3.8 verbatim 模板标签

可以看到，在使用 React 时，可以在 Django 模板中使用 JSX 插值。这是因为 JSX 使用单括号来插值，而 Django 使用双括号。只要 JSX 和 Django 大括号之间有空格，就应该可以正常工作。

其他框架，如 Vue，也使用双括号来进行变量插值。这意味着，如果模板中有一个 Vue 组件的 HTML，可能会尝试像这样插入一个值：

```
<h1>Hello, {{ name }}!</h1>
```

当然，当 Django 渲染模板时，它会在 Vue 框架有机会渲染之前插入 name 值。

我们可以使用 verbatim 模板标签让 Django 输出数据，使其与模板中显示的数据完全一样，而无须执行任何渲染或变量插值。将其与前面的示例一起使用很简单：

```
{% verbatim %}
<h1>Hello, {{ name }}!</h1>
{% endverbatim %}
```

现在，当 Django 渲染模板时，模板标签之间的 HTML 将完全按照编写的方式输出，允许 Vue（或其他框架）接管并插入变量本身。许多其他框架将它们的模板分离到自己的文件中，这应该不会与 Django 的模板产生冲突。

目前有许多可用的 JavasCript 框架，最终决定使用哪一个取决于自身的意见或公司/团队使用的框架。如果遇到冲突，解决方案将取决于特定的框架。

前述内容已经介绍了将 React（或其他 JavaScript 框架）与 Django 集成所需的大部分内容。在下一个操作中，我们将通过所学知识获取 Bookr 上的最新评论。

操作 16.01　评论预览

在该操作中，我们将更新 Bookr 主页以获取最新的 6 条评论，并显示这些评论。用户可单击按钮跳转到接下来的 6 条评论，然后返回之前的评论。

具体步骤如下。

(1) 我们可以清理前面练习中的一些代码。你如果愿意，可以对这些文件进行备份，以保留它们以供后续参考。或者，你也可以使用 GitHub 版本，以备将来参考。删除 react_example 视图、react-example URL、react-example.html 模板和 react-example.js 文件。

（2）创建 recent-reviews.js 静态文件。

（3）创建两个组件：一个是 ReviewDisplay 组件，用于显示单一视图的数据；另一个是 RecentReviews 组件，用于处理获取评论数据，并显示 ReviewDisplay 组件列表。

首先创建 ReviewDisplay 类。在该类的构造函数中，读取通过 props 传入的 review，并将其分配给状态。

（4）ReviewDisplay 的 render 方法返回 JSX HTML，如下所示。

```
<div className="col mb-4">
<div className="card">
<div className="card-body">
<h5 className="card-title">{ BOOK_TITLE }
<strong>({ REVIEW_RATING })</strong>
</h5>
<h6 className="card-subtitle mb-2 text-muted">CREATOR_EMAIL</h6>
<p className="card-text">REVIEW_CONTENT</p>
</div>
<div className="card-footer">
<a href={'/books/' + BOOK_ID` + '/' } className="card-link">
 View Book</a>
</div>
</div>
</div>
```

但是，应该将 BOOK_TITLE、REVIEW_RATING、CREATOR_EMAIL、REVIEW_CONTENT 和 BOOK_ID 占位符替换为组件获取的 review 中的适当值。

注意：

当使用 JSX 和 React 时，元素的类是用 className 属性设置的，而不是 class。当该类被渲染为 HTML 时，它就变成了 class。

（5）创建另一个名为 RecentReviews 的 React 组件，其 constructor 方法应利用下列键-值设置 state。

- reviews: []（空列表）。
- currentUrl: props.url。
- nextUrl: null。
- previousUrl: null。
- loading: false。

（6）实现一个名为 fetchReviews 的方法，该方法从 REST API 中下载评论。如果 state.loading 为 true，则该方法应立即返回，随后应将 state 的 loading 属性设置为 true。

（7）采用与练习 16.04 相同的方式实现 fetch。该方式应遵循相同的请求 state.currentUrl 模式，随后从响应中获取 JSON 数据。然后在 state 中设置下列值。

- loading: false。
- reviews: data.results。
- nextUrl: data.next。
- previousUrl: data.previous。

（8）实现一个 componentDidMount 方法。该方法在 React 将组件加载到页面中时被调用，并应该调用 fetchReviews 方法。

（9）创建 loadNext 方法。如果 state 中的 nextUrl 为 null，则该方法应立即返回；否则，该方法将 state.currentUrl 设置为 state.nextUrl，随后调用 fetchReviews。

（10）类似地，创建一个 loadPrevious 方法。该方法应将 state.currentUrl 设置为 state.previousUrl。

（11）实现 render 方法。如果状态为加载，则该方法在<h5>元素中返回文本 Loading…。

（12）创建两个变量来存储 previousButton 和 nextButton HTML。这两个变量均包含 btn btn-secondary 类。另外，Next 按钮还应包含 float-right 类。二者应该设置 onClick 属性以调用 loadPrevious 或 loadNext 方法。如果各自的 previousUrl 或 nextUrl 属性为 null，则应该将 disabled 属性设置为 true，按钮文本应该是 Previous 或 Next。

（13）使用 map 方法遍历评论，并将结果存储到一个变量中。每条评论应由一个 ReviewDisplay 组件表示，属性 key 设置为评论的 pk，review 设置为 Review 类。如果不存在评论（reviews.length === 0），那么变量应该是一个<h5>元素，且内容显示为 No reviews。

（14）返回封装在<div>元素中的全部内容，如下所示。

```
<div>
<div className="row row-cols-1 row-cols-sm-2 row-cols-md-3">
     { reviewItems }
</div>
<div>
     {previousButton}
     {nextButton}
</div>
</div>
```

这里使用的 className 将根据屏幕的大小在 1 列、2 列或 3 列中显示每条评论的预览。

（15）编辑 base.html。我们将在 content 块中添加所有的新内容，以便这些内容不会显示在覆盖该块的非主页上。随后添加一个<h4>元素，对应内容为 Recent Reviews。

（16）要为 React 渲染添加一个<div> 元素，请确保为其提供唯一的 id 值。

（17）包含<script>标签以涵盖 React、React DOM、Babel 和 recent-reviews.js 文件。这 4 个标签应该类似于练习 16.04 中的标签。

（18）最后要添加的是包含 ReactDOM.render 调用代码的另一个<script>标签。被渲染的根组件是 RecentReviews，它应该有一个设置为值 url="{% url 'api:review-list' %}?limit=6" 的 url 属性。这将对 ReviewViewSet 进行 URL 查找，随后附加一个页面大小参数（6），进而将检索的评论数量显示为最多 6 条。

待上述步骤完成后，访问 http://127.0.0.1:8000/（Bookr 主页），并能看到如图 16.19 所示的页面。

在图 16.19 中，页面已经滚动到显示 Previous/Next 按钮。注意，Previous 按钮被禁用了，因为此时我们处于第一页上。

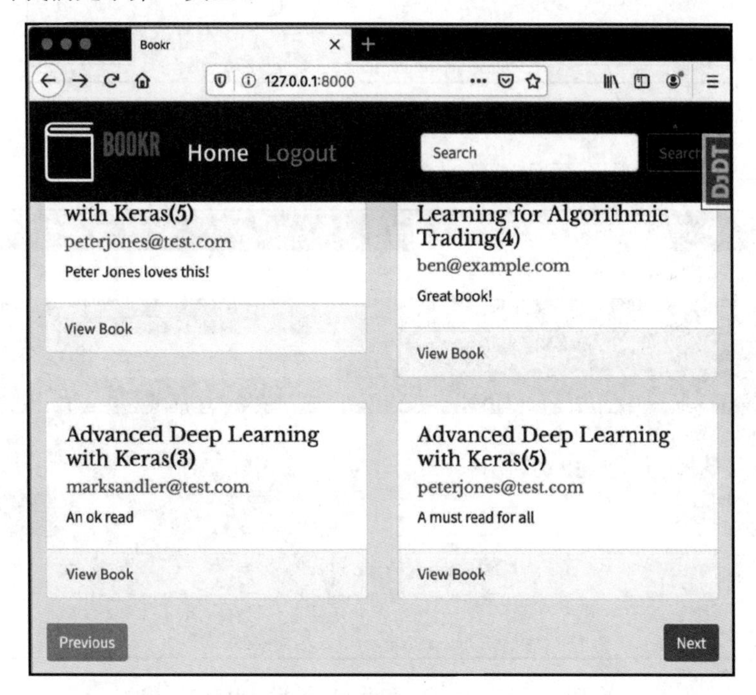

图 16.19　完成后的评论预览

如果单击 Next 按钮，将会看到下一页的评论。如果单击 Next 按钮足够多的次数（取决于评论的数量），最终将会到达最后一页，然后 Next 按钮将被禁用，如图 16.20 所示。

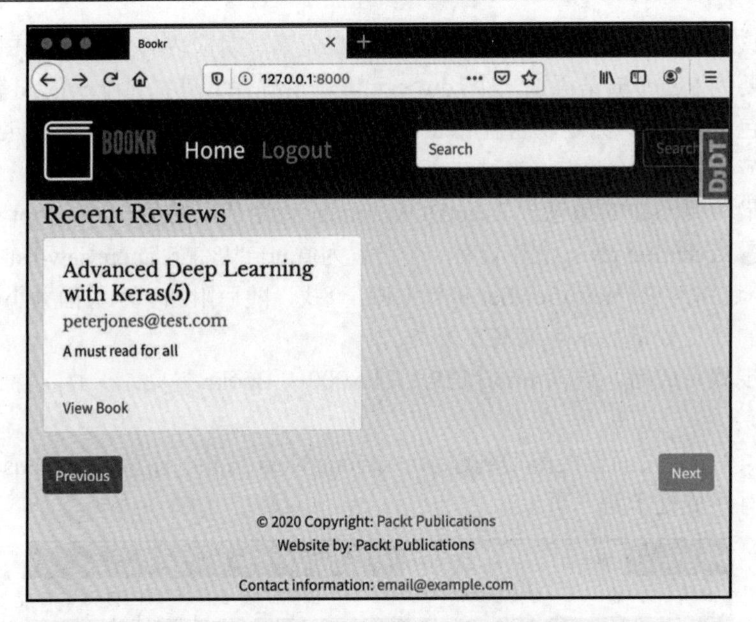

图 16.20　禁用 Next 按钮

如果不再有评论，则会看到消息 No reviews to display，如图 16.21 所示。

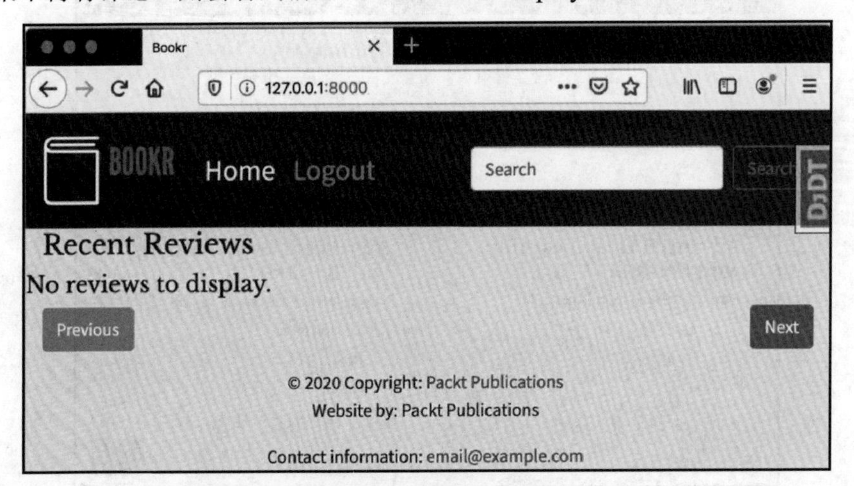

图 16.21　显示 No reviews to display.文本

当页面正在加载评论时，应该看到文本 Loading…。然而，由于数据正在从你的计算机上加载，因此该文本可能仅会在短暂的一瞬间显示，如图 16.22 所示。

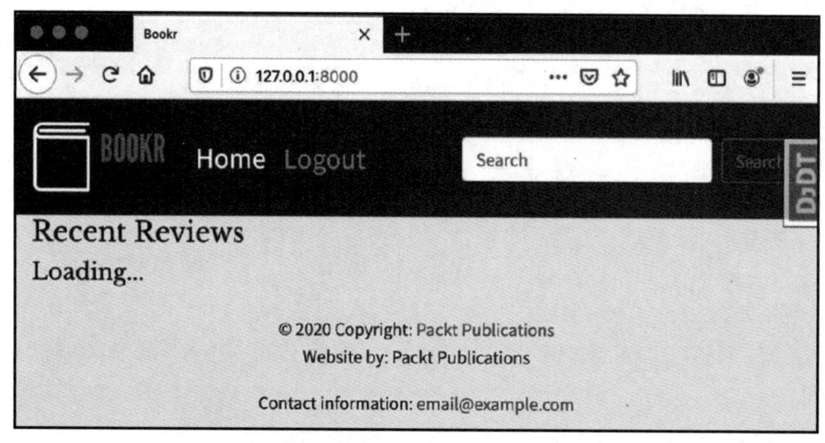

图 16.22　显示 Loading…文本

注意：

读者可访问 http://packt.live/2Nh1NTJ 以查看该操作的完整解决方案。

16.4　本 章 小 结

本章介绍了 JavaScript 框架，并描述了如何与 Django 协同工作，以增强模板并添加交互性。本章还介绍了 JavaScript 语言及其主要特性、变量类型和类。随后，我们考查了 React 背后的概念，以及如何利用组件构建 HTML。我们通过 JavaScript 和 React.createElement 构建了一个 React 组件。在此之后，我们阐述了 JSX 及其如何简化组件开发，即直接在 React 组件中编写 HTML。随后我们讨论了 Promise 和 fetch 函数，以及如何利用 fetch 从 REST API 中获取数据。本章最后的练习使用 REST API 从 Bookr 中检索了评论，并在交互式组件中将它们渲染到了页面中。